INTRODUÇÃO À ENGENHARIA AMBIENTAL

Tradução da 3ª edição norte-americana

Dados Internacionais de Catalogação na Publicação (CIP)

V577i Vesilind, P. Aarne.
Introdução à engenharia ambiental / P. Aarne Vesilind, Susan M. Morgan, Lauren G. Heine ; tradução: Noveritis do Brasil ; revisão técnica: Carlos Alberto de Moya Figueira Netto e Lineu Belico dos Reis. - São Paulo, SP : Cengage, 2018.
472 p. : il. ; 28 cm.

Inclui bibliografia e índice.
Tradução de: Introduction to environmental engineering (3.ed.).

ISBN 978-85-221-2767-2

1. Engenharia ambiental. 2. Ética ambiental. I. Morgan, Susan M. II. Heine, Lauren G. III. Figueira Netto, Carlos Alberto de Moya. IV. Título.

CDU 62
CDD 620

Índice para catálogo sistemático:

1. Engenharia ambiental 628

(Bibliotecária responsável: Sabrina Leal Araujo - CRB 10/1507)

INTRODUÇÃO À ENGENHARIA AMBIENTAL

Tradução da 3ª edição norte-americana

P. Aarne Vesilind
Bucknell University

Susan M. Morgan
Southern Illinois University Edwardsville

Lauren G. Heine
Clean Production Action

Tradução
Noveritis do Brasil

Revisão técnica
Carlos Alberto de Moya Figueira Netto
Engenheiro civil com mestrado em engenharia hidráulica e sanitária pela Escola Politécnica da Universidade de São Paulo (USP-SP). Professor associado da Escola de Engenharia Mauá.

Lineu Belico dos Reis
Engenheiro eletricista, doutor e livre-docente pela Escola Politécnica da Universidade de São Paulo (USP-SP). Professor na engenharia ambiental da mesma instituição.

CENGAGE

Austrália • Brasil • México • Cingapura • Reino Unido • Estados Unidos

CENGAGE

Introdução à engenharia ambiental
Tradução da 3ª edição norte-americana, edição internacional

2ª edição brasileira

P. Aarne Vesilind, Susan M. Morgan e Lauren G. Heine

Gerente editorial: Noelma Brocanelli

Editora de desenvolvimento: Salete Del Guerra

Supervisora de produção gráfica: Fabiana Alencar Albuquerque

Editora de aquisições: Guacira Simonelli

Especialista em direitos autorais: Jenis Oh

Preparação da edição internacional: Tarun Gupta

Título original: Introduction to environmental engineering, third edition, SI edition

(ISBN 13: 978-0-495-29585-3, ISBN 10: 0-495-29585-X)

Tradução: Noveritis do Brasil

Revisão técnica: Carlos Alberto de Moya Figueira Netto, capítulos 1 ao 9; Lineu Belico dos Reis, capítulos 10 ao 16

Revisão: Arlete Sousa, Marileide Gomes e Monica Aguiar

Diagramação: Triall Editorial

Capa: Gabriel Cernic

Imagem da capa: Valex/Shutterstock

ISBN 13: 978-85-221-2767-2
ISBN 10: 85-221-2767-0

Cengage Learning
Condomínio E-Business Park
Rua Werner Siemens, 111 – Prédio 11 – Torre A – conjunto 12
Lapa de Baixo – CEP 05069-900 – São Paulo –SP
Tel.: (11) 3665-9900 – Fax: (11) 3665-9901
SAC: 0800 11 19 39

Para suas soluções de curso e aprendizado, visite **www.cengage.com.br.**

Impresso no Brasil
Printed in Brazil
1ª impressão – 2018

Com gratidão, dedico este livro ao falecido Edward E. Lewis – editor, sovina e amigo.
P. Aarne Vesilind

E também ao engenheiro Steven J. Hanna, Ph.D, que me introduziu à engenharia e respondeu a todas as perguntas dos meus primeiros anos na profissão.
Susan M. Morgan

A Abbie, Orion, Aragorn e Scout, e aos amigos de todas as espécies que compartilham o amor que alimenta nossas vidas.
Lauren G. Heine

SUMÁRIO

PARTE 3 – APLICAÇÕES

PREFÁCIO

Esta edição de *Introdução à engenharia ambiental* contempla dois tópicos unificadores: balanço de materiais e ética ambiental. Oferece informações concernentes à sustentabilidade, um componente cada vez mais importante da prática de engenharia, e intrinsecamente associada aos dois tópicos unificadores.

ORGANIZAÇÃO

A Parte 1 é iniciada com um breve olhar na história e no futuro da engenharia ambiental e, em seguida, fornece exemplos das complexas questões que margeiam a identificação e a solução de problemas ambientais. Discorre sobre a introdução das diversas ferramentas que os engenheiros utilizam na tomada de decisões, incluindo tecnologia, custo-benefício, riscos e ética. A discussão sobre ética é breve, servindo meramente como introdução para alguns dos problemas de juízo de valor que os engenheiros enfrentam, fornecendo uma base para as discussões ao longo do livro, contudo pondera que a tomada de decisão ética é tão importante na engenharia quanto a tomada de decisão técnica.

A Parte 2 é iniciada com a revisão e introdução aos conceitos básicos: dimensões e unidades, densidade, concentração, fluxo, tempo de detenção e estimativas aproximadas. Este conteúdo conduz diretamente à introdução de balanço de materiais, um tópico utilizado em todo o livro. A discussão sobre reações é semelhante àquela abordada em uma disciplina introdutória de físico-química ou engenharia bioquímica, e é seguida pela teoria do reator ideal, semelhante ao conteúdo encontrado na disciplina de operações de unidade de engenharia química, contudo, com fácil compreensão para alunos do primeiro ano de engenharia. A abordagem do balanço de massa é, então, aplicada ao fluxo de energia. Essa parte é concluída com o reconhecimento de que algumas das mais fascinantes reações ocorrem nos ecossistemas, que são descritos usando a abordagem do balanço de massa e a cinética de reação apresentada anteriormente.

A Parte 3 aplica os conceitos fundamentais abordados na Parte 2 às principais áreas da engenharia ambiental. Ela começa com a busca pela água limpa. Quando a água está limpa o suficiente, e como medimos as características da qualidade da água? A discussão é seguida pela introdução ao fornecimento e tratamento de água e, então, pelo tratamento de água residual. Tendo em vista que a meteorologia determina o movimento dos poluentes do ar, este tópico introduz a seção sobre poluição do ar. São discutidos os tipos e as fontes dos principais poluentes do ar, finalizando com a evolução dos padrões de qualidade do ar, tratamento de emissões e dispersão de poluentes. A gestão dos resíduos sólidos municipais e dos resíduos perigosos é discutida com ênfase na necessidade de evitar sua geração. Depois, é introduzido o conteúdo sobre poluição sonora.

O QUE HÁ DE NOVO NESTA EDIÇÃO

Esta edição de *Introdução à engenharia ambiental* foi adaptada para incorporar o Sistema Internacional de Unidades (*Le Système International d'Unités ou SI*) ao longo do livro. Outra novidade são os casos de empresas disponíveis no site da Cengage ilustrando abordagens para solucionar problemas técnicos, éticos e relacionados à sustentabilidade. Intitulado "Enfoque – estudos de casos", os textos apresentam temas como estética e potenciais implicações sociais do projeto, normalmente não apresentados nos cursos universitários. Consulte o tópico "Material de apoio on-line" na página xiii para mais detalhes.

LE SYSTÈME INTERNATIONAL D'UNITÉS

O Sistema Tradicional de Medidas dos Estados Unidos (USCS) utiliza as unidades FPS (pé-libra-segundo) – também denominado Unidade Inglesa ou Imperial. As unidades SI são principalmente as unidades do sistema MKS (metro-quilograma-segundo). Entretanto, as unidades CGS (centímetro-grama-segundo) são frequentemente aceitas como unidades SI, especialmente em livros didáticos.

USANDO AS UNIDADES SI NESTE LIVRO

Neste livro, utilizamos as unidades MKS e CGS. As unidades USCS ou as unidades FPS na edição norte-americana do livro foram convertidas em unidades SI em todo o texto e nos problemas. Entretanto, no caso de dados obtidos de manuais, normas governamentais e manuais de produtos, não é só extremamente difícil converter todos os valores em SI, mas também viola a propriedade intelectual da fonte. Além disso, algumas quantidades, tais como a granulometria da ASTM e distâncias Jominy, geralmente são calculadas em unidades FPS e perderiam seu valor se convertidas em SI. Portanto, alguns dados em figuras, tabelas, exemplos e referências permanecem em unidades FPS. Para os leitores não familiarizados com a relação entre os sistemas FPS e SI, são fornecidas tabelas de conversão no Apêndice B no final do livro.

Para resolver os problemas que necessitam do uso de dados de origem, os valores de origem podem ser convertidos de unidades FPS para unidades SI imediatamente antes de serem usados em um cálculo. Para obter quantidades padronizadas e dados de fabricantes em unidades SI, os leitores devem entrar em contato com as autoridades ou agências governamentais competentes em seus países/regiões.

COMO USAR ESTE LIVRO

O material sobre ética é apresentado em nível básico, portanto, de fácil compreensão. Não é necessário formação especial em ética. O material técnico é apresentado em nível de primeiro ano, de forma que um calouro de engenharia ou um bacharel em ciência ambiental pode assimilar com facilidade. Utiliza-se cálculo no livro, e espera-se que o aluno tenha, pelo menos, uma disciplina em cálculo diferencial e integral. A disciplina de química estudada no colégio pode ser útil, mas não obrigatória. A disciplina de mecânica dos fluidos não é utilizada neste livro e, portanto, o material é facilmente aplicável nas disciplinas de primeiro ano de engenharia ambiental ou disciplinas de engenharia ambiental para alunos de ciências.

A experiência em lecionar o material principal de forma sequencial, da Parte 2 (balanços, reações e reatores), pelo dr. Vesilind, mostrou que pode ser abordado em quatro a seis semanas. Contudo, durante este período, ele recomenda que o professor faça incursões paralelas nas áreas de ética ambiental, bem como instigue as aulas com "relatos de experiência" pessoal para manter a curiosidade dos alunos. A introdução de conteúdos extras, como relatos de experiência ao longo do curso, é uma técnica de ensino eficiente, fundamentada na teoria moderna de aprendizado. O material na Parte 3 pode ser utilizado na sequência que o professor julgar melhor sem perder seu valor ou significado.

Os conteúdos sobre ética apresentados ao longo do livro exigem, de forma semelhante, que alunos e professores reflitam e debatam os problemas técnicos sob uma perspectiva diferente, reforçando assim o conteúdo aprendido. Como ética e preferências são questões de cunho pessoal, o debate de questões técnicas com base nessas perspectivas tende a internalizar o tema e, de fato, criar uma experiência de aprendizagem semelhante àquela que seria alcançada por meio de uma viagem de campo ou um relato de experiência verídico.

MATERIAL DE APOIO ON-LINE

O professor conta com um manual, em inglês, com questões extras e solução de problemas propostos no livro, em unidades SI. O manual está disponível no site da Cengage, na página do livro. Estão disponibilizados também slides em PowerPoint de algumas das figuras do texto.

O quadro *Enfoque – estudos de casos*, disponível no site da Cengage, na página do livro, para alunos e professores é **novidade** desta edição. Trata-se de uma coleção de estudos de caso ilustrando abordagens para solucionar problemas técnicos, éticos e relacionados à sustentabilidade. Os casos apresentam oportunidades para que professores e alunos explorem materiais que geralmente não são abordados no ensino universitário, tais como estética e potenciais implicações sociais do projeto.

AGRADECIMENTOS

Agradeço àqueles que enviaram comentários sobre o livro, os quais aproveitamos para enriquecer o texto. Agradeço incessantemente à minha família, que, com paciência, me apoiou durante a revisão, e aos colegas que, de forma solícita, compartilharam suas experiências respondendo a inúmeras perguntas.

Susan M. Morgan, PhD
2008

Agradeço a Susan e Aarne por me convidarem para participar da atualização da obra e acrescentar alguns exemplos e perspectivas do campo da sustentabilidade. Espero que seja de valor e inspiração para os alunos. Foi um prazer trabalhar com vocês.

Sou muito grata ao meus orientadores e amigos Michael Braungart, P. Aarne Vesilind e Paul Anastas cujo brilhantismo, humor e visão me deram conhecimento e me inspiraram profundamente. Agradeço também, pelas contribuições, a Margaret Whittaker da ToxServices LLC, Erin Kanoa da UrbanMarmot, Dan Bihn, Namara Brede e James Hill. Por fim, agradeço a meu caro marido, Carl, por sua paciência e apoio.

Lauren G. Heine, PhD
2008

AUTORES E REVISORES TÉCNICOS

Autores

P. Aarne Vesilind, Engenheiro

Nascido na Estônia, Vesilind emigrou para os Estados Unidos em 1949. Depois de se formar em engenharia civil na Lehigh University, obteve seu PhD em engenharia ambiental na University of North Carolina. Ficou um ano no Norwegian Institute for Water Research, em Oslo, depois de seu doutorado e um ano na Bird Machine Company, onde atuou como engenheiro pesquisador. Juntou-se ao corpo docente da Duke University, em 1970, e, em 1999, foi nomeado chefe da cadeira R. L. Rooke de Engenharia no Contexto Histórico e Social da Bucknell University. Atuou nessa função até sua aposentadoria, em 2006.

Sua pesquisa resultou em mais de 175 artigos profissionais publicados. Ele também é autor de mais de 20 livros sobre engenharia ambiental e ética profissional, sendo um dos mais recentes o *Socially Responsible Engineering* (John Wiley & Sons), que aborda o papel da justiça nas decisões de engenharia. Seu livro mais conhecido, *Estonian Jokes,* foi publicado em 2009 pela Punkt&Koma, em Tallinn.

Desde 2006, ele vive em New London, New Hampshire, e foi nomeado recentemente professor-visitante pelo Ethics Institute em Dartmouth College. Aposentado, ele mantém sua paixão pela música e toca trompete em diversas bandas, incluindo a The Exit 13 Tuba Quartet. Em 2007, foi convidado para assumir o cargo de maestro da Kearsarge Community Band.

Susan M. Morgan, Engenheira

Professora associada e diretora do programa de graduação de Engenharia Civil da Southern Illinois University Edwardsville, Susan Morgan se formou em engenharia civil pela Southern Illinois University Carbondale.

Recebeu o título de Membro da National Science Foundation e obteve o PhD em engenharia ambiental na Clemson University. Em 1996, juntou-se ao corpo docente do Departamento de Engenharia Civil da Southern Illinois University Edwardsville e desde 1999 atua como diretora do programa de graduação do departamento. Hoje, é professora associada e engenheira licenciada em Illinois.

A dra. Morgan é titular do Comitê Técnico e Ambiental da Seção de St. Louis da Sociedade Americana de Engenheiros Civis e ocupou inúmeros cargos no St. Clair Chapter of the Illinois Society of Professional Engineers.

Recebeu diversos prêmios, incluindo o National Society of Professional Engineers' Young Engineer of the Year Award, em 2001. É membro de diversas sociedades de honra, incluindo a Chi Epsilon e Tau Beta Pi, bem como outros órgãos de engenharia. Tem conduzido pesquisas em diversas áreas. Hoje, seu enfoque está na gestão de águas pluviais, particularmente por meio do uso da cobertura verde.

Lauren G. Heine, PhD

Consultora em ciência sênior, Clean Production Action, Heine é diretora do Lauren Heine Group LLC.

Heine tem doutorado em engenharia civil e ambiental pela Duke University. É uma das principais especialistas dos Estados Unidos na aplicação da química verde, engenharia verde e projeto para o ambiente para práticas empresariais sustentáveis. Como consultora em ciência sênior da Clean Production Action, e como diretora da Lauren Heine Group, ela orienta as organizações buscando integrar a química verde e a engenharia em seus projetos de produto e processo e atividades de desenvolvimento – eliminando tóxicos e o conceito de resíduos e mudando em direção à sustentabilidade econômica, ambiental e comunitária. As áreas específicas de especialização incluem o desenvolvimento de ferramentas e estratégias técnicas para identificar agentes químicos, materiais e produtos mais ecológicos, e para a facilitação de iniciativas de multi-investidores, em especial aquelas tecnicamente fundamentadas.

De 2003 a 2007, a dra. Heine atuou como diretora de ciência aplicada no Green Blue Institute, uma organização sem fins lucrativos fundada pelo arquiteto William McDonough e pelo químico alemão Michael Braungart para enfocar na concepção de produtos sustentáveis. Ela iniciou e dirigiu o desenvolvimento da CleanGredients™, uma plataforma de informação exclusiva, baseada na web, desenvolvida em parceria com a Usepa's Design for the Environment Program que fornece informações fundamentais sobre a saúde humana e ambiental, segurança e sustentabilidade, atributos das matérias-primas químicas para ajudar na formulação do produto de limpeza. Ela também liderou o desenvolvimento do Sustainability Assessment Standard for Contract Furnishing Fabrics, uma norma do American National Standards Institute, em colaboração com o Association for Contract Textiles e NSF International.

Atuou no California Green Chemistry Initiative Science Advisory Panel e é copresidente do subcomitê de desenvolvimento de ferramentas da Rede de Sustentabilidade do Wal-Mart para Produtos Químicos Intensivos. Ela faz publicações em métricas de química verde, avaliação de alternativas e processos de multi-investidores. É cofundadora do Oregon-based Zero Waste Alliance e foi membro da American Association for the Advancement of Science in the Green Chemistry Program do Industrial Chemicals Branch of the USEPA, Washington, D.C. Antes disso, lecionou em laboratórios de química orgânica na Bowdoin College em Brunswick, Maine, onde ajudou a desenvolver o programa Microscale Organic Lab. Ela atualmente vive em Bellingham, Washington.

Revisores técnicos

Carlos Alberto de Moya Figueira Netto é engenheiro civil e mestre pela Escola Politécnica da Universidade de São Paulo (USP-SP). Professor da Escola de Engenharia Mauá, consultor do Banco Interamericano de Desenvolvimento e gerente de meio ambiente e saneamento da CNEC Engenharia S/A. Atua nas áreas de engenharia relacionadas a meio ambiente, saneamento ambiental, energia e transportes.

Lineu Belico dos Reis é engenheiro eletricista e doutor e livre-docente pela Escola Politécnica da Universidade de São Paulo (USP-SP), onde é professor na Engenharia Ambiental. Atua nas áreas de engenharia relacionadas à energia, meio ambiente e sustentabilidade. É consultor no setor energético desde 1968, e professor de cursos de especialização em diversas universidades. É autor de vários livros e artigos em congressos internacionais sobre o assunto.

PARTE 1

ENGENHARIA AMBIENTAL

©Keith e Susan Morgan

Farol de Cape du Couedic, Austrália

Os engenheiros ambientais fornecem não apenas alertas de perigo, mas também lançam uma luz que conduz ao caminho para um padrão de vida sustentável para proteger a saúde humana e o ambiente.

CAPÍTULO 1

IDENTIFICAÇÃO E SOLUÇÃO DE PROBLEMAS AMBIENTAIS

1.1 O QUE É ENGENHARIA AMBIENTAL?

A engenharia ambiental tem uma longa história, entretanto, o termo "engenharia ambiental" é relativamente novo. Torna-se útil rever brevemente essa história, e levar em consideração o que o futuro reserva antes de se concentrar em exemplos específicos e em cálculos e conceitos essenciais.

1.1.1 Origens da engenharia ambiental

As raízes da engenharia ambiental remontam ao início da civilização. O suprimento de água limpa e a gestão de resíduos se tornaram necessários sempre que as pessoas se reuniam em assentamentos organizados. Para as cidades antigas, a disponibilidade de fonte de água segura muitas vezes significava a diferença entre sobrevivência e destruição, e o suprimento de água tornou-se uma necessidade de defesa. Os construtores de poços e aquedutos eram as mesmas pessoas convocadas para construir as muralhas e os fossos da cidade, bem como catapultas e outras máquinas de guerra. Esses homens tornaram-se os engenheiros da Antiguidade. Tão somente até meados dos anos 1700, os engenheiros que construíram as instalações para a população civil começaram a distinguir-se daqueles envolvidos principalmente nas questões de guerra e, então, nasceu o termo "engenharia civil". Nos anos de constituição dos Estados Unidos, os engenheiros eram, sobretudo, autodidatas ou treinados na recém-formada Academia Militar dos Estados Unidos. Os engenheiros civis – os construtores de estradas, pontes, edifícios e ferrovias – foram requisitados a projetar e construir obras de suprimento de água para as cidades, e fornecer sistemas adequados para a gestão de resíduos hídricos e águas pluviais.

O advento da industrialização trouxe consigo condições incrivelmente insalubres nas cidades em decorrência da falta de água e gestão de resíduos. Não entanto, não havia nenhuma objeção pública, até que se tornou evidente que a água poderia transmitir doenças. A partir desse momento, os engenheiros civis fariam mais do que apenas fornecer suprimento adequado de água; eles agora tinham que se certificar de que a água não seria um vetor para a transmissão de doenças. A saúde pública tornou-se uma preocupação vital dos engenheiros civis incumbidos de fornecer água aos centros populacionais, e a eliminação das doenças transmitidas pela água passou a ser o principal objetivo no final do século XIX. Os engenheiros civis responsáveis pela drenagem das cidades e pela provisão de fornecimento de água limpa se tornaram engenheiros de saúde pública (na Grã-Bretanha) e engenheiros sanitaristas (nos Estados Unidos).

1.1.2 Engenharia ambiental hoje

Os engenheiros sanitaristas obtiveram notáveis reduções na transmissão de doenças agudas por ar ou água contaminada. Nos Estados Unidos, os efeitos agudos da poluição são, para todos os propósitos, eliminados. No entanto, essas preocupações agudas foram substituídas por problemas mais crônicos e complexos, como as mudanças climáticas; depleção de aquíferos; poluição do ar em ambientes internos; transporte global de produtos químicos persistentes, bioacumulativos e tóxicos; impactos sinérgicos das misturas complexas de produtos químicos industriais a partir de produtos domésticos e farmacêuticos em efluentes, águas residuárias, rios e córregos; produtos químicos como desreguladores endócrinos; e a carência de informações sobre a segurança e o efeito na saúde humana e ambiental de novos materiais rapidamente emergentes, como as nanopartículas. Os desafios para componentes do meio ambiente, como o ar e água, já não podem mais ser considerados e conduzidos dentro de categorias individuais. Devem ser conduzidos a uma escala de ecossistema a fim de evitar o desvio das preocupações sobre poluição de um setor para outro. Para enfrentar esses problemas crônicos antes que eles se tornem agudos, os cientistas e engenheiros buscam compreender o ambiente, as cidades e a indústria como sistemas interativos (por exemplo, ecossistemas, sistemas sociais e sistemas industriais interconetados), e pensar de forma proativa e preventiva de modo que possam evitar consequências indesejadas em vez de geri-los de forma reativa.

Atualmente, em muitos países desenvolvidos, a opinião pública transpõe os efeitos diretos e imediatos da contaminação ambiental sobre a saúde, que já não é mais a única preocupação. A limpeza dos córregos, em benefício do próprio córrego, tornou-se uma força motivadora, e a legislação foi aprovada estabelecendo nosso desejo de um ambiente limpo. A proteção do habitat da fauna, a preservação das espécies e a saúde dos ecossistemas tornaram-se objetivos válidos para o gasto de recursos. Tal senso de missão, geralmente denominado ética ambiental, é a principal força motivadora por trás da engenharia ambiental moderna, e é reivindicada pela população como um valor público. No século XX, a ética ambiental geralmente era confrontada com os desejos daqueles que queriam explorar os recursos naturais em benefício humano. O senso comum presumia que deveria ser feito um *trade-off* *; era preciso escolher entre a economia *ou* o ambiente.

1.1.3 Engenharia ambiental no futuro

No século XXI, torna-se evidente que os ecossistemas e o capital natural em nosso planeta não são inesgotáveis. Preservar e manter a saúde e o bem-estar econômico e social das pessoas depende da preservação e manutenção da integridade dos ecossistemas e dos serviços ecossistêmicos que eles fornecem. A solução não é um *trade-off*. A solução é o bem-estar da economia *e* do meio ambiente. Um objetivo comum surgiu em todo o mundo – o objetivo do desenvolvimento sustentável – definido, em 1987, por uma comissão das Nações Unidas, no Relatório Brundtland como "desenvolvimento que atende às necessidades do presente sem comprometer a possibilidade de as gerações futuras atenderem às suas necessidades". O desenvolvimento sustentável (às vezes denominado "sustentabilidade") significa coisas diferentes para pessoas e comunidades diferentes, dependendo da natureza de suas atividades e dos contextos cultural, geográfico, econômico e ambiental em que elas atuam.

No passado, a engenharia ambiental era uma profissão reativa, reagindo aos problemas criados pelo crescimento das populações mundiais e do aumento do nosso padrão de vida. Os problemas futuros que os engenheiros ambientais enfrentarão podem ser estimados e trabalhados. Por exemplo, sabemos que os problemas de poluição, que há poucas décadas eram problemas locais, são agora de escala mundial. Também sabemos que o uso e o descarte contínuos de velhos e novos produtos químicos no meio ambiente causarão efeitos imprevisíveis e, às vezes, sinérgicos. E sabemos que enfocar na eficiência energética e em outras melhorias da eficiência, por si só, não solucionará adequadamente as restrições de recursos emergentes à medida que as populações aumentam e a qualidade de vida, nos países em desenvolvimento, melhora. Os engenheiros ambientais, agora e no futuro, desempenharam papel fundamental na concretização do desenvolvimento sustentável.

Não é preciso dizer que a formação clássica em engenharia sanitária, com base na aplicação de processos hidráulicos, saúde pública e engenharia química, é inadequada para lidar com essas questões complexas. A nova geração de engenheiros ambientais encarregados da proteção da saúde humana e do meio ambiente irá se valer das ciências naturais e lidará, em nível avançado, com as ciências biológicas e químicas, incluindo a nanotecnologia, biotecnologia, tecnologia da informação, destino dos produtos químicos e toxicidade, e considerações sobre o impacto no ciclo de vida. Os engenheiros ambientais também terão mais compreensão dos processos industriais, incluindo o projeto e o desenvolvimento de produto. E por fim, como esses problemas estão todos no domínio público, eles aprenderão a aplicar as ciências sociais, como política pública, comunicações e economia, e a trabalhar com diversos grupos de interesse na solução de problemas. Uma vez que é improvável que todos os tópicos sejam completamente abordados nos currículos atuais de engenharia civil ou ambiental, os alunos podem precisar estudá-los em cursos acadêmicos semelhantes, como gestão empresarial, ciência e gestão ambiental e políticas públicas.

Os engenheiros ambientais utilizarão seu treinamento em projetos para serem proativos e antecipar o desenvolvimento de soluções. À medida que eles se afastarem de um enfoque no tratamento final de

* *Trade-off*: ato de escolher uma coisa em detrimento de outra, normalmente em situação de conflito. (N.R.T.)

efluentes, e até mesmo para além da prevenção da poluição por meio de controles de engenharia, eles se voltarão para o uso de projetos para prevenir os problemas desde o início. As áreas emergentes como a química verde, a engenharia ecológica e os projetos para o meio ambiente, discutidos em diversos pontos neste livro, auxiliarão os engenheiros ambientais e outros engenheiros a desenvolver produtos sustentáveis e a promover a gestão sustentável de materiais.

Como os problemas enfrentados pelos engenheiros ambientais se tornam cada vez mais complexos, há necessidade crescente de princípios e diretrizes para orientar o desenvolvimento de soluções. Em 2003, aproximadamente 65 engenheiros e cientistas se reuniram em Sandestin, Flórida, para desenvolver um conjunto de princípios para a engenharia verde. A Agência de Proteção Ambiental dos Estados Unidos (U.S. Environmental Protection Agency – EPA) define a engenharia verde como “projeto, comercialização e uso de processos e produtos [que] são viáveis e econômicos enquanto minimizam 1) a geração de poluição na origem, e 2) o risco à saúde humana e ao meio ambiente”. O grupo concebeu um conjunto de princípios que foi além do que era normalmente visto como o âmbito da engenharia verde para abordar elementos sociais. Desse modo, eles ficaram conhecidos como Princípios de Sandestin para a Engenharia Sustentável (Princípios de Sandestin).[1,2] Outros conjuntos foram desenvolvidos para apoiar o projeto e desenvolvimento de produtos e processos com benefícios à saúde humana e ao meio ambiente. Eles incluem os 12 Princípios da Química Verde e os 12 Princípios da Engenharia Verde.[3] A Usepa adotou os nove Princípios de Sandestin como os Princípios da Engenharia Verde. Juntos, esses princípios fornecem uma diretriz e um amplo referencial para todos os engenheiros que buscam ajudar a solucionar os problemas do século XXI. Eles caracterizam bem o papel crescente do engenheiro ambiental (Tabela 1.1).

A engenharia sustentável transforma as disciplinas e práticas da engenharia existentes naquelas que promovem a sustentabilidade. Ela integra o desenvolvimento e a implementação de produtos, processos e sistemas técnica e economicamente viáveis que promovem o bem-estar humano, enquanto protegem a saúde humana e aumentam a proteção da biosfera como critério de soluções da engenharia.

Esses princípios podem servir como diretriz para os engenheiros ambientais em todos os tipos de emprego – seja no governo, na consultoria, no meio acadêmico ou na indústria privada. A sociedade reconhece e preza o trabalho do engenheiro ambiental e está preparada para usar os recursos sociais para alcançar a sustentabilidade. Agora, a comunidade profissional de engenharia ambiental deve se preparar para enfrentar esse desafio, garantindo que os engenheiros ambientais continuem a alcançar o cerne do conhecimento técnico normalmente esperado dos engenheiros ambientais, e complementados com a capacidade de compreender os problemas de forma sistêmica e a colaborar de forma produtiva com especialistas e não especialistas de outras disciplinas e setores.

TABELA 1.1 Princípios de Sandestin para a engenharia sustentável.

1.	Praticar a engenharia de processos e produtos de forma holística, usar análise de sistemas e integrar estudos de avaliação de impacto ambiental.
2.	Conservar e melhorar os ecossistemas naturais protegendo ao mesmo tempo a saúde e o bem-estar humano.
3.	Contemplar o ciclo de vida em todas as atividades da engenharia.
4.	Assegurar que as fontes e rejeitos de material e energia sejam inerentemente seguros e benignos na medida do possível.
5.	Minimizar o esgotamento dos recursos naturais.
6.	Esforçar-se para prevenir a geração de resíduos.
7.	Desenvolver e aplicar soluções de engenharia, enquanto se tem consciência da geografia local, das aspirações e culturas.
8.	Criar soluções de engenharia além das tecnologias atuais ou predominantes; melhorar, inovar ou inventar (tecnologias) para alcançar a sustentabilidade.
9.	Fazer com que as comunidades e os grupos de interesse participem de forma ativa no desenvolvimento de soluções de engenharia.

1.2 ESTUDOS DE CASO

A seguir estão alguns exemplos de problemas ambientais identificados e solucionados. Eles ilustram alguns dos princípios e controvérsias inerentes ao campo da engenharia ambiental.

1.2.1 Surto de hepatite no Holy Cross College

Logo depois do jogo realizado em Dartmouth, em 1969, todos os integrantes do time de futebol americano do Holy Cross College ficaram doentes[4]. Tiveram febre, náuseas e dores abdominais, além de apresentarem pele amarelada – sintomas característicos da hepatite infecciosa. Nos dias que se seguiram, quase 90 pessoas – entre jogadores, treinadores, técnicos e outras pessoas – que faziam parte do programa de futebol da instituição também adoeceram. A escola cancelou o restante da temporada e tornou-se alvo de um mistério epidemiológico. Como explicar que um time inteiro tivesse contraído hepatite infecciosa?

Sabe-se que a doença é transmitida basicamente de pessoa para pessoa. Embora epidemias possam ocorrer, isso quase sempre se deve à contaminação da água ou de frutos do mar. Há vários tipos de vírus da hepatite com drásticas consequências para o ser humano. O menos mortal é o da hepatite A que ocasiona mal-estar durante várias semanas, mas raramente deixa sequelas duradouras. As hepatites B e C, todavia, podem provocar graves problemas, em especial no fígado, e durar por anos. Na ocasião da epidemia no Holy Cross College, o vírus da hepatite ainda não havia sido isolado e muito pouco se sabia sobre sua etiologia ou suas consequências.

Quando o colégio teve ciência da seriedade da epidemia, pediu e recebeu ajuda dos governos estadual e federal, que enviaram epidemiologistas até a cidade de Worcester. Em princípio, esses especialistas coletaram todo tipo de informação sobre os integrantes do time de futebol: com quem haviam estado e o que haviam comido e bebido. O objetivo era encontrar pistas que os levassem a descobrir como surgiu a epidemia, e obtiveram os seguintes dados:

- Uma vez que o período de incubação da hepatite é de cerca de 25 dias, a infecção deve ter ocorrido em algum momento antes do dia 29 de agosto.
- Os jogadores que deixaram o time antes desse período não foram infectados.
- Jogadores da equipe principal que chegaram atrasados, depois do dia 29 de agosto, também não foram infectados.
- Jogadores do time de calouros que chegaram em 3 de setembro também não tiveram a doença.
- Tanto os jogadores do time de calouros como os do time principal usaram o mesmo refeitório, e, como nenhum calouro foi infectado, descartou-se a hipótese de que o refeitório fosse a causa da doença.
- Um dos técnicos que desenvolveu hepatite não havia usado o refeitório do colégio.
- Não havia nenhum indício de que os jogadores tivessem comido frutos do mar em algum restaurante, o que poderia dar uma dica sobre onde poderiam ter contraído o vírus.
- Os jogadores consumiram uma bebida preparada pelo colégio, cuja composição era açúcar, mel, gelo e água (a versão caseira do Gatorade). No entanto, como os funcionários da cozinha provaram da bebida antes e depois do jogo, e nenhum deles desenvolveu a doença, a possibilidade de a bebida ter sido a causadora da doença foi descartada.

Como não encontravam respostas para o fato, os epidemiologistas se concentraram no fornecimento da água. O colégio recebe água da cidade de Worcester e uma tubulação subterrânea traz a água da Rua Dutton – que é sem saída – até o campo de treinamento de práticas esportivas, onde há um bebedouro que os jogadores utilizam durante os treinos. Amostras da água foram colhidas do bebedouro e não apresentaram nenhuma contaminação. A ausência de contaminação durante a amostragem não descartou, entretanto, a possibilidade de transmissão da doença através da tubulação, que cruzava o campo por meio de um medidor de água e várias caixas de *sprinklers* enterradas no solo, colocadas em todo o campo para regar o gramado (Figura 1.1).

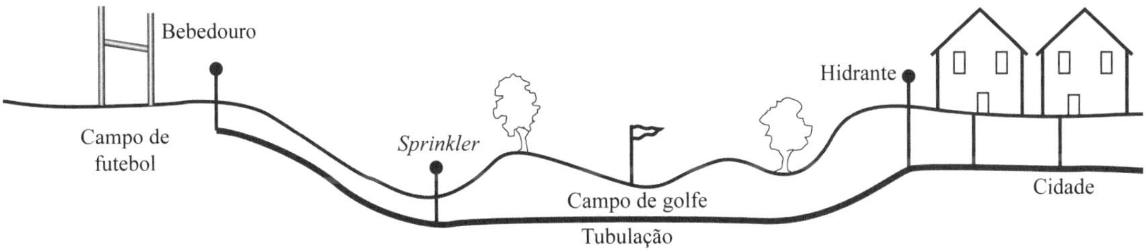

FIGURA 1.1 A tubulação que conduzia a água ao campo de treinamento Holy Cross vinha da Rua Dutton e atravessava várias caixas de *sprinklers*.

Duas outras informações foram cruciais. Soube-se que, em uma das casas na Rua Dutton, moravam crianças que haviam contraído hepatite. Durante o verão, elas brincavam com água dos *sprinklers*, espirrando umas nas outras e formando poças no gramado. No entanto, como a água dessas poças – caso as crianças a tivessem contaminado – teria ido parar na tubulação, já que os canos de água eram mantidos sempre sob pressão positiva?

A última peça do quebra-cabeça se encaixou quando os epidemiologistas descobriram que havia ocorrido um grande incêndio em Worcester, durante a noite do dia 28 de agosto, que durou até a manhã do dia seguinte. A demanda de água para o incêndio foi tão grande que todas as casas da Rua Dutton ficaram sem água da rua, ou seja, os bombeiros bombearam a água em tal quantidade que a pressão no encanamento ficou negativa. Esses dados levaram à seguinte conclusão: as crianças esqueceram algumas das válvulas dos *sprinklers* abertas, o que certamente provocou a contaminação da água ao redor do *sprinkler*. Então, o vírus da hepatite entrou no encanamento da água potável. Na manhã seguinte, a pressão da água foi restabelecida no encanamento, e a água contaminada foi parar no final do ramal da tubulação, ou seja, no bebedouro do campo de futebol – todos os jogadores, treinadores, técnicos e quaisquer outras pessoas que beberam daquele bebedouro foram infectados com hepatite.

Esse caso ilustra a clássica *conexão cruzada*, ou seja, o contato físico entre a água potável tratada e a contaminada e as consequências potencialmente graves dessas conexões. Um dos objetivos da engenharia ambiental é projetar sistemas para proteger a saúde pública. No caso de tubulações, os engenheiros precisam projetar sistemas que evitem qualquer possibilidade de ligações cruzadas, embora, como o incidente do Holy Cross College demonstra, seja quase impossível prever todas as possibilidades.

Questões para discussão

1. Na próxima vez que for utilizar um bebedouro ou comprar uma garrafa de água, quais atitudes adotará com relação à segurança da água? Quem deve se responsabilizar pela qualidade da água? (Cuidado com essa última pergunta. Lembre-se de que (felizmente) você vive em um país democrático.)
2. Considerando o que se sabe sobre a hepatite, como poderia ter sido diferente a investigação dos epidemiologistas caso esse incidente tivesse ocorrido no ano passado? Será necessário pesquisar um pouco. A maioria das universidades dispõe de informações online sobre hepatite e outras doenças contagiosas.
3. Suponha que você seja um advogado especializado em crimes contra a pessoa e que tenha sido contratado pela família de um dos jogadores do Holy Cross College. Como você conduziria o caso? Quem deveria ser processado?

1.2.2 A disposição do lodo de esgoto

Um famoso linguista e escritor norte-americano, H. L. Mencken, em seu livro *The American language: an inquiry into the development of English in the United States* [*A língua americana: um questionamento sobre o desenvolvimento do inglês nos Estados Unidos*] (Alfred A. Knopf Inc., 1977), observou que muitas das palavras mais recentes da língua inglesa são formadas por uma combinação de sons que, por si sós, traduzem o significado ou uma imagem. Por exemplo, a palavra *crud* (doença imaginária ou desconhecida) começou com a sigla C.R.U.D. para *chronic recurring unspecified dermatitis* (dermatite não especificada recorrente e crônica), diagnóstico médico utilizado para os soldados americanos que estavam nas Filipinas, no início dos anos 1990. A palavra sugere uma imagem sem definição. Tente sorrir da forma mais meiga e delicada possível, e pronuncie a palavra *crud*. Não vai dar. Vai sempre soar estranho.

Uma combinação de consoantes apontadas por Mencken como especialmente feias é o som de "sl". Depois de uma busca no dicionário por palavras começando com "sl", encontramos: *slimy* (viscosos, pegajosos), *slither* (escorregar, resvalar), *slovenly* (desmazelado, relaxado), *slug* (lesma), *slut* (prostituta), *slum* (favela) e, certamente, *sludge* (lodo). Se o som da palavra já é feio, imagine o que ela representa!

E é feio mesmo, pois o lodo de esgoto é produzido em uma estação de tratamento de esgoto descartado como resíduo do tratamento. As estações de tratamento de efluentes líquidos desperdiçam muita energia porque o ser humano é um usuário ineficiente da energia química que ingere. E tal como no corpo humano, o metabolismo da estação de tratamento de efluentes líquidos é ineficiente. Embora essas estações produzam esgoto tratado, que é despejado no curso de água mais próximo, elas produzem também um subproduto que ainda possui energia química substancial. Esse resíduo não pode ser simplesmente descartado porque iria facilmente sobrecarregar o ecossistema aquático ou causar incômodos e até mesmo oferecer risco à saúde humana. O tratamento e a disposição do lodo de esgoto representam um dos problemas mais críticos da engenharia ambiental. (Para reduzir a opinião pública negativa sobre o descarte do lodo de esgoto, uma associação de qualidade da água sugeriu que o que deixasse a estação de tratamento fosse chamado de "biossólidos" em vez de "lodo". Sem dúvida, "uma rosa com outro nome não tem o mesmo perfume".)

Por ser a disposição do lodo de esgoto tão difícil e porque a disposição imprópria pode trazer problemas à saúde humana, uma legislação própria se faz necessária por parte das entidades governamentais. No estabelecimento das normas pelas agências governamentais, o bem-estar e a saúde do ser humano quase sempre perdem a importância diante das considerações econômicas. Afinal, quanto estamos dispostos a pagar para ter um ambiente mais saudável? A premissa, ou, pelo menos, a esperança, é de que a agência reguladora dispõe dos dados necessários para determinar os efeitos de determinadas normas sobre a saúde humana. No entanto, raramente isso ocorre, e as agências regulatórias são forçadas a tomar decisões com base em dados e informações científicas insuficientes. O relator dessas normas deverá equilibrar os interesses conflitantes e os diversos grupos constituintes. (Por exemplo, na Islândia a presença de renas é assunto sério, e muitas estradas tiveram seus traçados alterados para evitar quaisquer danos aos lares dos supostos pequeninos moradores!) Em uma democracia, o órgão regulador representa o interesse público. Se as normas forem julgadas inaceitáveis, as pessoas poderão mudar as regras (ou quem as faz!).

Um exemplo de uma regra muito impopular nos Estados Unidos foi o limite de 90 km/h nas rodovias interestaduais. Como a população ignorou essa determinação, revogou-se a lei. Os responsáveis pelas normas emitidas pelo Departamento de Transportes dos Estados Unidos julgaram mal a vontade do público de diminuir a velocidade nas estradas. A economia de combustível e a redução de acidentes, que salvaria muitas vidas, eram objetivos magníficos, mas a norma foi rejeitada porque exigia demais do público. Segundo os engenheiros de transportes, a redução do limite de velocidade de 105 km/h para 90 km/h poderia salvar 20 mil vidas por ano, mas esse tipo de benefício não agradou ao público que preferiu não pagar o preço referente à diminuição da velocidade nas estradas.

Da mesma maneira, os objetivos das normas ambientais são admiráveis e moralmente justificáveis, pois visam melhorar a saúde pública (ou lidar com a prevenção de doenças ou da morte prematura). As normas ambientais demandam ampla pesquisa sobre os benefícios e os custos de implementação. Em geral, o valor da vida humana é colocado diante da imposição de ações regulatórias que podem conduzir a custos financeiros e restrições na liberdade pela redução de comportamentos poluidores. Isto é, ao estabelecer as normas que visam melhorar a saúde pública, o órgão regulador tira a liberdade daqueles que normalmente iriam lançar agentes poluidores no ambiente. Esses órgãos devem comparar a boa saúde pública com a perda de liberdade ou dinheiro – na verdade, redução da liberdade e perda financeira. O estabelecimento de limites severos quanto às emissões das estações de tratamento de esgoto demanda o aumento de impostos para o pagamento do tratamento adicional. A proibição de emissão de esgoto industrial com metais pesados exige que as empresas instalem sistemas caros de prevenção à poluição e impede que façam o descarte desses materiais por métodos mais baratos. O estabelecimento de padrões rígidos para a água potável também resulta em mais gastos para a construção de melhores estações de tratamento de água. Em todo caso, ao definir as regras, o órgão regulador precisa avaliar cuidadosamente dois aspectos importantes: a preservação da saúde pública e os custos que isso acarretará para alguns. Trata-se de questões imprescindíveis que deverão ser solucionadas pelos reguladores no estabelecimento das normas ambientais.

Earle Phelps (1948) foi o primeiro a reconhecer que as decisões ambientais regulatórias são tomadas com base naquilo que chama de *princípio de conveniência*[5]. Segundo Phelps, engenheiro sanitarista conhecido pelo trabalho desenvolvido em saneamento de córregos e pela criação da curva do déficit de oxigênio dissolvido de StreeterPhelps (ver Capítulo 8), conveniência é "a tentativa de reduzir a medida numérica de dano provável, ou a medida lógica do risco existente, ao nível mais baixo de ser praticado e executado dentro dos limites financeiros e da capacidade de engenharia". De acordo com o engenheiro, "na prática, raramente se obtém a melhor condição ou a ideal, e que é desnecessário e, portanto, não é conveniente requerer uma abordagem mais aproximada do que a que está disponível em curto prazo, dentro das práticas atuais de engenharia e com custos que sejam justificáveis". Segundo Phelps, é fundamental que os reguladores – responsáveis pela definição dos padrões e que, em geral, encontram dificuldades para defender suas decisões – reconheçam que "o princípio da conveniência é a base lógica para os padrões administrativos, e, por isso, devem honestamente defendê-lo". Para o engenheiro, não há nada de errado quanto à utilização de padrões que estabeleçam uma velocidade-limite da poluição que afeta a saúde humana. Além disso, Phelps reconhece a importância de leis que determinem a redução de poluentes no meio ambiente e sabe que a viabilidade técnica para tanto pode levar muito tempo. Mesmo assim, ele sempre insistiu na redução dos perigos ambientais aos níveis mínimos de conveniência. (É bom notar que há uma filosofia antagônica chamada de princípio da precaução. Essa teoria sanciona errar por precaução em face da incerteza de impedir problemas criados, repetidas vezes, ao considerar que tínhamos informação adequada quando não a tínhamos – por exemplo, ao descartar lixo perigoso ao ar livre e em lagoas sem impermeabilização).

A responsabilidade do regulador é incorporar a melhor ciência disponível à tomada da decisão regulatória. Contudo, surgem problemas quando a informação científica disponível é limitada. A complexidade do efeito ambiental do lodo de esgoto na saúde humana leva a uma incerteza científica, o que torna muito difícil o seu descarte. O problema de desenvolver normas para o descarte do lodo é que ele contém propriedades desconhecidas e dinâmicas, e se comporta de modo diferente nos diversos meios ambientais. Os reguladores precisam determinar quando a presença do lodo é problemática e o que pode e deve ser feito sobre isso.

Diante dessa complexidade, em meados da década de 1980, a Agência de Proteção Ambiental dos Estados Unidos (Usepa) iniciou um programa para desenvolver normas para regular o descarte do lodo de esgoto visando a proteção da saúde humana. Apesar de a lei sobre água livre de poluição (Clean Water Act) pressionar a Usepa sobre a definição das normas, a agência protelou enquanto pôde. A tarefa era muito difícil. Os especialistas da Usepa sabiam disso e definiram as normas de maneira lógica: 1. especificaram todos os meios pelos quais os constituintes do esgoto poderiam causar danos ao ser humano e 2. partiram para os piores casos possíveis. Por exemplo, para a incineração do lodo de esgoto, a agência assumiu que, se uma pessoa mora por cerca de 70 anos ao lado de um incinerador de lodo, irá respirar essas emissões durante 24 horas por dia. Se a pessoa nunca se mudou ou se o vento nunca soprou para outro lado, o incinerador emitiu esses poluentes contaminantes durante 70 anos. Uma das grandes preocupações são os metais voláteis como o mercúrio. Com base em evidência epidemiológica, como a tragédia de Minamata, no Japão, e extrapolando várias ordens de magnitude, a Usepa estimou o total de emissões de mercúrio permitidas a partir de um incinerador de lodo.

Ao construir as piores e mais inverossímeis hipóteses, a Usepa desenvolveu e publicou o rascunho de uma série de normas para o descarte de lodo de esgoto para ser submetido à opinião pública. A resposta foi imediata e esmagadora. A agência recebeu mais de 600 respostas oficiais, quase todas criticando o processo, as premissas e as conclusões. Muitos dos comentários ressaltaram que atualmente não existem dados epidemiológicos conhecidos para mostrar que o descarte apropriado de lodo de esgoto é de alguma forma prejudicial à população. Na ausência dessa informação, o estabelecimento de padrões rígidos parecia inválido.

Abalada pela reação tão adversa, a Usepa abriu mão da abordagem baseada na saúde e adotou os padrões de conveniência de Phelps, que define dois tipos de lodo de esgoto:

- Classe B: esgoto tratado por meio de digestão anaeróbia.
- Classe A: esgoto que passou por desinfecção.

O esgoto da Classe A pode ser descartado em qualquer pasto, mas o da Classe B apresenta restrições, como ter de esperar por 30 dias até o gado ser reintroduzido em um pasto aspergido por lodo tratado. O lodo não tratado (possivelmente o de Classe C, embora não tenha sido designado como tal) não deve ser descartado no ambiente. Essa norma é conveniente porque todas as estações de tratamento de esgoto nos Estados Unidos agora dispõem de algum tipo de estabilização de lodo, como a estabilização anaeróbia. Essa norma está sendo observada por quase todas as estações de tratamento e tem o aval da população.

A falta de informação epidemiológica útil sobre o efeito dos constituintes do lodo na saúde humana forçou a Usepa a desenvolver uma hipótese cujas regras se tornaram irrealistas e não foram aceitas pela população. O declínio de normas com base na saúde deve-se ao fato de que os reguladores não conseguiram informar quantas pessoas seriam prejudicadas pelo descarte do lodo que não atendesse aos critérios por eles estabelecidos. Na falta dessa informação, o público decidiu que não desejava ser importunado com aquilo que julgava como regras desnecessárias. Para o projeto, a Usepa já tinha utilizado dinheiro público suficiente, e o benefício até então obtido era muito insignificante para a saúde da população. Diante desse cenário, a Usepa decidiu fazer aquilo que considerava conveniente, ou seja, estações de tratamento de esgoto (em alguns casos com digestão anaeróbia e em outros com desinfecção térmica). A agência acreditava que, apesar de essas regras não serem suficientes, ainda assim eram melhores do que nada. À medida que os projetos de tratamento de esgoto são aperfeiçoados e há mais investimento por parte dos órgãos responsáveis, os padrões podem ser mais rígidos e éticos.

A tomada de decisões regulatórias e o estabelecimento de normas para o descarte do lodo apresentam ramificações éticas porque envolvem a distribuição dos custos e benefícios entre a população afetada. O princípio da conveniência é um modelo ético que requer do regulador o aperfeiçoamento dos benefícios de proteção à saúde ao mesmo tempo que minimiza os custos dentro dos limites da viabilidade técnica. O princípio de conveniência de Phelps, proposto há mais de 50 anos, ainda é uma aplicação útil de ética, sobretudo quando se utiliza o conhecimento científico para definir regras dinâmicas e ao mesmo tempo passíveis de ser cumpridas. No caso de descarte do lodo, a Usepa, com base no princípio de conveniência, pesou uma postura ética em que se consideram o bem moral da proteção à saúde humana contra o dano moral de diminuir a riqueza ao exigir tratamento e descarte do lodo do esgoto de alto custo.

Questões para discussão

1. Com base no princípio de conveniência de Phelps, faça uma reflexão sobre seus hábitos ao dirigir.
2. Recentemente, um candidato ao governo do estado de New Hampshire apresentou uma única proposta: impedir o descarte do lodo de esgoto sobre o solo. Suponha que você tivesse a oportunidade de fazer-lhe três perguntas. Quais seriam as perguntas e as respostas dele?
3. As pessoas que moram no Japão, país com elevada conscientização sobre saúde pública e limpeza, recentemente descobriram que são mais suscetíveis a gripes e resfriados que as pessoas dos outros países. Por que isso pode ser verdadeiro?

1.2.3 O episódio Donora

Era uma típica tarde de outono no oeste da Pensilvânia, em 1948, nublada e calma[6]. Os moradores de Donora, pequena cidade às margens do Rio Monongahela, não prestaram muita atenção àquilo que parecia ser uma atmosfera apresentando o fenômeno particular de smog*. Já tinham visto dias piores. Algumas pessoas lembravam-se de dias em que o ar estava tão pesado que era possível ver a poluição pairando no ar. Naquela tarde de sábado, as crianças se preparavam para o desfile de Halloween, e os rapazes estavam envolvidos com os preparativos para o jogo de futebol americano do colegial. O técnico do time adversário era contra a realização do jogo. Afirmava que o técnico do Donora havia encomendado aquela nuvem de poluição que pairava sobre o campo. Se alguém fizesse um passe, ninguém veria a bola e os jogadores da retranca não conseguiriam fazê-la reaparecer.

Foi um dia cinzento e nublado muito diferente: até o fim da noite 11 pessoas morreram e mais 10 morreriam nas horas seguintes. A nuvem de poluição estava tão densa que os médicos que atendiam os doentes perdiam-se no trajeto de uma casa para outra. Na segunda-feira, quase metade da população da cidadezinha de 14 mil habitantes estava ou nos hospitais ou de cama em casa com fortes dores de cabeça, vômitos e cólicas. Os animais domésticos sofreram mais que todo mundo: os passarinhos morreram, e muitos cães e gatos já estavam mortos ou agonizando. Até as plantas das casas sucumbiram aos efeitos do *smog*.

Não havia ambulâncias nem hospitais suficientes e muitas pessoas morreram por falta de cuidados imediatos. Os bombeiros foram acionados. Traziam tanques de oxigênio para atender apenas aqueles que estivessem em piores condições. Como não havia oxigênio para todo o mundo, foram distribuindo o que tinha em doses reduzidas para cada um e seguiam adiante para atender mais pessoas.

Quando a atmosfera finalmente clareou no dia 31 de outubro, seis dias depois da intensa neblina e fumaça tóxica, restaram os rastros de uma tragédia de imensas proporções (à medida que tragédias da qualidade do ar começaram a ser conhecidas) e as consequências foram terríveis. A publicidade em torno do incidente em Donora provocou uma conscientização sobre o controle da qualidade do ar nas comunidades americanas. Segundo os funcionários da saúde, se a neblina continuasse por mais uma noite, quase 10 mil pessoas teriam morrido.

Que fatores contribuíram para que essa tragédia ocorresse em Donora? Em primeiro lugar, Donora era uma cidade metalúrgica, com três grandes fábricas instaladas: de aço, de fios e cabos, e de zinco para galvanização dos cabos. As três fábricas juntas produziam fios galvanizados. O transporte era feito pelo Rio Monongahela até os mercados mundiais, e a disponibilidade de matérias-primas e mão de obra confiável (em geral, importada da Europa Oriental) tornou a cidade muito próspera. Naquela tarde de sábado, quando a condição da qualidade do ar na cidade ficou crítica, as fábricas diminuíram a produção, mas, aparentemente, os administradores não perceberam que suas empresas eram as responsáveis diretas pelas condições de saúde dos habitantes de Donora. Apenas no domingo à noite, quando foram informados sobre a tragédia, é que fecharam os fornos e as chaminés das fábricas.

Em segundo lugar, Donora está localizada às margens do Rio Monongahela, com altos rochedos no entorno, formando uma bacia com a cidade bem no meio (Figura 1.2). Na noite de 25 de outubro de 1948, ocorreu uma inversão térmica nas condições do vale. Essa condição meteorológica, sem ter nada a ver com poluição, limitou o movimento ascendente do ar e criou uma espécie de barreira sobre o vale. Os poluentes emitidos pelas fábricas não conseguiram sair e ficaram presos sob a barreira, produzindo um nível crescente de concentrações tóxicas.

As metalúrgicas alegaram que não eram responsáveis pelo acidente. Na verdade, não se resgistrou nenhuma falha durante a investigação realizada. As empresas estavam operando de acordo com a lei e não obrigavam nenhum operário a trabalhar em suas fábricas, ou morar em Donora. Na falta de legislação específica, as empresas não se sentiram obrigadas a pagar pelo equipamento para combater a poluição, nem a alterar seus processos de fabricação para reduzir a poluição do ar. Os empresários acreditavam que, se fossem os únicos a pagar pelo equipamento e por sua instalação para combater a poluição, estariam em desvantagem competitiva e seriam obrigados a encerrar suas atividades.

A tragédia obrigou o estado da Pensilvânia e também o governo federal a tomar uma atitude, que contou com o único e grande feito, enviando a Lei do Ar Limpo ao Congresso em 1955, mas apenas em 1972 a lei federal começou a vigorar. Em Donora e nas imediações de Pittsburgh, entretanto, nunca confirmaram as péssimas condições do ar, o que constituía um requisito para manter bons empregos e prosperidade.

* No original *smog*, que significa a composição de *smoke* (fumaça) e *fog* (neblina). *Smog*, hoje, é uma palavra que indica episódios críticos de poluição do ar. (N.R.T.)

(A)

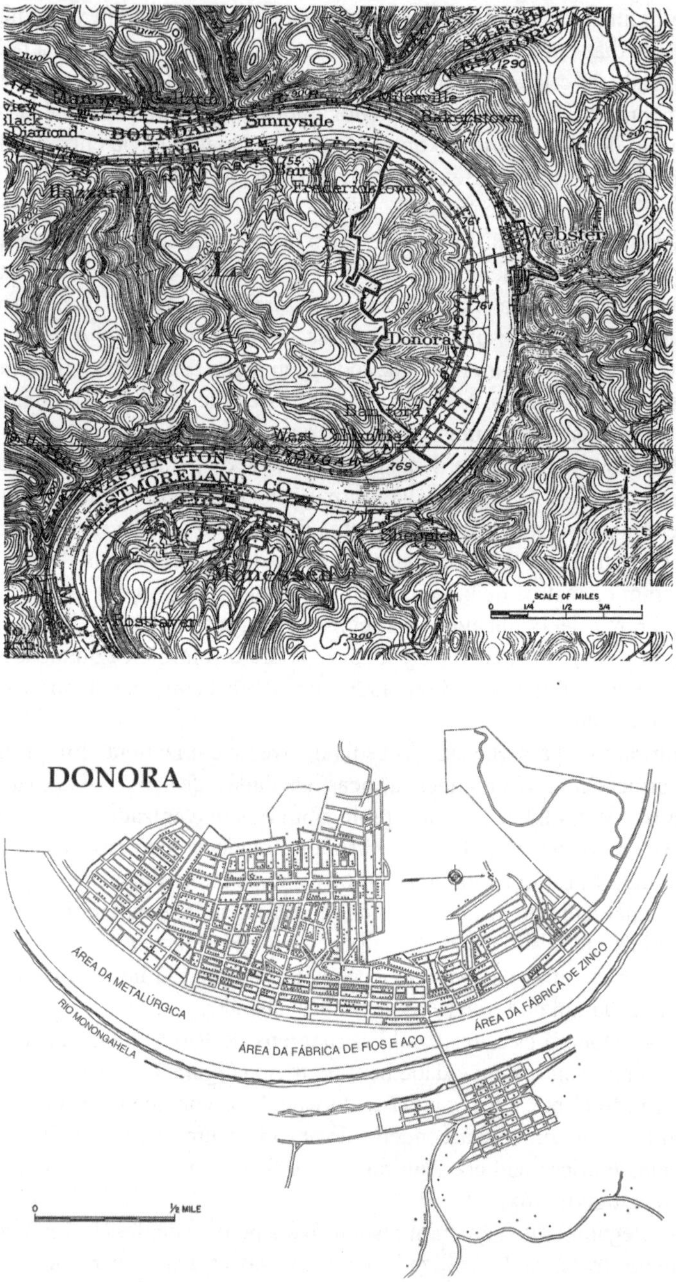

(B)

FIGURA 1.2 Donora era uma típica cidade metalúrgica às margens do Rio Monongahela ao sul de Pittsburgh, com altos rochedos que criavam uma bacia (A) e três indústrias que produziam os poluentes (B).

A imprensa de Pittsburgh cobriu a tragédia de Donora comparando-a com uma fuga da cadeia. Até o início da década de 1950 havia o medo de que, se as pessoas protestassem contra a poluição, as fábricas fechariam e não haveria emprego para mais ninguém. No entanto, a fábrica de zinco, a principal responsável pela formação da neblina tóxica, foi fechada apenas em 1957, e as outras duas só encerraram suas atividades dez anos mais tarde. Atualmente, Donora não se parece mais com a antiga cidade, porém entrou para a história em razão do significativo episódio que deu início à nossa atual mobilização na direção do compromisso com o ar limpo.

Questões para discussão

1. Alguns anos após o episódio de Donora, o jornal local afirmou o seguinte: "O melhor que podemos esperar é que as pessoas logo se esqueçam da tragédia". Por que os editores do jornal pensavam assim? Por que não queriam que as pessoas se lembrassem do episódio?
2. A idade das pessoas mortas nesse acidente variava de 52 a 85 anos. A maioria apresentava problemas cardiovasculares e tinha dificuldade para respirar. Por que a preocupação com essa população específica? Afinal, iriam morrer de qualquer modo.
3. O fato de os animais de estimação sofrerem muito foi quase que totalmente ignorado nos relatos do episódio de Donora. Por quê? Por que nos concentramos apenas nas 21 pessoas que morreram e não nas centenas de animais que pereceram na nuvem de fumaça tóxica? Será que não são importantes? Por que as pessoas são mais importantes que os animais de estimação?

1.2.4 Cromo na cidade de Jersey

A cidade de Jersey, no condado de Hudson, Estado de Nova Jersey, foi, em determinado momento, a capital do processamento de cromo nos Estados Unidos, e, ao longo de muitos anos, 18 milhões de toneladas de resíduo da exploração do minério de cromo foram vendidas ou distribuídas em aterros[7]. Existem, Existiam muitos locais contaminados, inclusive campos de futebol, subsolos de casas e de lojas. Com frequência os compostos brilhantes e coloridos do cromo se cristalizam em locais úmidos como em paredes de subsolos ou "brotam" em superfícies de solo onde a mistura evapora, criando algo como uma camada ou cobertura cristalizada de cor laranja de cromo hexavalente – Cr(VI). Uma tubulação rompida no inverno resultou na formação de um gelo verde e brilhante em razão da presença do cromo trivalente – Cr(III).

As empresas que criaram o problema do descarte do cromo já não existem mais, mas três conglomerados herdaram a responsabilidade por meio de inúmeras aquisições. Em 1991, Florence Trum, uma moradora de Jersey, processou a empresa Maxus Energy – subsidiária de um dos conglomerados – e ganhou a causa. Florence processou a empresa depois da morte do marido, que trabalhava no carregamento de caminhões em um armazém construído sobre um terreno de descarte de cromo. O marido teve um câncer que provocou um furo no céu da boca, além de câncer no tórax. A biópsia constatou que o envenenamento por cromo havia causado sua morte. Embora a empresa não tenha produzido a contaminação por cromo, o juiz determinou que os administradores tinham consciência dos perigos causados pela substância.

O Estado de Nova Jersey gastou inicialmente 30 milhões de dólares para localizar, escavar e remover apenas uma parte do solo contaminado. Contudo, o desdobramento do problema foi tao devastador que a obra foi interrompida. O diretor do Departamento de Limpeza de Resíduos Tóxicos de Nova Jersey admitiu que, a despeito dos riscos de morar perto do cromo, o Estado não tinha o dinheiro necessário para removê-lo. Estimativas iniciais para limpeza e reabilitação do local giram em torno de um bilhão de dólares.

Os cidadãos do condado de Hudson ficaram muito zangados e temerosos. Aqueles que estavam doentes com câncer imaginavam se não poderiam tê-lo evitado. Florence Trum sabia que os transgressores eram homens de negócios, dispostos a arriscar a vida das pessoas. "Os grandes negócios os transformaram em homens pequenos", afirmou ela[7].

A contaminação, na cidade de Jersey, era causada pelas indústrias que utilizavam o cromo em seus processos, incluindo a laminação de metais, os curtumes e a manufatura têxtil. O descarte do cromo em depósitos de lixo contaminou a água, o solo e o esgoto. As normas regulatórias para o cromo são de difícil implantação em virtude de seu comportamento químico e de sua toxicidade, que se traduzem em incerteza científica. Essa incerteza acentua a tendência de fazer suposições conservadoras e protecionistas por parte das agências reguladoras – de regular uma base científica para as normas e também de potencialmente expor os cidadãos ao medo de um eventual risco.

O cromo existe na natureza basicamente em um dos dois estados de oxidação: Cr(III) e Cr(VI). Na forma reduzida do cromo, Cr(III), há uma propensão para a formação de hidróxidos que são relativamente insolúveis na água com valores de pH neutros. O Cr(III) não parece ser carcinogênico em animais ou experimentos científicos. Organicamente complexo, o Cr(III) tornou-se recentemente um dos suplementos dietéticos mais populares nos Estados Unidos e pode ser adquirido comercialmente como picolinato de cromo, com o nome comercial de *Chromalene*, para auxiliar no metabolismo da glicose, na perda de peso e no aumento do tônus muscular.

Quando oxidado como Cr(VI), contudo, o cromo é altamente tóxico e está ligado ao desenvolvimento de câncer de pulmão e às lesões de pele de operários das indústrias. Em contraste com o Cr(III), quase todos os compostos de Cr(VI) têm demonstrado ser potentes agentes mutagênicos. A Usepa classificou o cromo como carcinogênico humano por meio da inalação, com base em evidências de que o Cr(VI) provoca câncer de pulmão. Entretanto, não há nenhuma prova de que o cromo ingerido possa ser carcinogênico.

O que complica a química do cromo é que, sob determinadas circunstâncias ambientais, o Cr(III) e o Cr(VI) podem ser intercambiáveis. Em solos que contêm manganês, o Cr(III) pode ser oxidado em Cr(VI). Embora a matéria orgânica possa servir para reduzir o Cr(VI), pode também complicar o Cr(III) tornando-o mais solúvel – facilitando seu transporte pela água do solo e aumentando a possibilidade de encontrar manganês oxidado naquele solo. Dada a natureza heterogênea dos solos, essas reações podem ocorrer simultaneamente.

As limitações para a redução do cromo foram originalmente baseadas em dermatites por contato, o que foi controverso. Embora muitas pessoas entendam a dermatite de contato como legítimo potencial de dano, outras ironicamente sugerem limites regulatórios para hera venenosa, que também provoca dermatite de contato. A metodologia utilizada para as limitações do solo que causam dermatite foi criticada por pessoas que questionam a validade dos resultados dos testes de pele de indivíduos em contato com solo contendo níveis de Cr(VI).

Por conta da controvérsia, algumas tecnologias úteis foram desenvolvidas com o propósito de propiciar melhores soluções aos casos. Por exemplo, criaram-se testes analíticos para medir e distinguir os solos com Cr(III) e Cr(VI). Antes do episódio ocorrido em Nova Jersey, os experimentos químicos não eram confiáveis e teriam apontado para a necessidade de sanear o solo sobre cromo total. Outros avanços técnicos e científicos incluem estratégias saneadoras elaboradas para reduzir quimicamente o Cr(VI) em Cr(III) e os riscos, sem necessidade de escavação e remoção do solo apontado como lixo tóxico.

A frustração com a lenta limpeza e como aquilo que os cidadãos entendem como ambiguidade científica, finalmente culminou com a tentativa de se fazer uma emenda na Constituição do Estado de forma a custear as despesas com a limpeza de lixo tóxico. Os ambientalistas estaduais descreveram a emenda à Constituição como um referendo nos registros ambientais da governadora Christine Todd Whitman, que diminuiu o controle e reduziu as obras de limpeza (Whitman comandou a Usepa na gestão do presidente George W. Bush).

O cromo também é responsável pelo grande sucesso do filme *Erin Brockovich*, estrelado por Julia Roberts e Albert Finney. Julia Roberts (Erin Brockovich) interpreta uma dedicada e entusiasta defensora pública que, mesmo sem traquejo nos meandros legais, conseguiu um acordo judicial para beneficiar moradores nos arredores de uma instalação industrial, contaminados pela água que continha cromo.

Questões para discussão

1. Com base no que já conhece sobre cromo, você acrescentaria suplementos de cromo às suas vitaminas?
2. Suponha que você more na cidade de Jersey. Quais seriam as três perguntas que gostaria de responder? Assegure-se de que essas perguntas sejam razoáveis e que as respostas possam ser encontradas em pesquisa química, biológica ou epidemiológica.
3. É possível que algo seja benéfico à saúde humana em doses pequenas, mas prejudicial em doses elevadas? Cite pelo menos três substâncias químicas que podem fazer bem ou mal, dependendo da dosagem.

1.2.5 A descoberta do tratamento biológico do esgoto

Antes de 1890, a precipitação química com *land farming** era o método padrão para o tratamento de esgoto na Inglaterra[8]. Inicialmente, a opção mais popular consistia em que o esgoto fosse para um local anaeróbio, que atualmente chamamos de tanques sépticos. Acreditava-se que essa decomposição fosse um processo puramente químico, visto que a natureza física do esgoto obviamente se alterava. O efluente do tanque séptico era, então, precipitado quimicamente e o lodo aplicado no solo (*land farming*) ou levado para o mar em embarcações especiais. O efluente do esgoto parcialmente tratado era despejado em córregos ou riachos, o que, em geral, causava sérios problemas por conta do forte odor.

Na época, esses serviços eram oferecidos pelo Departamento Metropolitano de Obras de Londres, cujas responsabilidades incluíam, entre outras coisas, a limpeza do Rio Tâmisa. O engenheiro-chefe desse departamento era Joseph Bazalgette que alertou sobre o problema da qualidade da água do Tâmisa, o que para a época era um ponto de vista de engenharia perfeitamente racional. Se o problema era o mau cheiro em Londres, por que não construir interceptores de esgoto ao longo das margens do rio e despejá-lo bem mais a jusante** dele? Embora de alto custo, a solução foi adotada e a cidade gastou muito dinheiro para exportar a água do esgoto até o Barking Creek, córrego na margem Norte, e no Crossness Point, na margem Sul. A ideia era coletar o esgoto nesses locais centrais e depois tratá-lo para que fosse transformado em algo útil como fertilizante. Nenhum dos esquemas deu certo, e o esgoto não tratado foi despejado na embocadura inferior do Tâmisa. Em virtude de as embocaduras do Tâmisa serem estuários de marés, o plano inicial era despejar o esgoto apenas durante a maré de saída. Infelizmente, o esgoto precisava ser despejado continuamente, e a maré de enchente trazia de volta para a cidade o horrível mau cheiro, o que levou a população a exigir que as autoridades tomassem alguma atitude a respeito.

Várias soluções foram apresentadas. Uma delas consistia em continuar com os interceptores e levá-los até o Mar do Norte, porém tratava-se de uma alternativa inviável por conta do elevado custo. Outra ideia era aspergir o esgoto no solo, mas o volume de terra a ser adquirido excedia a verba da prefeitura. O problema exigia uma nova abordagem e ela viria da emergente ciência da microbiologia.

Naquela época, o químico-chefe do Departamento de Obras era William Joseph Dibdin. Autodidata e filho de um pintor de retratos, Dibdin começou a trabalhar no departamento em 1877, chegando ao posto de químico-chefe em 1882, porém com as responsabilidades de um engenheiro-chefe. Ao buscar a solução para o problema do esgoto nas embocaduras de Barking Creek e Crossness, começou uma série de experimentos em que utilizava vários químicos floculantes, como sulfato de alumínio, cal e cloreto férrico, para precipitar os sólidos antes de serem despejados no rio. Esse procedimento não era novidade, mas Dibdin descobriu que o uso de uma reduzida quantidade de sulfato de alumínio era tão eficaz quanto o uso de elevadas quantidades, o que chamou a atenção de seus superiores diante da economia a ser realizada pela prefeitura de Londres.

Dibdin reconheceu que o processo de precipitação não retirava a demanda por oxigênio e foi convencido por alguém da sua equipe, o químico August Dupré, que seria necessário manter níveis de oxigênio positivos na água para impedir o péssimo odor. Dibdin decidiu, então, adicionar permanganato de sódio para restabelecer os níveis de oxigênio da água. Como as recomendações de Dibdin tinham um custo menor que as outras alternativas, a prefeitura concordou com essa solução, e o projeto foi adotado.

Em 1885, iniciaram-se as obras para a construção de uma estação de tratamento de esgoto na embocadura de Barking. Por conta dos constantes desentendimentos, muitos duvidavam que a solução proposta por Dibdin funcionasse, o que o obrigou a defender seu projeto todo o tempo. Dibdin insistia que a presença do permanganato de sódio era necessária para manter baixos níveis de odor e começou a explicar isso sugerindo que era imprescindível manter a saúde do sistema dos micro-organismos aeróbios. Christopher Hamlin, historiador da Universidade de Notre Dame, é um estudioso das medidas

* *Land farming* é um processo biológico de tratamento de resíduos no solo. (N.R.T.)

**Rio abaixo. (N.R.T.)

de saneamento da era vitoriana e acredita que tenham resultado da racionalização por parte de Dibdin e que ele ainda não havia tido um *insight* sobre o tratamento biológico do esgoto. Quanto mais Dibdin era desafiado por seus detratores, mais defendia a benéfica atividade aerobiomicrobiológica na água. Essa foi a sua única contribuição e não poderia ser refutada.

Quando Dibdin começou a conduzir seus experimentos na embocadura, Dupré estava fazendo experimentações com microorganismos aeróbios. Dupré, um imigrante alemão e químico de saúde pública, argumentou que os minúsculos micro-organismos aeróbios limpavam os rios e, portanto, poderiam ser usados para o tratamento do esgoto. Ele tentou convencer Dibdin explicando-lhe a ação dos micro-organismos. Em carta a ele, Dupré afirmou: "A destruição da matéria orgânica despejada no rio ocorre praticamente através de minúsculos microorganismos. Esses organismos, entretanto, só podem executar sua tarefa na presença de oxigênio, e, quanto mais oxigênio fornecermos, mais rápida será a destruição" (Vesilind, 2001). Mais tarde, em uma correspondência de 1888 endereçada à Real Sociedade das Artes, Dupré sugeriu o seguinte: "Nosso tratamento deve evitar a morte desses organismos ou, pelo menos, não dificultar o seu desenvolvimento. Ao contrário, devemos fazer o possível para favorecer esse trabalho benéfico".

Dibdin e Dupré, entretanto, não conseguiram convencer os dirigentes de que suas ideias estavam corretas. Muitos cientistas ainda acreditavam nos males do mundo microbiano, argumentando que o controle do odor só poderia ser obtido pela morte dos micro-organismos. Em 1887, esses cientistas conseguiram assumir o controle das obras de Dibdin e iniciaram um controle desodorizante de verão sugerido por um de seus colegas, que combinou o tratamento antisséptico com ácido sulfúrico e cloreto de cal. O processo não deu certo. Dibdin sentiu-se vingado, e o tratamento biológico do esgoto tornou-se padrão para todas as principais estações de esgoto da cidade.

Questões para discussão

1. De que modo a civilização humana foi salva no livro *A guerra dos mundos*, de H. G. Wells, escrito em 1898. Por que o livro teve tanta repercussão?
2. O Rio Tâmisa, durante o século XIX, foi o único recipiente de todo o esgoto da cidade de Londres. Não havia estações de tratamento de esgoto. Os dejetos humanos e o lixo da população eram coletados e transportados em carroças para fazendas. Em geral, esses fossos vazavam ou eram clandestinamente desviados para a tubulação de drenagem de águas fluviais que desembocavam diretamente no rio. O mau cheiro do Tâmisa era tão ruim que a Casa dos Comuns, em sessão no prédio do Parlamento, perto do rio, precisava ensopar panos e mais panos com cloreto de cal (hipoclorito de cálcio, $Ca(ClO)_2 \cdot 4H_2O$) nas aberturas e persianas para impedir a entrada do mau cheiro. Os homens mais educados daquela época traziam consigo romãs recheadas de cravos, o que ajudava a mascarar o cheiro ruim. O lixo do comércio era jogado nas ruas, de onde escoaria para a tubulação apenas com a água da chuva. A Rua Shambles era o local dos açougueiros e onde largavam os restos ao ar livre para apodrecer. Por fim, o nome da rua virou sinônimo de sujeira ou confusão. Num lindo dia de domingo, uma festa particular estava acontecendo numa barcaça no Tâmisa quando subitamente a embarcação virou e todos caíram na água. Ninguém se afogou, mas quase todos tiveram cólera por terem nadado naquelas águas contaminadas. A maioria dos córregos que alimenta o rio era alinhada com as latrinas ao ar livre acima do rio. Em resumo, as condições eram abomináveis. Por que livros e filmes raramente retratam as condições dessa época? Ninguém, por exemplo, vai ao banheiro em nenhuma história da Jane Austen, tampouco ninguém pisa em excrementos na calçada nos contos de Charles Dickens. Por quê?
3. Edwin Chadwick lançou, por volta de 1840, a campanha "A grande conscientização sanitária", argumentando que a sujeira era prejudicial e que uma população saudável seria muito mais valiosa para a Inglaterra do que pessoas doentes. Apresentou vários projetos para limpar a cidade, como a construção de uma tubulação de pequeno diâmetro para levar embora os esgotos, uma sugestão que não agradou seus colegas engenheiros. Houve um confronto entre Chadwick, um advogado e os engenheiros. Os engenheiros insistiam que seus cálculos hidráulicos estavam corretos e que os esgotos de Chadwick iriam entupir ou colapsar, e que eram impróprios para a população. Queriam construir tubulações de esgoto ovais de grande diâmetro que permitissem o acesso humano. Entretanto, esses tubos eram três vezes mais caros que os condutos de cerâmica vitrificada de Chadwick. Por fim, quem ganhou e por quê?

1.2.6 Barcaça de lixo

A conscientização sobre os problemas ocasionados pelos resíduos sólidos urbanos aumentou de forma significativa depois do evento "barcaça de lixo"[9]. Em 1987, em Nova York, a barcaça *Mobro* carregada com resíduos sólidos da cidade não tinha onde despejar sua carga, já que era ilegal fazê-lo no oceano. Então, a barcaça ficou rodando de porto em porto, em seis estados e três países, e todos rejeitaram a carga indesejada. (Veja a Figura 1.3 para conhcer uma barcaça de lixo.)

A mídia da época aproveitou-se do infeliz incidente denominando-o de "a crise do lixo" para chamar a atenção da população. Os repórteres alardearam que a barcaça não poderia descarregar porque todos os aterros dos Estados Unidos já estavam repletos e que logo o país estaria coberto de lixo de costa a costa. Se nenhuma medida urgente fosse adotada, toda a população estaria afundada em lixo.

A infeliz história da barcaça Mobro é, na verdade, o relato de uma empreitada fracassada. Lowell Harrelson, comerciante do Alabama, queria construir um equipamento para converter o lixo doméstico em gás metano e reconheceu que o lixo em fardo seria a melhor alternativa para essa finalidade. Comprou fardos de lixo doméstico da cidade de Nova York e estava procurando um aterro em algum lugar da Costa Leste ou no Caribe onde pudesse depositar os fardos e começar a produzir o metano. Infelizmente, ele não conseguiu os alvarás necessários para trazer o lixo até os diversos municípios, e sua barcaça não obteve permissão para descarregar. À medida que a jornada continuava, a cobertura da imprensa aumentou e nenhum político local concordou que o lixo entrasse em seus portos. Por fim, o pobre Harrelson foi obrigado a queimar todo o seu investimento num incinerador do Brooklin.

A "crise do lixo" jamais foi adiante, obviamente. Grandes corporações para o descarte do lixo construíram enormes aterros em áreas remotas, e atualmente quase todo o lixo doméstico dos municípios da Costa Leste é transportado – por estradas ou trem – até esses aterros que se transformaram em negócio altamente competitivo.

Questões para discussão

1. Qual é o destino do lixo doméstico (ou simplesmente lixo) em sua comunidade ou cidade natal?
2. O resíduo sólido do seu município é material tóxico? Quais os componentes do lixo podem se transformar em material tóxico? Que tipos de lixo podem ser prevenidos de ser misturados ao lixo normal? Como isso é feito?
3. Harrelson, o proprietário da "barcaça de lixo", tinha boas intenções. Queria usar o lixo para produzir metano, um produto muito útil. Como as diversas esferas governamentais dos estados – e de outros países – poderiam ajudá-lo? Qual deveria ser a atitude mais apropriada dos governos em relação ao projeto de cidadãos como Harrelson?

FIGURA 1.3 Barcaça de lixo.

1.3 SUSTENTABILIDADE E PROJETO BERÇO A BERÇO

A prosperidade do mundo ocidental pode ser considerada, em grande parte, como consequência da Revolução Industrial. Embora a industrialização dos últimos dois séculos tenha produzido enormes benefícios, ela também nos deixou um legado de consequências indesejáveis e negativas: vasta quantidade de resíduos, esgotamento dos recursos naturais e contaminação de pessoas e ecossistemas com substâncias tóxicas dispersas por todo o planeta.

A Revolução Industrial é parcialmente fundamentada em um modelo do berço ao túmulo com o padrão de "extrair, transformar e descartar". Em um prazo muito curto, os produtos passam de matérias-primas a produtos e, então, a resíduos. Ainda que um produto em si seja destinado ao consumo rápido, ele pode gerar resíduos que perduram por centenas de anos. Por exemplo, alguns itens alimentícios precisam permanecer refrigerados por apenas alguns dias, no entanto eles são embalados em materiais que podem levar centenas de anos para se decompor no ambiente por meio dos processos naturais. Nas últimas décadas, cientistas, engenheiros e decisores políticos começaram a abordar as deficiências desse modelo insustentável, e a definir e experimentar o que seria desejável.

Muitas pessoas observam a natureza para obter inspiração e modelos de modo mais sustentáveis de criar e gerenciar produtos químicos, materiais e produtos na sociedade. A gestão sustentável de materiais (*sustainable materials management* – SMM) surgiu como "uma abordagem para promover o uso sustentável de materiais, integrando ações que visam à redução dos impactos ambientais negativos e à preservação do capital natural em todo o ciclo de vida dos materiais, levando em consideração a eficiência econômica e a equidade social".[10]

1.3.1 Bases para a sustentabilidade

Em 1989, surgiu na Suécia uma base para a sustentabilidade denominada *The Natural Step*, decorrente dos esforços do Dr. Karl-Henrik Robèrt, renomado oncologista sueco.[11] Essas bases fornecem um conjunto de quatro condições sistêmicas que definem uma sociedade sustentável fundamentada nas leis da termodinâmica e dos ciclos naturais. As Condições Sistêmicas do *The Natural Step* consideram a Terra como um sistema fechado de materiais e como um sistema aberto de energia que sustenta a vida por meio de uma complexa rede interativa de ciclos de materiais que utilizam a energia solar para neutralizar a tendência de dissipação dos materiais e, de outra forma, aumentar a entropia.

Dessa forma, para que uma sociedade seja sustentável, a natureza não deve ser submetida aos seguintes processos sistematicamente crescentes:[11]

1. *Extração de concentrações de substâncias da crosta terrestre.* Essa condição refere-se à extração de minerais e combustíveis fósseis. As substâncias escassas na natureza devem ser substituídas por outras mais abundantes. Os minerais extraídos devem ser usados de forma eficiente e ser reciclados, e a dependência de combustíveis fósseis deve ser sistematicamente reduzida.
2. *Aumento das concentrações de substâncias na natureza produzidas pela sociedade.* Essa condição se refere à produção de compostos persistentes e artificiais. Os compostos persistentes e artificiais devem ser substituídos por aqueles que normalmente são abundantes e/ou que se decompõem na natureza fácil e completamente. Todas as substâncias produzidas pela sociedade devem ser usadas de forma eficiente.
3. *Utilização dos recursos renováveis a uma taxa mais rápida do que são regenerados e a redução da capacidade produtiva da natureza.* Essa condição refere-se ao uso dos recursos naturais. Os recursos devem ser extraídos apenas de ecossistemas bem controlados, buscando sistematicamente os usos mais produtivos e sustentáveis desses recursos e do solo, e exercendo com cautela todos os tipos de modificação da natureza.

E nessa sociedade:

4. *As pessoas são capazes de satisfazer suas necessidades em todo o mundo.* Essa condição significa usar todos os nossos recursos de forma eficiente, eficaz, justa e responsável de modo

que as necessidades de todas as pessoas, incluindo necessidades futuras daquelas que ainda não nasceram, tenham as melhores chances de serem atendidas.

Os aspectos ecológicos das Condições Sistêmicas do *The Natural Step* estão ilustrados na Figura 1.4. Os materiais fluem em um sistema fechado composto por dois ciclos. O ciclo externo representa o ciclo dos materiais dentro dos ecossistemas terrestres. O ciclo interno representa o ciclo dentro do sistema industrial/econômico. A seta 1 representa a extração dos recursos naturais para uso no sistema industrial/econômico. Em uma sociedade sustentável, a taxa de extração dos recursos naturais iguala-se à taxa de regeneração. As setas 2 e 3 representam a extração e a reposição dos materiais da crosta terrestre, principalmente combustíveis fósseis e minerais extraídos. Em uma sociedade sustentável, a extração de material da crosta terrestre será substituída pelo uso de materiais reciclados e recicláveis. As setas 4 e 5 representam as substâncias que fluem do sistema industrial/econômico ao ecossistema maior. As substâncias que são assimiladas rapidamente e não causam danos são representadas pela seta 4. A seta 5 representa as substâncias tóxicas, persistentes e bioacumulativas, ou de outra forma, que causam danos aos humanos e ao meio ambiente. Em uma sociedade sustentável, a seta 5 desaparecerá.

1.3.2 Projeto berço a berço

Uma das principais estratégias práticas para alcançar a gestão sustentável dos materiais é por meio da atividade industrial positiva, denominada projeto "berço a berço" (*cradle-to-cradle*). O termo "berço a berço" foi cunhado na década de 1970 por Walter Stahel e Michael Braungart. Os princípios-chave do projeto berço a berço foram, pela primeira vez, sistematicamente destacados como Intelligent Product System (IPS – Sistema Inteligente de Produtos) por Braungart et al. em 1992, e posteriormente desenvolvidos e articulados por Michael Braungart e William McDonough, em 2002, no livro *Cradle to cradle: remaking the way we make things*.[12] Assim como nos sistemas naturais em que o resíduo de um organismo se torna alimento para outro, o projeto berço a berço aplica o mesmo conceito ao projeto da indústria humana. O projeto berço a berço define dois metabolismos dentro dos quais os materiais são concebidos como nutrientes que circulam de forma benigna e produtiva através dos metabolismos. Os nutrientes biológicos circulam dentro de metabolismos biológicos, e os nutrientes técnicos circulam dentro de metabolismos técnicos.

O *metabolismo biológico* é o sistema de processos naturais que sustentam a vida. Os processos biológicos são cíclicos, basicamente alimentados pela energia solar e incluem a biodegradação (e possivelmente outras formas de degradação) de materiais orgânicos e sua incorporação em organismos. Os materiais que contribuem para a produtividade dos metabolismos biológicos são os *nutrientes biológicos*. Eles são renováveis, degradáveis e ecologicamente benignos. Os produtos industriais feitos a partir de nutrientes biológicos podem ser integrados em metabolismos naturais ou biologicamente projetados, incluindo os processos de tratamento de água e os sistemas orgânicos de processamento, como compostagem e digestão anaeróbica. Os produtos dos metabolismos biológicos podem ser recursos que geram novos nutrientes biológicos, como os condicionadores benéficos ao solo. Os produtos destinados para

FIGURA 1.4 Aspectos ecológicos das Condições Sistêmicas do *The Natural Step*. (Ilustração de Larry Chalfan e Lauren Heine).

serem liberados no meio ambiente devem ser projetados como nutrientes biológicos benignos para o uso funcional pretendido.

A indústria também pode imitar os processos naturais criando os *metabolismos técnicos* que circulam *nutrientes técnicos*. Os nutrientes técnicos normalmente não são renováveis e são valiosos pelas suas qualidades de desempenho. Exemplos incluem metais como cobre e alumínio. Quando projetados em sistemas berço a berço, os nutrientes técnicos podem ser recuperados e reciclados repetidamente – sem a degradação da qualidade e sem danos aos manipuladores – em produtos semelhantes ou diferentes. Algumas empresas veem os materiais em seus produtos como tão valiosos que elas se engajam em programas de *leasing* no qual os produtos são essencialmente arrendados do fabricante ao cliente até que não sejam mais desejados. Depois, eles retornam ao fabricante para que seus materiais e componentes valiosos possam ser fabricados novamente tornando-se novos produtos. Os nutrientes técnicos podem ser projetados para reúso dentro de uma empresa ou entre empresas em setores semelhantes ou diferentes, dependendo do material. Os produtos feitos a partir de nutrientes técnicos devem ser projetados para facilitar a recuperação do material em seu valor mais elevado com o mínimo gasto de energia e custo.

O projeto berço a berço, como descrito por McDonough e Braungart, utiliza um modelo de indústria humana fundamentado em três princípios de projeto obtidos a partir de sistemas naturais.

1. *Use a fonte de energia solar.* Com poucas exceções, a vida na Terra é basicamente alimentada pela energia do Sol. Estamos apenas começando a expandir nossa capacidade de aproveitar a energia solar, direta e indiretamente, para fins humanos.
2. *Celebre a diversidade.* Os sistemas naturais prosperam em riqueza e diversidade. Do mesmo modo, a indústria deve promover o desenvolvimento de diversos produtos que se adaptem a diferentes preferências, culturas, geografias e ecossistemas.
3. *Resíduo igual a alimentos.* Não existe desperdício na natureza. O produto de um organismo é alimento ou estrutura para outro. Os sistemas humanos também podem ser projetados para circular materiais de forma produtiva, eliminando o conceito de resíduos.

Algumas pessoas reivindicam uma estratégia de *ecoeficiência*: reduzir a quantidade de recursos usados e gerar menos resíduos nas atividades industriais. Todavia, apenas a *ecoeficiência* não é uma estratégia forte o suficiente para a sustentabilidade. Melhorias na ecoeficiência são, com frequência, rapidamente sobrepujadas pelo aumento da demanda. Por exemplo, a melhoria na eficiência do combustível de automóveis é contrabalançada com o crescimento do número de carros nas rodovias e o número de quilômetro rodados. Pense na ecoeficiência como uma maneira de retardar a perda de recursos, de forma análoga, é fazer com que uma ferida sangre menos impedindo uma hemorragia. O projeto berço a berço demanda por *ecoefetividade*, que é análoga a cicatrizar a ferida e cuidar da saúde de todo o corpo. A ecoefetividade se preocupa com o aumento do fluxo cíclico de materiais (daí a "efetividade"), portanto, resíduos são alimentos.

Por meio do replanejamento da indústria com base nos modelos da natureza, a atividade econômica pode reforçar, em vez de comprometer, a prosperidade da sociedade e do meio ambiente. Ainda que isso possa parecer utopia, existem alguns benefícios não premeditados em usar o berço a berço como uma estratégia de projeto. Para começar, ele estimula a inovação. As empresas estão sempre em busca de novas ideias e formas de diferenciar seus negócios para agregar mais valor aos seus produtos e, é claro, obter mais lucro. O projeto berço a berço estimula novas ideias e a criatividade. De acordo com Roger McFadden, agora diretor científico e vice-presidente de ciência e tecnologia de produtos da Corporate Express A Staples Company, "Os fabricantes de produtos químicos devem reconhecer a oportunidade que o movimento de sustentabilidade está criando para a inovação. O movimento é empolgante, em parte, porque está conduzindo à real inovação de produtos, e ao desenvolvimento de novas matérias-primas para formulação, após um longo período de mudança gradual".[13]

Quais são os benefícios dos produtos projetados para sistemas berço a berço? Acima de tudo, as pessoas apresentam cada vez mais um espírito ecológico! Com a oportunidade de comprar dois produtos com desempenho e preço semelhantes, quem não iria preferir comprar aquele com produtos químicos mais verdes e embalagem inovadora que elimine resíduos? O projeto berço a berço também estimula a criatividade em torno de novos modelos de negócios. Por exemplo, produtos projetados como nutrientes

Questões para discussão

1. Qual valor resulta do resíduo biológico humano como o esgoto? Se o resíduo é igual ao alimento para o resíduo biológico humano, o que nos impede de otimizar seu valor?
2. Quais os desafios para os sistemas de tratamento de água e esgoto na forma como são atualmente projetados? Como eles poderiam ser projetados de forma sustentável?

técnicos podem ser vistos como produtos de serviço. Pensando nisso, as pessoas realmente precisam ter computadores ou televisores? (Agora você tem certeza de que estamos sonhando, certo?) O que as pessoas realmente desejam é poder pagar e escolher equipamentos de primeiríssima qualidade para seu total divertimento na privacidade de suas casas (ou escritórios). Se você estivesse preparado para mudar seu paradigma, saberia que convenientemente poderia retornar o produto ao fabricante, e que seus componentes poderiam ser reutilizados ou fabricados novamente, você se importaria? Acreditamos que não, especialmente se esse retorno trouxesse a você valores, como reembolsos ou descontos no próximo item de serviço que desejasse.

A concepção berço a berço pode vir a ser a segunda natureza para os engenheiros ambientais, responsáveis pela proteção da saúde humana e do meio ambiente, e que aprendem a projetar sistemas de fluxo de materiais como a água e águas residuárias. Em vez de tratar os resíduos no final do processo, os engenheiros ambientais podem usar as ferramentas do mercado para projetar sistemas sustentáveis de vanguarda que reutilizam recursos valiosos sem degradar sua qualidade ao longo do tempo. Embora não possamos rejeitar a vigente presença da infraestrutura insustentável, isso não deve nos impedir de aprimorar projetos e aplicar a concepção berço a berço à medida que os sistemas se tornam obsoletos e precisam ser substituídos, e à medida que novos sistemas sejam necessários. Vale a pena pensar nos projetos (e nas falhas de projetos) do passado como protótipos para projetos cada vez mais aprimorados. Conforme ilustrado nos produtos descritos nos quadros deste capítulo, o projeto do produto determina a opção de materiais no final da vida útil. Os engenheiros podem influenciar na eficácia da infraestrutura compreendendo e interferindo no projeto do produto e não considerando um sem o outro.

REFERÊNCIAS

1. Usepa. 2008. What Is Green Engineering? Disponível em: http://www.epa.gov/oppt/greenengineering/pubs/whats_ge.html. Acesso em: 8 dez. 2008.
2. Abraham, Martin A. *Sustainability Science and Engineering: Defining the Principles*. Amsterdã: Elsevier, 2006.
3. Anastas, P. T.; J. B. Zimmerman. 2003. Design through the Twelve Principles of Green Engineering. *Env. Sci. and Tech.*, n. 5, p. 37, 2003.
4. Morse, J. L. 1972. The Holy Cross College football team hepatitis outbreak. *Journal of the American Medical Association*, n. 219, p. 706–7.
5. Phelps, E. B. 1948. *Public Health Engineering*. New York: John Wiley & Sons.
6. Shrenk, H. H., H. Heimann, G. D. Clayton, W. M. Gafafer, e H. Wexler. 1949. *Air pollution in Donora*, PA. Public Health Bulletin N. 306. Washington, DC: U. S. Public Health Service.
7. Bartlett, L.; P. A. Vesilind. 1998. Expediency and human health: The regulation of environmental chromium. *Science and Engineering Ethics*, n. 4, p. 191-201.
8. Vesilind, P. A. 2001. Assisting nature: William Dibdin and biological wastewater treatment. *Water Resources Impact* 2, n. 3.
9. Perlman, S. 1998. Barging into a trashy saga. *Newsday*, Jun. 21.
10. ENV/EPOC/WGWPR/RD(2005)5/FINAL Organisation for Economic Co-operation and Development 27-Sep-2007 Working Group on Waste Prevention and Recycling Outcome of the First OECD Workshop on Sustainable Materials Management, Seoul, Korea, 28-30 novembro de 2005.
11. http://www.naturalstep.org/com/nyStart/.
12. McDonough, William; M. Braungart. *Cradle to cradle: remaking the way we make things*. Nova York: North Point Press, 2002.
13. Comunicação pessoal. Roger McFadden, vice-presidente de serviços técnicos, Coastwide Laboratories, 2004.

PARTE 2

FUNDAMENTOS

©Keith e Susan Morgan

Poinsett Bridge de 1820, na Carolina do Sul

Os engenheiros ambientais utilizam conceitos fundamentais com base em diversas disciplinas – biologia, química, geologia, geomorfologia, física etc. – para planejar soluções sustentáveis sólidas e duradouras.

CAPÍTULO 2

DECISÕES DA ENGENHARIA

A implementação de qualquer projeto de engenharia, grande ou pequeno, implica diversas decisões tomadas por engenheiros. Às vezes, essas decisões acabam por ser mal tomadas. No entanto, um número muito maior de decisões, tomadas centenas de vezes por dia por centenas de milhares de engenheiros, estão corretas e aprimoram por completo a civilização humana, protegem o meio ambiente global e acentuam a integridade da profissão. Como tão poucas decisões da engenharia acabam mal, a tomada de decisão da engenharia é pouco conhecida e um processo raramente discutido. Todavia, quando uma decisão acaba por estar errada, os resultados são, muitas vezes, catastróficos. Como destacado por Gray, normalmente os médicos podem prejudicar apenas uma pessoa por vez, enquanto os engenheiros possuem o potencial de prejudicar milhares de pessoas por meio de sistemas projetados de forma incorreta.[1] (Veja o Capítulo 1.)

Este capítulo é uma revisão de como os engenheiros ambientais tomam decisões, começando com uma breve descrição das decisões técnicas e seguida pela discussão sobre custo-efetividade, possivelmente a segunda ferramenta comumente empregada na tomada de decisão da engenharia ambiental e a segunda mais quantificável. Em seguida, é descrito o uso da análise custo-benefício, acompanhada pela discussão sobre decisões baseadas na análise de risco. Avançando ainda mais em direção às formas mais subjetivas de tomada de decisão, é revisada a análise de impacto ambiental como uma ferramenta da engenharia. Este capítulo é finalizado com uma introdução à ética e à tomada de decisão ética aplicadas à engenharia ambiental.

2.1 DECISÕES BASEADAS EM ANÁLISES TÉCNICAS

Na engenharia, raramente existe uma maneira melhor de projetar alguma coisa. Se sempre *houvesse* uma melhor forma, então a engenharia se tornaria estagnada, a inovação cessaria e a paralisia técnica se estabeleceria. Assim como reconhecemos que não há uma única obra de arte perfeita, como um quadro, também não existe nenhuma estação de tratamento de água perfeita. Se sempre *houvesse* uma estação ou quadro perfeito, todas as futuras estações de tratamento seriam parecidas e todos os quadros seriam parecidos.

Em geral, os alunos de graduação em engenharia são ensinados, durante os primeiros anos do curso de engenharia, que cada dever de casa e questões de teste tem uma única resposta correta e que todas as outras respostas são erradas. No entanto, na prática de engenharia muitas decisões técnicas podem estar corretas, à medida que um problema pode ter diversas soluções técnicas igualmente corretas. Por exemplo, uma tubulação de esgoto pode ser construído de concreto, ferro fundido, aço, alumínio, cerâmica, vidro ou muitos outros materiais. Com os procedimentos corretos de projetos de engenharia, tal tubulação de esgoto implicaria o fluxo do projeto e, assim, poderia estar tecnicamente correto.

Uma característica das decisões técnicas é que elas podem ser conferidas por outros engenheiros. Antes de uma planta de projeto deixar o escritório de engenharia, ela é conferida e reconferida para garantir que as decisões técnicas estejam corretas; isto é, a estrutura/mecanismo/processo funcionará conforme o desejado se construído de acordo com as especificações. Desta forma, as decisões técnicas são claramente quantificáveis e podem ser avaliadas e conferidas por outros engenheiros competentes.

EXEMPLO 2.1

Problema Uma cidade com 1.950 habitantes quer estabelecer um programa de coleta de resíduos sólidos (lixo) controlado e administrado pelo município. Eles podem comprar um dos três possíveis caminhões que têm as seguintes características:

Caminhão A, 18 m^3 de capacidade
Caminhão B, 15 m^3 de capacidade
Caminhão C, 12 m^3 de capacidade

Se o caminhão coletar o lixo para um quinto da cidade por dia, durante uma semana de trabalho de 5 dias, então cada residência será coletada durante a semana, e o caminhão terá que fazer apenas uma viagem por dia ao aterro sanitário. Qual(is) caminhão(ões) terá(ão) capacidade suficiente?

Solução Como não há taxa de geração dos resíduos sólidos dada para essa cidade, a taxa deve ser hipotética. Suponha uma taxa de 1,5 kg/capita/d. Então, a tonelagem total de resíduos sólidos a ser coletada é de

$$(1.950 \text{ pessoas})\ (1{,}5 \text{ kg/capita/d})\ (7 \text{ dias/semana}) = 20.475 \text{ kg/semana}$$

Desse total, um quinto ou 4.095 kg terá que ser coletado todos os dias. Para obter mais eficiência, os caminhões de lixo compactam os resíduos. Suponha que o caminhão seja capaz de compactar o lixo em 300 kg/m^3. A capacidade exigida do caminhão é de

$$(4.095 \text{ kg/d})\ (300 \text{ kg/m}^3) = 13{,}65 \text{ m}^3\text{/d}$$

Tanto os caminhões de 15 quanto os de 18 m^3 têm capacidade suficiente, enquanto o caminhão de 12 m^3 não tem capacidade. Observe que um caminhão de 13 m^3 também seria insuficiente; este caso é aquele em que o número é arredondado para cima em vez de para baixo.

Ao realizarmos as análises técnicas, geralmente não temos todas as informações de que precisamos para tomar decisões. Por consequência, devemos fazer hipóteses. Essas hipóteses, é claro, devem ser feitas utilizando-se os melhores dados disponíveis com uma pitada de bom senso (às vezes liberal). Por exemplo, ao estimar a taxa de geração de resíduos sólidos para a comunidade no problema acima, teria sido melhor coletar os dados na geração da comunidade (por exemplo, por meio da análise dos registros do caminhão de coleta de lixo) em vez de depender de médias nacionais, porque cada comunidade é única. Além disso, normalmente os engenheiros não projetam sistemas para durar um ou dois anos, portando, as projeções devem ser feitas em relação aos padrões da população e da geração de lixo futuro da comunidade.

Naturalmente, as pressões da prática moderna ditam que as decisões da engenharia devem não só ser eficientes (fará o trabalho), mas também devem ser econômicas (fará o trabalho a um custo mínimo). Por exemplo, no Exemplo 2.1, enquanto o caminhão A e o caminhão B possuem capacidade suficiente para transportar o lixo, os custos de operação e manutenção podem ser muito diferentes. Enquanto cálculos técnicos respondem às questões técnicas, questões sobre custo exigem uma forma diferente de tomada de decisão de engenharia: *análise de custo-efetividade.*

2.2 DECISÕES BASEADAS EM ANÁLISES DE CUSTO-EFETIVIDADE

Normalmente, os engenheiros estão trabalhando para um empregador ou cliente que exige que várias alternativas para solucionar um problema de engenharia sejam analisadas com base no custo. Por exemplo, um engenheiro municipal está considerando a compra de veículos de coleta de lixo e acredita que ele pode comprar caminhões caros que conseguem grande compactação de lixo, fazendo assim viagens eficientes para o aterro sanitário, ou caminhões baratos que exigem mais viagens para o aterro sanitário, como o engenheiro sabe o que é menos caro para a comunidade? Obviamente, a alternativa de custo total mais baixo (de acordo com *todos* os dados de custo) seria a decisão mais racional.

Além das dificuldades com a estimativa de todos os custos necessários, a análise custo-efetividade é complicada pelo fato de que, com o tempo, o dinheiro muda de valor. Se um dólar, hoje, for investido em uma conta-poupança a 5%, este dólar será de $ 1,05 ao ano, a partir de agora. Assim, um dólar por ano a partir de agora não é o mesmo dólar que existe hoje, e os dois dólares não podem ser diretamente adicionados. Ou seja, em vez de $ 2,00, haveria $ 2,05. Da mesma forma, não faz o menor sentido adicionar os custos operacionais anuais de uma instalação ou peça de equipamento durante a vida útil do equipamento porque, mais uma vez, os dólares são diferentes, e adicionar tais dólares é como adicionar maçãs e laranjas já que o dinheiro muda de valor com o tempo. Por exemplo, se uma comunidade gastar $ 4.000 para operar e manter um caminhão de coleta de lixo durante um ano e $ 5.000 no próximo ano, a comunidade precisa de menos de $ 9.000 investidos para cobrir as despesas. (O mesmo conceito aplica-se à poupança para quaisquer despesas futuras, tais como a faculdade ou a aposentadoria.)

Essa questão pode representar um problema para as comunidades que estão tentando compreender exatamente o quanto custa construir instalações públicas ou operar serviços públicos. A técnica usada para contornar essa dificuldade é comparar os custos de diferentes alternativas com base tanto no *custo anual* como no *valor atual* do projeto. No cálculo do custo anual, todos os custos representam o dinheiro que a comunidade precisa anualmente para operar a instalação e amortizar a dívida. Os custos operacionais são estimados de ano para ano, e os custos de capital são calculados à medida que os fundos anuais necessitam amortizar a dívida dentro da expectativa de vida do projeto.

No caso dos cálculos do valor atual, os custos de capital são os fundos necessários para construir a instalação, e os custos operacionais são calculados como se o dinheiro para pagar por eles estivesse disponível hoje e colocado no banco para ser usado para a operação, novamente dentro da expectativa de vida do projeto. Um projeto com custo operacional mais elevado exige um investimento inicial maior para obter fundos suficientes para pagar o custo da operação.

Na maioria dos casos, tanto o custo anual como o valor atual são aceitáveis como forma de comparação entre cursos alternativos de ação. A conversão de custo de capital para custo anual e o cálculo do valor atual do custo operacional são mais facilmente realizados utilizando tabelas (ou calculadoras de bolso pré-programadas). A Tabela 2.1 é um modelo de tipo de tabelas de juros utilizadas em tais cálculos.

TABELA 2.1 Fatores de juros compostos.

	i = 6% juros	
Número de anos (n)	**Fator de recuperação de capital (C_R)**	**Fator de valor atual (C_P)**
1	1,0600	0,9434
2	0,54544	1,8333
3	0,37411	2,6729
4	0,28860	3,4650
5	0,23740	4,2123
6	0,20337	4,9172
7	0,17914	5,5823
8	0,16104	6,2097
9	0,14702	6,8016
10	0,13587	7,3600
11	0,12679	7,8867
12	0,11928	8,3837
13	0,11296	8,8525
14	0,10759	9,2948
15	0,10296	9,711
16	0,09895	10,105

▶

TABELA 2.1 Fatores de juros compostos.

17	−0,09545	10,477
18	−0,09236	10,827
19	0,08962	11,158
20	0,08719	11,469
	i = 8% juros	
Número de anos (n)	**Fator de recuperação de capital (C_R)**	**Fator de valor atual (C_P)**
1	1,0800	0,9259
2	0,56077	1,7832
3	0,38803	2,5770
4	0,30192	3,3121
5	0,25046	3,9926
6	0,21632	4,6228
7	0,19207	5,2063
8	0,17402	5,7466
9	0,16008	6,2468
10	0,14903	6,7100
11	0,14008	7,1389
12	0,13270	7,5360
13	0,12642	7,9037
14	0,12130	8,2442
15	0,11683	8,5594
16	0,11298	8,8513
17	0,10963	9,1216
18	0,10670	9,3718
19	0,10413	9,6035
20	0,10185	9,8181
	i = 10% juros	
Número de anos (n)	**Fator de recuperação de capital (C_R)**	**Fator de valor atual (C_P)**
1	1,1000	0,9094
2	0,57619	1,7355
3	0,40212	2,4868
4	0,31547	3,1698
5	0,26380	3,7907
6	0,22961	4,3552
7	0,20541	4,8683
8	0,18745	5,3349
9	0,17364	5,7589
10	0,16275	6,1445
11	0,15396	6,4950
12	0,14676	6,8136

TABELA 2.1 Fatores de juros compostos

13	0,14078	7,1033
14	0,13575	7,3666
15	0,13147	7,6060
16	0,12782	7,8236
17	0,12466	8,0215
18	0,12193	8,2013
19	0,11955	8,3649
20	0,11746	8,5135

Os custos anuais são convertidos em valor atual calculando-se o que o dinheiro gasto anualmente valeria no momento atual. A 10% de juros, apenas \$ 0,9094 seria necessário para ser investido hoje para ter \$ 1,00 para gastar em um ano (como mostrado na coluna "Fator de valor atual" da Tabela 2.1). Caso outro dólar seja necessário no início do segundo ano, o total investido hoje seria de \$ 1,7355, em vez de \$ 2,00. Em termos gerais, se uma quantidade constante A é necessária para n períodos de tempo a uma taxa de juros compostos i, o valor atual desse dinheiro, ou a quantidade necessária para ser investida, é $C_P \times A$ onde, C_P = fator de valor atual.

Os custos de capital são convertidos em custos anuais reconhecendo que o gasto total de capital teria sido obtido a juros a determinada taxa se o dinheiro tivesse sido investido a uma taxa de juros vigente. Um investimento de \$ 1,00 agora em juros de 10% obteria juros de \$ 0,10 em um ano e valeria \$ 1,10. Se um custo de capital de \$ 1,00 deve ser reembolsado em 2 anos, o pagamento a cada ano, como mostrado na coluna "Fator de recuperação de capital" da Tabela 2.1 é de \$ 0,57619. A quantidade de dinheiro necessária a cada ano para reembolsar um empréstimo de C dólares durante n períodos de tempo a uma taxa de juros compostos de i é $C_R \times C$, onde C_R= fator de recuperação de capital.

Os dois tipos de conversão são ilustrados no Exemplo 2.2.

EXEMPLO 2.2

Problema Uma prefeitura está tentando decidir sobre a compra de um veículo de coleta de lixo. Estão sendo considerados dois tipos, A e B, e os custos de capital e operacionais são conforme mostrado. Espera-se que cada caminhão tenha uma vida útil de 10 anos.

	Caminhão A	**Caminhão B**
Custo inicial (capital)	\$ 80.000	\$ 120.000
Custo de manutenção, por ano	6.000	2.000
Custo de combustível e óleo, por ano	8.000	4.000

Qual caminhão a prefeitura deve comprar com base apenas nesses custos? Calcule os custos tanto em uma base anual quanto em uma base de valor atual, supondo uma taxa de juros de 8%.

Solução

Cálculo do custo anual para o Caminhão A:

A partir da tabela de 8% de juros (Tabela 2.1), o C_R por n = 10 anos é 0,14903. Logo, o custo anual para o capital é \$ 80.000 × 0,14903 = \$ 11.922. O custo anual total para o Caminhão A é, então,

Recuperação do capital	\$ 11.922
Manutenção	6.000
Combustível	8.000
Total	\$ 25.922

Cálculo do custo anual para o Caminhão B:
O C_R é o mesmo porque i e n são os mesmos. O custo anual para o capital é então \$ 120.000 × 0,14903 = \$ 17.884, e o custo anual total para o Caminhão B é

Recuperação do capital	\$ 17.884
Manutenção	2.000
Combustível	4.000
Total	\$ 23.884

De acordo com uma base de custo anual, o Caminhão B, que tem um custo de capital maior, é a escolha mais sensata porque seu custo anual total à comunidade é menor que o custo anual total do Caminhão A.

Cálculo do valor atual para o Caminhão A:
C_P para $n = 10$ e $i = 8\%$ é 6,7100 (Tabela 2.1)
O valor atual dos custos de manutenção anual e combustível é então (\$ 6.000 + \$ 8.000) × 6,7100 = \$ 93.940, e o valor atual total é

Custo de capital	\$ 80.000
Valor atual de manutenção e combustível	93.940
Total	\$ 173.940

Cálculo do valor atual para o Caminhão B:
Novamente, o C_R é o mesmo (6,7100) porque i e n são os mesmos. O valor atual dos custos anuais é (\$ 2.000 + \$ 4.000) × 6,7100 = \$ 40.260, e o valor atual total é

Custo de capital	\$ 120.000
Valor atual de manutenção e combustível	40.260
Total	\$ 160.260

Com base no valor atual, o Caminhão B continua sendo a escolha mais sensata, porque se a comunidade tomasse emprestado o dinheiro para operar o caminhão por 10 anos, ela teria que tomar emprestado menos dinheiro do que se quisesse comprar o Caminhão A.

Mas suponha que vários cursos alternativos de ação também tenham benefícios diferentes ao cliente ou ao empregador. Suponha no Exemplo 2.2 que uma alternativa aberta à comunidade seria, em vez de coletar o lixo duas vezes por semana, fazer uma coleta por semana. Agora, o nível de serviço também é variável, e a análise não é mais aplicável. É necessário incorporar os benefícios na análise de custo-efetividade para certificar-se de que se está fazendo uso dos recursos escassos de forma mais eficaz.

2.3 DECISÕES BASEADAS NA ANÁLISE CUSTO-BENEFÍCIO

Na década de 1940, o Bureau of Reclamation e o U.S. Army Corps of Engineers lutaram por dólares públicos no seu anseio por construir barragens em todos os rios de curso livre na América. Para convencer o Congresso sobre a necessidade de grandes projetos de armazenamento de água, foi desenvolvida uma técnica denominada *análise custo-benefício*. Em valor nominal isso é útil e simples. Caso um projeto seja contemplado, uma estimativa dos benefícios derivados é comparada em relação ao custo incorrido. Caso essa relação seja maior que 1,0, o projeto é claramente vantajoso, e os projetos com as maiores relações custo-benefício devem ser construídos primeiro porque proporcionarão mais retornos sobre investimento. Ao enviarem seus projetos para tal análise, o Bureau e o Corps poderiam argumentar em favor do aumento da despesa com fundos públicos e classificar os projetos propostos por ordem de prioridade.

Assim como o caso com as análises de custo-efetividade, os cálculos nas análises de custo-benefício são em dólares, com cada benefício e cada custo expresso em termos monetários. Por exemplo, os benefícios de um canal poderiam ser calculados como poupanças monetárias nos custos de transporte. No entanto, alguns benefícios e custos (tais como ar puro, flores, fazer *rafting* em corredeiras, cheiros desagradáveis, águas subterrâneas poluídas e ruas cheias de lixo) não podem ser facilmente expressos em termos monetários. Contudo, esses benefícios e custos são bem reais e devem, de alguma forma, ser inclusos nas análises custo-benefício.

Uma solução é simplesmente forçar valores monetários sobre esses benefícios. Ao estimar-se benefícios para os lagos artificiais, por exemplo, são calculados os benefícios recreativos prevendo o quanto as pessoas estariam dispostas a pagar para usufruir de tal instalação. Naturalmente, existem muitas dificuldades com essa técnica. O valor de um dólar varia substancialmente de pessoa para pessoa, e algumas pessoas se beneficiam muito mais de um projeto público do que outras, e ainda assim todos devem compartilhar o custo. Em razão dos problemas envolvidos na estimativa desses benefícios, eles podem ser insuflados a aumentar a relação custo-benefício. Assim, é possível justificar quase qualquer projeto porque os benefícios podem ser ajustados conforme necessário.

No Exemplo 2.3, os valores monetários são dispostos em benefícios e custos subjetivos para ilustrar como tal análise é conduzida. O leitor deve reconhecer que a análise custo-benefício é um cálculo aritmético simples, e que embora o valor final possa ser calculado em muitas casas decimais, ele é tão valioso quanto a estimativa mais fraca utilizada no cálculo.

EXEMPLO 2.3

Problema Durante vários anos, uma pequena comunidade tem controlado e operado um serviço de coleta de lixo, que consiste em um caminhão usado para coletar lixo uma vez por semana. Esse caminhão está se desgastando e deve ser substituído. Também parece que esse único caminhão já não é mais adequado e um segundo caminhão deve ser comprado. Caso o segundo caminhão não seja comprado, os cidadãos deverão queimar papel usado em seus quintais de modo que reduza a quantidade de lixo coletado. Existem duas opções:

1. O caminhão velho é vendido e dois modelos mais novos são comprados. Isso permitirá a coleta duas vezes por semana em vez de apenas uma vez.
2. O caminhão velho será vendido e somente um caminhão novo será comprado, porém os cidadãos da comunidade serão incentivados a queimar em seus quintais a fração combustível derivada de resíduos, reduzindo assim a quantidade de lixo coletado.

Decida sobre qual alternativa de escolha usando uma análise custo-benefício.

Solução Os benefícios e custos de ambas as alternativas estão listados, usando os números de custos anuais do Exemplo 2.2. Para os custos que não podem ser facilmente expressos em termos monetários, são sugeridas estimativas razoáveis. Em seguida, são adicionados os dólares.

Alternativa 1:

Benefícios	
Coleta de todos os lixos*	$ 250.000
Total de benefícios	$ 250.000

Custos	
Dois veículos novos (incluindo os custos operacionais)	$ 47.768
Aumento do ruído e lixo	10.000
Custo de mão de obra	200.000
Total dos custos anuais	$ 257.768

* O dinheiro economizado por cada família que não precisa fazer uma viagem semanal ao aterro sanitário, multiplicado pelo número total de viagens, poderia ser considerado um benefício.

$$\text{Custo-benefício} = \frac{\$\,250.000}{\$\,257.768} = 0,97$$

Alternativa 2:

Benefícios

Coleta de 60% de lixo	$ 150.000
Total de benefícios	$ 150.000

Custos

Veículo novo (incluindo o custo operacional)	$ 23.884
Ar mais poluído	0
Custo de mão de obra	120.000
Total dos custos anuais	$ 143.884

$$\text{Custo-benefício} = \frac{\$\,150.000}{\$\,143.384} = 1,05$$

O custo-benefício da primeira alternativa é 0,97, enquanto a relação custo-benefício para a segunda alternativa é 1,05. Portanto, parece que deve ser selecionada a segunda alternativa.

Observe que no Exemplo 2.3 apenas alguns dos itens poderiam ser quantificados, tais como os custos dos veículos. A maioria dos outros itens são estimativas altamente subjetivas. Observe também que não há custo associado ao ar mais poluído. Se tal custo fosse incluso, o cálculo poderia ter resultado em uma conclusão diferente. No entanto, não é incomum que esses tipos de cálculos incluam os benefícios, mas não os custos compartilhados de itens como ar limpo.

O conceito de partilha desigual de custos e benefícios talvez seja mais bem ilustrado pelo exemplo da comuna, como era usada em uma aldeia medieval.[2] As casas na aldeia ladeavam a comuna, e todos levavam suas vacas para pastar nas comunas. A área da comuna era terreno compartilhado, contudo as vacas pertenciam aos cidadãos individuais. Não demoraria muito para um dos cidadãos da aldeia descobrir que os benefícios de ter uma vaca eram individuais, no entanto os custos de mantê-la no terreno comum eram partilhados por todos. De forma verdadeiramente egoísta, fazia sentido para o criador levar várias vacas para pastar e, assim, aumentar sua fortuna. Não obstante, essa ação teria desencadeado uma resposta semelhante por seus vizinhos. Por que *eles* deveriam ficar com uma vaca enquanto viam seu amigo ficar rico? Assim, todos comprariam mais vacas, e todas essas vacas poderiam pastar na comuna. Não obstante, no final o número de vacas poderia sobrecarregar a capacidade da comuna e todas as vacas teriam que ser sacrificadas.

A partilha do custo do ar poluído é semelhante à tragédia das comunas. Cada um de nós, ao respirar o ar puro, faz isso para benefício pessoal, contudo o custo por poluir é compartilhado por todos. É possível aos seres humanos repensar a maneira como vivem e concordar voluntariamente em limitar suas atividades poluidoras? Isso é improvável, e, como resultado, o governo deve intervir e limitar a apenas uma vaca para cada um de nós.

Outro problema significativo com as análises custo-benefício é que elas podem, e muitas vezes são, ser subvertidas por uma técnica conhecida como "custo irrecuperável". Suponha que uma agência governamental decida construir uma instalação pública e estime que os custos de construção serão de $ 100 milhões. A agência argumenta que como os benefícios (embora eles possam ser calculados) são de $ 120 milhões, vale a pena construir o projeto porque a relação custo-benefício é maior que 1,0 ($ 120/$ 100). Então, a agência recebe do Congresso verbas para concluir o projeto.

Em algum lugar no meio do projeto, já tendo gasto os $ 100 milhões originais, a agência descobre que subestimou o custo da construção. Acontece que aquele projeto, na realidade, custará $ 180 milhões.

Agora, é claro, a relação custo-benefício é 0,67 ($ 120/$ 180), que é menor que 1,0, portanto, o projeto não é economicamente justificável. No entanto, a agência já gastou $ 100 milhões na construção. Esse custo é considerado um custo irrecuperável, ou um dinheiro que será perdido para sempre caso o projeto não seja concluído. Consequentemente, a agência argumenta que o custo *verdadeiro* do projeto é o incremento entre o que o custo estimado é e o que já foi gasto, ou $ 80 milhões ($ 180 – $ 100). Então, a relação custo-benefício é calculada como $ 120/$ 80 = 1,5, que é substancialmente maior que 1,0 e indica que o projeto deve ser concluído. É absolutamente espantoso o número de vezes que essa fraude funciona, e parece que ninguém pergunta às agências porque suas *próximas* estimativas devem ter crédito se todas as anteriores foram descabidamente subvalorizadas.

2.4 DECISÕES BASEADAS EM ANÁLISES DE RISCO

Muitas vezes, os benefícios de um projeto proposto não são itens tão simples como os valores recreativos, mas dizem respeito principalmente à saúde humana. Quando a vida e a saúde são contabilizadas nos cálculos custo-benefício, as análises geralmente são apresentadas como análises risco-custo-benefício para indicar que as pessoas estão em risco. Elas ficaram mais conhecidas como *análises de risco*, simplesmente.

A análise de risco é ainda dividida em avaliação e gestão de risco. A primeira compreende um estudo e análise do efeito potencial de determinados riscos sobre a saúde humana. Utilizando informações estatísticas, a *avaliação de risco* visa ser uma ferramenta para a tomada de decisões informadas. Por sua vez, a *gestão de risco* é o processo de redução dos riscos que são interpretados como inaceitáveis.

Em nossa vida particular estamos continuamente fazendo as duas coisas. Fumar cigarros é um risco para a nossa saúde, e é possível calcular o efeito potencial de fumar. Parar de fumar é uma forma de gestão de risco porque o efeito é a redução do risco de morrer de determinadas doenças.

De fato, o risco de morrer de alguma doença é de 100%. Ainda assim, a classe médica tem que salvar alguém da morte. Logo, a questão passa a ser *quando* ocorrerá a morte e *qual* será a causa da morte.

Existem três formas de calcular o risco de morte em decorrência de alguma causa. Inicialmente, o risco pode ser definido como a relação do número de mortes em uma dada população exposta a um poluente dividido pelo número de mortes em uma população não exposta ao poluente. Ou seja,

$$\text{Risco} = \frac{D_1}{D_0}$$

onde D_1 = número de mortes em determinada população exposta a um poluente específico, por unidade de tempo

D_0 = número de mortes em uma população de tamanho semelhante não exposta ao poluente, por unidade de tempo.

EXEMPLO 2.4

Problema Kentville, uma comunidade de 10.000 pessoas, reside próxima a uma mina de crípton, e há a preocupação de que as emissões decorrentes da fundição de crípton resultaram em efeitos adversos. Especificamente no último ano, a criptonose parece ter matado 10 habitantes de Kentville. A comunidade vizinha, Lanesburg, possui 20.000 habitantes e está suficientemente longe da fundição para não ser afetada pelas emissões. Em Lanesburg, ano passado, duas pessoas morreram de criptonose. Qual é o risco de morte por criptonose em Kentville?

Solução Se o risco for assim definido, então

$$\text{Risco de morte por criptonose} = \frac{\frac{10}{10.000}}{\frac{2}{20.000}} = 10.$$

Ou seja, uma pessoa tem 10 vezes mais probabilidade de morrer de criptonose em Kentville do que em uma localidade não contaminada.

No entanto, observe que embora estatisticamente haja uma chance muito maior de morte por criptonose em Kentville do que em Lanesburg, e mesmo que em Kentville aconteça de ter apenas uma fundição de crípton, *não provamos que a fundição seja responsável.* Tudo o que temos é a evidência estatística de uma ligação.

Um segundo método de cálculo de risco é determinar o número de mortes em decorrência de várias causas por população e comparar essas relações. Ou seja

$$\text{Risco relativo de morrer de causa A} = \frac{D_A}{P}$$

onde D_A = número de mortes decorrentes da causa A em uma unidade de tempo;
P = população.

EXEMPLO 2.5

Problema O número de mortes em Kentville e suas causas no ano passado foram:

Ataque cardíaco	5
Acidentes	4
Criptonose	10
Outros	6

Qual é o risco de morte por criptonose em relação a outras causas?

Solução O risco de morrer de ataque cardíaco em Kentville é 5/10.000, enquanto o risco de morte por criptonose é 10/10.000. Ou seja, o risco de morte por criptonose é duas vezes maior do que a chance de morte por ataque cardíaco, 2,5 vezes a chance de morte por acidente, e 1,7 vez a chance de morte por outras causas. Os riscos podem ser diferentes em Lanesburg, é claro, e podem ser comparados.

Por fim, o risco pode ser calculado como o número de mortes decorrentes de determinada causa dividido pelo número total de mortes, ou

$$\text{Risco de morrer de causa A} = \frac{D_A}{D_{total}}$$

onde D_{total} = número total de mortes na população em uma unidade de tempo.

EXEMPLO 2.6

Problema Qual é o risco de morte por criptonose em Kentville relativo às mortes decorrentes de outras causas, utilizando os dados no Exemplo 2.5?

Solução O número total de mortes do Exemplo 2.5 é 25. Logo

$$\text{Risco de morte por criptonose} = \frac{10}{25} = 0,4.$$

Ou seja, de qualquer forma, os habitantes de Kentville possuem 40% de chance de morte por criptonose.

Alguns riscos escolhemos aceitar enquanto outros são impostos de fora para nós. Escolhemos, por exemplo, consumir bebida alcoólica, dirigir carros ou voar em aviões. Cada uma dessas atividades tem um risco calculado porque as pessoas morrem todos os anos como resultado do abuso de álcool, acidentes de trânsito e desastres de avião. A maioria de nós, de forma subconsciente, pesa esses riscos e decide tentar a sorte. Normalmente, as pessoas parecem estar dispostas a aceitar tais riscos caso as chances de morte estejam na ordem de 0,01, ou 1% das mortes sejam atribuídas a essas causas.

No entanto, alguns riscos são impostos de fora e, em relação a eles, podemos fazer pouco. Por exemplo, tem sido demonstrado que a expectativa de vida das pessoas, vivendo em uma atmosfera urbana poluída, é consideravelmente menor que das pessoas que têm vidas idênticas, porém respirando ar puro. Podemos fazer pouco sobre esse risco (exceto nos mudando), e esse é o tipo de risco que as pessoas têm mais receio. De fato, os estudos têm mostrado que a aceitabilidade de um *risco involuntário* é da ordem de 1.000 vezes menor do que nossa aceitabilidade de um *risco voluntário*. Tal comportamento humano pode explicar por que as pessoas que fumam cigarro, ainda assim, se incomodam com a qualidade do ar ou por que as pessoas dirigem intoxicadas a uma audiência pública protestando contra a localização de um aeroporto porque elas têm medo de um desastre aéreo.

Algumas agências federais e estaduais usam uma análise de risco modificada, em que o benefício é uma vida salva. Por exemplo, se determinado tipo novo de *guardrail* de estrada for instalado, talvez seja possível que sua utilização reduza, em número significativo, as fatalidades esperadas na estrada. Se um valor é aplicado a cada vida, o benefício total pode ser calculado como o número de vidas salvas vezes o valor de uma vida. Estabelecer tal número é tanto uma decisão da engenharia como da política pública, respondendo perfeitamente à opinião pública.

EXEMPLO 2.7

Problema A redução de 95% das emissões de crípton de uma fundição custará $ 10 milhões. Os toxicologistas estimam que tal esquema de controle da poluição reduzirá as mortes decorrentes da intoxicação por crípton de 10/a. a 4/a. O dinheiro deve ser gasto?

Solução Suponha que cada vida valha $ 1,2 milhão com base nos rendimentos ao longo da vida. Seis vidas salvas valeriam $ 7,2 milhões. Esse benefício é menor que o custo de controle. Portanto, com base na análise de risco, ela não apresenta custo-efetividade para instalar o equipamento de controle de poluição.

Mas e a suposição de que uma vida humana vale $ 1,2 milhão? Isso é realmente verdade? Se no Exemplo 2.7 supomos que uma vida humana vale $ 5 milhões, então o controle da poluição é garantido. Contudo, isso significa que os $ 10 milhões gastos no controle da poluição não poderiam ser gastos na expansão da estação ou na criação de postos de trabalho que podem aumentar a base tributária que poderia fornecer dinheiro para outros projetos valiosos, tais como melhorar a educação, a saúde ou o transporte. Mais informações adiante.

Os cálculos de riscos estão repletos desses tipos de grandes incertezas. Por exemplo, o relatório da National Academy of Sciences sobre sacarina concluiu que daqui a 70 anos, nos Estados Unidos, o número esperado de casos de câncer de bexiga em humanos resultante da exposição diária a 120 mg de sacarina pode variar entre 0,22 a 1,144 milhão de casos. Isso é bastante impressionante, mesmo para os toxicologistas. O problema, é claro, é que temos que extrapolar os dados em muitas ordens de grandeza, e muitas vezes os dados não são para os humanos, mas para outras espécies, exigindo assim uma conversão entre as espécies. No entanto, as agências governamentais estão cada vez mais inseridas em posições de tomadas de decisões com base em tais dados espúrios.

2.4.1 Procedimento de análise de risco ambiental

A análise de risco ambiental ocorre em etapas discretas.

I. Definir a fonte e o tipo de poluente em questão. De onde vem e o que é?
II. Identificar as vias e taxas de exposição. Como pode chegar aos seres humanos para que possa causar problemas de saúde?
III. Identificar os receptores em questão. Quem são as pessoas em risco?

IV. Determinar o potencial impacto do poluente na saúde do receptor. Ou seja, definir a relação dose-resposta ou os efeitos adversos observados em doses específicas.
V. Decidir que impacto é aceitável. Que efeito é considerado tão baixo para ser aceitável para a população?
VI. Com base no efeito admissível, calcular o nível aceitável no receptor e então calcular a emissão máxima admissível.
VII. Caso a emissão ou descarga esteja atualmente (ou espera-se estar) superior ao máximo permitido, determinar qual tecnologia é necessária para alcançar a emissão ou descarga máxima permitida.

I. *Definir a fonte e o tipo de poluente* é muitas vezes mais difícil do que possa parecer. Suponha que uma instalação de tratamento de resíduos perigosos seja construída próxima a uma área povoada. Que tipos de poluentes devem ser considerados? Se a instalação for misturar e fundir vários resíduos perigosos no decorrer da redução da sua toxicidade, quais produtos de tais processos devem ser avaliados? Em outros casos, a identificação tanto do poluente quanto da fonte em questão é uma tarefa fácil, tal como a produção de clorofórmio durante a adição do cloro à água potável ou gasolina de um tanque de armazenamento subterrâneo com vazamento.

II. *Identificar a via* pode ser razoavelmente simples como no caso da cloração da água. Em outras situações, tal como os efeitos do chumbo atmosférico, o poluente pode penetrar o corpo de inúmeras formas, inclusive por meio do alimento, da pele e da água.

III. *Identificar o receptor* pode causar dificuldade porque nem todos os humanos possuem o mesmo padrão de tamanho e saúde. A Usepa tentou simplificar tais análises sugerindo que todos os humanos adultos pesam 70 kg, vivem 70 anos, bebem 2 L de água diariamente e respiram 20 m^3 de ar por dia. Esses valores são utilizados para comparar os riscos.

IV. *Definir o efeito* é uma das etapas mais difíceis na análise de risco porque isso pressupõe determinada resposta do corpo humano a diversos poluentes. É comum considerar dois tipos de efeitos: cancerígeno e não cancerígeno.

Supõem-se que a curva dose-resposta para substâncias tóxicas não cancerígenas seja linear com um limiar. Conforme mostrado na curva A da Figura 2.1, uma dose baixa de toxina não causaria dano mensurável, no entanto qualquer aumento superior ao limiar teria efeito prejudicial. Considera-se aceitável, por exemplo, a ingestão de determinada quantidade de mercúrio porque é impossível demonstrar que haja qualquer efeito prejudicial sobre a saúde humana. Todavia, doses elevadas têm efeitos negativos documentados.

Algumas toxinas, como o zinco, são de fato nutrientes necessários em nosso sistema metabólico e também para uma boa saúde. A ausência de tais componentes químicos na nossa dieta pode ser prejudicial, contudo altas doses podem ser tóxicas. Essa curva é mostrada como B na Figura 2.1.

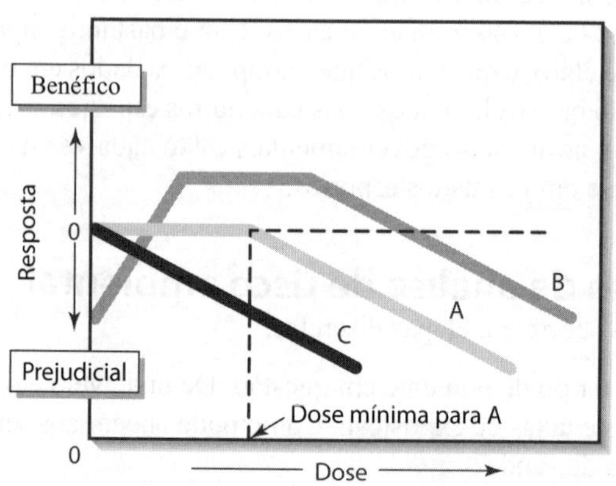

FIGURA 2.1 Três curvas dose-resposta.

Algumas autoridades sugerem que a curva dose-resposta para carcinógenos seja linear, começando com efeito zero na concentração zero, e o efeito nocivo aumenta linearmente conforme mostrado pela curva C na Figura 2.1. Cada dose finita de um carcinógeno pode, então, causar um aumento finito na incidência de câncer. Uma perspectiva alternativa é que o corpo é resistente a pequenas doses de carcinógenos, e que existe um limiar abaixo do qual não há nenhum efeito adverso (semelhante à curva A).

A Usepa escolheu a rota mais conservadora e desenvolveu o que ela chama de fator de potência para carcinógenos. O fator de potência é definido como o risco de contrair câncer (não necessariamente terminal) produzido por uma dose diária média de 1 mg do poluente/kg de peso corporal/dia. A relação dose-resposta é, portanto,

$$\text{Risco ao longo da vida} = \text{Dose diária média} \times \text{fator de potência}.$$

As unidades de dose diária média são mg poluente/kg de peso corporal/dia. As unidades para o fator potência são, portanto (mg poluente/kg de peso corporal/dia)$^{-1}$. O risco ao longo da vida não possui unidade. Supomos que a dose seja uma dose crônica sobre uma expectativa de vida de 70 anos. A Usepa calculou os fatores de potência para diversas substâncias químicas comuns e publicou no banco de dados do *Integrated Risk Information System (IRIS) (www.epa.gov/iris)*. Os fatores de potência são listados para ingestão e inalação.

V. *Decidir o que é risco aceitável* é provavelmente o parâmetro mais controverso nesses cálculos. Um risco de um em um milhão é aceitável? Quem decide se este nível é aceitável? Certamente, se perguntássemos a uma pessoa se ela poderia ser prejudicada se o risco fosse aceitável, ela definitivamente diria que não.

Todo o conceito de risco aceitável pressupõe um sistema de valores utilizado por engenheiros ambientais e cientistas em seu trabalho profissional. Infelizmente, este sistema de valores muitas vezes não corresponde ao sistema de valores considerado pelo público em geral. Os engenheiros tendem a basear suas decisões de forma a alcançar o bem maior total em todas as ações. Por exemplo, é aceitável atribuir um valor em uma vida humana aleatória para alcançar algum bem, e isso permite que a Usepa calcule o risco associado a poluentes e atribua um risco aceitável a uma probabilidade de um em um milhão. O custo é muito pequeno em comparação ao bem alcançado, e assim (o argumento segue) é do interesse da população aceitar a decisão.

Contudo, há fortes argumentos de que a maioria das pessoas não vê seu próprio bem-estar nem mesmo o bem-estar dos outros sob a mesma perspectiva. A maioria das pessoas tem o maior interesse em si mesma, reconhecendo que é também de seu interesse se comportar moralmente em relação a outras pessoas. Muitas pessoas consideram injusta qualquer análise em que os custos sejam atribuídos de forma desigual (como aquela pessoa em um milhão que se machuca). Muitas pessoas também acreditam que é antiético atribuir valor a uma vida humana e se recusam até mesmo a discutir sobre morte de um em um milhão para determinado contaminante ambiental. Geralmente as pessoas se opõem em levar vantagem em detrimento desse único indivíduo para o benefício de muitos.

Em uma audiência pública, o engenheiro pode revelar que o efeito prejudicial líquido da emissão de um incinerador de resíduos proposto eleva as mortes por câncer em apenas um em um milhão, e que este risco é bastante aceitável, dado o benefício da economia dos fundos públicos. No entanto, a população não compreendendo este raciocínio, verá essa morte como grosseiramente antiética. Tal discordância foi, muitas vezes, atribuída pelos engenheiros ao analfabetismo técnico por parte daqueles que discordam deles. Porém esse raciocínio parece ser um erro. Não é o analfabetismo técnico, mas um ponto de vista ético diferente, ou sistema de valores, que está em questão.

Não está muito bem esclarecido como a população tomaria decisões sobre a sociedade, como a localização de aterros sanitários, desmatamento de florestas, utilização de materiais perigosos em produtos de consumo ou selecionar as práticas de descarte de resíduos, se essas decisões tivessem de ser feitas pelo público em geral. Se pressionados, eles podem realmente recorrer a uma forma semelhante de análise, porém apenas depois de esgotar todas as outras alternativas. O ponto é que eles não estão em posição de tomar tais decisões e, portanto, são livres para criticar o engenheiro, que muitas vezes não entende o ponto de vista da população e pode ser pego de surpresa pelo que pode parecer ser um comportamento irracional.

VI. *Calcular os níveis aceitáveis de poluição* é a próxima etapa no processo de análise de risco. Essa etapa é um cálculo aritmético simples porque as decisões de valor já foram feitas.

VII. Por fim, é necessário *projetar estratégias de tratamento* para atender a esse nível aceitável de poluição.

O Exemplo 2.8 ilustra como esse processo funciona.

EXEMPLO 2.8

Problema A Usepa lista o cromo VI como carcinógeno com um fator de potência de via de inalação de 41 $(mg/kg\text{-}d)^{-1}$. Espera-se que um incinerador de resíduos, sem nenhum equipamento de controle de poluição do ar, emita cromo VI a uma taxa tal que a concentração transportada pelo ar no limite da estação imediatamente a favor do vento do incinerador seja 0,001 $\mu g/m^3$. Será necessário tratar as emissões de forma a reduzir o cromo VI para ficar dentro do nível de risco de 1 câncer adicional por 10^6 pessoas?

Solução A fonte é definida, e a via é a inalação de cromo VI. O receptor é a "pessoa padrão" da Usepa que pesa 70 kg, respira 20 m^3 de ar por dia, e vive por 70 anos imediatamente a favor do vento do incinerador – nunca deixando o lugar para respirar ar puro. (Cá entre nós, considere a irracionalidade dessa hipótese, mas de que outra forma ela poderia ser feita?) Suponhamos que a relação dose-resposta seja linear, e a absorção crônica permitida por dia seja calculada relacionando o risco ao fator de potência.

$$\text{Risco} = \text{Absorção crônica diária} \times \text{Fator de potência}$$
$$1 \times 10^{-6} = \text{CDI} \times 41(\text{mg/kg-d})^{-1}$$
$$\text{CDI} = 0{,}024 \times 10^{-6}\ \text{mg/kg-d}.$$

Então, é calculada a concentração de emissão permitida.

$$\text{CDI} = \text{Volume de ar por dia inalado} \times \text{Concentração de cromo VI / kg de peso corporal}$$

$$0{,}024 \times 10^{-6}\ \text{mg/kg-d} = \frac{(20\ \text{m}^3/\text{dia})(C\ \mu\text{g/m}^3)(10^{-3}\ \text{mg}/\mu\text{g})}{70\ \text{kg}}$$

$$C = 0{,}085 \times 10^{-6}\ \text{mg/m}^3 \text{ ou } 0{,}085 \times 10^{-3}\ \mu\text{g/m}^3$$

O sistema emitirá 0,001 $\mu g/m^3$, que é mais do que 0,000085 $\mu g/m^3$; portanto, o sistema não atende aos requisitos, logo são necessários controles de emissão.

2.4.2 Gestão de risco ambiental

Se é responsabilidade do governo proteger a vida de seus cidadãos contra invasões estrangeiras ou agressões criminosas, então ele é igualmente responsável por proteger a saúde e a vida de seus cidadãos de outros perigos potenciais, como queda de pontes e poluentes tóxicos do ar. No entanto, o governo possui um orçamento limitado, e esperamos que esse dinheiro seja distribuído de forma a obter os maiores benefícios à saúde e à segurança. Se duas substâncias químicas estão colocando as pessoas em risco, então é racional que fundos e esforços sejam gastos para eliminar a substância química que resulta no maior risco.

Mas isso é o que realmente queremos? Suponha, por exemplo, que gastar mais dinheiro e recursos para tornar as minas de carvão mais seguras tenha mais custo-efetividade do que conduzir missões heroicas de resgate, caso ocorram acidentes. Pode ser mais eficaz em relação ao risco colocar o dinheiro que temos em segurança, dispensar todas as unidades de resgate, e simplesmente aceitar os poucos acidentes que, inevitavelmente, continuarão acontecer. Todavia, como não haveria mais equipes de resgate, os mineradores presos seriam deixados à própria sorte. Não obstante, o efeito líquido global seria que menos vidas de mineradores de carvão seriam perdidas.

Mesmo que essa conclusão seja eficaz em relação ao risco, nós a acharíamos inaceitável. A vida humana é considerada sagrada. Esse valor não significa que recursos infinitos devam ser destinados a salvar vidas, mas sim que um dos rituais sagrados da nossa sociedade é a tentativa de salvar as pessoas em necessidade aguda ou crítica, como vítimas de acidentes, mineradores de carvão presos e coisas do gênero. Deste modo, cálculos puramente racionais, como o exemplo dos mineradores de carvão acima, não nos leva a conclusões que achamos aceitáveis.[3]

Em todas essas análises de risco os benefícios são, geralmente, exclusivos para os seres humanos, e eles são *benefícios a curto prazo*. Da mesma forma, os custos determinados na análise de custo-efetividade são custos orçamentários reais, dinheiro que sai diretamente do bolso da agência governamental. Os custos relacionados à degradação ambiental e os *custos a longo prazo* que são muito difíceis de quantificar não são inclusos nesses cálculos. O fato de os custos a longo prazo e ambientais não poderem ser facilmente considerados nessas análises, associado ao abuso descarado da análise custo-benefício pelas agências governamentais, torna necessário colocar em ação outras ferramentas de tomada de decisão: avaliação de alternativas e análise de impacto ambiental.

2.5 DECISÕES BASEADAS EM AVALIAÇÃO DE ALTERNATIVAS

Desde a publicação, em 1983, do assim chamado Livro Vermelho do National Research Council, também conhecido como *Avaliação de risco no governo federal: entendendo o processo*, a avaliação de risco químico foi institucionalizada na aplicação regulatória do estabelecimento de padrões como um processo amplamente orientado pela ciência que avalia quantitativamente a probabilidade do risco.[4] Mas, ao longo dos anos, as pessoas passaram a questionar a eficácia da avaliação de risco para atingir o que se pretende: proteger a saúde e a segurança das pessoas e do meio ambiente. Está se tornando cada vez mais evidente que a avaliação de risco possui limitações quando utilizada para justificar a sustentabilidade.

Uma máxima comum no campo da toxicologia, atribuído a Paracelso, no século XVI, é que "a dose faz o veneno". Na verdade, o que ele supostamente disse foi que "Todas as coisas são veneno e nada é sem veneno; apenas a dose permite que algo não seja venenoso". Em outras palavras, todas as substâncias químicas são venenosas em alguma dose; mesmo água é perigosa se você beber – ou pior – inalar mais que o suficiente. Mas, é claro, algumas substâncias químicas desencadeiam seus efeitos tóxicos em doses muito mais baixas do que outros. Há alguma verdade nesta máxima, contudo novos estudos estão revelando que é mais complicado do que isso; não é apenas a dose que importa, mas também o tempo de exposição e muito mais.

Conforme descrito na seção anterior, a avaliação de risco normalmente avalia os riscos associados a uma substância química de cada vez. Ela avalia o risco associado a uma substância química A separada da substância química B, a menos que as substâncias A e B sejam conhecidas como substâncias químicas equivalentes com efeitos recíprocos. Por exemplo, os fatores de equivalência tóxica são calculados para os congêneres das dioxinas quando elas são misturadas. Os valores são, então, adicionados para avaliar o risco. (Um congênere refere-se a uma substância química estreitamente relacionada.) Porém ela não considera o impacto da exposição à combinação das substâncias químicas A e B – e muito menos a C, D, E, e F se elas não forem moléculas muito semelhantes. Todavia, pesquisas científicas estão demonstrando que os impactos podem depender não somente da dose, mas da dose em combinação com outros estressores em um organismo, incluindo a presença de níveis muito baixos de substâncias químicas semelhantes ou diferentes no ambiente. Além disso, o tempo de exposição pode ser tão crítico que a exposição dentro de uma breve janela de desenvolvimento pode resultar em interrupções ao desenvolvimento normal, enquanto a exposição fora dessa janela não.

Os cientistas também estão concluindo que os efeitos podem aparecer de formas imprevisíveis. A exposição a algumas substâncias químicas em idade precoce pode induzir a efeitos que não aparecem até a idade avançada. Às vezes, os impactos não estarão evidentes no organismo exposto. Em vez disso, os impactos podem aparecer na descendência ou mesmo duas gerações futuras. A avaliação de risco como metodologia padronizada não lida muito bem com a constante evolução do conhecimento científico, particularmente quando as implicações dos perigos identificados não são bem compreendidas e métodos de teste padronizados não estão disponíveis. Isto é especialmente verdadeiro para áreas emergentes de pesquisa, como os interferentes endócrinos, em que níveis muito baixos de exposição a certas substâncias químicas podem interferir na função normal do sistema endócrino, resultando em diversos possíveis impactos.

Embora a avaliação de risco seja utilizada para apoiar a tomada de decisão, é justo dizer que existam apenas muitas variáveis para argumentar com confiança que a avaliação de risco seja abrangente e certa. No entanto, as conclusões a partir das avaliações de risco são utilizadas para tomar importantes decisões políticas e normativas que afetam a saúde humana e do meio ambiente. Geralmente, as avaliações de risco possuem peso legal, e são tratadas como cientificamente definitivas, apesar do fato de elas serem fundamentadas em diversas hipóteses e significativa incerteza científica. Além disso, as avaliações de risco são muito onerosas e demoradas, e quanto mais complexidade se procura abordar numa avaliação de risco, maior será o custo.

Em parte, em resposta às limitações da avaliação de risco, a *avaliação de alternativas* está surgindo como uma abordagem para orientar a tomada de decisão em direção à melhoria da saúde, segurança e sustentabilidade humana e do meio ambiente. A avaliação de alternativas para as substâncias químicas complementa a avaliação de risco por meio da identificação de opções que possuam menor risco. A avaliação de risco tenta responder à pergunta: "O risco é aceitável?". Essa pergunta resulta em uma resposta sim ou não que não estimula a melhoria contínua. A avaliação de alternativas ajuda a responder à pergunta: "Qual opção é mais segura?". Essa pergunta apoia uma estratégia de melhoria contínua.

A seguinte história do livro de Mary O'Brien, *making better environmental decisions: an alternative to risk assessment*, ilustra a distinção entre avaliação de risco e avaliação de alternativas.[5]

> Imagine uma mulher perante um rio montanhoso gelado, com a intenção de atravessar para o outro lado. Uma equipe de quatro avaliadores de risco permanece atrás dela, examinando sua situação. O toxicologista diz que ela deve atravessar o rio porque ele não é tóxico, apenas frio. O cardiologista diz que ela deve atravessar o rio porque ela parece ser jovem e não estar com hipotermia. Portanto, seus riscos de parada cardíaca são baixos. O hidrologista diz que ela deve atravessar o rio porque ele já viu outros rios como este, e estima que este não tenha mais de 4 pés de profundidade e provavelmente não há redemoinhos neste local. Por fim, o especialista em política da Usepa diz que a mulher deve atravessar o rio porque, em comparação com o aquecimento global, a depleção do ozônio e a perda da diversidade de espécies, os riscos de sua travessia são ínfimos.
>
> A mulher se recusa a atravessar. "Por quê?" – perguntam os avaliadores de risco. Eles mostram a ela seus cálculos, explicando de forma condescendente que o risco dela morrer enquanto atravessa o rio é de um em 40 milhões.
>
> A mulher ainda se recusa a atravessar. "Por quê?" – perguntam os avaliadores de risco, novamente, frustrados com essa mulher que, claramente, não compreendeu a natureza dos riscos.
>
> A mulher aponta a montante e diz: "Porque há uma ponte".

Nesta história, os avaliadores de risco estão baseando suas recomendações nos resultados de suas avaliações de riscos de uma única opção: atravessar um rio gelado. A mulher está avaliando suas alternativas, sendo uma delas usar uma ponte para atravessar o rio.

O objetivo da avaliação de alternativas é identificar possíveis alternativas para substâncias químicas, produtos e processos existentes, e optar entre elas com a intenção de escolher opções mais saudáveis e que protegem o meio ambiente. A avaliação de alternativas é, portanto, um processo comparativo destinado a gerar produtos e práticas mais seguros ou menos tóxicos. Obter uma segurança relativamente maior depende de julgamentos sobre diversos fatores que podem incluir exposições relativas, saúde humana e riscos ambientais relativos, bem como considerações sobre o ciclo de vida, social e econômico.

Para pôr em foco a química verde e a engenharia ecológica, uma avaliação de alternativas normalmente inclui um ou mais dos componentes de uma avaliação de risco tradicional, contudo o foco é na comparação de alternativas/opções que (1) estão disponíveis ou (2) poderiam ser desenvolvidas. Ou seja, o que é avaliado são as utilidade/funcionalidade (benefícios), custos, perigos e exposições *relativos*, e/ou os riscos de as alternativas descobrirem ou identificarem situações que ofereçam oportunidades ganha-ganha ou ganha-ganha-ganha. Alguns exemplos são (1) tecidos ignífugos em que são considerados não apenas os agentes químicos retardantes de chama alternativos, mas também tecidos não revestidos utilizando novos métodos de tecelagem, que sejam mais resistentes ao fogo ou baixa queima, e (2) alternativas não fibrosas para o amianto.

A ênfase está em reformular a questão de política pública: Não é "Quais são os riscos, benefícios e custos definitivos de um produto, processo ou abordagem perigosos existentes?". A questão é, antes, "Quais são as formas alternativas existentes ou que poderiam ser desenvolvidas para obter funcionalidade igual ou melhor com risco e, possivelmente, custo menores, refletindo um equilíbrio de riscos, benefícios e custos mais socialmente adequados?". Essa reformulação seria fundamentada pelos avanços da química verde e da engenharia ecológica, e permitiria, de forma simples, a avaliação dos riscos *relativos*, dos benefícios *relativos* e custos *relativos* de opções tecnológicas alternativas, com a intenção de aumentar continuamente o atalho para obter o mais alto nível da saúde humana e benefícios ambientais, em conjunto com seu desempenho. Uma variedade de abordagens para a avaliação de alternativas difere em relação a sua finalidade, âmbito e outras características.[6] Uma das principais abordagens é a da Usepa's Design for the Environment Program (Projeto para o Meio Ambiente da Usepa).

O Projeto para o Meio Ambiente (DfE) promove a prevenção da poluição e outras atividades de redução de risco nos setores industriais, comparando a saúde humana e os riscos ambientais e considerando o desempenho e custo de produtos, processos e práticas existentes e alternativos. O DfE faz isso de forma inovadora: por meio da formação de parcerias com a indústria e outras partes interessadas para desenvolver informações sobre os impactos, desempenho e custo de tecnologias e abordagens mais limpas na saúde e no meio ambiente. Logo, o DfE divulga as informações para ajudar as empresas a projetar e reprojetar produtos e processos com custo-efetividade que sejam mais limpos e mais seguros para os funcionários e para a população.

Por meio dessas parcerias, o DfE apoia as organizações no levantamento e avaliação de informações que elas possam não ser capazes de levantar de forma independente, seja pelo custo ou porque as informações são consideradas confidenciais. Os fabricantes de produtos químicos compartilham formulações confidenciais com o DfE por meio dessas parcerias voluntárias em função de como as informações sobre perigo são tratadas e apresentadas. O DfE recebe a divulgação completa do ingrediente dos fabricantes, e mantém as informações confidenciais. Entretanto, eles tornam os resultados das avaliações de perigo publicamente acessíveis sem revelar as porcentagens exatas dos componentes ou identificar as substâncias químicas confidenciais. Esse processo protege as informações comerciais confidenciais importantes para preservar a competitividade das empresas, contudo fornece aos consumidores e grupos de interesse informações relevantes sobre saúde e segurança humana e do meio ambiente que eles necessitem para tomar decisões informados.

Um exemplo de parceria bem-sucedida com o DfE é a Furniture Flame Retardancy Partnership.[7] O pentabromodifenil éter (pentaBDE) foi o principal retardante de chamas usado em espumas de poliuretano de mobiliário de baixa densidade. Em razão das preocupações quanto a sua utilização, e o fato de a substância química ter sido encontrada amplamente no ambiente, no tecido humano e no leite materno, o pentaBDE foi voluntariamente retirado de produção pelos fabricantes norte-americanos em janeiro de 2004. A indústria precisava de alternativas para atender às exigências de retardamento de chama dos móveis, no entanto não possuíam as informações sobre saúde e segurança humana e ambiental necessárias para comparar as alternativas. O DfE trabalhou com os fabricantes de móveis, fabricantes de espuma e fornecedores de produtos químicos retardantes de chama, em conjunto com grupos governamentais e ambientais, para avaliar possíveis alternativas.

Quatorze formulações de alternativas químicas foram propostas à Usepa, sob confidencialidade, e elas foram avaliadas com base em inúmeras conclusões sobre a saúde humana e a ecotoxicidade, além do potencial de bioacumulação e persistência ambiental. Elas também foram analisadas quanto à exposição potencial aos funcionários, usuários e ao ambiente aquático, e foi feita uma distinção entre retardantes de chama que reagem na espuma e àqueles que são adicionados à espuma e podem mais facilmente lixiviar. Onde existiam lacunas de dados, os peritos da Usepa usaram modelos e análogos químicos para estimar o perigo para uma conclusão particular. A literatura e as análises de dados de testes foram publicadas no relatório final, "Environmentally Preferable Options for Furniture Fire Safety: Low Density Furniture Foam", que está disponível no site da DfE. Além disso, cada parâmetro de perigo foi classificado com um nível de preocupação (alto, moderado ou baixo) com base nos critérios usados pelo New Chemicals Program da Usepa para avaliar o nível de preocupação dos novos produtos químicos submetidos à Toxic Substance Control Act (TSCA). O DfE observou que os valores foram baseados em dados experimentais (usado em negrito), e onde os valores foram estimados com base em modelos ou análogos químicos (usado em itálico). Uma seção da tabela que resume os resultados da análise é apresentada na Figura 2.2.

2.6 DECISÕES BASEADAS EM ANÁLISES DE IMPACTO AMBIENTAL

Em 1º de janeiro de 1970, o presidente Richard M. Nixon assinou a lei National Environmental Policy Act (Nepa)*, que se destinava a "incentivar a harmonia produtiva e agradável entre o homem e seu ambiente". Tal como acontece com outras leis criativas e inovadoras, a lei continha muitas disposições difíceis de implementar na prática. Não obstante, ela forneceu o modelo para a legislação ambiental adotada logo pela maioria do mundo ocidental.

A Nepa estabeleceu o Council on Environmental Quality (CEQ), que deveria ser um fiscalizador das atividades federais que influenciam o meio ambiente; o CEQ reportava-se diretamente ao presidente. O veículo pelo qual o CEQ monitoraria a atividade federal significativa que impactaria o meio ambiente era um relatório chamado *environmental impact statement* (EIS - *declaração de impacto ambiental*). Essa menosprezada provisão na Nepa, inserida na Seção 102 estipula que a EIS deve ser um inventário, análise e avaliação do efeito de um projeto planejado sobre a qualidade ambiental. A EIS deve ser redigida primeiro em forma de rascunho pela agência federal em questão para cada projeto significativo e, em seguida, esse rascunho deve ser submetido ao comentário público. Por fim, o relatório é reescrito, levando em conta o sentimento público e comentários de outras agências governamentais. Quando concluído, o EIS é enviado à Usepa.

O impacto da Seção 102 da Nepa sobre as agências federais foi traumático porque elas não tinham pessoal ou treinamento nem eram psicologicamente capazes de aceitar essa nova (que consideravam uma) restrição em suas atividades. Assim, os primeiros anos do EIS foram tumultuados, com muitas declarações de impacto ambiental sendo julgadas por adequação nos tribunais.

O conflito, é claro, surge quando a alternativa de custo-efetividade, ou a com maior relação custo-benefício, também resulta no maior impacto ambiental adverso. As decisões devem ser feitas, e com frequência C/B ganha sobre o IA (Impacto Ambiental). No entanto, é significativo que desde 1970, o efeito do projeto sobre o meio ambiente deve ser considerado, enquanto antes de 1970 essas preocupações nunca foram reconhecidas, muito menos incluídas no processo de tomada de decisão.

As agências governamentais tendem a realizar estudos internos do IA e propõem apenas os projetos com alta relação C/B e baixo impacto ambiental adverso. A maioria das declarações do IA são assim escritas como uma justificativa para uma alternativa que já foi selecionada pela agência.

Embora o CEQ tenha desenvolvido diretrizes para o EIS, a forma do EIS ainda é variável, e um parecer considerável e informações qualitativas (alguns dizem preconceito) é inserida em cada EIS. Cada agência parece ter desenvolvido sua própria metodologia dentro dos limites das diretrizes do CEQ, e é difícil argumentar que qualquer formato seja superior a outro. Como não há um EIS padrão, a discussão

* Política Nacional de Meio Ambiente. (N.R.T.)

Empresa	Agente químico	% em Formulação³	Efeitos sobre a saúde humana							Ecotoxicidade		Ambiental		Rotas potenciais de exposição							Reativo ou aditivo?
														Trabalhador			População em geral				
			Risco de câncer	Sensibilizador da pele	Reprodutivo	Desenvolvimental	Neurológico	Sistêmico	Genotoxicidade	Agudo	Crônico	Persistência	Bioacumulação	Inalação	Dérmico	Ingestão	Inalação	Dérmico	Ingestão	Aquático	
Supresta	AB053																				
	Tris(1,3-dicloro-2-propil)fosfato CAS nº 1367487-8		M	L	M	M	L	M	M	M	M	M	L	N	Y	Y	√	Y	Y	Y	Aditivo
Supresta	AC003																				
	Confidencial I Éster de fosfato orgânico	92-99%	*L*	L	L	L	*L*	*M*	L	H	H	H	L	P	Y	Y	√	Y	Y	Y	Aditivo
	Fosfato de trifenila CAS nº 115-86-6	1-8%	*L*	L	L	L	L	M	L	H	*H*	-	L	Y	Y	Y	√	Y	Y	Y	Aditivo
Supresta	AC073																				
	Fosfato de trifenila CAS nº 115-86-6	38-48%	*L*	L	L	L	L	M	L	H	*H*	-	L	Y	Y	Y	√	Y	Y	Y	Aditivo
	Confidencial J Aril fosfato	40-46%	*L*	*L*	L	*L*	L	M	M*	*L*	*H*	-	*L*	Y	Y	Y	√	Y	Y	Y	Aditivo
	Confidencial K Aril fosfato	12-18%	*L*	*L*	*L*	*L*	*L*	*M*	*L*	*L*	*L*	L	*L*	P	Y	Y	√	Y	N	N	Aditivo
	Confidencial L Aril fosfato	1-3%	*L*	*L*	*L*	*L*	*L*	*M*	*L*	*L*	*L*	L	*L*	P	Y	Y	√	Y	N	N	Aditivo
Supresta	Firol FR-2	99%																			
	Tris(1,3-dicloro-2-propil)fosfato CAS nº 1367487-8	nº	M	L	M	M	L	M	M	M	M	M	*L*	N	Y	Y	√	Y	Y	Y	Aditivo

L = Perigo de baixo risco
M[1] = Perigo de risco moderado
H = Perigo de alto risco
L, ***M***[1], ou ***H*** = Parâmetro atribuído usando valores de estimativa e parecer profissional (Relações de atividade de estrutura)
N = Não
Y = Sim
P = Sim para substâncias químicas puras

*Estudos em andamento podem resultar em uma mudança nesse parâmetro
▲Produtos de degradação persistentes esperados[2]

FIGURA 2.2 Matriz de avaliação da Usepa para risco de retardante de chamas em móveis. (U. S. Environmental Protection Agency.)

a seguir é uma descrição de várias alternativas dentro de um quadro geral. Sugere-se que o EIS deva ser dividido em três partes: inventário, análise e avaliação.

2.6.1 Inventário

A primeira tarefa na redação de qualquer EIS é a coleta de dados, tais como informação hidrológica, meteorológica ou biológica. Uma lista das espécies de plantas e animais na área de interesse, por exemplo, está inclusa no inventário. Nenhuma decisão é tomada neste estágio porque *tudo* pertence devidamente ao inventário.

2.6.2 Análise

A segunda etapa é a parte analítica, comumente chamada de análise. Essa é a parte mecânica do EIS na qual os dados coletados no inventário são fornecidos ao mecanismo de análise, e os números são adequadamente calculados. Foram sugeridas inúmeras metodologias de análise, somente algumas são descritas a seguir.

Lista de verificação quantificada possivelmente é o método quantitativo mais simples de comparar alternativas. Envolve primeiro a listagem das áreas do meio ambiente que possam ser afetadas pelo projeto proposto e, em seguida, uma estimativa da

a. *importância* do impacto;
b. *magnitude* do impacto;
c. *natureza* do impacto (seja negativa ou positiva).

Geralmente, a importância é dada em números de 0 a 5, onde 0 significa nenhuma importância, e 5 implica extrema importância. Uma escala similar é usada para a magnitude enquanto a natureza é expressa simplesmente como −1 como impacto negativo (adverso) e +1 como impacto positivo (benéfico). O impacto ambiental (IA) é então calculado como

$$\text{IA} = \sum_{i=1}^{n} (I_i \times M_i \times N_i)$$

onde I_i = importância de *i*-ésimo de impacto;
M_i = magnitude de *i*-ésimo de impacto;
N_i = natureza de *i*-ésimo de impacto, de modo que $N = +1$ se benéfico e $N = -1$ se prejudicial;
n = número total de áreas de preocupação.

O Exemplo 2.9 ilustra a utilização da lista de verificação quantificada.

EXEMPLO 2.9

Problema Continuando o Exemplo 2.3, a comunidade possui duas alternativas: Aumentar a frequência de coleta de lixo de 1 a 2 vezes por semana ou permitir a queima de lixo no local. Analise essas duas alternativas utilizando uma lista de verificação quantificada.

Solução Primeiro, são listadas as áreas de impacto ambiental. Sucintamente, apenas seis áreas são mostradas abaixo; portanto, reconheça que uma avaliação completa incluiria muitas outras preocupações. Em seguida, os valores de importância e magnitude são atribuídos (0 a 5), e a natureza do impacto é indicada (+/−). Então, as três colunas são multiplicadas.

Alternativa 1: Aumento da frequência de coleta

Área de preocupação	Importância (*I*)	Magnitude (*M*)	Natureza (*N*)	Impacto (*I* x *M* x *N*)
Poluição do ar (caminhões)	4	2	–1	–8
Ruído	3	3	–1	-9
Lixo nas ruas	2	2	–1	–4
Odor	2	3	–1	–6
Tráfego congestionado	3	3	–1	–9
Poluição das águas subterrâneas	4	0	–1	0

(*Observação*: Nenhum lixo novo será depositado em aterro.)

EI = –36

Alternativa 2: Queima nos locais

Área de preocupação	Importância (*I*)	Magnitude (*M*)	Natureza (*N*)	Impacto (*I* x *M* x *N*)
Poluição do ar (queima)	4	4	–1	–16
Ruído	0	0	–1	0
Lixo	2	1	+1	+2
(*Observação*: Sistema de coleta atual causa produção do lixo)				
Odor	2	4	–1	–8
Tráfego congestionado	0	0	–1	0
Poluição das águas subterrâneas	4	1	+1	+4

(*Observação*: Menos rejeito será dirigido a aterros sanitários.)

EI = –18

Com base nesta análise, a queima de lixo resultaria na menor reação adversa.

Matriz de interação

Para projetos simples, a lista de verificação quantificada é uma técnica de análise adequada, contudo torna-se progressivamente complicada para projetos maiores com muitas ações menores, todas combinando para produzir o produto final total, tais como a construção de barragens. O efeito de cada uma dessas ações menores deve ser julgado separadamente em relação ao seu impacto. Tal interação entre as ações individuais e as áreas de preocupação dão origem à *matriz de interação*, em que, mais uma vez, a importância e a magnitude da interação são julgadas (como a escala de 0 a 5 usada anteriormente). Parece não haver acordo sobre o cálculo que deve ser feito para produzir a quantidade numérica final. Em alguns casos, a importância é multiplicada pela magnitude e os produtos somados como antes, enquanto outro procedimento é simplesmente adicionar todos os números na tabela. No Exemplo 2.10, os produtos são somados em um total geral mostrado no canto inferior direito da matriz.

EXEMPLO 2.10

Problema Continuando o Exemplo 2.3, utilize a técnica de avaliação da matriz de interação para decidir sobre as alternativas apresentadas.

Solução Observe novamente que essas são listas incompletas utilizadas apenas para fins ilustrativos. Os resultados indicam, mais uma vez, que faz mais sentido queimar o papel.

Alternativa 1:
Aumento da frequência de coleta

Área de preocupação / Ações	Coleta por caminhão	Transporte para o aterro sanitário	Descarte no aterro sanitário	
Poluição do ar	−4 / 2	−2 / 2	−1 / 1	−13
Ruído	−3 / 3	−2 / 1	−2 / 1	−13
Odor	−2 / 3	0 / 0	−2 / 1	−8
Poluição das águas subterrâneas	0 / 0	0 / 0	−4 / 0	0
	−23	−6	−5	−34

Alternativa 2:
Queima de lixo

Área de preocupação / Ações	Queima de lixo	Menos lixo para coletar	Menos lixo no aterro sanitário	
Poluição do ar	−4 / 4	0 / 0	0 / 0	−16
Ruído	0 / 0	+1 / 1	+1 / 1	+2
Odor	−2 / 4	+1 / 1	+1 / 1	−6
Poluição das águas subterrâneas	0 / 0	0 / 0	+4 / 1	+4
	−24	+2	+6	−16

Antes de passarmos para a próxima técnica, devemos enfatizar novamente que o método ilustrado no Exemplo 2.10 pode apresentar muitas variações e modificações, nenhuma delas está certa ou errada, contudo dependem do *tipo de análise* realizada, para *quem* o relatório é preparado, e *o que* está sendo analisado. A iniciativa individual geralmente é o componente mais valioso no desenvolvimento de um EIS prático.

A *lista de verificação ponderada de parâmetro comum* é outra técnica de análise de impacto ambiental. Ela difere da técnica de lista de verificação quantificada apenas na medida em que em vez de usar números arbitrários de importância e magnitude, o termo de importância é denominado (E) e calculado a partir de dados ambientais reais (ou valores quantitativos previstos), e a magnitude é expressa como fatores de ponderação (W).

O objetivo básico desta técnica é reduzir todos os dados a um parâmetro comum, permitindo, assim, a adição dos valores. Os dados (reais ou previstos) são traduzidos para o termo de efeito por meio de uma função que descreve a relação entre a variação do valor mensurável e o efeito dessa variação. Essa função é comumente descrita para cada interação caso a caso. Três funções típicas são ilustradas na Figura 2.3. Todas essas curvas mostram que à medida que o valor da quantidade medida aumenta, o efeito adverso no meio ambiente (E) também aumenta, mas que essa relação pode assumir várias formas. O valor de E varia de 0 para mais ou menos 1,0, com o sinal positivo implicando o impacto benéfico e o negativo, prejudicial.

Considere, por exemplo, a presença de um resíduo tóxico sobre a saúde e a sobrevivência de determinado organismo aquático. A concentração da toxina no córrego é medida em quantidade, enquanto a saúde do organismo aquático é o efeito. O efeito (prejudicial) aumenta à medida que a concentração aumenta. Uma concentração muito baixa não possui efeito prejudicial, enquanto uma concentração muito elevada pode ser desastrosa. Mas que tipo de função (curva) faz mais sentido para essa interação? A função de linha reta (Figura 2.3A) implica que à medida que a concentração da toxina aumenta a partir de zero, os efeitos prejudiciais são imediatamente sentidos. Isso raramente é verdade. Em concentrações muito baixas, a maioria das toxinas não apresenta relação linear com o efeito, logo essa função não parece ser prática. A Figura 2.3B, a próxima curva, também está incorreta. No entanto, a Figura 2.3C parece muito mais razoável porque sugere que o efeito da toxina seja muito pequeno em concentrações mais baixas, porém, quando atinge um nível-limite, torna-se rapidamente muito tóxico. À medida que o nível

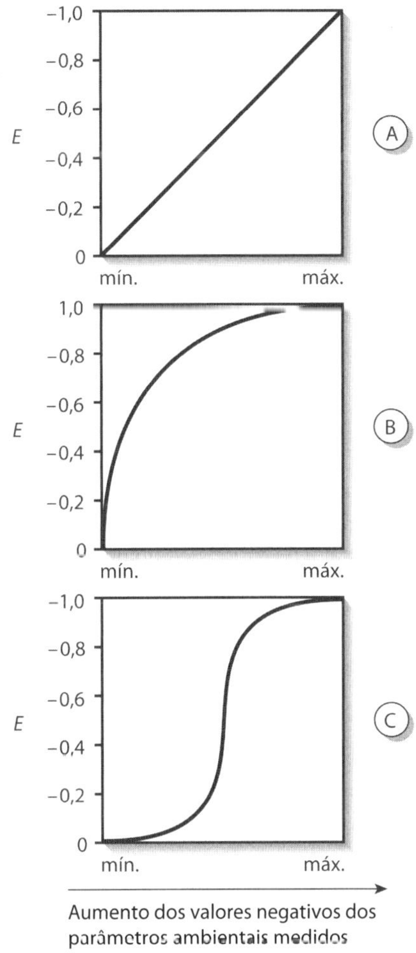

FIGURA 2.3 Três tipos de funções relacionando as características ambientais aos efeitos.

aumenta acima do limiar tóxico, não pode haver mais danos porque os organismos estão todos mortos, assim o efeito é nivelado em 1,0.

Uma vez que os termos de efeito (E) são estimados para cada característica, eles são multiplicados pelos fatores de ponderação (W), que são distribuídos entre os vários efeitos, de acordo com a importância do efeito. Normalmente, a ponderação total de termos é 100, mas isso não é importante desde que um número igual de ponderação de termos seja distribuído a cada alternativa analisada. Então, o impacto final é calculado adicionando os produtos dos termos de efeito (E) e fatores de ponderação (W). Logo, para cada alternativa considerada:

$$\text{Impacto ambiental} = \sum_{i=1}^{n}(E_i \times W_i)$$

onde n = número total de áreas de preocupação ambiental consideradas. Lembre-se de que E pode ser negativo (prejudicial) ou positivo (benéfico).

EXEMPLO 2.11

Problema Continuando o Exemplo 2.8, utilizando apenas lixo, odor e partículas suspensas no ar (como exemplo de qualidade do ar), calcule o impacto ambiental da queima de lixo usando a lista de verificação ponderada de parâmetro comum. (Novamente, esta é apenas uma parte muito pequena da análise total de impacto que seria necessária ao utilizar essa técnica.)

Solução Suponha que as três curvas mostradas na Figura 2.4 sejam as funções adequadas que relacionam as características ambientais de lixo, odor e partículas suspensas no ar, respectivamente. Suponha que tenha sido estimado que a queima de lixo resultará em um nível de lixo 2, numa escala de 0 a 4, número de odor de 3, e aumento de partículas suspensas no ar para 180 μg/m³. Adotando os gráficos da Figura 2.4A, B e C em 2, 3 e 180, respectivamente, os efeitos (*E*) são lidos como −0,5, −0,8 e −0,9. Agora, é necessário atribuir os fatores de ponderação, e de um total de 10, é decidido atribuir 2, 3, e 5, respectivamente, implicando que o efeito mais importante seja a qualidade do ar, e o menos importante seja o lixo. Logo, o impacto ambiental é

$$\text{IA} = (-0{,}5 \times 2) + (-0{,}8 \times 3) + (-0{,}9 \times 5) = 7{,}9$$

Um cálculo semelhante poderia ser realizado para outras alternativas e os IAs comparados.

Deve ficar claro que essa técnica é suscetível a modificações e interpretações individuais, e o exemplo acima não deve ser considerado de forma alguma um método padrão. No entanto, ela fornece uma resposta numérica à questão do impacto ambiental, e quando isso é feito para várias alternativas, os números podem ser comparados. Este processo de comparação e avaliação representa a terceira parte de um EIS.

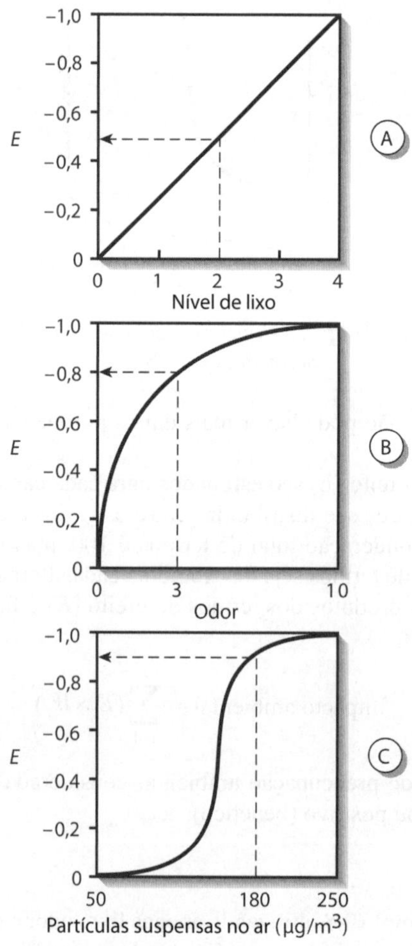

FIGURA 2.4 Três funções específicas dos efeitos ambientais. Veja o Exemplo 2.11.

2.6.3 Avaliação

A comparação dos resultados do procedimento de análise e o desenvolvimento de conclusões finais são todos cobertos pela avaliação. É importante reconhecer que as duas etapas anteriores, inventário e análise, são procedimentos simples e objetivos comparados com a etapa final, que exige parecer e senso comum. Durante essa etapa na redação do EIS, as conclusões são elaboradas e apresentadas. Geralmente, o leitor do EIS enxerga apenas as conclusões, e nunca se preocupa em rever todas as hipóteses inseridas nos cálculos de análise, por isso é importante incluir na avaliação a singularidade desses cálculos e enfatizar o nível de incerteza na etapa de análise.

Todavia, mesmo quando o EIS é o mais completo possível e os dados foram coletados e avaliados com a maior atenção possível, as conclusões relativas à utilização da análise estão suscetíveis a diferenças extremas. Por exemplo, o EIS redigido para o oleoduto do Alasca, quando todos os volumes são colocados numa única pilha, representa (4,3 metros) de trabalho. E no final de todo esse esforço, pessoas boas em ambos os lados redigiram conclusões diametralmente opostas sobre o efeito do oleoduto. O problema era que elas estavam argumentando sobre a *coisa errada.*[8] Elas podem estar argumentando quantos cervos seriam afetados pelo oleoduto, contudo suas divergências foram realmente em quão profundamente eles se *importavam* com o fato de eles serem afetados pelo oleoduto. Para uma pessoa que não se importa nem um pouco com as renas, o impacto é zero, enquanto aqueles que se preocupam com os rebanhos e os efeitos de longo alcance na ecologia sensível de tundra se importam muito. Então, qual é a solução? Como as decisões de engenharia podem ser tomadas diante de *valores* conflitantes? Tais decisões exigem outro tipo de tomada de decisão de engenharia: uma *análise ética.*

2.7 DECISÕES BASEADAS EM ANÁLISES ÉTICAS

Antes de iniciarmos uma discussão sobre a análise ética, é necessário definir com clareza o que se entende por ética.[9] A opinião popular é que uma pessoa ética, por exemplo, é uma pessoa "boa", uma pessoa com padrões elevados. Da mesma forma, pensa-se que uma pessoa com moral tem certas opiniões convencionais sobre sexo. Esses são ambos mal-entendidos comuns.

Moral são os valores que as pessoas escolhem para orientar a maneira como devem tratar uns aos outros. Tal valor moral pode estar dizendo a verdade, e algumas pessoas escolherão ser verdadeiras. Essas pessoas são consideradas como pessoas morais em relação à verdade porque estariam agindo de acordo com suas convicções morais. No entanto, se uma pessoa não valoriza a honestidade, então dizer a verdade é irrelevante, e essa pessoa não tem um valor moral em relação à honestidade. Na verdade, é possível manter uma visão moral que se deve sempre mentir, e neste caso a pessoa seria considerada uma pessoa moral, se ela mentiu é porque estaria agindo de acordo com uma convicção moral.

A maioria das pessoas racionais concorda que é muito melhor viver em uma sociedade em que as pessoas não mentem, trapaceiam ou roubam. Certamente existem sociedades em que as pessoas mentem, trapaceiam e roubam, mas dada a escolha, a maioria das pessoas não gostaria de se comportar de tal forma, e escolheria viver em sociedades em que todos compartilham valores morais que proporcionem benefício mútuo.

Embora seja razoavelmente fácil concordar que não é aceitável mentir, trapacear ou roubar, e que a maioria das pessoas não vai fazê-lo, é muito mais difícil decidir o que fazer quando surgem conflitos entre valores. Por exemplo, suponha que seja necessário mentir para manter uma promessa. Como devemos decidir o que fazer quando os valores estão em conflito? Em questões econômicas, ocorre uma situação semelhante. Por exemplo, como devemos decidir qual projeto empreender com recursos limitados? Como já discutimos, utilizamos uma análise custo-benefício. Então, como podemos tomar uma decisão quando os valores morais conflitam? Utilizamos uma análise ética.

A ética fornece uma estrutura sistematizada para tomar decisões onde os valores conflitam. A seleção da natureza e função desse mecanismo de tomada de decisão depende de seus próprios valores morais. Tanto a análise de custo-efetividade e a análise custo-benefício são métodos para tomar decisões com base (principalmente) em dinheiro. A análise de risco calcula os danos potenciais à saúde, e a análise de impacto ambiental fornece um meio para tomada de decisão com base nos efeitos a longo prazo sobre os recursos. A ética é igualmente uma base para a tomada de decisão, todavia os parâmetros de interesse não são dólares ou dados ambientais, mas valores. Segue-se então que, como a ética é um sistema de tomada de decisão, uma pessoa ética é aquela que toma decisões baseadas em algum sistema ético. *Qualquer sistema*! Por exemplo, ao se optar por observar um sistema de ética que maximiza o prazer pessoal (hedonismo), seria correto (ético) tomar todas as decisões de forma que o prazer pessoal seja maximizado. Nesse caso, alguém poderia empurrar senhoras de bancos para que se pudesse sentar-se ou colar nas provas porque isso exige menos estudo e mais tempo de lazer. Desde que o hedonismo seja adotado como o modo aceito de comportamento (ética), neste caso, a pessoa estaria agindo de forma ética.

Existem, é claro, muitos outros sistemas de ética que resultam em ações que a maioria das pessoas civilizadas considera normas mais aceitáveis de comportamento social. O aspecto mais importante de qualquer código ou sistema ético adotado, é que se deve estar preparado para defendê-lo como um sistema que *todos* deveriam empregar. Se tal defesa for fraca ou defeituosa, então o sistema ético é considerado inadequado, com a implicação de que uma pessoa racional, então, abandone o sistema e busque um que possa ser defendido como um sistema que deveria ser adotado por todos.

2.7.1 Utilitarismo e teorias deontológicas

A maioria do pensamento ético nos últimos 2.500 anos tem sido uma busca pela teoria ética apropriada para orientar nosso comportamento nas relações entre humanos. Algumas das teorias mais influentes no pensamento ético ocidental, teorias que são mais justificáveis, são fundamentadas em consequências e atos. Na primeira, os dilemas morais são resolvidos com base em quais são as consequências. Deseja-se maximizar o bem, então a alternativa que cria o maior bem é correta (moral). Na última, os dilemas morais são resolvidos com base em se a alternativa (ato) é considerada boa ou má; as consequências não são consideradas.

A teoria ética consequencialista mais influente é o *utilitarismo* de Jeremy Bentham (1784–1832) e John Stuart Mill (1806–1873). No utilitarismo, são calculados a dor e o prazer de todas as ações, e o valor de todas as ações é julgado com base na felicidade total alcançada, em que a felicidade é definida como a relação prazer/dor mais elevada. (Soa familiar?) O assim denominado *cálculo utilitarista* permite o cálculo da felicidade para todas as alternativas consideradas. Logo, agir de forma ética seria escolher a alternativa que produz o nível mais alto de prazer e o menor nível de dor. Uma vez que a felicidade de todos os seres humanos envolvidos é somada, tais cálculos, geralmente, impõem uma decisão em que a felicidade moderada de muitos resulta na extrema infelicidade de alguns. A análise custo-benefício pode ser considerada utilitária em suas origens porque presume-se que o dinheiro seja igualado à felicidade.

Os defensores das teorias consequencialistas argumentam que estes são os princípios adequados para a conduta humana porque eles promovem o bem-estar humano, e que agir simplesmente com base em algumas regras sem referência às consequências dessas ações é irracional. Concordando com Aristóteles, os utilitaristas argumentam que a felicidade é sempre escolhida por sua própria causa e, portanto, deve ser o bem básico que todos buscamos. Consequentemente, como o cálculo utilitarista prevê esse cálculo, ele é a ferramenta apropriada para a tomada de decisão em que os valores estão envolvidos.

O segundo grupo das teorias éticas baseia-se na noção de que a conduta humana deve ser regida pela moralidade dos atos, e que determinadas regras (como "não mentir") devem ser sempre seguidas. Essas teorias, geralmente denominadas teorias *deontológicas*, enfatizam a bondade do ato e não sua consequência. Os defensores dessas teorias afirmam que os atos devem ser julgados como bons ou maus, certo ou errado, *neles mesmos*, independentemente das consequências desses atos. Um sistema antigo de regras deontológicas é os Dez Mandamentos por essas regras terem sido destinadas a serem seguidas *independentemente das consequências*.

Possivelmente o sistema deontológico mais conhecido é o de Immanuel Kant (1724–1804), que sugeriu a ideia do imperativo categórico – o conceito de que um conjunto de regras é desenvolvido para tomar decisões de juízo de valor, de modo que se deseja que todas as pessoas obedeçam às regras. Uma vez que essas regras são estabelecidas, deve-se sempre segui-las, e só então essa pessoa estará agindo de forma ética porque o que importa é o ato. Uma base fundamental da ética de Kant é o princípio da *universalização*, um teste simples para a racionalidade de um princípio moral. Em resumo, o princípio defende que se uma ação é aceitável para uma pessoa, deve ser *igualmente aceitável para as outras*. Por exemplo, se mentir for considerado um comportamento aceitável para si mesmo, é admitido que todos mintam e, na verdade, é esperado que todos mintam. Do mesmo modo, se uma pessoa decidir que colar na prova é aceitável, então se concorda, pelo princípio da universalização, que é perfeitamente aceitável que todos os outros colem também. Viver em um mundo onde se espera que todos mintam ou trapaceiem seria uma situação lamentável e, como resultado, nossas vidas seriam muito pior. Portanto, não faz sentido afirmar que mentir ou trapacear seja aceitável porque esses comportamentos não podem ser universais.

Os defensores das teorias baseadas em regras argumentam que as teorias consequencialistas permitem, e muitas vezes encorajam, o sofrimento de poucos para o benefício de muitos e que esta é claramente uma injustiça. Por exemplo, eles afirmam que as teorias consequencialistas aceitam o sacrifício de uma pessoa inocente se esta morte impedisse a morte de outros. Eles argumentam que, se matar é errado, então o simples ato de permitir que uma pessoa inocente morra é errado e imoral. Os utilitaristas rebatem argumentando que muitas vezes um bom ato resulta em dano líquido. Um exemplo bobo seria a pergunta do seu colega de quarto/esposo/amigo, "Você gostou do meu penteado/camisa/gravata/etc.?". Mesmo que você, honestamente, ache horrendo, a boa ação seria dizer a verdade porque nunca se deve mentir. Será que uma mentira branca não resultaria em um bem maior, pergunte aos utilitaristas? Os deontologistas respondem que é errado mentir, mesmo que possa prejudicar sentimentos passageiros, porque dizer a verdade pode criar uma confiança que se mantém firme em tempos em que a verdade se faz necessária.

Existem, naturalmente, muitos mais sistemas de ética que poderiam ser discutidos e que tenham relevância para a profissão de engenheiro ambiental, contudo, deve ficar claro que o pensamento ético tradicional representa uma fonte valiosa de discernimento na busca de um estilo de vida pessoal e profissional.

2.7.2 Ética ambiental e valor instrumental

Todos os sistemas éticos clássicos destinam-se a fornecer orientações sobre como os seres humanos devem tratar uns aos outros. Em resumo, a *comunidade moral*, ou os indivíduos com quem precisamos interagir de forma ética, inclui apenas os seres humanos, e os únicos agentes da moral dentro da comunidade moral são os seres humanos. A agência moral exige *reciprocidade* em que cada pessoa concorda em tratar um ao outro de um modo mutuamente aceitável. Mas, obviamente, não somos os únicos habitantes da Terra, e também não é importante como tratamos os animais nao humanos? Ou plantas? Ou lugares? A comunidade moral deve incluir outros animais? plantas? objetos inanimados, como rochas, montanhas e até mesmo lugares? Em caso afirmativo, devemos também estender a comunidade moral à nossa prole, que está destinada a viver no meio ambiente que vamos deixar para ela?

Essas questões estão sendo debatidas e argumentadas em uma pesquisa contínua que se tornou conhecida como ética ambiental, uma base que se destina a nos permitir tomar decisões *dentro* do nosso meio ambiente, decisões que envolverão não apenas a nós mesmos, mas também ao resto do mundo. Uma abordagem à formulação de uma ética que incorpora o meio ambiente é considerar os valores ambientais como *valores instrumentais*, valores que podem ser medidos em dólares e/ou o sustento oferecido pela natureza para nossa sobrevivência (por exemplo, produção de oxigênio pelas plantas). A visão do valor instrumental da natureza defende que o meio ambiente é útil e valioso para as pessoas, assim como outras *commodities* desejáveis – como a liberdade, saúde e oportunidade.

Esta visão *antropocêntrica* da ética ambiental, a ideia de que a natureza está aqui apenas para o benefício das pessoas é, claro, obsoleta. Aristóteles afirmou, "As plantas existem para alimentar os animais, e os animais para alimentar o homem. . . Como a natureza não faz nada sem propósito ou em vão, todos os animais devem ter sido feitos pela natureza por causa dos homens". De forma semelhante, Kant incorporou a natureza em suas teorias éticas sugerindo que nossas obrigações com o animais são obrigações indiretas, que são realmente obrigações para nossa própria humanidade. Sua visão é bastante clara: "No que diz respeito aos animais, não temos obrigações diretas. Os animais não são autoconscientes e estão lá apenas como um meio para um fim. Esse fim é o homem".[10] Portanto, por este raciocínio, o valor dos animais não humanos pode ser calculado como seu valor para as pessoas. Não queremos matar todas os búfalos da planície, por exemplo, porque são criaturas bonitas e interessantes, e gostamos de olhar para eles. Exterminar o búfalo significaria que estamos causando danos a outros seres humanos. No entanto,

William F. Baxter afirma que a nossa preocupação com "Danos aos pinguins, pinheiros ou maravilhas geológicas é. . . simplesmente irrelevante. . . Os pinguins são importantes [somente] porque as pessoas gostam de vê-los caminhar sobre as rochas".[11] Podemos concordar que é necessário viver em um meio ambiente saudável para poder desfrutar os prazeres da vida e, portanto, outros aspectos do ambiente têm valor instrumental. Pode-se argumentar que para contaminar a água ou poluir o ar ou destruir a beleza natural está tomando algo que não pertence a uma única pessoa. Essa poluição está roubando dos outros, pura e simplesmente. Também não seria ético destruir o meio ambiente natural, porque muitas pessoas gostam de caminhar na floresta ou fazer canoagem em rios, e devemos preservar isso para nosso benefício. Além disso, não devemos exterminar as espécies, uma vez que existe a possibilidade de que, de alguma forma, sejam úteis no futuro. Uma planta ou micróbio desconhecidos podem ser essenciais no futuro para pesquisas médicas, e não devemos privar os outros desse benefício.

Embora a abordagem do valor instrumental da natureza à ética ambiental tenha mérito, também tem uma série de problemas. Primeiro, esse argumento não nos impedirá de matar ou torturar animais individuais, desde que isso não cause dano a outras pessoas. Tal ordem não é compatível com nossos sentimentos sobre os animais. Condenamos uma pessoa que causa danos desnecessários a qualquer animal que possa sentir dor, e muitos de nós fazemos o que podemos para evitar esses tipos de ações.

Em segundo lugar, essa noção cria um abismo profundo entre os seres humanos e o resto da natureza, um abismo com o qual a maioria das pessoas está muito desconfortável. A abordagem antropocêntrica sugere que os indivíduos são senhores do mundo e podem usar seus recursos exclusivamente para benefício humano sem qualquer consideração pelos direitos de outras espécies ou animais individuais. Tal pensamento levou à "violação da natureza" no século XIX, nos Estados Unidos, cujos efeitos ainda são evidentes. Henry David Thoreau (1817–1862), John Muir (1838–1914), e muitos outros tentaram colocar em palavras o que muitas pessoas sentiram sobre tal destruição. Eles reconheceram que é nossa alienação sobre a natureza, a noção de que a natureza tem apenas valor instrumental, que levará, por fim, à destruição da natureza. Claramente, a valorização da natureza como sendo apenas uma base instrumental é uma abordagem inadequada para explicar nossas atitudes em relação à natureza.

2.7.3 Ética ambiental e valor intrínseco

Dado esses problemas com o conceito de valor instrumental da natureza como base para nossas atitudes em relação ao meio ambiente, ocorreu uma busca por outra base para incluir os animais não humanos, as plantas e até as coisas dentro da nossa esfera de preocupação ética. O objetivo básico neste desenvolvimento é a tentativa de atribuir valor *intrínseco* à natureza e incorporar a natureza não humana dentro da nossa comunidade moral. Esta teoria é conhecida como o pensamento ético *extensionista*, uma vez que se tenta incluir outras criaturas na comunidade moral. Tal conceito é, talvez, tão revolucionário quanto o reconhecimento, há apenas um século, de que os escravos também são humanos e devem ser incluídos na comunidade moral. Por exemplo, Aristóteles não aplicou a ética aos escravos porque, em sua opinião, eles não eram iguais aos intelectuais. Agora reconhecemos que este era um argumento raso, e hoje a escravidão é considerada moralmente repugnante. Em um futuro não muito distante, é possível que a comunidade moral inclua o restante da natureza também, e incluiremos a natureza em nosso mecanismo de tomada de decisão ética.

A ética ambiental extensionista foi inicialmente divulgada não por um filósofo, mas por um guarda-florestal. Aldo Leopold (1887-1948) definiu a ética ambiental (ou como denominou "ética da terra") como uma ética que "Simplesmente amplia os limites da comunidade para incluir solos, águas, plantas e animais, ou coletivamente a terra".[12] Ele reconheceu que tanto nossa formação religiosa quanto secular criaram um conflito entre os humanos e o resto da natureza. A natureza tinha que ser subjugada e conquistada; era algo poderoso e perigoso contra o qual tínhamos que lutar continuamente. Ele acreditava que uma visão racional da natureza nos levaria a uma ética ambiental que "muda o papel do *Homo sapiens* de conquistador da comunidade terrestre para um simples membro e cidadão terrestre".

Na realidade, Leopold estava questionando a antiga crença de que os seres humanos são especiais, que de alguma forma não somos parte da natureza, mas enfrentamos a natureza em um constante combate pela sobrevivência, e que temos um papel dado por Deus de caráter dominante, conforme especificado em Gênesis. Assim como os filósofos posteriores (e as pessoas em geral) começaram a ver a escravidão como uma instituição insustentável, e reconheceram que os escravos pertenciam à nossa comunidade moral, as gerações futuras podem reconhecer que o resto da natureza é igualmente importante no sentido de ter direitos.

A questão da admissão de não humanos à comunidade moral é controversa e se concentra na questão de saber se as criaturas não humanas possuem ou não direitos. Se é possível argumentar que eles têm direitos, então há motivos para incluí-los na comunidade moral. A questão dos direitos para os não humanos desencadeou um número ressoante de muitos filósofos, e esses argumentos são muitas vezes baseados na reciprocidade. Por exemplo, Richard Watson observa que "Dizer que uma entidade tem direitos só faz sentido se essa entidade puder cumprir deveres recíprocos, por exemplo, poder atuar como agente moral".[13] Ele segue argumentando que a agência moral exige certas características (como a autoconsciência, capacidade de agir, livre-arbítrio e compreensão dos princípios morais) e que a maioria dos animais não cumpre nenhum desses requisitos, então eles não podem ser agentes moral e, portanto, não podem ser membros da comunidade moral. H. J. McClosky insiste que "onde não há possibilidade de ação [moralmente autônoma], potencial ou real. . . e onde o ser não é um membro de um tipo que normalmente é capaz de [tal] ação, nós cessamos a conversa sobre direitos".[14] Portanto, não é razoável ampliar nossa comunidade moral para incluir alguém que não seja humano por causa da exigência de reciprocidade.

Mas a reciprocidade é um critério adequado para a admissão na comunidade moral? Não incluímos na nossa comunidade moral seres humanos que não podem ser recíprocos – crianças, idosos, os comatosos, nossos ancestrais e nem mesmo pessoas do futuro? Talvez estejamos, novamente, cometendo o erro de Aristóteles com nossas práticas de exclusão. Talvez ser humano não seja uma condição necessária para a inclusão na comunidade moral, e outros seres possuem direitos semelhantes aos direitos humanos. Esses direitos podem não ser algo que nós necessariamente lhes damos, mas os direitos que eles possuem em virtude do ser.

O conceito de direitos naturais, aqueles direitos inerentes a todos os seres humanos, foi proposto no século XVII por John Locke[15] (1632-1704) e Thomas Hobbes[16] (1588-1679), que defenderam que o direito à vida, à liberdade e à propriedade deveria ser o direito de todos, independentemente do *status* social.* Esses direitos são direitos naturais, na medida em que os seres humanos não podem dar-lhes a outros humanos ou nos damos direitos a nós mesmos, o que não faz sentido. Assim, todos os seres humanos são "dotados de direitos inalienáveis" que não emanam de qualquer doador humano.

Se isso for verdade, então não há nada para evitar que animais não humanos tenham "direitos inalienáveis" simplesmente em virtude de seu ser, assim como os humanos fazem. Eles têm direitos para existir, viver e prosperar em seu próprio ambiente e não têm humanos negando esses direitos de forma desnecessária ou irresponsável. Se concordarmos que os seres humanos têm direito à vida, à liberdade e a ausência de dor, então parece razoável que os animais, que podem sentir sensações semelhantes, deveriam ter direitos semelhantes. Com esses direitos, vem a agência moral, independentemente da exigência de reciprocidade. Toda a construção da reciprocidade é, claro, um conceito antropocêntrico que serve bem para manter os outros fora do nosso clube privado. Se abandonarmos esse requisito, é possível admitir mais do que humanos na comunidade moral.

Mas se abrirmos uma fresta o que vamos deixar entrar? O que pode ser incluído de forma legítima, em nossa comunidade moral ou, de forma mais grosseira, quando devemos decidir que o limite foi atingido? Se a comunidade moral deve ser ampliada, muitas pessoas concordam que deve ser com base na senciência ou na capacidade de sentir dor. Este argumento sugere que todos os animais sencientes têm direitos que demandam nossa preocupação.

Algumas das teorias éticas clássicas reconheceram que o sofrimento animal é um mal. Jeremy Bentham, por exemplo, argumenta que o bem-estar dos animais deve, de alguma forma, ser inserido no cálculo custo-benefício utilitário porque "a questão não é Eles podem *raciocinar*? Eles podem *falar*?, mas Eles podem *sofrer*?".[17] Peter Singer acredita que um animal tem valor simplesmente porque ele vale sua própria vida, e que a senciência é o que importa, não a capacidade de raciocinar. A igualdade é o

* No novo país que os Estados Unidos da América se tornou, a revolução proclamou vida, liberdade e a *busca da felicidade*, uma modificação para contornar o problema constrangedor dos escravos como homens e propriedade.

cerne da filosofia de Singer, e ele acredita que todas as criaturas sencientes têm o mesmo direito à vida. A senciência, a capacidade de ter experiências conscientes, como dor e prazer, é "o único limite defensável de preocupação com os interesses dos outros".[18]

No entanto, para incluir o sofrimento animal dentro do nosso círculo de preocupação abre-se uma caixa de Pandora de problemas. Embora possamos argumentar com algum vigor que o sofrimento é um mal e que não queremos infligir o mal a um ser vivo que sofra, não sabemos com certeza quais animais (ou plantas) sentem dor; portanto, não temos certeza sobre quem deve ser incluído. Podemos presumir com certeza que os animais mais desenvolvidos podem sentir dor porque suas reações à dor se assemelham às nossas. Um cão uiva e um gato berra e tentam parar a fonte da dor. Qualquer um que espetar uma minhoca em um anzol pode testemunhar que a minhoca sente dor. Mas e as criaturas que não podem nos demonstrar de forma clara que estão sentindo dor? Uma borboleta sente dor quando um alfinete é transpassado em seu corpo? Um problema ainda mais difícil é o reino vegetal. Algumas pessoas insistem que as plantas sentem dor quando estão feridas e que somos apenas insensíveis demais para reconhecer isso.

Se usarmos a abordagem utilitária, devemos calcular a *quantidade* de dor sofrida pelos animais e humanos. Por exemplo, se um humano precisa do pelo de um animal para se aquecer, é aceitável causar sofrimento no animal para evitar o sofrimento no ser humano? É claramente impossível incluir tais variáveis no cálculo utilitário.

Se *não* nos concentrarmos apenas na dor e no prazer sofridos pelos animais, é necessário também reconhecermos que os direitos dos animais para evitar a dor são iguais aos dos seres humanos ou, de alguma forma, listar e classificar os animais para especificar quais direitos que os animais têm em quais circunstâncias. Em primeiro lugar, a captura de animais e a tortura de prisioneiros teria significado moral igual. Em segundo lugar, seria necessário decidir que a vida de um falcão seja menos importante do que a vida de uma galinha e assim por diante, fazendo um número infinito de outras comparações.

Por fim, se esta é a extensão da nossa ética ambiental, não somos capazes de argumentar pela preservação de lugares e ambientes naturais, exceto quanto a como eles podem afetar o bem-estar de criaturas sencientes. Obstruir o Grand Canyon seria bastante aceitável se adotássemos o critério do animal senciente como nossa única ética ambiental.

Portanto, parece que não é possível definir um limite em relação à senciência, e o próximo passo lógico é simplesmente incorporar toda a vida dentro dos anexos da comunidade moral. Essa etapa não é tão ultrajante como parece, a ideia foi desenvolvida por Albert Schweitzer, que denominou "reverência pela vida". Ele concluiu que a limitação da ética a apenas às interações humanas é um erro, e que uma pessoa é ética "somente quando a vida de plantas e animais, assim como a de seus semelhantes for sagrada para ela".[19] Schweitzer acreditava que uma pessoa ética não prejudicaria maliciosamente qualquer coisa que se desenvolva, mas que exista em harmonia com a natureza. É claro, ele reconheceu que, para comer, os seres humanos precisam matar outros organismos, mas ele afirmou que isso deve ser feito com compaixão e um senso de sacralidade em relação a toda a vida. Para Schweitzer, os seres humanos são simplesmente uma parte do sistema natural.

Provavelmente, Charles Darwin seja o principal responsável pela aceitação da noção de que os seres humanos não são diferentes em espécie do resto da natureza. Se de fato os seres humanos evoluíram de criaturas menos complexas, somos diferentes do restante da vida apenas em grau e não em espécie, e somos simplesmente outra parte de uma longa cadeia da evolução. Como Janna Thompson argumenta, "A teoria evolutiva, devidamente compreendida, não nos coloca no apogeu do desenvolvimento da vida na Terra. Nossa espécie é um produto da evolução entre muitos outros".[20]

De forma semelhante, Paul Taylor[21] defende que todos os seres vivos têm um bem intrínseco em si mesmos e, portanto, são candidatos a serem incluídos na comunidade moral. Ele sugere que todos os organismos vivos têm valor inerente, e, assim, que admitirmos que nós humanos não somos superiores, reconheceremos que toda vida tem direito à proteção moral. O que ele rotula como perspectiva *biocêntrica* depende do reconhecimento da comunidade comum de todos os seres vivos na comunidade da Terra, de que cada organismo é um centro de vida e que todos os organismos estão interligados. Para Taylor, os seres humanos não são mais ou menos importantes do que outros organismos.

Essa abordagem da ética ambiental tem muitos atrativos e alguns entusiastas. Infelizmente, ela não consegue convencer em diversas justificativas. Em primeiro lugar, não há como determinar onde o limite entre viver e não viver realmente deve ser estabelecido. Os vírus apresentam o maior problema aqui, e se as ideias de Taylor devem ser aceitas, o vírus da poliomielite também pode ser incluído na comunidade moral. Janna Thompson[22] observa que com base na maioria dos argumentos para esta posição, também não há nada que nos impeça de excluir órgãos (como o fígado ou o rim) da adesão à comunidade moral.

Em segundo lugar, o problema de como pesar o valor da vida animal não humana em relação à vida dos seres humanos não está resolvido. A vida de todas as criaturas deve ser igual e, assim, uma vida humana é igual à de qualquer outra criatura? Se assim for, esmagar uma barata seria de igual importância moral ao assassinato de um ser humano. Se isso não for plausível, deve haver novamente uma certa escala de valores, e cada criatura viva deve ter uma vaga na hierarquia de valores que os humanos colocam sobre eles.

Se tal hierarquia deve ser construída, como o valor da vida de vários organismos será determinado? Os micro-organismos têm o mesmo valor que ursos-polares? A alface é da mesma ordem de importância que uma gazela?

Essa classificação também introduzirá dificuldades impossíveis na determinação do que é e não é merecedor de proteção moral. "Você, ameba está dentro. Você, paramecium está fora. Desculpa." Isso simplesmente não faz sentido. Portanto, estabelecer o limite para a inclusão na comunidade moral em toda a vida parece ser indefensável.

Um meio de remover a objeção de saber onde estabelecer o limite é simplesmente ampliar o limite para incluir tudo dentro do círculo de preocupação moral que seja importante para o sistema dentro do qual os indivíduos existem. Normalmente, Aldo Leopold é creditado com a ideia inicial de uma ética ambiental tão *ecocêntrica*. Ele sugeriu que os ecossistemas deveriam ser preservados porque sem o ecossistema, nada pode sobreviver. Ele afirmou que "uma coisa é certa quando tende a preservar a integridade, a estabilidade e a beleza da comunidade biótica. É errada quando tende o contrário".

Val e Richard Routley[23] e Holmes Rolston III[24] reconhecem que dentro da ética ambiental ecocêntrica, algumas criaturas (como a família) têm prioridade sobre outras pessoas (como estranhos), e que os seres humanos têm prioridade sobre os animais não humanos. Eles veem a ética como um sistema de anéis concêntricos com as entidades morais mais importantes no meio, e os anéis que se estendem para fora incorporando outros na comunidade moral, mas em níveis decrescentes de proteção moral. A questão de como as várias criaturas e lugares na Terra devem ser classificados em relação ao valor moral não é resolvida e, de fato, depende das pessoas que estão fazendo a valorização. Esse processo é, naturalmente, mais uma vez centrado no ser humano, e a ética ambiental ecocêntrica é uma forma de ética ambiental antropocêntrica com fronteiras difusas.

Tom Regan apresenta um conceito semelhante como princípio da preservação, um princípio de "não destruição, não interferência e, em geral, não intromissão".[25] Uma escola de pensamento que adota essa ideia é o movimento da *ecologia profunda*. Seu defensor mais notável é Arne Naess, que sugere que na natureza, os seres humanos não são mais importantes do que outras criaturas ou o resto do mundo.[26] O cerne da ecologia profunda está na ideia de que os seres humanos fazem parte do cosmos total e são feitos das mesmas matérias primas que tudo; portanto, os seres humanos devem viver de forma que respeitem toda a natureza e reconheçam os danos que o *Homo sapiens* fez ao planeta. Os ecologistas profundos apelam para uma redução gradual da população humana, bem como mudanças no estilo de vida visando ao uso de menos recursos. A ecologia profunda, assim chamada para se distinguir da filosofia dos "ecologistas superficiais" que valorizam a natureza de forma instrumental, elimina o problema de onde estabelecer o limite entre aqueles que estão dentro e fora da nossa comunidade moral porque tudo e todos estão incluídos, no entanto, ela novamente nos apresenta à necessidade de valorizar toda a natureza de forma igual, logo estamos de volta ao problema original de julgar tudo pelos padrões humanos.*

* É triste nos referirmos aos organismos como "desenvolvidos" ou "não desenvolvidos", com a implicação de superior ou inferior. Claramente, uma minhoca desempenha muito bem o papel que lhe é dado, assim como o guepardo. Seria muito difícil para os seres humanos rastejar na terra ou perseguir um antílope a pé. Sim, podemos construir máquinas para fazer essas coisas, mas isso é devido à nossa capacidade de pensar. Nos faltam muitas outras habilidades e, portanto, não podemos ter a pretensão de ser superiores a outras criaturas. Da mesma forma, é uma tolice falar de um guepardo como mais desenvolvido e uma minhoca como menos desenvolvida.

2.7.4 Ética ambiental e espiritualidade

Existe uma terceira abordagem da ética ambiental – reconhecendo que somos, pelo menos atualmente, incapazes de explicar racionalmente nossas atitudes em relação ao meio ambiente e que essas atitudes são profundamente sentidas, não muito diferente de um sentimento de espiritualidade. Por que não queremos simplesmente admitir que essas atitudes são fundamentadas na espiritualidade? Essa sugestão pode não ser tão ultrajante como pode parecer no primeiro esboço (mas certamente é ultrajante em um livro de engenharia!). Embora estejamos profundamente inseridos na cultura ocidental existem outras culturas em que as abordagens da natureza podem ser esclarecedoras.

Muitas religiões mais antigas, incluindo as religiões nativas americanas, são animistas, reconhecendo a existência de espíritos na natureza. Esses espíritos não tomam forma humana, como nas religiões grega, romana e judaica. Eles simplesmente estão na árvore, ou no riacho, ou no céu. É possível se comunicar com esses espíritos – falar com eles, sentir-se perto deles. É muito improvável esperar que as pessoas do futuro vivam em harmonia com o mundo porque experimentaremos, nas palavras de Wendell Berry, uma "peregrinação secular"?[27] John Stewart Collis tinha uma visão otimista do nosso futuro. Ele escreveu:[28]

> Tanto o politeísmo como o monoteísmo fizeram seu trabalho. As imagens estão quebradas; os ídolos estão todos derrotados. Isso agora é considerado uma era muito irreligiosa. Mas talvez isso signifique apenas que a mente esteja passando de um estado para outro. O próximo estágio não é uma crença em muitos deuses. Não é uma crença em um deus. Não é uma crença – nem uma concepção no intelecto. É uma extensão da consciência para que possamos *sentir* Deus.

Como uma versão da Bíblia Cristã, foi publicada a Bíblia Ecológica. Ela destaca versos em tinta verde que reforçam a mensagem da importância de cuidar da Terra.

Com toda a probabilidade, a alternativa espiritual é menos provável de resistir ao escrutínio racional. No entanto, isso não explica melhor como nos sentimos em relação à natureza? Como explicamos por que algumas pessoas "podem evitar fazer barulho desnecessário na floresta, por respeito à floresta e aos seus habitantes não humanos"[29] se isso não pode ser explicado com base em sentimentos espirituais?

Não é de todo óbvio por que devemos ter atitudes protetoras e atenciosas para um organismo ou coisa somente se essas atitudes puderem ser recíprocas. Talvez estivéssemos presos à ideia de aceitação na comunidade moral, e o bloqueio pode ser rompido ao pensar nisso como a inclusão de tudo em uma comunidade de interesse. Nesta comunidade, a reciprocidade não é necessária; o que importa é amar e cuidar dos outros simplesmente por causa de sua presença na comunidade de interesse. A quantidade de amor e cuidado é proporcional à capacidade de dar e não exige nada em troca.

2.7.5 Considerações finais

Um aspecto da profissão de engenheiro ambiental (muitas vezes não mencionado, como se estivéssemos envergonhados por isso) é que o engenheiro ambiental está envolvido em uma missão verdadeiramente valiosa. O engenheiro ambiental é a personificação da *solução* em oposição ao *problema*, e devemos nos sentir bem com isso. Nosso cliente, no sentido mais amplo, é o próprio ambiente, e nosso objetivo é preservar e proteger nossa casa global, para o bem de nossos descendentes, bem como da própria Mãe Terra.

2.8 CONTINUIDADE NAS DECISÕES DE ENGENHARIA

Os métodos de tomada de decisão disponíveis para engenheiros estendem-se do mais objetivo (técnico) ao mais subjetivo (ético). O método inerente de tomada de decisão é o mesmo em todos os casos. Primeiro, o problema é analisado – esmiuçado e considerado a partir de diversas perspectivas. Quando todos os números estiverem inseridos e as variáveis avaliadas, a informação é sintetizada em uma solução. Então, essa solução é analisada na sua totalidade para ver se faz sentido ou, talvez o mais importante, se é justa. Este processo é especialmente verdadeiro em decisões éticas, em que raramente há números para comparação.

À medida que a tomada de decisões de engenharia se estende do técnico ao ético, as decisões tornam-se cada vez menos quantitativas e sujeitas aos gostos, preconceitos e preocupações pessoais do tomador de decisão. É razoável sugerir que em algum momento essas decisões deixem de ser verdadeiras decisões de engenharia? Nem mesmo alguns notáveis engenheiros argumentaram de forma eloquente que as únicas verdadeiras decisões de engenharia são decisões técnicas, e outros interesses devem ser deixados para algum tomador de decisão indefinido para quem o engenheiro trabalha, e que provavelmente tenha prática e formação para tomar essas decisões das quais o engenheiro talvez não seja capaz e certamente não é responsável. Naturalmente, tal visão libertará você, engenheiro, de todos os julgamentos (além do técnico), e o tornará um robô virtual inteligente, trabalhando a pedido de seu cliente ou empregador. Com este argumento, as consequências sociais de suas ações (como elas afetam a sociedade em geral) são de pouco interesse, desde que seu cliente ou empregador seja bem atendido.

Felizmente, a maioria dos engenheiros não aceita tal pretexto. Reconhecemos que a engenharia, talvez mais do que outras profissões, possa *fazer a diferença*. Invariavelmente, projetos envolvendo mudança ou manipulação ambiental precisam dos serviços do engenheiro. Portanto, somos moralmente obrigados, como talvez a única engrenagem indispensável na roda do progresso, a buscar as melhores soluções não só técnica, mas também econômica e ética.

PROBLEMAS

2.1 Chapel Hill, na Carolina do Norte, decidiu construir uma tubulação de água bruta de 25 km para permitir a compra de água de Hillsborough, Carolina do Norte, durante o período de seca. O engenheiro recomendou a construção de uma tubulação de 40 cm. A base para a decisão é a seguinte:

Diâmetro (cm)	Custo de tubulação no chão ($/m)	Custo capital da estação de bombeamento	Custo de energia anual esperado
20	1,5	$150.000	$10.000
25	2,5	145.000	8.000
30	3,5	140.000	7.000
40	4,0	120.000	6.000

A taxa de juros é de 8%; a expectativa de vida é de 20 anos.

a) Compare as quatro alternativas com base no custo anual.
b) Se o engenheiro for pago com base em 6% do custo de capital do trabalho total, qual alternativa deve ser recomendada caso ele fundamente todas as decisões na ética hedonista?
c) Quem o engenheiro poderia considerar serem os "clientes" nesta situação? Justifique cada escolha com algumas frases.

2.2 A usina de energia nuclear local concluiu que o melhor lugar para armazenar seu resíduo nuclear de alto nível (pequeno em volume, mas altamente radioativo) seria em um campo não ocupado próximo ao campus universitário. Eles sugeriram construir galpões de armazenamento devidamente blindados de modo que o nível de radioatividade na delimitação do local seja igual à radiação de fundo, e utilizar esses galpões nos próximos 20 anos. A usina atende uma população de 2 milhões e, atualmente, custa à empresa de energia $ 1,2 milhão/ano o descarte de combustível gasto no estado de Washington. A nova instalação custará $ 800.000 para ser construída, e $ 150.000/ano para ser operada. A indústria de energia paga juros de 8% sobre o dinheiro emprestado. A empresa de energia está disposta a pagar o aluguel da universidade de $ 200.000/ano.

a) A empresa de energia economizará dinheiro?
b) Se você fosse o reitor da universidade, decidiria se este é um esquema aceitável usando
   a) análise de custo-efetividade;
   b) análise custo-benefício;
   c) análise de risco;
   d) análise de impacto ambiental;
   e) análise ética.

Caso sejam necessárias informações adicionais, suponha valores e condições razoáveis.

2.3 As seguintes informações de custo foram calculadas para uma casinha de passarinho proposta:

	Custos	
	Capital	**Operacional**
Madeira	$ 4,00	
Pregos	0,50	
Alpiste adicional necessário		1,50/semana
	Benefícios	
Satisfação em observar os pássaros		5,00/semana

A expectativa de vida da casinha de passarinho é de 2 anos. Supondo um juros de 6%. Calcule a relação custo-benefício. Você deveria construir a casinha de passarinho?

2.4 Uma definição de poluição é a intervenção desmedida com outro uso benéfico. Com base nessa definição, justifique o uso de um córrego como canal para o descarte de águas residuais. Utilize qualquer uma das ferramentas de tomada de decisão apresentadas neste capítulo. Em seguida, justifique essa definição.

2.5 Você recebeu a responsabilidade de projetar um grande ramal coletor de esgoto. A direção do ramal coletor segue um riacho amplamente utilizado como instalação recreativa. É um famoso lugar para piqueniques, caminhadas ao ar livre que foi construído por voluntários ao logo das margens, e a comunidade local deseja que ele faça parte do sistema de parque estadual. O ramal coletor prejudicará terrivelmente o riacho, destruirá seu ecossistema e irá torná-lo desagradável para recreação. Quais ideias você apresentaria para essa tarefa? Faça anotações num caderno como se estivesse mantendo um caderno pessoal (diário).

2.6 Você atropelaria uma tartaruga terrapene atravessando uma estrada? Por que sim ou por que não? Apresente um argumento que convença os outros de que seu ponto de vista está correto.

2.7 Você decidiu implementar um sítio para a criação de diabos-da-tasmânia. (Você pode querer pesquisar algo sobre essas criaturas exóticas.) Seu sítio estará localizado em um bairro residencial, e você descobriu que as regulamentações não têm nada a dizer em relação à criação de diabos-da-tasmânia, logo você acredita que seu sítio será lícito.

Você planeja vender os diabos-da-tasmânia para a concessionária local de aterro sanitário, que irá usá-los como detritívoros. Discuta sua decisão do ponto de vista do

a) custo-benefício para si mesmo;
b) risco para você e para os outros;
c) impacto ambiental.

2.8 A concessionária de água de uma pequena comunidade argumenta que são necessários uma nova barragem e lago, e apresenta uma estimativa inicial do custo da construção de $ 1,5 milhão. A autoridade calcula um benefício (recreação, turismo, abastecimento de água) de $ 2 milhões. A comunidade concorda com o projeto e com a emissão de títulos para pagar a construção. No entanto, à medida que a construção prossegue e $ 1,0 milhão foi gasto, torna-se evidente que a barragem custará $ 3,0 milhões, e o custo extra se deve às ordens de modificação e problemas não previstos, e não uma responsabilidade do empreiteiro. A barragem semiacabada é de nenhuma utilidade para a comunidade, e $ 1,5 milhão de fundos adicionais é necessário para concluir o projeto. Utilize a análise custo-benefício para justificar se a comunidade deve continuar com este projeto.

2.9 Cite um projeto do Departamento de Defesa que não tenha utilizado a técnica descrita no Problema 2.8 para justificar sua conclusão.

2.10 Normalmente, as decisões de engenharia afetam as pessoas da próxima geração, e até as diversas gerações futuras. Uma importante ponte celebrou seu 100º aniversário, e ela é capaz de durar mais um século. Essa ponte é modesta comparada com as proezas da engenharia romana, é claro.

As decisões de engenharia, como o descarte de resíduos nucleares, também afetam as futuras gerações, mas de forma negativa. Estamos dispostos a resolver este problema para os nossos filhos, seus filhos e gerações incalculáveis adiante. Mas essa deve ser nossa preocupação? Afinal, o que as gerações futuras já fizeram para nós?

Os filósofos têm se esforçado em relação ao problema da preocupação com as gerações futuras, e sem muito sucesso. Abaixo estão listadas algumas justificativas encontradas com frequência na literatura sobre por que *não* devemos nos preocupar com pessoas do futuro. Pense nessas justificativas e construa argumentos opostos se você discordar. Esteja preparado para discuti-los em sala de aula.

Não precisamos nos preocupar com as futuras gerações:

a) Essas pessoas nem sequer existem, por isso não têm direito a nenhuma reivindicação como a consideração moral. Não podemos permitir reivindicações morais por pessoas que não existem e que nunca existiram.
b) Não temos ideia do que as gerações futuras possam ser, e quais serão seus problemas, então não faz sentido planejar para eles. Conservar (não usar) recursos perpétuos apenas no caso de eles precisarem não faz sentido.
c) Se houver pessoas do futuro, não temos ideia de quantas, então como podemos planejar para elas?
d) As gerações futuras serão melhores que cada geração anterior, dado o avanço da tecnologia, logo não temos nenhuma obrigação moral para com elas.

e) Se ignorarmos o futuro, descobriremos que as reservas de recursos são de pouca utilidade para as gerações futuras. Por exemplo, se um barril de petróleo custar digamos \$ 100, de 50 anos a partir de agora, quanto custaria esse barril hoje? Suponha uma taxa de juros de 5%. Claramente, a partir de sua resposta, hoje não faz sentido conservar um barril de petróleo que vale apenas os centavos que você calculou.

2.11 Um livro particularmente bombástico descrevendo o movimento ambiental como um grupo enfadonho é o *Disaster Lobby*.[30] O Capítulo 6 começa com esta frase: "Desde 1802, o corpo de engenheiros do Exército dos Estados Unidos tem estado ocupado ajudando a construir um ambiente seco, seguro e habitável do selvagem hostil deserto que já foi a América". Considere a linguagem usada nesta frase e escreva uma análise de uma página dos valores conservados pelo autor.

2.12 Os cloretos penetram nos Grandes Lagos a partir da atividade humana, mas a fonte mais importante é a partir da salga das estradas no inverno para torná-las seguras para dirigir. As altas concentrações de cloreto (água salgada) são prejudiciais para o ecossistema aquático. Se os Grandes Lagos tivessem níveis de cloreto de >20 mg/L, por que isso seria um problema? Quais utilizações dos lagos poderiam ser ameaçadas pelas altas concentrações de cloreto? Como você acha que os lagos serão alterados como resultado dessas altas concentrações de cloreto?

Suponha que você seja o principal engenheiro ambiental responsável pela Comissão Conjunta Canadense – Norte-Americana da Qualidade da Água dos Grandes Lagos. Você precisa definir os limites de cloreto para a qualidade da água, reconhecendo que os limites que você estabeleceu sejam consideravelmente menores do que 20 mg/L, e que mudanças no estilo de vida do homem seriam necessárias caso a concentração de cloreto permaneça abaixo desses padrões. Que tipo de decisões você tomaria? (Elas podem ser mais de uma, e não há respostas "corretas" para essa pergunta.)

2.13 Uma das alternativas para as usinas de energia por combustível fóssil é construir barragens nos rios e utilizar a energia hidrelétrica para produzir eletricidade. Suponha que você esteja trabalhando para uma empresa de energia e deva ser tomada a decisão de construir uma das três novas instalações: uma grande barragem em um rio cênico, uma usina alimentada por carvão ou uma usina de energia nuclear.

Suponha que as três usinas produzam quase a mesma quantidade de eletricidade, mas a usina nuclear é a mais cara, seguida pela barragem, e finalmente a usina alimentada por carvão. Quais os fatores serão inseridos em sua tomada de decisão, e quais tipos de decisão a gestão da *empresa de energia* provavelmente tomaria para decidir qual usina construir? Por quê?

2.14 Uma estação de tratamento de esgoto para uma cidade despeja seu efluente de estação tratada em um córrego, mas o tratamento é inadequado. Você é responsável pelas obras públicas da cidade e contrata uma engenheira consultora para avaliar o problema e oferecer soluções. Ela estima que expandir a capacidade da estação de tratamento para alcançar a qualidade de efluente necessária será uma proposta onerosa. Ela descobre que a cidade pode atender ao padrão de qualidade da água a jusante, construindo uma grande bacia de retenção para o efluente da planta (descarga) e retendo as águas residuais tratadas durante o tempo seco (baixo fluxo do rio) e descarregando apenas a vazão (tempo chuvoso). A quantidade de poluição orgânica sendo despejada permaneceria a mesma, é claro, porém agora os padrões do fluxo seriam atendidos, a qualidade da água do rio seria aceitável para a vida aquática e a cidade estaria livre dessa difícil situação.

Sua engenheira consultora fez alguns cálculos antes de fazer a recomendação, é claro. O custo de aumentar a capacidade da estação é de \$ 1,5 milhão e o custo da bacia de retenção é de \$ 1,8 milhão. O custo operacional anual da expansão da estação de tratamento é de \$ 400.000, e o custo operacional da bacia de retenção é de \$ 100.000/ano. A cidade pode tomar emprestado dinheiro a juros de 6%; a expectativa de vida da expansão da estação de tratamento é de 10 anos, e a expectativa de vida da bacia de retenção é de 20 anos. Com base apenas na economia, a engenheira está certa? Você recomendaria esta solução ao conselho da cidade? Que tipo de decisões você tomaria para determinar sua recomendação final?

2.15 Um fazendeiro que possui um poço para sua própria irrigação contrata você como consultor e pergunta se ele pode extrair mais do que está extraindo. Você responde honestamente que sim, ele pode, mas que as reservas de água subterrânea serão esgotadas e que os poços de seus vizinhos podem secar. Ele pergunta se é possível que alguém saiba que ele está extraindo mais água do que a taxa máxima, e você novamente responde honestamente que é improvável que alguém saiba. Então, ele diz que planeja dobrar a taxa de extração, encher o quanto puder, e quando a água se esgotar, ele abandona a fazenda e se muda para a Flórida. Você parece ser a única pessoa que conhece os planos do fazendeiro.

No caminho de casa, você decide o que vai fazer. Que tipo de decisão você tomou e como você chegou até ela?

2.16 A engenheira Diane trabalha para uma grande empresa de consultoria internacional mantida por uma agência federal no auxílio da construção de um gasoduto no Arizona. Seu trabalho é dispor a linha central do gasoduto de acordo com os planos desenvolvidos em Washington.

Após algumas semanas aplicada ao trabalho, os líderes do vilarejo local de Navajo entraram em contato com ela e disseram que parece que o tubo de gás atravessará um antigo cemitério sagrado de Navajo. Ela examina o mapa e explica aos líderes de Navajo que o levantamento inicial das terras não identificou tal cemitério.

"Sim, embora o cemitério não esteja sendo usado recentemente, nosso povo acredita que nos tempos passados este era um cemitério, mesmo que não possamos provar isso. O que importa não é que podemos mostrar pelas escavações arqueológicas que este era realmente um cemitério, mas que as pessoas acreditam que era. Portanto, gostaríamos de mudar a orientação da tubulação para que evite a montanha."

"Não posso fazer isso sozinha. Tenho que obter a aprovação de Washington. E o que quer que seja feito custaria uma grande quantidade de dinheiro.

Aconselho que vocês não sugiram mais isso", responde Diane.

"Já conversamos com o pessoal em Washington, e como você diz, eles insistem que na ausência de provas arqueológicas, eles não podem aceitar a presença do cemitério. Ainda assim, para nosso povo a terra é sagrada. Gostaríamos que você tentasse mais uma vez redirecionar a tubulação."

"Mas a tubulação será enterrada. Tão logo a construção esteja completa, a vegetação será recuperada, e vocês nunca saberão que a tubulação está lá", sugere Diane.

"Ah, sim! Nós saberemos que está lá. E nossos antepassados saberão que está lá."

No dia seguinte, Diane telefona para Tom, seu chefe em Washington, e ela relata sobre a visita a Navajo.

"Ignore-os", aconselha Tom.

"Não posso ignorá-los. Eles realmente se *sentem* violados pelo gasoduto em sua terra sagrada", responde Diane.

Se você for sensível assim a todo capricho e vontade de todo grupo de pressão, talvez não devesse estar nessa profissão", sugere Tom.

Qual a responsabilidade dos engenheiros em relação à opinião pública? Eles devem levar em conta os sentimentos do público, ou devem depender apenas de dados concretos e informações quantitativas? Diane deveria simplesmente dizer aos líderes de Navajo que ela entrou em contato com Washington e que eles sentem muito, porém a orientação não pode ser alterada? Caso ela ache que o povo de Navajo tenha sido lesado, quais ações ela deve tomar? Até onde ela deve assumir os riscos?

Responda escrevendo um artigo de duas páginas analisando a ética deste caso.

2.17 A escolha do que os cientistas optam por estudar é o assunto de um ensaio magistral por Leo Tolstoy, "The Superstitions of Science", publicado pela primeira vez em 1898.[31] Ele narra como

> [. . .] um trabalhador simples e sensato defende de forma antiquada e prudente que se as pessoas que estudam durante suas vidas inteiras e, em troca de alimento e sustento, ele dedica-se a eles, pensa por eles, então esses pensadores estão provavelmente ocupados com o que é necessário para as pessoas, e ele espera da ciência uma solução para as questões cujo seu bem-estar e o bem-estar de todas as pessoas dependem. Ele espera que a ciência lhe ensine a viver, a agir em relação aos membros de sua família, em relação a seus vizinhos, em relação aos estrangeiros; a lutar com suas paixões, no que ele deve ou não deve acreditar, e muito mais. E o que a nossa ciência lhe responde sobre todas essas questões?
>
> Ela majestosamente lhe informa quantos milhões de milhas o Sol está da Terra, quantas milhões de vibrações etéreas em um segundo constituem luz, quantas vibrações no ar fazem o som; ela lhe informa a constituição química da Via Láctea, sobre o novo elemento hélio, sobre os micro-organismos e seus resíduos de tecido, sobre os pontos na mão em que a eletricidade está concentrada, sobre os raios-X e assim por diante. Mas, protesta o trabalhador, eu preciso saber hoje, nesta geração, as respostas sobre como viver.
>
> Cidadão tolo e ignorante, a ciência responde, ele não compreende que a ciência não serve de utilidade, mas de conhecimento. A ciência estuda o que se apresenta para ser estudado, e não pode selecionar

os objetos de estudo. A ciência estuda tudo. Este é o caráter da ciência.

E os cientistas estão realmente convencidos de que essa qualidade de ocupar-se com futilidades, negligenciando o que é mais real e importante, é uma qualidade não deles em si, mas de ciência; contudo a pessoa simples e sensata começa a suspeitar de que essa qualidade não pertence à ciência, mas às pessoas que se inclinam a ocupar-se com futilidades, e atribuir grande importância a essas futilidades.

Na formulação e planejamento de sua carreira como *engenheiro*, não cientista, como você responderia a Tolstoy?

2.18 Como você estimaria os dados necessários para o Exemplo 2.1?

2.19 A seguinte afirmação foi feita na Seção 2.2: "Obviamente, a alternativa de custo total mais baixo (*todos* os dados de custo) seria a decisão mais racional". O que significa "todos os dados de custo"?

2.20 Você, como engenheiro civil, está verificando o trabalho de Chris, o mais novo funcionário do Departamento de Obras Públicas. Chris realizou os cálculos no Exemplo 2.2 para você usar na apresentação para o conselho da cidade. Você concorda ou discorda dos cálculos de Chris?

2.21 Faria diferença na sua análise de risco se essa pessoa em um milhão, que possa ser prejudicada, fosse você ou alguém que você ama?

2.22 Liste outros impactos que poderiam ser incluídos no Exemplo 2.9.

Referências

1. Gray, R. G. Letter to the editor: Education system isn't working. *ASCE News* v. 25, n. 9, p.8, 2000.
2. A história é creditada a Garrett Hardin, Tragedy of the commons. *Science*, 162 (dezembro de 1968).
3. MacLean, D., ed. *Values at risk*. Totowa, NJ: Rowman and Littlefield, 1986.
4. National Research Council (NRC). 1983. *Risk Assessment in the federal government:* understanding the Process. Washington DC: National Academy Press.
5. O'Brien, Mary. *Making better environmental decisions:* an alternative to risk assessment. Cambridge, MA: MIT Press, 2000.
6. California Green Chemistry Initiative Final Report. dezembro de 2008. California Environmental Protection Agency. Disponível em: http://www.dtsc.ca.gov/PollutionPrevention/GreenChemistryInitiative/index.cfm. Acesso em: 8 jan. 2009.
7. Disponível em: http://www.epa.gov/dfe/pubs/flame-rct/ffr-alt.htm. Acesso em: set. 2008.
8. Petulla, J. M. *American Environmentalism*. College Station, TX: Texas A&M University Press, 1980.
9. Grande parte dessa discussão é fundamentada em Gunn, A. S. e P. A. Vesilind. *Environmental Ethics for Engineers*. Chelsea, MI: Lewis Publishers, 1986.
10. Immanuel Kant. Duties toward animals and spirits. *Lecture on ethics*, p. 240. Citado por Mary Midgley, em "Duties concerning islands," em Elliot R., and A. Gare (Eds). *Environmental Philosophy*. State College, PA: Pennsylvania State University Press, 1983.
11. Baxter, William F. *People or Penguins:* the case for optimal pollution. Nova York: Columbia University Press, p. 5, 1974.
12. Leopold, A. *A sand county almanac*. Nova York: Oxford University Press, 1966.
13. Watson, Richard A. Self-consciousness and the rights of nonhuman animals and nature. *Environmental Ethics*, v. 1, n. 2, p. 99-129, 1979.
14. McClosky, H. J. *Ecological ethics and politics*. Totowa, NJ: Rowman and Littlefield, p. 29, 1983.
15. Locke, John. *Two treatises on government*, 2nd ed. Editado por Peter Laslett. Cambridge, UK: Cambridge University Press, 1967.
16. Hobbes, Thomas. *Leviathan*. Editado por Henry Morley. Londres: Routledge, 1885.
17. Bentham, Jeremy. *An introduction to the principles of morals and legislation*. Editado por Laurence J. LaFleur. Nova York: Hafner Press, 1948.
18. Singer, Peter. *Practical Ethics*. Cambridge, UK: Cambridge University Press, p. 50, 1979.
19. Schweitzer, Albert. *Out of my life and thought:* an autobiography. Nova York, 1933.
20. Thompson, Janna. Preservation of wilderness and the good life. Em *Environmental Philosophy*. Editado por R. Elliot and A. Gare. State College, PA: Pennsylvania State University Press, 1983. p. 97.
21. Taylor, Paul W. *Respect for nature:* theory of environmental ethics. Princeton, NJ: Princeton University Press, 1986.
22. Thompson, Janna. "A refutation of environmental ethics." *Environmental Ethics*, v. 12, n. 4, p. 147-160.
23. Routley, Val and Richard. Against the inevitability of human chauvinism. Em *Ethics and the Problems of the 21st Century*. Editado por Kenneth Goodpaster and Kenneth Sayre. Notre Dame, IN: University of Notre Dame Press, 1987.
24. Rolston, Holmes III. *Environmental Ethics*. Philadelphia: Temple University Press, 1988.
25. Regan, Tom. The nature and possibility of an environmental ethic. *Environmental Ethics*, v. 3, n. 1, p. 31-32, 1981.

26. Naess, Arne. Basic principles of deep ecology. Em *Deep Ecology*. Editado por Bill Devall and George Sessions. Salt Lake City: Gibbs Smith, 1985.
27. Berry, Wendell. A secular pilgrimage. Em *Western Man and Environmental Ethics*. Editado por Ian Barbour. Reading, MA: Addison-Wesley, 1973.
28. Collis, John Stewart. *The Triumph of the Tree*. Nova York: William Sloane Associates, 1954.
29. Routley, Richard and Val. Human chauvinism and environmental ethics. Em *Environmental Philosophy*. Editado por D. Mannison, M. McRobbie, and R. Routley. Canberra: Research School of Social Sciences, Australian National University, 1980. p. 130.
30. Grayson, M. J., and T. R. Shepard Jr. . *Disaster Lobby*. Chicago: Follett Publishing Co, 1973.
31. Tolstoy, Leo. 1898. The superstitions of science. Em *The Arena*, 20. Reimpresso em *The New Technology and Human Values*. Editado por J. G. Burke. Belmont, CA: Wadsworth Publishing Co, 1966.

CAPÍTULO 3

CÁLCULOS DE ENGENHARIA

A habilidade de resolver problemas utilizando cálculos representa a própria essência da engenharia. Embora nem todos os problemas de engenharia possam ser solucionados com cálculos numéricos, estes são absolutamente necessários para o desenvolvimento de soluções técnicas. Por meio dos cálculos de engenharia, é possível descrever o mundo físico no que concerne às suas unidades e dimensões compreendidos por todos aqueles que são objeto de comunicação.

Na primeira seção deste capítulo, faz-se uma revisão das unidades e dimensões utilizadas na engenharia. A segunda descreve alguns dos princípios básicos usados para realizar cálculos do tipo *back of the envelope** quando informações são incompletas ou inacessíveis. A última seção apresenta mecanismos úteis para lidar com essas informações.

3.1 DIMENSÕES E UNIDADES DA ENGENHARIA

Uma *dimensão fundamental* é uma quantidade única que descreve uma característica básica, como força (F), massa (M), comprimento (L) e tempo (T). As *dimensões derivadas* são calculadas por meio da manipulação aritmética de uma ou mais das dimensões fundamentais. Por exemplo, a velocidade tem as dimensões de comprimento por tempo (L/T) e o volume é L^3.

As dimensões são descritivas, mas não numéricas. Não podem dizer *quanto*, apenas descrevem o *quê*. As unidades e os valores dessas unidades tornam-se necessários para descrever algo quantitativamente. Por exemplo, a dimensão de comprimento (L) pode ser descrita em unidades como metros, jardas ou braças (de profundidade). Quando adicionamos o valor, temos a descrição completa, tal como 3 metros, 12,6 jardas ou 600 braças.

Três sistemas de unidades são usados comumente: Sistema Internacional de Unidades (SI), Sistema Americano de Engenharia e CGS. Desenvolvido em 1960 em um acordo internacional, o SI baseia-se em metro para comprimento, em segundo para tempo, em quilograma para massa e em Kelvin para temperatura. A força se expressa em Newtons. A grande vantagem do sistema SI em relação ao antigo sistema inglês (e agora ao americano) é que ele funciona sobre uma base decimal, com prefixos que diminuem ou aumentam as unidades em potências de dez. Embora as unidades SI sejam utilizadas mundialmente, a maioria dos engenheiros americanos contemporâneos utiliza o velho sistema de pés, libras (massa) e segundos, com a força expressa em libras (força). Este livro usa primariamente o sistema SI.

3.1.1 Densidade

Define-se a *densidade* de uma substância dividindo sua massa por uma unidade de volume:

$$\rho = \frac{M}{V}$$

onde ρ = densidade;
M = massa;
V = volume.

* Fazer cálculos na parte de traz de um envelope é uma das tradições da engenharia para fazer estimativas preliminares baseadas em cálculos aproximados. (N.R.T.)

No sistema SI, a unidade básica é kg/m³.

A água, no sistema SI, tem uma densidade de 1×10^3 kg/m³ que equivale a 1 g/cm³.

3.1.2 Concentração

Em geral, expressa-se gravimetricamente a dimensão derivada *concentração* como a massa de um material A numa unidade de volume que consiste no material A e em algum outro material B. A concentração de A em uma mistura de A e B é

$$C_A = \frac{M_A}{V_A + V_B} \tag{3.1}$$

onde C_A = concentração de A;
M_A = massa do material A;
V_A = volume do material A;
V_B = volume do material B.

No SI, a unidade básica de concentração é kg/m³. No entanto, o termo para concentração mais utilizado em engenharia ambiental é miligramas por litro (mg/L), unidade também usada neste livro.

EXEMPLO 3.1

Problema Colocam-se contas plásticas, com um volume de 0,04 m³ e uma massa de 0,48 kg, em um recipiente e nele despejam-se 100 litros de água. Qual é a concentração de contas plásticas em mg/L?

Solução Usando a Equação 2.1, em que A representa as contas e B a água:

$$C_A = \frac{M_A}{V_A + V_B}$$

$$C_A = \frac{0{,}48 \text{ kg}}{0{,}04 \text{ m}^3 + (100 \text{ L} \times 10^{-3} \text{ m}^3/\text{L})}$$

$$C_A = 3{,}43 \text{ kg/m}^3 = 3{,}43 \frac{10^6 \text{ mg/kg}}{10^3 \text{ L/m}^3} = 3{,}430 \text{ mg/L}.$$

Observe que no exemplo anterior o volume de água é adicionado ao volume das contas. Se forem colocadas contas plásticas com um volume de 0,04 m³ em um recipiente de 100 litros e se este for preenchido com água até a borda, o total do volume será

$$V_A + V_B = 100 \text{ L}$$

e a concentração de contas, C_A, será de 4.800 mg/L. A concentração de contas será mais alta porque o total do volume ficará mais baixo.

Outra medida de concentração é *partes por milhão* (ppm). É numericamente equivalente a mg/L se o líquido em questão for água, porque um mililitro (mL) de água pesa um grama (isto é, a densidade é de 1,0 g/cm³). A seguinte conversão demonstra esse fato:

$$\frac{1 \text{ mg}}{\text{L}} = \frac{0{,}001 \text{ g}}{1.000 \text{ mL}} = \frac{0{,}001 \text{ g}}{1.000 \text{ cm}^3} = \frac{0{,}001 \text{ g}}{1.000 \text{ g}} = \frac{1 \text{ g}}{1.000.000 \text{ g}}$$

ou um grama em um milhão de gramas ou um ppm.

Algumas concentrações de materiais expressam-se mais convenientemente em porcentagens com relação à massa:

$$\Phi_A = \frac{M_A}{M_A + M_B} \times 100 \quad (3.2)$$

onde Φ_A = porcentual do material A;
M_A = massa do material A;
M_B = massa do material B.

Pode-se expressar Φ_A como a razão dos volumes.

EXEMPLO 3.2

Problema O lodo de esgoto contém uma concentração de sólidos de 10.000 ppm. Expresse isso em porcentual de sólidos (com base de massa), supondo que a densidade dos sólidos seja 1 g/cm³.

Solução

$$10.000 \text{ ppm} = \frac{1 \times 10^4 \text{ partes}}{1 \times 10^6 \text{ partes}} = \frac{1}{100} = 0{,}01 \text{ ou } 1\%.$$

Esse exemplo ilustra uma relação útil:

$$10.000 \text{ mg / L} = 10.000 \text{ ppm (se a densidade for} = 1) = 1\% \text{ (por peso).}$$

Como muitas águas residuárias (esgoto) podem ser diluídas, supõe-se então que a densidade seja de aproximadamente 1.

No controle de poluição do ar, em geral se expressam gravimetricamente as concentrações como massa do poluente por volume de ar em temperatura e pressão padrão. Por exemplo, o padrão nacional de qualidade do ar nos Estados Unidos para o dióxido de enxofre é de 0,15 μg/m³ (um micrograma = 10^{-6} gramas). Às vezes, expressa-se a qualidade do ar em ppm, e, nesses casos, os cálculos são realizados em termos de volume/volume ou um ppm = 1 volume de um poluente por 1×10^6 volumes de ar. A conversão de massa/volume (μg/m³) para volume/volume (ppm) requer conhecimento do peso molecular do gás. Sob condições normais – °C e 1 atmosfera de pressão atmosférica –, um mol de gás ocupa um volume de 22,4 L (da lei dos gases ideais). Um mol é a quantidade de gás em gramas numericamente equivalentes ao seu peso molecular. A conversão é, portanto,

$$\mu\text{g/m}^3 = \frac{1 \text{ m}^3 \text{ poluente}}{10^6 \text{ m}^3 \text{ ar}} \times \frac{\text{peso molecular (g / mol)}}{22{,}4 \times 10^{-3} \text{ m}^3\text{/mol}} \times 10^6 \ \mu\text{g/g}$$

ou, simplificando:

$$\mu\text{g/m}^3 = (\text{ppm} \times \text{peso molecular} \times 10^3)/22{,}4 \text{ a } 0 \text{ °C e 1 atmosfera.}$$

Se o gás estiver a 25 °C e 1 atmosfera, considerado normal nos padrões de qualidade do ar, a conversão será

$$\mu\text{g/m}^3 = (\text{ppm} \times \text{peso molecular} \times 10^3)/24{,}45 \text{ a } 25 \text{ °C e 1 atmosfera.} \quad (3.3)$$

3.1.3 Fluxo

Em processos de engenharia o *fluxo* pode ser *gravimétrico (massa)** ou *volumétrico (volume)***. O primeiro se expressa em kg/s e o segundo em m³/s. Os fluxos de massa e volumétricos não são quantidades

* No Brasil, usa-se o termo "carga" (N.R.T).
**No Brasil, usa-se o termo "vazão" (N.R.T).

independentes, porque a massa (M) de material, que passa por um ponto na linha de fluxo durante uma unidade de tempo, relaciona-se ao volume (V) desse material:

$$\text{Massa} = \text{Densidade} \times \text{Volume}.$$

Assim, a vazão (Q_V) pode ser convertida em carga (Q_M) quando multiplicada pela densidade do material:

$$Q_M = Q_V \rho \tag{3.4}$$

onde Q_M = carga;
Q_V = vazão;
ρ = densidade.

O símbolo Q é utilizado quase que universalmente para denominar fluxo.

A relação entre o fluxo de massa (carga) de um componente A, a concentração de A e o total do fluxo de volume (vazão) (A mais B) é

$$Q_{M_A} = C_A \times Q_{V_{(A+B)}}. \tag{3.5}$$

Observe que a Equação 3.5 não é igual à 3.4, que se aplica a apenas um material ou a um componente em um fluxo contínuo. A Equação 3.5 relaciona-se a dois *diferentes* materiais ou componentes em um fluxo. Por exemplo, a carga de bolas plásticas, movimentando-se e suspensas em uma corrente, expressase em kg dessas bolas por segundo ao passar por algum ponto que se iguala à concentração (volume total de kg bolas/m^3, bolas mais água) vezes o fluxo da corrente (vazão) (m^3/s de bolas mais água).

EXEMPLO 3.3

Problema Uma estação de tratamento de águas residuárias descarta uma vazão de 1,5 m^3/s (água mais sólidos) com uma concentração de sólidos de 20 mg/L (20 mg de sólidos por litro de fluxo, sólidos mais água). Quantos sólidos a estação descarta por dia?

Solução Use a Equação 3.5.

$$\text{Carga} = \text{Concentração} \times \text{Vazão}$$

$$Q_{M_A} = C_A \times Q_{V_{(A+B)}}$$

$$= \left(20\,\frac{\text{mg}}{\text{L}} \times \frac{1\times10^{-6}\ \text{kg}}{\text{mg}}\right) \times \left(1,5\,\frac{\text{m}^3}{\text{s}} \times \frac{10^3\ \text{L}}{\text{m}^3} \times 86.400\,\frac{\text{s}}{\text{dia}}\right)$$

$$= 2.592\ \text{kg/dia} \approx 2.600\ \text{kg/dia}.$$

EXEMPLO 3.4

Problema Uma estação de tratamento de águas residuárias descarta uma vazão de 1.498 L/s (litros por segundo) em uma concentração de sólidos de 0,002% (por peso). Descarregam-se quantos quilos de sólidos por dia?

Solução Use a Equação 3.5.

$$\text{Carga} = \text{Concentração} \times \text{Vazão}$$

$$Q_{M_A} = C_A \times Q_{V_{(A+B)}}$$

Presumindo que $\rho = 1$ g/cm^3, logo 0,002% = 20 mg/L. Se a vazão incluir sólidos mais água, então

$$\begin{aligned} Q_{M_A} &= (20 \text{ mg/L})(1498 \text{ L/s}) = 29.960 \text{ mg/s} \\ &= (29.960 \text{ mg/s})(86400 \text{ s/dia})\left(\frac{1\text{kg}}{10^6 \text{mg}}\right) \\ &= 2.589 \text{ kg/d}. \end{aligned}$$

EXEMPLO 3.5

Problema Uma estação de tratamento de água potável adiciona flúor a uma concentração de 1 mg/L. A média diária de demanda de água é de 68 milhões de L. Quanto flúor o operador precisa comprar?

Solução Use a Equação 3.6.

$$68 \text{ milhões L/d} \times 1 \text{ mg/L} \times 1 \text{ kg}/10^6 \text{ mg} = 68 \text{ kg/d}$$

3.1.4 Tempo de detenção

Um dos conceitos mais importantes nos processos de tratamento é o de *tempo de detenção* ou *tempo de residência*. O tempo de detenção é o tempo em que uma partícula média fica no reator pelo qual o fluido passa (que é o tempo em que fica exposto ao tratamento ou a uma reação). Uma definição alternativa é a seguinte: tempo que leva para encher o reator.

Matematicamente, se o volume de um reator, como um grande tanque de retenção, é de V(L^3) e a taxa de fluxo de entrada é de Q (L^3/t), o tempo de detenção é:

$$\bar{t} = \frac{V}{Q} \tag{3.6}$$

Para aumentar o tempo médio de detenção, pode-se reduzir a vazão Q ou aumentar o volume V; para reduzilo, faz-se o contrário.

EXEMPLO 3.6

Problema Uma lagoa tem um volume de 1.500 m^3 com vazão de entrada de 3 m^3/hora. Qual é o tempo detenção na lagoa?

Solução Use a Equação 3.7.

$$\bar{t} = \frac{1.500 \text{ m}^3}{3 \text{ m}^3/\text{h}} = 500 \text{ h}$$

3.2 ESTIMATIVAS APROXIMADAS NOS CÁLCULOS DE ENGENHARIA

Muitas vezes, os engenheiros são chamados para fornecer informações estimadas e não exatas. Por exemplo, um administrador municipal pode solicitar a uma empresa de engenharia um orçamento referente à construção de uma nova estação de tratamento de esgoto para a comunidade. O administrador não deseja um valor exato, mas uma estimativa aproximada. É óbvio que a empresa de engenharia não consegue desenvolver em apenas alguns minutos uma estimativa completa dos custos, pois deve considerar a natureza altamente variável dos custos das terras, da construção, das exigências quanto à eficiência do tratamento etc. Mesmo assim, o administrador quer uma estimativa preliminar – um *número* – e rápido!

Diante de tais problemas, a empresa precisa basear-se em quaisquer informações disponíveis. Por exemplo, talvez saiba que a população da comunidade a ser servida é de cerca de 100.000 habitantes. Em seguida, faz uma estimativa, baseada em sua experiência, de que a vazão de esgoto doméstico deve ser de cerca de 400 L por pessoa por dia e que necessitará, portanto, de uma estação com uma capacidade aproximada de 440 L/s. Considerando uma margem para expansão, efluentes industriais, entrada de drenagem de água da chuva e infiltração de água subterrânea nas tubulações, ela talvez estime que uma capacidade de 660 L/s seja adequada.

Depois, avalia o tratamento potencial necessário. Sabendo que os cursos de água disponíveis para descarregar os efluentes são todos córregos pequenos que podem secar durante o período da seca, entende que isso exigirá um alto grau de tratamento. Calcula que será necessário remover nutrientes. Sabe que, para construir esse tipo de estação de tratamento, o custo será em média de $ 800.000 por um milhão de litros. Com isto, conclui que o custo estimado para a estação fica em torno de $ 45 milhões. Considerando ainda uma margem de erro, informa ao administrador o orçamento aproximado de $ 50 milhões.

Essa é exatamente a informação que o administrador procura. Ele não precisa de nada mais exato, porque pode estar tentando decidir se deve pedir a emissão de um compromisso financeiro médio de $ 100 ou de $ 200 milhões. Há tempo suficiente no futuro para cálculos mais exatos.

3.2.1 Procedimentos de cálculos aproximados

Problemas que não requerem soluções exatas podem ser solucionados com base nos seguintes passos:

1. definir cuidadosamente o problema;
2. introduzir hipóteses simplificadoras;
3. calcular uma resposta;
4. checar a resposta, tanto sistemática quanto realisticamente.

Definir o problema

Solicita-se à empresa de engenharia do caso anterior uma estimativa, e não uma quantia exata. Ela reconhece que o uso dessa quantia seria para fins de planejamento preliminar e, assim, considera adequadas as estimativas válidas. Também reconhece que o administrador quer uma quantia em *dólares* como resposta, estabelecendo, assim, as unidades.

Simplificar

Esse passo talvez seja o mais instigante e desafiante de todo o processo porque são a intuição e o julgamento que exercem os papéis principais. Por exemplo, a empresa precisa, primeiro, fazer uma estimativa da população a ser servida e, depois, considerar a vazão média. O que ela ignora? Com certeza, muita coisa, como vazões transitórias diárias, variações de padrões de vida e variações sazonais. Uma estimativa completa do fluxo potencial de esgoto requer um estudo mais amplo. Ela tem de simplificar seu problema e escolher apenas uma estimativa da população e a média *per capita* da vazão.

Calcular

Nesse problema, os cálculos são diretos.

Checar

O processo de checagem é o mais importante. Existem dois tipos de checagem: sistemática e realística. Na sistemática, primeiro as unidades são checadas para verificar se fazem sentido. Por exemplo,

$$[\text{pessoas}]\times\left[\frac{\text{L}}{\text{pessoas}}\right]=[\text{L}]$$

fazem sentido, o que não ocorre com

$$\frac{\text{pessoas}}{[\text{L}/\text{pessoas}]}=\frac{[\text{pessoas}]^2}{\text{L}}$$

Fazendo sentido, os números poderão ser recalculados na busca de erros. É sempre muito importante que você anote as unidades enquanto faz os cálculos, pois, assim, realiza checagem ao mesmo tempo que avança no processo.

Finalmente, é necessário um controle da realidade. É bem provável que nenhum engenheiro em exercício reconheça que executa controles da realidade todos os dias, mas estas são a base da boa engenharia. Considere, por exemplo, caso o engenheiro cometa um erro ao apresentar um orçamento para uma estação de tratamento de esgoto, do tipo necessário para a comunidade, a um custo de \$ 3 mil por um milhão de litros de efluentes. Seus cálculos serão checados, porém o orçamento apresentado foi de \$ 50 mil, em vez de \$ 50 mihões. O valor, além de ser considerado ridículo, será alvo de uma investigação para detectar o erro. Quando a checagem se torna uma atitude rotineira, evita futuros constrangimentos.

3.2.2 Uso de algarismos significativos

Finalmente, observe que os algarismos significativos na resposta refletem a precisão dos dados e das hipóteses. Imaginemos quão ridículo seria dizer que a estação de tratamento custaria em torno de \$ 5.028.467,19. Muitos problemas exigem respostas para apenas um algarismo significativo ou até mesmo para uma ordem de magnitude. Algarismos não significativos tendem a acumular durante os cálculos como lama nos sapatos e precisam ser eliminados no final[1].

Suponha que alguém peça a você que estime em metros os mourões necessários para cercar um pasto. Essa pessoa informa, ainda, que haverá 87 mourões com altura média de 117,6 cm. Ao realizar a multiplicação, você chega a 102,313 m. Este é o momento de eliminar a lama, já que o mais preciso de seus números tem apenas três algarismos significativos, enquanto sua resposta apresenta seis. Com base nisso, você informaria 102 m.

Algarismos significativos são aqueles que transferem informações com base no valor desses dígitos. Os zeros que apenas preenchem o espaço não são significativos, porque podem ser eliminados sem perda das informações. Por exemplo, dois dos zeros no número 0,0036 apenas preenchem o lugar e podem ser eliminados escrevendo $0{,}0036 = 3{,}6 \times 10^{-3}$.

Os zeros no final de um número são um problema. Suponha que um jornal informe que 46.200 torcedores assistiram a um jogo de futebol. Os últimos dois dígitos talvez sejam significativos se cada pessoa for contabilizada, e realmente havia 46.200 torcedores no estádio. Se, no entanto, fôssemos fazer uma estimativa do número de pessoas como 46.200 torcedores, então os últimos dois zeros apenas preencheriam o espaço e não seriam significativos. Para evitar confusão, quando se informam números, deve-se utilizar expressões como "cerca de" e "aproximadamente", se esse for o caso. Quando se utilizam números para números significativos desconhecidos, o melhor é errar por cautela (usando menos os números significativos).

EXEMPLO 3.7

Problema Uma comunidade de cerca de 100 mil pessoas possui uma área de 20.000 m² de aterro sanitário que pode ser preenchido com cerca de 10 m de profundidade de lixo compactado entre 350 kg/m³ e 500 kg/m³. Qual é a vida útil restante do aterro?

Solução Utilizando os procedimentos descritos anteriormente, o primeiro passo é definir o problema. Fica claro que a reposta não exige alta precisão, já que os dados não são precisos. Além disso, a definição do problema requer uma resposta em unidades de tempo.

O segundo passo é simplificar o problema. Não há necessidade de considerar lixo comercial ou industrial. Faça uma estimativa apenas do lixo gerado por residências individuais.

O terceiro passo é calcular uma resposta. Todos os dados necessários estão disponíveis, com exceção da produção *per capita* de lixo. Suponhamos que uma família de quatro pessoas encha três latas de lixo por semana. Se cada lata de lixo puder conter 0,25 m^3 e se presumirmos que o lixo não compactado ficará em torno de um quarto da densidade compactada, digamos a 120 kg/m^3, será razoável calcular a produção *per capita* como

$$\frac{0{,}25\ \text{m}^3}{\text{lata}} \times \frac{3\ \text{latas}}{4\ \text{pessoas}} \times 120\ \text{kg}/\text{m}^3 \times \frac{1\ \text{semana}}{7\ \text{d}} = 3{,}2\,\frac{\text{kg}}{\text{pessoas}/\text{d}}$$

Se existirem cerca de 100 mil pessoas, a cidade produzirá

$$3{,}2\,\frac{\text{kg}}{\text{pessoa}/\text{d}} \times 100.000\ \text{pessoas} \times \frac{1\ \text{m}^3}{400\ \text{kg}} = 800\,\frac{\text{m}^3}{\text{d}}$$

O volume total disponível será de

$$20.000\ \text{m}^2 \times 10\ \text{m} = 200.000\ \text{m}^3$$

Portanto, a expectativa de vida será de

$$\frac{200.000\ \text{m}^3}{800\ \text{m}^3/\text{d}} = 250\ \text{d}$$

Lembre-se do quarto passo. Isso é razoável? Quase. Os cálculos podem ter superestimado a produção de lixo, já que a média nacional de produção *per capita* está mais perto de 2,5 kg/capita/dia, portanto o aterro pode durar, na verdade, somente um ano. Considerando a extrema dificuldade em definir locais para aterros adicionais, pode-se concluir que a cidade já se encontra em uma clara situação de crise.

Em engenharia, é imprescindível que o profissional tenha sempre um arsenal de números e estimativas. Por exemplo, a maioria das pessoas sabe que um metro é algumas polegadas mais longo que uma jarda. Talvez não saiba exatamente quanto, mas poderia dar um palpite bem aproximado. Da mesma forma, sabemos a aparência de 90 m (de linha a linha do gol). Da mesma forma, o engenheiro ambiental em exercício sabe instintivamente o aspecto de uma vazão de 440 L/S, porque ele vem trabalhando em estações que recebem essa magnitude de vazão. Tal conhecimento torna-se parte de sua natureza, e é com frequência, a razão pela qual os engenheiros conseguem evitar erros crassos e embaraçosos. Um *feeling* em relação às unidades faz parte da engenharia, e é por isso que a mudança de mgd para m^3/s é tão difícil para os engenheiros americanos. Seria muito estranho um engenheiro americano que soubesse qual a aparência de uma vazão de 10 m^3/s (sem fazer algumas conversões mentais rápidas!).

3.3 ANÁLISE DAS FORMAÇÕES

Nós, engenheiros, raramente sabemos algo com exatidão ou com certeza! Embora nunca tenha ocorrido uma inundação em agosto, assim que um projeto de construção de um milhão de dólares precisa de clima seco, chove por 40 dias e noites. A Lei de Murphy – se algo pode sair errado, sairá – e seu efeito correlato – na pior hora possível – são conceitos tão centrais na engenharia quanto as leis de movimento de Newton. Arriscamo-nos, projetamos probabilidades sobre eventos de interesse e decidimos por ações cautelosas. Sabemos que uma inundação* pode ocorrer em agosto, mas, se não houve nenhuma nos últimos 100 anos, as chances são relativamente boas de que não ocorra no próximo ano. Mas o que acontece se o engenheiro dispõe de dados de apenas cinco anos? Quanto pode arriscar? Que grau de certeza pode ter de que não ocorrerá uma inundação no próximo ano?

O conceito ilustrado no Exemplo 3.7 é denominado *probabilidade*, e os cálculos de probabilidade são a base de muitas decisões de engenharia. Relacionada à probabilidade está a análise dos dados incompletos por meio das *estatísticas*. Um conjunto de dados (por exemplo, a vazão para um dia) é valioso em si mesmo, mas, ao ser combinado com outras centenas de pontos de vazão diários, a informação fica ainda mais útil, mas somente se esta puder ser manipulada e reduzida de alguma forma. Por exemplo, se a decisão for represar a água de um córrego para obter o suprimento de água, as vazões diárias deverão ser calculadas pela média (uma estatística), o que será um número útil na decisão de exatamente quanta água estará disponível.

Esta seção introduz, em princípio, ideias básicas de probabilidade e estatística, depois descreve algumas das ferramentas disponíveis aos engenheiros para a análise das informações. Nem probabilidade nem estatística são desenvolvidas com base nos conceitos básicos apresentados aqui. Para tanto, recomenda-se um curso apropriado de estatística e probabilidade. Nesta introdução, apresenta-se material suficiente para permitir a solução de problemas simples de engenharia ambiental que envolvam distribuição de frequência.

Na engenharia, muitas análises estatísticas se baseiam na curva do sino apresentada na Figura 3.1. A hipótese é que os dados apresentados (como a precipitação anual) podem ser descritos pela curva do sino e que o traçado da curva pode ser definido como a *média*, ou normal, e alguma medida de quão extensamente seja a distribuição dos dados ou da curvatura. Para descrever a curva do sino, utiliza-se a *distribuição gaussiana*, ou seja, a *distribuição normal*, expressa como

$$P_{\sigma(x)} = \frac{1}{\sigma\sqrt{2\pi}} \exp\left[-\frac{1}{2}\left(\frac{x-\mu}{\sigma}\right)\right]^2$$

onde μ = média, estimado como $\overline{x}$;

$\overline{x}$ = amostra média observada $= \dfrac{\Sigma x}{n}$;

σ = desvio padrão, estimado como s

s = desvio padrão observado $= \left[\dfrac{\Sigma x_i^2}{n-1} - \dfrac{(\Sigma x_i)^2}{n(n-1)}\right]^{1/2}$;

n = tamanho da amostra.

O desvio padrão é a medida da extensão da distribuição dos dados, definida como o valor de x, que engloba 68,3% de todos os valores de x, centrada na média μ. Um pequeno desvio padrão indica que todos os dados estão agrupados, e há pouca variabilidade nos dados. Um grande desvio padrão, ao contrário, indica que os dados estão amplamente espalhados.

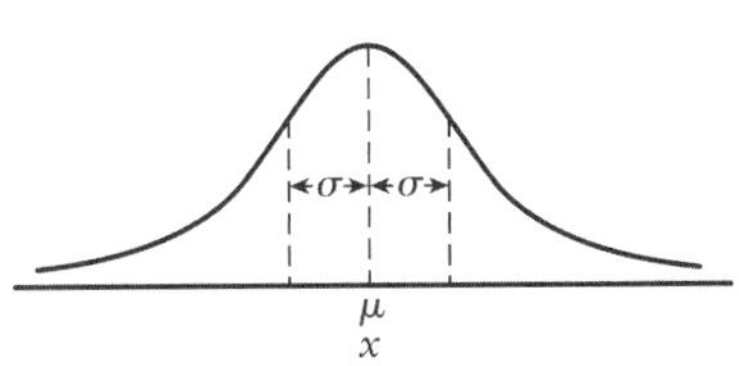

FIGURA 3.1 A curva do sino sugere distribuição normal.

* Vazão de cheia é a vazão máxima do rio, e inundação, a extravasão da calha do rio. (N.R.T.).

Outra estatística útil chama-se *coeficiente de variação*, definido como

$$C_v = \frac{\sigma}{\mu}$$

e estimado na prática como

$$C_v = \frac{s}{\overline{x}}$$

onde s = desvio padrão observado
$\overline{x}$ = estimativa da média

Com frequência, os engenheiros organizam os dados descritos por uma curva de distribuição normal como uma função *acumulativa* em que a abscissa (eixo vertical) é uma fração acumulativa de observações. Essas curvas são usadas comumente na hidrologia, engenharia de solos e recuperação de recursos naturais. O Exemplo 3.8 mostra a construção de uma curva acumulativa.

EXEMPLO 3.8

Problema Cem quilos de vidro são recuperados do lixo urbano e processados em uma usina para recuperação de recursos naturais. O vidro é triturado e peneirado várias vezes, como apresentado a seguir. Organize a distribuição acumulada do tamanho das partículas.

Tamanho da peneira (mm)	Peso do vidro capturado (kg)
4	10
3	25
2	35
1	20
Peneira (sem orifícios)	10

Solução Os dados podem ser organizados conforme ilustrado na Figura 3.2, onde se observa uma aproximação grosseira da distribuição normal. Assim, os dados podem ser tabulados como uma função acumulativa.

Organizam-se os dados na Figura 3.3. Observemos que o último ponto não pode ser projetado porque o tamanho da peneira é menor do que 1,0 mm e o total da fração tem de somar 1,00. O resultado é uma "curva S" clássica.

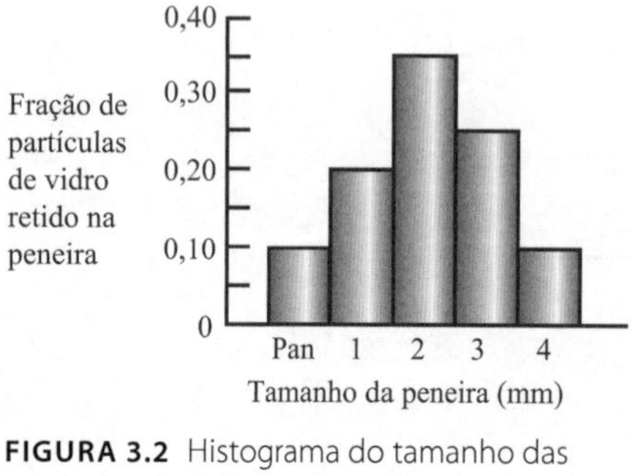

FIGURA 3.2 Histograma do tamanho das partículas de vidro.

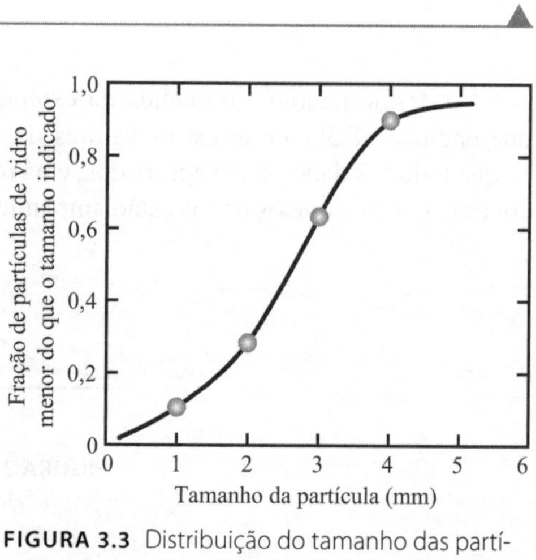

FIGURA 3.3 Distribuição do tamanho das partículas acumulativas de vidro. Ver Exemplo 3.8.

A Figura 3.3 deve ser organizada da seguinte maneira: uma *variável independente* como a abscissa (eixo x) e a *variável dependente* como a ordenada (eixo y). Uma variável será independente se o valor escolhido for o tamanho da peneira. Obtém-se o valor de uma variável dependente por experimentação. Com raras exceções, os gráficos de engenharia são plotados utilizando a convenção de se projetar a variável independente como o eixo x e a variável dependente como o eixo y.

Tamanho da peneira (mm)	Fração de partículas de vidro retidas na peneira	Fração de partículas de vidro menor do que o tamanho indicado
4	$\frac{10}{100} = 0{,}10$	$1{,}0 - 0{,}10 = 0{,}90$
3	$\frac{25}{100} = 0{,}25$	$0{,}9 - 0{,}25 = 0{,}65$
2	$\frac{35}{100} = 0{,}35$	$0{,}65 - 0{,}35 = 0{,}30$
1	$\frac{20}{100} = 0{,}20$	$0{,}30 - 0{,}20 = 0{,}10$
<1,0	$\frac{10}{100} = 0{,}10$	$0{,}10 - 0{,}10 = 0$

Muitas vezes é mais simples trabalhar com dados se a curvas clássica apresentada na Figura 3.3 puder ser plotada como uma linha reta. Com frequência, isso ocorre no papel da probabilidade aritmético, inventado originalmente por Allen Hazen, um proeminente engenheiro sanitarista. Na Figura 3.4 mostram-se os mesmos dados projetados no papel da probabilidade. Observe que no eixo das abscissas no papel da probabilidade não tem 0% ou 100%, assim como a curva normal de distribuição não tem 0 ou 1,0.

Uma linha reta no papel da probabilidade resulta em dados *distribuídos normalmente* e estatísticas, tais como os desvios médio e padrão, que podem ser lidos na planilha. A média é de 0,5% ou 50%, enquanto o desvio padrão é de 0,335 abaixo ou acima da média.

É possível também aproximar o desvio padrão como:

$$s \approx \frac{2}{5}(x_{90} - x_{10}) \tag{3.7}$$

onde x_{90} e x_{10} são valores de abscissa a P_{90} e P_{10}, respectivamente.

Tal projeção torna conveniente realizar a estimativa do valor de qualquer outro intervalo. Por exemplo, se for necessário fazer a estimativa dos valores de x de forma que 95% dos valores fiquem dentro desses limites ("o intervalo de confiança de 95%"), será possível fazer a leitura dos valores a 2,5% e 97,5%. Dentro desses limites devem estar os 95% dos dados.

EXEMPLO 3.9

Problema Com base na projeção apresentada na Figura 3.4, indique (a) a média, (b) o desvio padrão e (c) o intervalo de 95%?

Solução

a) Lê-se a média a 0,5 (que é a fração cumulativa de partículas de vidro menor do que o tamanho indicado). É 2,5 mm.

b) O desvio padrão é a extensão para que 67% das observações fiquem dentro dos limites com base na média (ou seja, 33,5% abaixo ou acima da média). Da Figura 3.4, calcula-se o desvio padrão estimado como sendo a diferença entre a média e o ponto 0,50 + 0,335 = 0,84, que corresponde a 3,7 mm. Portanto, s = 3,7 − 2,5 = 1,2 mm. Alternativamente, usando a Equação 3.8:

$$s \approx \frac{2}{5}(4{,}05 - 1{,}05) = 1{,}2$$

onde 4,05 é o tamanho da peneira por onde passam 90% do vidro, e 1,05 é o tamanho por onde passa 10% do vidro.

Quando você informar a média, inclua o desvio padrão, por exemplo, 2,5 ± 1,2 mm.

c) O intervalo de 95% significa que há uma expectativa de que 95% dos dados estejam dentro desses limites. Os pontos correspondentes a 0,025 e 0,975 no gráfico são 0,2 mm e 4,9 mm, respectivamente. Portanto, o intervalo de 95% fica entre 0,2 mm e 4,9 mm.

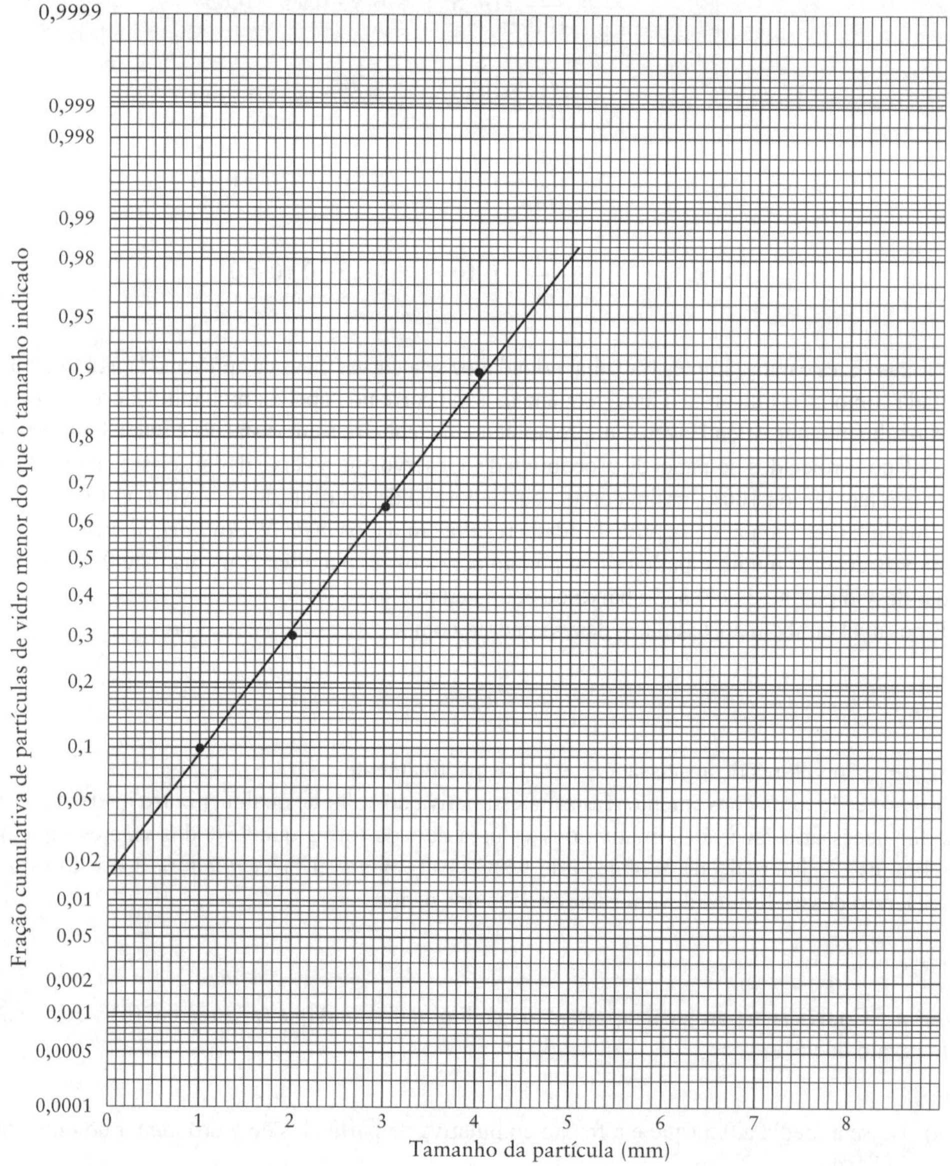

FIGURA 3.4 Distribuição por tamanho de partículas de vidro em uma projeção de probabilidade aritmética. Ver Exemplo 3.9.

Os dados no Exemplo 3.9 podem ser *normalizados* dividindo cada ponto dependente dos dados por uma constante – o peso total do vidro peneirado. Assim, cada ponto dos dados é convertido de um número com dimensões (kg) a uma fração sem dimensão (kg/kg). Executa-se, às vezes, a mesma operação com a variável independente quando se exige a frequência de tempo.

Torna-se necessário, com frequência, calcular a probabilidade da ocorrência de certos eventos. Os hidrologistas expressam isso em termos de *período de retorno*, ou seja, quantas vezes espera-se que o evento aconteça de novo. Se a probabilidade anual de o evento ocorrer de novo for 5%, haverá então uma expectativa de que o evento ocorra uma vez a cada 20 anos, ou seja, um período de retorno de 20 anos, o que é expresso na forma de uma equação:

$$\text{Período de retorno} = \frac{1}{\text{Probabilidade em fração}}$$

Quando os dados variáveis com o tempo forem analisados pela frequência de distribuição, os dados devem ser, em princípio, colocados em ordem (do menor para o maior ou do maior para o menor). Calculam-se então as probabilidades, os dados projetados e a projeção usada para determinar as estatísticas desejadas.

EXEMPLO 3.10

Problema Mede-se diariamente a qualidade dos efluentes (descarga) de uma estação de tratamento de esgoto municipal por meio de sua demanda bioquímica de oxigênio (DBO). Em razão das variações da vazão de entrada (vazão entrando na estação) e da dinâmica de tratamento da estação, espera-se que a qualidade dos efluentes varie. Essa variação adapta-se à distribuição normal. Se isso ocorrer, essa variação pode ser usada para calcular a média e o desvio padrão? Qual é a pior qualidade de efluentes esperada uma vez por mês (trinta dias)? Apresentam-se os seguintes dados:

Amostra no dia	DBO do efluente	Amostra no dia	DBO do efluente
1	56	10	35
2	63	11	65
3	57	12	35
4	33	13	31
5	21	14	21
6	17	15	21
7	25	16	28
8	49	17	41
9	21	18	36

Solução O primeiro passo é colocar os dados em ordem de importância. O número total de pontos de dados é $n = 18$. A classificação (m) vai da mais baixa DBO (17 mg/L) à mais alta (65 mg/L).

Classificação (m)	DBO do efluente (mg/L)	m/n
1	17	0,056
2	21	0,111
3	21	0,167
4	21	0,222
5	21	0,278
6	25	0,333
7	28	0,389

▶

Classificação (*m*)	DBO do efluente (mg/L)	*m*/*n*
8	31	0,444
9	33	0,500
10	35	0,556
11	35	0,611
12	36	0,667
13	41	0,722
14	49	0,778
15	56	0,833
16	57	0,889
17	63	0,944
18	65	1,00

Pode-se considerar a última coluna como a fração de tempo em que a DBO tenha menos do que esse valor, isto é, 0,056 ou 5,6% do tempo em que a DBO deve ser igual ou menor do que 17 mg/L.

Uma projeção da segunda e terceira colunas apresenta uma linha razoavelmente reta em uma projeção de probabilidade, conforme mostra a Figura 3.5. Lê-se a média estimada na projeção a $(m/n) = 0,5$ e 35 mg/L DBO; o desvio padrão é 17 mg/L. A pior qualidade de efluentes esperada a cada mês encontra-se na fração de tempo de $29/30 = 0,967$ (isto é, para 29 dias de 30, a DBO é menor). Faça a projeção em uma fração de tempo = 0,967 e leia a DBO = 66 mg/L.[2]

Observe que o último ponto dos dados (classificação nº 18) não pode ser plotado porque todas as leituras estão abaixo desse valor. Esse problema pode ser evitado dividindo todas as classificações (*m*) por $n + 1$ em vez de *n*. À medida que o número de pontos de dados aumenta (*n* torna-se maior), isso se torna cada vez menos problemático.

Outro método de lidar com dados, em especial se envolver número grandes, é agrupá-los. Nesse caso, a média do grupo é a variável projetada, e calcula-se a probabilidade como:

$$P = \frac{\Sigma r}{n}$$

onde r = a soma do número de pontos de dados igual a ou maior que o valor indicado;
n = total de pontos de dados.

A probabilidade de ocorrer um evento é novamente lida por meio do gráfico.

EXEMPLO 3.11

Problema Usando os dados do Exemplo 3.10, faça a estimativa da DBO mais alta esperada uma vez a cada 30 dias. Use uma análise de dados agrupados.

Solução O primeiro passo é definir os grupos de valores da DBO. Nesse caso, a escolha é um intervalo de 10 mg/L, simplesmente porque é conveniente. Anota-se o número de pontos de dados que entram em cada grupo (*r*).

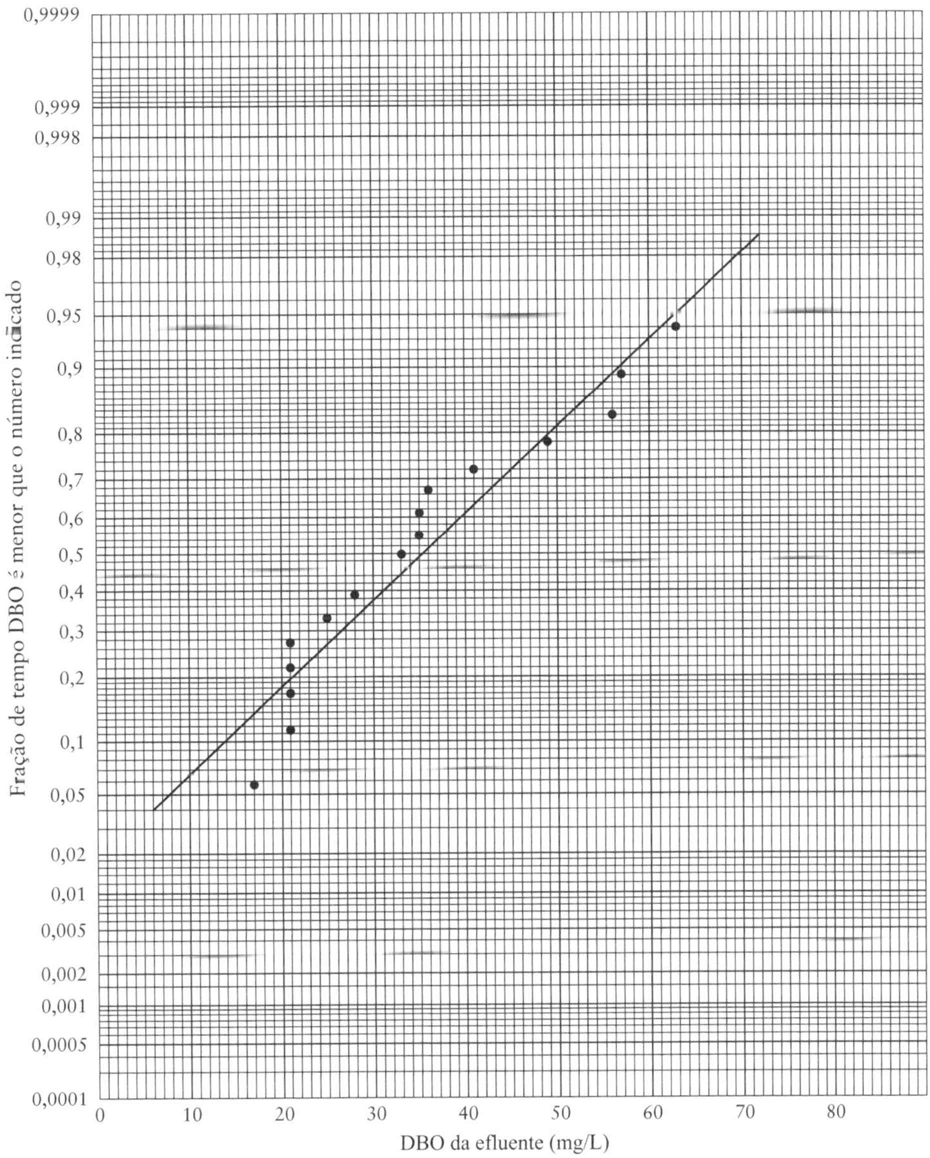

FIGURA 3.5 DBO de efluentes de uma estação de tratamento de esgoto. Ver Exemplo 3.10.

DBO de efluentes (mg/L)	Média do grupo	Número de dias em que a DBO entra no grupo (r)	Σr	$P = \Sigma r / n$
0–9	5	0	0	0
10–19	15	1	1	0,06
20–29	25	6	7	0,39
30–39	35	5	12	0,67
40–49	45	2	14	0,78
50–59	55	2	16	0,89
60–69	65	2	18	1,00

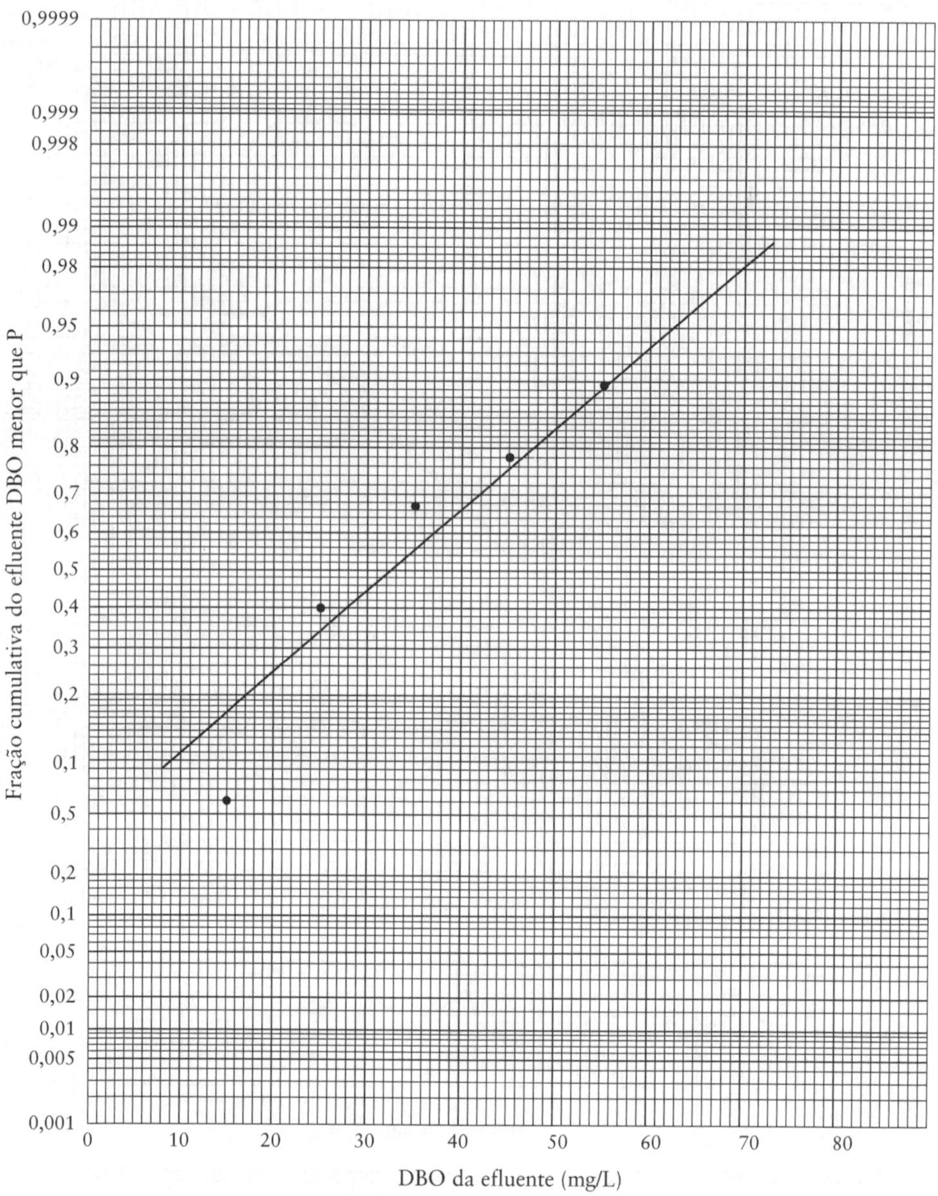

FIGURA 3.6 Análise de dados agrupados. Ver Exemplo 3.11.

De forma progressiva, soma-se o número de pontos de dados ($\sum r$), e depois esse valor é dividido pelo total de pontos de dados, $n = 18$. Agora esses pontos tornam-se individuais no gráfico de média do grupo de DBO *versus* P, como na Figura 3.6. As probabilidades podem ser lidas na curva, como antes. Assim como no Exemplo 3.10, se quisermos saber a pior qualidade de efluente em 30 dias, usaremos $P_{29/30} = 0{,}967$ e teremos 66 mg/L de DBO.

PROBLEMAS

3.1 A tabela seguinte mostra a distribuição de frequência da demanda bioquímica de oxigênio (DBO) de entrada em uma estação de tratamento de esgoto:

DBO (mg/L)	Nº de amostras
120–129	18
130–149	31
150–169	23
170–189	20
190–209	7
210–229	1
230–249	2

Calcule o seguinte:

a) P_{10} (probabilidade de que 10% do tempo da DBO seja menor que esse valor)

b) P_{50}

c) P_{95}

3.2 Seguem as características de precipitação anual para várias cidades.

	Anos de registro	Precipitação anual	
		$\bar{x}$ (cm/ano)	s (cm/ano)
Cheyenne, WY	70	37,11	9,17
Pueblo, CO	52	29,24	13,44
Kansas City, MO	63	91,69	16,87

a) A precipitação de qual cidade varia mais?

b) Suponha que os dados de precipitação estejam distribuídos normalmente, em quantos anos, dentre os próximos 50, podemos esperar uma precipitação acima de 50 cm em cada cidade?

c) Se considerarmos a distribuição como normal, em quantos anos, dentre os próximos 50, podemos esperar uma precipitação abaixo de 30 cm em cada cidade?

d) Qual é a probabilidade de que uma precipitação anual exceda 92 cm em Kansas City?

3.3 Encontre os registros de vitórias/derrotas de seu time de basquete na faculdade nos últimos 10 anos. Com qual frequência o time pode esperar um número igual de vitórias e derrotas (jogando pelo menos 500 bolas)?

3.4 Uma distribuição normal tem um desvio padrão de 30 e uma média de 20. Encontre a probabilidade em que

a) $x \geqslant 80$ b) $x \leqslant 80$

c) $x \leqslant -70$ d) $50 \leqslant x \leqslant 80$

Recomenda-se a utilização de gráficos.

3.5 Um lago tem as seguintes leituras de oxigênio dissolvido:

Mês	Oxigênio dissolvido (mg/L)
1	12
2	11
3	10
4	9
5	10
6	8
7	9
8	6
9	10
10	11
11	10
12	11

a) Qual é a média de OD?

b) Qual é o desvio padrão?

c) Qual é a fração de tempo em que se pode esperar um OD acima de 10 mg/L?

d) Qual é a fração de tempo em que o OD ficará abaixo de 8 mg/L?

3.6 A seguir, apresentam-se os períodos de retorno e níveis de inundação para a cidade de Morgan Creek:

Período de retorno (anos)	Nível de inundação (m^3/s)
1	108
5	142
10	157
20	176
40	196
60	208
100	224

Elabore uma estimativa do nível de inundação para um período de 500 anos.

3.7 Segue o número de alunos matriculados em um curso nos últimos cinco anos:

Ano	Nº de alunos
1	13
2	18
3	17
4	15
5	20

Durante quantos anos nos próximos 20 anos, a classe terá dez alunos ou menos?

3.8 Quanta cerveja se consome diariamente nos Estados Unidos?

3.9 O carvão contém cerca de 2% de enxofre. Quantos quilos de enxofre seriam emitidos por usinas termelétricas a carvão nos Estados Unidos em um ano? (A produção norte-americana de eletricidade gira em torno de $0,28 \times 10^{12}$ watts, e o carvão contém cerca de 30×10^{6} J/kg de energia. Observe que 1 J = 1 W.)

3.10 Quantos pneus de automóvel são vendidos anualmente nos Estados Unidos? Apresente hipóteses razoáveis.

3.11 Nos Estados Unidos, a Agência de Proteção Ambiental (Environmental Protection Agency – EPA) expressa a taxa de emissão de poluentes gasosos dos carros em termos de g/km. Qual é a sua opinião sobre essa unidade de medida construída?

3.12 Coloque um grama de sal de mesa em um copo de 0,25 L e depois completeo com água da torneira. Qual é a concentração de sal em mg/L? Por que talvez você não tenha tanta certeza de sua resposta?

3.13 Muitas vezes se expressam as concentrações de metal nos lodos de esgoto em termos de gramas de metal por quilo do total dos sólidos secos. Um lado úmido contém concentrações de sólidos de 200.000 mg/L, dos quais 8.000 mg/L são de zinco.

a) Qual é a concentração de zinco como (g Zn/g sólidos secos)?
b) Se esse lado fosse aplicado a solos de cultivo e espalhados em pastagens usadas por gado, explique como você poderia monitorar o projeto em relação aos efeitos potenciais ao ambiente e à saúde causados pela presença de zinco.

3.14 Coloque um grama de pimenta em uma proveta de 100 mL, depois encha com água até a marca de 100 mL. Qual é a concentração de pimenta por em mg/L? (Qual é sua hipótese para o problema? Qual é a densidade da pimenta? Qual é o volume de um grama de pimenta?)

3.15 Uma estação de tratamento de esgoto recebe 440 L/s de vazão. Esse esgoto contém uma concentração de sólidos de 192 mg/L. Quantas libras de sólidos entram na estação por dia?

3.16 Dez gramas de contas plásticas com uma densidade de 1,2 g/cm^3 são adicionados a 500 mL de solvente orgânico a uma densidade de 0,8 g/cm^3. Qual é a concentração de contas plásticas em mg/L? (Cuidado, isso engana!)

3.17 Um fluxo contínuo de 240 L/min de um rio leva uma carga de sedimentos de 2.000 mg/L. Qual é a carga de sedimentos em kg/dia?

3.18 Uma estação de tratamento produz água que tem uma concentração de arsênico de 0,05 mg/L.

a) Se o consumo médio de água for de 8 L por dia, quanto arsênico cada pessoa poderá ingerir?
b) Se você for o operador da estação de tratamento e o presidente do conselho municipal perguntar--lhe, durante uma audiência pública, se existe ou não arsênico na água potável da comunidade, o que responderá?
c) Analise sua resposta ao item b do ponto de vista moral. A resposta dada ao presidente é pertinente? Por quê?

3.19 Uma usina de energia emite 55 kg de cinzas volantes* por hora pela chaminé. A vazão de gases quentes no cilindro é de 1 m^3/s. Qual é a concentração de cinzas volantes em μg/m^3?

3.20 Se a eletricidade custa $ 0,05/KWL, quanto sua universidade paga anualmente pelo uso de lâmpadas de mesa? (É preciso levantar várias hipóteses específicas à sua universidade.)

3.21 Se a mensalidade fosse paga com entradas a palestras, quanto custaria cada entrada em sua universidade?

3.22 Uma universidade tem cerca de 12.600 alunos em graduação e 2.250 que se formam ao ano. Suponha que todos se formarão um dia. Qual será o tempo aproximado de permanência na universidade?

3.23 Uma estação de tratamento de água tem seis decantadores que operam em paralelo (divide-se o fluxo em seis fluxos contínuos iguais), e cada decantador tem um volume de 600 m^3. Se a vazão até a estação for de 440 L/s, qual será o tempo de detenção de cada decantador? Se, no entanto, os decantadores forem operados em série (o fluxo total passa primeiro por um decantador, depois pelo segundo e acima por diante), qual será o tempo de detenção em cada decantador?

3.24 Algumas das estatísticas mais confusas estão nos esportes. Defina o seguinte:

a) ERA
b) RBI
c) média de *slugging*
d) média do tempo de duração planar

* Cinzas volantes são minerais produzidos da queima de carvão mineral. (N.R.T.)

e) na porcentagem de base
f) média de pontos por jogo (hockey de gelo)
g) outros?

3.25 Você trabalha como recrutador para uma consultoria de engenharia. Um candidato lhe faz a seguinte pergunta:

> Se, no período em que trabalhar em sua empresa, eu apresentar objeções, por motivos éticos, a um projeto a ser realizado, posso afastar-me dele sem que isso prejudique minha carreira na consultoria?

Como você responderia a essa questão (apresente três respostas possíveis)? Em seguida, selecione a resposta mais adequada às expectativas do candidato? Ele acreditaria ou não em você? Por quê?

3.26 Como Chris deve relatar a estimativa do custo de construção? Por quê?
a) $ 56.078,34
b) $ 56.078
c) $ 56.080
d) $ 56.000

3.27 Por que o número dos algarismos significativos, na sua resposta final, é importante? Em outras palavras, o que o número dos algarismos significativos, na sua resposta final, reflete?

3.28 O Exemplo 3.7 menciona a precisão. Qual é a diferença entre precisão e exatidão?

3.29 Você deve fazer o arredondamento ao longo de um cálculo ou no final (ou seja, a resposta final) ou ambos? Por quê?

Referências

1. Conforme observado por John Hart em um livro excelente sobre cálculos ambientais: Consider a spherical cow. Los Altos, CA: William Kaufmann, Inc, 1985.

2. Este exemplo é adaptado de Middlebrooks, E. Joe. Statistical calculations. Ann Arbor, MI: Ann Arbor Science Pub, 1976.

CAPÍTULO 4

SEPARAÇÕES E BALANÇO DE MATERIAIS

Os alquimistas, talvez os praticantes originais da "ciência com fins lucrativos", tentaram desenvolver processos de fabricação de ouro a partir de metais inferiores. Do ponto de vista da química moderna, fica evidente que eles falharam. Exceto para os processos que envolvem reações nucleares, assunto que não será abordado neste livro, uma libra de qualquer material, como o chumbo, no início de qualquer processo produzirá uma libra de material no final, embora talvez com uma forma muito diferente. Esse simples conceito de conservação de massa leva a uma poderosa ferramenta de engenharia: o *balanço de materiais*. Neste capítulo, em princípio, serão introduzidos o balanço de materiais ao redor de uma unidade operacional da "caixa-preta". Em seguida, essas caixas-pretas serão identificadas como operações de unidade real que executam funções úteis. Inicialmente, nada do que se passa dentro dessas caixas afeta a vazão de materiais. Então, presume-se que as quantidades de materiais são produzidas ou consumidas dentro da caixa. Em todos os casos, considera-se que a vazão está em estado estacionário, isto é, não é alterada com o tempo. Essa restrição será estudada nos próximos capítulos.

4.1 BALANÇOS DE MATERIAIS COM APENAS UM MATERIAL

Os fluxos de materiais podem ser mais facilmente compreendidos e analisados por meio do uso do conceito de caixa-preta. Essas caixas são representações esquemáticas de processos reais ou cruzamentos de fluxos, e não é necessário especificar com exatidão que esse processo pode desenvolver princípios gerais sobre a análise dos fluxos.

A Figura 4.1 mostra uma caixa-preta em que certo material está fluindo. Todos os fluxos que entram na caixa são chamados de afluentes e representados pela letra X. Se o fluxo é descrito como massa por tempo de unidade, X_0 é uma massa por unidade de tempo do material X que flui para dentro da caixa. Do mesmo modo, X_1 é o fluxo de saída ou *efluente*. Caso o processo que pode produzir mais do material ou destruir parte dele estiver acontecendo dentro da caixa, e for suposto que não há variação do fluxo com o tempo (isto é, que está em *estado estacionário*), então será possível escrever um balanço de materiais ao redor da caixa como

$$\begin{bmatrix} \text{Massa por unidade} \\ \text{de tempo de} \\ X \text{ DE ENTRADA} \end{bmatrix} = \begin{bmatrix} \text{Massa por unidade} \\ \text{de tempo de} \\ X \text{ DE SAÍDA} \end{bmatrix}$$

ou

$$[X_0] = [X_1]$$

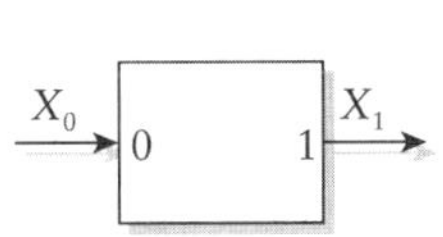

FIGURA 4.1 Caixa-preta com um fluxo de entrada e um de saída.

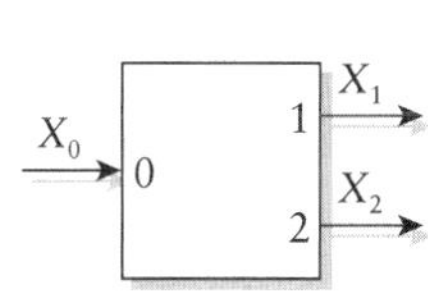

FIGURA 4.2 Separador com um fluxo de entrada e dois de saída.

A caixa-preta pode ser utilizada para estabelecer um balanço de volume e de massa se a densidade não muda no processo. Como a definição de densidade é massa por unidade de volume, a conversão a partir de um balanço de massa para um balanço de volume é obtida pela divisão de cada termo pela densidade (uma constante). Em geral, é conveniente utilizar o balanço de volume para líquidos e o balanço de massa para sólidos.

4.1.1 Divisão de correntes de fluxo de materiais únicos

Uma caixa-preta (Figura 4.2), recebe o fluxo de uma fonte de alimentação e separa-o em duas ou mais correntes de fluxo. O fluxo que entra na caixa é classificado como X_0, e os dois fluxos que saem da caixa são X_1 e X_2. Partindo-se novamente do pressuposto de que existem condições de estado estacionário e que nenhum material está sendo destruído ou produzido, então o balanço de materiais é

$$\begin{bmatrix}\text{Massa por unidade}\\ \text{de tempo de}\\ X\text{ DE ENTRADA}\end{bmatrix} = \begin{bmatrix}\text{Massa por unidade}\\ \text{de tempo de}\\ X\text{ DE SAÍDA}\end{bmatrix}$$

ou

$$[X_0]=[X_1]+[X_2].$$

Evidentemente, o material X pode ser separado em mais de duas frações, de modo que o balanço de materiais pode ser

$$[X_0]=\sum_{i=1}^{n} X_i$$

onde há n correntes de saída ou efluentes.

EXEMPLO 4.1

Problema Uma cidade produz 102 toneladas/dia de resíduos, que são totalmente destinados para uma estação de transferência. Nessa estação, o resíduo é dividido em quatro correntes de fluxo, que são levadas para três incineradores e um aterro. Se a capacidade dos incineradores é de 20, 50 e 22 toneladas/dia, que quantidade de resíduos deve ir para o aterro?

Solução Considere a situação esquematicamente, conforme a Figura 4.3. Os quatro fluxos de saída são as capacidades conhecidas dos três incineradores mais um aterro. A corrente de entrada é composta pelos resíduos sólidos entregues à estação de transferência. Utilizando o diagrama, estabeleça o balanço de massa em termos de toneladas/dia:

$$\begin{bmatrix}\text{Massa por unidade}\\ \text{de resíduos}\\ \text{DE ENTRADA}\end{bmatrix} = \begin{bmatrix}\text{Massa por unidade}\\ \text{de resíduos}\\ \text{DE SAÍDA}\end{bmatrix}$$

$$102 = 20 + 50 + 22 + M$$

onde M = massa de resíduos que vai para o aterro. Para descobrir a incógnita, considere M = 10 toneladas/dia.

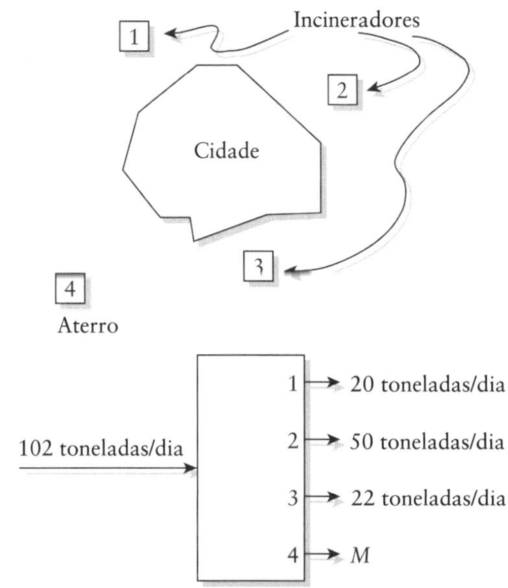

FIGURA 4.3 Balanço de materiais para disposição de resíduos.

4.1.2 Combinação de correntes de vazão do material único

Uma caixa-preta também pode receber diversos afluentes e descarregar um efluente, conforme ilustrado na Figura 4.4. Se os afluentes forem classificados como X_1, X_2, ..., X_m, o balanço de materiais resultará em

$$\sum_{i=1}^{m} X_i = [X_e]$$

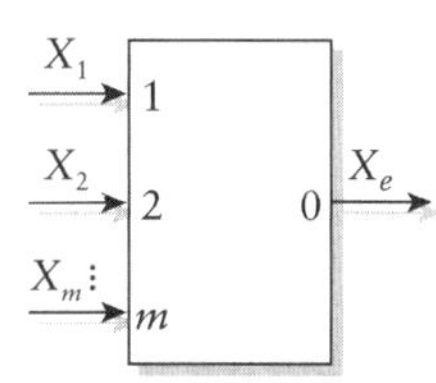

FIGURA 4.4 Um misturador com diversos fluxos de entrada e uma vazão de saída.

EXEMPLO 4.2

Problema Um coletor-tronco de esgotos, ilustrado na Figura 4.5, tem uma capacidade de vazão de 4,0 m³/s. Se a vazão para o esgoto for excedida, o coletor não será capaz de conduzir todo o esgoto através da tubulação e ocorrerão acúmulos. Atualmente, três bairros contribuem para o esgoto, e suas vazões máximas (pico) são de 1,0, 0,5, e 2,7 m³/s. Um construtor deseja fazer uma obra que vai contribuir com uma vazão máxima de 0,7 m³/s para o coletor-tronco de esgoto. Será que isso levará o esgoto a exceder sua capacidade?

Solução Defina o balanço de materiais em termos de m³/s.

$$\begin{bmatrix}\text{Volume / Unidade de tempo}\\ \text{de esgoto DE ENTRADA}\end{bmatrix} = \begin{bmatrix}\text{Volume / Unidade de tempo}\\ \text{de esgoto DE SAÍDA}\end{bmatrix}$$

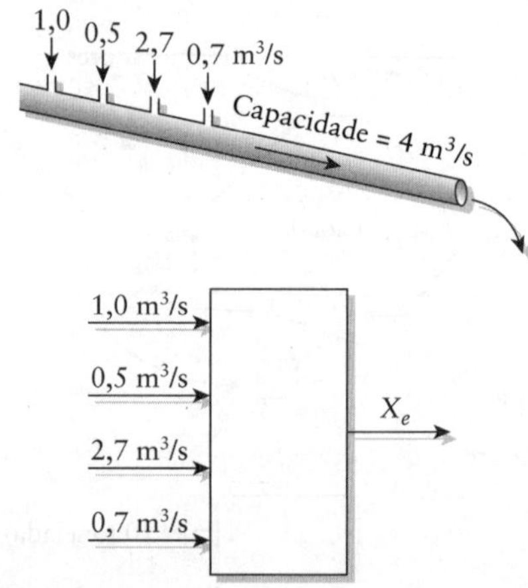

FIGURA 4.5 Capacidade de um coletor-tronco de esgoto.

onde X_e é a vazão no coletor-tronco de esgoto. A resolução em $X_e = 4{,}9\ m^3/s$, que é maior que a capacidade do coletor-tronco de esgotos, de modo que o esgoto será sobrecarregado se a nova obra receber permissão de ser agregada a ele. Mesmo agora o sistema está sobrecarregado (em 4,2 m^3/s), e a única razão pela qual não ocorreu um desastre é que nem todos os bairros produzem a vazão máxima no mesmo horário.

4.1.3 Processos complexos com apenas um material

Os exemplos simples já apresentados ilustram o princípio básico dos balanços de materiais. As duas hipóteses consideradas na abordagem da análise feita anteriormente são que os fluxos estão em estado estacionário (eles não mudam com o tempo) e que nenhum material está sendo destruído (consumido) ou criado (produzido). Se essas possibilidades forem incluídas no balanço de materiais completo, a equação ficará assim:

$$\begin{bmatrix}\text{Material}\\\text{ACUMULADO}\\\text{por unidade}\\\text{de tempo}\end{bmatrix}=\begin{bmatrix}\text{Material}\\\text{por unidade}\\\text{de tempo}\\\text{DE ENTRADA}\end{bmatrix}-\begin{bmatrix}\text{Material}\\\text{por unidade}\\\text{de tempo}\\\text{DE SAÍDA}\end{bmatrix}+\begin{bmatrix}\text{Material}\\\text{PRODUZIDO}\\\text{por unidade}\\\text{de tempo}\end{bmatrix}-\begin{bmatrix}\text{Material}\\\text{CONSUMIDO}\\\text{por unidade}\\\text{de tempo}\end{bmatrix}.$$

Se o material em questão for classificado como A, a equação de balanço de massa será:

$$\begin{bmatrix}\text{Massa de A}\\\text{ACUMULADA}\\\text{por unidade}\\\text{de tempo}\end{bmatrix}=\begin{bmatrix}\text{Massa de A}\\\text{por unidade}\\\text{de tempo}\\\text{ENTRADA}\end{bmatrix}-\begin{bmatrix}\text{Massa de A}\\\text{por unidade}\\\text{de tempo}\\\text{SAÍDA}\end{bmatrix}+\begin{bmatrix}\text{Massa de A}\\\text{PRODUZIDA}\\\text{por unidade}\\\text{de tempo}\end{bmatrix}-\begin{bmatrix}\text{Massa de A}\\\text{CONSUMIDA}\\\text{por unidade}\\\text{de tempo}\end{bmatrix}$$

ou, contanto que a densidade não mude, em termos do volume, como

$$\begin{bmatrix} \text{Volume de A} \\ \text{ACUMULADO} \\ \text{por unidade} \\ \text{de tempo} \end{bmatrix} = \begin{bmatrix} \text{Volume de A} \\ \text{por unidade} \\ \text{unidade de} \\ \text{ENTRADA} \end{bmatrix} - \begin{bmatrix} \text{Volume de A} \\ \text{por unidade} \\ \text{unidade de} \\ \text{SAÍDA} \end{bmatrix} + \begin{bmatrix} \text{Volume de A} \\ \text{PRODUZIDO} \\ \text{por unidade} \\ \text{de tempo} \end{bmatrix} - \begin{bmatrix} \text{Volume de A} \\ \text{CONSUMIDO} \\ \text{por unidade} \\ \text{de tempo} \end{bmatrix}$$

A massa ou o volume por tempo de unidade pode ser simplificado para *taxa*, que significa o fluxo de transporte de massa* ou volume**. Com base nisso, a equação de balanço de material para massa ou volume será:

$$\begin{bmatrix} \text{Taxa de A} \\ \text{ACUMULADA} \end{bmatrix} - \begin{bmatrix} \text{Taxa de A} \\ \text{DE ENTRADA} \end{bmatrix} - \begin{bmatrix} \text{Taxa de A} \\ \text{DE SAÍDA} \end{bmatrix} + \begin{bmatrix} \text{Taxa de A} \\ \text{PRODUZIDA} \end{bmatrix} - \begin{bmatrix} \text{Taxa de A} \\ \text{CONSUMIDA} \end{bmatrix}. \tag{4.1}$$

Conforme já observado, muitos sistemas não mudam com o tempo: os fluxos em um momento são exatamente iguais aos fluxos posteriores. Isso significa que nada pode ser acumulado na caixa-preta, tanto positivamente (materiais acumulam-se na caixa) como negativamente (materiais saem da caixa). A equação de balanço de materiais, quando a *hipótese de estado estacionário* se mantém, é

$$0 = \begin{bmatrix} \text{Taxa de A} \\ \text{DE ENTRADA} \end{bmatrix} - \begin{bmatrix} \text{Taxa de A} \\ \text{DE SAÍDA} \end{bmatrix} + \begin{bmatrix} \text{Taxa de A} \\ \text{PRODUZIDA} \end{bmatrix} - \begin{bmatrix} \text{Taxa de A} \\ \text{CONSUMIDA} \end{bmatrix}.$$

Em muitos sistemas simples, o material em questão não está sendo consumido ou produzido. Se essa *hipótese de conservação* for aplicada à equação de balanço de materiais, ela será simplificada para

$$0 = \begin{bmatrix} \text{Taxa de} \\ \text{massa ou volume} \\ \text{DE ENTRADA} \end{bmatrix} - \begin{bmatrix} \text{Taxa de} \\ \text{massa ou volume} \\ \text{DE SAÍDA} \end{bmatrix} + 0 - 0$$

ou

$$\begin{bmatrix} \text{Taxa de} \\ \text{massa ou volume} \\ \text{DE ENTRADA} \end{bmatrix} = \begin{bmatrix} \text{Taxa de} \\ \text{massa ou volume} \\ \text{DE SAÍDA} \end{bmatrix}$$

trata-se da mesma equação utilizada nos exemplos anteriores.

EXEMPLO 4.3

Problema Uma galeria que transporta águas pluviais para a boca de lobo 1 (Figura 4.6) tem uma vazão constante de 2.000 L/min (Q_A). A boca de lobo 1 recebe uma vazão lateral constante de 100 L/min (Q_B). Qual é a vazão para a boca de lobo 2 (Q_C)?

* Ou seja, a quantidade de massa transportada por unidade de tempo, também chamada de fluxo de massa ou carga. (N.R.T.)

** Ou seja, o volume transportado por unidade de tempo, também chamado de vazão. (N.R.T.)

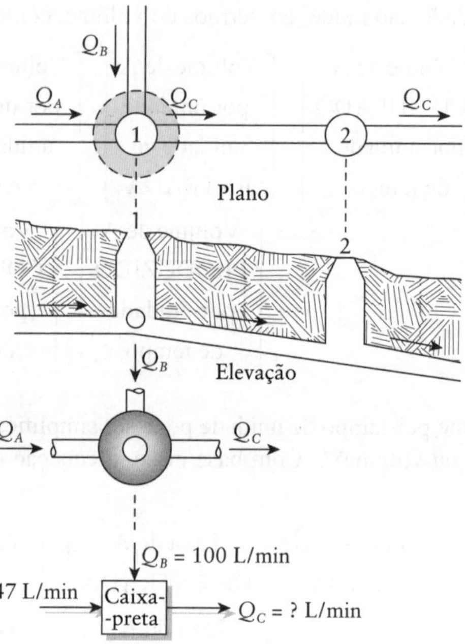

FIGURA 4.6 Galeria com duas vazões entrando na boca de lobo 1, combinando e avançando para a boca de lobo 2.

Solução Pense na boca de lobo 1 como uma caixa-preta, conforme a Figura 4.6. Escreva a equação de balanço da água (Equação 4.1):

$$\begin{bmatrix}\text{Taxa de}\\ \text{água}\\ \text{ACUMULADA}\end{bmatrix} = \begin{bmatrix}\text{Taxa de}\\ \text{água}\\ \text{DE ENTRADA}\end{bmatrix} - \begin{bmatrix}\text{Taxa de}\\ \text{água}\\ \text{DE SAÍDA}\end{bmatrix} + \begin{bmatrix}\text{Taxa de}\\ \text{água}\\ \text{PRODUZIDA}\end{bmatrix} - \begin{bmatrix}\text{Taxa de}\\ \text{água}\\ \text{CONSUMIDA}\end{bmatrix}$$

Uma vez que a água não se acumula na caixa-preta, o sistema está em estado estacionário. O primeiro termo dessa equação de balanço vai, então, para zero. Do mesmo modo, nenhuma água é produzida ou consumida, de modo que os dois últimos termos são iguais a zero. A equação, então, é escrita da seguinte maneira:

$$0 = (Q_A + Q_B) - Q_C + 0 - 0.$$

Agora, substitua as vazões fornecidas em L/min:

$$0 = (2.000 + 100) - Q_C$$

e resolva:

$$Q_C = 2.100 \text{ L/min}.$$

Quando a vazão está contida em tubos ou canais, é conveniente colocar uma caixa-preta em qualquer junção com três ou mais vazões. Por exemplo, a boca de lobo no Exemplo 4.3 é uma junção que recebe duas vazões e descarrega uma, de um total de três.

Às vezes, as vazões não podem ser contidas em dutos ou rios. Nesse caso, é útil primeiro visualizar o sistema como uma rede de tubulações onde ocorre a vazão. A chuva que cai sobre o solo, por exemplo, pode se infiltrar nele ou escoar para um curso de água. Esse sistema pode ser retratado como na Figura 4.7 por meio de um balanço de materiais realizado na caixa-preta imaginária.

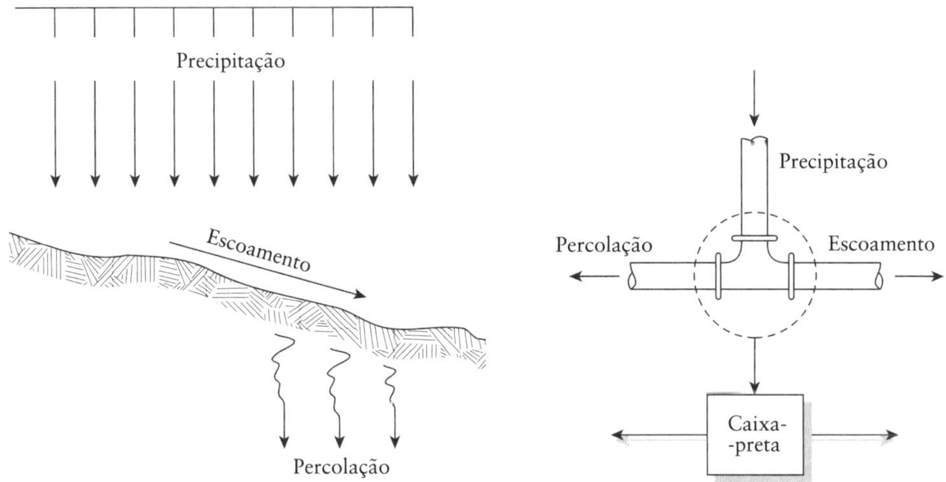

FIGURA 4.7 A precipitação, o escoamento e a percolação podem ser visualizados como uma caixa-preta.

Um sistema pode conter qualquer número de processos ou junções de vazão, os quais poderiam ser tratados como caixas-pretas. Por exemplo, a Figura 4.8A mostra um esquema do ciclo hidrológico. A precipitação ocorre sobre o solo, parte dela é escoada e outra se infiltra no solo, onde se junta a um reservatório de águas subterrâneas. Se a água for utilizada para a irrigação, será retirada do reservatório de águas subterrâneas através de poços. A água de irrigação infiltra novamente no solo ou retorna para a atmosfera por meio da evaporação e transpiração (água liberada pelas plantas para a atmosfera), normalmente de forma combinada em apenas um processo de evapotranspiração.

EXEMPLO 4.4

Problema Suponha que a chuva é de 102 cm/ano, desse total 50% se infiltram no solo. O agricultor irriga plantações utilizando água do poço. Da água extraída do poço, 80% se perdem por evapotranspiração; o restante da água se infiltra novamente no solo. Que quantidade de água subterrânea pode ser extraída do solo por ano por um agricultor em uma fazenda de 8 km^2, sem esgotar o volume do reservatório de águas subterrâneas?

Solução Reconhecendo que se trata de um problema de balanço de materiais, em primeiro lugar converta a precipitação em uma taxa; 102 cm/ano sobre 8 km^2 fornecem

$$102\,\frac{\text{cm.}}{\text{ano}}\times 8\text{ km}^2\left(\frac{1\text{ m}}{100\text{ cm}}\right)\left(\frac{1.000\text{ m}}{1\text{ km}}\right)\left(\frac{1.000\text{ m}}{\text{km}}\right)\left(\frac{1.000\text{ L}}{1\text{ m}^3}\right)=82\times 10^8\text{ L/ano}$$

O sistema em questão é desenhado como na Figura 4.8B, e a informação fornecida é adicionada ao esquema. As quantidades desconhecidas são indicadas por variáveis.

É conveniente iniciar os cálculos construindo um balanço na primeira caixa-preta (1), uma junção simples com a precipitação que está se aproximando e a percolação que está saindo. O balanço da taxa de volume é:

$$\begin{bmatrix}\text{Taxa de}\\ \text{volume}\\ \text{de água}\\ \text{ACUMULADA}\end{bmatrix}=\begin{bmatrix}\text{Taxa de}\\ \text{volume}\\ \text{de água}\\ \text{DE ENTRADA}\end{bmatrix}-\begin{bmatrix}\text{Taxa de}\\ \text{volume}\\ \text{de água}\\ \text{DE SAÍDA}\end{bmatrix}$$

$$+\begin{bmatrix}\text{Taxa de}\\ \text{volume}\\ \text{de água}\\ \text{PRODUZIDA}\end{bmatrix}-\begin{bmatrix}\text{Taxa de}\\ \text{volume}\\ \text{de água}\\ \text{CONSUMIDA}\end{bmatrix}.$$

Uma vez que supomos que o sistema está em estado estacionário, o primeiro termo é nulo. Do mesmo modo, os dois últimos termos são nulos à medida que a água, novamente, não é produzida ou consumida (por exemplo, em reações):

$$0=\left[82\times10^{8}\frac{\text{L}}{\text{ano}}\right]-[Q_R+Q_N]+0-0$$

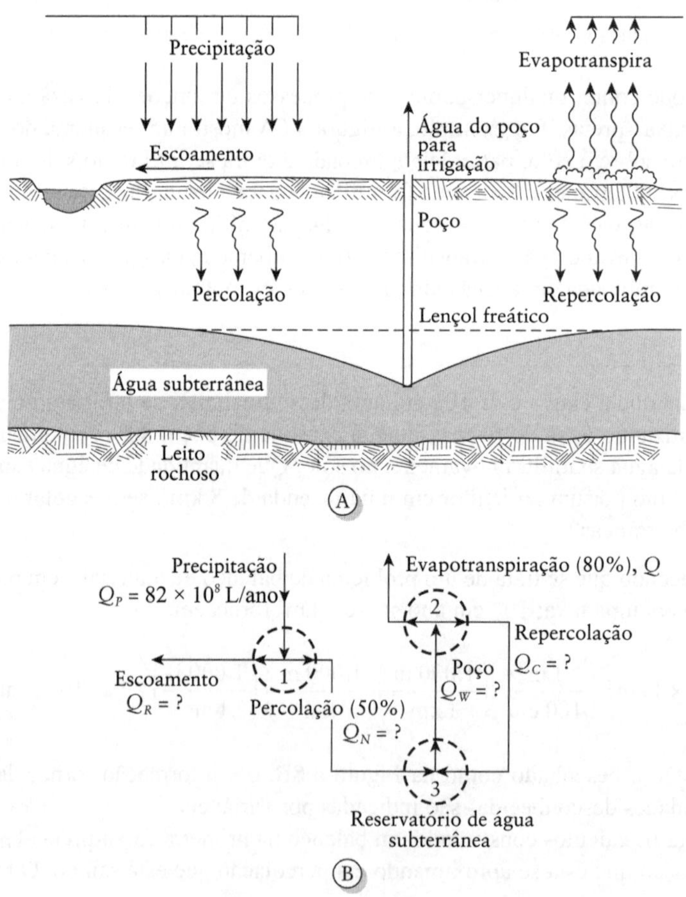

FIGURA 4.8 Ciclo hidrológico simplificado. (*continua*)

Como se afirma no problema, metade da água se infiltra no solo, e, portanto, metade também é escoada:

$$Q_R = 0{,}5Q_P = Q_N$$

portanto conectar essa informação ao balanço de materiais fornece

$$0 = 82 \times 10^8 - 2Q_R.$$

Solucione para Q_R e Q_N:

$$Q_R = 41 \times 10^8 \frac{\text{L}}{\text{ano}} = Q_N.$$

O balanço na segunda caixa-preta (2) resulta em

$$0 = [Q_W] - [Q_E + Q_C] + 0 - 0.$$

Como indicado no problema, 80% da água de irrigação é perdida por evapotranspiração; portanto, 20% da água de irrigação infiltra-se novamente no solo:

$$0 = Q_W - 0{,}8Q_W - Q_C$$
$$Q_C = Q_W - 0{,}8Q_W - Q_C.$$

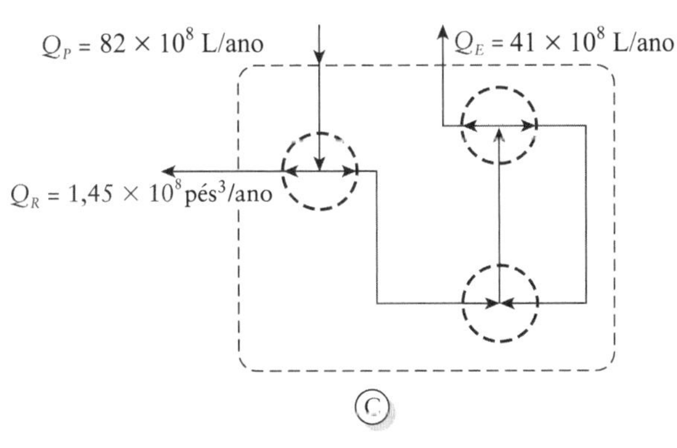

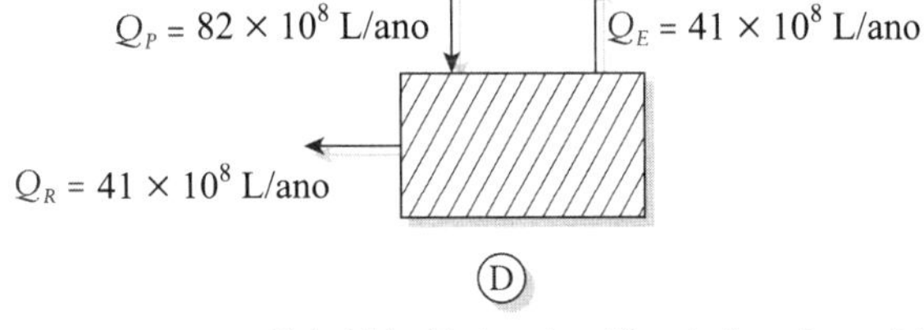

FIGURA 4.8 Ciclo hidrológico simplificado (*continuação*).

Por fim, um balanço de materiais sobre o reservatório de águas subterrâneas (3) poderá ser escrito, caso a quantidade de água no reservatório seja assumida como inalterável:

$$0 = [Q_N + Q_C] - [Q_W] + 0 - 0.$$

A partir do primeiro balanço de materiais, $Q_N = 41 \times 10^8$ L/ano e a partir do segundo, $Q_C = 0{,}2Q_W$. Conecte essa informação ao terceiro balanço de materiais e solucione:

$$0 = 41 \times 10^8 + 0{,}2Q_W - Q_W$$

$$Q_W = 51 \times 10^8 \text{ L/ano.}$$

Este é o rendimento máximo seguro da água do poço para o agricultor.
Como uma verificação, considere todo o sistema como uma caixa-preta. Isso é ilustrado na Figura 4.8C. Existe apenas uma maneira da água chegar a essa caixa (precipitação) e duas formas de sair dela (evapotranspiração e escoamento superficial). Representando essa caixa-preta, como na Figura 4.8D, é possível escrever o balanço de materiais em L/ano de água:

$$0 = (82 \times 10^8) - (41 \times 10^8) - (41 \times 10^8).$$

O balanço do sistema geral verifica os cálculos.

A última verificação ilustra uma ferramenta poderosa e útil em cálculos de balanço de materiais. Quando os fluxos em um sistema de caixas-pretas são equilibrados, é possível traçar limites (linhas tracejadas) ao redor de qualquer caixa ou qualquer combinação de caixas-pretas, e essa combinação é, por si só, uma caixa-preta. Voltando ao exemplo anterior, se uma linha tracejada é desenhada ao redor de todo o sistema (Figura 4.8C), é útil desenhar a figura como uma única caixa-preta (Figura 4.8D). Se os cálculos estiverem corretos, as vazões para essa caixa também devem se equilibrar (e isso acontece).

Incidentalmente, o que aconteceria se o agricultor decidisse extrair do solo mais do que a quantidade de água já mencionada? Ocorreria uma situação *instável*, e, com o tempo, o reservatório de águas subterrâneas secaria. Isso é exatamente o que está ocorrendo na região das Grandes Planícies nos dias atuais. O Aquífero de Ogallala (*Ōg law law* ou *Ōg lowl law*), um grande reservatório que tem fornecido água para os agricultores desde 1930, está secando. A retirada anual excessiva é quase igual à vazão do Rio Colorado. Um importante estudo de engenharia alertou que 20.000 milhões de metros quadrados de área irrigada secarão até o ano 2020 se essa tendência continuar.

O uso excessivo de fertilizantes representa outro grave problema ambiental. Poderemos alimentar a população mundial apenas se continuarmos a extrair enormes quantidades de fósforo e outros nutrientes do solo. Sabemos que, um dia, essas reservas se esgotarão e que o rendimento de nossas áreas cultivadas será bastante reduzido. Se esses acontecimentos se tornarem realidade, a fome será comum em grande parte do mundo. Sem alimentos suficientes e com muitas pessoas famintas, como eles serão distribuídos? E se simplesmente ignorarmos essas pessoas famintas e esperarmos que a fome reduza a população mundial para que os alimentos que produzimos estejam em equilíbrio com os sobreviventes? Aqui cabem alguns argumentos: a quantidade disponível de alimentos não será suficiente para todos e os países com reservas não poderão abastecer os mais necessitados, pois isso resultará na fome de sua população. Enfim, *todas* as pessoas morrerão de fome. O melhor a fazer, de acordo com os argumentos, é permitir que a natureza tome o seu curso. Qualquer alimento oferecido aos países necessitados apenas encorajará o nascimento de mais pessoas, o que provocará uma tragédia. Esse pensamento é conhecido como "ética do bote salva-vidas", o nome que surge da ideia de que uma embarcação salva-vidas só pode conter um determinado número de pessoas. Se um número maior do que a capacidade do barco tentar entrar, ele será inundado e *todos* se afogarão.

Temos, portanto, a obrigação de salvar nossa própria pele, sem nos preocuparmos com o próximo? Essa parece ser uma coisa razoável a fazer, até que consideremos a possibilidade de que, talvez, sejamos *nós* os desnutridos e nossos vizinhos decidam permitir que passemos fome. O que deveríamos/poderíamos/iríamos fazer de fato?

Infelizmente, não se trata de um filme de ficção científica. A privação de recursos ocorrerá se nosso sistema global continuar em um estado não estacionário. Talvez você seja a última geração de sorte. Seus filhos podem não ser tão afortunados.

Voltemos às caixas-pretas. Até agora, elas tiveram de processar apenas um material de alimentação, como a água que é o único material equilibrado nos dois exemplos anteriores. O balanço de materiais torna-se consideravelmente mais complicado (e útil) quando vários materiais fluem através do sistema.

Antes de apresentar exemplos de sistemas com materiais múltiplos, é apropriado estabelecer algumas regras gerais que são úteis para enfrentar todos os problemas de balanço de materiais. As regras são:

1. Desenhar o sistema como um diagrama, incluindo todos os fluxos (de entrada e saída), como flechas.
2. Adicionar as informações disponíveis, como taxas de fluxo e concentrações. Atribuir símbolos para variáveis desconhecidas.
3. Desenhar uma linha tracejada contínua ao redor do componente ou dos componentes que serão equilibrados. Essa poderia ser uma operação de unidade, uma junção ou uma combinação destes. Tudo dentro dessa linha tracejada torna-se a caixa-preta.
4. Decidir qual material deve ser equilibrado: uma taxa volumétrica ou de massa.
5. Escrever a equação de balanço de materiais iniciando com a equação básica:

$$\begin{bmatrix}\text{Taxa}\\ \text{ACUMULADA}\\ \text{de massa ou volume}\end{bmatrix} = \begin{bmatrix}\text{Taxa de}\\ \text{massa ou volume}\\ \text{DE ENTRADA}\end{bmatrix} - \begin{bmatrix}\text{Taxa de}\\ \text{massa ou volume}\\ \text{DE SAÍDA}\end{bmatrix}$$
$$+ \begin{bmatrix}\text{Taxa}\\ \text{PRODUZIDA}\\ \text{de massa ou volume}\end{bmatrix} - \begin{bmatrix}\text{Taxa}\\ \text{CONSUMIDA}\\ \text{de massa ou volume}\end{bmatrix}.$$

6. Se apenas uma variável for desconhecida, deve-se resolver essa variável.
7. Se mais de uma variável for desconhecida, deve-se repetir o procedimento utilizando outra caixa-preta ou um material diferente para a mesma caixa.

Assim, armados com uma série de orientações, estamos, neste momento, abordando os problemas em que mais de um material está envolvido.

4.2 BALANÇOS COM MATERIAIS MÚLTIPLOS

Balanços de massa e volume podem ser desenvolvidos com materiais múltiplos que fluem em um sistema único. Em alguns casos, o processo é de mistura, em que várias correntes de vazão de entrada são combinadas para produzir uma corrente de saída única, enquanto, em outros, um fluxo de entrada único é dividido em vários fluxos de saída, de acordo com algumas características dos materiais.

4.2.1 Mistura de correntes de vazão de materiais múltiplos

Como as equações de balanço de massa e balanço de volume são, na realidade, a mesma equação, não é possível desenvolver mais de uma equação de balanço de materiais para uma caixa-preta, a menos que haja mais de um material envolvido na vazão. Considere o seguinte exemplo, em que o fluxo de silte nos rios (expresso como uma massa de sólidos por tempo da unidade) é analisado.

EXEMPLO 4.5

Problema Os rios Allegheny e Monongahela encontram-se em Pittsburgh para formar o poderoso Ohio. O Allegheny, que corre para o sul através de florestas e pequenas cidades, flui numa vazão média de 10 m^3/s (metros cúbicos por segundo) e tem um baixo volume de silte, 250 mg/L. O Monongahela, por sua vez, flui para o norte com uma vazão de 13 m³/s cfs através de antigas cidades siderúrgicas e pobres regiões agrícolas, transportando um volume de silte de 1.500 mg/L.

a) Qual é a vazão média do Rio Ohio?
b) Qual é a concentração de silte no Ohio?

Solução Siga as regras gerais.

Passo 1. Desenhe o sistema. A Figura 4.9 mostra a confluência dos rios com as vazões identificadas.
Passo 2. Todas as informações disponíveis são adicionadas ao esquema, incluindo as variáveis conhecidas e desconhecidas.
Passo 3. A confluência dos rios é a caixa-preta, como mostra a linha tracejada.
Passo 4. A vazão da água deve ser equilibrada em primeiro lugar.
Passo 5. Escreva a equação de balanço:

$$\begin{bmatrix}\text{Taxa de}\\ \text{água}\\ \text{ACUMULADA}\end{bmatrix} = \begin{bmatrix}\text{Taxa de}\\ \text{água}\\ \text{DE ENTRADA}\end{bmatrix} - \begin{bmatrix}\text{Taxa de}\\ \text{água}\\ \text{DE SAÍDA}\end{bmatrix} + \begin{bmatrix}\text{Taxa de}\\ \text{água}\\ \text{PRODUZIDA}\end{bmatrix} - \begin{bmatrix}\text{Taxa de}\\ \text{água}\\ \text{CONSUMIDA}\end{bmatrix}$$

Como se supõe que esse sistema está em estado estacionário, o primeiro termo é nulo. Além disso, como a água não é produzida nem consumida, os dois últimos termos são nulos. Assim, o balanço de materiais torna-se

$$0 = [\text{Água DE ENTRADA}] - [\text{Água DE SAÍDA}] + 0 - 0$$

Dois rios fluem para a confluência e um deixa a confluência, então a equação em m³/s revela

$$0 = [10 + 13] - [Q_O] + 0 - 0$$

onde Q_O = vazão no Ohio.

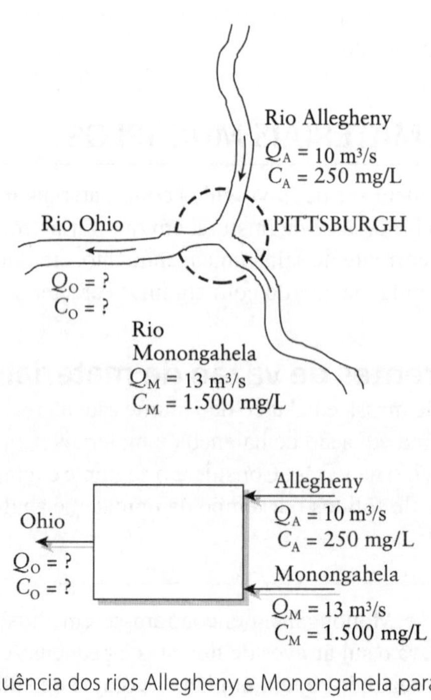

FIGURA 4.9 Confluência dos rios Allegheny e Monongahela para formar o Rio Ohio.

Passo 6. Resolva a incógnita.

$$Q_O = 23 \text{ m}^3/\text{s}.$$

O processo de solução deve agora ser repetido para o silte. Lembre-se de que a vazão de massa é calculada como concentração vezes volume ou

$$Q_{\text{Massa}} = C \times Q_{\text{Volume}} = \frac{\text{mg}}{\text{L}} \times \frac{\text{L}}{\text{s}} = \frac{\text{mg}}{\text{s}}.$$

Começando com o Passo 5, o balanço de massa é

$$\begin{bmatrix}\text{Silte}\\ \text{ACUMULADO}\end{bmatrix} = \begin{bmatrix}\text{Silte}\\ \text{DE ENTRADA}\end{bmatrix} - \begin{bmatrix}\text{Silte}\\ \text{DE SAÍDA}\end{bmatrix} + \begin{bmatrix}\text{Silte}\\ \text{PRODUZIDO}\end{bmatrix} - \begin{bmatrix}\text{Silte}\\ \text{CONSUMIDO}\end{bmatrix}.$$

Novamente, imagina-se que os primeiros e últimos dois termos sejam nulos, de modo que a equação se torna

$$0 = [\text{Silte DE ENTRADA}] - [\text{Silte DE SAÍDA}] + 0 - 0$$
$$0 = [(C_A Q_A) + (C_M Q_M)] - [C_O Q_O] + 0 - 0$$

onde C = concentração de silte, e os índices $\hat{A}$, $\hat{M}$ e $\hat{O}$ são para os três rios. A substituição das informações conhecidas fornece

$$0 = [(250 \text{ mg/L} \times 10 \text{ m}^3/\text{s}) + (1.500 \text{ mg/L} \times 13 \text{ m}^3/\text{s})] - [C_O \times 23 \text{ m}^3/\text{s}].$$

Observe que a vazão do Ohio é de 800 m³/s, calculado a partir do balanço de volume (que é a razão pela qual o balanço hídrico foi determinado inicialmente).
Resolva a equação:

$$C_O = 969 \text{ mg/L} \approx 970 \text{ mg/L}.$$

No exemplo 4.5, todas as incógnitas, exceto uma, são definidas, resultando em um cálculo simples para o termo desconhecido restante. No entanto, na maioria das aplicações, é necessário trabalhar um pouco mais para obter a resposta, conforme ilustrado no próximo exemplo.

EXEMPLO 4.6

Problema Suponha que as tubulações de esgotos apresentadas na Figura 4.10 tenham $Q_B = 0$ e Q_A e Q_C como incógnitas. Pela amostragem da vazão no primeiro poço de visita (PV), verifica-se que a concentração de sólidos dissolvidos na vazão que entra no PV 1 é de 50 mg/L. Outra vazão, Q_B = 100 L/min, é adicionada ao PV 1, e essa vazão contém 20% de sólidos dissolvidos (lembre-se de que 1% = 10.000 mg/L). A vazão através do PV 2 é amostrada e verifica-se que contém 1.000 mg/L de sólidos dissolvidos. Qual é a taxa de vazão de águas residuárias na tubulação (Q_A)?

Solução Novamente, siga as regras gerais.
Passo 1. Desenhe o diagrama que é fornecido na Figura 4.10.
Passo 2. Adicione todas as informações, incluindo concentrações.
Passo 3. O PV 1 é a caixa-preta.

Passo 4. O que deve ser equilibrado? Se as vazões estão equilibradas, há duas incógnitas. Algo mais pode ser equilibrado? Suponha que um equilíbrio seja executado em termos de sólidos?

Passo 5. Escreva o balanço de materiais para sólidos

$$\begin{bmatrix}\text{Sólidos}\\ \text{ACUMULADOS}\end{bmatrix}=\begin{bmatrix}\text{Sólidos}\\ \text{DE ENTRADA}\end{bmatrix}-\begin{bmatrix}\text{Sólidos}\\ \text{DE SAÍDA}\end{bmatrix}+\begin{bmatrix}\text{Sólidos}\\ \text{PRODUZIDOS}\end{bmatrix}-\begin{bmatrix}\text{Sólidos}\\ \text{CONSUMIDOS}\end{bmatrix}.$$

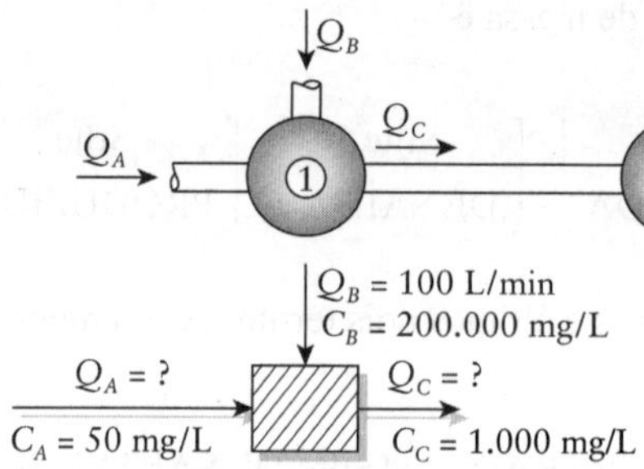

FIGURA 4.10 Poço de visita como uma caixa-preta com fluxos de sólidos e líquidos.

Uma hipótese de estado estacionário permite que o primeiro termo seja nulo. Como nenhum sólido é produzido ou consumido no sistema, os dois últimos termos são nulos, então a equação é reduzida para

$$0=[\text{Fluxo de entrada de sólidos}]-[\text{Fluxo de saída de sólidos}]+0-0$$

$$0=[Q_AC_A+Q_BC_B]-[Q_CC_C]+0-0$$

$$0=\left[Q_A\left(50\,\frac{\text{mg}}{\text{L}}\right)+\left(100\,\frac{\text{L}}{\text{min}}\right)\left(200.000\,\frac{\text{mg}}{\text{L}}\right)\right]-\left[Q_C\left(1.000\,\frac{\text{mg}}{\text{L}}\right)\right].$$

Observe que (L/min) × (mg/L) = (mg sólidos/min). Isso resulta numa equação com duas incógnitas, portanto é necessário pular o Passo 6 e ir para o Passo 7.

Passo 7. Se mais de uma variável desconhecida resultar do cálculo, crie outro balanço. Um balanço em termos da taxa de volume é

$$\begin{bmatrix}\text{Volume}\\ \text{ACUMULADO}\end{bmatrix}=\begin{bmatrix}\text{Volume}\\ \text{DE ENTRADA}\end{bmatrix}-\begin{bmatrix}\text{Volume}\\ \text{DE SAÍDA}\end{bmatrix}+\begin{bmatrix}\text{Volume}\\ \text{PRODUZIDO}\end{bmatrix}-\begin{bmatrix}\text{Volume}\\ \text{CONSUMIDO}\end{bmatrix}.$$

Novamente, o primeiro e os dois últimos termos são pressupostos como nulos, de forma que

$$0=[Q_A+Q_B]-[Q_C]$$

e

$$0=Q_A+100-Q_C.$$

Existem agora duas equações com duas incógnitas. Substitua $Q_A=(Q_C-100)$ na primeira equação:

$$50\,(Q_C - 100) + 200.000\,(100) = 1.000\,Q_C$$

e solucione:

$$Q_C = 21.047 \text{ L/min} \approx 21.000 \text{ L/min e } Q_A = 20.947 \text{ L/min} \approx 20.900 \text{ L/min.}$$

Às vezes, nos cálculos do balanço de materiais, a caixa-preta é literalmente uma caixa. Por exemplo, um meio rude mas muito útil de calcular a relação entre a emissão de poluentes atmosféricos e a qualidade do ar sobre uma cidade é o *modelo da caixa*. Nessa análise, supõe-se que uma caixa permaneça sobre a cidade, sendo esta caixa tão elevada quanto a *profundidade da mistura* de poluentes e tão larga e comprida quanto os limites da cidade. O vento sopra através dessa caixa e se mistura com as emissões poluentes, resultando em um termo de concentração. O modelo da "caixa" pode ser analisado por meio do uso dos mesmos princípios abordados anteriormente.

EXEMPLO 4.7

Problema Calcule a concentração de SO_2 no ar urbano acima da cidade de St. Louis se a altura da mistura acima da cidade for de 1.210 metros, a "largura" da caixa perpendicular ao vento for de 10^5 metros, a média anual do vento for de 15.400 m/h, e a quantidade de dióxido de enxofre for descarregada a 6.242×10^8 g/ano.

Solução Em princípio, construa a caixa sobre St. Louis, conforme mostra a Figura 4.11.
O volume de ar que se desloca na caixa é calculado como sendo a velocidade vezes a área através da qual ocorre a vazão, ou $Q = Av$, onde v = velocidade do vento e A = área lateral da caixa (a profundidade da mistura vezes a largura).

$$Q_{\text{ar}} = (1.210 \text{ m} \times 10^5 \text{ m})\,(15.400 \text{ m/h}) = 1{,}86 \times 10^{12} \text{ m}^3\text{/h}$$

Uma caixa simplificada também é apresentada na figura. É claro que uma simples aplicação da equação de balanço de volume mostraria [Ar de ENTRADA] = [Ar DE SAÍDA], para que Q_{ar} de saída seja 1,86 × 10^{12} m³/h. Lembrando que o fluxo de *massa* pode ser expresso, como (Concentração) × (Fluxo de volume), um balanço de massa em termos de SO_2 pode ser escrito:

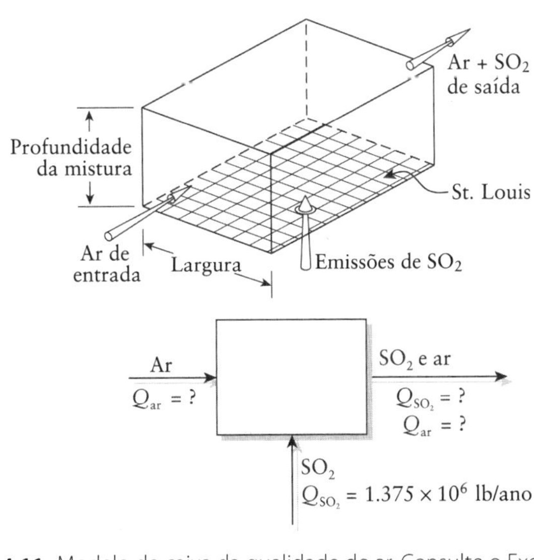

FIGURA 4.11 Modelo de caixa da qualidade do ar. Consulte o Exemplo 4.7.

$$\begin{bmatrix}\text{Taxa de SO}_2\\ \text{ACUMULADO}\end{bmatrix}=\begin{bmatrix}\text{Taxa de SO}_2\\ \text{DE ENTRADA}\end{bmatrix}-\begin{bmatrix}\text{Taxa de SO}_2\\ \text{DE SAÍDA}\end{bmatrix}$$
$$+\begin{bmatrix}\text{Taxa de SO}_2\\ \text{PRODUZIDO}\end{bmatrix}-\begin{bmatrix}\text{Taxa de SO}_2\\ \text{CONSUMIDO}\end{bmatrix}.$$

Quando se presume o estado estacionário, o balanço se torna:

$$0=[7{,}126\times10^{13}\ \mu\text{g/h}]-[(C)(1{,}86\times10^{12}\ \text{m}^3/\text{h})]$$

Onde

$$6.242\times10^{8}\,\text{g/ano}\times10^{6}\frac{\mu g}{g}\times\frac{1}{8.760}\frac{\text{ano}}{\text{h}}=7{,}126\times10^{13}\frac{\mu\text{g}}{\text{h}}.$$

A resolução fornece $C = 38\,\mu g/m^3$.[1]

O dióxido de enxofre tem uma longa história como poluente atmosférico problemático. Lembra-se do episódio de Donora, Pensilvânia, ocorrido em 1948 e discutido no Capítulo 1? Após a aprovação da legislação nacional para poluição atmosférica, muitas empresas dos Estados Unidos se mudaram para "paraísos fiscais" em ilhas onde o controle da poluição é menos restritivo. Contanto que a poluição seja considerada um problema local, a mobilização das instalações para esses paraísos fiscais faz sentido, exceto com relação aos funcionários que perderam seus empregos, é claro. Agora, porém, quando reconhecemos que a poluição é de interesse global, a simples mudança de uma fábrica para alguns milhares de quilômetros não irá fazer nenhuma diferença quanto ao seu efeito sobre o clima global. A *Terra* se tornou a nossa caixa-preta.

4.2.2 Separação de correntes de vazão de materiais múltiplos

Até este momento, abordamos questões referentes às caixas-pretas, nas quais as características das vazões de materiais não são alteradas por essas caixas. Nesta seção, as caixas-pretas recebem vazões compostas por misturas de dois ou mais materiais, e o intuito de utilizá-las é mudar a concentração desses afluentes.

O objetivo de um *separador* de materiais é dividir um material de alimentação mista em componentes individuais, explorando alguma diferença nas propriedades dos materiais. Por exemplo, suponha que seja necessário projetar um dispositivo para uma instalação de processamento de resíduos sólidos, que irá separar vidros estilhaçados em dois tipos de vidro: transparente ou vidro translúcido (cristalino) e vidro opaco (âmbar ou castanho). Antes de qualquer procedimento, decida qual o material será explorado. Isso se torna o *código* ou sinal que pode ser utilizado para comunicar à máquina como dividir as partículas individuais na corrente de alimentação. No caso do vidro, obviamente, o código pode ser a *transparência*, propriedade utilizada na concepção do sistema de separação, como o dispositivo apresentado na Figura 4.12. Nesse dispositivo, os cacos de vidro caem de uma correia transportadora e passam por um feixe de luz. A quantidade de luz transmitida pela caixa é lida por uma fotocélula. Se o feixe de luz for interrompido por um pedaço de vidro opaco, a fotocélula receberá menos luz e um eletroímã será ativado, acionando uma comporta à esquerda. Um pedaço de vidro transparente não irá interromper o feixe de luz e não passará pela comporta, a qual, quando ativada pelo sinal da fotocélula, é o *comutador* que separará o material de acordo com o código.

Esse dispositivo simples ilustra a natureza de codificação e comutação – lendo uma diferença de propriedade e, em seguida, utilizando o sinal para efetuar a separação. A separação de materiais pelo uso do princípio da codificação e da comutação é uma parte integrante e central da engenharia ambiental.

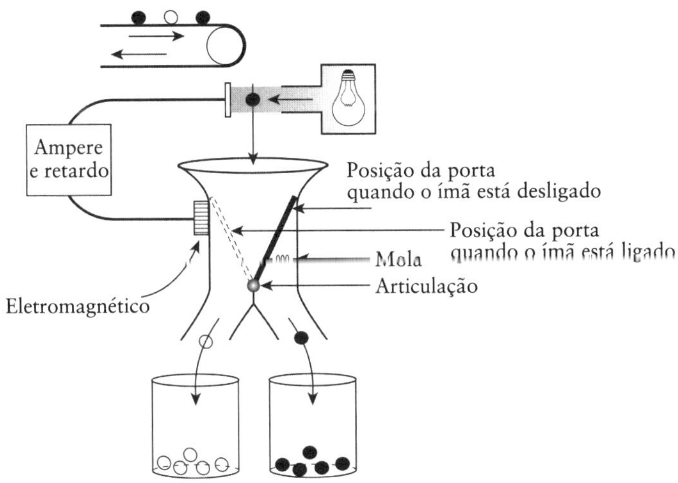

FIGURA 4.12 Dispositivo para separar o vidro colorido do vidro transparente: um separador binário.

Os dispositivos da separação de materiais não são infalíveis, pois cometem erros. Não se pode presumir que a luz sempre identificará corretamente o vidro transparente. Mesmo os dispositivos mais sofisticados e cuidadosamente concebidos cometerão erros, e um pedaço de vidro opaco pode acabar numa caixa cheia de pedaços transparentes, ou o contrário. A medida da eficiência da separação utiliza dois parâmetros: *recuperação* e *pureza*.

Considere um separador de caixa-preta, como o apresentado na Figura 4.13. Os dois componentes x e y devem ser separados de modo que x siga para a corrente de produto 1 e y para a corrente de produto 2. Infelizmente, alguns dos y acabam por engano na corrente de produto 1 e alguns dos x saem na corrente 2. A *recuperação* do componente x na corrente de produto 1 é definida como

$$R_{x_1} = \frac{x_1}{x_0} \times 100 \tag{4.2}$$

onde x_1 = vazão de materiais na corrente de efluentes 1;
x_0 = vazão de materiais na corrente de afluentes.

De modo semelhante, a recuperação do material y na corrente de produto 2 pode ser expressa como

$$R_{y_2} = \frac{y_2}{y_0} \times 100$$

onde y_2 = vazão de materiais na corrente de efluentes 2;
y_0 = vazão de materiais na corrente de afluentes.

Se a recuperação de x e y for de 100%, o separador será um dispositivo perfeito.

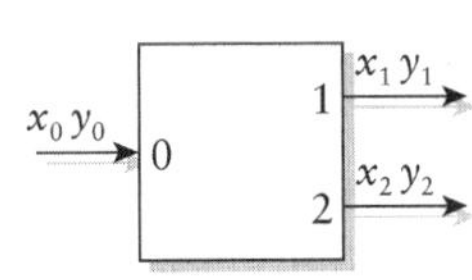

FIGURA 4.13 Separador binário.

Suponha que agora seja necessário maximizar a recuperação x na corrente de produto 1. Não faria sentido reduzir x_2 para a menor quantidade possível. Isso pode ser efetivamente realizado por meio da interrupção da corrente de produto 2, desviando todo o fluxo para a corrente de produto 1 e alcançando $R_x = 100\%$! Obviamente, há um problema: obtêm-se 100% de recuperação, mas não estamos conseguindo algo útil. A recuperação não pode ser o único critério para julgar o desempenho de um separador. Portanto, um segundo parâmetro utilizado para descrever a separação é a *pureza*. A pureza de x na corrente de saída 1 é definida da seguinte forma:

$$P_{x_1} = \frac{x_1}{x_1 + y_1} \times 100.$$

Uma combinação de recuperação e pureza fornecerá os critérios de desempenho de que precisamos.

EXEMPLO 4.8

Problema Suponha que um separador de latas de alumínio em uma fábrica de reciclagem local processe 400 latas por minuto. As duas correntes de produto são compostas dos seguintes elementos:

	Total na alimentação	Corrente do produto 1	Corrente do produto 2
Latas de alumínio, n/min	300	270	30
Latas de aço, n/min	100	0	100

Calcule a recuperação das latas de alumínio e a pureza do produto.

Solução Observe, em princípio, que um balanço de materiais para latas de alumínio por minuto resulta em

$$0 = [\text{ENTRADA}] - [\text{SAÍDA}] = 300 - (270 + 30)$$

$$0 = 0 \text{ verificação}$$

$$R_{\text{LatasAl}_1} = \frac{270}{300} \times 100 = 90\%$$

$$P_{\text{LatasAl}_1} = \frac{270}{270 + 0} \times 100 = 100\%.$$

Esse separador apresenta uma taxa de recuperação elevada e um grau de pureza muito elevado. Na realidade, de acordo com esses dados, não há contaminação (ou seja, latas de aço) na corrente final de latas de alumínio (corrente de produto 1).

Os mesmos princípios podem ser aplicados a um processo ambiental mais complexo, como o espessamento gravitacional.

EXEMPLO 4.9

Problema A Figura 4.14A mostra um adensador por gravidade utilizado em inúmeras estações de tratamento de água e em águas residuárias. Esse equipamento separa sólidos suspensos do líquido (geralmente água), tirando vantagem do fato de que os sólidos têm uma densidade mais alta que a água. O código para esse separador é a densidade, e o espessante é a comutação, permitindo que os sólidos mais densos sedimentem-se no fundo de um tanque, de onde são removidos. A vazão para o adensador é chamada de afluente ou alimentação, a corrente de saída de sólidos mais leves é o sobrenadante, e a corrente de saída dos sólidos pesados ou concentrados é a descarga de fundo. Suponha que um adensador em uma fábrica de metais receba uma alimentação de 40 m³/h de resíduos de lâminas de metais precipitados com uma concentração de sólidos suspensos de 5.000 mg/L. Se o adensador funciona em

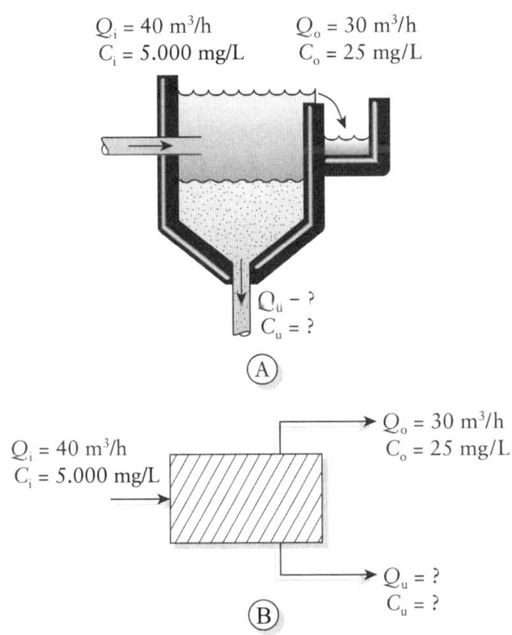

FIGURA 4.14 Adensador por gravidade para espessamento de lodos. Ver Exemplo 4.9.

estado estacionário, para que 30 m³/h ou uma vazão de saída aconteça como sobrenadante, e essa vazão tem uma concentração de sólidos de 25 mg/L, qual é a concentração de sólidos na descarga de fundo e a recuperação dos sólidos na descarga de fundo?

Solução Mais uma vez, considere o adensador como uma caixa-preta (Figura 4.14B) e adote um procedimento passo a passo, a fim de equilibrar, a princípio, a vazão de volume e, em seguida, o fluxo de sólidos. Presumindo o estado estacionário, o balanço de volume em m³/h é:

$$\begin{bmatrix}\text{Volume}\\ \text{ACUMULADO}\end{bmatrix}=\begin{bmatrix}\text{Volume}\\ \text{DE ENTRADA}\end{bmatrix}-\begin{bmatrix}\text{Volume}\\ \text{DE SAÍDA}\end{bmatrix}+\begin{bmatrix}\text{Volume}\\ \text{PRODUZIDO}\end{bmatrix}-\begin{bmatrix}\text{Volume}\\ \text{CONSUMIDO}\end{bmatrix}$$

$$0 = 40 - (30 + Q_u) + 0 - 0$$

$$Q_u = 10 \text{ m}^3/\text{h}.$$

Para os sólidos, o balanço de massa é:

$$0 = (C_i Q_i) - [(C_u Q_u) + (C_o Q_o) + 0 - 0$$

$$0 = (5.000 \text{ mg/L})(40 \text{ m}^3/\text{h}) - [C_u(10 \text{ m}^3/\text{h}) + (25 \text{ mg/L})(30 \text{ m}^3/\text{h})]$$

$$C_u = 19.900 \text{ mg/L}.$$

A recuperação de sólidos é:

$$R_u = \frac{C_u Q_u}{C_i Q_i} \times 100$$

$$R_u = [(19.900 \text{ mg/L})(10 \text{ m}^3/\text{h}) \times 100]/[(5.000 \text{ mg/L})(40 \text{ m}^3/\text{h})] = 99{,}5\%.$$

Em muitos estudos de engenharia, é inconveniente ter dois parâmetros, como a recuperação e a pureza, que descrevem o desempenho para o funcionamento de uma unidade. Por exemplo, o desempenho de dois classificadores de ar concorrentes utilizados para a produção de combustível derivado de resíduos pode ser anunciado desta maneira:

	R (%)	*P* (%)
Classificador de ar 1	90	92
Classificador de ar 2	93	87

É difícil indicar qual é o melhor equipamento. Consequentemente, uma série de parâmetros de valor único foi sugerida. Para um separador binário, há duas sugestões:

$$E_{\mathrm{WS}} = \left[\frac{x_1}{x_0} \times \frac{y_2}{y_0}\right]^{1/2} \times 100$$

onde EWS = eficiência de Worrell-Stessel.

$$E_{\mathrm{R}} = \left|\frac{x_1}{x_0} - \frac{y_1}{y_0}\right| \times 100$$

onde E_R = eficiência de Rietema.

Essas sugestões permitem a comparação com um valor único e podem variar de 0 a 100%. Para exemplificar essas definições de eficiência, podem-se utilizar os dados apresentados para os dois classificadores de ar.

EXEMPLO 4.10

Problema Calcule as eficiências para os dados apresentados a seguir usando as fórmulas de Worrell-Stessel e Rietema.

	Alimentação (ton/d) Orgânicos/ Inorgânicos	Fluxo de produto 1 (ton/d) Orgânicos/ Inorgânicos	Fluxo de produto 2 (ton/d) Orgânicos/ Inorgânicos
Classificador de ar 1	80/20	72/6	8/14
Classificador de ar 2	80/20	76/8	4/12

Solução Para o primeiro classificador de ar:

$$E_{\mathrm{WS}} = \left[\frac{72}{80} \times \frac{14}{20}\right]^{1/2} \times 100 = 79\%$$

$$E_{\mathrm{R}} = \left|\frac{72}{80} - \frac{6}{20}\right| \times 100 = 60\%$$

Para o segundo classificador de ar, E_{WS} = 75% e E_{R} = 55%. Claramente, o primeiro classificador é superior.

Esses processos ilustram a separação de um material único em duas correntes de produto. Esses *separadores binários* são utilizados para dividir a alimentação em duas partes, de acordo com uma propriedade material ou código. É possível vislumbrar também um *separador polinário* que divide um material misto em três ou mais componentes. O desempenho de um separador polinário também pode ser descrito pela recuperação, pureza e eficiência. Com referência à Figura 4.15, a recuperação do componente x_1 na corrente de efluentes 1 é:

$$R_{x_{11}} = \frac{x_{11}}{x_{10}} \times 100$$

onde x_{11} = componente x_1 na corrente de efluentes 1;

x_{10} = componente x_1 no afluente.

A pureza da corrente de produto 1 relacionada ao componente x_1 é:

$$P_{x_{11}} = \frac{x_{11}}{x_{11} + x_{21} + \cdots + x_{n1}} \times 100.$$

A eficiência de Worrell-Stessel e Rietema são, respectivamente:

$$E_{\text{WS}} = \left[\frac{x_{11}}{x_{10}} \cdot \frac{x_{22}}{x_{20}} \cdot \frac{x_{33}}{x_{30}} \cdots \frac{x_{nn}}{x_{n0}}\right]^{1/n} \times 100$$

$$E_{\text{R}_1} = \left|\frac{x_{11}}{x_{10}} - \frac{x_{12}}{x_{20}} - \frac{x_{13}}{x_{30}} \cdots \frac{x_{1n}}{x_{n0}}\right| \times 100.$$

Nesse separador polinário, supõe-se que a alimentação tenha n componentes e que o processo de separação tenha n correntes de produto. Uma condição mais geral seria se houvesse m correntes de produto para uma alimentação com n componentes, como mostra a Figura 4.16. As equações para a recuperação, pureza e eficácia podem ser construídas a partir das definições, assim como anteriormente.

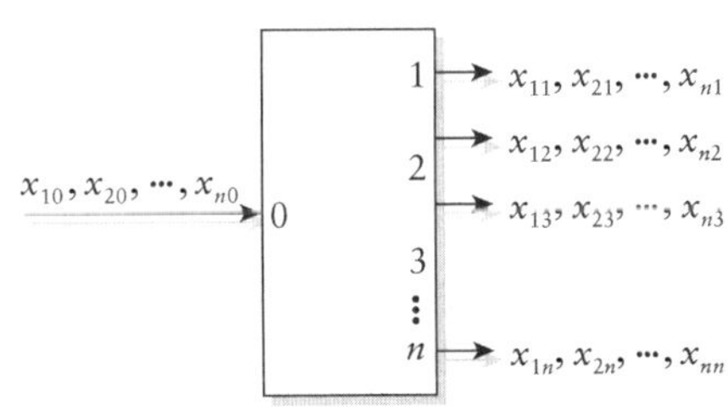

FIGURA 4.15 Separador polinário.

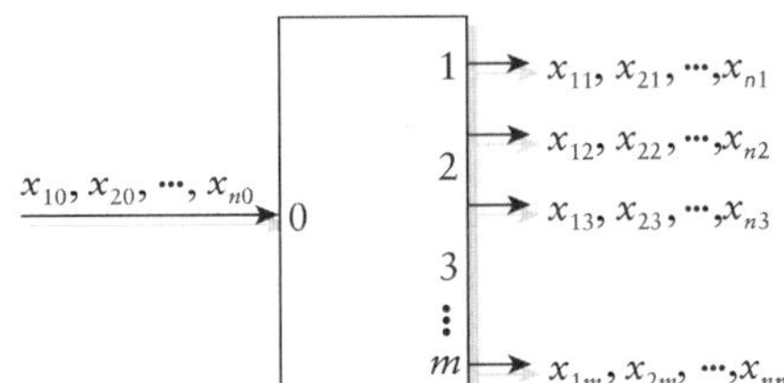

FIGURA 4.16 Separador polinário para *n* componentes e *m* correntes de produto.

4.2.3 Processos complexos com materiais múltiplos

Os princípios apresentados anteriormente para a mistura e separação que utilizam caixas-pretas podem ser aplicados a um sistema complexo com vários materiais, analisando o sistema como uma combinação de várias caixas-pretas. O procedimento passo a passo, já apresentado, também pode ser aplicado a esse sistema. No Exemplo 4.11, duas caixas-pretas são utilizadas, além do funcionamento da unidade de desidratação, que representa uma etapa de separação.

EXEMPLO 4.11

Problema Considere o sistema ilustrado na Figura 4.17. Um lodo de concentração de sólidos C_O = 4% deve ser espessado para uma concentração de sólidos C_E = 10%, por intermédio de uma centrífuga. Infelizmente, a centrífuga produz um lodo com 20% dos sólidos a partir dos 4% do lodo de alimentação. Em outras palavras, ele funciona bem demais. Foi decidido deixar de lado parte da vazão de lodos de alimentação e misturá-la mais tarde com o lodo desidratado (20%), a fim de produzir um lodo com exatamente 10% de concentração de sólidos. A questão é, então, a quantidade de lodo que deve ser separada. A taxa de vazão de afluentes (Q_O) é de 4 L/min numa concentração de sólidos (C_O) de 4%. Supõe-se neste momento, e nos seguintes problemas, que a gravidade específica dos sólidos do lodo seja de 1,0 g/cm³. Ou seja, os sólidos possuem uma densidade igual à da água, o que normalmente é uma boa hipótese. A centrífuga produz um filtrado (vazão de efluentes da concentração baixa de sólidos) com uma concentração de sólidos (C_C) de 0,1% e uma torta (efluente com alta concentração de sólidos) com uma concentração de sólidos (C_K) de 20%. Encontre as taxas de vazão necessárias.

Solução

1. Primeiramente, considere que a centrífuga é um separador, ou seja, uma caixa-preta (Figura 4.18B). Um balanço do volume resulta em:

$$\begin{bmatrix}\text{Volume}\\ \text{de lodo}\\ \text{ACUMULADO}\end{bmatrix} = \begin{bmatrix}\text{Volume}\\ \text{de lodo}\\ \text{DE ENTRADA}\end{bmatrix} - \begin{bmatrix}\text{Volume}\\ \text{de lodo}\\ \text{DE SAÍDA}\end{bmatrix} + \begin{bmatrix}\text{Volume}\\ \text{de lodo}\\ \text{PRODUZIDO}\end{bmatrix} - \begin{bmatrix}\text{Volume}\\ \text{de lodo}\\ \text{CONSUMIDO}\end{bmatrix}.$$

Pressupondo o estado estacionário, temos:

$$0 = Q_A - [Q_C + Q_K] + 0 - 0.$$

Observe que o volume inclui o volume de sólidos do lodo e o de líquidos ao redor. Supondo o estado estacionário, um balanço de sólidos na centrífuga resulta em:

$$0 = [Q_A C_A] - [Q_K C_K + Q_C C_C] + 0 - 0$$
$$0 = Q_A\,(4\%) - Q_K\,(20\%) - Q_C\,(0{,}1\%).$$

Obviamente, existem apenas duas equações e três incógnitas. Para uso futuro, resolva as equações em termos de Q_A, como $Q_C = 0{,}804\,Q_A$ e $Q_K = 0{,}196\,Q_A$.

2. Em seguida, considere a segunda junção, em que duas correntes são misturadas (Figura 4.18C). Com base no estado estacionário, um balanço do volume resulta em:

$$0 = [Q_B + Q_K] - [Q_E] + 0 - 0.$$

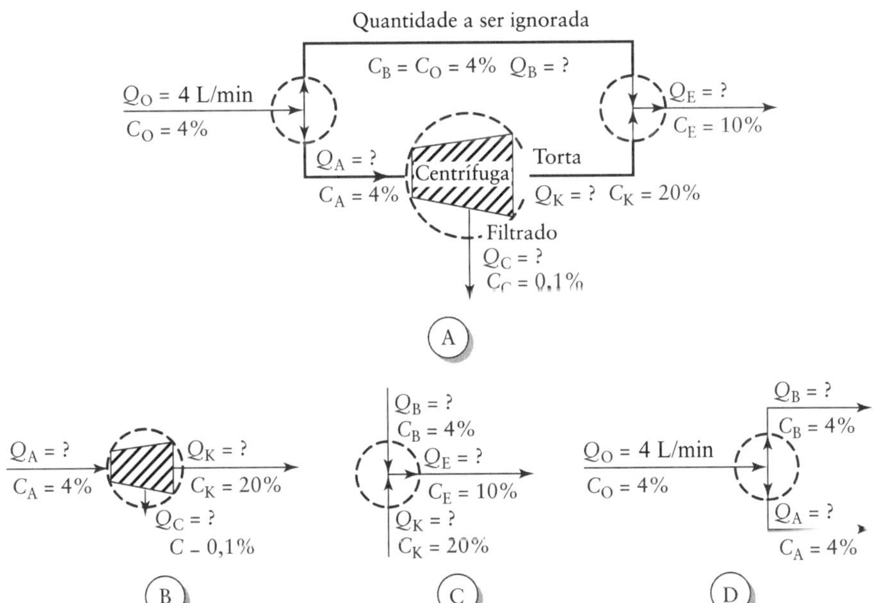

FIGURA 4.17 Desidratação centrífuga de lodos. Ver Exemplo 4.11.

E um balanço da massa de sólidos é:

$$0 = [Q_B C_B + Q_K C_K] - [Q_E C_E] + 0 - 0$$
$$0 = Q_B\,(4\%) + Q_K\,(20\%) - Q_E\,(10\%).$$

A substituição e resolução de Q_K fornecem:

$$Q_K = 0,6 Q_B$$

Com base no exemplo apresentado, descobriu-se que $Q_K = 0,196 Q_A$. Portanto

$$0,6 Q_B = 0,196 Q_A, \text{ ou } Q_B = 0,327 Q_A.$$

3. Agora considere a primeira caixa separadora (Figura 4.17D). O balanço de volume, considerando o estado estacionário, resulta em:

$$0 = [Q_O] - [Q_B + Q_A] + 0 - 0.$$

Com base nesse exemplo, $Q_B = 0,327 Q_A$. Substituindo:

$$0 = 4 \text{ L/min} - 0,327 Q_A - Q_A$$

ou

$$Q_A = 3 \text{ L/min}$$

e

$$Q_B = 0,327\,(3 \text{ L/min}) = 1 \text{ L/min}.$$

que é a resposta para o problema. Além disso, a partir do balanço da centrífuga:

$$Q_C = 0{,}804\,(3\ \text{L/min}) = 2{,}4\ \text{L/min}$$
$$Q_K = 0{,}196\,(3\ \text{L/min}) = 0{,}6\ \text{L/min}.$$

A partir da caixa misturadora, o balanço é:

$$0 = Q_K + Q_B - Q_E$$

ou

$$Q_E = Q_B + Q_K = 1{,}6\ \text{L/min}.$$

Existe também uma verificação disponível. Utilizando todo o sistema e partindo do princípio do estado estacionário, um balanço no volume L/min fornece:

$$0 = Q_O - Q_C - Q_E$$
$$0 = 4{,}0 - 2{,}4 - 1{,}6 = 0. \qquad \text{verificação}$$

A maioria dos processos de engenharia ambiental envolve uma série de operações unitárias, cada uma destinada a separar um material específico. Muitas vezes, a ordem em que essas operações são utilizadas pode influenciar os custos e/ou a eficiência da operação. Essa situação é demonstrada pelo exemplo a seguir.

EXEMPLO 4.12

Problema Suponha que sete toneladas de resíduos plásticos em tiras sejam classificados em diversos tipos de plástico. Os quatro plásticos diferentes na mistura têm as seguintes quantidades e densidades:

Plástico	Símbolo	Quantidade (tonelada)	Densidade (g/cm³)
Policloreto de vinila	PVC	4	1,313
Poliestireno	PS	1	1,055
Polietileno	PE	1	0,916
Polipropileno	PP	1	0,901

Determine o melhor método de separação.

Solução Embora as diferenças sejam pequenas, ainda há uma probabilidade de usar a densidade como código, e um aparelho de flutuação/sedimentação pode ser utilizado como interruptor. Ao escolher sensatamente uma densidade de fluidos adequada, pode-se fazer que um pedaço de plástico sedimente ou flutue.

Nesse caso, a separação mais fácil é remover os dois plásticos pesados (PVC e PS) dos dois mais leves (PE e PP). Isso pode ser feito com o uso de um fluido com densidade de 1,0 g/mL, sendo a água o mais provável. Após esse passo, cada corrente deve ser separada ainda mais. A separação mais complicada, a divisão de PE e PP, deve ser realizada com muito cuidado, sendo executada de forma um pouco mais fácil quando o PVC e PS já foram removidos. O esquema do tratamento completo é apresentado na Figura 4.18.

Trata-se da melhor forma de separação? Suponha que, em vez do esquema do tratamento na Figura 4.18, o PVC seja removido primeiro, resultando no processo apresentado na Figura 4.19. No caso do primeiro esquema de tratamento, o primeiro separador recebe toda a vazão, ou seja, 7 toneladas. As duas unidades seguintes receberão 5 e 2 toneladas cada uma, para um total de 14 toneladas manipuladas.

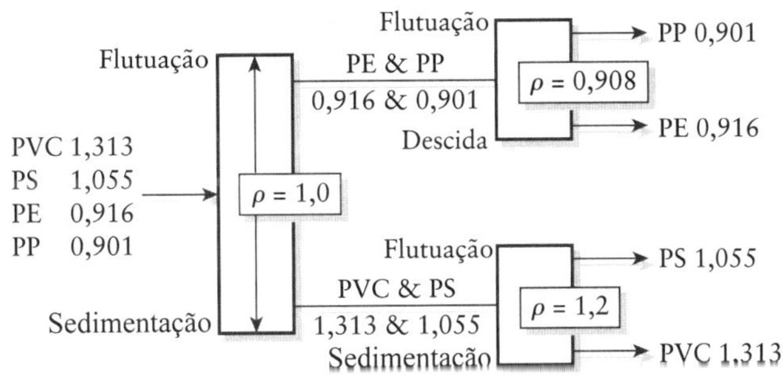

FIGURA 4.18 Esquema de tratamento para a separação de quatro tipos de plásticos por flutuação/sedimentação. Ver Exemplo 4.12.

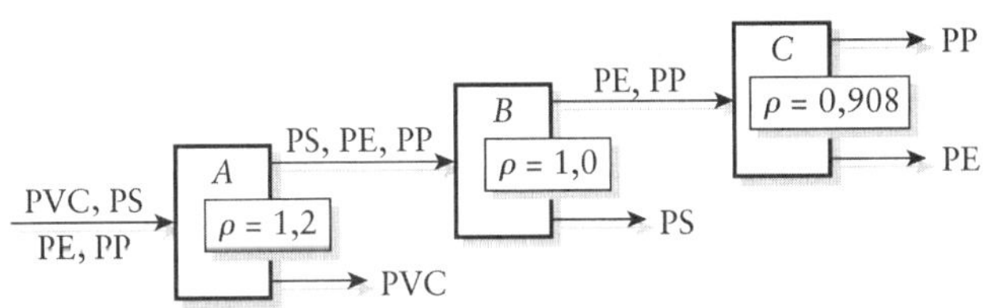

FIGURA 4.19 Esquema de tratamento para a separação de plásticos por flutuação/descida.

No sistema de processamento alternativo, o primeiro dispositivo de separação deve processar 7 toneladas, o seguinte, 3 toneladas (4 são removidas) e o último, 2 toneladas, para um total de 12 toneladas. Assim, o segundo esquema de tratamento deve ser o preferido em termos de quantidade total de material manipulado.[2]

No Exemplo 4.12, vários fluidos devem ser utilizados para tornar a separação de sólidos possível. Se um fluido de uma densidade desejada fosse utilizado, a economia nos diria que seria necessário separar as partículas de plástico após serem separadas umas das outras. Isso requer um passo extra (talvez uma etapa de peneiramento) e, invariavelmente, resulta na perda de parte do fluido, que deve ser compensada, aumentando, assim, o custo da separação.

A seguir, há um conjunto de regras gerais sugeridas para a disposição das operações unitárias no esquema de tratamento.

1. Decida quais propriedades dos materiais serão exploradas (por exemplo, magnéticos *versus* não magnéticos ou grandes *versus* pequenos). Trata-se do código.
2. Decida como o código ativará o interruptor.
3. Se mais de um material for separado, tente separar o mais fácil primeiro.
4. Se mais de um material deve ser separado, tente separar o que estiver em maior quantidade primeiro. (Essa regra pode contradizer a Regra 3. Nesse caso, o bom senso da engenharia deverá ser considerado.)
5. Se for possível, não adicione nenhum material para facilitar a separação, porque isso, muitas vezes, envolve a utilização de outra etapa de separação para recuperar o material.

4.3 BALANÇOS DE MATERIAIS COM REATORES

Até agora, supôs-se que não apenas o sistema está em estado estacionário, mas que não há produção nem destruição do material em estudo. Então, consideramos, em seguida, um sistema em que o material esteja sendo destruído ou produzido em um reator, no entanto é importante que a hipótese de estado estacionário seja mantida. Ou seja, o sistema não muda com o tempo, de modo que, se as vazões passarem por processo de amostragem em dado momento, os resultados serão sempre os mesmos.

EXEMPLO 4.13

Problema No tratamento de águas residuárias, os micro-organismos são, com frequência, utilizados para converter compostos orgânicos dissolvidos em mais micro-organismos, que são, então, removidos do fluxo por processos como o espessamento (ver o Exemplo 4.11). Uma operação desse tipo é conhecida como *sistema de lodos ativados*, ilustrada na Figura 4.20A.

Como o sistema de lodos ativados converte substâncias orgânicas dissolvidas em sólidos em suspensão, ele aumenta a concentração de sólidos. Esses sólidos são os micro-organismos. Infelizmente, o processo é tão eficiente que alguns desses micro-organismos (sólidos) devem ser descartados. O lodo formado por esses sólidos descartados do sistema de lodos ativados é denominado *lodo ativado em excesso.*

Suponha que um sistema de lodos ativados tenha um afluente (alimentação) de 440 L/s numa concentração de sólidos suspensos de 50 mg/L. O lodo ativado residual tem uma vazão de 9 L/s em uma concentração de sólidos de 1,2%. O efluente (descarga) tem uma concentração de sólidos de 20 mg/L. Qual é o rendimento de lodos ativados em excesso em kg/d, ou em outras palavras, qual é a taxa de produção de sólidos no sistema? Suponha um estado estacionário.

Solução Com relação à Figura 4.20B, todo o sistema é tratado como caixa-preta e as variáveis são adicionadas.

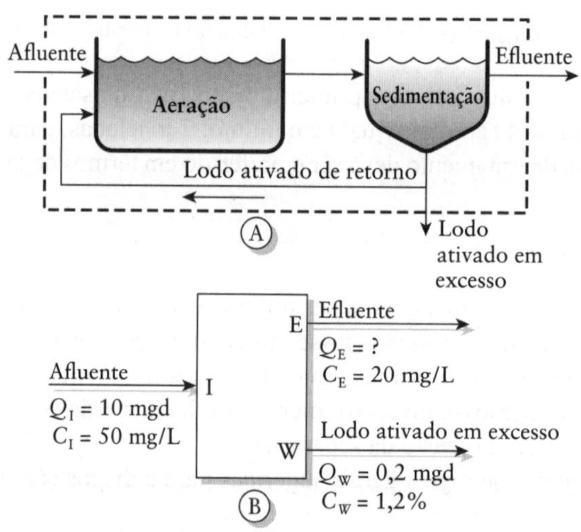

FIGURA 4.20 Sistema de lodo ativado. Ver Exemplo 4.13.

O primeiro balanço, em termos de volume em L/s, está produzindo

$$0 = 440 - [9 + Q_E] + 0 - 0$$
$$Q_E = 431 \text{ L/s}$$

O segundo balanço aparece em termos de sólidos suspensos:

$$\begin{bmatrix} \text{Sólidos} \\ \text{ACUMULADOS} \end{bmatrix} = \begin{bmatrix} \text{Sólidos} \\ \text{DE ENTRADA} \end{bmatrix} - \begin{bmatrix} \text{Sólidos} \\ \text{DE SAÍDA} \end{bmatrix} + \begin{bmatrix} \text{Sólidos} \\ \text{PRODUZIDOS} \end{bmatrix} - \begin{bmatrix} \text{Sólidos} \\ \text{CONSUMIDOS} \end{bmatrix}$$

$$0 = [Q_I C_I] - [Q_E C_E + Q_W C_W] + [X] - 0$$

onde X é a taxa em que sólidos são produzidos no tanque de aeração. Como todos os termos conhecidos estão nas unidades de L/s × mg/L, todos devem ser convertidos para kg/d, a unidade de X.

$$0 = [Q_I C_I] - [Q_E C_E + Q_W C_W] + [X]$$
$$0 = [440 \times 50] - [[431 \times 20]] + [9 \times 12.000] + [X]$$
$$[X] = 94.620 \text{ mg/s}$$
$$[X] \approx 8.200 \text{kg/d.}$$

Embora o sistema de lodos ativados produza sólidos suspensos, outros processos no tratamento de águas residuárias, como a digestão anaeróbia, são concebidos para destruir sólidos suspensos. O sistema de digestão anaeróbia também pode ser analisado com a utilização de balanços de massa.

EXEMPLO 4.14

Problema No tratamento de águas residuárias, a digestão de lodos produz gases úteis (dióxido de carbono e metano), e, no decurso da digestão, o lodo torna-se menos odorífero. Lodos crus podem conter micro-organismos patogênicos, e a digestão, até certo ponto, desinfeta o lodo e pode torná-lo mais fácil de desidratar. Normalmente, a digestão é realizada num sistema em dois estágios, ilustrado na Figura 4.21A. O primeiro digestor, denominado *digestor primário*, é o principal reator onde os micro-organismos anaeróbios (sem oxigênio) convertem os sólidos orgânicos com alta energia (denominados *sólidos voláteis*) em gás metano, dióxido de carbono e sólidos de menor energia que compõem o lodo digerido. O segundo tanque, chamado *digestor secundário*, é utilizado como tanque de armazenamento de gás e também como separador de sólidos, onde os sólidos mais pesados sedimentam no fundo, e um sobrenadante é retirado e reintroduzido no processo de tratamento.

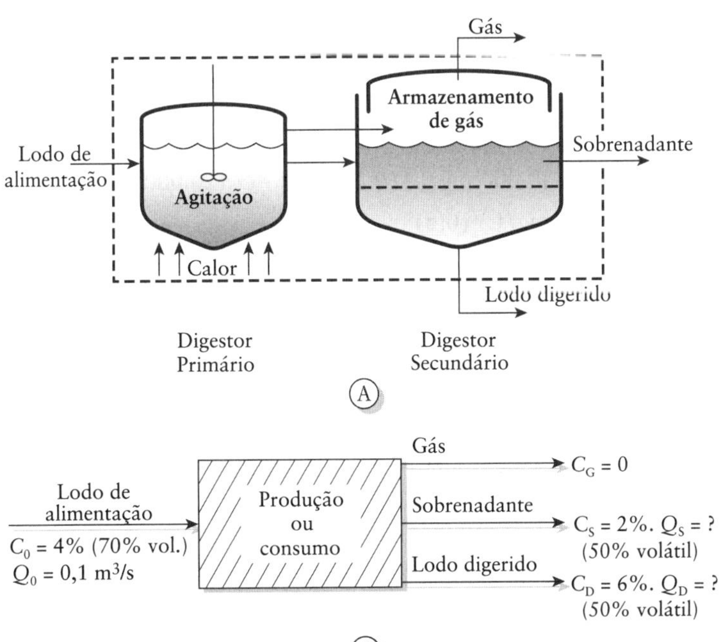

FIGURA 4.21 Sistema de digestão de lodos simplificado para uma caixa-preta. Ver Exemplo 4.14.

Presumindo condições de estado estacionário, assuma que os sólidos de alimentação sejam 4%, dos quais 70% são sólidos voláteis, e a vazão de alimentação seja 0,1 m³/s. Os gases, dióxido de carbono e metano, não contêm sólidos. Os sólidos sobrenadantes representam 2%, com 50% sendo voláteis, e o lodo digerido está em uma concentração de sólidos de 6%, com 50% voláteis. Encontre a vazão do sobrenadante e do lodo digerido.

Solução Inicialmente, redesenhe o sistema, como ilustrado na Figura 4.21B. Há vários balanços possíveis. Os três seguintes são convenientes:

- sólidos voláteis;
- sólidos totais;
- volume de lodo (sólidos mais líquidos).

1. O balanço de massa em termos de sólidos voláteis é escrito da seguinte maneira:

$$\begin{bmatrix}\text{Sólidos voláteis}\\ \text{ACUMULADOS}\end{bmatrix} = \begin{bmatrix}\text{Sólidos voláteis}\\ \text{ENTRADA}\end{bmatrix} - \begin{bmatrix}\text{Sólidos voláteis}\\ \text{SAÍDA}\end{bmatrix} + \begin{bmatrix}\text{Sólidos voláteis}\\ \text{PRODUZIDOS}\end{bmatrix} - \begin{bmatrix}\text{Sólidos voláteis}\\ \text{CONSUMIDOS}\end{bmatrix}.$$

Os sólidos voláteis entram como alimentação e podem sair como sólidos voláteis no gás, no sobrenadante e no lodo digerido. Além disso, alguns sólidos voláteis são consumidos pelo processo.

Lembre-se de que, em um balanço, a massa dos sólidos pode ser expressa como o produto da vazão e das concentrações. Como não existe nenhum sólido volátil produzido e supõe-se o estado estacionário:

$$0 = [Q_0 C_0] - [Q_G C_G + Q_S C_S + Q_D C_D] + 0 - [X]$$

onde X = consumo de sólidos voláteis, g/s, e os índices $\hat{0}$, $\hat{G}$, $\hat{S}$ e $\hat{D}$ se referem à alimentação, ao gás, ao sobrenadante e ao lodo digerido, respectivamente. O gás, obviamente, não tem sólidos voláteis, assim $Q_G C_G = 0$. A equação se torna:

$$0 = [(0{,}1\ \text{m}^3/\text{s})(40.000\ \text{mg/L})(0{,}7)] - [0 + Q_S(20.000\ \text{mg/L})\ (0{,}5) + Q_D(60.000\ \text{mg/L})\ (0{,}5)] + 0 - [X].$$

(Observe que os fatores de conversão necessários para obter g/s são cancelados, portanto não são incluídos.)

Simplificado:

$$0 = 2.800 - 10.000 Q_S - 30.000 Q_D - X.$$

2. O balanço em termos de sólidos totais é:

$$0 = [(0{,}1\ \text{m}^3/\text{s})\ (40.000\ \text{mg/L})] - [0 + Q_S(20.000\ \text{mg/L}) + Q_D(60.000\ \text{mg/L})] + [0] - [X].$$

3. O balanço de volume líquido pode ser aproximado como:

$$0 = Q_0 - Q_S - Q_D$$

pois o volume de líquido no gás é muito pequeno quando comparado às outras linhas de efluentes. Não há produção ou consumo do líquido, então os últimos termos são zero e

$$0 = (0{,}1\ \text{m}^3/\text{s}) - Q_S - Q_D.$$

Temos agora três equações e três incógnitas.

1. $0 = 2.800 - 10.000Q_S - 30.000Q_D - X$
2. $0 = 4.000 - 20.000Q_S - 60.000Q_D - X$
3. $0 = 0{,}1 - Q_S - Q_D$

Resolvendo: $Q_D = 0{,}01$ m³/s, $Q_S = 0{,}09$ m³/s e $X = 1.600$ g de sólidos voláteis removidos por segundo.

A próxima hipótese a ser considerada é o problema do estado estacionário. Essa etapa exige certa preparação de conceitos, como reações, reatores e outras dinâmicas do processo, que são abordados no Capítulo 5.

PROBLEMAS

4.1 Uma fábrica de embalagem de produtos em conserva produz e descarrega uma solução de salmoura residual com uma salinidade de 13.000 mg/L NaCl, a uma vazão de 400 L/min, lançada num córrego com vazão a montante da descarga de 5 milhões L/d e uma salinidade de 20 mg/L. Abaixo do ponto de descarga, há um local de pesca esportiva, e os peixes são intolerantes às concentrações de sal superiores a 200 mg/L.

a) Qual deve ser o nível de sal no efluente para reduzir o nível no córrego para 200 mg/L?
b) Se a fábrica de embalagem de conservas precisar gastar $ 8 milhões para reduzir sua concentração de sal até esse nível, não poderá dar continuidade a seus negócios. Mais de 200 pessoas perderão seus empregos. Tudo isso, por causa de algumas pessoas que gostam de pescar no córrego? Escreva uma carta ao editor expressando sua opinião favorável ou contrária à ação do Estado que está exigindo que a fábrica de conservas limpe seus efluentes. Use sua imaginação.
c) Suponha agora que a fábrica esteja a 3 km a montante de um estuário de águas um pouco salgadas e peça permissão para levar suas águas residuárias salgadas em uma tubulação para o em uma estuário, onde a salinidade é tamanha que os resíduos realmente *diluiriam* o estuário (o resíduo tem uma concentração de sal menor que a água do estuário). Como gerente da fábrica, escreva uma carta para o diretor da Divisão de Gestão Ambiental do Estado solicitando um relaxamento do padrão de salinidade do efluente para a fábrica de conservas. Pense em como estruturar seus argumentos.

4.2 Lodos crus primários em uma concentração de sólidos de 4% são misturados com os lodos ativados residuais em uma concentração de sólidos de 0,5%. As vazões são, respectivamente, 80 L/min e 90 L/min. Qual é a concentração resultante de sólidos? Essa mistura é, em seguida, espessada para uma concentração de sólidos de 8%. Quais são as quantidades produzidas (em litros por minuto) de lodos espessados e de sobrenadante do adensador (água)? Suponha uma captura de sólidos perfeita no adensador.

4.3 As concentrações de efluentes e afluentes de vários metais de uma estação de tratamento de águas residuais, com capacidade de $3{,}78 \times 10^7$ L/dias, são as seguintes:

Metal	Concentração do metal no Afluente (mg/L)	Concentração do metal no Efluente (mg/L)
Cd	0,012	0,003
Cr	0,32	0,27
Hg	0,070	0,065
Pb	2,42	1,26

A fábrica produz uma torta de lodos desidratados com uma concentração de sólidos de 22% (em peso). Os registros da fábrica mostram que 45.000 kg de lodo (úmido) são eliminados em um pasto todos os dias. O Estado restringiu a eliminação de lodos em terrenos apenas para concentrações de lodo metálico que apresentam menos que os seguintes valores:

Metal	Concentração metálica máxima permitida (mg de metal/kg de sólidos de lodo seco)
Cd	15
Cr	1.000
Hg	10
Pb	1.000

O lodo atende aos padrões do Estado?

a) Suponha que a vazão (L/s de lodos) seja insignificante em comparação com a vazão do afluente, ou seja, $Q_{\text{afluente}} = Q_{\text{efluente}}$, onde Q = vazão em L/s. Se você utilizar essa hipótese para resolver o problema, verifique se é válida.

b) Não faça tal hipótese, mas suponha que a densidade dos sólidos no lodo seja aproximadamente aquela da água, de forma que 1 kg de lodo represente um volume de 1 litro.

4.4 Dois frascos contêm 40% e 70% em volume de formaldeído, respectivamente. Se 200 g do primeiro frasco e 150 g do segundo forem misturados, qual será a concentração (expressa como a porcentagem de formaldeído por volume) do formaldeído na mistura final?

4.5 Uma fábrica têxtil descarrega um resíduo dos tonéis que contém 20% de corante. A intensidade da cor é muito forte, e o Estado ordenou ao gerente da fábrica que diminua a cor na descarga. O químico da fábrica diz ao gerente que a cor não representaria um problema se eles pudessem atingir não mais que 8% de corante na água residuária. O gerente decide que a maneira menos custosa de fazer isso é diluir 20% da corrente de resíduos com água potável, a fim de produzir um resíduo com 8% de corante. A vazão de 20% da água residuária com corante é de 3.600 L/min.

a) Qual é a quantidade de água potável necessária para a diluição?

b) Qual é a sua opinião sobre esse método de controle da poluição?

c) Suponha que o gerente da fábrica dilua seus resíduos e a equipe de regulamentação do Estado presuma que a fábrica está realmente removendo o corante antes da descarga. O gerente da fábrica, por ter executado uma operação rentável, é promovido para a sede da empresa. Um dia ele é convidado a preparar uma apresentação para o comitê executivo (os manda-chuvas) sobre a forma como foi capaz de poupar muito dinheiro no tratamento de águas residuárias. Crie uma encenação curta para essa reunião, começando com a apresentação feita pelo ex-diretor da fábrica. Ele, naturalmente, tentará convencer o comitê de que fez a coisa certa. Qual será a reação do comitê? Inclua em seu *script* o presidente da empresa, o tesoureiro, o consultor jurídico e quaisquer outros personagens que desejar.

4.6 Um sistema de secagem de lodos funciona com uma taxa de alimentação de 200 kg/h e aceita um lodo com teor de sólidos de 45% (55% de água). O lodo seco é composto de 95% de sólidos (5% de água), e o efluente líquido contém 8% de sólidos. Qual é a quantidade de lodos secos e a vazão de líquidos e sólidos no efluente líquido?

4.7 Uma estação de processamento de resíduos sólidos tem dois classificadores que produzem resíduos derivado de combustível (RFD, em inglês) de uma mistura de resíduos orgânicos (*A*) e inorgânicos (*B*). Uma parcela do esquema da estação e as vazões conhecidas são apresentadas na Figura 4.22.

a) Qual é a vazão de *A* e *B* do Classificador I para o Classificador II Q_{A2} e Q_{B2}?

b) Qual é a composição da corrente de saída do Classificador II (Q_{A3} e Q_{B3})?

c) O que é a pureza de RFD e a recuperação do componente A?

4.8 Um separador aceita óleos residuais com 70% de óleo e 30% de água por peso. O sobrenadante é puro óleo, enquanto o efluente do fundo do separador contém 10% de óleo. Se uma vazão de 80 L/min é alimentada para o tanque, quanto de óleo é recuperado?

4.9 Mother Goose Jam Factory produz geleias combinando groselhas e açúcar com razão de peso de 45:55. Essa mistura é aquecida até evaporar a água, de forma que a última geleia contenha 1/3 de água. Se as groselhas contiverem inicialmente

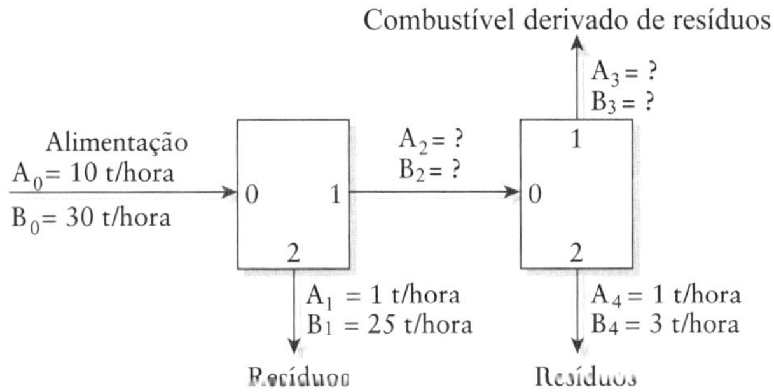

FIGURA 4.22 Classificadores de ar produzindo um combustível derivado de resíduos. Ver Problema 4.7.

80% de água, quantos quilos da fruta serão necessários para fazer um quilo de doce?

4.10 O diagrama da Figura 4.23 mostra o fluxo de massa de materiais em um incinerador de recuperação de calor.

a) Quantas cinzas em suspensão serão jogadas para fora da chaminé por tonelada de resíduos queimados?
b) Qual é a concentração de particulados (cinzas em suspensão) na chaminé, expressa em $\mu g/m^3$ (μg de cinzas em suspensão por m^3 de gases emitidos pela chaminé)? Suponha uma densidade de 1 tonelada/500 m.

4.11 Um precipitador eletrostático para uma usina elétrica alimentada a carvão tem uma recuperação geral de particulados de 95% (remove 95% de todos os particulados de gases de chaminé que chegam até ele). O engenheiro da empresa decide que isso é muito bom, não sendo necessário ser tão eficiente, e propõe que parte dos gases de chaminé seja desviada ao redor do precipitador eletrostático para que a recuperação das cinzas em suspensão (particulados) dos gases de chaminé seja de apenas 85%.

a) Que fração da corrente de gases de chaminé precisaria ser desviada?
b) Em sua opinião, o que o engenheiro quer dizer com "muito bom"? Explique seus processos conceituais. É possível que qualquer dispositivo de controle da poluição seja em algum momento "bom demais"? Em caso afirmativo, em que circunstâncias? Escreva um texto de uma página intitulado "É possível que o controle da poluição seja algum dia eficiente demais?". Use exemplos para defender o seu caso.

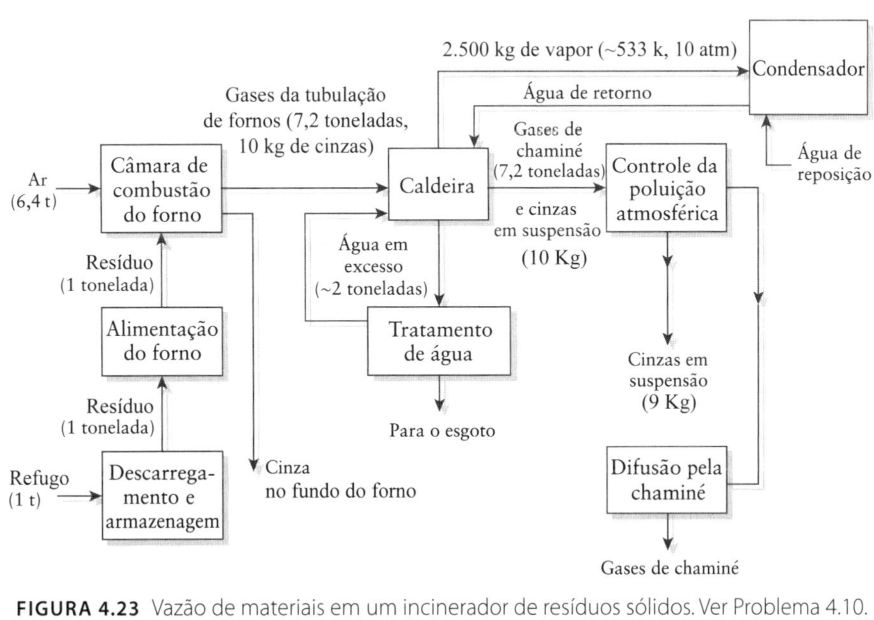

FIGURA 4.23 Vazão de materiais em um incinerador de resíduos sólidos. Ver Problema 4.10.

4.12 Dois fabricantes de classificadores de ar relatam o seguinte desempenho para as suas unidades:

Fabricante A: Recuperação de orgânicos 80%
Recuperação de inorgânicos 80%
Fabricante B: Recuperação de matérias orgânicas 60%
Pureza do ar extraído 95%

Suponha que a alimentação seja composta de 80% de orgânicos. Qual é o melhor classificador? *Observação*: o classificador de ar deve separar as matérias orgânicas das inorgânicas.

4.13 Uma estação de tratamento de água compacta é composta de filtração e sedimentação, ambos os processos são designados para a remoção de sólidos, mas sólidos de diferentes dimensões. Suponha que a remoção de sólidos de dois processos seja a seguinte:

	Pequenos sólidos	Grandes sólidos
Filtro	90%	98%
Tanque de sedimentação	15%	75%

Se os dois tipos de sólidos forem cada um de 50%, em peso, será melhor colocar o filtro antes do tanque de sedimentação na linha de tratamento? Por quê?

4.14 Um ciclone utilizado para remover cinzas em suspensão de uma chaminé numa usina elétrica movida a carvão tem as seguintes recuperações de particulados de várias dimensões:

Tamanho (μm)	Fração do total, por peso	Recuperação
0–5	0,60	5
5–10	0,18	45
10–50	0,12	82
50–100	0,10	97

Qual é a recuperação geral dos particulados de cinzas em suspensão?

4.15 No controle da chuva ácida, as emissões de enxofre da usina termoelétrica podem ser controladas por captura e pulverização dos gases de chaminé com uma pasta de cal, $Ca(OH)_2$. O cálcio reage com o dióxido de enxofre para formar sulfato de cálcio, $CaSO_4$, um pó branco suspenso na água. O volume dessa pasta é bastante grande, por isso tem de ser espessado. Suponha que uma usina termoelétrica produza 27 mil toneladas métricas de $CaSO_4$ por dia, e que este esteja em suspensão em 108 toneladas métricas de água. A intenção é espessar esse volume para uma concentração de sólidos de 40%.

a) Qual é a concentração de sólidos da pasta de $CaSO_4$ quando é produzida na etapa de captura?
b) Que quantidade de água (toneladas/dia) será produzida como efluente na operação de espessamento?
c) Problemas de chuva ácida podem ser reduzidos por meio da redução das emissões de SO_2 na atmosfera. Isso pode ocorrer por meio do controle da poluição, como a captura da pasta de cal, ou pela redução da quantidade de eletricidade produzida e utilizada. Que responsabilidade têm os indivíduos, caso tenham alguma, de não desperdiçar eletricidade? Apresente argumentos para os dois lados da questão, em uma redação de duas páginas.

4.16 Um rio, (ver Figura 4.24) com vazão de 150 L/s e concentração de sólidos suspensos de 20 mg/L recebe águas residuárias de três fontes distintas:

Fonte	Quantidade (L/s)	Concentração de sólidos (mg/L)
A	100	200
B	300	50
C	50	200

Qual é a vazão e concentração de sólidos suspensos a jusante no ponto de amostragem?

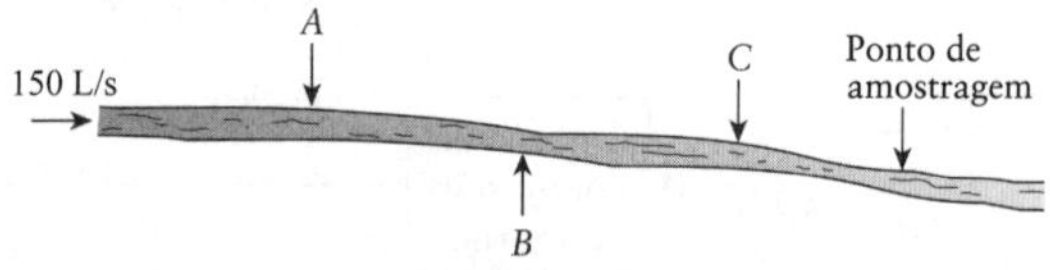

FIGURA 4.24 Vazão recebendo três descargas. Ver Problema 4.16.

4.17 Uma vazão industrial de 12 L/min tem uma concentração de sólidos de 80 mg/L. Um processo de remoção de sólidos extrai 960 mg/min de sólidos, sem afetar a vazão de líquido. Qual é a recuperação (em porcentagem)?

4.18 Um fabricante de espetos de carne produz uma vazão de águas residuárias de 2.000 m³/dia contendo 120.000 mg/L de sal. Ele está descarregando em um rio com uma vazão de 34.000 m³/dia e concentração de 50 mg/L de sal. A agência reguladora informou à empresa que esta deve manter um nível de sal que não seja superior a 250 mg/L a jusante da descarga.

a) Que recuperação de sal deve ser realizada na fábrica antes que o resíduo seja descarregado?
b) Como utilizar o sal recuperado? Apresente sugestões.

4.19 Uma comunidade tem um problema de poluição atmosférica persistente, denominado inversão (que será abordado no Capítulo 12), que cria uma altura de mistura de apenas cerca de 500 m acima da comunidade. A área da cidade é de cerca de 9 km por 12 km. Uma emissão constante de particulados de 70 kg/m² entra na atmosfera diariamente.

a) Se não houver vento durante um dia (24 horas) e se os poluentes não forem removidos de forma alguma, qual será o nível de concentração *mais baixo* de partículas no ar acima da cidade, no final desse período?
b) Se uma das principais fontes de particulados for fogões a lenha e lareiras, o governo poderá proibir a utilização destes? Justifique.
c) Até que ponto o governo deve restringir nosso estilo de vida por causa dos controles de poluição? Por que o governo parece estar fazendo isso agora mais do que alguns anos atrás? Aonde você acha que isso tudo nos levou e por que está acontecendo? Existe alguma coisa que possamos fazer a respeito? Responda a essas perguntas na forma de uma redação com no máximo uma página.

4.20 A Figura 4.25 mostra um diagrama de matéria orgânica num ecossistema florestal, no estado americano do Tennessee. Nessa figura, os números indicados nos quadrados representam gramas por metro quadrado de solo da floresta, e todas as transferências referem-se a gramas por metro quadrado por ano. Esse sistema não está em equilíbrio. Calcule a mudança (g/m²/ano) em folhas, ramos, caule, raízes grandes e raízes finas; R é a perda por decaimento.

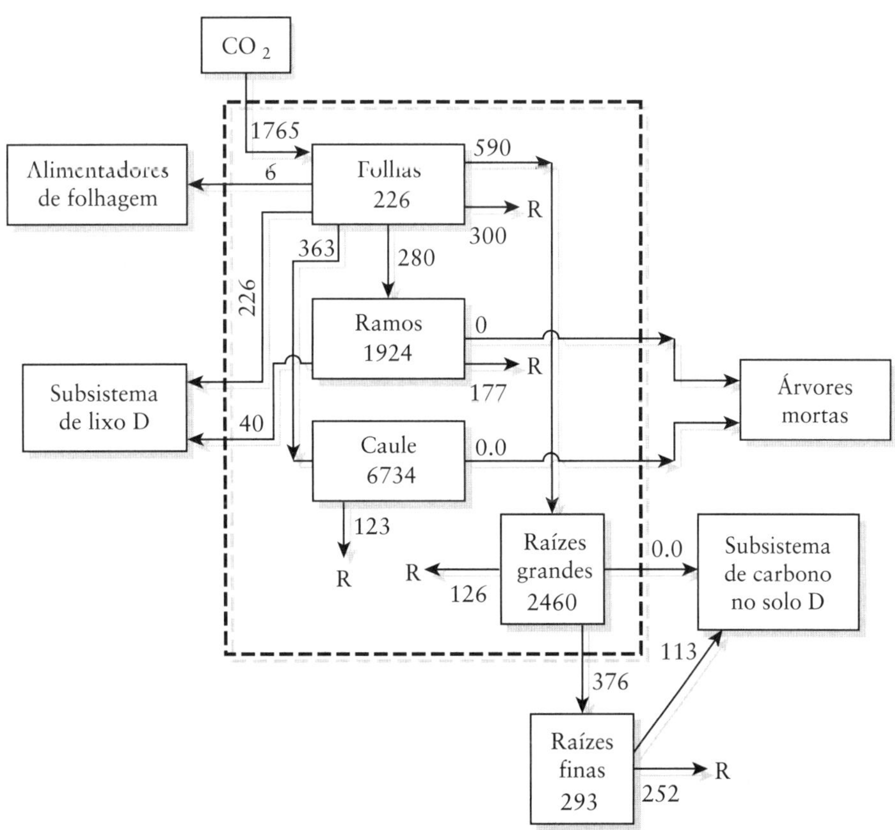

FIGURA 4.25 Ecossistema florestal. (Ver Problema 4.20.)

4.21 A estação de tratamento de água de Wrightsville Beach, na Carolina do Norte, produz uma água destilada de salinidade zero. Para reduzir o custo do tratamento da água e do abastecimento, a cidade mistura essa água dessalinizada com águas subterrâneas não tratadas, que têm uma salinidade de 500 mg/L. Se a salinidade da água potável pretendida não pode ser superior a 200 mg/L, qual é a quantidade necessária de cada água – destilada e não tratada – para produzir uma vazão de água final de 4.400 L/s?

4.22 Há a expectativa de que um ciclone utilizado para controlar as emissões de um fabricante de móveis seja 80% eficiente (80% de recuperação). O funil abaixo do ciclone pode conter até 1 tonelada de pó de madeira. Se a vazão de ar para o ciclone detém 1,2 tonelada por dia de pó de madeira, quantas vezes esse funil deve ser esvaziado?

4.23 Uma indústria levou uma multa pesada da Agência de Proteção Ambiental (EPA) americana porque poluiu um córrego com uma substância denominada "pegajosa". Atualmente, está descarregando 200 litros por minuto (L/min) de efluente em uma concentração pegajosa de 100 mg/L. A vazão que flui pela indústria, na qual o efluente está sendo descarregado, tem uma vazão de montante de 3.800 L/min e não contém a substância pegajosa. A EPA comunicou à indústria que deve reduzir sua concentração pegajosa no efluente para menos de 20 mg/L. O engenheiro da indústria decide que a forma mais barata de cumprir a exigência da EPA é desviar parte da corrente para a indústria e diluir o efluente, de forma que diminua a concentração pegajosa ao nível exigido.

a) Qual é a atual concentração pegajosa a jusante da descarga feita pela indústria?
b) Qual é a quantidade de água de que o engenheiro da indústria precisaria para alcançar a concentração pegajosa exigida no efluente da indústria?
c) Qual será a concentração pegajosa na corrente a jusante da indústria se o esquema do engenheiro da indústria for colocado em operação?

4.24 Uma indústria de processamento de minérios com capacidade de 1.000 toneladas/dia processa um minério que contém 20% de mineral. A fábrica recupera 100 toneladas/dia do mineral. Esta não é uma operação muito eficaz, e parte do mineral ainda se encontra nos resíduos do minério (os rejeitos). Esses rejeitos são enviados para uma fábrica de processamento secundária, que é capaz de recuperar 50% do mineral nos rejeitos. Os minerais recuperados da fábrica de recuperação secundária são enviados para a planta principal, onde são combinados com os outros minerais recuperados, e, então, todos são remetidos aos usuários.

a) Qual é a quantidade de minerais enviada para o usuário?
b) Qual é o total de rejeitos a ser descartado?
c) Qual é a quantidade de minerais eliminada nos rejeitos?

4.25 Uma fundição de alumínio emite particulados que devem ser controlados, a princípio, por um ciclone e, em seguida, por um filtro de mangas. Trata-se de dois dispositivos de remoção de particulados, descritos na íntegra no Capítulo 13. Por enquanto, você pode considerá-los como caixas-pretas que removem particulados (partículas sólidas suspensas no ar). Esses particulados podem ser descritos por seu tamanho, medido de acordo com seu diâmetro em micrômetros (μm). A eficácia do ciclone e do filtro de mangas é demonstrada a seguir:

Tamanho do particulado (μm)	0–10	10–20	20–40	>40
Porcentagem por peso de cada tamanho	15	30	40	15
Porcentagem da recuperação do ciclone para cada tamanho de particulados	20	50	85	95
Porcentagem da recuperação do filtro de mangas para cada tamanho de particulados	90	92	95	100

a) Qual é a porcentagem geral de recuperação do ciclone? (*Dica* suponha que 100 toneladas/dia estejam sendo tratadas pelo ciclone.)
b) Qual seria o porcentual geral de recuperação para o filtro de mangas se este foi o único dispositivo de tratamento empregado?
c) Qual é a porcentagem geral de recuperação desse sistema? Lembre-se de que o ciclone está a montante do filtro de mangas.
d) O sistema tem o ciclone a montante do filtro de mangas. Por que você não colocaria o filtro de mangas a montante do ciclone?

e) Supondo que todas as partículas fossem esferas perfeitas, um metro cúbico de, por exemplo, partículas esféricas de 5 μm teria, mais ou menos, o mesmo peso de um metro cúbico de partículas perfeitamente esféricas de 40 μm? Mostre os cálculos que você toma como base para a sua resposta.

4.26 De acordo com declarações da Draeger Works, em Luebeck, sobre uso de gás para envenenamento de toda a população de uma cidade, apenas 50% da evaporação do gás venenoso é eficaz. A atmosfera deve ser envenenada até uma altura de 20 metros em uma concentração de 45 mg/m^3. Qual é a quantidade de fosgênio necessária para envenenar uma cidade com 50.000 habitantes que vivem numa área de quatro quilômetros quadrados? Quanto fosgênio a população inalaria com o ar que respiraria durante dez minutos, sem proteção contra o gás, se uma pessoa inala 30 litros de ar respirável por minuto? Compare essa quantidade com a quantidade de gás venenoso utilizado)[3].

Referências

1. Com base em Kohn, R. E. *A Linear Programming Model for Air Pollution Control*. Cambridge, MA: MIT Press, 1978.

2. Este exemplo é adaptado de Berthourex, B. M. e D. F. Rudd. *Strategy for Pollution Control*. Nova York: John Wiley & Sons, 1977.

3. Este problema aparece em Allen, David T., N. Bakshani e Kirsten Sinclair Rosselot. *Pollution Prevention: Homework and Design Problems for Engineering Curricula*. Nova York: American Institute of Chemical Engineers and other societies, 1992. Utilizado com permissão.

CAPÍTULO 5

REAÇÕES

Muitas reações, na natureza ou em ambientes criados pelos seres humanos, são previsíveis. Engenheiros e cientistas primeiro tentam entender essas reações e, então, criam modelos matemáticos para descrever o comportamento dos fenômenos. Com esses modelos, podem tentar prever o que aconteceria se...

Esses modelos podem ser simples ou muito complexos. Se uma tubulação sob pressão liberar uma certa vazão e se a pressão for dobrada, será possível prever com muita precisão a nova vazão. Esses modelos hidráulicos simples são elementos básicos da engenharia civil.

Qualquer modelo grande e complexo, como a destruição da camada de ozônio ou formação de *smog* fotoquímico, pode apresentar erros. O que tem de ser avaliado são as consequências de não crer que o modelo contraste com o grau de incerteza. Embora o modelo da camada de ozônio não possa ser provado de forma conclusiva, é matemática e quimicamente razoável e lógico, estando, portanto, muito provavelmente correto. Ignorar o potencial de uma catástrofe global prevista por tais modelos é imprudente (esse conceito é a base para o princípio da precaução, que basicamente diz ser melhor evitar um problema (prevenir) do que corrigi-lo (remediar).*

Como os processos são complexos, os modelos globais são complicados e extremamente interligados. Felizmente, esses poderosos modelos matemáticos têm origens simples. Supõe-se que certa quantidade (massa ou volume) mude com o tempo e que a quantidade de um componente possa ser prevista, utilizando equações simples e balanço de materiais.

No capítulo anterior, o fluxo de materiais foi analisado como uma operação de estado estacionário. O tempo não é uma variável. Neste capítulo, consideraremos o caso em que concentrações do material mudam com o tempo. Uma expressão matemática geral que descreve um fluxo em que a massa ou o volume de um material A está mudando com o tempo t é a seguinte:

$$\frac{dA}{dt} = r$$

onde r = taxa de reação. *Reações de ordem zero* são definidas como aquelas em que r é uma constante (k), de modo que

$$\frac{dA}{dt} = k. \tag{5.1}$$

Observe que a unidade para a constante da taxa de reação k em reações de ordem zero é massa/tempo, tal como kg/s.

Reações de primeira ordem são definidas como aquelas em que a modificação do componente A é proporcional à quantidade do componente em si, de forma que

$$r = kA$$

e

$$\frac{dA}{dt} = kA. \tag{5.2}$$

Observe que a unidade da constante da taxa de reação k em reações de primeira ordem é tempo^{-1}, tal como d^{-1}.

* O princípio da precaução está associado às incertezas dos resultados dos modelos de predição do futuro. (N.R.T.).

Reações de segunda ordem são aquelas em que a mudança é proporcional ao quadrado do componente, ou

$$r = kA^2$$

e

$$\frac{dA}{dt} = kA^2. \tag{5.3}$$

Note que, em reações de segunda ordem, a constante da taxa de reação k tem a unidade de (tempo × massa)$^{-1}$.

Em aplicações de engenharia ambiental, as equações 5.1, 5.2 e 5.3 são normalmente escritas em termos de concentração, do mesmo modo que para reações de ordem zero,

$$\frac{dC}{dt} = k \tag{5.4}$$

para reações de primeira ordem

$$\frac{dC}{dt} = kC \tag{5.5}$$

e para reações de segunda ordem

$$\frac{dC}{dt} = kC^2. \tag{5.6}$$

5.1 REAÇÕES DE ORDEM ZERO

Muitas mudanças ocorrem na natureza em uma taxa constante. Considere um exemplo simples em que uma mangueira de jardim está enchendo um balde. O volume de água no balde muda com o tempo, e essa mudança é constante (supondo que ninguém esteja abrindo ou fechando a torneira). Se no tempo zero o balde tem 2 L de água, em 2 segundos, 3 L, em 4 segundos, 4 L e assim por diante, a mudança no volume de água no balde é constante, a uma taxa de

$$1 \text{ litro}/2 \text{ segundos} = 0{,}5 \text{ L/s}.$$

Isso pode ser expresso matematicamente como uma *reação de ordem zero*:

$$\frac{dA}{dt} = r = k$$

onde A é o volume de água no balde e k, a constante da taxa. Definindo $A = A_0$ no tempo $t = t_0$, e integrando:

$$\int_{A_0}^{A} dA = k\int_{0}^{t} dt$$
$$A - A_0 = -kt \tag{5.7}$$

Essa equação é, naturalmente, como o problema da "água no balde" é resolvido. Substitua $A_0 = 2$ L em $t = 0$ e $A = 3$ L em $t = 2$s:

$$3 = 2 + k(2)$$
$$k = 0{,}5 \ L/s.$$

Quando o constituinte de interesse, A, é expresso em termos de massa, as unidades da constante da taxa k são massa/tempo, como kg/s. Quando o constituinte de interesse é uma concentração, C, o que ocorre com muita frequência, a constante da taxa numa reação de ordem zero tem unidades de massa/volume/tempo, ou mg/L/s se C está em mg/L e t em segundos.

A forma integrada da reação de ordem zero quando a concentração *aumenta* é

$$C = C_0 + kt \tag{5.8}$$

e, se a concentração está *diminuindo*, a equação é

$$C = C_0 - kt. \tag{5.9}$$

Essa equação poderá ser traçada em um gráfico, como mostra a Figura 5.1, se o material estiver sendo destruído ou consumido de modo que a concentração diminua. Se C está sendo produzido e aumenta, a inclinação é positiva.

EXEMPLO 5.1

Problema Um tamanduá encontra um formigueiro e começa a comer. As formigas são tão abundantes que tudo o que ele tem a fazer é colocar a língua para fora e devorá-las a uma taxa de 200 por minuto. Quanto tempo levará para que se obtenha uma concentração de 1.000 formigas por tamanduá no tamanduá?

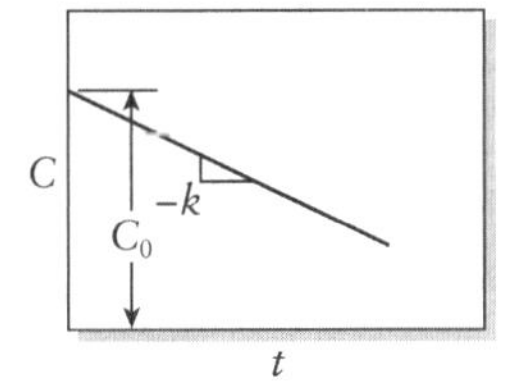

FIGURA 5.1 Gráfico de uma reação de ordem zero na qual a concentração diminui.

Solução

C = concentração de formigas no tamanduá em qualquer tempo t/ formigas/tamanduá

C_0 = concentração inicial de formigas no tempo $t = 0$, formigas/tamanduá

k = taxa de reação, o número de formigas consumidas por minuto
= 200 formigas/tamanduá/minuto. (Observação: k é positivo porque a concentração aumenta.)

De acordo com a Equação 5.8:

$$C = C_0 + kt$$
$$1.000 = 0 + 200(t)$$
$$t = 5 \text{ min}$$

5.2 REAÇÕES DE PRIMEIRA ORDEM

A *reação de primeira ordem* de um material sendo consumido, ou destruído, pode ser expressa como:

$$\frac{dA}{dt} = r = -kA$$

Essa equação pode ser integrada entre A_0 e A, e $t = 0$ e t:

$$\int_{A_0}^{A} \frac{dA}{A} = -k\int_0^t dt$$

$$\ln\frac{A}{A_0} = -kt \tag{5.10}$$

$$\text{ou } \frac{A}{A_0} = e^{-kt}$$

$$\text{ou } \ln A - ln A_0 = -kt$$

Trata-se do logaritmo "natural" ou de base *e*. Às vezes, também é válido utilizar o logaritmo "comum" ou de base 10. A conversão dos logaritmos naturais (base *e*) em comuns (base 10) pode ser realizada conforme se segue:

$$\frac{\log A}{\ln A} = \frac{k't}{kt} = 0,434 = \frac{k'}{k}$$

Por exemplo, suponha que $A = 10$, então:

$$\frac{\log 10}{\ln 10} = \frac{1}{2,302} = 0,434 = \frac{k'}{k}$$

Portanto:

$$k' = (0,434)k$$

$$k_{\text{base }10} = (0,434)k_{\text{base }e}$$

A vantagem de logs em base 10 é que eles podem ser convenientemente traçados em papel semilog comum. A Figura 5.2 mostra que o gráfico de log *C versus t* produz uma linha reta com inclinação de 0,434 k. A interceptação é log C_0. (Não confunda *A* e *C*. A massa de um material é *A*, e, em determinado volume *V*, *C* é a massa *A* dividida pelo volume *V*. Se o volume for constante, o termo será excluído. Assim, o argumento anterior poderia ter sido expresso em termos de *C* e *A*.)

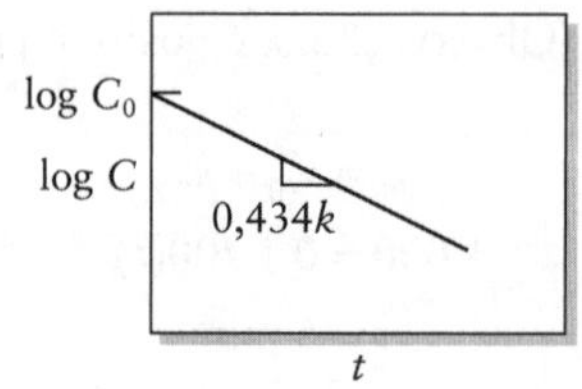

FIGURA 5.2 Gráfico de uma reação de primeira ordem em que a concentração diminui.

A inclinação, obviamente, em um papel semilog, é encontrada através do reconhecimento de que

$$\text{Inclinação} = \frac{\Delta y}{\Delta x}$$

onde Δy é o incremento no eixo *y* (a ordenada) correspondente ao incremento $\Delta\, x$ no eixo *x* (a abscissa). A escolha de Δy como um ciclo sobre a escala logarítmica, como (log10 – log1), resulta no numerador igual a 1 e a inclinação sendo

$$\text{Inclinação} = \frac{1}{\Delta x_{\text{ para um ciclo}}}.$$

Observe novamente que a massa A e a concentração C serão intercambiáveis nessas equações se o volume for constante.

EXEMPLO 5.2

Problema Uma coruja ingere sapos como uma iguaria, e a ingestão é diretamente dependente de quantos sapos estão disponíveis. Existem 200 sapos na lagoa e a constante da taxa é de 0,1 dia^{-1}. Quantos sapos restam ao final de 10 dias?

Solução Como a taxa é uma função da concentração, esta pode ser descrita como uma reação de primeira ordem:

C = concentração de sapos na lagoa em qualquer tempo t;
C_0 = população inicial de sapos, 200 por lagoa;
k = constante da taxa, 0,1 dia^{-1}.

Utilizando a Equação 5.10, temos:

$$\ln\frac{C}{C_0} = -kt$$

$$\ln C - \ln(200) = -0{,}1(10)$$

$$\ln C = 4{,}3$$

$$C = 73 \text{ sapos por lagoa.}$$

Conforme descrito no Capítulo 8, o fato de as corujas comerem sapos faz parte de um ecossistema – sapos se alimentam de daphnes*, daphnes se alimentam de algas, e algas crescem na água. A vida nesse ecossistema está equilibrada e permite que todas as espécies sobrevivam. Somente as pessoas parecem ser capazes de, consciente e propositalmente, destruir esse equilíbrio ecológico. Essas considerações levaram um filósofo contemporâneo norueguês, Arne Naess, a tentar criar uma nova filosofia ambiental que chamou de "ecologia profunda". Segundo Naess, a ética ambiental deve ser baseada em dois valores fundamentais: *autorrealização* e *igualdade biocêntrica*. Esses valores são intuídos e não podem ser racionalmente justificados.

A *autorrealização* é o reconhecimento de um ser como membro do universo maior e não apenas como um único indivíduo ou mesmo como membro de uma comunidade restrita. Essa autorrealização pode ser alcançada, de acordo com Naess, por meio da reflexão e contemplação. Os princípios da ecologia profunda não estão inerentemente atados a nenhuma crença religiosa em particular, embora, como o marxismo ou qualquer outro conjunto de crenças e valores, possam funcionar como uma religião para seus seguidores.

> A maioria das pessoas na ecologia profunda tem a sensação – normalmente, mas não sempre, da natureza – de que estão conectadas com algo maior que seu ego... Na medida em que esses sentimentos profundos forem religiosos, a ecologia profunda terá um componente religioso... [uma] intuição fundamental de que todos devem cultivar para que tenham uma vida baseada em valores e não funcionem como um computador.[1]

O segundo princípio da ecologia profunda é a *igualdade biocêntrica*. Segundo Naess, essa situação decorre da autorrealização de que, quando entendemos que vivemos em unidade com as outras criaturas e lugares do mundo, não podemos nos considerar superiores. Todos têm o direito de crescer, e os seres humanos não são especiais. Precisamos comer e usar outras criaturas da natureza

* *Daphne* L. é o gênero de cerca de 50 a 95 espécies de plantas arbustivas caducifólias e perenifólias da família Thymelaeaceae, nativa da Ásia, Europa e norte da África. Elas são identificadas por suas flores perfumadas e frutos venenosos. (N.R.T.)

para sobreviver, é claro, mas não devemos ultrapassar os limites de nossas necessidades "vitais". O aproveitamento da riqueza material ou de bens além das necessidades vitais é, portanto, antiético para um ecologista radical.

Se essas duas proposições fundamentais forem aceitas, então será necessário concordar com os três corolários apresentados a seguir.[2]

1. Toda vida, humana ou não, tem valor em si, independentemente do propósito, e os seres humanos não têm nenhum direito de reduzir sua riqueza e diversidade, exceto para as necessidades vitais.
2. Atualmente, os seres humanos são numerosos e intrusivos demais em relação às outras formas de vida na Terra, com consequências desastrosas para todos, e devem atingir uma "redução substancial" na população, para permitir o florescimento da vida humana e não humana.
3. Para alcançar esse equilíbrio necessário, deve ser realizada uma mudança significativa nas estruturas econômicas, técnicas e ideológicas humanas, salientando não a arrogância, o crescimento e os níveis de vida mais elevados, mas sociedades sustentáveis, com ênfase na qualidade de vida (não material).

(O último é, naturalmente, incorporado a um projeto sustentável ou ecológico.)

Ecologistas mais comprometidos com a causa opõem-se ao sistema capitalista/industrial, pois consideram que este cria uma riqueza desnecessária e prejudicial. Desprezam a ideia de gerenciamento porque esta implica a tomada de decisão e intervenção humanas nos trabalhos envolvidos com ambientes naturais. Procuram recuperar o que veem como o relacionamento empático e incentivador entre as pessoas e a natureza, mantido por povos como os nativos americanos, antes da invasão europeia. Para um ecologista comprometido, o ambiente selvagem tem um valor especial e deve ser preservado para o benefício psicológico dos seres humanos, assim como um local para que outras espécies sobrevivam sem a intervenção da atividade humana. Esses ecologistas procuram um sentido de lugar em suas vidas, uma parte da Terra que possam chamar de lar.

É claro que não há nenhuma razão para alguém que deseja adotar a ecologia séria como escolha pessoal, como um ideal, não fazer assim. De fato, deve haver ecologistas que consideram que o propósito da ética é desenvolver um caráter virtuoso. Na realidade, alguns filósofos criticaram a ecologia radical precisamente por causa do que consideram ser seu foco excessivo no desenvolvimento espiritual dos indivíduos. No entanto, a maioria dos princípios de ecologia exige mudanças de grandes proporções, envolvendo a população inteira.

Essas ideias causarão, obviamente, muito furor no *mainstream* capitalista e político. Os preceitos da ecologia radical apresentam um desafio para as formas predominantes de fazer negócios. Como resultado, algumas vezes é caracterizada como não humanista, porque não considera os humanos com merecedores de benefícios especiais e, de fato, acusa os humanos de exploradores da natureza. Em especial, o mais irritante para os críticos é o apelo feito por ecologistas mais radicais para despovoar o mundo, um objetivo que tem sido chamado de fascista[3] e desumanizador. Não restam dúvidas de que, se devemos ter um efeito menos adverso sobre a natureza, seria necessário primeiro reduzir a população humana numa proporção significativa, o que levaria algum tempo para acontecer através da diminuição natural. Alguns ecologistas mais radicais têm sugerido que uma redução de 90% da população é necessária. Com toda a probabilidade, há pouco apoio popular a essa posição. Os críticos argumentam que a aceitação da ecologia radical como filosofia global converteria a civilização em sociedades de caçadores-coletores.

De acordo com alguns críticos, esse tipo de ecologia é inaceitavelmente elitista, pois seus representantes defendem um mundo voltado à vida selvagem, em que haja menos pessoas. Essa perspectiva pode chamar a atenção de um número relativamente pequeno de pessoas ricas e de educação muito elevada, mas não tem nada a oferecer para a grande massa dos seres humanos pobres que estão tentando sobreviver. Pelo fato de a ecologia radical exigir a aceitação voluntária de uma qualidade material de vida mais baixa, é improvável que seus princípios básicos – autorrealização e igualdade biocêntrica – sejam aceitos de forma ampla e voluntária.

Voltemos para as reações.

5.3 REAÇÕES DE SEGUNDA ORDEM E DE ORDEM NÃO INTEIRA

A *reação de segunda ordem* é definida como:

$$\frac{dA}{dt} = r = -kA^2.$$

De forma integrada, ela é

$$\int_{A_0}^{A} \frac{dA}{A^2} = -k\int_0^t dt$$

$$\left.\frac{1}{A}\right]_{A_0}^{A} = kt$$

$$\frac{1}{A} - \frac{1}{A_0} = kt$$

desenhada no gráfico como uma linha reta, conforme apresentado na Figura 5.3.

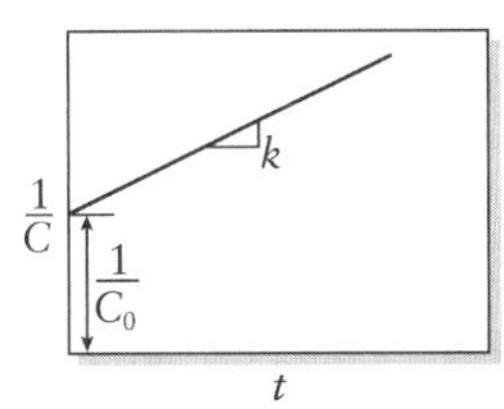

FIGURA 5.3 Gráfico de uma reação de segunda ordem em que a concentração é decrescente.

A *reação de ordem não inteira* (qualquer número) é definida como:

$$\frac{dA}{dt} = r = -kA^n$$

onde *n* representa qualquer número. De forma integrada, ela é

$$\left(\frac{A}{A_0}\right)^{1-n} - 1 = \frac{(n-1)kt}{A_0^{(1-n)}}.$$

Essas reações não são tão comuns na engenharia ambiental.

5.4 MEIA-VIDA E TEMPO DE DUPLICAÇÃO

A *meia-vida* é definida como o tempo necessário para converter metade de um componente. Em $t = t_{1/2}$, A é 50% de A_0. Substituindo $[A]/[A]_0 = 0{,}5$ nas expressões apresentadas anteriormente, as meias-vidas para diversas ordens de reação são:

$$\begin{aligned}
\text{Primeira ordem:} \quad & t_{1/2} = \frac{ln2}{k} = \frac{0{,}693}{k} \\
\text{Segunda ordem:} \quad & t_{1/2} = \frac{1}{k[A]_0} \\
\text{Ordem não inteira:} \quad & t_{1/2} = \frac{[(1/2)^{1-n} - 1]\cdot A_0^{1-n}}{(n-1)k}
\end{aligned} \tag{5.11}$$

O uso mais comum de meia-vida é para radioisótopos, que serão abordados com mais detalhes no Capítulo 15.

EXEMPLO 5.3

Problema O estrôncio 90 (Sr^{90}) é um nuclídeo radioativo encontrado na água e em muitos alimentos. Ele tem uma meia-vida de 28 anos e decai (assim como todos os outros nuclídeos radioativos) como uma reação de primeira ordem. Suponha que a concentração de Sr^{90} em uma amostra de água deva ser reduzida em 99,9%. Quanto tempo isso levaria?

Solução Seja $A_0 = 1$; então $A = 0{,}001$ após uma redução de 99,9%. Utilizando a Equação 5.11, $t_{1/2} = 0{,}693/k$, e definindo $t = 28$ anos, $k = 0{,}02475$ ano^{-1}. Utilizando a Equação 5.10, temos:

$$\ln\left(\frac{0{,}001}{1}\right) = -0{,}02475t$$

$$t = \frac{-6{,}907}{-0{,}02475} = 279 \text{ anos.}$$

Obviamente, o *tempo de duplicação* é o total de tempo necessário para dobrar a quantidade de um componente. Em $t = t_2$, A é duas vezes o valor de A_0. Ao substituir-se $[A]/[A]_0 = 2$ nas expressões anteriores, os tempos de duplicação para diversas ordens de reação podem ser calculados.

5.5 REAÇÕES CONSECUTIVAS

Finalmente, algumas reações são *reações consecutivas*, de modo que:

$$A \to B \to C \to \cdots$$

A primeira reação é de primeira ordem, então:

$$\frac{dA}{dt} = -k_1 A.$$

Da mesma maneira, se a segunda reação for de primeira ordem com relação a B, a reação geral será:

$$\frac{dB}{dt} = k_1 A - k_2 B$$

onde k_2 é a constante da taxa para a reação $B \to C$. Observe que algum B está sendo formado a uma taxa de $k_1 A$, enquanto outro está sendo destruído a uma taxa de $-k_2 B$. A integração produz

$$B = \frac{k_1 A_0}{k_2 - k_1}(e^{-k_1 t} - e^{-k_2 t}) + B_0 e^{-k_2 t}.$$

Essa equação é reintroduzida no Capítulo 8, onde o nível de oxigênio em um riacho é analisado; o déficit de oxigênio é B, sendo aumentado como resultado do consumo de O_2 pelos micro-organismos e diminuído pela difusão de O_2 na água a partir da atmosfera. No entanto, antes que essa reação tenha muito significado, a questão sobre ecossistemas de riachos e transferência de gás deve ser discutida.

PROBLEMAS

5.1 A morte de organismos coliformes a jusante de um ponto de descarga de águas residuárias pode ser descrita como uma reação de primeira ordem. Verificou-se que 30% dos coliformes morrem em oito horas e 55% em 16 horas. Aproximadamente, quanto tempo seria necessário para que 90% morressem? Utilize papel semilog para resolver este problema.

5.2 Um nuclídeo radioativo é reduzido em 90% ao longo de 12 minutos. Qual é sua meia-vida?

5.3 Em um processo de primeira ordem, uma tinta azul reage para formar uma tinta roxa. A quantidade de azul no fim de uma hora é de 480 g, e após três horas é de 120 g. Calcule graficamente a quantidade de azul presente inicialmente.

5.4 Uma reação de grande significado social é a fermentação do açúcar com levedura. Esta é uma reação (em açúcar) de ordem zero, onde a levedura é um catalisador (que não entra em reação sozinho). Se um frasco de 0,5 litro contém quatro gramas de açúcar e leva 30 minutos para converter 50% do açúcar, qual é a constante correspondente à taxa de reação?

5.5 Integre a equação diferencial em que A está sendo formado em uma taxa k_1 e destruído simultaneamente em uma taxa k_2

$$\frac{dA}{dt} = k_1 A - k_2 A.$$

5.6 Um reator em batelada foi projetado para remover resíduos por adsorção. Os dados são os seguintes:

Tempo (mín.)	Concentração de resíduos (mg/L)
0	170
5	160
10	98
20	62
30	40
40	27

De que ordem a reação parece ser? Calcule graficamente a constante da taxa.

5.7 Muitos processos cotidianos podem ser descritos em termos de reatores.

a) Dê um exemplo de reação de primeira ordem ainda não descrita no texto.
b) Descreva *em palavras* o que está ocorrendo.
c) Desenhe um *gráfico* descrevendo essa reação.

5.8 Uma área de armazenamento de petróleo, abandonada há 19 anos, teve o óleo (derivado de petróleo) derramado pela superfície e saturou o solo numa concentração de, digamos, 400 mg/kg de solo. Uma rede de *fastfood* quer construir um restaurante nesse local e retira amostras do solo para verificar a presença de contaminantes, descobrindo que este ainda contém resíduos de óleo numa concentração de 20 mg/kg. O engenheiro local conclui que, como o óleo deve ter sido destruído pelos micro-organismos encontrados no solo num índice de 20 mg/kg a cada ano, em mais um ano o local estará livre de toda contaminação.

a) Essa é uma boa conclusão? Justifique sua resposta.
b) Na sua opinião, quanto tempo será necessário para o solo alcançar a contaminação aceitável de 1 mg/kg?

5.9 Resíduos radioativos provenientes de um laboratório clínico contêm 0,2 μCi do cálcio 45 (^{45}Ca) por litro. A meia-vida de ^{45}Ca é de 152 dias.

a) Por quanto tempo esses resíduos devem ser armazenados antes de o grau de radioatividade estar abaixo do máximo exigido de 0,01 μCi/L?
b) Os resíduos radioativos podem ser armazenados de muitas maneiras, incluindo a injeção em poço profundo e armazenamento acima do nível do solo. A injeção em poço profundo envolve o bombeamento dos resíduos, a milhares de metros abaixo da superfície do solo. A armazenagem acima do nível do solo acontece em construções localizadas em áreas isoladas, que são protegidas a fim de impedir a aproximação de pessoas dos resíduos. Quais seriam os fatores de risco associados a cada um desses métodos de armazenamento? O que poderia dar errado? Em sua opinião, que sistema de armazenamento é mais adequado para tais resíduos?
c) Como um ecologista radical vê o uso de substâncias radioativas na saúde, quanto ao armazenamento e descarte de resíduos radioativos? Tente pensar como um ecologista radical ao responder. Você concorda com a conclusão que traçou?

Referências

1. SALE, K. Deep ecology and its critics. *The Nation*, v. 14, p. 670-675, maio 1988.

2. Idem.

3. A expressão "fascismo ambiental" foi cunhada por Tom Regan conforme desJardin, Joseph. *Environmental ethics*. Belmont, LA: Wadsworth Publishing. p.142.

CAPÍTULO 6

REATORES

Os processos podem ser analisados por meio do uso de uma caixa-preta e da representação escrita de um balanço de materiais (Capítulo 4):

$$\begin{bmatrix}\text{Fluxo de}\\ \text{materiais}\\ \text{ACUMULADOS}\end{bmatrix}=\begin{bmatrix}\text{Fluxo de}\\ \text{materiais}\\ \text{DE ENTRADA}\end{bmatrix}-\begin{bmatrix}\text{Fluxo de}\\ \text{materiais}\\ \text{DE SAÍDA}\end{bmatrix}$$
$$+\begin{bmatrix}\text{Fluxo de}\\ \text{materiais}\\ \text{PRODUZIDOS}\end{bmatrix}-\begin{bmatrix}\text{Fluxo de}\\ \text{materiais}\\ \text{CONSUMIDOS}\end{bmatrix}.$$

No Capítulo 4, assumimos que o primeiro termo [materiais acumulados] era nulo, invocando a hipótese do estado estacionário. No Capítulo 5, revisamos as reações, que são, obviamente, dependentes do tempo. Se essas reações ocorrem em uma caixa-preta, essa caixa torna-se um *reator* e não se pode mais supor que o primeiro termo da equação de equilíbrio material seja nulo.

Muitos processos naturais, assim como a engenharia de sistemas, podem ser convenientemente analisados por meio do uso da noção dos reatores ideais. Uma caixa-preta pode ser considerada um reator se tiver volume ou se misturar materiais ou ainda se os materiais a atravessarem.

Três tipos de reatores ideais são definidos com base em certas hipóteses sobre suas características de vazão e mistura. O *reator em batelada ou estático* é completamente misturado e não apresenta vazão de entrada ou de saída. O *reator de fluxo de pistão ou tubular* supostamente não apresenta nenhuma mistura longitudinal, mas uma completa mistura transversal. O *reator completamente misturado* (também conhecido como reator tanque agitado continuamente ou de retromistura, CSTR, do inglês *continuously stirred tank reactor* ou *completely stirred tank reactor*), como o nome indica, é um reator com uma mistura perfeita.

Quando não ocorre qualquer reação no interior do reator (em outras palavras, nada é consumido ou produzido), o chamado *modelo de mistura* de reatores é adequado. Quando as reações ocorrem nos reatores, algo é produzido ou consumido. O *modelo de reator* descreve essas condições. A princípio, nosso objetivo são os reatores sem reações ou o modelo de mistura de reatores.

6.1 MODELO DE MISTURA

A fim de abordar o modelo de mistura, um dispositivo conhecido como *marcador conservativo e instantâneo* é utilizado. Um marcador é simplesmente um traçador posicionado na vazão à medida que esta entra no reator. O marcador permite a caracterização do reator por meio de sua medição (em geral, a concentração do traçador) com o tempo. O termo "conservativo" significa que o marcador isoladamente não reage. Por exemplo, um corante introduzido na água não reagiria quimicamente nem perderia ou ganharia cor. "Instantâneo" significa que o marcador (novamente, assim como um corante) é introduzido no reator de uma só vez, ou seja, não com o passar do tempo. Na vida real, isso pode ser ilustrado como quando se joga um copo de corante em um balde de água. Marcadores conservativos e instantâneos podem ser aplicados a todos os três tipos básicos de reatores: em batelada, de fluxo de pistão e reatores completamente misturados.

6.1.1 Reatores em batelada

O reator em batelada é apresentado na Figura 6.1A. Lembre-se de que este reator não apresenta vazão de entrada ou de saída. Se o marcador instantâneo conservativo for introduzido, supõe-se que o marcador seja misturado instantaneamente (tempo de mistura zero). A hipótese de mistura pode ser ilustrada por meio do uso de uma curva, apresentada na Figura 6.1B. A ordenada indica a concentração em qualquer tempo t dividida pela concentração inicial. Antes que $t = 0$, não há qualquer marcador (corante) no reator. Quando o marcador é introduzido, é imediata e uniformemente distribuído no reator, porque se supõe uma mistura perfeita. Com isso, a concentração instantaneamente salta para C_0, a concentração em $t = 0$ após o marcador ter sido introduzido. A concentração não muda depois desse momento porque não há vazão de entrada ou de saída do reator e o corante não é destruído (é conservativo).

Um gráfico como o da Figura 6.1B, comumente chamado de *distribuição C*, é uma maneira útil de representar graficamente o comportamento dos reatores. Uma curva de distribuição C pode ser traçada simplesmente como C *versus* t, mas é mais frequentemente normalizada e traçada como C/C_0 *versus* t. Para um reator em batelada, em $t = 0$, após o sinal ter sido introduzido, $C = C_0$ e $C/C_0 = 1$.

Embora os reatores em batelada sejam úteis em uma série de aplicações industriais e de controle da poluição, um reator muito mais comum é aquele em que a vazão de entrada e de saída é contínua. Tais reatores podem ser descritos considerando-se dois reatores ideais – o de fluxo de pistão e o completamente misturado.

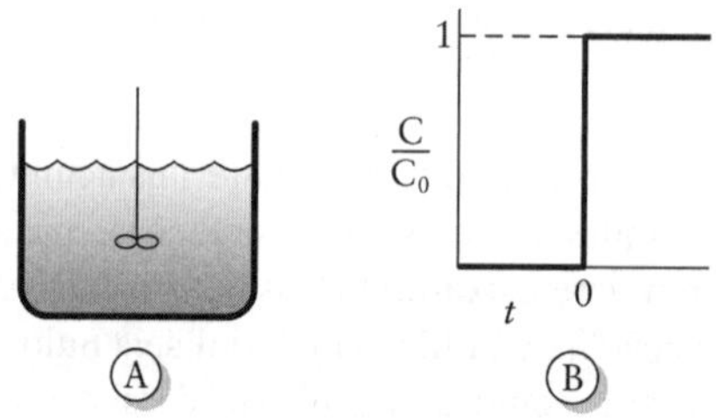

FIGURA 6.1 Um reator em batelada (A) e sua curva de distribuição *C* (B). O símbolo do misturador significa que ele é perfeitamente misturado, sem qualquer gradiente de concentração.

6.1.2 Reatores de vazão a pistão

A Figura 6.2A ilustra as características de um reator de fluxo de pistão (PFR, do inglês, *plug-flow reactor*). Imagine um tubo bem comprido (como uma mangueira de jardim) na qual seja introduzida uma vazão contínua. Suponha que, enquanto o fluido está dentro do tubo, não ocorra mistura longitudinal. Se um marcador conservativo for instantaneamente introduzido no reator, na extremidade afluente, qualquer par de elementos desse marcador que entrar no reator sempre sairá da extremidade efluente ao mesmo tempo. Todos os elementos do marcador têm *tempos de retenção* exatamente iguais, definidos como o tempo entre a entrada e saída do reator, e calculado como

$$\bar{t} = \frac{V}{Q}$$

onde $\bar{t}$ = tempo de retenção hidráulica, s;
V = volume do reator, m^3;
Q = vazão para o reator, m^3/s.

Observe que o tempo de retenção em um PFR ideal é o tempo gasto por *qualquer* partícula de água dentro do reator. Outra forma de pensar sobre o tempo de retenção é o tempo necessário para *encher* um reator. Se for fluxo de pistão, é como abrir a torneira de uma mangueira vazia e esperar que a água saia pela outra extremidade. A mesma definição para tempo de retenção permanece para *qualquer* tipo de reator.

Se um marcador instantâneo conservativo for introduzido neste momento no reator, o marcador se desloca como um pistão (!) através do reator, saindo no tempo $\bar{t}$. Antes do tempo $\bar{t}$ nenhum componente do marcador sai do reator, e a concentração do marcador na vazão é nula ($C = 0$). Imediatamente após $\bar{t}$, todo o marcador já saiu e, novamente, $C = 0$. A curva de distribuição C é, portanto, um pico instantâneo apresentado na Figura 6.2B.

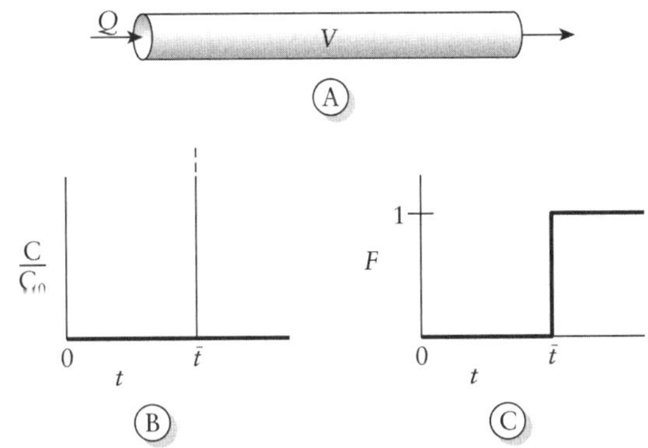

FIGURA 6.2 Um reator de fluxo de pistão (A) e sua curva de distribuição *C* (B) e curvas de distribuição *F* (C).

Outro meio conveniente de descrever um PFR é utilizar a *distribuição F* (Figura 6.2C). *F* é definido como a fração do marcador que saiu do reator em qualquer tempo t:

$$F = \left[\frac{A_0 - A_R}{A_0}\right]$$

onde A_0 = total (normalmente massa) do traçador adicionado ao reator;
A_R = total do traçador que permanece no reator.

Conforme mostra a Figura 6.2C, em $t = \bar{t}$ todo o traçador sai de uma só vez, portanto $F = 1$.

Para recapitular, a vazão a pistão perfeita ocorre quando não há mistura longitudinal alguma no reator. Obviamente, isso é irrealista na prática. Igualmente irrealista é o terceiro tipo de reator ideal, discutido a seguir.

6.1.3 Reatores completamente misturados

Em um reator completamente misturado (CMF – do inglês *completely mixedfloco*), supõe-se uma mistura perfeita. Não existem gradientes de concentração em qualquer tempo, e um marcador é misturado de forma perfeita e instantânea. A Figura 6.3A ilustra esse reator.

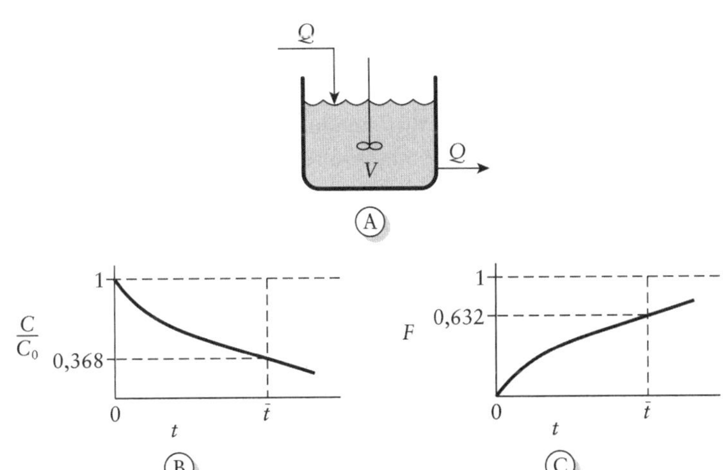

FIGURA 6.3 Um reator completamente misturado (A), e sua curva de distribuição *C* (B) e as curvas de distribuição *F* (C).

Um marcador instantâneo conservativo pode ser introduzido na alimentação do reator CSTR e a equação de balanço de massa será escrita da seguinte maneira

$$\begin{bmatrix}\text{Fluxo do}\\ \text{marcador}\\ \text{ACUMULADO}\end{bmatrix}=\begin{bmatrix}\text{Fluxo do}\\ \text{marcador}\\ \text{DE ENTRADA}\end{bmatrix}-\begin{bmatrix}\text{Fluxo do}\\ \text{marcador}\\ \text{DE SAÍDA}\end{bmatrix}+\begin{bmatrix}\text{Fluxo do}\\ \text{marcador}\\ \text{PRODUZIDO}\end{bmatrix}-\begin{bmatrix}\text{Fluxo do}\\ \text{marcador}\\ \text{CONSUMIDO}\end{bmatrix}.$$

Como supomos que o marcador seja instantâneo, o *fluxo* em que o marcador foi introduzido é zero. De forma semelhante, o marcador é conservativo e, portanto, a taxa produzida e a taxa consumida são ambas zero. Consequentemente,

$$\begin{bmatrix}\text{Fluxo do}\\ \text{marcador}\\ \text{ACUMULADO}\end{bmatrix}=0-\begin{bmatrix}\text{Fluxo do}\\ \text{marcador}\\ \text{DE SAÍDA}\end{bmatrix}+0-0.$$

Se o total do marcador no reator em qualquer tempo t for A, e A_0 for o total do marcador em $t = 0$, a concentração do marcador no reator em $t = 0$ é

$$C_0 = \frac{A_0}{V}$$

onde C_0 = concentração de marcador no reator no tempo zero;
A_0 = total (por exemplo, massa) do marcador no reator no tempo zero;
V = volume do reator.

Depois que o marcador for instantaneamente introduzido, o líquido continua a fluir para dentro do reator, portanto o marcador no reator é progressivamente diluído. Em qualquer tempo t, a concentração do marcador é

$$C = \frac{A}{V}$$

onde C = concentração de marcador em qualquer tempo t;
A = total do marcador em qualquer tempo t;
V = volume do reator.

Como o reator é perfeitamente misturado, a concentração do marcador na vazão retirada do reator também deve ser C.

O *fluxo* em que o marcador é retirado do reator é igual à concentração vezes a taxa de vazão (Capítulo 3). Substituindo na equação de balanço de massa, o resultado é

$$\begin{bmatrix}\text{Fluxo do}\\ \text{marcador}\\ \text{ACUMULADO}\end{bmatrix}=-CQ=-\left(\frac{A}{V}\right)Q$$

onde Q = a vazão de entrada e de saída do reator. Supõe-se que o volume do reator, V, seja constante. O fluxo em que o marcador A está acumulado é dA/dt, portanto

$$\frac{dA}{dt}=-\left(\frac{A}{V}\right)\text{Q}.$$

Esta equação pode ser integrada:

$$\int_{A_0}^{A} \frac{dA}{dt} = -\int_0^t \frac{Q}{V} dt$$

ou

$$\ln A - \ln A_0 = -\frac{Q}{V} t$$

$$\frac{A}{A_0} = e^{-(Qt/V)}.$$

O tempo de retenção é

$$\bar{t} = \frac{V}{Q}.$$

(*Observação*: agora o tempo de retenção é definido como o tempo médio que uma partícula de água gasta dentro do reator. Este ainda é numericamente igual ao tempo necessário para encher o volume do reator V com a vazão Q, assim como para o reator de vazão a pistão.) A substituição resulta em

$$\frac{A}{A_0} = e^{-(t/\bar{t})}.$$

A e A_0 são ambos divididos por V para obter C e C_0, portanto

$$\frac{C}{C_0} = e^{-(t/\bar{t})}.$$

Esta equação agora pode ser colocada no gráfico como a distribuição C ilustrada na Figura 6.3B.

No tempo de retenção, $t = \bar{t}$,

$$\frac{C}{C_0} = e^{-1} = 0{,}368$$

significando que, no tempo de retenção, 36,8% do marcador ainda está no reator, e 63,2% do marcador saiu dele. Isso é mais bem ilustrado novamente com a distribuição F, apresentada na Figura 6.3C.

6.1.4 Reatores completamente misturados em série

A praticidade do modelo de mistura de reatores pode ser aprimorada considerando-se mais uma configuração de reator – uma série de reatores completamente misturados, como é ilustrado na Figura 6.4. Cada um dos n reatores tem um volume V_0, de modo que $V = n \times V_0$.

A realização de um balanço de massa no primeiro reator utilizando-se um sinal instantâneo conservador, como antes, resulta em

$$\frac{dA_1}{dt} = -\left(\frac{Q}{V_0}\right) A_1$$

onde A_1 = total do marcador no primeiro reator em qualquer tempo t, representado em unidades como kg;
V_0 = volume de reator 1, m^3;
Q = vazão, m^3/s.

e como antes:

$$A_1 = A_0 e^{-(Qt/V_0)} \quad (6.1)$$

onde A_0 = total de sinal no reator em $t = 0$. Para cada reator, o tempo de retenção é $\bar{t}_0 = V_0/Q$, de modo que

$$\frac{A_1}{A_0} = e^{-(t/\bar{t}_0)}.$$

Para o segundo reator o balanço de massa é o mesmo de antes, e os dois últimos termos são novamente zero. Mas agora o reator está *recebendo* um marcador de tempos em tempos, assim como está *descarregando-o*. Além da acumulação do marcador, há também uma vazão de entrada e uma vazão de saída. Na forma diferencial:

$$\frac{dA_2}{dt} = \left(\frac{Q}{V_0}\right)A_1 - \left(\frac{Q}{V_0}\right)A_2.$$

Substituindo por A_1 (Equação 6.1):

$$\frac{dA_2}{dt} = \left(\frac{Q}{V_0}\right)A_0 e^{-(Qt/V_0)} - \left(\frac{Q}{V_0}\right)A_2$$

e integrando:

$$A_2 = \left(\frac{Qt}{V_0}\right)A_0 e^{-(Qt/V_0)}.$$

Para três reatores:

$$\frac{A_3}{A_0} = \frac{t}{\bar{t}_0}\left(\frac{e^{-(t/\bar{t}_0)}}{2!}\right).$$

Em geral, para reatores i:

$$\frac{A_i}{A_0} = \left(\frac{t}{\bar{t}_0}\right)^{i-1}\left(\frac{e^{-(t/\bar{t}_0)}}{(i-1)!}\right).$$

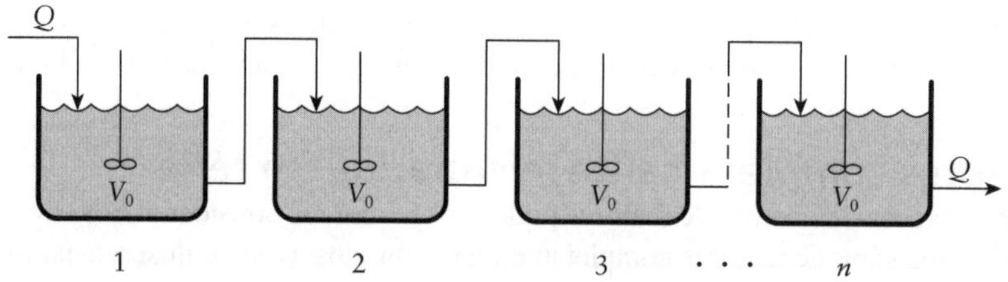

FIGURA 6.4 Uma série de reatores CSTR.

Para a série de n reatores em termos de concentração (obtida ao dividir A_i e A_0 pelo volume do reator V_0):

$$\frac{C_n}{C_0} = \left(\frac{t}{\bar{t}_0}\right)^{n-1} e^{-(t/\bar{t}_0)}\left(\frac{1}{(n-1)!}\right). \tag{6.2}$$

A Equação 6.2 descreve o total de um marcador instantâneo conservativo em qualquer reator de uma série de n reatores no tempo t, e pode ser utilizada novamente para plotar no gráfico a distribuição C. Além disso, lembre-se de que $nV_0 = V$, de modo que o *volume total* do reator inteiro nunca muda. O volume do reator grande é simplesmente dividido em n volumes iguais menores ou

$$n\bar{t}_0 = \bar{t} = \frac{V}{Q}.$$

Além disso, se uma massa M for colocada em um reator único de volume V_0, a concentração inicial é

$$C_{0(1)} = \frac{M}{V_0}$$

Se a mesma massa for colocada no primeiro reator de uma série de dois reatores CMF, cada volume $V_0/2$,

$$C_{0(2)} = \frac{M}{V_0/2} = \frac{2M}{V_0} = 2C_{0(1)}.$$

Para reatores n,

$$C_{0(n)} = \frac{nM}{V_0} = nC_{0(1)}.$$

A distribuição F é um bom descritor de comportamento do marcador, já que um reator CMF é dividido em volumes CMF individuais e menores.

$$F = \frac{M_0 - M_R}{M_0}$$

A massa do marcador restante em cada um dos reatores é

$$M_r = M_1 + M_2 + M_3 + \ldots + M_n = V_0(C_1 + C_2 + C_3 + \ldots + C_n)$$

$$M_0 = V_0 C_0$$

$$F = \frac{C_0 - (C_1 + C_2 + \ldots + C_n)}{C_0} = 1 - \left(\frac{C_1}{C_0} = \frac{C_2}{C_0} + \ldots \frac{C_n}{C_0}\right).$$

Considere agora qual seria a concentração no primeiro reator enquanto o marcador é aplicado. Como o volume desse primeiro reator da série de n reatores é $V_0 = V/n$, a concentração em qualquer tempo deve ser n vezes a concentração de apenas um reator grande (mesmo total do marcador diluído por apenas um n-ésimo do volume). Caso seja necessário calcular a concentração do marcador em qualquer reator subsequente, a equação deve ser

$$\frac{C_n}{C_0} = n\left(\frac{t}{\bar{t}_0}\right)^{(n-1)}\left(\frac{e^{-(t/\bar{t}0)}}{(n-1)!}\right) = n\left(\frac{nt}{\bar{t}}\right)^{(n-1)}\left(\frac{e^{-(t/\bar{t}0)}}{(n-1)!}\right). \tag{6.3}$$

onde C_0 = concentração de marcador no primeiro reator.

Um volume total do reator dividido em n volumes deve ser comparado com base no tempo total de retenção no sistema, que é

$$\bar{t} = \frac{V}{Q}.$$

Então,

$$F = 1 - \left[e^{-nt/\bar{t}} + \left(\frac{nt}{\bar{t}}\right)e^{-nt/\bar{t}} + \left(\frac{nt}{\bar{t}}\right)^2\left(\frac{1}{2!}\right)e^{-nt/\bar{t}} + \ldots + \left(\frac{nt}{\bar{t}}\right)^{n-1}\left(\frac{1}{(n-1)!}\right)e^{-nt/\bar{t}}\right]$$

$$= 1 - e^{-nt/\bar{t}}\left[1 + \left(\frac{nt}{\bar{t}}\right) + \left(\frac{nt}{\bar{t}}\right)^2\left(\frac{1}{2!}\right) + \ldots + \left(\frac{nt}{\bar{t}}\right)^{n-1}\left(\frac{1}{(n-1)!}\right)\right]$$

$$= 1 - e^{-nt/\bar{t}}\left[1 + \sum_{i=1}^{n}\left(\frac{nt}{\bar{t}}\right)^{i-1}\frac{1}{(i-1)!}\right].$$

A distribuição F para diversos reatores em série é apresentada na Figura 6.5.

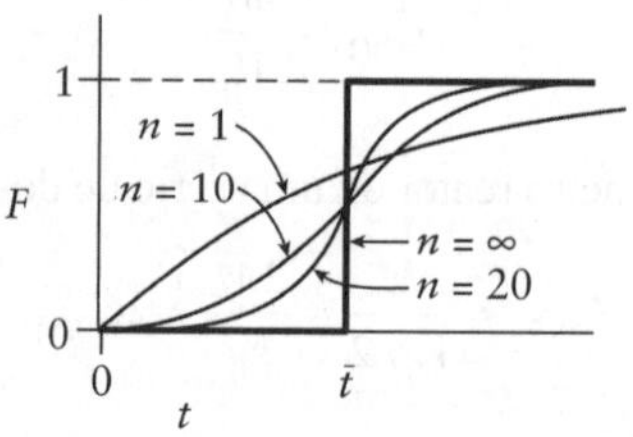

FIGURA 6.5 Curva de distribuição *F* para a série de reatores CSTR.

À medida que o número de reatores aumenta, a curva de distribuição *F* torna-se cada vez mais parecida com uma curva em forma de *S*. Em *n* = infinito, torna-se exatamente como a curva de distribuição *F* para o reator de fluxo de pistão (Figura 6.2C). Isso pode ser imediatamente visualizado como uma grande quantidade de reatores em série, de modo que um pistão esteja se movendo rapidamente de um reator muito pequeno para outro, e como cada reator pequeno tem um espaço de tempo de permanência muito curto, assim que entra em um reator é despejado para o próximo. Com certeza, é dessa maneira que o pistão se desloca pelo reator de vazão a pistão.

EXEMPLO 6.1

Problema Decidiu-se estimar o efeito de dividir uma grande lagoa de aeração completamente misturada (utilizada para o tratamento de águas residuárias) em 2, 5, 10, e 20 seções, de modo que a vazão, em cada seção, entre em série. Desenhe as distribuições *C* e *F* para um marcador conservativo instantâneo para a lagoa única e a lagoa dividida.

Solução Para a lagoa única:

$$\frac{C}{C_0} = e^{-(t/\bar{t})}$$

onde C = concentração do marcador no efluente no tempo t;
C_0 = concentração no tempo t_0;
$\bar{t}$ = tempo de retenção.

Substituindo diversos valores de t:

$t = 0{,}25\bar{t}$ $C/C_0 = e^{-(0{,}25)}$ $= 0{,}779$
$t = 0{,}5\bar{t}$ $C/C_0 = e^{-(0{,}50)}$ $= 0{,}607$
$t = 0{,}75\bar{t}$ $C/C_0 = e^{-(0{,}75)}$ $= 0{,}472$
$t = \bar{t}$ C/C0 $= e^{-1}$ $= 0{,}368$
$t = 2\bar{t}$ C/C0 $= e^{-2}$ $= 0{,}135$

Esses resultados são traçados na Figura 6.6 e descrevem um reator único, $n = 1$.

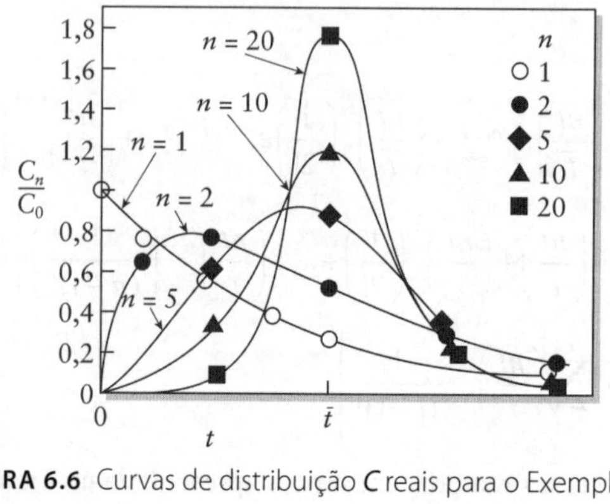

FIGURA 6.6 Curvas de distribuição *C* reais para o Exemplo 6.1.

Cálculos similares podem ser realizados para uma série de reatores. Por exemplo, para $n = 10$, lembre-se de que $10\bar{t}_0 = \bar{t}$, e utilizando-se a Equação 6.3:

$$t = \bar{t} \qquad \frac{C_{10}}{C_0} = (10)(10)^9 e^{-10}\frac{1}{9!} = 1{,}25$$

$$t = 0{,}5\bar{t} \qquad \frac{C_{10}}{C_0} = (10)(5)^9 e^{-5}\frac{1}{9!} = 0{,}36.$$

Esses dados também são traçados na Figura 6.6.

Agora para a distribuição F, com um reator:

$$\begin{array}{lll} t = 0{,}25\bar{t} & F = 1 - e^{-0{,}25} & = 0{,}221 \\ t = 0{,}5\bar{t} & F = 1 - e^{-0{,}50} & = 0{,}393 \\ t = \bar{t} & F = 1 - e^{-1} & = 0{,}632 \\ t = 2\bar{t} & F = 1 - e^{-2} & = 0{,}865 \end{array}$$

e para os dez reatores em série:

$$F = 1 - e^{-(nt/\bar{t})}\left[1 + \frac{nt}{\bar{t}} + \left(\frac{nt}{\bar{t}}\right)^2\left(\frac{1}{2!}\right) + \ldots + \left(\frac{nt}{\bar{t}}\right)^{n-1}\frac{1}{(n-1)!}\right].$$

Em $t = 0{,}5\bar{t}$:

$$\begin{aligned} F &= 1 - e^{-5}[1 + 5 + (5)^2(1/2!) + (5)^3(1/3!) + \cdots + (5)^9(1/9!)] \\ &= 1 - 0{,}00674[1 + 5 + 12{,}5 + 12{,}5 + 20{,}83 + 26{,}04 + 26{,}04 \\ &\quad + 21{,}70 + 15{,}50 + 9{,}68 + 5{,}48] \\ &= 1 - 0{,}969 = 0{,}031. \end{aligned}$$

De modo similar, em $t/\bar{t} = 1$:

$$F = 1 - e^{-10}\left[1 + 10 + (10)^2\left(\frac{1}{2!}\right) + \ldots + (10)^9\left(\frac{1}{9!}\right)\right]$$

e assim por diante. Estes resultados são traçados na Figura 6.7.

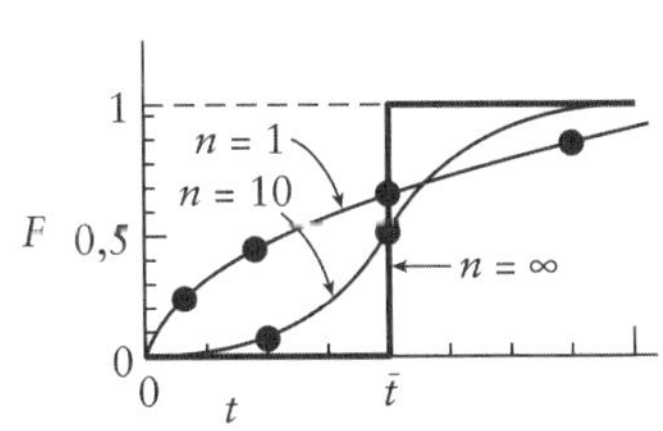

FIGURA 6.7 Curvas de distribuição F reais para o Exemplo 6.1.

Observe, novamente, como as curvas C e F mostram claramente que, enquanto o número de pequenos reatores (n) aumenta, a série de reatores completamente misturados começa a se comportar cada vez mais como um reator de fluxo de pistão ideal.

6.1.5 Modelos de misturas com marcadores contínuos

Até agora, os marcadores utilizados foram instantâneos e conservativos. Se a restrição instantânea for removida, o marcador pode ser considerado contínuo. Um marcador conservativo contínuo aplicado a um PFR ideal simplesmente produz a curva de distribuição C com uma descontinuidade que vai de $C = 0$ até

$C = C_0$ no tempo t. Para um reator CSTR, a curva C, quando um marcador é interrompido será exatamente como a curva para um marcador instantâneo. O reator está simplesmente sendo alimentado com água limpa, e a concentração do corante diminui exponencialmente, como antes.

Se, por outro lado, um marcador contínuo for introduzido ao reator em $t = 0$ e esse processo continuar como ficará a curva C? Comece escrevendo uma equação de balanço de massa como antes. Lembre-se de que a vazão de corante *de entrada* é fixa enquanto, novamente, as taxas de produção e consumo são nulas. A equação que descreve um reator CSTR com marcador conservador contínuo (a partir de $t = 0$) é, portanto, escrita na forma diferencial como

$$\frac{dC}{dt} = QC_0 - QC$$

e após a integração:

$$C = C_0(1 - e^{Qt})$$

6.1.6 Reatores de vazão arbitrária

Nada no mundo é ideal, incluindo os reatores. No reator de vazão a pistão, obviamente, há *alguma* mistura longitudinal, produzindo a distribuição C mais parecida com aquela da Figura 6.8A, em lugar da apresentada na Figura 6.2B. De modo similar, um reator completamente misturado não pode ser idealmente misto, de maneira que sua curva de distribuição C comporta-se mais como aquela apresentada na Figura 6.8B, em vez de como aparece na Figura 6.3B. Esses reatores não ideais são comumente chamados de *reatores de vazão arbitrária.*

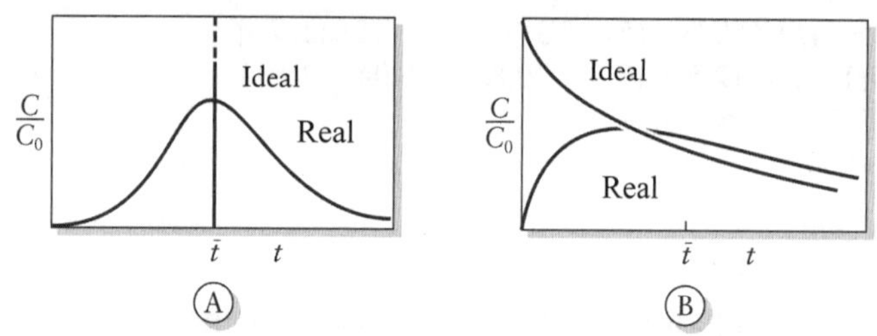

FIGURA 6.8 Curvas de distribuição C para reatores ideais e reais: reator de vazão a pistão (A); reator completamente misturado (B).

Deveria ser óbvio que a verdadeira curva de distribuição C na Figura 6.8B para o reator não ideal CMF (de vazão arbitrária) se assemelha suspeitamente à curva C para dois CSTR em série, na Figura 6.6. De fato, olhando para a Figura 6.6, à medida que o número de CSTR em série aumenta, a curva de distribuição C assemelha-se à uma curva C para um reator perfeito (ideal) de vazão a pistão. Com isso, parece razoável esperar que todos os reatores da vida real (de vazão arbitrária) realmente funcionem no modo de mistura como uma série de reatores CSTR. Esta observação permite uma descrição quantitativa das propriedades de vazão do reator em termos de reatores n CSTR em série, na qual n representa o número de reatores CSTR em série e define o tipo de reator.

Análises adicionais do modelo de mistura estão além do alcance desta breve discussão, sendo necessário que o aluno se direcione a algum texto moderno sobre a teoria dos reatores para estudos mais avançados.

6.2 MODELOS DE REATORES

Conforme observado anteriormente, os reatores podem ser descritos de duas maneiras: (1) apenas em termos de suas propriedades de mistura, sem que aconteça reação alguma, ou (2) como reatores verdadeiros, em que uma reação acontece. Na seção anterior, o conceito de mistura foi introduzido, e agora está na hora de apresentar as reações no interior desses reatores. Em outras palavras, a restrição de que o marcador seja conservador é retirada neste momento.

Considere, novamente, três diferentes reatores ideais – o reator em batelada, o reator de fluxo de pistão e o reator completamente misturado.

6.2.1 Reatores em batelada

As mesmas hipóteses permanecem aqui, assim como na seção anterior, a saber, supõe-se que tenhamos uma mistura perfeita (não haja gradientes de concentração). O balanço de massa em termos do material que está sofrendo alguma reação é

$$\begin{bmatrix}\text{Fluxo}\\ \text{ACUMULADO}\end{bmatrix}=\begin{bmatrix}\text{Fluxo}\\ \text{DE ENTRADA}\end{bmatrix}-\begin{bmatrix}\text{Fluxo}\\ \text{DE SAÍDA}\end{bmatrix}+\begin{bmatrix}\text{Fluxo}\\ \text{PRODUZIDO}\end{bmatrix}-\begin{bmatrix}\text{Fluxo}\\ \text{CONSUMIDO}\end{bmatrix}.$$

Por ser um reator em batelada, não há vazão de entrada ou vazão de saída e, com isso,

$$\begin{bmatrix}\text{Fluxo}\\ \text{ACUMULADO}\end{bmatrix}=\begin{bmatrix}\text{Fluxo}\\ \text{PRODUZIDO}\end{bmatrix}-\begin{bmatrix}\text{Fluxo}\\ \text{CONSUMIDO}\end{bmatrix}.$$

Se o material está sendo produzido e não há consumo, esta equação pode ser escrita como

$$\frac{dC}{dt}V = rV$$

onde C = concentração de material em qualquer tempo t, mg/L;
V = volume do reator, L;
r = taxa de reação, mg/L/s;
t = tempo, s.

O termo volume, V, aparece porque este é um balanço de massa, recordando que

$$\begin{bmatrix}\text{Fluxo de}\\ \text{massa}\end{bmatrix}=[\text{Concentração}]\times[\text{Vazão}].$$

As unidades de medida do termo à esquerda (acumulação) são

$$\frac{(\text{mg/L})}{\text{s}}\text{L} = \frac{\text{mg}}{\text{s}}$$

e as unidades de medida à direita são

$$(\text{mg/L}\cdot\text{s})\times(\text{L}) = \frac{\text{mg}}{\text{s}}.$$

O volume, é claro, pode ser cancelado na fórmula, de modo que

$$\frac{dC}{dt} = r$$

e de modo integrado,

$$\int_{C_0}^{C} dC = r\int_{0}^{t} dt.$$

Para a reação de ordem zero, $r = k$, onde k = constante da taxa de reação e, consequentemente,

$$C - C_0 = kt. \tag{6.4}$$

A Equação 6.4 permanece quando o material em questão estiver sendo produzido. Na situação em que o reator destrói o componente, a taxa de reação é negativa, portanto

$$C - C_0 = -kt. \tag{6.5}$$

Em ambos os casos:

C = concentração do material em qualquer tempo t;
C_0 = concentração do material em $t = 0$;
k = constante da taxa de reação.

Se a reação for de primeira ordem:

$$r = kC$$

então

$$\frac{dC}{dt} = kC$$

com a constante da taxa k contendo unidades de tempo^{-1}. De forma integrada,

$$\int_{C_0}^{C} \frac{dC}{C} = k\int_{0}^{t} dt$$

$$ln\frac{C}{C_0} = kt \tag{6.6}$$

$$C = C_0e^{kt}.$$

Se o material estiver sendo consumido, a taxa de reação é negativa, portanto

$$\ln\frac{C}{C_0} = -kt \tag{6.7a}$$

$$\ln\frac{C_0}{C} = kt \tag{6.7b}$$

$$C = C_0e^{-kt}.$$

EXEMPLO 6.2

Problema Um processo de tratamento de águas residuárias industriais utiliza carvão ativado para remoção de cor. A cor é reduzida como uma reação de primeira ordem em um sistema de adsorção em batelada. Se a constante da taxa (k) é 0,35 dia^{-1}, quanto tempo levará para que 90% da cor seja removida?

Solução Considere C_0 = concentração de cor inicial e C = concentração de cor em qualquer tempo t. É necessário chegar a 0,1 C_0: utilize a Equação 6.7b.

$$\ln\left(\frac{C_0}{C}\right) = kt \qquad \ln\left(\frac{C_0}{0{,}1C_0}\right) = 0{,}35t \qquad \ln\left(\frac{1}{0{,}1}\right) = 0{,}35t$$

$$t = \frac{2{,}30}{0{,}35} = 6{,}6\ dias.$$

6.2.2 Reator de vazão a pistão

As equações para reatores em batelada aplicam-se igualmente bem para o reator de fluxo de pistão, pois se supõe que, nos reatores de fluxo de pistão perfeitos, um pistão de materiais reagentes flui pelo reator e que este pistão é como um reator em batelada em miniatura. Portanto, para a reação de ordem zero que ocorre no reator de vazão a pistão em que o material é produzido:

$$C = C_0 + k\bar{t} \tag{6.8}$$

onde C = concentração do efluente
C_0 = concentração do afluente
$\bar{t}$ = tempo de retenção do reator = V/Q
V = volume do reator
Q = vazão pelo reator.

Se o material é consumido como uma reação de ordem zero:

$$C = C_0 - k\bar{t}. \tag{6.9}$$

Se o material estiver sendo produzido como uma reação de primeira ordem:

$$\ln\frac{C}{C_0} = k\bar{t} \tag{6.10}$$

$$\ln\frac{C}{C_0} = k\left(\frac{V}{Q}\right)$$

$$V = \left(\frac{Q}{k}\right)\ln\frac{C}{C_0}$$

e se estiver sendo consumido:

$$\ln\frac{C}{C_0} = -k\bar{t} \tag{6.11}$$

$$V = \left(-\frac{Q}{k}\right)\ln\frac{C}{C_0}$$

$$V = \frac{Q}{k}\ln\frac{C_0}{C}.$$

EXEMPLO 6.3

Problema Uma indústria deseja utilizar uma longa vala de drenagem para eliminar o odor de seus resíduos. Suponha que a vala aja como o reator de vazão a pistão. A redução do odor comporta-se como uma reação de primeira ordem, com a constante da taxa k = 0,35 dia^{-1}. A taxa de vazão é de 1.600 L/d.

Qual deverá ser o comprimento da vala se a velocidade do fluxo for 0,5 m/s e desejar-se reduzir o odor em 90%?

Solução Usando a Equação 6.11:

$$\ln\frac{C}{C_0} = -k\bar{t}$$

$$\ln\frac{0,1C_0}{C_0} = -(0,35)\bar{t}$$

$$\ln(0,1) = -(0,35)\bar{t}$$

$$\bar{t} = 6,58 \text{ dias}$$

$$\text{comprimento da vala} = 0,5\frac{\text{m}}{\text{s}} \times 6,58 \text{ dias} \times 86.400\frac{\text{s}}{\text{dia}}.$$

$$= 2,8 \times 10^5 \text{ m(!)}$$

6.2.3 Reatores completamente misturados

O balanço de massa para o reator completamente misturado pode ser escrito em termos do material em questão como

$$\begin{bmatrix}\text{Fluxo}\\ \text{ACUMULADO}\end{bmatrix} = \begin{bmatrix}\text{Fluxo}\\ \text{DE ENTRADA}\end{bmatrix} - \begin{bmatrix}\text{Fluxo}\\ \text{DE SAÍDA}\end{bmatrix} + \begin{bmatrix}\text{Fluxo}\\ \text{PRODUZIDO}\end{bmatrix} - \begin{bmatrix}\text{Fluxo}\\ \text{CONSUMIDO}\end{bmatrix}$$

$$\frac{dC}{dt}V = QC_0 - QC + r_1V - r_2V,$$

onde C_0 = concentração do material no afluente, mg/L;
C = concentração de material no efluente, e em qualquer local e tempo no reator, mg/L;
r = taxa de reação;
V = volume de reator, L.

Agora é necessário supor novamente uma operação de estado estacionário. Embora uma reação esteja acontecendo no interior do reator, a concentração do efluente (e, por essa razão, a concentração no reator) não está mudando com o tempo. Isto é:

$$\frac{dC}{dt}V = 0$$

Se a reação for de ordem zero e o material estiver sendo produzido, $r = k$, o termo de consumo é zero, e

$$0 = QC_0 - QC + kV$$

$$C = C_0 + k\frac{V}{Q} \tag{6.12}$$

$$C = C_0 + k\bar{t}$$

Ou, se o material estiver sendo consumido pela reação de ordem zero:

$$C = C_0 - kt \tag{6.13}$$

Se a reação é de primeira ordem e o material é produzido, $r = kC$, e

$$0 = QC_0 - QC + kCV$$
$$\frac{C_0}{C} = 1 - k\frac{V}{Q}$$
$$\frac{C_0}{C} = 1 - k\bar{t}$$
$$C = \frac{QC_0}{Q - kV}. \tag{6.14}$$

Se a reação for de primeira ordem e o material estiver sendo destruído:

$$\frac{C_0}{C} = 1 + k\left(\frac{V}{Q}\right) \tag{6.15a}$$
$$\frac{C_0}{C} = 1 + k\bar{t} \tag{6.15b}$$
$$C = \frac{QC_0}{Q + kV}$$
$$V = \frac{Q}{k}\left[\frac{C_0}{C} - 1\right].$$

A Equação 6.15a está de acordo com o senso comum. Suponha que seja necessário maximizar o desempenho do reator que destrói um componente, isto é, deseja-se *aumentar* (C_0/C) ou tornar C menor. Isso pode ser alcançado com:

a. o aumento do volume do reator, V;
b. a diminuição da vazão para o reator, Q;
c. o aumento da constante da taxa, k.

A constante da taxa k depende de diversas variáveis, como a temperatura e intensidade da mistura. A variabilidade de k com a temperatura é comumente representada na forma exponencial como

$$k_T = k_0\, e^{\Phi(T - T_0)},$$

onde Φ = uma constante;
k_0 = a constante da taxa na temperatura T_0;
k_T = a constante da taxa na temperatura T.

EXEMPLO 6.4

Problema Um novo processo de desinfecção destrói organismos coliformes (*coli*) na água por meio do uso de um reator completamente misturado. A reação é de primeira ordem, com $k = 1{,}0/\text{dia}^{-1}$. A concentração de afluentes é de 100 *coli*/mL. O volume do reator é de 400 L e a taxa de vazão de 1.600 L/d. Qual é a concentração do efluente de coliformes?

Solução

$$\begin{bmatrix}\text{Fluxo}\\ \text{ACUMULADO}\end{bmatrix} = \begin{bmatrix}\text{Fluxo}\\ \text{DE ENTRADA}\end{bmatrix} - \begin{bmatrix}\text{Fluxo}\\ \text{DE SAÍDA}\end{bmatrix} + \begin{bmatrix}\text{Fluxo}\\ \text{PRODUZIDO}\end{bmatrix} - \begin{bmatrix}\text{Fluxo}\\ \text{CONSUMIDO}\end{bmatrix}$$
$$0 = \text{QC}_0 - \text{QC} + 0 - \text{rV},$$

onde $r = kC$

$0 = (1.600\ \text{L/d})(100\ coli/\text{mL}) - (1.600\ \text{L/d})C - (1{,}0\ \text{d}^{-1})(400\ \text{L})C$

$C = 80\ coli/\text{mL}$.

6.2.4 Reatores completamente misturados em série

Para dois reatores CSTR em série, o efluente do primeiro é C_1 e, supondo uma reação de primeira ordem em que o material está sendo destruído:

$$\frac{C_0}{C_1} = 1 + k\left(\frac{V_0}{Q}\right)$$

$$\frac{C_1}{C_2} = 1 + k\left(\frac{V_0}{Q}\right)$$

onde V_0 é o volume do reator individual. De forma similar, para o segundo reator, o afluente é C_1 e C_2 é seu efluente e, para o dois reatores,

$$\frac{C_0}{C_1} \cdot \frac{C_1}{C_2} = \frac{C_0}{C_2} = \left[1 + k\left(\frac{V_0}{Q}\right)\right]^2.$$

TABELA 6.1 Características de desempenho de reatores completamente misturados.

Reação de ordem zero, material produzido:	$C = C_0 + k\bar{t}$
Reação de ordem zero, material destruído:	$C = C_0 - k\bar{t}$
Reação de primeira ordem, material produzido:	$\frac{C_0}{C} = 1 - k\bar{t}$
Reação de primeira ordem, material destruído:	$\frac{C_0}{C} = 1 + k\bar{t}$
Reação de segunda ordem, material destruído:	$C = \frac{-1 + [1 + 4k\bar{t}C_0]^{1/2}}{2k\bar{t}}$
Série de n reatores CSTR, reação de ordem zero, material destruído:	$\frac{C_0}{C_n} = \left(1 + \frac{k\bar{t}}{C_0}\right)^n$
Série de n reatores CSTR, reação de primeira ordem, material destruído:	$\frac{C_0}{C_n} = (1 + k\bar{t}_0)^n$

Observação: C = concentração de efluente; C_0 = concentração de afluente; t = tempo de permanência = V/Q; k = constante da taxa; C_n = concentração do n-ésimo reator; $\bar{t}_0$ = tempo de permanência em cada um dos n reatores

Para qualquer número de reatores em série,

$$\frac{C_0}{C_n} = \left[1 + k\left(\frac{V_0}{Q}\right)\right]^n$$

$$\left(\frac{C_0}{C_n}\right)^{1/n} = 1 + k\frac{V}{nQ},$$

onde V = volume de todos os reatores, igual a nV_0
n = número de reatores
V_0 = volume de cada reator.

As equações para reatores completamente misturados são resumidas na Tabela 6.1.

6.2.5 Comparação de desempenho do reator

A eficiência dos reatores ideais pode ser comparada, a princípio, solucionando todas as equações descritivas em termos de volume do reator, conforme mostra a Tabela 6.2 e o Exemplo 6.5.

EXEMPLO 6.5

Problema Considere uma reação de primeira ordem, exigindo uma redução de 50% na concentração. Qual reator de fluxo de pistão ou CSTR exigiria o mínimo volume?

Solução Da Tabela 6.2:

$$\frac{V_{\text{CSTR}}}{V_{\text{PF}}} = \frac{\frac{Q}{k}\left(\frac{C_0}{C} - 1\right)}{\frac{Q}{k}\left(ln\frac{C_0}{C}\right)}.$$

TABELA 6.2 Resumo do desempenho do reator ideal.

	CSTR		
Ordem da reação	**Reator único**	***n* Reatores**	**Reator de vazão a pistão**
Zero	$V = \frac{Q}{k}(C_0 - C)$	$V = \frac{Q}{k}(C_0 - C_n)$	$V = \frac{Q}{k}(C_0 - C)$
Primeira	$V = \frac{Q}{k}\left(\frac{C_0}{C} - 1\right)$	$V = \frac{Qn}{k}\left[\left(\frac{C_0}{C}\right)^{1/n} - 1\right]$	$V = \frac{Q}{k}\ln\frac{C_0}{C}$
Segunda	$V = \frac{Q}{k}\left(\frac{C_0}{C} - 1\right)\frac{1}{C}$	complexa	$V = \frac{Q}{k}\left(\frac{1}{C} - \frac{1}{C_0}\right)$

Observação: material destruído; V = volume do reator; Q = taxa de vazão; k = constante da reação; C_0 = concentração de afluentes; C = concentração de efluentes; n = número de reatores CSTR em série.

Para a conversão de 50%,

$$\frac{C_0}{C} = 2$$

$$\frac{V_{\text{CSTR}}}{V_{PF}} = \frac{(2-1)}{ln\ 2} = 1,44.$$

Conclusão: um reator CSTR exigiria 44% mais volume do que um PFR.

A conclusão do exemplo 6.5 é um conceito muito importante utilizado em muitos sistemas de engenharia ambiental. De forma geral, para ordens de reação maiores que ou iguais a um, o reator de vazão a pistão ideal sempre irá superar o reator completamente misturado. Este fato é uma ferramenta poderosa no projeto e funcionamento de sistemas de tratamento.

PROBLEMAS

6.1 Uma fábrica de corantes tem águas residuárias extremamente coloridas com uma vazão de 32 milhões L/d. Uma sugestão foi utilizar meios biológicos para tratar essas águas residuárias e remover a cor, e um estudo-piloto é realizado. Utilizando um reator em batelada, os seguintes dados resultam em:

Tempo (horas)	Concentração de corante (mg/L)
0	900
10	720
20	570
40	360
80	230

Uma lagoa de aeração (reator em batelada) será utilizada. De que tamanho deve ser a lagoa para que atinja um efluente de 50 mg/L?

6.2 Um decantador tem uma vazão afluente de 2,4 milhões L/d. Possui 3,6 m de profundidade e uma área de superfície de 700 m^2. Qual é o tempo de retenção hidráulico?

6.3 Um tanque de lodos ativados, 9 × 9 × 60 m, é projetado como reator de vazão a pistão, com uma DBO afluente de 200 mg/L e vazão de 4 milhões L/d por dia.

a) Se a remoção de DBO for uma reação de primeira ordem, e a taxa constante for 2,5 dias^{-1}, qual é a concentração de DBO do efluente?

b) Se esse sistema funciona como um reator completamente misturado, qual deve ser o seu volume (para a mesma reação de DBO)? Quão maior ele é, em porcentagem, em relação ao volume de um reator de vazão a pistão?

c) Se o sistema de vazão a pistão foi construído e descobriu-se que tem uma concentração de efluente de 27,6 mg/L, o sistema poderia ser caracterizado como uma série de reatores completamente misturados. Quantos são? (n =?)

6.4 A gerente da fábrica deve tomar uma decisão. Ela precisa reduzir uma concentração de sal no tanque com capacidade de 32 mil litros de 30.000 mg/L para 1.000 mg/L. Ela pode fazer isso de duas maneiras.

1) Pode começar expelindo o sal com água, mantendo o tanque bem misturado, enquanto joga água limpa dentro dele com uma mangueira (sem sal) com uma vazão de 240 L/min (com um efluente de 240 L/min, obviamente).

2) Pode esvaziar um pouco da água salina e encher novamente com muita água limpa a fim de obter 1.000 mg/L. A vazão máxima em que o tanque será esvaziado é de 240 L/min e a vazão máxima de água limpa é de 400 L/min.

   a. Se ela pretende realizar esta tarefa no tempo mais curto possível, que alternativa escolherá?

   b. Jeremy Rifkin destaca que o conceito mais difundido dos tempos modernos é a *eficiência*. Tudo deve ser realizado de forma a gastar o mínimo de energia, esforço e, acima de tudo, tempo. Ele observa que estamos perdendo nossa perspectiva sobre o tempo, particularmente se pensarmos sobre tempo de forma digital (como os números digitais em um relógio), em vez de forma análoga (ponteiros em um relógio convencional). Com os dígitos não podemos ver onde estamos e para onde estamos indo; perdemos, assim, toda a perspectiva de tempo. Por que, então, a gerente da fábrica desejaria esvaziar o tanque no tempo mais curto? Por que ela está tão preocupada com o tempo? A questão de ter tempo (e de não desperdiçá-lo) torna-se um valor difundido em nossas vidas, algumas vezes oprimindo nossos outros valores. Escreva uma redação de uma página sobre como você valoriza o tempo em sua vida e como esse valor influencia seus outros valores.

6.5 A reação de primeira ordem é empregada na destruição de determinado tipo de micro-organismo. O ozônio é utilizado como desinfetante, e a reação encontrada é

$$\frac{dC}{dt} = -kC$$

onde C = concentração de micro-organismos, bactérias/mL
k = constante da taxa, 0,1 min^{-1}
t = tempo, min.

O sistema atual utiliza um tanque completamente misturado e há uma ideia de destruí-lo para criar uma série de tanques completamente mistos.

a) Se o objetivo é aumentar a porcentagem de destruição de micro-organismos de 80% para 95%, quantos reatores CMF em série são necessários?
b) Destruímos rotineiramente micro-organismos e não pensamos nada a respeito disso. Porém, será que os micro-organismos têm o mesmo direito de existir que os organismos maiores, como as baleias, por exemplo? Ou como as pessoas? Deveríamos oferecer proteção moral para os micro-organismos? Um micro-organismo pode algum dia se tornar uma espécie ameaçada? Como parte desta tarefa, escreva uma carta para o editor do jornal de sua escola em nome de Bactéria Coliforme, um típico micro-organismo que, cansado de não receber proteção e consideração iguais na sociedade humana, está exigindo direitos para as bactérias. Que argumentos filosóficos podem ser usados para argumentar a favor dos direitos das bactérias? Não componha uma carta frívola. Considere a questão de forma séria, porque ela reflete sobre todo o problema da ética ambiental.

6.6 Um reator completamente misturado, com o volume V e a taxa de vazão Q, apresenta uma reação de ordem zero, $dA/dt = k$, em que A é o material que está sendo produzido e k é a constante da taxa. Obtenha uma equação que permita um cálculo direto do volume exigido do reator.

6.7 Um biorreator contínuo completamente misto utilizado para cultivar penicilina funciona como um sistema de ordem zero. A substância que entra, glicose, é convertida em vários fermentos orgânicos. A taxa de vazão para este sistema é de 20 litros por minuto, e a constante da taxa de conversão é 4 mg/(min-L). A concentração de glicose afluente é 800 mg/L e a efluente deve conter menos que 100 mg/L. Qual é o menor reator capaz de produzir essa conversão?

6.8 Digamos que você projetará um tanque de cloração para matar micro-organismos no efluente de uma estação de tratamento de águas residuárias. É necessário atingir 99,99% de neutralização em uma vazão de águas residuárias de 100 m^3/hora. Considere que a desinfecção é uma reação de primeira ordem com constante de taxa de 0,2 min^{-1}.

a) Calcule o volume do tanque se o tanque de contato for um reator CMF.
b) Calcule o volume do tanque se o tanque de contato for um reator de fluxo de pistão.
c) Qual é o tempo de permanência dos dois reatores?

6.9 Um reator completamente misturado, funcionando em um estado estacionário, tem uma vazão de entrada de 4 L/min e uma concentração "pegajosa" de entrada de 400 mg/L. O volume é de 60 litros; a reação é de ordem zero. A concentração pegajosa no reator é de 100 mg/L.

a) Qual é a constante da taxa de reação?
b) Qual é o tempo de retenção hidráulica?
c) Qual é a concentração pegajosa da vazão de saída (efluente)?

CAPÍTULO 7

FLUXO E BALANÇO DE ENERGIA

Uma pessoa com alto nível energético é alguém que está em constante movimento, tem muita energia e é sempre ativa. Porém, algumas pessoas assim parecem que nunca *terminam* nada – elas despendem um esforço enorme, mas nem sempre atingem o nível esperado. Obviamente, ter energia não é suficiente; é preciso também ser *eficiente*. A energia disponível, para se tornar útil, deve ser eficientemente canalizada para o uso produtivo.

Neste capítulo, veremos as quantidades de energia, como ela flui e é colocada em uso, e as eficácias dessa utilização.

7.1 UNIDADES DE MEDIDA

A unidade de energia internacionalmente aceita é o joule. Outras unidades comuns de energia são a caloria e kilowatt-hora (kWh) – a primeira é utilizada nas ciências naturais, e a última, na engenharia.

7.2 BALANÇO E CONVERSÃO DE ENERGIA

Existem, evidentemente, muitas formas de energia, como a química, calorífica e energia potencial em virtude da posição altimétrica. Com frequência, a forma de energia disponível não é a forma mais útil, e uma forma de energia deve ser convertida em outra. Por exemplo, a água do lago de uma montanha tem energia potencial e pode passar por uma turbina a fim de converter este potencial em energia elétrica que, por sua vez, pode ser convertida em calor ou energia luminosa, duas formas de energia útil. A energia química na matéria orgânica, armazenada em ligações de carbono-carbono e carbono-hidrogênio produzidas pelos vegetais podem ser liberadas por um processo como a combustão, cuja energia calorífera pode depois ser utilizada direta ou indiretamente para produzir vapor de modo a acionar os geradores elétricos. O vento possui energia cinética, e um moinho de vento pode converter essa energia para energia mecânica, que pode também ser convertida em energia elétrica para produzir energia calorífica, que aquece a sua casa. A conversão de energia é, portanto, um importante e antigo processo de engenharia. Infelizmente, as conversões de energia têm *sempre* menos que 100% de eficiência.

A energia (seja qual for o tipo), quando expressa em unidades comuns, pode ser ilustrada como uma quantidade que flui e, com isso, é possível analisar os fluxos de energia usando os mesmos conceitos utilizados para fluxo e balanço de materiais. Como anteriormente, uma "caixa-preta" é qualquer processo ou operação em que determinados fluxos entram e dos quais outros saem. Se todos os fluxos puderem ser corretamente explicados, então, deve haver um balanço.

Observando a Figura 7.1, note que em uma caixa-preta a "energia de entrada" deve se igualar à "energia de saída" (energia gasta na conversão + energia útil), além da energia acumulada na caixa. Isso pode ser expresso como

$$\begin{bmatrix}\text{Taxa de}\\ \text{energia}\\ \text{ACUMULADA}\end{bmatrix}=\begin{bmatrix}\text{Taxa de}\\ \text{energia}\\ \text{DE ENTRADA}\end{bmatrix}-\begin{bmatrix}\text{Taxa de}\\ \text{energia}\\ \text{DE SAÍDA}\end{bmatrix}+\begin{bmatrix}\text{Taxa de}\\ \text{energia}\\ \text{PRODUZIDA}\end{bmatrix}-\begin{bmatrix}\text{Taxa de}\\ \text{energia}\\ \text{CONSUMIDA}\end{bmatrix}.$$

É evidente que a energia nunca é literalmente produzida ou consumida; ela simplesmente muda de forma. Além disso, da mesma maneira que os processos envolvendo materiais podem ser estudados em sua condição de estado estacionário, definido como um processo em que nenhuma alteração ocorre ao longo do tempo, os sistemas de energia também podem ser considerados como em estado estacionário. É claro que se não há alteração alguma com o passar do tempo, não pode haver uma acumulação contínua de energia, de modo que a equação deve ser escrita como

$$[\text{Taxa de energia DE ENTRADA}] = [\text{Taxa de energia DE SAÍDA}]$$

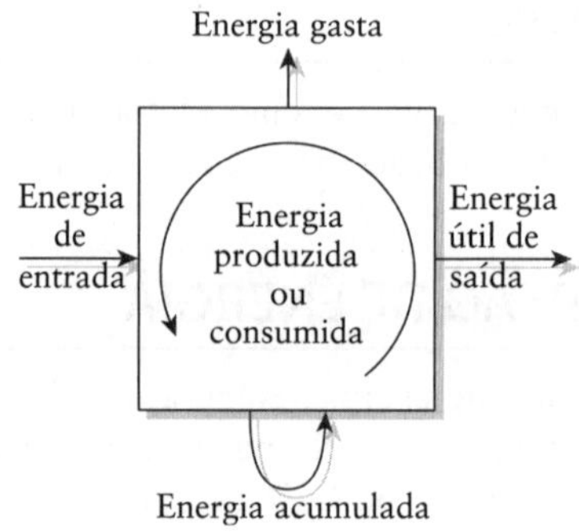

FIGURA 7.1 Caixa-preta para fluxo de energia.

Lembre-se de que a energia de saída possui dois termos (energia gasta na conversão e energia útil), portanto

$$[\text{Taxa de energia DE ENTRADA}] = [\text{Taxa de energia útil DE SAÍDA}] + [\text{Taxa de energia gasta DE SAÍDA}].$$

Se o consumo e a produção útil de uma caixa-preta forem conhecidos, a eficiência do processo pode ser calculada como

$$\text{Eficiência (\%)} = \frac{\text{Energia útil DE SAÍDA}}{\text{Energia DE ENTRADA}} \times 100.$$

EXEMPLO 7.1

Problema Uma usina elétrica alimentada a carvão utiliza 1.000 Mg de carvão por dia. (*Observação*: 1 Mg equivale a 1.000 kg, comumente chamado de tonelada métrica ou simplesmente uma tonelada.) O valor energético do carvão é 28.000 kJ/kg. A usina produz 2,8 × 10^6 kWh de eletricidade por dia. Qual é a eficiência da usina elétrica?

Solução

$$\text{Energia DE ENTRADA} = (28.000\ \text{kJ/kg})\ (1.000\text{Mg / d})\ (1.000\ \text{kg/Mg})$$
$$= 28 \times 10^9\ \text{kJ / d}$$

$$\text{Produção de energia útil} = (2,8 \times 10^6\ \text{kWh/d}) \times (3,6 \times 10^6)\ \text{J/kWh} \times (10^{-3}\ \text{kJ/J})$$
$$= 10,1 \times 10^9\ \text{kJ/d}$$

$$\text{Eficiência (\%)} = [10,1 \times 10^9\ \text{kJ/d}] / [28 \times 10^9\ \text{kJ/d}] \times 100 = 36\%.$$

Outro exemplo de como uma forma de energia pode ser convertida em outra é o *calorímetro*, o método padrão de medição do valor da energia calorífera de materiais quando eles entram em combustão. A Figura 7.2 demonstra um esboço esquemático de um *calorímetro de vaso*. O vaso é uma esfera de aço inoxidável que pode ser desrosqueada. A esfera tem um espaço vazio no interior, onde a amostra que deverá entrar em combustão é colocada. Uma amostra de peso conhecido, como um pequeno pedaço de carvão, é colocada dentro da bomba e as duas metades são rosqueadas até fechar. O oxigênio sob alta pressão é então injetado no vaso e este é colocado numa solução de água adiabática com fios que saem do vaso e vão até uma fonte de corrente elétrica. Por meio de uma descarga elétrica dos fios, o material na esfera de aço entra em combustão e esquenta o vaso que, por sua vez, aquece a água. A elevação da temperatura da água é medida com um termômetro e anotada como uma função de tempo. A Figura 7.3 apresenta o traçado de uma típica curva do calorímetro.

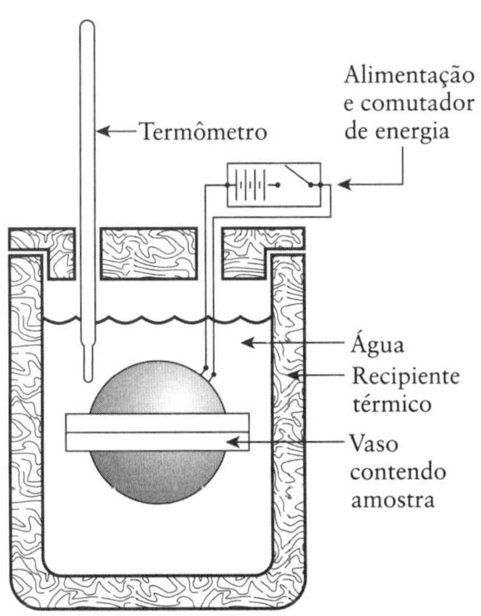

FIGURA 7.2 Desenho simplificado de um calorímetro de vaso.

Observe que, a partir do tempo zero, a água está aquecendo em virtude do calor no espaço. Em t = 5 min, o interruptor é fechado, e a combustão ocorre no vaso. A temperatura continua a subir até t = 10 min, tempo em que a água começa a esfriar. A elevação líquida devida à combustão é calculada quando se extrapola o aquecimento inicial e as linhas de resfriamento, e se determina a diferença na temperatura.

Agora considere o calorímetro como uma caixa-preta e suponha que o recipiente esteja bem isolado, de forma que nenhuma energia calorífera escape do sistema. Como essa é uma operação por batelada, não existe acúmulo. A [Energia DE ENTRADA] ocorre inteiramente em razão do material que entra em combustão, e esta deve se igualar à [Energia DE SAÍDA], ou a energia expressa como calor e medida como a temperatura com o termômetro. Tenha em mente que apenas a energia *calorí-*

fera é considerada; então, ao se supor que nenhuma quantidade de calor é perdida para a atmosfera, não há "energia gasta".

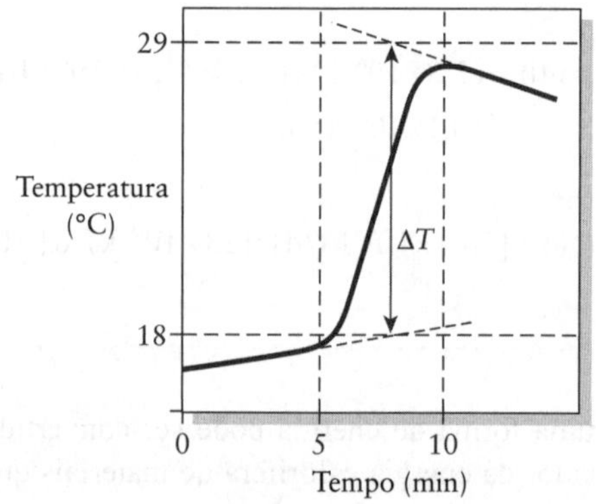

FIGURA 7.3 Resultados de um teste de calorímetro de vaso.

A energia calorífera de saída é calculada como o aumento da temperatura da água vezes a massa da água somada ao vaso. Recorde-se de que uma caloria é definida como a quantidade de energia necessária para elevar a temperatura de um grama de água em um grau Celsius. Sabendo-se quantos gramas de água há no calorímetro, é possível calcular o acúmulo de energia em calorias. Uma quantia igual de energia deve ter sido liberada pela combustão da amostra e, conhecendo-se qual é o peso da amostra, seu valor energético pode ser calculado. (Esta discussão é substancialmente simplificada, portanto, qualquer um que esteja interessado nos detalhes do calorímetro deve consultar algum livro atual sobre termodinâmica para um aprofundamento).

EXEMPLO 7.2

Problema Um calorímetro contém 4 litros de água. A ignição de uma amostra de 10 gramas de um combustível derivado de resíduos, com valor energético desconhecido, fornece um aumento na temperatura de 12,5 ºC. Qual é o valor energético deste combustível? Ignore a massa do vaso.

Solução Utilizando-se um balanço de materiais:

$$[\text{Energia DE ENTRADA}] = [\text{Energia DE SAÍDA}]$$

$$\begin{aligned}\text{Energia de saída} &= (4{,}184\ \text{J/g/K})\ m\Delta T\\ &= (4{,}184\ \text{J/g/K})\rho\ V\Delta T\\ &= (4{,}184\ \text{J/g/K})(1\ \text{g/mL})(4\text{L})(10^3\ \text{mL/L})(12{,}5\ ^\circ\text{C})\\ &= 209\times10^3\ \text{J}\end{aligned}$$

$$\text{Energia DE ENTRADA} = \text{Energia DE SAÍDA} = 209\times10^3\ \text{J}$$

$$\text{Valor energético do combustível} = [209\times10^3\ \text{J}]/[10\ \text{g}] = 20{,}900\ \text{J/g}.$$

É fácil analisar a energia calorífera pelos balanços de energia, pois a quantidade de energia calorífera em um material é simplesmente sua massa vezes sua temperatura absoluta. (Isso é verdadeiro se a capacidade de calor for independente da temperatura, em particular, se não ocorrem mudanças de fase, como na conversão de água para vapor. Essas situações são discutidas no curso de termodinâmica, altamente recomendado para todos os engenheiros ambientais.) Um balanço de energia para a energia calorífera ocorreria, então, em termos da quantidade de calor, ou

$$\begin{bmatrix} \text{Energia} \\ \text{calorífera} \end{bmatrix} = \begin{bmatrix} \text{Massa do} \\ \text{material} \end{bmatrix} \times \begin{bmatrix} \text{Temperatura absoluta} \\ \text{do material} \end{bmatrix}.$$

Isso é análogo aos fluxos de massa discutidos previamente, exceto que agora a vazão é um fluxo de energia. Quando dois fluxos de energia calorífera são combinados, por exemplo, a temperatura do fluxo resultante em um estado estacionário é calculada utilizando-se a técnica da caixa-preta:

$$0 = [\text{Energia calorífera DE ENTRADA}] - [\text{Energia calorífera DE SAÍDA}] + 0 - 0$$

ou, em outras palavras:

$$0 = [T_1Q_1 + T_2Q_2] - [T_3Q_3].$$

Ao solucionar a temperatura final:

$$T_3 = \frac{T_1Q_1 + T_2Q_2}{Q_3} \tag{1}$$

onde T = temperatura absoluta;
Q = fluxo, massa/unidade de tempo (ou volume/unidade de tempo, no caso de densidade constante);
1 e 2 = correntes de entrada;
3 = corrente de saída.

O balanço de massa/volume é

$$Q_3 = Q_1 + Q_2.$$

Embora a termodinâmica tradicional exija que a temperatura seja expressa em termos *absolutos*, a conversão de Celsius (C) para Kelvin (K) simplesmente é cancelada e T pode ser convenientemente expresso em graus C.

EXEMPLO 7.3

Problema Uma usina elétrica alimentada a carvão descarrega 3 m³/s de água de resfriamento a 80 °C em um rio que tem uma vazão de 15 m³/s e temperatura de 20 °C. Qual será a temperatura no rio logo abaixo da descarga?

Solução Utilizando-se a Equação 7.1 e considerando a confluência do rio e a água de resfriamento como uma caixa-preta:

$$T_3 = \frac{T_1Q_1 + T_2Q_2}{Q_3}$$

$$T_3 = \frac{[(80+273)\text{ K }(3\text{ m}^3/s)] + [(20+273)\text{ K }(15\text{ m}^3/s)]}{(3+15)\text{ m}^3/s} = 303\text{ K}$$

ou 30 °C. Observe que o uso de temperaturas absolutas não é necessário, porque o número 273 é cancelado.

7.3 FONTES E DISPONIBILIDADE DE ENERGIA

Faz sentido que as usinas elétricas utilizem os combustíveis mais eficientes possíveis, porque estes produzirão o mínimo de cinzas para serem eliminadas e serão, muito provavelmente, mais baratos na utilização em termos de kWh de eletricidade produzida por dólar do custo de combustíveis. Porém, os melhores combustíveis, gás natural e petróleo, estão em vias de se esgotar. As estimativas variam quanto à quantidade de combustíveis naturais, gasosos e líquidos que resta ao nosso alcance na crosta terrestre, mas a maior parte dos especialistas concorda que, se continuarem a ser utilizados com a atual taxa em expansão, as reservas existentes se esgotarão em até 50 anos. Outros argumentam que, à medida que as reservas começam a ser reduzidas e o preço desses combustíveis aumenta, outros combustíveis se tornarão menos caros em comparação; portanto, as forças de mercado limitarão o uso dos recursos.

Se os pessimistas estiverem corretos e o mundo perder sua reserva de petróleo e gás natural em até 50 anos, será que a próxima geração nos culpará por utilizarmos de maneira insensata os recursos naturais? Ou então: deveríamos, por acaso, preocupar-nos com a próxima geração?

Há um forte argumento de que a coisa mais importante a fazer para as próximas gerações é não planejarmos para eles. O mundo será tão diferente e a condição tecnológica mudaria tão visivelmente que é impossível prever do que as futuras gerações precisariam. Privar-nos de recursos necessários hoje só porque alguma pessoa no futuro iria se beneficiar com esses recursos é, por este argumento, simplesmente absurdo.

Por outro lado, não existem algumas coisas das quais podemos estar razoavelmente certos em relação às gerações futuras? Podemos muito bem supor que eles apreciarão e valorizarão muitas das mesmas coisas que nós apreciamos e valorizamos. Eles gostarão de ter ar limpo e reservas de águas limpas e em abundância. Gostarão de desfrutar de espaços livres e da natureza. Estarão felizes se não houver uma bomba-relógio de resíduos perigosos. E (eis uma discussão) apreciarão se parte do que consideramos recursos naturais estiver presente para seu usufruto e manuseio.

Entretanto, a pergunta mais importante é: Por que deveríamos nos importar com as gerações futuras? O que eles fizeram algum dia por nós? Onde está a recompensa em tudo isso?

Se ignorarmos o problema da reciprocidade e decidirmos conservar os recursos energéticos, quais são as fontes disponíveis de energia renovável? As fontes atualmente utilizadas incluem:

- energia hidrelétrica dos rios;
- energia hidrelétrica maremotriz em estuários;
- energia solar;
- resíduos sólidos;
- vento;
- madeira e outros tipos de biomassa, como cana-de-açúcar e casca de arroz.

As fontes de energia não renováveis incluem:

- energia nuclear;
- carvão, turfa e materiais similares;
- gás natural;
- petróleo.

As fontes não renováveis são nosso "capital de energia", a quantidade de produtos de energia que temos para gastar. As fontes renováveis são análogas à nossa "energia de entrada", recursos que podemos continuar a utilizar enquanto o sol brilhar e o vento soprar. O uso anterior de energia nos Estados Unidos é ilustrado na Figura 7.4. Observe que a maioria das fontes renováveis era tão pequena que mal apareciam no gráfico. Contudo, ainda estamos acabando rapidamente com nosso capital de energia e quase não dependemos do consumo de energia renovável.

7.3.1 Equivalência energética

Existe uma grande diferença entre a energia potencialmente disponível e a energia que pode ser eficientemente aproveitada. Por exemplo, uma das maiores fontes de energia potencial é a energia maremotriz. No entanto, a dificuldade está em como converter este potencial para uma forma útil, como a energia elétrica. Com algumas exceções notáveis, conversões deste tipo não se mostraram eficazes em termos de custo. Isto é, a energia elétrica obtida da energia maremotriz custa muito mais que a energia elétrica produzida por outros meios.

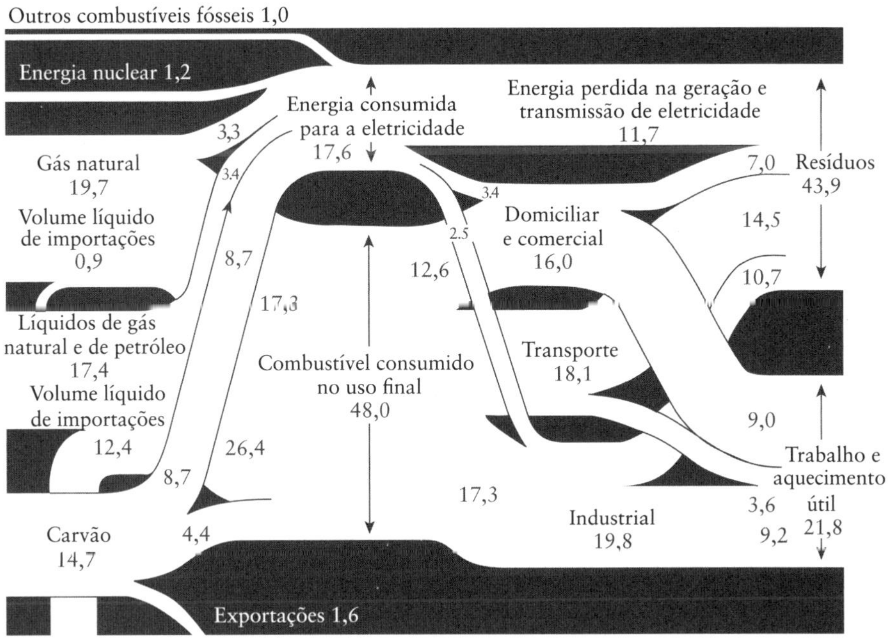

FIGURA 7.4 Fluxo de energia nos Estados Unidos (de acordo com Wagner, R.H. *Environment and man*, Nova York: Norton E. Cock, 1978).

Além disso, alguns tipos de conversões podem não apresentar uma eficiência *energética*, pelo fato de ser necessário mais energia para produzir a forma comercializável de energia que a energia final produzida. Por exemplo, a energia necessária para coletar e processar resíduos sólidos domiciliares pode ser maior do que a energia produzida pela queima do combustível derivado de resíduos e pela geração de eletricidade.

Uma distinção importante deve ser feita entre a *equivalência energética aritmética* e a *equivalência energética de conversão*. A primeira é calculada simplesmente com base na energia, ao passo que a segunda leva em conta a energia perdida na conversão. O Exemplo 7.4 ilustra este ponto.

EXEMPLO 7.4

Problema Quais são os equivalentes energéticos aritméticos e de conversão entre a gasolina (20.000 kJ/Kb) e o combustível derivado de resíduos (5.000 kj/Kb)?

Solução

$$\text{Equivalência energética aritmética} = \frac{20.000 \text{ kJ / kg gasolina}}{5.000 \text{ kJ / kg de refugo}}$$
$$= 4 \text{ kg de resíduos / 1 kg gasolina.}$$

No entanto, o processamento de refugo para produzir combustível também requer energia. Isso pode ser estimado talvez em 50% da energia de combustíveis derivados de resíduos, de modo que a verdadeira energia *líquida* nos resíduos seja 2.500 kJ/kb). Portanto,

$$\text{Equivalência energética de conversão} = \frac{20.000 \text{ kJ / kg gasolina}}{2.500 \text{ kJ / kg resíduos}}$$
$$= 8 \text{ kg resíduos/1 kg gasolina.}$$

(Evidentemente, temos uma grande quantidade de resíduos disponíveis).

Finalmente, existe um problema muito prático para fazer um carro funcionar com combustível derivado de resíduos. Se esta fosse uma equivalência *verdadeira*, seria uma questão simples substituir um combustível por outro sem ônus algum. Obviamente isso é impossível, e é necessário perceber que uma equivalência de conversão não significa que um combustível pode ser substituído por outro. Além disso, o valor energético medido de um combustível, tal como a gasolina, não é a energia líquida desse combustível. Este é o valor energético conforme medido por um calorímetro, mas o valor líquido, ou verdadeiro, deve ser calculado subtraindo-se o custo energético das pesquisas, perfuração, produção e transporte necessários para produzir a gasolina. Basta dizer que os cálculos de equivalência energética não são simples, e com isso, discursos esplêndidos de políticos como "podemos economizar 15 zilhões de barris de gasolina por ano se apenas começássemos a queimar todo o nosso estrume de vaca" devem ser tratados com o devido ceticismo.

7.3.2 Produção de energia elétrica

Um dos problemas de conversão mais preocupantes é a produção de eletricidade a partir de combustíveis fósseis. As usinas elétricas atuais apresentam uma eficiência inferior a 40%. Por que isso ocorre?

Em primeiro lugar, considere como uma usina elétrica funciona. A Figura 7.5 ilustra como a água é aquecida até evaporar em uma caldeira, e o vapor é utilizado para acionar uma turbina que, por sua vez, aciona um gerador. O vapor residual deve ser condensado em água antes que possa ser novamente convertido para vapor de alta pressão. Este sistema pode ser simplificado como na Figura 7.6, e o esquema resultante é chamado de *máquina térmica*. Se o trabalho executado também for expresso como energia e pressupondo-se o estado estacionário, um balanço energético nesta máquina térmica resulta em:

$$\begin{bmatrix}\text{Taxa de}\\ \text{ACÚMULO}\\ \text{de energia}\end{bmatrix} = \begin{bmatrix}\text{Taxa de}\\ \text{energia}\\ \text{DE ENTRADA}\end{bmatrix} - \begin{bmatrix}\text{Taxa de}\\ \text{energia útil}\\ \text{DE SAÍDA}\end{bmatrix} - \begin{bmatrix}\text{Taxa de}\\ \text{energia}\\ \text{DE SAÍDA}\end{bmatrix}$$

$$0 = Q_0 - Q_U - Q_W$$

onde Q_0 = fluxo de energia que entra na caixa-preta;
Q_U = energia útil que sai da caixa-preta;
Q_W = energia gasta que sai da caixa-preta.

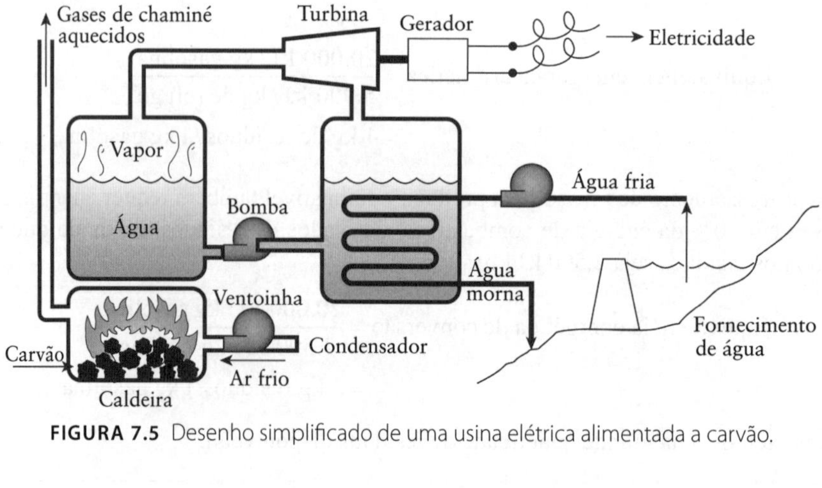

FIGURA 7.5 Desenho simplificado de uma usina elétrica alimentada a carvão.

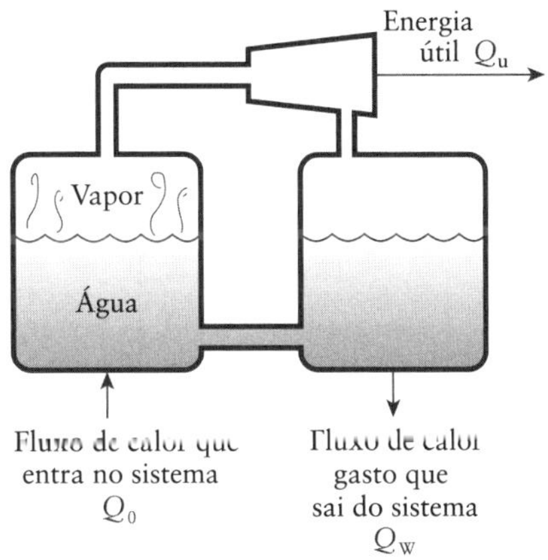

FIGURA 7.6 A máquina térmica.

A eficiência desse sistema, conforme definido anteriormente, é

$$\text{Eficiência (\%)} = \frac{Q_U}{Q_0} \times 100.$$

A partir da termodinâmica é possível provar que a máquina mais eficiente (menos gasto de energia) é denominada máquina de Carnot e que sua eficiência é determinada pela temperatura absoluta do ambiente ao redor. A eficiência da máquina de Carnot é definida como

$$E_C\ (\%) = \frac{T_1 - T_0}{T_1} \times 100$$

onde T_1 = temperatura absoluta da caldeira;
T_0 = temperatura absoluta do condensador (água de resfriamento).

Como este é o melhor sistema possível, qualquer outro no planeta não pode ser mais eficiente:

$$\frac{Q_U}{Q_0} \leq \frac{T_1 - T_0}{T_1}.$$

As caldeiras modernas podem funcionar em temperaturas de até 600 °C. Restrições ambientais limitam a temperatura da água no condensador em cerca de 20 °C. Consequentemente, a melhor eficiência esperada é

$$\text{E}_C\ (\%) = \frac{(600+273)-(20+273)}{(600+273)} \times 100 = 66\%.$$

Uma usina elétrica real também tem perdas de energia em razão dos gases de chaminé aquecidos, evaporação, perdas por atrito etc. As melhores usinas conseguiram até agora se manter próximas de 40% de eficiência. Quando várias perdas de energia são subtraídas das usinas nucleares, as eficiências dessas parecem ser ainda menores que as das usinas alimentadas com combustíveis fósseis.

Se 60% da energia calorífera no carvão não forem utilizadas, devem ser eliminadas, e esta energia deve, de alguma forma, ser dissipada no ambiente. A energia calorífera residual é emitida da usina elétrica de duas formas primárias: gases de chaminé e água de resfriamento. O esquema da usina elétrica na Figura 7.5 pode ser reduzido para uma caixa-preta e um balanço de calor, executado, conforme se vê na Figura 7.7. Suponha simplesmente que o calor no ar frio seja insignificante. Portanto, o balanço de energia no estado estacionário é

$$\begin{bmatrix}\text{Taxa de}\\\text{energia}\\\text{ACUMULADA}\end{bmatrix}=\begin{bmatrix}\text{Taxa de}\\\text{energia}\\\text{DE ENTRADA}\\\text{no carvão}\end{bmatrix}-\begin{bmatrix}\text{Taxa de}\\\text{energia}\\\text{DE SAÍDA}\\\text{nos gases de chaminé}\end{bmatrix}$$
$$-\begin{bmatrix}\text{Taxa de}\\\text{energia DE SAÍDA}\\\text{na água de}\\\text{resfriamento}\end{bmatrix}-\begin{bmatrix}\text{Taxa de}\\\text{energia DE SAÍDA}\\\text{como energia}\\\text{elétrica útil}\end{bmatrix}.$$

Comumente, a energia perdida nos gases de chaminé responde por 15% da energia no carvão, ao passo que a água de resfriamento responde pelos 45% restantes. Esta extensa fração ilustra os problemas associados com o que é conhecido por *poluição térmica*, o aumento na temperatura de lagos e rios por causa de descargas de água de resfriamento.

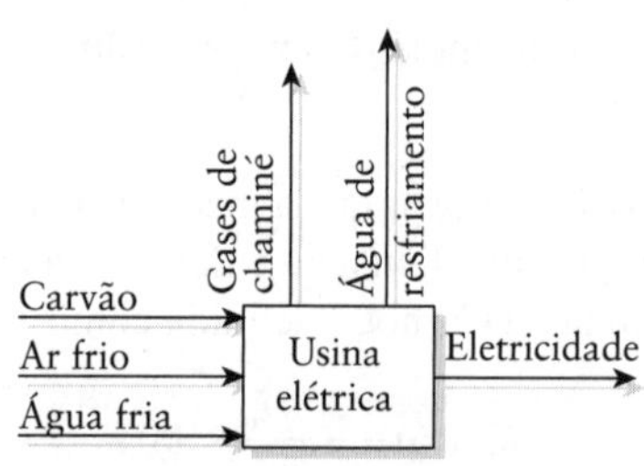

FIGURA 7.7 A usina elétrica como uma caixa-preta.

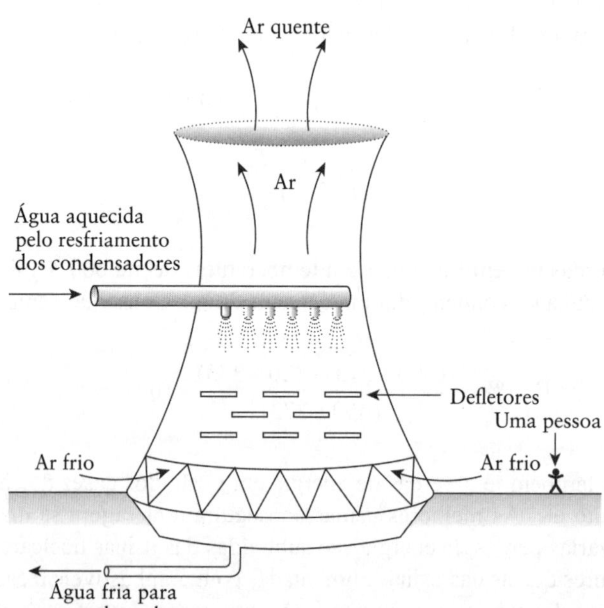

FIGURA 7.8 Torre de resfriamento utilizada em usinas elétricas.

A maior parte dos estados norte-americanos restringe as descargas térmicas para que o aumento sobre os níveis de temperatura de cursos d'água no ambiente seja igual ou inferior a 1 ºC. Portanto, parte do calor na água de resfriamento deve ser dissipada na atmosfera antes que a água seja descarregada. Vários recursos são utilizados para a dissipação dessa energia, incluindo grandes lagoas rasas e torres de resfriamento. Um desenho de corte transversal de uma típica torre de resfriamento é apresentado na Figura 7.8. As torres de resfriamento representam um custo adicional substancial na geração de eletricidade. Estima-se que elas dobrem o custo da produção de energia em usinas de combustíveis fósseis e que possam aumentar os custos em até 2,5 vezes para usinas elétricas nucleares.

Mesmo com estes gastos, os cursos de água imediatamente abaixo da descarga de água de resfriamento são, muitas vezes, significativamente mais quentes que o normal. Isso resulta na ausência de gelo durante os invernos rigorosos e no processo de crescimento de peixes imensos. Existem inúmeras histórias sobre o tamanho dos peixes pescados em rios e lagos aquecidos artificialmente, e estes lugares não apenas se tornam locais de pesca favoritos para as pessoas, mas também aglomeram aves no inverno. Animais silvestres também utilizam as águas descongeladas durante o inverno, quando outras águas superficiais estão congeladas. Em outras partes do mundo, a água quente obtida a partir do resfriamento da geração de energia é utilizada para o aquecimento de espaços internos, levada para casas e escritórios por meio de tubulações de água que percorrem linhas subterrâneas.

Com este benefício bastante potencial resultante da descarga de calor residual, por que é necessário gastar tanto dinheiro para resfriar a água antes da descarga? Nos Estados Unidos, o calor residual não é utilizado para o aquecimento de espaços internos porque as usinas elétricas foram intencionalmente construídas o mais longe possível da civilização. Nossa relutância em ter usinas elétricas como vizinhas nos priva da oportunidade de obter calor "gratuito".

A razão pela qual a água quente não deve ser descarregada nos cursos d'água é menos óbvia. O calor altera nitidamente o ecossistema aquático, mas algumas pessoas alegariam que essa alteração é para melhor. Todos parecem se beneficiar de ter água quente. Contudo, as alterações nos ecossistemas aquáticos são, com frequência, imprevisíveis e potencialmente desastrosas. O calor pode aumentar as chances de diversos tipos de doenças nos peixes, e restringirá, certamente, os tipos de peixe que conseguem existir na água quente. Muitos peixes de água fria, a exemplo da truta, não podem se procriar na água mais quente, então morrerão, tendo seu lugar tomado por peixes que conseguem sobreviver, como o peixe-gato e a carpa.

Os valores envolvidos nas restrições governamentais sobre as descargas térmicas do tipo "não mais que um aumento de 1 °C na temperatura" não estão claros. É nosso intuito proteger a truta, ou seria aceitável ter a corrente povoada por outros peixes? E o que dizer sobre a vantagem para outras formas de vida por terem água sem gelo durante o inverno? E quanto às pessoas que gostam de pescar? Em nível local, as descargas térmicas não parecem surtir efeitos duradouros, então por que estamos pagando tão mais caro por nossa eletricidade?

PROBLEMAS

7.1 Quantos quilos de carvão devem ser queimados para manter uma lâmpada de 100 watts acesa durante uma hora? Suponha que a eficiência da usina elétrica seja de 35%, as perdas de transmissão representem 10% da energia gerada e o valor de aquecimento do carvão seja de 30.000 kJ/kg.

7.2 O carvão é um recurso não renovável e uma fonte valiosa de carbono para a fabricação de plásticos, pneus etc. Quando as reservas de carvão estiverem extintas, não haverá mais carvão para ser extraído. É nossa responsabilidade assegurar que haja reservas de carvão em, digamos, 200 anos, para serem utilizadas pelas pessoas vivas nessa época? Deveríamos nos preocupar com isso ou deveríamos utilizar o carvão com a velocidade necessária e prudente para nossas próprias necessidades, imaginando que as gerações futuras possam tomar conta de si mesmas? Escreva uma argumentação de uma página a favor da não conservação do carvão ou por sua conservação para usos das gerações futuras.

7.3 Uma usina de energia nuclear com vida útil de 25 anos produz 750 MW por ano de energia útil. O custo da energia é como a seguir:

150 MW perdidos na distribuição
20 MW necessários para extrair o combustível do subsolo
50 MW necessários para enriquecer o combustível
80 MW (propagados ao longo de 25 anos) para construir a usina
290 MW perdidos na forma de calor

Qual é a eficiência da usina? Qual é a eficiência do sistema (incluindo as perdas na distribuição)?

7.4 Um dos maiores problemas com a energia nuclear é a eliminação de resíduos radioativos. Se todos nós recebêssemos energia elétrica de uma usina elétrica nuclear, nossa contribuição pessoal para os resíduos nucleares seria de cerca de 0,25 L. Isso não parece ser muito preocupante. Suponha, porém, que toda a região que inclui a cidade de Nova York (população de 10 milhões de habitantes) receba sua eletricidade apenas de uma usina elétrica nuclear. Qual seria a quantidade de resíduos gerados a cada ano? O que deve ser feito com eles? Desenvolva um método original (?) para altos níveis de eliminação de resíduos nucleares e defenda sua escolha com uma discussão de uma página sobre o tópico. Considere tanto a geração humana presente como a futura, assim como a qualidade ambiental, ecossistemas e o uso futuro de recursos.

7.5 Uma amostra de um grama de combustível desconhecido é testada em um calorímetro de 2 litros (equivalente), com os seguintes resultados:

Tempo (min)	Temperatura (°C)
0	18,5
5	19,0
6	19,8
7	19,9
8	20,0
9	19,9
10	19,8

Qual o valor de aquecimento deste combustível em kJ/kg?

7.6 Uma das mais limpas energias é a energia hidrelétrica. Infelizmente, a maioria dos nossos rios já foram represados ao máximo no que diz respeito à viabilidade e há pouca probabilidade de que seremos capazes de obter muito mais energia hidrelétrica. No entanto, no Canadá, a região de James Bay é um lugar ideal para novas imensas represas que forneceriam energia elétrica limpa e barata para a região nordeste americana. O projeto denominado Hydro-Quebec já está em construção, e os canadenses estão em busca de novos clientes para sua energia.

Contudo, as represas criarão lagos que inundarão terras ancestrais de nativos americanos e eles estão bastante irritados com isso. Por causa deste e de outros problemas ambientais, o Estado de Nova York e outros possíveis clientes voltaram atrás nos acordos de compra, lançando uma sombra sobre a expansão do projeto.

Discuta em uma redação de duas páginas o conflito de valores da forma que você os avalia. O governo canadense tem direito legítimo de expropriar as terras? Reconheça que se este projeto não for construído, outras usinas elétricas serão. Como o governo canadense deve solucionar esta questão?

7.7 A Figura 7.4 mostra um balanço de energia para os Estados Unidos. Todos os valores estão no quatrilhão kJ (10^{15} kJ). O diagrama mostra como diversas fontes de energia são utilizadas, e uma grande parte de nosso orçamento energético é gasta. Verifique os números nesta figura utilizando um balanço de energia.

7.8 As hidrelétricas de Dickey e Lincoln no rio St. John em Maine foram planejadas com cuidadosa consideração para com a planta perene *Pedicularis furbishiae*, uma espécie ameaçada de extinção. Um engenheiro escrevendo para a publicação *World Oil* (janeiro de 1977, p. 5) designou esta preocupação com a *"Pedicularis furbishiae"* como um "disparate total". Com base somente nesta informação, crie um perfil ético deste engenheiro.

7.9 As grandes empresas de consultoria geralmente têm muitos escritórios e, frequentemente, a comunicação entre os escritórios não chega a ser eficiente. O engenheiro Stan, no escritório de Atlanta, é contratado por uma associação de bairro para redigir um estudo de impacto ambiental que conclui que os planos de uma empresa de petróleo privada para a construção de um complexo petroquímico afetaria o habitat de diversas espécies ameaçadas. O cliente, a associação do bairro, já revisou as versões preliminares do relatório e está planejando realizar uma coletiva de imprensa quando o relatório final for entregue. Stan recebeu uma solicitação para ir à coletiva, em sua função profissional e cobrando pelo tempo gasto para o projeto.

O engenheiro Bruce, um parceiro na firma que trabalha fora do escritório de Nova York, recebe um telefonema.

"Bruce, aqui é J. C. Octane, presidente da Bigness Oil Company. Como você bem sabe, contratamos sua firma para todos os nossos negócios e ficamos bastante satisfeitos com o seu trabalho. No entanto, existe um pequeno problema. Pretendemos construir uma refinaria na região de Atlanta e gostaríamos de tê-los como nossos engenheiros de projeto."

"Seria um prazer trabalhar novamente com vocês" responde Bruce, já contando com sua comissão de $ 1 milhão pelo projeto.

"No entanto, existe um pequeno problema", continua J. C. Octane, "Parece que um de seus engenheiros no escritório de Atlanta conduziu um estudo para um grupo de bairro que se opõe à nossa refinaria. Recebi uma versão preliminar do estudo, e pelo que compreendi o engenheiro e os líderes da organização de bairro realizarão uma coletiva de imprensa em alguns dias e concluirão que nossa refinaria resultará em um impacto ambiental desfavorável. Nem preciso dizer como ficaremos decepcionados caso isso ocorra".

Assim que Bruce desliga o telefone após conversar com J. C. Octane, liga para Stan em Atlanta.

"Stan, você precisa adiar a coletiva de imprensa a qualquer custo", grita Bruce ao telefone.

"Por quê? Está tudo pronto para acontecer", responde Stan.

"Eis o porquê: você certamente não sabia disso, mas a Bigness Oil é um dos clientes mais importantes da firma. O presidente da companhia petrolífera descobriu a respeito de seu relatório e está ameaçando recuar com todos os seus negócios se o relatório for entregue para a associação de bairro. Você precisa redigir o relatório de tal maneira a demonstrar que não haverá dano significativo algum para o meio ambiente."

"Não posso fazer isso!", admite Stan.

"Deixe-me esclarecer a situação para você, então", responde Bruce. "Ou você reescreve o relatório ou abandona o projeto e escreve uma carta para a associação do bairro, declarando que o relatório preliminar estava errado, oferecendo o reembolso de todo o dinheiro. Você não tem outra escolha!"

Será que um engenheiro de consultoria é apenas um empregado de uma firma, estando sujeito aos mandos e desmandos de seu superior, ou funciona como um profissional independente que está cooperando com outros engenheiros na firma? Qual o preço da lealdade?

Mencione todas as alternativas que Stan tem e os prováveis desdobramentos dessas ações e, em seguida, faça recomendações sobre que ação deveria adotar. Certifique-se de que você poderá justificar esta ação.

CAPÍTULO 8

ECOSSISTEMAS

Alguns dos mais fascinantes reatores imagináveis são os ecossistemas. A ecologia, tema deste capítulo, é o estudo de vegetais, animais e seu ambiente físico, ou seja, o estudo dos ecossistemas e de como a energia e os materiais se comportam nos ecossistemas.

Ecossistemas específicos são muitas vezes difíceis de definir, porque todos os vegetais e animais estão, de alguma forma, relacionados entre si. Devido à sua extrema complexidade, não é possível estudar a Terra como um ecossistema único (exceto de maneira muito rude), por isso é necessário escolher sistemas funcionalmente simples e regionalmente pequenos, tais como lagos, florestas, ou até mesmo jardins. No entanto, quando o sistema é demasiadamente limitado, existem muitíssimos processos externos acontecendo que afetam o sistema, por isso não é possível desenvolver um modelo significativo. A interação de esquilos e gaios-azuis em um alimentador de pássaros pode ser divertida de observar, mas não é muito interessante cientificamente para um ecologista, porque o ecossistema (alimentador de pássaros) é muito limitado. Existem muitos outros organismos e fatores ambientais que se tornam importantes no funcionamento do alimentador de pássaros, e estes devem ser considerados para tornar este ecossistema significativo. O problema é decidir onde parar. O quintal é grande o suficiente para ser estudado, ou o bairro inteiro deve ser incluído no ecossistema? Se este for ainda muito limitado, quais são os limites? É claro que esses limites não existem e tudo está realmente conectado a todo o resto.

Com essa ressalva, segue-se uma breve introdução ao estudo dos ecossistemas, não importando a maneira que eles sejam definidos.

8.1 FLUXOS DE ENERGIA E MATÉRIA EM ECOSSISTEMAS

Tanto a energia como a matéria fluem dentro dos ecossistemas, mas com uma diferença fundamental: o fluxo de energia ocorre apenas em uma direção, enquanto o fluxo de matéria é cíclico.

Toda a energia na Terra provém do Sol como fonte de energia luminosa. Os vegetais aprisionam essa energia através de um processo chamado *fotossíntese* e, utilizando nutrientes e dióxido de carbono, convertem a energia luminosa para energia química através da construção de moléculas de alta energia de amido, açúcar, proteínas, gorduras e vitaminas. *Grosso modo*, a fotossíntese pode ser retratada como:

$$[\text{Nutrientes}] + CO_2 \xrightarrow{\text{Sol}} O_2 + [\text{Moléculas de alta energia}].$$

Todos os organismos devem utilizar esta energia para se nutrirem e crescerem por meio de um processo chamado *respiração*:

$$[\text{Moléculas de alta energia}] + O_2 \rightarrow CO_2 + [\text{Nutrientes}].$$

Este processo de conversão é altamente ineficiente, com apenas 1,6%, aproximadamente, do total de energia disponível convertido em carboidratos por intermédio da fotossíntese.

Há três grupos principais de organismos dentro de um ecossistema. Os vegetais, por produzirem as moléculas de alta energia, são denominados *produtores*, e os animais, que utilizam essas moléculas como fonte de energia, são chamados de *consumidores*. Tanto os vegetais como os animais produzem resíduos e finalmente morrem. Esse material constitui uma reserva de matéria orgânica morta, conhecida como *detritos*, que ainda contém energia considerável (é por isso que precisamos de estações de tratamento para águas residuárias!). No ecossistema, os organismos que utilizam esses detritos são conhecidos como *decompositores*.

Este fluxo de sentido único é ilustrado na Figura 8.1. Observe que a taxa em que esta energia é extraída (simbolizada pela inclinação da linha) reduz consideravelmente sua velocidade, à medida que o nível de energia diminui, um conceito importante no tratamento de águas residuárias (Capítulo 11). Como o fluxo de energia tem sentido único (do Sol para os vegetais, de forma a ser utilizado pelos consumidores e decompositores para criar novos materiais celulares e para manutenção), a energia não é reciclada dentro de um ecossistema, conforme ilustrado pelo seguinte argumento.

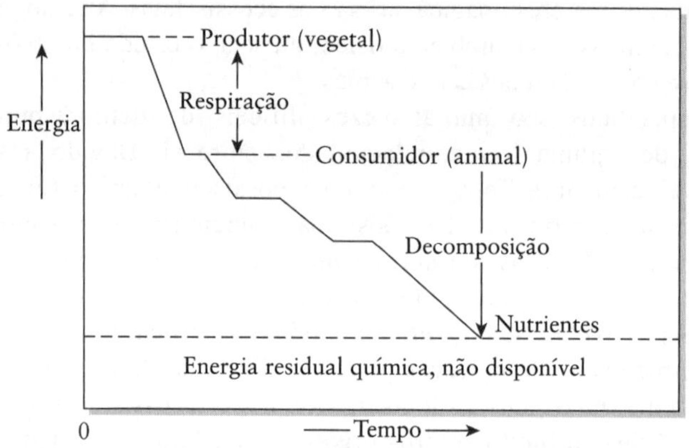

FIGURA 8.1 Perda de energia através da cadeia alimentar (de acordo com P. H. McGaughy. *Engineering management of water quality*. Nova York: McGraw-Hill, 1968).

Suponha que um vegetal receba 1.000 J de energia solar. Desse montante, 760 J são rejeitados (não absorvidos) e apenas 240 J são absorvidos. A maior parte deste total é liberada como calor, e apenas 12 J são utilizados para a produção, 7 dos quais devem ser utilizados para a respiração (manutenção) e os 5 J restantes para construir novos tecidos. Se o vegetal for ingerido por um consumidor, 90% dos 5 J são direcionados para a manutenção do animal, e apenas 10% (ou 0,5 J) vão para novos tecidos. Se este animal for, por sua vez, ingerido, então, novamente, apenas 10% (ou 0,05 J) serão utilizados para novos tecidos, e a energia restante é utilizada para manutenção. Se o segundo animal for um ser humano, então, dos 1.000 J provenientes do Sol, apenas 0,05 J ou 0,005% são utilizados para a construção de tecidos – um sistema altamente ineficiente.

Embora o fluxo de energia seja apenas unidirecional, o fluxo de nutrientes através de um ecossistema é cíclico, conforme é representado pela Figura 8.2. Começando com os materiais orgânicos mortos, ou detritos, a primeira decomposição realizada por micro-organismos produz compostos, como amônia (NH_3), dióxido de carbono (CO_2) e sulfeto de hidrogênio (H_2S) para matérias nitrogenosas, carbonáceas e sulfurosas, respectivamente. Estes produtos são, por sua vez, decompostos ainda mais, até as formas estabilizadas finais, ou integralmente oxidadas, de nitrato (NO_3^-), dióxido de carbono, sulfato (SO_4^{2-}) e fosfatos (PO_4^{3-}). O dióxido de carbono é, naturalmente, utilizado pelos vegetais como fonte de carbono, enquanto os nitratos, fosfatos e sulfatos são utilizados como nutrientes ou elementos constituintes para a formação de novos tecidos vegetais. Os vegetais morrem ou são utilizados por consumidores, que acabam morrendo também, levando-nos de volta para a decomposição.

Existem três tipos de micro-organismos decompositores: aeróbios, anaeróbios e facultativos. Os micro-organismos são classificados de acordo com o fato de requerem ou não oxigênio molecular na sua atividade metabólica, ou seja, independentemente de os micro-organismos terem ou não a capacidade de usar oxigênio dissolvido (O_2), como o *receptor de elétrons* na reação de decomposição. As equações gerais para decompositores aeróbios e anaeróbios são

$$\textit{Aeróbios:}\quad [\text{Detritos}] + O_2 \rightarrow CO_2 + H_2O + [\text{Nutrientes}]$$

$$\textit{Anaeróbios:}\quad [\text{Detritos}] \rightarrow CO_2 + CH_4 + H_2S + NH_3 + \cdots + [\text{Nutrientes}]$$

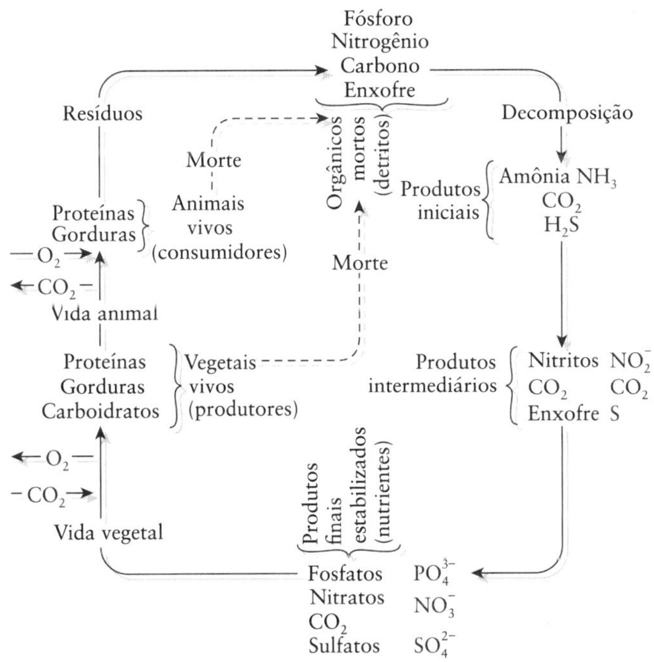

FIGURA 8.2 Ciclo aeróbio para fósforo, nitrogênio, carbono e enxofre (de acordo com P. H. McGaughy. *Engineering management of water quality*. Nova York: McGraw-Hill, 1968).

Os organismos aeróbios, obrigatoriamente, são micro-organismos que devem ter oxigênio dissolvido para sobreviver, porque utilizam o oxigênio como receptor de elétrons, portanto, em termos bastante simples, o hidrogênio dos compostos orgânicos acaba se combinando com o oxigênio reduzido para formar água, como na equação aeróbia acima. Para *organismos estritamente anaeróbios*, o oxigênio dissolvido é, na verdade, tóxico, então eles devem usar processos de decomposição anaeróbia. Nos processos anaeróbios, o receptor de elétrons é um composto inorgânico contendo oxigênio, a exemplo de sulfatos e nitratos. Os nitratos são convertidos para nitrogênio ou amônia (NH_3) e os sulfatos, para sulfeto de hidrogênio ou ácido sulfídrico (H_2S), conforme ilustrado na equação anaeróbia anterior. Os micro-organismos consideram mais fácil utilizar nitratos, portanto, este processo ocorre com mais frequência. *Micro-organismos facultativos* utilizam oxigênio quando este está disponível, mas podem utilizar reações anaeróbias se não houver oxigênio à disposição.

A decomposição efetuada pelos organismos aeróbios é muito mais completa porque alguns dos produtos finais da decomposição anaeróbia (como o nitrogênio amoniacal) não estão no seu estado final totalmente oxidado. Por exemplo, a decomposição aeróbia é necessária para oxidar o nitrogênio amoniacal para o nitrogênio nitrato totalmente oxidado (Figura 8.2). Os três tipos de micro-organismos são utilizados no tratamento de águas residuárias, conforme discutido no Capítulo 11.

Como o fluxo de nutrientes nos ecossistemas é cíclico, é possível analisar estes fluxos utilizando-se as técnicas já introduzidas para análise de fluxo de materiais:

$$\begin{bmatrix} \text{Taxa de} \\ \text{materiais} \\ \text{ACUMULADOS} \end{bmatrix} = \begin{bmatrix} \text{Taxa de} \\ \text{materiais} \\ \text{DE ENTRADA} \end{bmatrix} - \begin{bmatrix} \text{Taxa de} \\ \text{materiais} \\ \text{DE SAÍDA} \end{bmatrix} + \begin{bmatrix} \text{Taxa de} \\ \text{materiais} \\ \text{PRODUZIDOS} \end{bmatrix} - \begin{bmatrix} \text{Taxa de} \\ \text{materiais} \\ \text{CONSUMIDOS} \end{bmatrix}.$$

EXEMPLO 8.1

Problema Uma grande preocupação sobre o vasto uso de fertilizantes é a lixiviação de nitratos nas águas subterrâneas. Essa lixiviação é difícil de medir, a menos que seja possível construir um balanço de nitrogênio para um determinado ecossistema. Considere, por exemplo, o diagrama ilustrado na Figura 8.3, que representa a transferência de nitrogênio num pasto fertilizado com 34 g/m^2/ano de amônia + nitrogênio nitrato (17 + 17), ambos expressos em nitrogênio (lembre-se de que o peso atômico de N é 14 e o de H é 1,0, de modo que 17 g/m^2/ano de nitrogênio exijam a aplicação de 17 × 17/14 = 20,6 g/m^2/ano de NH_3). Qual é a taxa de lixiviação de nitrogênio no solo?

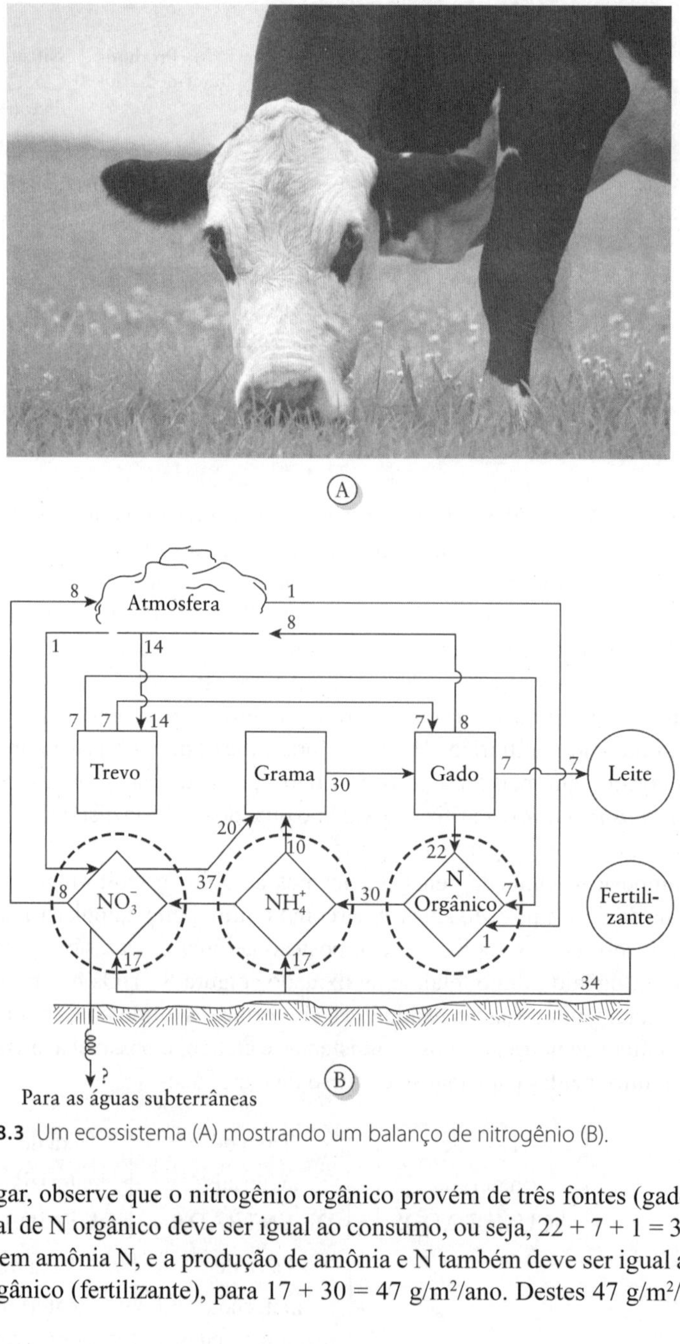

FIGURA 8.3 Um ecossistema (A) mostrando um balanço de nitrogênio (B).

Solução Em primeiro lugar, observe que o nitrogênio orgânico provém de três fontes (gado, trevos* e atmosfera). A produção total de N orgânico deve ser igual ao consumo, ou seja, 22 + 7 + 1 = 30 g/m^2/ano. O N orgânico é convertido em amônia N, e a produção de amônia e N também deve ser igual ao consumo do N orgânico e do N inorgânico (fertilizante), para 17 + 30 = 47 g/m^2/ano. Destes 47 g/m^2/ano, 10 são

* Trifolium é uma vegetação rasteira. (N.R.T.)

utilizados pela grama, deixando a diferença, 37 g/m²/ano, a ser oxidada em nitrogênio nitrato. Realizando um balanço de massas em nitrogênio nitrato e considerando g/m²/ano em estado estacionário:

$$[\text{ENTRADA}] = [\text{SAÍDA}]$$
$$37 + 17 + 1 = 8 + 20 + \text{Lixiviado}$$
$$\text{Lixiviado} = 27 \text{ g/m}^2\text{/ano.}$$

O processo pelo qual um ecossistema se mantém numa condição de estado estacionário é chamado *homeostase*. Existem, obviamente, variações dentro de um sistema, mas o efeito geral é estabilizado. Para ilustrar esta ideia, considere um ecossistema muito simples, que consista em gramas, arganazes-dos-prados e corujas, como é pictoricamente representado na Figura 8.4.

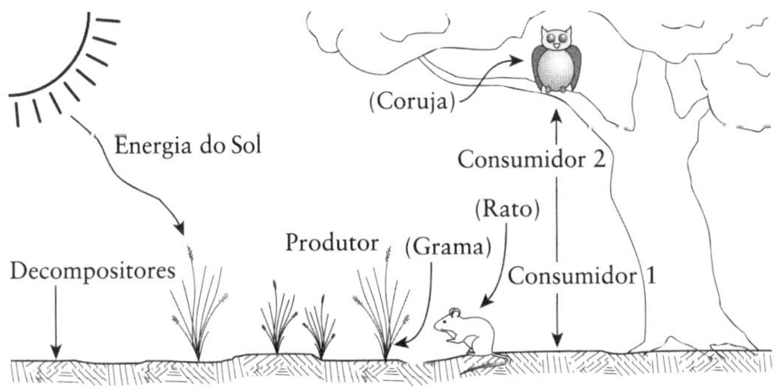

FIGURA 8.4 Um ecossistema simples. Os números indicam o nível trófico.

A grama recebe a energia do Sol, os ratos comem as sementes da grama e a coruja come o rato. Esta progressão é conhecida como *cadeia alimentar* e a interação entre os diversos organismos constitui uma *teia alimentar*. Cada organismo é classificado ocupando um *nível trófico*, dependendo de sua proximidade com os produtores. Como o rato come os vegetais, está no nível trófico 1; a coruja está no nível trófico 2. Também é possível que um gafanhoto coma a grama (nível trófico 1) e um louva-a-deus coma o gafanhoto (nível trófico 2) e um musaranho coma o louva-deus (nível trófico 3). Se a coruja devora, então, o musaranho, está representando o nível trófico 4. A Figura 8.5 ilustra esta teia alimentar em terra. As setas mostram como a energia é recebida a partir do Sol e flui através do sistema.

Se uma espécie é livre para crescer irrestrita por alimento, espaço ou predadores, seu crescimento é descrito como uma reação de primeira ordem:

$$\frac{dN}{dt} = kN$$

onde N = número de organismos de uma espécie;
k = taxa constante;
t = tempo.

Felizmente, as populações (com exceção das populações humanas!) dentro de um ecossistema são restritas pela disponibilidade de alimentos, espaço e predadores. Considerando as duas primeiras restrições, a população máxima que pode existir pode ser descrita em termos matemáticos como

$$\frac{dN}{dt} = kN - \frac{k}{K}N^2$$

em que K = população máxima possível no ecossistema. Observe que no estado estacionário, $dN/dt = 0$, portanto

$$0 = kN - \frac{k}{K}N^2$$

e

$$K = N$$

ou a população representa o máximo possível de população nesse sistema. Se, por qualquer razão, N for reduzido para menos que K, a população aumenta para, depois, atingir novamente o nível K.

Várias espécies podem, evidentemente, afetar o nível populacional de outras espécies. Suponha que existam M organismos de outra espécie que esteja competindo com as espécies de organismos N. Então, a taxa de crescimento da espécie original é expressa como

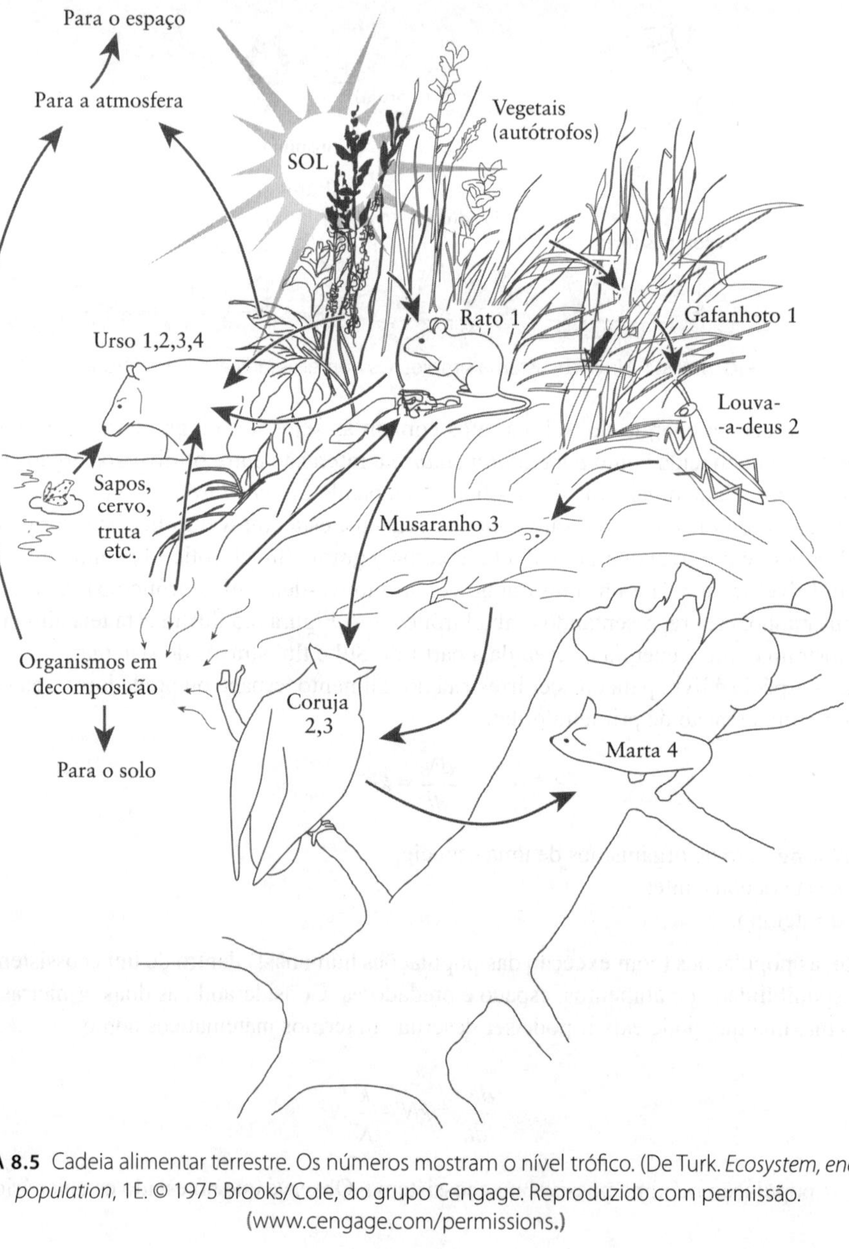

FIGURA 8.5 Cadeia alimentar terrestre. Os números mostram o nível trófico. (De Turk. *Ecosystem, energy, population*, 1E. © 1975 Brooks/Cole, do grupo Cengage. Reproduzido com permissão. (www.cengage.com/permissions.)

$$\frac{dN}{dt} = kN - \frac{k}{K}N^2 - sMN$$

onde s = constante que representa a taxa de crescimento para a espécie competitiva;
M = população da espécie competitiva.

Em outras palavras, a expressão é escrita assim:

$$\begin{bmatrix}\text{Taxa de}\\ \text{crescimento}\end{bmatrix} = \begin{bmatrix}\text{Taxa de}\\ \text{crescimento ilimitado}\end{bmatrix} - \begin{bmatrix}\text{Efeitos do}\\ \text{autopovoamento}\end{bmatrix} - \begin{bmatrix}\text{Efeitos}\\ \text{competitivos}\end{bmatrix}.$$

Se s for pequeno, então as duas espécies devem ser capazes de existir. Se a primeira espécie de população N não for influenciada pela superpopulação, consequentemente, a concorrência entre as espécies competitivas será capaz de manter a população sob controle.

Observe isso novamente no estado estacionário ($dN/dt = 0$):

$$N = K\left[1 - \frac{Ms}{k}\right].$$

De modo que, se $M = 0$, $N = K$.

A competição em um ecossistema ocorre em nichos. Um *nicho* é a melhor acomodação de um animal ou um vegetal com o seu ambiente, em que ele pode existir de forma mais proveitosa na teia alimentar. Voltando ao simples exemplo da grama/rato/coruja, cada um dos participantes ocupa um nicho na cadeia alimentar. Se houver mais de um tipo de grama, cada uma pode ocupar um nicho muito semelhante, mas sempre haverá diferenças extremamente importantes. Dois tipos de trevo, por exemplo, podem parecer, à primeira vista, ocupar o mesmo nicho, até que seja reconhecido que uma espécie desabrocha precocemente e a outra, no final do verão; portanto, eles não competem diretamente.

Quanto maior o número de organismos disponíveis para ocupar diferentes nichos dentro da teia alimentar, mais estável é o sistema. Se, no exemplo anterior, a única espécie de grama morre em razão de uma seca ou doença, os ratos não teriam comida, e, assim como a coruja, morreriam de fome. Se, no entanto, houvesse *duas* gramíneas, cada uma das quais o rato poderia utilizar como fonte alimentar (ou seja, se as duas preenchessem quase o mesmo nicho em relação às necessidades do rato), a morte de uma grama não resultaria no colapso do sistema. Este sistema é, portanto, mais estável, porque pode suportar perturbações sem sofrer colapsos. Exemplos de ecossistemas muito estáveis são os estuários e as florestas tropicais, ao passo que ecossistemas instáveis incluem a tundra do norte e as profundezas dos oceanos.

Algumas das perturbações para os ecossistemas são naturais (tome por base a destruição provocada pela erupção do Monte St. Helens, no Estado de Washington), enquanto muitas outras são causadas por atividades humanas. Os seres humanos têm, evidentemente, afetado negativamente os ecossistemas em pequena escala (córregos e lagos) e em grande escala (global). As ações do homem podem ser consideradas como *dominação* da natureza (como no Gênesis I), e essa ideia gerou uma nova abordagem filosófica para a ética ambiental – o *ecofeminismo*.

O ecofeminismo é "a posição de que existem importantes ligações – históricas, simbólicas e teóricas – entre a dominação sobre as mulheres e a dominação sobre a natureza não humana".[1] A premissa básica é que deve ser possível construir um ambiente ético melhor, integrando nele, por analogia, os problemas da dominação dos homens sobre as mulheres.

Se a ciência é o principal meio de compreensão do ambiente, os ecofeministas argumentam que a ciência deve ser transformada pelo feminismo. Como as mulheres tendem a ser mais protetoras e atenciosas, esta experiência pode nos levar ao relacionamento com nossa compreensão sobre o ambiente. Eles alegam que toda a ideia de dominação da natureza e a indiferença para com esta devem mudar. O ecofeminismo concentra-se na ética do cuidado, em oposição à ética da justiça, e, por isso, significa prevenir muitos dos problemas inerentes à aplicação do pensamento ético clássico ao meio ambiente. O sofrimento dos animais, por exemplo, não é um problema filosófico para os ecofeministas, porque o cuidado para com todas as criaturas é o que importa.

Com frequência, os ecofeministas invocam a dimensão espiritual ao afirmarem que a Terra sempre foi concebida como feminina (Mãe Terra e Mãe Natureza) e que a dominação das mulheres pelos homens tem um impressionante paralelo com a dominação da Terra. Mas, essa semelhança não prova uma ligação. Além disso, ao longo dos anos as mulheres têm, muitas vezes, participado da destruição da natureza com o mesmo vigor que os homens. Essa destruição parece ser uma característica humana, e não necessariamente uma característica masculina.

8.2 INFLUÊNCIA HUMANA NOS ECOSSISTEMAS

Provavelmente a maior diferença entre as pessoas e todos os outros seres vivos e mortos do ecossistema global é que as pessoas são imprevisíveis. Todas as outras criaturas agem de acordo com regras bem estabelecidas. Formigas constroem colônias de formigas, por exemplo. Elas sempre fazem isso. Pensar sobre uma formiga que, de repente, decide querer ir para a Lua ou escrever um romance é ridículo. Porém as pessoas, criaturas que fazem parte do ecossistema global tanto como as formigas, podem tomar decisões imprevisíveis, como desenvolver pesticidas clorados, jogar bombas nucleares ou até mesmo alterar o clima global. De uma perspectiva puramente ecológica, somos realmente diferentes – e assustadores.

A seguir estão algumas das formas mais evidentes de como os imprevisíveis seres humanos podem afetar os ecossistemas.

8.2.1 Efeito de pesticidas em um ecossistema

A utilização em grande escala de agrotóxicos para o controle de organismos indesejáveis começou durante a Segunda Guerra Mundial com a invenção e a ampla utilização do primeiro pesticida orgânico eficaz, o DDT. Antes disso, o arsênio e outros produtos químicos eram empregados como pesticidas agrícolas, mas o alto custo desses produtos químicos e sua toxicidade para o homem limitaram seu uso. No entanto, o DDT era barato, duradouro e eficaz, e não parecia causar danos aos seres humanos. Muitos anos mais tarde, foi descoberto que o DDT se decompõe muito lentamente, é armazenado no tecido adiposo dos animais e facilmente transferido de um organismo para outro através da cadeia alimentar. À medida que se move pela cadeia alimentar, é *biomagnificado*, ou seja, concentra-se ao passo que os níveis tróficos aumentam*. Por exemplo, a concentração de DDT em uma cadeia alimentar estuarina é apresentada na Tabela 8.1. Observe que o fator de concentração de DDT no nível de água para as aves maiores é de cerca de 500.000. Como resultado dessas concentrações muito elevadas de DDT (e, subsequentemente, também de outros pesticidas à base de hidrocarbonetos clorados), uma série de aves encontra-se à beira da extinção, porque o DDT afeta o seu metabolismo de cálcio, resultando em ovos produzidos com cascas muito finas (e facilmente quebráveis).

TABELA 8.1 Resíduos de DDT em uma teia alimentar estuarina.

	Resíduos DDT (ppm)
Água	0,00005
Plâncton	0,04
Vairões	0,23
Lúcio (peixe predador)	1,33
Garça-real (alimenta-se de pequenos animais)	3,57
Gaivota prateada (detritívoro)	6,00
Merganso (pato que se alimenta de peixes)	22,8

Fonte: Dados de Woodell, G. M. et al. *Science*, n. 156, p. 821–824, 1967.

* A chamada bioacumulação ou amplificação biológica. (N.R.T.)

As pessoas, de fato, ocupam o topo da cadeia alimentar, portanto seria de esperar que tivessem níveis muito elevados de DDT. Como é impossível relacionar o DDT diretamente com qualquer doença humana grave, o aumento dos níveis humanos de DDT durante muitos anos não foi uma área de interesse da saúde pública. Mais recentemente, os efeitos sutis de produtos químicos como o DDT nos sistemas de reprodução humana passaram a ter destaque e a preocupação pública finalmente forçou que o DDT fosse proibido, quando se descobriu que o leite humano que alimenta os recém-nascidos, com frequência, continha de quatro a cinco vezes o conteúdo admissível de DDT para o transporte interestadual de leite de *vaca*!

Um exemplo interessante de como o DDT pode causar a perturbação de um ecossistema ocorreu em um vilarejo remoto em Bornéu. Um funcionário da Organização Mundial da Saúde, na tentativa de melhorar a saúde da população, aspergiu DDT no interior das cabanas de palha, a fim de matar moscas, que ele temia poder transmitir doenças. As moscas que estavam morrendo foram presas fáceis para as pequenas lagartixas que vivem no interior da palhoça e que se alimentam destes insetos. A grande dose de DDT, no entanto, deixou as lagartixas doentes, e elas, por sua vez, viraram presas dos gatos do vilarejo. Como os gatos começaram a morrer, o vilarejo foi invadido por ratos, que eram suspeitos de serem portadores de peste bubônica. Como resultado, gatos vivos foram transportados para o vilarejo a fim de tentar restabelecer o equilíbrio perturbado por um oficial de saúde bem-intencionado.[2]

8.2.2 Efeito de nutrientes em um ecossistema de lagos

Os lagos representam um segundo exemplo de ecossistema afetado pelas pessoas. Um modelo de ecossistema de lago é apresentado na Figura 8.6. Observe que os produtores (algas) recebem a energia do Sol e, através do processo de fotossíntese, produzem biomassa e oxigênio. Como os produtores (as algas) recebem a energia do Sol, obviamente devem ser restringidos à superfície das águas do lago. Peixes e outros animais também existem, sobretudo na superfície da água, porque grande parte dos alimentos está ali, porém alguns detritívoros estão no fundo. Os decompositores habitam, principalmente, as águas profundas, porque estas são a fonte de seus alimentos (os detritos).

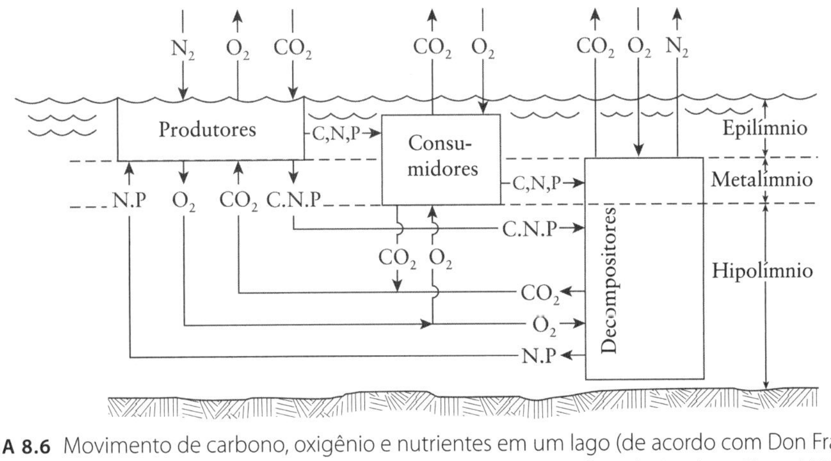

FIGURA 8.6 Movimento de carbono, oxigênio e nutrientes em um lago (de acordo com Don Francisco, Departamento de Ciência e Engenharia Ambiental, University of North Carolina, Chapel Hill).

Através da fotossíntese, as algas utilizam nutrientes e dióxido de carbono para a produção de moléculas de alta energia e oxigênio. Os consumidores, incluindo peixes, plâncton e muitos outros organismos, utilizam oxigênio, produzem CO_2 e transferem os nutrientes para os decompositores na forma de matéria orgânica morta. Os decompositores, incluindo os detritívoros, tais como vermes e diversos tipos de micro-organismos, reduzem o nível de energia ainda mais, pelo processo de respiração, utilizando oxigênio e produzindo dióxido de carbono. Os nutrientes, nitrogênio e fósforo* (bem como outros nutrientes, frequentemente chamados micronutrientes), são, então, novamente utilizados pelos produtores.

* Os chamados macronutrientes. (N.R.T.)

Alguns tipos de algas são capazes de assimilar nitrogênio da atmosfera, enquanto alguns decompositores produzem nitrogênio amoniacal que borbulha. (Essa discussão é consideravelmente simplificada em relação ao que realmente ocorre em um ecossistema aquático. Para uma representação mais exata de tais sistemas, consulte qualquer obra recente sobre ecologia aquática.)

O único elemento de grande importância, que não entra no sistema a partir da atmosfera, é o fósforo. Determinada quantidade de fósforo é reciclada a partir dos decompositores de volta para os produtores. O fato de que apenas certa quantidade de fósforo esteja disponível para o ecossistema limita a taxa de atividade metabólica. Se não fosse pela quantidade limitada de fósforo, a atividade metabólica do sistema poderia acelerar e, por fim, iria se autodestruir, pois todos os outros produtos químicos (e a energia) estariam em oferta abundante. Para que o sistema permaneça em homeostase (estado estacionário), alguns dos principais componentes, neste caso, fósforo, devem limitar a taxa de atividade metabólica, agindo como um freio no processo*.

Considere agora o que ocorreria se uma fonte externa de fósforo, como o escoamento de fertilizantes da agricultura ou os efluentes de uma estação de tratamento de águas residuais, fossem introduzidos. O freio no sistema seria liberado e as algas começariam a se reproduzir em uma taxa mais elevada, resultando em uma produção maior de alimentos para os consumidores, que, por sua vez, cresceriam em uma taxa superior. Toda esta atividade produziria quantidades cada vez maiores de matéria orgânica morta para os decompositores, que se multiplicariam muito.

Infelizmente, a matéria orgânica morta é distribuída por todo o corpo de água (como apresentado na Figura 8.6), enquanto as algas, que produzem o oxigênio necessário para que a decomposição aconteça, só vivem perto da superfície do lago, onde há luz solar. Outra oferta de oxigênio para os decompositores é a atmosfera, também na superfície da água. O oxigênio, portanto, deve percorrer o lago até o fundo para abastecer os decompositores aeróbios. Se a água for bem misturada, este processo não oferecerá muita dificuldade, mas, infelizmente, a maioria dos lagos é termicamente estratificada e não misturada em toda a profundidade, por isso, não é possível que uma quantidade suficiente de O_2 seja transportada rapidamente até o fundo do lago.

A razão para essa estratificação é apresentada na Figura 8.7. No inverno, com gelo na superfície, a temperatura dos lagos setentrionais é de aproximadamente 4 °C, temperatura em que a água é mais densa. Em climas mais quentes, onde não se forma gelo, as águas mais profundas ainda se encontram, normalmente, nessa temperatura. Na primavera, a superfície da água começa a ficar aquecida e, por um tempo, a água em todo o lago tem aproximadamente a mesma temperatura. Por um breve momento, é possível que o vento produza uma mistura que pode se propagar até o fundo. Quando chega o verão, no entanto, as águas mais profundas e densas permanecem no fundo, enquanto a superfície da água continua quente, produzindo um gradiente bastante acentuado e três seções distintas: *epilímnio*, *metalímnio* e *hipolímnio*. O ponto de inflexão é denominado *termoclina*. Nessa condição, o lago é termicamente estratificado, portanto, não há mistura entre os três estratos. Durante essa estação, quando se pode esperar uma atividade metabólica maior, o oxigênio chega ao fundo apenas por difusão. Á medida que o inverno se aproxima e as águas superficiais esfriam, é possível que a parte superior da água esfrie o suficiente para se tornar mais densa do que a parte inferior, e ocorre uma *virada de outono*, uma mistura completa. Durante o inverno, quando a água superficial está novamente mais leve, o lago é mais uma vez estratificado.

Nos lagos estratificados com o aumento da oferta de alimentos, a demanda de oxigênio pelos decompositores cresce e finalmente ultrapassa a oferta. Os decompositores aeróbios morrem e são substituídos por formas anaeróbias, que produzem grandes quantidades de biomassa e decomposição incompleta. Finalmente, com uma oferta de fósforo cada vez maior, todo o lago torna-se anaeróbio, a maioria dos peixes morre e as algas ficam concentradas bem na superfície da água, formando tapetes de algas verdes viscosas, processo este denominado *proliferação de algas*. Com o tempo, o lago se enche de matéria orgânica morta e apodrecida, o que resulta no aparecimento de uma turfeira**.

* O chamado nutriente limitante. (N.R.T.)

** Um ambiente pantanoso. (N.R.T.)

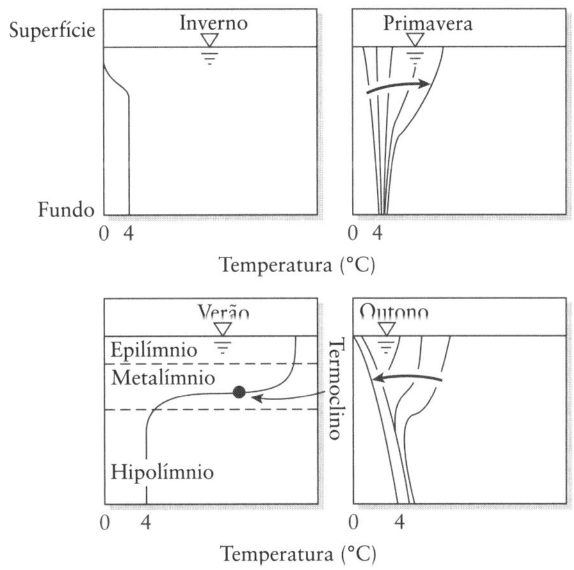

FIGURA 8.7 Perfis de temperatura em um lago de clima temperado.

Este processo é denominado *eutrofização*. É, na verdade, um fenômeno que ocorre naturalmente, porque todos os lagos recebem alguns nutrientes adicionais do ar e por escoamento superficial. A eutrofização natural é, no entanto, normalmente muito lenta, medida em milhares de anos antes de ocorrerem grandes mudanças. O que as pessoas têm conseguido, evidentemente, é acelerar esse processo com a introdução de grandes quantidades de nutrientes, resultando na *eutrofização acelerada*. Assim, um ecossistema aquático que poderia ter sido mantido essencialmente em estado estacionário (homeostase), foi perturbado, resultando em uma condição indesejável.

Incidentalmente, o processo de eutrofização pode ser revertido através da redução de fluxo de nutrientes em um lago, e com a lavagem ou dragagem do fósforo, extraindo-o ao máximo possível, entretanto, esta é uma proposta de alto custo.

8.2.3 Efeito de resíduos orgânicos em um ecossistema de águas correntes

A principal diferença entre um rio e um lago é que o primeiro é continuamente lavado pelas águas. Os rios, a menos que sejam excepcionalmente lentos, são, portanto, muito raramente eutrofizados*. O rio pode, de fato, ser caracterizado hidraulicamente como um reator de fluxo a pistão, conforme ilustrado na Figura 8.8. O pistão de água se move a jusante, na velocidade do fluxo, e as reações que ocorrem neste pistão podem ser analisadas.

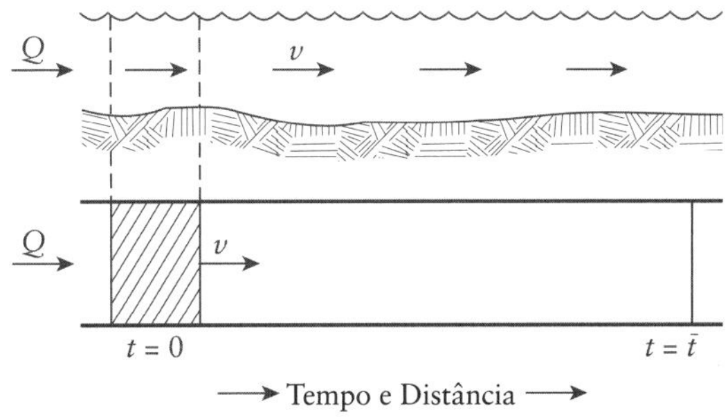

FIGURA 8.8 Um rio que funciona como um reator de fluxo a pistão.

* Esta é uma das características dos chamados ambientes lóticos, ou seja, de água corrente. (N.R.T.)

Semelhante aos lagos, a reação de maior interesse na poluição de rios é a depleção de oxigênio. Considerando o pistão como uma caixa-preta e um reator completamente misturado, é possível escrever um balanço dos materiais em termos de oxigênio como

$$\begin{bmatrix}\text{Taxa de}\\ \text{oxigênio}\\ \text{ACUMULADO}\end{bmatrix} = \begin{bmatrix}\text{Taxa de}\\ \text{oxigênio}\\ \text{DE ENTRADA}\end{bmatrix} - \begin{bmatrix}\text{Taxa de}\\ \text{oxigênio}\\ \text{DE SAÍDA}\end{bmatrix}$$

$$+ \begin{bmatrix}\text{Taxa de}\\ \text{oxigênio}\\ \text{PRODUZIDO}\end{bmatrix} - \begin{bmatrix}\text{Taxa de}\\ \text{oxigênio}\\ \text{CONSUMIDO}\end{bmatrix}.$$

Como esta não é uma situação de estado estacionário, o primeiro termo não é nulo. O "oxigênio DE ENTRADA" na "caixa-preta" (o fluxo) denomina-se *reoxigenação* e, neste caso, consiste na difusão da atmosfera. Não existe "oxigênio DE SAÍDA" porque a água não está saturada com oxigênio. Se o fluxo for rápido e as algas não tiverem tempo para crescer, não haverá "oxigênio PRODUZIDO" algum. O oxigênio utilizado pelos micro-organismos na respiração é denominado *desoxigenação* e representado pelo termo "oxigênio CONSUMIDO". A acumulação, como antes, é expressa como uma equação diferencial, então

$$\frac{dC}{dt} = \begin{bmatrix}\text{Taxa de } O_2 \text{ DE ENTRADA}\\ \text{(reoxigenação)}\end{bmatrix} - 0 + 0 - \begin{bmatrix}\text{Taxa de } O_2 \text{ CONSUMIDO}\\ \text{(desoxigenação)}\end{bmatrix}$$

em que C = concentração de oxigênio, mg/L.

Tanto a reoxigenação como a desoxigenação podem ser descritas como reações de primeira ordem. A taxa de utilização de oxigênio, ou desoxigenação, pode ser expressa como

$$\text{taxa de desoxigenação} = -k_1 C$$

onde k_1 = constante de desoxigenação, uma função do tipo de material residuário que está se decompondo, temperatura etc., dias^{-1};
C = quantidade de oxigênio por unidade de volume necessária para a decomposição, medida em mg/L.

O valor de k_1, a constante de desoxigenação, é medido no laboratório pelo uso de técnicas analíticas discutidas no próximo capítulo. No Capítulo 9, C é definido como a diferença entre a demanda bioquímica de oxigênio (DBO), em qualquer momento t e a demanda DBO final. Por enquanto, considere C como o oxigênio necessário pelos micro-organismos, em qualquer tempo, para completar a decomposição. Se C for alto, a taxa de utilização de oxigênio é grande.

A reoxigenação da água pode ser expressa como

$$\text{taxa de reoxigenação} = k_2 D$$

onde D = déficit no oxigênio dissolvido (OD), ou a diferença entre a saturação (máximo de oxigênio dissolvido que a água pode manter) e o OD real, mg / L;
k_2 = constante de reoxigenação, dias^{-1}.

A água pode manter somente uma quantidade limitada de um gás; a quantidade de oxigênio que pode ser dissolvida em água depende da temperatura da água, pressão atmosférica e concentração de sólidos dissolvidos. O nível de saturação de oxigênio em água deionizada* em uma atmosfera e em diferentes temperaturas é ilustrado na Tabela 8.2. O valor da k_2 é obtido pela realização de um estudo sobre fluxo com o

* O termo "deionizado" caracteriza o processo de remoção total de íons presentes na água por meio de resinas catiônicas e aniônicas. (N.R.T.)

uso de traçadores, utilizando equações empíricas que incluem as condições da corrente, ou utilizando-se tabelas que descrevem vários tipos de correntes (Tabela 8.3).

As constantes podem ser ajustadas para a temperatura utilizando.[3]

$$k_1' = k_1 (1{,}135)^{T-20}$$

$$k_2' = k_2 (1{,}024)^{T-20}$$

onde T = temperatura da água em ºC.

TABELA 8.2 Solubilidade do oxigênio em água doce a 1 atm*

Temperatura (ºC)	Oxigênio dissolvido (mg/L)	Temperatura (ºC)	Oxigênio dissolvido (mg/L)
0	14,60	23	8,56
1	14,19	24	8,40
2	13,81	25	8,24
3	13,44	26	8,09
4	13,09	27	7,95
5	12,75	28	7,81
6	12,43	29	7,67
7	12,12	30	7,54
8	11,83	31	7,41
9	11,55	32	7,28
10	11,27	33	7,16
11	11,01	34	7,05
12	10,76	35	6,93
13	10,52	36	6,82
14	10,29	37	6,71
15	10,07	38	6,61
16	9,85	39	6,51
17	9,65	40	6,41
18	9,45	41	6,31
19	9,26	42	6,22
20	9,07	43	6,13
21	8,90	44	6,04
22	8,72	45	5,95

* Para pressões atmosféricas menores que 1 atm, a concentração de oxigênio dissolvido precisa ser reduzida por ter menos pressão para transferir o oxigênio na água. Os fatores de correção estão disponíveis.

TABELA 8.3 Constantes de reoxigenação empíricas

	k_2 a 20 ºC ($dias^{-1}$)
Pequenos córregos	0,10–0,23
Pequenos rios com baixa velocidade	0,23–0,35
Grande rios, velocidade lenta	0,35–0,46
Grandes rios, velocidade normal	0,46–0,69
Rios muito rápidos	0,69–1,15
Corredeiras	1,15

Em um rio com matéria orgânica, a ação simultânea de reoxigenação e desoxigenação formam o que se denomina *curva do oxigênio dissolvido* (ou *OD*), descrita pela primeira vez por Streeter e Phelps em 1925.[4] A forma da curva do oxigênio dissolvido, como mostra a Figura 8.9, é o resultado da soma da taxa de uso do oxigênio (consumo) e da taxa de fornecimento (reoxigenação). Se a taxa de utilização for grande, como no trecho do rio imediatamente após a introdução de uma poluição orgânica, o nível de oxigênio dissolvido cai porque a taxa de fornecimento não pode acompanhar o uso de oxigênio, criando um déficit. O déficit (D) é definido como diferença entre a concentração de oxigênio nas águas do rio (C) e a quantidade total de oxigênio que a água *poderia* conter, ou saturação (S), isto é:

$$D = S - C \tag{8.1}$$

onde D = déficit de oxigênio, mg/L;
S = nível de saturação de oxigênio na água (o máximo de oxigênio que pode conter), mg/L;
C = concentração de oxigênio dissolvido na água, mg/L.

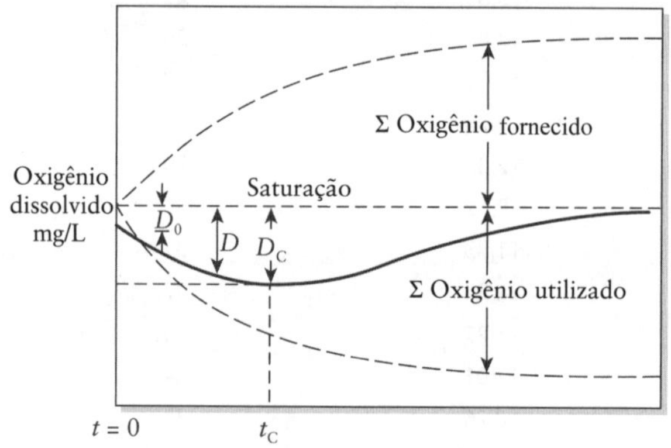

FIGURA 8.9 A curva do oxigênio dissolvido em um rio é a diferença entre o oxigênio utilizado e oxigênio fornecido.

Após a alta taxa inicial de decomposição, quando o material prontamente degradado é utilizado pelos micro-organismos, a taxa de utilização de oxigênio diminui, porque somente os materiais que menos facilmente se decompõem permanecem. Com o uso de tanto oxigênio, o déficit (diferença entre a saturação de oxigênio e o nível real de oxigênio dissolvido) é grande, mas o fornecimento de oxigênio da atmosfera é alto e, finalmente, começa a acompanhar a utilização; portanto, o déficit começa a ser reduzido. Por fim, o oxigênio dissolvido, mais uma vez, atinge os níveis de saturação, criando a curva de oxigênio dissolvido.

Este processo pode ser descrito em termos de reações consecutivas (Capítulo 5), da taxa de utilização de oxigênio e da taxa de reabastecimento de oxigênio, e pode ser expressa como:

$$\frac{dD}{dt} = k_1 z - k_2 D$$

em que z é a quantidade de oxigênio ainda necessária pelos micro-organismos que estão decompondo a matéria orgânica. A taxa de variação do déficit (D) depende da concentração de matéria orgânica a ser decomposta, ou da necessidade restante de oxigênio para os micro-organismos (z), e do déficit, em qualquer tempo t. Como será explicado mais detalhadamente no próximo capítulo, a demanda de oxigênio, em qualquer tempo t, pode ser expressa como

$$z = Le^{-k_1 t}$$

onde L = demanda final de oxigênio, ou o máximo de oxigênio necessário, mg/L.

Conforme apresentado no Capítulo 5, substituindo esta na expressão anterior e realizando a integração, obtemos a equação do déficit de Streeter-Phelps:

$$D = \frac{k_1 L_0}{k_2 - k_1}\left(e^{-k_1 t} - e^{-k_2 t}\right) + D_0 e^{-k_2 t} \tag{8.2}$$

onde D = déficit de oxigênio em qualquer tempo t, mg/L;
D_0 = déficit de oxigênio imediatamente abaixo da localização da descarga de poluentes, mg/L;
L_0 = demanda final de oxigênio imediatamente abaixo da localização da descarga de poluentes, mg/L.

A maior preocupação quanto à qualidade da água é, naturalmente, o ponto na corrente em que o déficit é maior, ou seja, onde a concentração do oxigênio dissolvido é mínima. Ao definir $dD/dt = 0$ (em que a curva do oxigênio dissolvido se achata e começa a subir), é possível encontrar o momento crítico a partir de

$$t_c = \frac{1}{k_2 - k_1} ln\left[\frac{k_2}{k_1}\left(1 - \frac{D_0(k_2 - k_1)}{k_1 L_0}\right)\right] \tag{8.3}$$

onde t_c = tempo a jusante em que o oxigênio dissolvido tem a menor concentração.

EXEMPLO 8.2

Problema Um grande rio tem uma constante de reoxigenação constante de 0,4 dia^{-1} e uma velocidade de 0,85 m/s. No momento em que um poluente orgânico é descarregado, está saturado com oxigênio a 10 mg/L (D_0 = 0). A jusante da descarga, a demanda final por oxigênio se encontra em 20 mg/L, e a constante de desoxigenação é de 0,2 dia^{-1}. Qual é o oxigênio dissolvido em 48,3 km a jusante da descarga do poluente orgânico?

Solução Velocidade = 0,85 m/s, portanto leva

$$\frac{48,3 \times 10^3 \text{ m}}{0,85 \text{ m/s}} = 56,8 \times 10^3 \text{ s} = 0,66 \text{ d}$$

para percorrer os 48,3 km.

Usando a equação de déficit de Streeter–Phelps (Equação 8.2):

$$D = \frac{(0,2 \text{ d}^{-1})(20 \text{ mg/L})}{(0,4 \text{ d}^{-1}) - (0,2 \text{ d}^{-1})}\left(e^{-0,2 \text{ d}^{-1}(0,66 \text{ d})} - e^{-0,4 \text{ d}^{-1}(0,66 \text{ d})}\right) + 0$$

$$D = 2,2 \text{ mg/L}.$$

Se o rio, em 48,3 km a jusante, ainda está saturado com oxigênio dissolvido a 10 mg/L, então o teor de oxigênio dissolvido em 48,3 km é (Equação 8.1) 10 − 2,2 = 7,8 mg/L.

Nem sempre o pressuposto inerente feito no Exemplo 8.2 é verdadeiro – a de que o volume de poluentes do fluxo é muito pequeno quando comparado com a vazão do rio e, assim, o primeiro déficit no rio a jusante é o mesmo que a montante da descarga. É mais preciso calcular o déficit com a execução de um balanço dos materiais sobre o pistão em t = 0, supondo que, dentro deste pistão, os dois fluxos de entrada são bem misturados. A Figura 8.10 mostra que a vazão da corrente e sua concentração de oxigênio dissolvido são Q_s e C_s, respectivamente, e a poluição tem um fluxo e quantidade de oxigênio dissolvido Q_p e C_p. Desse modo, um balanço de fluxo do volume fornece a equação

$$[\text{ENTRADA}] = [\text{SAÍDA}]$$

$$Q_s + Q_p = Q_0$$

onde Q_s = fluxo a montante;
Q_s = fluxo da fonte de poluição;
Q_s = fluxo a jusante.

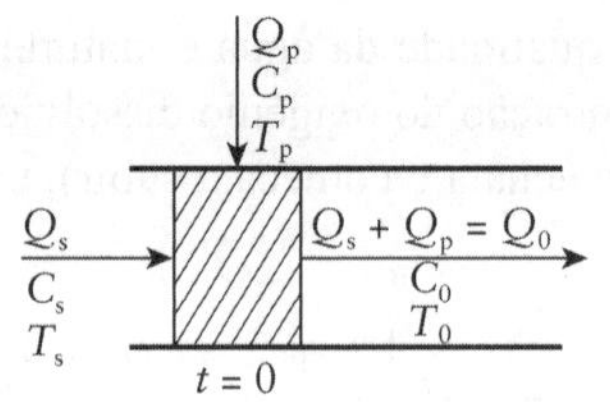

FIGURA 8.10 A concentração de oxigênio no fluxo a jusante da fonte de poluição é uma combinação da concentração de oxigênio no fluxo a montante da descarga (C_s) e da concentração de oxigênio no fluxo de poluição (C_p).

E, de acordo com o Capítulo 3, Massa = Volume × Concentração, de modo que o balanço em termos de massa de oxigênio pode ser escrito como

$$Q_s C_s + Q_p C_p = Q_0 C_0$$

em que C_0 = concentração de oxigênio dissolvido na corrente imediatamente a jusante da confluência da poluição. De forma rearranjada:

$$C_0 = \frac{Q_s C_s + Q_p C_p}{Q_s + Q_p}. \tag{8.4}$$

Observe que isso leva em conta a mistura perfeita na fonte de poluição, uma hipótese não muito realista, principalmente se o rio for largo e de baixa velocidade. Neste texto, ignoramos esses problemas.

Uma vez que C_0 seja determinado, a temperatura da água é calculada utilizando-se a Equação 7.1 (um balanço material da temperatura):

$$T_0 = \frac{Q_s T_s + Q_p T_p}{Q_s + Q_p} \tag{8.5}$$

e o valor da saturação S_0 em T_0 se encontra na Tabela 8.2. O déficit inicial é, então, calculado como

$$D_0 = S_0 - C_0. \tag{8.6}$$

A curva do oxigênio dissolvido que incorpora o efeito do fluxo de poluição sobre o déficit inicial D_0 é apresentada na Figura 8.11.

O rio também pode ter uma demanda de oxigênio no ponto de lançamento da fonte poluidora. Pressupondo novamente uma mistura completa, a demanda de oxigênio a jusante deve ser calculada como

$$L_0 = \frac{L_s Q_s + L_p Q_p}{Q_s + Q_p} \tag{8.7}$$

onde L_0 = demanda final de oxigênio imediatamente a jusante, mg/L;
L_s = demanda final de oxigênio da corrente imediatamente a montante, mg/L;
L_p = demanda final de oxigênio da descarga de poluentes, mg/L.

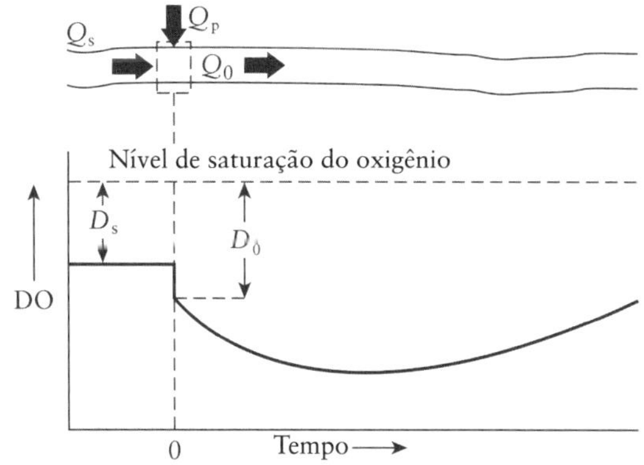

FIGURA 8.11 O déficit inicial D_0 é influenciado pelo déficit no fluxo de poluição de entrada.

EXEMPLO 8.3

Problema Suponha que o fluxo de poluentes orgânicos no Exemplo 8.2 tenha uma concentração de oxigênio dissolvido de 1,5 mg/L, um fluxo de 0,5 m³/s, com uma temperatura de 26 °C e uma demanda bioquímica final de oxigênio (DBO) de 48 mg/L. A vazão do rio é de 2,2 m³/s, a uma concentração de oxigênio dissolvido saturada, uma temperatura de 12 °C e uma DBO final de 13,6 mg/L. Calcule a concentração do oxigênio dissolvido a 48,3 km a jusante.

Solução A partir da Tabela 8.2, S = 10,8 mg/L a 12 °C; como o rio está saturado, $S = C_s$, portanto, utilizando as Equações 8.4 e 8.5

$$C_0 = \frac{Q_s C_s + Q_p C_p}{Q_s + Q_p} = \frac{2{,}2\ \text{m}^3/s(10{,}8\ \text{mg}/L) + 0{,}5\ \text{m}^3/s(1{,}5\ \text{mg}/L)}{(2{,}2 + 0{,}5)\ \text{m}^3/s} = 9{,}1\ \text{mg}/L$$

$$T_0 = \frac{Q_s T_s + Q_p T_p}{Q_s + Q_p} = \frac{2{,}2\ \text{m}^3/s(12\ °\text{C}) + 0{,}5\ \text{m}^3/s(26\ °\text{C})}{(2{,}2 + 0{,}5)\ \text{m}^3/s} = 14{,}6\ °\text{C}.$$

Em T_0 = 14,6 °C, S_0 = 10,2 mg/L da Tabela 8.2, utilizando assim a Equação 8.6

$$D_0 = S_0 - C_0 = 10{,}2 - 9{,}1 = 1{,}1\ \text{mg/L}.$$

Utilizando a Equação 8.7, a DBO final na corrente imediatamente a jusante é

$$L_0 = \frac{L_s Q_s + L_p Q_p}{Q_s + Q_p} = \frac{13{,}6\ \text{mg / L}(2{,}2\ \text{m}^3/\text{s}) + 48\ \text{mg / L}(0{,}5\ \text{m}^3/\text{s})}{(2{,}2 + 0{,}5)\ \text{m}^3/\text{s}} = 20\ \text{mg/L}.$$

Utilizando a Equação de Streeter–Phelps (Equação 8.2), o déficit a 48,3 km a jusante é, então,

$$D = \frac{k_1 L_0}{k_2 - k_1}(e^{-k_1 t} - e^{-k_2 t}) + D_0(e^{-k_2 t})$$

calculado como:

$$D = \frac{0{,}2\ \text{d}^{-1}(20\ \text{mg/L})}{(0{,}4 - 0{,}2)\ \text{d}^{-1}}(e^{-0{,}2\,d^{-1}(0{,}66\,d)} - e^{0{,}4\,d^{-1}(0{,}66\,d)})$$
$$+ 1{,}1\ \text{mg/L}(e^{-0{,}4\,d^{-1}(0{,}66\,d)}) = 3{,}0\ \text{mg/L}.$$

Novamente, presumindo que a temperatura a 48,3 km a jusante ainda seja T_0 (14,6 °C), e não haja vazão adicional (Equação 8.1), $C = S - D = 10{,}2 - 3{,}0 = 7{,}2$ mg/L.

O motivo para calcular o oxigênio dissolvido (OD) é determinar se os organismos conseguirão sobreviver na água, é claro. Um peixe consegue sobreviver a um nível de 7,2 mg/L de OD? A resposta é sim. O nível ideal de OD depende da espécie do peixe (em especial se ele vive em águas frias ou mornas) e de uma variedade de outros fatores (por exemplo, idade do animal, nível de atividade e tamanho). No entanto, os peixes geralmente morrem quando o OD cai para 2 ou 3 mg/L. Entre 3 e 4 mg/L, ficam gravemente pressionados. Se o nível permanecer nessa faixa, o peixe provavelmente morrerá. Em geral, um valor de 5 mg/L ou mais é considerado adequado. Porém, é possível haver excesso de uma coisa boa. Peixes em água com um nível muito alto de OD podem morrer por causa de bolhas de oxigênio bloqueando o fluxo sanguíneo.

Obviamente, o impacto de poluentes orgânicos sobre um rio não é limitado aos efeitos sobre o oxigênio dissolvido. Como o ambiente muda, a competição por alimentação e sobrevivência resulta em uma mudança em várias espécies de micro-organismos em um rio, e as mudanças na composição química também. A Figura 8.12 ilustra o efeito de um volume de poluentes orgânicos em um rio. Observe, especialmente, a mudança nos tipos de nitrogênio, de nitrogênio orgânico para amônia, para nitrito, para nitrato. Compare isto à discussão anterior de nitrogênio no ciclo dos nutrientes (Figura 8.2). As mudanças na qualidade da corrente à medida que os decompositores reduzem os materiais que exigem oxigênio, finalmente chegando a um rio limpo, são conhecidas como *autodepuração*. Este processo não é diferente do que ocorre em uma estação de tratamento de águas residuárias, porque, em ambos os casos, a energia é eliminada intencionalmente. Os orgânicos contêm muita energia e devem ser oxidados para materiais mais inertes.

No próximo capítulo, os meios para a caracterização da água e sua poluição são apresentados e, em seguida, a ideia de gasto de energia em uma estação de tratamento de águas residuárias é discutida mais detalhadamente.

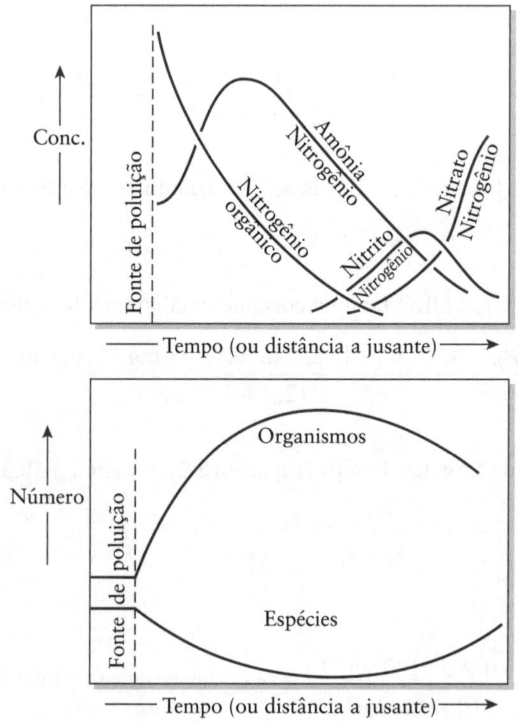

FIGURA 8.12 Nitrogênio e organismos aquáticos a jusante de uma fonte de poluição orgânica de um rio.

8.2.4 Efeitos de projetos em um ecossistema

Conforme ilustrado pela descarga de nutrientes e orgânicos em curso d'água, os projetos de engenharia, muitas vezes, têm grande impacto sobre os ecossistemas. No entanto, com alguma antecipação, os engenheiros podem utilizar técnicas para minimizar os impactos negativos. Por exemplo, o trânsito mata muitos animais a cada ano, além de fragmentar os ecossistemas. Na Flórida, os engenheiros de transporte projetaram um muro divisório para a fauna com passagens subterrâneas, a fim de reduzir o número de animais mortos nas rodovias.[5] Um muro de concreto cônico de 1 m de altura com uma borda de 15 cm na parte superior, inspirado em paredes utilizadas para exposição de animais, está localizado a 10 m) da margem da pista com o intuito de desencorajar a entrada de animais na pista. Aproximadamente a cada 1 kg, passagens subterrâneas com caixas no canteiro central para entrada de luz permitem que os animais possam passar de um lado para o outro. Em outro local, um viaduto com jardins (ou ponte terrestre) está sendo usado para proporcionar uma rota segura para os animais atravessarem uma estrada. Os engenheiros de transporte canadense também utilizaram passagens inferiores e superiores junto a uma cerca de 2,4 metros de altura anexa a uma tela protetora de 1,5 m fixada a um ângulo de 45 °C (para evitar que os animais tenazes pulem ou escavem a cerca).

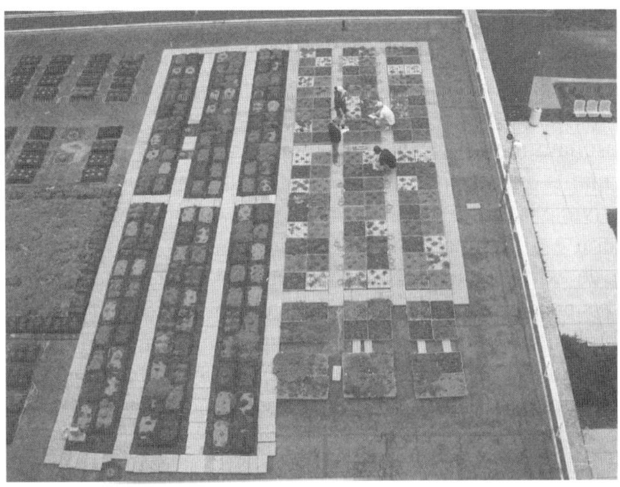

(A)

(B)

FIGURA 8.13 Exemplos de telhados verdes: (A) Local de pesquisa: Southern Illinois University Edwardsville Engineering Building da G.R.E.E.N.; (B) local residencial em Arizona.

O custo médio de construção das passagens superiores foi 60 vezes maior do que a opção menos cara (córregos dentro de galerias abertas), mas as pesquisas subsequentes mostraram que quase metade dos cruzamentos ocorria nas passagens superiores. O projeto da cerca junto às estruturas de cruzamento de animais alcançou uma redução impressionante de 97% das colisões de veículos com animais selvagens.[6] Obviamente, além da redução do impacto negativo no ecossistema, tais projetos melhoraram a segurança e reduziram os custos associados aos acidentes causados pelas colisões.

As concepções de novas estruturas e as remodelações das estruturas existentes oferecem aos engenheiros muitas oportunidades para integrar materiais energética e hidraulicamente eficientes, e ambientalmente propícios em seus projetos, um processo conhecido como projeto *verde*, ou *sustentável*. Embora sejam potencialmente mais caras de antemão, essas opções resultam muitas vezes, em longo prazo, em uma economia operacional, assim como em espaços de convívio e trabalho mais saudáveis. A ventilação natural e a iluminação solar oferecem aos ocupantes de edifícios, o controle pessoal sobre seu espaço e a possibilidade de reduzir os custos energéticos. Telhados com plantas podem ser utilizados para reduzir custos energéticos e o escoamento das águas da chuva (Figura 8.13). Essas águas podem ser coletadas, tratadas filtradas, por exemplo, e utilizadas no local para regar os jardins. A geração de eletricidade no local por meio de sistemas de energia solar, energia eólica ou células de combustível podem reduzir os custos com a eletricidade e a poluição ambiental. A escolha de materiais menos tóxicos e produzidos de forma sustentável reduz a geração de resíduos e melhora a qualidade do ar interior. Embora esses tipos de escolhas sejam um (grande) passo na direção certa, os engenheiros também precisam considerar o que vai acontecer com a estrutura no final de sua vida útil e fazer projetos de acordo com essa necessidade – concebendo, por exemplo, a possibilidade de fácil desconstrução.

Evidentemente, esses tipos de projetos significam que os engenheiros precisam trabalhar em equipe, muitas vezes com profissionais fora da engenharia, tais como biólogos e arquitetos paisagistas. E os profissionais que não pertencem à engenharia nem sempre falam a mesma língua que os engenheiros e, normalmente, têm prioridades diferentes. Mas em geral podem oferecer conhecimentos e soluções que os engenheiros não costumam oferecer. Portanto, trabalho em equipe, competências de comunicação e paciência são essenciais. O resultado, porém, pode ser um projeto mais aprimorado.

PROBLEMAS

8.1 Sugere-se que a concentração-limite de fósforo (P) para a eutrofização acelerada está entre 0,1 e 0,01 mg/L de P. Um rio típico pode conter 0,2 mg/L de P, 50% dos quais provêm de escoamentos agrícolas e urbanos, e 50% de resíduos domésticos e industriais. Detergentes sintéticos contribuem com 50% do P em resíduos urbanos e industriais.

a) Se todos os detergentes à base de fósforo forem proibidos, qual nível de P você esperaria encontrar em um rio típico?

b) Se este rio deságua em um lago, você esperaria que a proibição do detergente à base de fosfato surtisse grande efeito sobre o potencial de eutrofização das águas do lago? Por que sim ou por que não?

8.2 Um córrego tem seu nível de oxigênio dissolvido de 9 mg/L, uma demanda final de oxigênio de 12 mg/L e uma vazão média de 0,2 m^3/s. Um resíduo industrial no nível zero de oxigênio dissolvido com uma demanda final de oxigênio de 20.000 mg/L e uma vazão de 0,006 m^3/s é descarregado no córrego. Quais são as demandas finais de oxigênio e o oxigênio dissolvido no córrego imediatamente a justante do ponto de descarga?

8.3 A jusante da descarga de uma estação de tratamento de águas residuárias, um rio de 8,6 km tem constante de reoxigenação de 0,4 dia^{-1}, a uma velocidade de 0,15 m/s, com concentração de oxigênio dissolvido de 6 mg/L e uma demanda final de oxigênio (L) de 25 mg/L. O rio tem 15 °C. A constante de desoxigenação é estimada em 0,25 dia^{-1}.

a) Haverá peixes nesse rio?

b) Por que deveríamos nos importar se há peixe nesse rio? Será que os peixes merecem consideração e proteção morais? Que argumentos você pode juntar para apoiar este ponto de vista?

8.4 Uma estação de tratamento de águas residuárias municipal descarrega em um rio que, em algumas épocas do ano, não tem outra vazão. As características dos resíduos são:

Vazão = 0,1 m^3/s

Oxigênio dissolvido = 6 mg/L
Temperatura = 18 °C
$k_1 = 0{,}23\ d^{-1}$
DBO final (L) = 280 mg/L

A velocidade no rio é de 0,5 m/s, e a constante de reoxigenação k_2 é considerada como 0,45 d^{-1}.

a) O rio manterá um mínimo de 4 mg/L?
b) Se o fluxo do rio a montante da descarga tiver uma temperatura de 18 °C, não tiver demanda de oxigênio e se encontrar saturado com OD, que proporção deve ter o fluxo do rio a fim de assegurar um mínimo de oxigênio dissolvido de 4 mg/L a jusante da descarga?

(Observação: não tente fazer esses cálculos à mão. Utilize um computador!)

8.5 Ellerbe Creek, um grande rio com velocidade normal, recebe o esgoto da Estação de Tratamento de Águas Residuárias Durham Northside, com capacidade de 0,44 m^3/s. Tem uma média de vazão no verão de 0,28 m^3/s, temperatura de 24 °C e velocidade de 0,25 m/s e é o recipiente para águas residuárias de 0,44 m^3/s. As características das águas residuárias são:
Temperatura = 28 °C
DBO final (L) = 40 mg/L
$k_1 = 0{,}23\ d^{-1}$
Oxigênio dissolvido = 2 mg/L

A extensão total do rio é de 23 quilômetros, altura em que desemboca no rio Neuse. (*Observação*: utilize a Tabela 8.3 para obter o valor de k_2).

a) O Estado da Carolina do Norte deve se preocupar com o efeito dessa descarga sobre o Ellerbe Creek?
b) Além das considerações jurídicas, por que o Estado *deveria* se preocupar com os níveis de oxigênio no Ellerbe Creek? Ele não se parece muito com um riacho, na verdade, deságua no rio Neuse sem ser muito útil para ninguém. E, além disso, o Estado determinou níveis de oxigênio dissolvido de 4 mg/L para a vazão $Q_{7,10}$*. Escreva uma carta para o editor de um jornal local fictício condenando os gastos das receitas fiscais para as melhorias da Estação de Tratamento Northside exatamente para que os níveis de oxigênio dissolvido no Ellerbe Creek possam ser mantidos acima de 4 mg/L.
c) Finja ser um peixe no Ellerbe Creek. Você leu a carta para o editor na parte b, acima, e está extremamente irritado. Pegue uma caneta com sua barbatana e responda. Escreva uma carta ao editor, do ponto de vista dos peixes. A qualidade da sua carta será julgada com base na força de seus argumentos.

8.6 Um grande rio com velocidade de 0,85 m/s, saturado de oxigênio, tem uma constante de reoxigenação $k_2 = 0{,}4$ dia^{-1} (base e) e uma temperatura de $T = 12$ °C, com um DBO final = 13,6 mg/L e uma vazão $Q = 2{,}2\ m^3/s$. Nesse rio flui uma corrente de águas residuárias com vazão de 0,5 m^3/s, T = 26 °C, L = 220 mg/L. A constante de desoxigenação na corrente a jusante da fonte de poluição é $k_1 = 0{,}2$ dia^{-1} e o nível de oxigênio é de 1,5 mg/L. Qual é o oxigênio dissolvido a 48,3 km a jusante?

8.7 Se as algas contêm P:N:C, na proporção de 1:16:100, qual dos três elementos limitaria o crescimento das algas se a concentração na água fosse:
0,20 mg/L de P
0,32 mg/L de N
1,00 mg/L de C
Mostre seus cálculos.

8.8 Se times ofensivos de futebol americano forem descritos em termos de posições, como atacante (L), recebedores (R), *running backs* (B), e *quarterbacks* (zagueiros) (Q) na razão de L:R:B:Q de 5:3:2:l, e um time tem a seguinte distribuição de jogadores: L = 20, R = 16, B = 6, Q = 12, quantos times ofensivos podem ser criados com todas as posições preenchidas, e qual é a "posição limitante"? Mostre seus cálculos.

8.9 Suponha que você e um amigo engenheiro não ambientalista estejam passando por um córrego na mata, e seus amigos observam, "será que este córrego está poluído?". Como você responderia e que perguntas teria que fazer a ele antes de poder dar sua resposta?

8.10 Por que um engenheiro ambiental possivelmente queria conversar com um biólogo especialista em vida selvagem durante um projeto?[7]

8.11 O Conselho Consultivo Ambiental do Canadá publicou um livreto intitulado *Uma ética ambiental – sua formulação e implicações*[8] na qual sugere o seguinte como ética ambiental concisa:

> Cada pessoa deve envidar esforços para proteger e valorizar o belo em todos os lugares onde seu impacto for sentido, bem como manter ou aumentar a diversidade funcional do ambiente em geral.

Em uma redação de uma página, critique esta formulação da ética ambiental.

* Vazão mínima de sete dias consecutivos com 10 anos de recorrência. (N.R.T.)

8.12 Uma descarga de uma estação de tratamento de águas residuárias potencial pode afetar o nível de oxigênio dissolvido em um rio. Espera-se que os resíduos tenham as seguintes características:
Vazão = 0,56 m^3/s
DBO final = 6,5 mg/L
OD = 2,0 mg/L
Temperatura = 25 °C

O rio, a montante da descarga planejada, tem as seguintes características:
Vazão = 19 m^3/s
DBO final = 2,0 mg/L
OD = 9,1 mg/L
Temperatura = 15 °C

A norma estadual para OD é de 4 mg/L.
Constante de desoxigenação = 0,2 d^{-1}
Constante de reoxigenação = 0,40 d^{-1}

a) A construção desta fábrica provocará a queda de OD abaixo da norma do estado?
b) Se, durante um dia quente de verão, a vazão cair para 0,2 m^3/s e a temperatura no rio aumentar para 30 °C, a norma estadual será cumprida?
c) No inverno o rio é coberto pelo gelo, de modo que não pode haver reaeração de modo algum ($k_2 = 0$). Se a temperatura da água do rio for de 4 °C e todas as outras características forem as mesmas (como na questão a, acima), a norma estadual será cumprida?
d) Suponha que o seu cálculo mostrou que na questão c o oxigênio dissolvido baixou para zero durante o inverno, sob o gelo. Isso é ruim? Afinal, quem se importa?

8.13 Libby estava de bom humor. Ela amava o seu trabalho como engenheira assistente na cidade e o clima estava perfeito para trabalhar ao ar livre. Ela havia conseguido a vaga de inspetora local para o novo coletor-tronco de esgotos por gravidade, e isso não só lhe passou grande responsabilidade como também permitiu que saísse do escritório. Nada mau para uma jovem engenheira formada havia apenas alguns meses.

A cidade estava realizando bem seu trabalho, em parte por causa de Bud, um experiente mestre de obras, supervisionava para que o trabalho fosse bem executado. Era maravilhoso trabalhar com Bud e ele tinha muitas histórias e conhecimentos práticos em construção. Libby esperava aprender muito com Bud.

Particularmente nessa manhã, o trabalho exigia o corte e a limpeza de uma faixa de bosques, que se encontrava na faixa de domínio. Quando Libby chegou, a equipe já estava visivelmente se preparando para a manhã de trabalho. Ela decidiu se adiantar até a faixa de domínio para ver como era o terreno.

A cerca de 91 metros até a faixa de domínio, ela se deparou com um enorme carvalho, um pouco fora da linha central, mas ainda dentro da faixa de domínio, portanto, destinado ao corte. Era um carvalho magnífico, talvez de 300 anos, que, de alguma maneira, sobreviveu à derrubada que ocorreu nessas terras em meados dos anos 1800. Dificilmente alguma árvore aqui teria mais de 150 anos, tendo sido derrubadas por causa da ânsia dos fazendeiros de tabaco por mais terras. Mas não, havia esta magnífica árvore. Impressionante!

Libby literalmente arrastou Bud até essa árvore e exclamou: “Não podemos cortar esta árvore. Podemos contornar a linha ao redor dela e, ainda assim, permanecer na faixa de domínio”.

“Nada disso. Ela precisa ser derrubada”, respondeu Bud. “Em primeiro lugar, estamos trabalhando com um esgoto por gravidade. Você não pode simplesmente sair mudando o alinhamento do esgoto. Teríamos que construir poços de visita adicionais e reformular toda a linha. E, o mais importante, você não pode ter uma árvore tão grande em uma faixa de domínio para linha de esgotos. As raízes acabam rompendo a tubulação e causam rachaduras. No pior dos casos, as raízes vão preencher todo o tubo, e isso exige uma limpeza e eventual substituição, se o problema for bastante complicado. Simplesmente, não podemos permitir que esta árvore permaneça aqui.”

“Mas esta árvore é uma raridade, talvez tenha uns 300 anos. Provavelmente não existe nenhuma outra árvore como esta neste condado”, implorou Libby.

“Uma árvore é uma árvore. Estamos construindo uma linha de esgotos, e a árvore está no caminho”, insistiu Bud.

“Bem, acho que esta árvore é especial, e insisto que a salvemos. Como eu sou a engenheira responsável”, ela engoliu em seco, surpreendida com a sua própria coragem, “digo que não cortaremos esta árvore”.

Ela olhou em volta e viu que alguns dos membros da equipe foram até onde eles estavam e permaneceram parados ao redor, com motosserras na mão e um sorriso irônico no rosto. Bud parecia muito desconfortável.

“OK”, disse ele. “Você é a chefe. A árvore fica.”

Naquela tarde em seu escritório, Libby refletiu sobre o confronto e tentou compreender seus fortes sentimentos para com a velha árvore. O que a fez se impor desse modo? Salvar uma árvore? E daí que ela era especial? Havia muitas outras árvores que estavam sendo mortas para executar a linha de esgoto. O que havia de especial com essa árvore: era só a sua idade, ou existia algo mais?

Na manhã seguinte, Libby retornou para o local da obra, e ficou chocada ao descobrir que a velha árvore fora derrubada. Ela invadiu o trailer de construção de Bud e quase gritou,

"Bud! O que aconteceu com a velha árvore?"

"Nem adianta esquentar sua cabecinha agora. Liguei para o Diretor das Obras Públicas e descrevi o que conversamos, e ele mandou cortar a árvore. Foi o certo a fazer. Se você não concorda, então tem muito a aprender sobre construção."

Por que Libby sentiase tão ligada à antiga árvore? Por que ela queria salvá-la? Era para ela, ou para outras pessoas, ou para o bem da própria árvore? O que Libby deveria fazer agora? Ela teria alguma providência a tomar? A árvore já estava morta, independentemente de suas ações futuras.

Escreva um memorando de uma página de Libby para seu chefe com relação ao que aconteceu à árvore e manifestando os sentimentos dela (ou os seus).

8.14 Além de ter grande importância nos ecossistemas, os micro-organismos desempenham um papel importante na engenharia. Quais são alguns desses papéis?

8.15 Por que engenheiros se preocupam com estruturas para travessias de animais em rodovias?

Referências

1. Warren, Karen J. The power and promise of ecological feminism. *Environmental ethics, v.* 12, n. 2, p. 125, 1990.
2. Smith, G. J. C. et al. *Our ecological crisis*. Nova York: Macmillan Pub. Co, 1974.
3. Metcalf & Eddy, Inc. Wastewater Engineering: *Treatment, Disposal, and Reuse*. Nova York: McGraw-Hill, 1991.
4. Phelps, E. B. *Stream sanitation*. Nova York: John Wiley & Sons, 1944.
5. Anônimo. Structures keep animals off roadways in Florida. *Civil Engineering*. v. 70, n. 7, p. 29, 2000.
6. Morrall, J. F., and T. M. McGuire. Sustainable highway development in a national park. *Transportation Research Record*, n. 3, p. 1702, 2000.
7. James Coolbaugh. *Environment*. 18, n. 6, 1976.
8. Morse, Norma H. *An environmental ethic – Its formulation and implications*. Ottawa: The Environmental Advisory Council of Canada. Relatório n. 2, jan. 1975.

PARTE 3

APLICAÇÕES

©Susan Morgan

Os engenheiros ambientais aplicam o conhecimento e o conceito para projetar processos e sistemas para melhorar a vida das pessoas.

CAPÍTULO 9

QUALIDADE DA ÁGUA

Como sabemos se a água está suja? A resposta, sem dúvida, depende do que estamos querendo dizer com "suja". Para algumas pessoas é uma pergunta boba, como para um juiz agrário em um tribunal que, presidindo uma audiência sobre um caso de poluição da água, afirmou "qualquer um, por mais bobo que seja, sabe se a água é adequada para consumo". Porém o que pode ser poluição para alguns, na verdade para outros pode ser um elemento absolutamente necessário na água. Por exemplo, nutrientes dissolvidos presentes nela são necessários para o crescimento de algas (e consequentemente para toda vida aquática), e os peixes precisam dos elementos orgânicos como fonte de alimento para sobreviver. No entanto, esses mesmos componentes podem ser altamente prejudiciais se a água for utilizada para resfriamento industrial. Neste capítulo são apresentados, a princípio, vários parâmetros utilizados para medir a qualidade da água e, então, a questão sobre o que constitui a água limpa e a água suja será considerada mais adiante.

9.1 PARÂMETROS DE MEDIÇÃO DA QUALIDADE DA ÁGUA

Embora existam muitos parâmetros para medir a qualidade da água, a presente discussão é restrita ao seguinte:

- *Oxigênio dissolvido*, um importante determinante da qualidade da água em rios, lagos e outros cursos de água.
- *Demanda bioquímica de oxigênio*, apresentada no tópico 8.2.3, constitui um importante parâmetro indicador de poluição potencial de vários tipos de resíduos despejados nos cursos de água.
- *Sólidos*, incluem sólidos suspensos que são desagradáveis em águas naturais, e os sólidos totais, que incluem sólidos dissolvidos, alguns dos quais podem ser prejudiciais à vida aquática ou à saúde das pessoas que consomem a água.
- *Nitrogênio*, um parâmetro útil para medir a qualidade da água em rios e lagos.
- A presença potencial de agentes infecciosos, como bactérias e vírus patogênicos, tem impacto óbvio na saúde humana.

9.1.1 Oxigênio dissolvido

O oxigênio dissolvido (OD) é medido com um medidor com sonda (Figura 9.1). Um dos medidores mais simples (e mais antigo) opera com uma célula galvânica com eletrodos de chumbo e prata colocados dentro de uma solução eletrolítica e um microamperímetro entre eles. A reação no eletrodo de chumbo é:

$$\mathrm{Pb} + 2\mathrm{OH}^- \rightarrow \mathrm{PbO} + \mathrm{H_2O} + 2e^-.$$

Os elétrons liberados no eletrodo de chumbo passam pelo microamperímetro chegando ao eletrodo de prata, onde acontece a seguinte reação:

$$2e^- + (1/2)\mathrm{O_2} + \mathrm{H_2O} \rightarrow 2\mathrm{OH}^-.$$

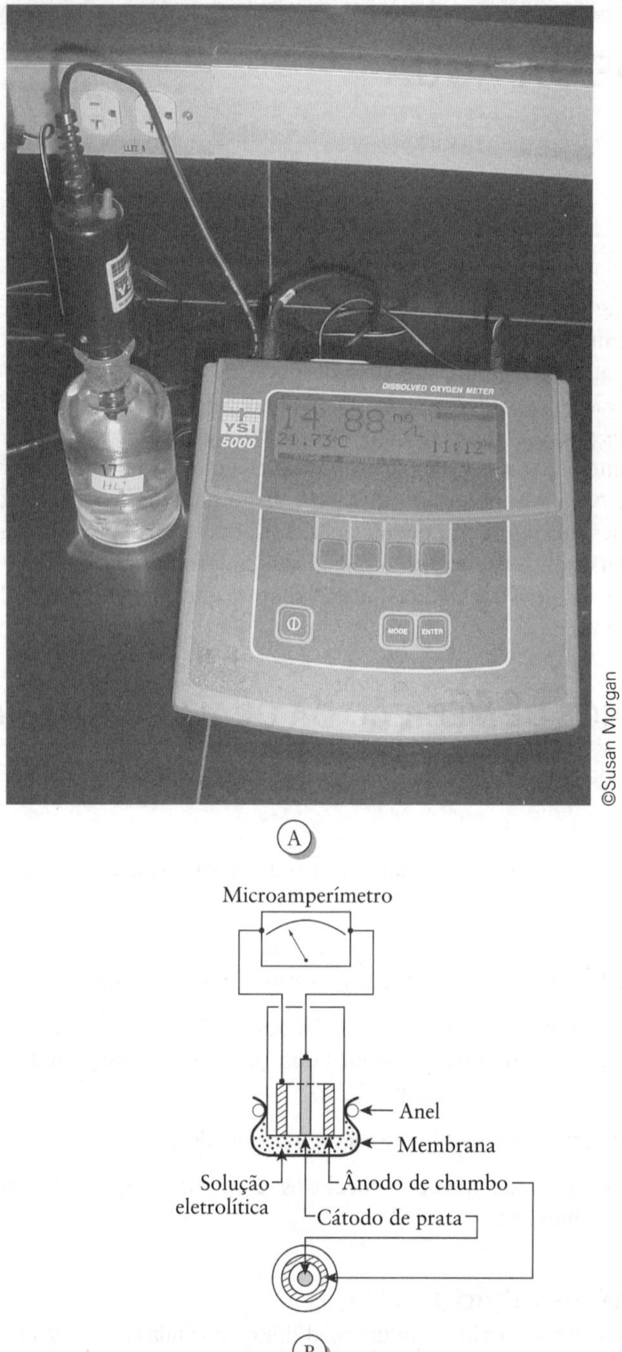

FIGURA 9.1 Medidor de oxigênio dissolvido.

A reação só ocorre quando há oxigênio livre dissolvido na água, do contrário, o microamperímetro não registrará corrente alguma.

O truque é construir e calibrar o medidor de forma que a eletricidade registrada seja proporcional à concentração de oxigênio na solução eletrolítica. Nos modelos comerciais, os eletrodos são isolados um do outro com um plástico não condutor de corrente com uma membrana permeável e algumas gotas de solução eletrolítica entre a membrana e os eletrodos. A quantidade de oxigênio que passa através da membrana é proporcional à concentração de OD. Uma taxa alta de OD na água cria uma força intensa para atravessar a membrana, enquanto uma baixa taxa de OD força uma quantidade limitada de O_2 para reagir e criar uma corrente elétrica. Dessa maneira, a corrente é proporcional ao nível de OD na solução.

Como vimos no Capítulo 8, a saturação de oxigênio na água é uma função de temperatura e pressão. No entanto, os níveis de saturação de O_2 na água também dependem da concentração dos sólidos dissolvidos, uma vez que uma alta concentração diminui a solubilidade do oxigênio. A Tabela 8.2 lista o nível de saturação do oxigênio na água limpa sob várias temperaturas.

O medidor de OD deve ser calibrado a um valor máximo (de saturação) para qualquer tipo de água, inserindo-se a sonda em uma amostra de água que tenha sido suficientemente aerada para garantir a saturação de OD. Após definir o valor de zero e os valores de saturação, o medidor pode ser utilizado para ler níveis intermediários de OD em amostras desconhecidas. Enquanto a maioria dos medidores automaticamente compensam a mudança de temperatura, uma variação em sólidos dissolvidos demanda recalibração.

9.1.2 Demanda bioquímica de oxigênio

Talvez ainda mais importante que a determinação de oxigênio dissolvido seja a medição da taxa em que esse oxigênio é utilizado por micro-organismos para decompor a matéria orgânica. Há três tipos ou métodos para determinar a demanda bioquímica de oxigênio e demanda química de oxigênio.

Demanda Teórica de Oxigênio

A demanda de oxigênio para a decomposição de materiais puros pode ser estimada pela estequiometria, presumindo que todo material orgânico se decompõe totalmente. O que significa "decompor-se totalmente"? Se o componente for um hidrocarboneto, que contém somente carbono e hidrogênio, ou álcool, que também é composto de oxigênio, os produtos em decomposição são CO_2 e H_2O. Se o componente for amina, que contém carbono, hidrogênio e nitrogênio, os produtos em decomposição são CO_2, H_2O e NH_3.

Uma vez que a reação química é conhecida e equilibrada, a demanda teórica de oxigênio (DTO) pode ser calculada da seguinte forma:

$$\text{DTO} = \text{C–DTO} + \text{N–DTO}$$

em que C-DTO é devido à decomposição de material (orgânico) carbonáceo e N-DTO é devido à estabilização do material nitrogenado (NH_3 a NO_3^-, Capítulo 8).

EXEMPLO 9.1

Problema Qual é a demanda teórica de oxigênio em mg/L para uma solução molar de $1{,}67 \times 10^{-3}$ de glicose, $C_6H_{12}O_6$ decompor-se totalmente?

Solução Primeiro faça o balanceamento da equação de decomposição (que é um exercício de álgebra):

$$C_6H_{12}O_6 + aO_2 \rightarrow bCO_2 + cH_2O$$

para

$$C_6H_{12}O_6 + 6O_2 \rightarrow 6CO_2 + 6H_2O.$$

Ou seja, para cada mol de glicose decomposta, são necessários 6 mols de oxigênio. Isso resulta em uma constante para converter mol/L de glicose para mg/L de O_2 necessário – uma unidade de conversão (relativamente) simples.

$$\frac{[1{,}67 \times 10^{-3}\,\text{mol de glicose}]}{\text{L}} \times \left[\frac{6\ \text{mols de}\ O_2}{\text{mol de glicose}}\right] \times \left[\frac{32\ \text{g}\ O_2}{\text{mol de}\ O_2}\right] \times \left[\frac{1.000\ \text{mg}}{\text{g}}\right]$$

$$= 321\frac{\text{mg}\ O_2}{\text{L}}.$$

EXEMPLO 9.2

Problema Qual é a demanda teórica de oxigênio em litros de ar para uma solução de 50 mg/L de acetona, CH_3COCH_3 decompor-se totalmente?

Solução Novamente, a primeira etapa é equilibrar a reação de decomposição:

$$C_3H_6O + aO_2 \rightarrow bCO_2 + cH_2O$$

como

$$C_3H_6O + 4O_2 \rightarrow 3CO_2 + 3H_2O.$$

Ou seja, para cada mol de acetona decomposta são necessários 4 mols de oxigênio. Utilize a lei do gás ideal e a porcentagem de oxigênio por volume de ar para calcular os litros necessários de ar.

$$\left[\frac{50 \text{ mg de acetona}}{\text{L}}\right] \times \left[\frac{\text{g}}{1.000 \text{ mg}}\right] \times \left[\frac{\text{mol de acetona}}{58{,}08 \text{ g de acetona}}\right] \times \left[\frac{4 \text{ mols de } O_2}{\text{mol de acetona}}\right]$$

$$\times \left[\frac{22{,}4 \text{ L } O_2}{\text{mol de } O_2}\right] \times \left[\frac{\text{ar em L}}{0{,}21 \text{ L } O_2}\right] \cong 0{,}4 \frac{\text{ar em L}}{\text{solução em L}}.$$

▲

Observe que nos dois exemplos DTO = C-DTO. Em outras palavras, N-DTO= 0 por não haver nitrogênio na química orgânica.

EXEMPLO 9.3

Problema Qual é a demanda teórica de oxigênio em litros de ar para uma solução de 300 mg/L de metilamina, CH_3NH_2 decompor-se totalmente?

Solução A primeira etapa é equilibrar a reação de decomposição:

$$CH_5N + aO_2 \rightarrow bCO_2 + cH_2O + dNH_3$$

como

$$CH_5N + 1{,}5O_2 \rightarrow 1CO_2 + 1H_2O + 1NH_3.$$

Ou seja, para cada mol de metilamina decomposta, é necessário 1,5 mol de oxigênio para C–DTO.

$$\text{C–CDTO} = \left[\frac{300 \text{ mg } CH_5N}{\text{L}}\right] \times \left[\frac{\text{g}}{1.000 \text{ mg}}\right] \times \left[\frac{\text{mol } CH_5N}{31{,}058 \text{ g } CH_5N}\right]$$

$$\times \left[\frac{1{,}5 \text{ mol de } O_2}{\text{mol } CH_5N}\right] \times \left[\frac{22{,}4 \text{ L } O_2}{\text{mol de } O_2}\right] \times \left[\frac{\text{ar em L}}{0{,}21 \text{ de L} O_2}\right] \cong 1{,}55.$$

Mas NH_3 também utilizará O_2:

$$NH_3 + 2O_2 \rightarrow HNO_3 + H_2O.$$

Então, haverá um N-DTO.

$$\text{N-NDTO} = \left[\frac{300 \text{ mg CH}_5\text{N}}{\text{L}}\right] \times \left[\frac{\text{g}}{1.000 \text{ mg}}\right] \times \left[\frac{\text{mol CH}_5\text{N}}{31{,}058 \text{ g CH}_5\text{N}}\right] \times \left[\frac{1 \text{ mol de NH}_3}{\text{mol CH}_5\text{N}}\right]$$

$$\times \left[\frac{2 \text{ mols de O}_2}{\text{mol de NH}_3}\right] \times \left[\frac{22{,}4 \text{ L O}_2}{\text{mol de O}_2}\right] \times \left[\frac{\text{ar em L}}{0{,}21 \text{ de LO}_2}\right] \cong 2{,}06 \frac{\text{ar em L}}{\text{solução em L}}.$$

Então, a demanda total teórica de oxigênio é:

$$\text{DTO} = \text{C–DTO} + \text{N–DTO} \cong 1{,}55 + 2{,}06 \cong 3{,}6 \text{ L de ar por L de solução.}$$

É importante observar que, para calcular a demanda teórica de oxigênio, será necessária a fórmula química do material em decomposição mais a reação estequiométrica. É necessário manusear bem estas informações em um ambiente industrial com quantidade limitada de materiais utilizados.

Infelizmente, as águas residuárias raramente são materiais puros, e não é possível calcular a demanda de oxigênio a partir do cálculo estequiométrico. Na verdade, é necessário realizar um teste no qual os micro-organismos que fazem a decomposição sejam realmente empregados e o uso do oxigênio por eles, então, medido.

Demanda bioquímica de oxigênio

A taxa do uso de oxigênio é comumente citada como *demanda bioquímica de oxigênio* (DBO). É importante entender que a DBO não é uma medida de algum poluente específico. Na verdade, é uma medida da quantidade de oxigênio necessária para que bactérias e outros micro-organismos aeróbios estabilizem a matéria orgânica passível de decomposição. Se os micro-organismos entrarem em contato com uma fonte de alimento (tal como resíduos humanos), o oxigênio será utilizado por eles durante a decomposição. Uma taxa muito baixa do uso de oxigênio poderia indicar (1) ausência de contaminação, (2) que os micro-organismos existentes não estão consumindo a matéria orgânica disponível, ou (3) que os micro-organismos estão mortos ou morrendo. (Nada diminui tanto o consumo de oxigênio pelos micro-organismos aquáticos quanto uma quantidade generosa de arsênico.)

O teste de DBO padrão é realizado no escuro a 20 °C por cinco dias. Ele é então definido como DBO de cinco dias (DBO_5), que é a quantidade de oxigênio utilizada em cinco dias. A temperatura é especificada porque a *taxa* de consumo de oxigênio depende dela. A reação deve acontecer no escuro, pois pode haver a presença de algas e, se houver luz disponível, elas podem produzir oxigênio na garrafa.

O teste de DBO é quase universalmente realizado dentro de uma garrafa padrão (com cerca de 300 ml) como ilustrado na Figura 9.2. Essa garrafa é feita de um vidro especial não reativo com bocal arredondado e um tampão de vidro polido, que cria uma vedação para que o oxigênio não possa sair nem entrar na garrafa.

Embora a DBO de cinco dias seja o teste-padrão, também é possível realizá-lo em dois, dez ou qualquer outra quantidade de dias. Uma forma de realizar a DBO, apresentada no Capítulo 8, é a DBO *final* (DBO_u ou L), que é a demanda de O_2 após um período muito longo – quando os micro-organismos já oxidaram o máximo de matéria orgânica possível. A DBO final, geralmente, é realizada durante 30 dias, a um ponto em que ocorrerá pouca depleção adicional de oxigênio.

Se o oxigênio dissolvido for medido todos os dias por cinco dias, obtém-se uma curva como apresentada na Figura 9.3. Nela, a amostra A apresenta OD inicial de 8 mg/L e após cinco dias decai para 2 mg/L. A DBO é a diferença entre o OD inicial menos o OD final, que é igual ao OD utilizado pelos micro-organismos. Neste caso, temos 8 − 2 = 6 mg/L.

Em forma de equação:

$$\text{DBO} = I - F$$

onde I = OD inicial, mg/L;
F = OD final, mg/L.

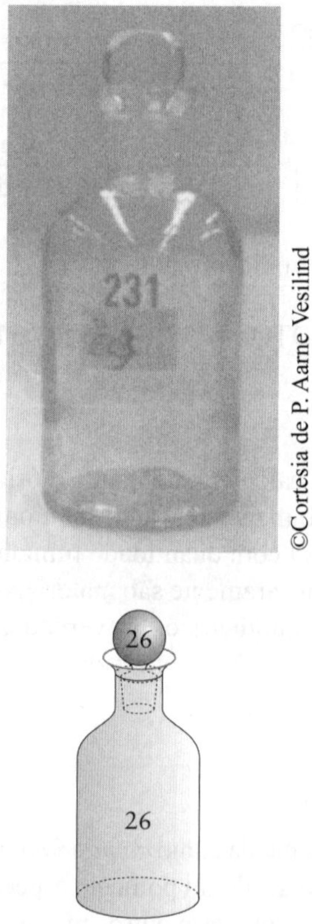

FIGURA 9.2 Garrafa de DBO, feita de vidro especial não reativo com tampão de vidro polido.

Novamente com relação à Figura 9.3, a amostra *B* apresenta OD inicial de 8 mg/L, mas o oxigênio foi utilizado tão rapidamente que caiu para zero em dois dias. Se após cinco dias o OD for medido como zero, tudo o que sabemos é que a DBO da amostra B é maior do que 8 – 0 = 8 mg/L porque os organismos podem ter utilizado mais OD se estivesse disponível, porém não sabemos quanto de oxigênio a mais que 8 mg/L foi consumido, pois os organismos poderiam ter utilizado mais OD se este se encontrasse disponível. Em geral, para amostras com uma demanda de oxigênio maior que cerca de 8 mg/L, não é possível medir a DBO diretamente, sendo necessária a diluição da amostra.

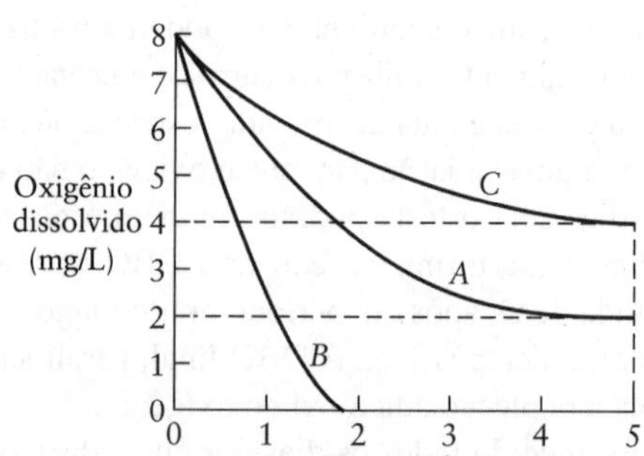

FIGURA 9.3 Redução do oxigênio dissolvido em três garrafas de DBO diferentes: *A* é um teste válido para uma DBO de cinco dias; *B* é inválido, uma vez que atinge o valor de zero oxigênio dissolvido antes do quinto dia; e *C* é igual a *B*, mas com uma diluição anterior.

Suponha que a amostra C apresentada na figura seja realmente a amostra B diluída com água destilada em 1:10. A DBO da amostra B é, portanto, dez vezes maior que o valor medido, ou

$$\text{DBO} = (8-4)10 = 40 \text{ mg/L}.$$

Com a diluição (utilizando água sem DBO própria), a equação de DBO é a seguinte:

$$\text{DBO} = (I - F)D \tag{9.1}$$

onde D = diluição representada como uma fração e definida como

$$D = \frac{\text{Volume total da garrafa}}{\text{Volume total da garrafa} - \text{Volume de diluição da água}} \tag{9.2a}$$

que é igual a

$$D = \frac{\text{Volume total da garrafa}}{\text{Volume da amostra}}. \tag{9.2b}$$

EXEMPLO 9.4

Problema Três garrafas de DBO foram preparadas com a amostra e água de diluição como demonstra a tabela seguinte.

Garrafa	Amostra (mL)	Água de diluição (mL)
1	3	297
2	1,5	298,5
3	0,75	299,25

Calcule a diluição (D) para cada uma.

Solução Lembre-se de que o volume de uma garrafa de DBO padrão é 300 mL. Para a garrafa N 1, a diluição (D) é (Equação 9.2b)

$$D = \frac{300}{300 - 297} = 100.$$

Da mesma forma, para as outras duas garrafas, D é calculado como 200 e 400.

A suposição no método de diluição é que o resultado de cada diluição de uma única amostra vai gerar o mesmo valor de DBO. Algumas vezes (com frequência) quando uma série de garrafas de DBO é testada a diferentes diluições, os cálculos divergem. Considere o exemplo a seguir.

EXEMPLO 9.5

Problema Uma série de testes de DBO são realizados em três diferentes diluições. Os resultados foram:

Garrafa	Diluição	OD inicial (mg/L)	OD final (mg/L)
1	100	10,0	2,5
2	200	10,0	6,0
3	400	10,0	7,5

Qual o valor da DBO?

Solução Primeiro, as DBO devem ser calculadas individualmente. Então, é necessário comparar os resultados.

Relembrando a Equação 9.1:

$$DBO = (I - F)D.$$

Portanto, os resultados do teste em laboratório são

Garrafa	DBO (mg/L)
1	750
2	800
3	1.000

Ao comparar os resultados, observe que eles variam dentro de uma faixa de 250 mg/L, uma quantidade substancial. Esse problema representa o que chamamos de "escala móvel". Em condições ideais, todos os testes deveriam ter gerado o mesmo resultado (ou um resultado aproximado) de DBO, mas esse claramente não é o caso. Como esse exemplo representa uma escala móvel razoavelmente benéfica, a leitura média pode ser a melhor representação do uso de oxigênio; então, o mais provável seria registrar a DBO com 800 mg/L. Uma solução menos pragmática seria limpar novamente as garrafas, garantir que a água de diluição esteja perfeitamente limpa (verificar se ela não apresenta uma DBO própria) e realizar o teste novamente, esperando um resultado mais consistente.

Quase nunca se sabe a DBO da amostra antes da realização do teste, portanto, a diluição deve ser uma estimativa. O teste não é muito preciso se a redução no OD durante os cinco dias de incubação ou se o OD restante na garrafa tiver menos de 2 mg/L. De modo geral, uma DBO final é estimada (considerando testes anteriores para resíduos semelhantes) e são utilizadas no mínimo duas diluições, sendo que uma delas precisa apresentar no mínimo 2 mg/L de OD restante e para a outra espera-se que tenham sido utilizados, no mínimo, 2 mg/L de OD. A diluição é então calculada como

$$D = \frac{\text{DBO estimada}}{\Delta \text{OD}}. \tag{9.3}$$

EXEMPLO 9.6

Problema A DBO de cinco dias de um afluente para uma instalação de tratamento de águas residuárias é estimada em cerca de 800 mg/L, com base em águas residuárias semelhantes. Que diluições deveriam ser utilizadas no teste de DBO de cinco dias?

Solução Considere que a saturação seja de cerca de 10 mg/L. Se no mínimo 2 mg/L devem permanecer na garrafa, a redução na DBO deve ser de $10 - 2 = 8$ mg/L; então a diluição deve ser (Equação 9.3)

$$D = 800/8 = 100$$

Da mesma forma, se no mínimo 2 mg/L de OD devem ser utilizados, a diluição de outra garrafa deve ser

$$D = 800/2 = 400$$

O teste deve ser executado com pelo menos duas garrafas de DBO, uma com $D = 100$ e outra com $D = 400$. Por precaução deveria haver uma terceira garrafa com uma diluição intermediária, nesse caso $D = 200$.

Até agora temos considerado que a amostra da água residuária dispõe de micro-organismos suficientes que irão decompor a matéria orgânica. Isso, com certeza, pode nem sempre ser o caso. Por exemplo, é possível medir a DBO do açúcar para conseguir a estimativa de sua influência sobre uma corrente com muitos micro-organismos que adorariam um pouco de açúcar. O açúcar puro, obviamente, não contém os micro-organismos necessários para decomposição, então para realizar o teste, precisa-se *semear* a amostra. Esse é um processo no qual os micro-organismos responsáveis pela captação de oxigênio são adicionados à garrafa de DBO com a amostra (açúcar) para que ocorra a absorção do oxigênio.

Suponha que a água descrita anteriormente pela curva *A* na Figura 9.3 seja utilizada como água semeada, porque obviamente contém micro-organismos (por apresentar DBO de cinco dias de 6 mg/L). Se colocarmos agora 100 mL de uma amostra com uma DBO desconhecida dentro de uma garrafa e adicionarmos 200 mL de água semeada, a garrafa de 300 mL estará cheia. A diluição (*D*) é 3. Presumindo que o OD inicial dessa mistura seja 8 mg/L e o OD final seja 3 mg/L, o oxigênio total utilizado é de 5 mg/L. Porém um pouco dessa redução de OD acontece em função da água semeada, pois ela também apresenta uma DBO, portanto, apenas uma parte da queda no OD ocorre por causa da decomposição do material desconhecido. A absorção de OD devido somente à água semeada é

$$\text{DBO}_{\text{semeada}} = (5 \text{ mg / L})\left(\frac{200 \text{ mL}}{300 \text{ mL}}\right) = 3{,}3 \text{ mg / L}$$

porque apenas 2/3 da garrafa são constituídos por água semeada. A absorção remanescente do oxigênio (5 − 3,3 = 1,7 mg/L) deve acontecer em função da amostra, que foi diluída a 1:3 (ou *D* = 3). Sua DBO deve ser de 1 × 3 = 5 mg/L.

Se o método de semeadura e diluição são combinados, utiliza-se a seguinte fórmula geral para calcular a DBO:

$$\text{DBO}_t = \left[(I - F) - (I' - F')\left(\frac{X}{Y}\right)\right]D \tag{9.4}$$

onde DBO_t = demanda bioquímica de oxigênio, como medida durante certo tempo *t*, mg/L;
I = OD inicial da garrafa com amostra e água de diluição semeada, mg/L;
F = OD final da garrafa com a amostra e a água de diluição semeada, mg/L;
I' = OD inicial da garrafa com água de diluição semeada, mg/L;
F' = OD final da garrafa com água de diluição semeada, mg/L;
X = água de diluição semeada na garrafa de amostra, mL;
Y = volume da garrafa de DBO, mL;
D = diluição da amostra.

EXEMPLO 9.7

Problema Calcule a DBO_5 quando a temperatura da amostra e da água de diluição semeada estiverem a 20 °C, os OD iniciais são de saturação, e a diluição da amostra é de 1:30 com água de diluição semeada. O OD final da água de diluição semeada é de 8 mg/L, e o OD final da amostra e da água de diluição semeada é de 2 mg/L. Lembre-se de que uma garrafa de DBO contém 300 mL.

Solução A partir da Tabela 8.2 a 20 °C, a saturação é de 9,07 mg/L; consequentemente, esse é o OD inicial da amostra diluída e da água de diluição (*I* e *I'*). Utilizando-se a Equação 9.2b,

$$D = \frac{30}{1} = \frac{300 \text{ mL}}{V_s}$$

$$\text{então} \quad V_s = 10 \text{ mL e } X = 300 - 10 = 290 \text{ mL}$$

A DBO é então calculada como (Equação 9.4)

$$\text{DBO}_5 = [(9{,}07 \text{ mg/L} - 2 \text{ mg/L}) - (9{,}07 \text{ mg/L} - 8 \text{ mg/L})(290 \text{ mL}/300 \text{ mL})]30 = 181 \text{ mg/L}.$$

É importante lembrar que a DBO é um parâmetro para medir o uso ou o uso potencial de oxigênio. Um afluente com uma taxa de DBO alta pode ser nocivo ao rio se o consumo de oxigênio for alto o suficiente para, por fim, causar condições anaeróbias (ou seja, a curva "de depleção" de OD aproxima-se do valor zero no rio). Obviamente, uma pequena vazão de água residuária lançada em um rio grande, provavelmente, terá um efeito insignificante, independentemente da quantidade (mg/L) de DBO envolvida. Da mesma maneira, uma vazão grande para um rio pequeno pode afetá-lo seriamente mesmo que a DBO seja baixa.

A DBO da maior parte do esgoto doméstico é de cerca de 250 mg/L, embora muitos resíduos industriais cheguem a alcançar 30.000 mg/L. O potencial efeito nocivo de resíduos de laticínios não tratados que pode apresentar uma DBO de 25.000 mg/L é certamente óbvio, visto que representa um efeito 100 vezes maior sobre os níveis de oxigênio em um rio do que de um esgoto não tratado.

As reações na garrafa de DBO podem ser representadas, matematicamente, em primeiro lugar montando-se um balanço de material considerando o oxigênio dissolvido, iniciando como sempre com

$$\begin{bmatrix}\text{Taxa de OD}\\ \text{ACUMULADO}\end{bmatrix}=\begin{bmatrix}\text{Taxa de OD}\\ \text{DE ENTRADA}\end{bmatrix}-\begin{bmatrix}\text{Taxa de OD}\\ \text{DE SAÍDA}\end{bmatrix}+\begin{bmatrix}\text{Taxa de OD}\\ \text{PRODUZIDO}\end{bmatrix}-\begin{bmatrix}\text{Taxa de OD}\\ \text{CONSUMIDO}\end{bmatrix}.$$

Como a garrafa de DBO é um sistema fechado e pelo fato de o teste ser realizado no escuro, para que não haja produção de OD, o balanceamento de matéria reduz-se para

$$\begin{bmatrix}\text{Taxa de OD}\\ \text{ACUMULADO}\end{bmatrix}=-\begin{bmatrix}\text{Taxa de OD}\\ \text{CONSUMIDO}\end{bmatrix}$$

$$\frac{dz}{dt}V=-rV$$

onde z = oxigênio dissolvido (necessário para que os micro-organismos decomponham a matéria orgânica), mg/L;
t = tempo;
V = volume da garrafa de DBO, mL;
r = taxa de reação.

Isso pode ser considerado uma reação de primeira ordem (casualmente, um ponto de certa controvérsia), como inicialmente apresentada no Capítulo 8:

$$\frac{dz}{dt}=-k_1 z.$$

Ou seja, a taxa em que a necessidade de oxigênio é reduzida (dz/dt) é diretamente proporcional à quantidade de oxigênio necessária para que aconteça a decomposição (z). Conjuntamente, essa expressão resulta em

$$z=z_0 e^{-k_1 t}.$$

À medida que os micro-organismos utilizam o oxigênio, em um tempo t qualquer, a quantidade de oxigênio ainda a ser utilizada é z (Figura 9.4A), e a quantidade de oxigênio já utilizada em um tempo t qualquer é y, ou o oxigênio já demandado pelos organismos (Figura 9.4B). A quantidade total de oxigênio que será utilizada pelos micro-organismos é a soma do que foi utilizado (y) e aquilo que ainda será utilizado (z) (Figura 9.4):

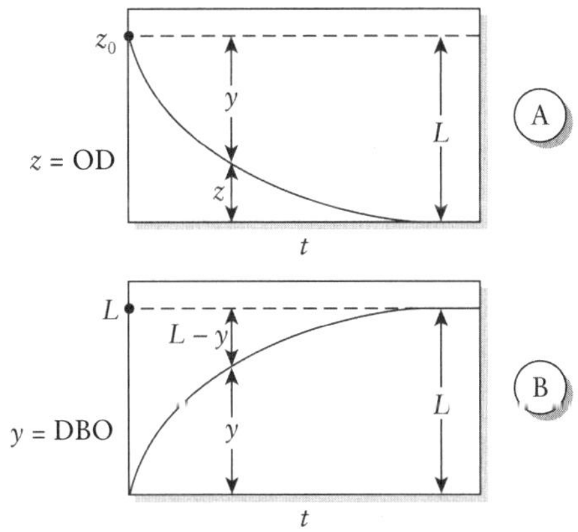

FIGURA 9.4 Definições de DBO. Observe que o L utilizado na equação "de depleção" de oxigênio dissolvido é a DBO carbonácea final.

$$L = z + y$$

onde y = OD já utilizado ou demandado em um tempo t qualquer (ou seja, a DBO), mg/L;
z = OD ainda necessário para satisfazer a demanda final, mg/L;
L = demanda final por oxigênio, mg/L.

Substituindo $Z = L - y$ na equação, resulta em

$$L - y = z_0 e^{-k_1 t}$$

e reconhecendo-se, a partir da Figura 9.4A, que $z_0 = L_0$:

$$y = L - L(e^{-k_1 t})$$

ou, de forma equivalente:

$$y = L(1 - e^{-k_1 t}) \quad (9.5)$$

onde y = DBO em um tempo t qualquer em dias, mg/L;
L = DBO final, mg/L;
k_1 = constante de desoxigenação para base e, dia^{-1}.

Essa equação pode ser utilizada para calcular a DBO em um tempo qualquer, inclusive a DBO final.

EXEMPLO 9.8

Problema Considerando uma constante de desoxigenação de 0,25 d^{-1}, calcule a DBO de cinco dias esperada se a DBO de três dias for de 148 mg/L.

Solução Conhecendo-se y_3 e o coeficiente de desoxigenação (k_1), calcule a DBO final (L) utilizando a Equação 9.5:

$$148 \text{ mg/L} = L\left[1 - e^{-(0{,}25\, d^{-1})(3\, d)}\right]$$
$$L = 280 \text{ mg/L}.$$

Com a DBO final e o K_1, a DBO em um tempo qualquer pode ser calculada, novamente, utilizando-se a Equação 9.5

$$y_5 = (280 \text{ mg/L})\left[1 - e^{-(0,25\,d^{-1})(5\,d)}\right] = 200 \text{ mg/L}.$$

Com relação à Figura 9.4B, observe que

$$\frac{dy}{dt} = k_1(L - y)$$

conforme y se aproxima de L, $(L - y) \rightarrow$ O e $dy/dt \rightarrow$ O. Integrar essa expressão novamente resulta na Equação 9.5.

Em geral, é necessário, assim como ao modelar a curva "de depleção" de OD em um rio (Capítulo 8), saber os valores de K_1 e L. Os resultados do teste de DBO, porém, produzem uma curva mostrando o oxigênio utilizado no decorrer do tempo. Como calculamos o consumo de oxigênio final (L) e a taxa de desoxigenação (k_1) de tal curva?

Há uma variedade de técnicas para calcular k_1 e L, sendo uma das mais simples o método desenvolvido por Thomas:[1]

$$\left(\frac{t}{y}\right)^{1/3} = \left(\frac{1}{(k_1 L)^{1/3}}\right) + \left(\frac{k_1^{2/3}}{6L^{1/3}}\right)t. \qquad (9.6)$$

Essa equação tem a forma de uma linha reta.

$$a = b + mt$$

onde $a = (t/y)^{1/3}$;
$b = (k_1 L)^{-1/3}$;
$m = (1/6)(k_1^{2/3} L^{-1/3})$.

Dessa forma, ao traçarmos *a versus t*, obtemos a inclinação (m) e o ponto de interceptação (b), e

$$k_1 = 6\left(\frac{m}{b}\right)$$

$$L = \frac{1}{6mb^2}.$$

EXEMPLO 9.9

Problema A DBO *versus* os dados de tempo para os primeiros cinco dias de um teste DBO são obtidos da seguinte forma:

Tempo, *t* (dias)	DBO, *y* (mg/L)
2	10
4	16
6	20

Calcule K_1 e L.

Solução Faça um gráfico a partir da Equação 9.6. Os valores $(t/y)^{1/3}$ serão 0,585, 0,630 e 0,669. Esses resultados serão representados como mostra a Figura 9.5. A partir do gráfico, o ponto de interceptação é $b = 0{,}545$ e a inclinação é $m = 0{,}021$. Assim

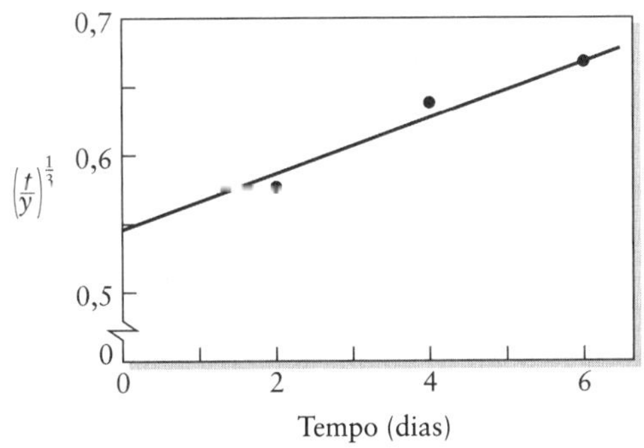

FIGURA 9.5 Gráfico utilizado para o cálculo de K_1 e L.

$$k_1 = 6\left(\frac{0{,}021}{0{,}545}\right) = 0{,}23\ d^{-1}$$

$$L = \frac{1}{6(0{,}021)(0{,}545)^2} = 27\ \text{mg/L}$$

Entretanto, as coisas nem sempre são tão simples. Se a DBO de um efluente de uma instalação de tratamento de água residuária é medida e, em vez de concluir o teste após cinco dias, permite-se que a reação continue e o OD seja medido todos os dias. Assim, pode-se obter uma curva como apresentada na Figura 9.6. Note que algum tempo depois, a curva mostra uma alteração brusca. Isso acontece em função da intensificação da demanda de oxigênio pelos micro-organismos que decompõem a matéria orgânica nitrogenada e a convertem para o nitrato estável, NO_3^- (Capítulo 8). A curva do uso de oxigênio pode, portanto, ser dividida em duas regiões, *DBO nitrogenada* (DBON) e *DBO carbonácea* (DBOC).

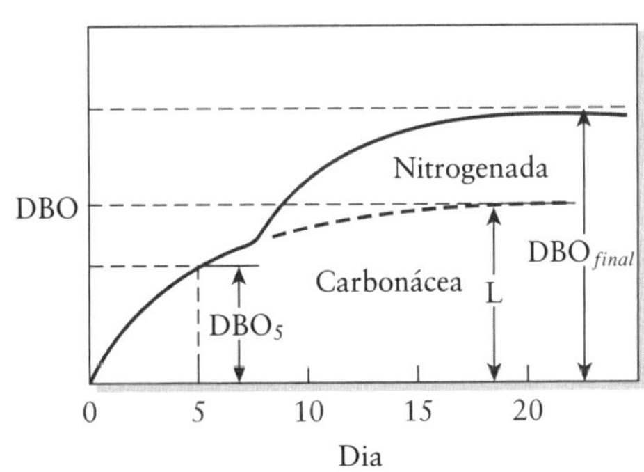

FIGURA 9.6 Curvas DBO idealizadas.

Observe a definição da DBO final nesta curva. Se não houver matéria orgânica nitrogenada alguma na amostra ou se a ação desses micro-organismos for suprimida, obtém-se apenas a curva carbonácea. Porém, para correntes e rios com tempo de curso superior a cinco dias, a demanda final de oxigênio deve incluir a demanda nitrogenada. Com frequência, considera-se que a DBO final possa ser calculada da seguinte forma:

$$L = \text{DBO}_{\text{fin}} = a(\text{DBO}_5) + b(KN)$$

onde KN = (nitrogênio orgânico mais amônia, item 9.1.4), mg/L;

a e b = constantes.

O Estado da Carolina do Norte, por exemplo, utiliza $a = 1{,}2$ e $b = 4{,}0$ para calcular a DBO final . Esse modelo destaca a importância de as instalações de tratamento de água residuária atingir a nitrificação (conversão de nitrogênio para NO_3^-) ou a desnitrificação (conversão para o gás N_2). Mais detalhes sobre isso podem ser encontrados no Capítulo 11.

Demanda química de oxigênio

O terceiro método para a determinação de demanda de oxigênio de uma amostra de água, a *demanda química de oxigênio* (DQO), é um método laboratorial que determina basicamente o DTO. Uma amostra é misturada com um agente químico forte e oxidante (dicromato de potássio, $K_2Cr_2O_7$) mais um ácido forte (sulfúrico, H_2SO_4) e depois aquecida. A DQO é determinada com a medição do consumo de $K_2Cr_2O_7$. Os produtos químicos oxidam todas as matérias orgânicas – biodegradáveis e não biodegradáveis. Portanto, a DQO para uma amostra será maior do que a DBO, a menos que a amostra contenha principalmente resíduos facilmente biodegradáveis. Por exemplo, o DDT, um orgânico refratário, produziria uma DQO alta, mas nada de DBO. A DQO seria semelhante à DTO.

Obviamente, o teste não representa as condições de riachos ou lagos. Então, por que foi utilizado? Os operadores das estações de tratamento de águas residuárias utilizarão para as operações diárias. Embora o teste de DBO seja necessário porque os níveis permitidos têm como base a DBO, o teste demora muito para obter os resultados para executar em uma estação de tratamento. A DQO, por outro lado, pode ser obtida em aproximadamente três horas e também fornece resultados mais consistentes por ser executado de modo químico, em vez do modo biológico. Às vezes, a DQO também é utilizada para estimar a DBO_u para indicar a presença de orgânicos biologicamente resistentes.

9.1.3 Sólidos

A separação de elementos sólidos da água é um dos objetivos principais do tratamento de águas residuárias. Mais especificamente, na água residuária, tudo aquilo que não é água ou gás é classificado como sólido, ou seja, a maior parte da água residuária é composta por sólidos. No entanto, a definição comum para sólidos é "resíduo da evaporação a 103 °C" (uma temperatura um pouco mais alta que a de ponto de ebulição da água). Esses sólidos são conhecidos como sólidos totais. O teste é conduzido colocando-se um volume de amostra conhecido em um prato de evaporação (Figura 9.7) e deixando que a água evapore. Os sólidos totais são então calculados da seguinte forma

$$ST = \frac{P_{ps} - P_p}{V}$$

onde ST = sólidos totais, mg/L;
P_{ps} = peso do prato mais peso dos sólidos secos após a evaporação, mg;
P_p = peso do prato vazio, mg;
V = volume da amostra, L.

Se o volume da amostra estiver em mL, a unidade de medida mais comum, e os pesos forem em g, a equação é a seguinte

$$ST = \frac{P_{ps} - P_p}{V} \times 10^6 \tag{9.7}$$

onde ST = sólidos totais, mg/L;
P_{ps} = peso do prato mais peso dos sólidos secos após a evaporação, g;
P_p = peso do prato vazio, g;
V = volume da amostra, mL.

Os sólidos totais podem ser divididos em duas partes: *sólidos dissolvidos* e *suspensos*. Se uma colher de chá cheia de sal de cozinha comum é colocada em um copo com água, o sal dissolve-se. A aparência da água continua a mesma, mas o sal permanece quando a água evapora. Uma colher de areia, no entanto, não se dissolve, e os grãos de areia permanecem na água. O sal é um exemplo de sólidos dissolvidos enquanto os grãos de areia são sólidos suspensos.

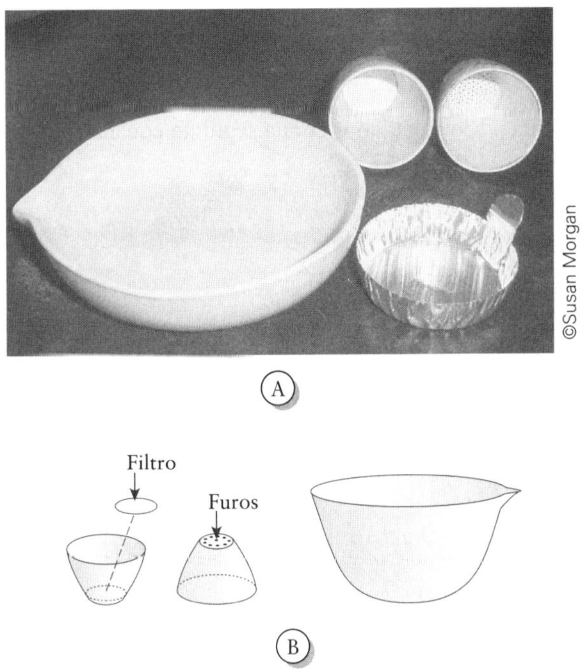

FIGURA 9.7 O cadinho de Gooch, cápsula de evaporação e barcos de alumínio utilizados para a medição de sólidos suspensos e totais.

O cadinho de Gooch é utilizado para separar os sólidos suspensos dos sólidos dissolvidos. Conforme mostra a Figura 9.7, o cadinho possui furos na parte inferior onde se posiciona um filtro de fibra de vidro. A amostra é, então, filtrada através do cadinho com o auxílio do vácuo. O material suspenso fica retido no filtro enquanto a parte dissolvida passa através dele. Conhecendo-se o peso inicial do cadinho seco mais o peso do filtro, a subtração desse peso do peso total (peso do cadinho, mais peso do filtro e dos sólidos secos remanescentes no filtro) é o peso dos sólidos suspensos, expresso em mg/L. A equação é a seguinte

$$SS = \frac{P_{pf} - P_p}{V} \times 10^6 \tag{9.8}$$

onde SS = sólidos suspensos, mg/L;
P_{pf} = peso do prato e do filtro mais peso dos sólidos filtrados secos, g;
P_p = peso do cadinho e filtro limpos, g;
V = volume da amostra, mL.

Os sólidos podem ser classificados de outro modo: aqueles que são voláteis a altas temperaturas e aqueles que não são. Os primeiros são conhecidos como *sólidos voláteis*, os últimos são *sólidos fixos*. Embora os sólidos voláteis sejam considerados orgânicos, alguns dos sólidos inorgânicos são decompostos e também volatizados a 600 °C, temperatura utilizada em testes. Porém isso não é considerado uma desvantagem séria. A equação para calcular sólidos fixos é

$$SF = \frac{P_{pn} - P_p}{V} \times 10^6 \qquad (9.9)$$

onde SF = sólidos fixos, mg/L;
P_{pn} = peso do prato mais sólidos não queimados, g;
P_p = peso do cadinho e do filtro limpos, g;
V = volume da amostra, mL.

Os sólidos voláteis, então, são calculados com a seguinte equação

$$SV = ST - SF \qquad (9.10)$$

em que SV = sólidos voláteis, mg/L.

EXEMPLO 9.10

Problema Um laboratório realiza um teste de sólidos. Peso do cadinho = 48,6212 g. Uma amostra de 100 mL é colocada no cadinho e a água é evaporada. Peso do cadinho e dos sólidos secos = 48,6432 g. Então, o cadinho é colocado em um forno a 600 °C por 24 horas e resfriado em um dessecador. Peso do cadinho resfriado e resíduos, ou sólidos não queimados = 48,6300 g. Encontre os sólidos totais, voláteis e fixos.

Solução Utilize as Equações 9.7, 9.9 e 9.10.

$$ST = \frac{(48{,}6432 \text{ g}) - (48{,}6212 \text{ g})}{100 \text{ mL}} \times 10^6 = 220 \text{ mg/L}$$

$$SF = \frac{(48{,}6300 \text{ g}) - (48{,}6212 \text{ g})}{100 \text{ mL}} \times 10^6 = 88 \text{ mg/L}$$

$$SV = 220 - 88 = 132 \text{ mg/L}$$

Em geral, é necessário medir a parte volátil do material suspenso, pois esse é um modo rápido (embora grosseiro) para medir a quantidade de micro-organismos presentes. Os *sólidos suspensos voláteis* (SSV) são determinados simplesmente ao se colocar o cadinho de Gooch (filtro) em um forno (600 °C), permitindo que a parte orgânica queime, e pesando o cadinho novamente. O valor da redução do peso representa os sólidos suspensos voláteis.

9.1.4 Nitrogênio

Vamos recordar a definição do Capítulo 8 de que o nitrogênio é um importante elemento nas reações biológicas. Ele pode ser ligado a componentes que produzem muita energia, como aminoácidos e aminas, e nessa forma, o nitrogênio é conhecido como nitrogênio orgânico. Um dos elementos intermediários formados durante o metabolismo biológico é o nitrogênio amoniacal. Com o nitrogênio orgânico, o amoniacal é considerado um indicador de poluição recente. Essas duas formas de nitrogênio são, em geral, combinadas em uma medida, conhecida como *nitrogênio Kjeldahl*, pois recebeu o nome do cientista que primeiro sugeriu o procedimento analítico.

A decomposição aeróbica finalmente leva à formação de nitrogênio em nitrito (NO_2^-) e depois em nitrato (NO_3^-). Nitrogênio com alto teor de nitrato e com baixo teor de amônia sugere que a poluição aconteceu algum tempo atrás.

Todas essas formas de nitrogênio podem ser medidas analiticamente pelas *técnicas de colorimetria*. A ideia básica da colorimetria é que o íon em questão se combina com algum elemento e forma uma cor. O elemento está em excesso (ou seja, há muito mais dele do que os íons), então a intensidade da cor é proporcional à concentração original de íons medidos. Por exemplo, a amônia pode ser medida adicionando-se um composto chamado reagente de *Nessler* à amostra desconhecida. Esse reagente é uma solução de tetraiodomercurato de potássio, K_2HgI_4, e reage com íons amoniacais e formam um coloide amarelo-escuro. Se o reagente de Nessler estiver em excesso, a quantidade do coloide formado será proporcional à concentração de íons de amônia na amostra.

A cor é medida fotometricamente. As funções básicas de um fotômetro, ilustrado na Figura 9.8, consistem em uma fonte de luz, um filtro, uma amostra e uma fotocélula. O filtro permite que apenas algumas extensões de onda passem, fazendo com que as interferências diminuam e a sensibilidade da fotocélula aumente, convertendo a energia da luz em corrente elétrica. Uma cor intensa permite que apenas uma quantidade limitada de luz penetre, criando uma pequena corrente elétrica. Em contrapartida, uma amostra com muito pouca quantidade do elemento químico em questão será clara, permitindo que quase toda luz penetre, criando uma corrente razoável. Se a intensidade da cor (e, consequentemente, a absorção da luz) for diretamente proporcional à concentração do íon desconhecido, diz-se que a cor formada obedece à *lei de Beer*.

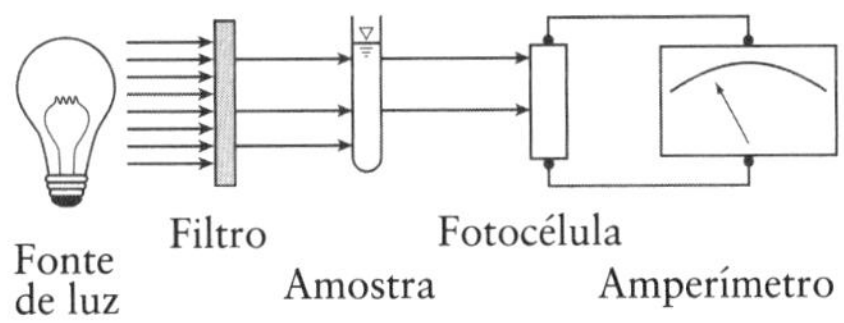

FIGURA 9.8 Um fotômetro é utilizado para medir a intensidade da luz através de uma amostra colorida, em que a intensidade da cor é proporcional ao elemento químico sendo medido.

Um fotômetro pode ser utilizado para medir a concentração de amônia ao medir-se o grau de absorção de luz pelas amostras contendo uma concentração de amônia conhecida e comparando-se a absorção da amostra desconhecida com esses padrões.

EXEMPLO 9.11

Problemas Diversas amostras conhecidas e uma amostra desconhecida contendo nitrogênio amoniacal são tratadas com reagente de Nessler, e a cor resultante é medida com um fotômetro. Encontre a concentração de amônia da amostra desconhecida.

Padrões (mg/L de amônia)	Grau de absorção
0 (água destilada)	0
1	0,06
2	0,12
3	0,18
4	0,24
Amostra desconhecida	0,15

Solução Uma curva de calibração é traçada (Figura 9.9) utilizando-se os padrões da amônia. O gráfico resulta em uma linha reta, portanto, a Lei de Beer é válida. A concentração de amônia na amostra desconhecida corresponde a 0,15 de absorção e, a partir do gráfico, é de 2,5 mg/L.

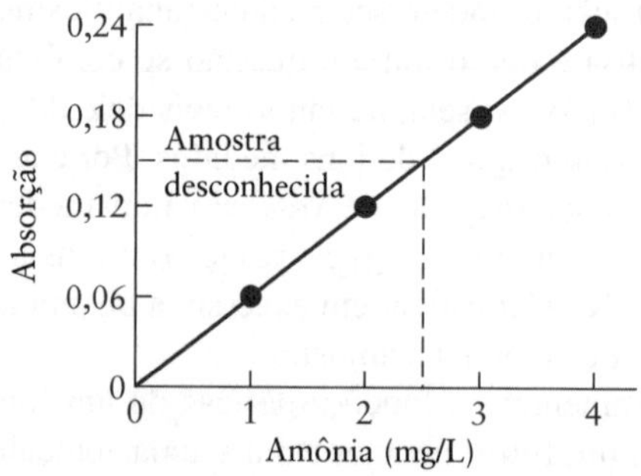

FIGURA 9.9 Uma curva de calibração típica utilizada para medir a concentração de amônia.

9.1.5 Medição dos níveis bacteriológicos

A partir do ponto de vista da saúde pública, a qualidade bacteriológica da água é tão importante quanto a qualidade química. Diversas doenças podem ser transmitidas pela água, entre elas febre tifoide e cólera. Porém uma coisa é declarar que a água não deve ser contaminada por patógenos (organismos causadores de doença) e outra coisa é descobrir a existência desses organismos.

A busca da presença de patógenos pode apresentar vários problemas. Primeiro, há muitos tipos deles. Cada patógeno possui um procedimento de detecção específico e deve ser detectado individualmente. Segundo, a concentração desses organismos pode ser tão pequena que detectar sua presença pode ser impossível. Procurar por patógenos na maioria das águas superficiais é, literalmente, procurar uma agulha em um palheiro. E ainda, apenas um ou dois organismos na água podem ser suficientes para causar uma infecção se essa água for consumida.

As doenças relacionadas à água são a causa principal de doença e morte de humanos em todo o mundo, excedendo as mortes em conflitos armados. As poucas mortes nos Estados Unidos atribuídas à água potável ocorrem geralmente quando ela é tratada inapropriada ou incorretamente ou não é desinfetada.[2] Patógenos importantes incluem *Salmonella*, *Shigella*, o vírus da hepatite, *Entamoeba histolytica*, *Giardia lamblia*, *Escherichia coli* e *Cryptosporidium*.

A salmonelose é causada por várias espécies de *Salmonella*, e a pessoa que a contrai apresenta sintomas como gastrenterite aguda, sepse (presença de elementos infecciosos no sangue) e febre. A gastrenterite, em geral, é seguida de fortes dores abdominais, diarreia e febre, e embora o paciente sinta os sintomas por alguns dias, ela raramente é fatal. A febre tifoide é causada pela *Salmonella typhi* e é muito mais grave, podendo durar semanas e ser fatal se não for tratada adequadamente. Cerca de 3% das vítimas contraem a *Salmonella typhi*, e mesmo não apresentando os sintomas, acabam transmitindo a bactéria para outros, principalmente através da contaminação da água. A shigelose, também chamada de disenteria bacilar, é outra doença gastrintestinal e apresenta sintomas semelhantes à salmonelose.

A hepatite infecciosa, causada pelo vírus da hepatite, é conhecida por ser transmitida pela água não tratada. Os sintomas incluem dores de cabeça, dores nas costas, febre e coloração amarelada da pele. Apesar de ser raramente fatal, pode causar debilitação aguda. O vírus da hepatite pode escapar de filtros de areia sujos nas estações de água e sobreviver fora de um hospedeiro por muito tempo.

Outra doença gastrintestinal conhecida é a disenteria amébica, ou amebíase, que causa fortes dores e diarreia. Embora seu *habitat* normal seja o intestino grosso, os protozoários causadores da doença podem produzir cistos que contaminam outras pessoas através da água, causando infecções gastrintestinais. Os cistos são resistentes à desinfecção e podem sobreviver por muitos dias fora do intestino.

A giardíase, também conhecida nos Estados Unidos como *beaver disease* (em tradução livre doença do castor), é causada pelo *Giardia lamblia*, um protozoário flagelado que, em geral, se aloja no intestino delgado. Fora do intestino, seus cistos podem provocar graves problemas gastrintestinais, sobrevivendo de dois a três meses. Nos Estados Unidos, a giardíase também era conhecida como "doença do castor", pois os castores podem ser hospedeiros do protozoário, aumentando amplamente a concentração de cistos na água doce. Esses cistos não são destruídos com os níveis comuns de cloração, mas podem ser eficientemente removidos com a filtração por areia. Os mochileiros devem tomar cuidado ao purificar a água para consumo com tabletes de cloro ou pequenos filtros caseiros. A giardíase estragou mais de um verão para campistas desavisados.

As *Escherichia coli* (abreviada e comumente conhecida como *E. coli*) são "habitantes naturais do trato intestinal de seres humanos e animais de sangue quente"[3] e são as bactérias aeróbias mais comuns no aparelho digestivo que não precisam de um ambiente ou condições nutricionais especiais para seu desenvolvimento. Enquanto a maioria das *E. coli* não são infecciosas, algumas são elementos patogênicos que podem causar diarreia, febre e/ou náuseas. Na verdade, até 70% dos casos de "vingança de Montezuma" (ou diarreia dos viajantes) são causados por uma variedade específica da *E. coli*, e de 50% a 80% das infecções do trato urinário são causadas pela *E. coli*.[4]

Em função da prevalecência da *E. coli*, as epidemias vêm sendo notícia com muita frequência. No entanto, enquanto um reservatório de água contaminada em Walkerton, Ontário, provocou a morte de nove pessoas e deixou mais de 700 doentes em 2000,[5] e nadar em águas contaminadas por esgoto foi ligado a causas de infecções, a maioria dos casos de infecção acontece pela ingestão de carne moída contaminada malcozida. Em particular, essa carne está contaminada pela *E. coli* O157:H7, que vive nos intestinos de gado saudável, mas pode causar sérios problemas para os humanos, em geral causando grave diarreia hemorrágica, dores abdominais e, ocasionalmente, causando a falência dos rins[6]. (As letras e números que indicam uma variedade em particular da *E. coli* se referem a marcadores específicos em sua superfície, que a distinguem das outras variedades.) Um estudo do governo norte-americano descobriu que 28% do gado que entra nos matadouros possui o organismo, que pode se espalhar por toda a carne durante o processo de moagem.[7] Há, porém, outras fontes de contaminação, inclusive o leite e suco não pasteurizado, verduras (como couve e alface) irrigados com água contaminada, e o contato físico de pessoa a pessoa entre familiares ou em creches. Mesmo que possam ser desenvolvidos sistemas de tratamento de água para impedir que a *E. coli* (e outras doenças) se espalhe(m), a prevenção deve acontecer por meio da educação pública da população e mudanças no comportamento (por exemplo, cozinhar a carne moída a no mínimo 344 K, lavar bem as verduras e manter bons hábitos de higiene).

O maior problema de saúde pública da atualidade tem sido a ocorrência de uma infecção parasitária chamada criptosporidiose, causada pelo *Cryptosporidium*, um protozoário intestinal. A doença provoca debilitação com diarreia, vômitos e dores abdominais e dura diversas semanas. Nao há tratamento terapêutico confiável para os criptosporidioses. Em 1993, em Milwaukee, foi registrado o maior surto de criptosporidioses, uma das doenças transmitidas pela água em países costeiros da história dos Estados Unidos. Afetou aproximadamente 400 mil pessoas e resultou em pelo menos 50 óbitos.[2] Uma possível causa para a epidemia foi um declínio de desempenho no tratamento de água em uma instalação que aconteceu quando os produtos químicos utilizados para o tratamento estavam sendo trocados e a fonte de água pode ser sido contaminada pelo escoamento de água pluvial.[2] A fonte comum do patógeno parece ser a contaminação de fontes de água por resíduos agrícolas. Devido à resistência dos cistos aos métodos comuns de desinfecção da água, a filtração é a melhor barreira contra a contaminação de reservatórios de água potável.

Nosso conhecimento sobre a presença de micro-organismos patógenos na água é na verdade bem recente. As doenças causadas pela contaminação da água, como cólera, febre tifoide e disenteria eram bem mais comuns no meio do século XIX. Mesmo com a existência dos microscópios e a possibilidade que ofereciam de mostrar organismos vivos na água, não era evidente que essas pequenas criaturas pudessem causar tais terríveis doenças. Fazendo uma retrospectiva, a relação entre a água contaminada e as doenças deve ter surgido com base em evidências empíricas. Por exemplo, durante meados do século XVIII, o rio Tâmisa, em Londres, era altamente contaminado por resíduos humanos, e em um domingo à tarde, uma grande embarcação de passeio virou, jogando todos na água. Embora ninguém tenha se afogado, a maioria dos passageiros morreu de cólera poucas semanas depois!

Porém foi necessário que um médico sagaz chamado John Snow fizesse a ligação entre água contaminada e doenças infecciosas. Em meados do século XIX, o fornecimento de água para os cidadãos londrinos era feito por diversas empresas privadas, que bombeavam a água do Tâmisa e vendiam-na pela cidade. Uma determinada empresa utilizou a água proveniente da correnteza com descargas de resíduos bombeando-a até a Broad Street. Como seria de esperar, as epidemias de cólera eram comuns em Londres, e durante um episódio de virulência fora do comum, John Snow notou que os casos da doença pareciam estar concentrados próximos à bomba da Broad Street. Ele, então, registrou cuidadosamente todos os casos e os mapeou, o que deixou claro que o centro da epidemia era a bomba. Assim, ele convenceu os governantes da cidade a ordenar a remoção da bomba, e a epidemia foi reduzida. A ligação entre a água contaminada e as doenças infecciosas estava provada. A contribuição de John Snow foi imortalizada na nomeação do *pub* "John Snow" que fica na renomada Broadwick Street, em Londres. Há uma placa na parede do *pub* mostrando a localização da famosa bomba (Figura 9.10).

Sem dúvida, muitos organismos patogênicos podem ser transportados pela água. Como, então, é possível medir o nível bacteriológico? A resposta está no conceito dos *organismos indicadores*. O indicador mais utilizado é um grupo de micróbios chamados *coliformes* (que inclui 150 espécies de *E. coli*). Esses organismos têm cinco importantes atributos. Eles são:

- habitantes naturais do trato digestivo de animais de sangue quente;
- abundantes, portanto, fáceis de ser encontrados;
- facilmente detectados por um teste simples;
- geralmente inofensivos exceto em circunstâncias incomuns;
- resistentes, sobrevivendo por mais tempo que a maioria dos patógenos.

Em função desses cinco atributos, os coliformes tornaram-se organismos indicadores universais. Mas a presença deles não comprova a presença de elementos patogênicos! Se um grande número de coliformes estiver presente, há uma boa chance de que exista poluição recente por resíduos de animais de sangue quente; portanto, a água pode conter organismos patogênicos, porém, isso não prova que tais organismos estejam presentes. Isso simplesmente significa que eles *possam* existir. No entanto, uma alta contagem de coliformes é suspeita, e apesar de poder estar perfeitamente própria para consumo, a água não deve ser consumida.

O oposto também é verdadeiro. A ausência de coliformes não comprova que não existam patógenos na água; entretanto, é um indicador de que a água seja segura para ser consumida.

Há duas formas principais para medir o nível de coliformes. A mais simples é filtrar uma amostra com um filtro esterilizado, assim capturando quaisquer vestígios de coliformes. Ele é então colocado em uma placa de petri contendo ágar ágar estéril que penetra no filtro promovendo o crescimento de coliformes enquanto inibe outros organismos. Após 24 ou 48 horas de incubação, são contados os números de pontos azul-escuro-esverdeados brilhantes, que indicam colônias de coliformes. Caso se saiba quantos mililitros de água foram despejados no filtro, a concentração de coliformes pode ser representada por coliformes/100 mL.

O segundo método para medir o nível de coliformes é chamado número mais provável (NMP), um teste com base no fato de que em um caldo lactosado os coliformes produzam gás deixando o caldo turvo. A produção de gás é detectada com a colocação de um pequeno tubo de boca para baixo dentro de um tubo maior (Figura 9.11) de forma que não haja bolhas de ar dentro do tubo menor. Após a incubação, se houver produção de gás, um pouco dele fica preso no tubo pequeno, indicando, com a presença de um caldo turvo, que o tubo tem no mínimo um coliforme.

E aí que está o problema. Teoricamente, um coliforme pode indicar o resultado positivo no tubo, assim como um milhão deles. Consequentemente, não é possível saber com certeza a concentração de coliformes na amostra de água com apenas um tubo. A solução é inocular uma série de tubos com várias quantidades da amostra, considerando-se que uma amostra de 10 mL teria dez vezes mais chances de conter um coliforme que uma amostra de 1 mL.

Por exemplo, podemos utilizar três quantidades diferentes para inocular três tubos (10 mL, 1 mL e 0,1 mL de amostra), cada um com uma quantidade. Após a incubação, os resultados são colocados em uma matriz, conforme apresentado na Figura 9.11. O sinal de mais (+) indica um teste positivo (caldo turvo com formação de gás), e o sinal de menos (−) representa tubos sem a presença de coliformes. Com base nesses dados, pode-se suspeitar que haja ao menos 1 coliforme para 10 mL, mas ainda assim, não há um número certo.

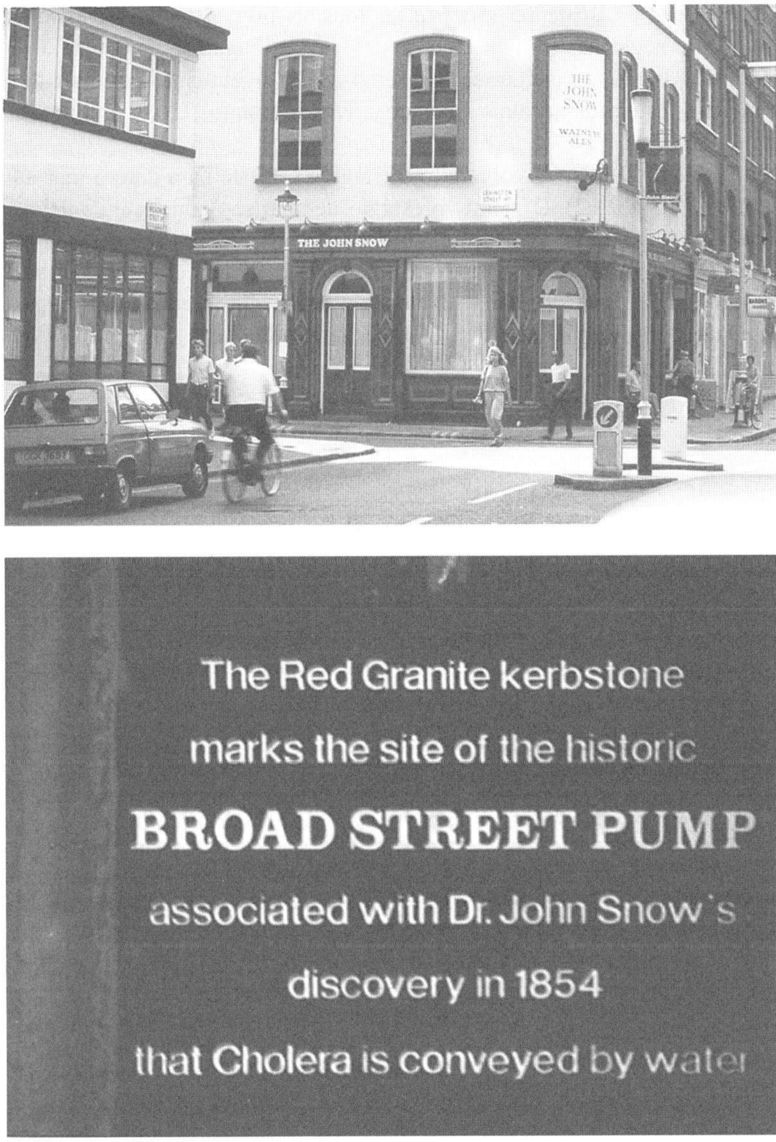

FIGURA 9.10 John Snow Pub e o marcador indicando o local da famosa bomba.

Quantidade de amostra (mL) colocada no tubo de ensaio	Número do tubo 1	2	3
10	+	+	+
1	−	+	−
0,1	−	−	+

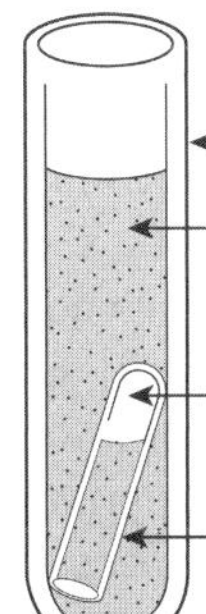

FIGURA 9.11 A captura de gás em um tubo em que a lactose foi fermentada por coliformes.

A solução para esse dilema está nas estatísticas. Pode ser provado estatisticamente que essa matriz de resultados positivos e negativos irá acontecer mais provavelmente se a concentração de coliformes for de 75 *coli*/100 mL. Uma alta concentração resultaria, provavelmente, em mais tubos positivos, já uma baixa concentração resultaria em mais tubos negativos. Portanto, 75 *coli*/100 mL é o número mais provável (NMP).

Ambos os métodos de análise envolvem três estágios de teste para determinar a presença ou ausência de coliformes (Figura 9.12). O primeiro estágio de análise é um teste conjeturável, que infere a presença ou ausência de bactérias coliformes. Entretanto, esse teste não representa prova absoluta, uma vez que, assim como os coliformes produzem gás, algumas bactérias não coliformes também o fazem. O segundo estágio da análise é um teste confirmatório, que verifica a presença ou ausência de coliformes totais. O terceiro estágio da análise é um teste completo que verifica a presença ou ausência de *E. coli*.

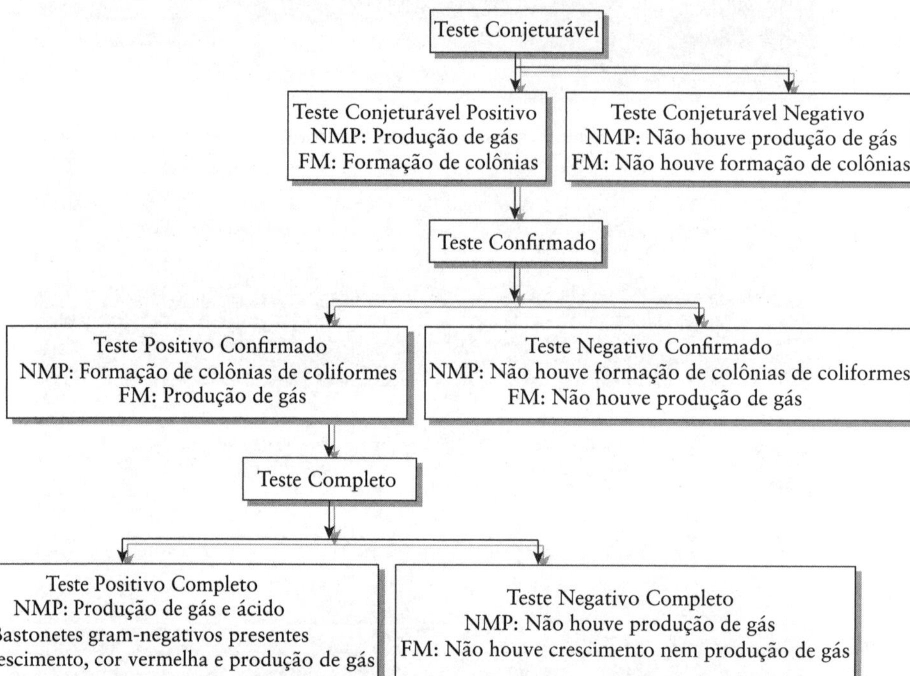

FIGURA 9.12 Testes conjeturáveis e confirmatórios para bactérias coliformes, utilizando métodos de NMP e filtração por membrana (FM).

9.2 AVALIAÇÃO DA QUALIDADE DA ÁGUA

A água potável tratada nos Estados Unidos é testada para micróbios e 80 produtos químicos uma quantidade de vezes por ano para garantir a segurança (veja a Seção 9.3). Para determinar o planejamento e o tratamento adequados, as análises são normalmente conduzidas por parâmetros como pH, alcalinidade e dureza (mais detalhes no Capítulo 10). Enquanto uma variedade de características das águas residuárias pode ser analisada a fim de fornecer informações relevantes ao planejamento e operação das instalações de tratamento (Tabela 9.1), os sete principais componentes são SS, DBO, patógenos, STD, metais pesados, nutrientes e poluentes orgânicos prioritários.[8] Os três primeiros componentes direcionam o planejamento da maioria dos sistemas de tratamento de águas residuárias. Além do impacto às qualidades estéticas do efluente, os SS também influenciam na quantidade de lodo produzido e o potencial para o desenvolvimento de condições anaeróbias. Os elementos orgânicos biodegradáveis (como medidos pela DBO e a demanda química de oxigênio, DQO) precisam do oxigênio dissolvido para o tratamento quando os processos aeróbios forem utilizados. E, claro, os organismos patogênicos causam doenças comunicáveis. As substâncias inorgânicas dissolvidas (por exemplo, os STD) aumentam pelo uso repetido da água e, portanto, têm implicações na reutilização de águas residuárias tratadas. Os metais pesados (cátions com peso atômico acima de 23 e que são eliminados pelas residências e indústrias) podem dificultar os processos de tratamento biológico e reduzir as opções de gerenciamento de lodo. Os nutrientes (como o fósforo e o nitrogênio) podem causar depleção de oxigênio e eutrofização quando despejados em cursos de águas naturais (Capítulo 8). Porém, esses nutrientes são desejáveis no lodo para aplicação em solo e em efluentes utilizados para irrigação, mas cargas excessivas podem contaminar as águas superficiais e subterrâneas. Já os poluentes orgânicos prioritários são perigosos e, em geral, resistentes aos métodos de tratamento convencionais.

Mais de 500 métodos para a medição destes e outros parâmetros de qualidade da água são padronizados em um volume nomeado *Métodos-Padrão para o Exame da Água e Águas Residuárias*. O título é normalmente abreviado para Métodos-Padrão*. Para definir qual dos testes utilizar ao deparar-se com um problema, é necessário primeiro determinar qual é o problema. Por exemplo, se a questão for "a água está cheirando mal!", é necessário decidir quais medidas determinarão o *quão* malcheirosa ela está (numericamente) e depois qual é o agente que causa o odor. A medida quantitativa do odor é difícil de obter e imprecisa simplesmente porque ela depende do sentido olfativo humano, e a concentração do agente causador também é de difícil obtenção, pois geralmente não se conhece o que se deve medir. Em circunstâncias favoráveis é possível encontrar o culpado, contudo na maioria das vezes, deve-se utilizar medidas indiretas, como sólidos voláteis ou amônia, para medir o odor.

Se, por outro lado, a questão for "Eu bebi desta água e ela me fez adoecer!", é necessário perguntar quão doente e qual é a origem do mal-estar. Essa informação fornecerá pistas sobre o que poderia estar na água e causado o incômodo. Se a reclamação for de problemas no sistema digestivo (a famosa "dor de barriga"), a suspeita é de que havia elementos contaminantes bacteriológicos e virais. O teste de coliformes pode então ser utilizado para obter uma indicação da contaminação.

Se, em vez de problemas digestivos, o problema de saúde for que as pessoas em uma dada comunidade desenvolveram manchas nos dentes, a suspeita imediata é que a água contenha excesso de fluoreto. Esse elemento pode ser considerado um poluente, mesmo que a maioria das comunidades *adicionem* flúor à água potável para prevenir cáries em crianças e adolescentes.

Um terceiro exemplo de um problema na qualidade da água pode ser "Os peixes estão todos mortos!". Então, nesse caso, é necessário procurar soluções para o que pode ter causado a morte dos peixes: havia algum componente a uma concentração alta o suficiente para matá-los, ou a ausência de algum elemento necessário para a vida aquática. Por exemplo, resíduos de pesticida podem ser a causa para essas mortes, assim, deve-se realizar uma varredura dos elementos químicos presentes para identificar o pesticida. Os peixes podem ter morrido também devido à falta de oxigênio (causa mais comum), e seria útil estimar a DBO e medir o OD.

O objetivo principal para todas essas medidas é obter um controle *quantitativo* das condições de limpeza da água. Só assim é possível proceder com as soluções para resolver problemas de poluição e evitar o transtorno de ter juízes e advogados dizendo que "qualquer um, por mais bobo que seja, sabe se a água é adequada para consumo".

9.3 PADRÕES DA QUALIDADE DA ÁGUA

Qual é a utilidade das análises quantitativas a menos que existam alguns *padrões* que descrevam a qualidade que se deve alcançar para as diversas utilizações benéficas da água? Na verdade, há três tipos de padrões de qualidade: padrões para água potável, padrões para os efluentes e padrões de qualidade da água superficial.

* Em inglês *"Standard Methods"*. (N.R.T.)

TABELA 9.1 Utilização de análises de laboratório no tratamento de águas residuárias.

Análise	Uso
Características físicas	
Cor	Condição da água residuária (limpa ou contaminada)
Odor	Requisitos para tratamento, indicação de condições anaeróbias
Sólidos	
ST, SV, SS	Planejamento e operação do processo de tratamento
SD	Potencial de reutilização de efluente
Temperatura	Planejamento e operação dos processos biológicos
Turbidez	Qualidade do efluente
Transmissão	Adequabilidade para desinfecção com UV
Características inorgânicas	
Alcalinidade	Planejamento e operação do processo de tratamento
Cloreto	Potencial de reutilização de efluente
Ácido sulfídrico	Operação do processo de tratamento, requisitos de controle de odor
Metais	Potencial de reutilização de efluente e lodo, planejamento e operação do processo de tratamento
Nitrogênio	Planejamento e operação do processo de tratamento, potencial de reutilização de efluente e lodo
Oxigênio	Planejamento e operação do processo de tratamento
pH	Planejamento e operação do processo de tratamento
Fósforo	Planejamento e operação do processo de tratamento, potencial de reutilização de efluente e lodo
Sulfato	Potencial fonte de odor, possibilidade de tratamento do lodo
Características orgânicas	
DBO	Planejamento e operação do processo de tratamento
DQO	Operação do processo de tratamento
Metano	Operação do processo de tratamento, potencial para recuperação de energia
DNO	Planejamento e operação do processo de tratamento (nitrificação/desnitrificação)
Elementos orgânicos específicos	Planejamento e operação do sistema de tratamento
Características biológicas	
Coliformes	Planejamento e operação do sistema de desinfecção
Micro-organismos específicos	Operação do sistema de tratamento

Fonte: SMALL AND DECENTRALIZED WASTEWATER MANAGEMENT SYSTEMS de Crites, Ronald W., Copyright 1998 da McGraw-Hill Companies, Inc.-Books.

9.3.1 Padrões para água potável

Com base na saúde pública e em evidências epidemiológicas, com uma dose saudável de conveniência, a Agência de Proteção Ambiental (EPA, do inglês *Environmental Protection Agency*) estabeleceu os padrões nacionais de água potável para muitos contaminantes físicos, químicos e bacteriológicos no "Safe Drinking Water Act (SDWA)" (Lei da água potável segura). A Tabela 9.2 lista alguns desses padrões. A lista completa pode ser encontrada no Título 40 Parte 141 do *Code of Federal Regulations* (*Código de Regulamentações Federais dos Estados Unidos*) (40CFR141).*

A lista de padrões químicos é extensa e inclui os elementos inorgânicos comuns (chumbo, arsênico, cromo etc.) assim como alguns elementos orgânicos (por exemplo, DDT). Os padrões bacteriológicos para a água potável são descritos em função dos indicadores de coliformes. O padrão normal, atualmente, é menos de 1 coliforme para cada 100 mL de água potável tratada. Um exemplo de padrão físico é a *turbidez* ou a interferência na passagem da luz. A água que possui alta turbidez é turva, condição essa causada pela presença de sólidos coloidais. Essa característica não é a responsável, em si, por causar problemas de saúde, porém os sólidos coloidais podem ser meios convenientes para os organismos patogênicos.

Os padrões listados na Tabela 9.2 são exemplos de *padrões primários*. Os padrões primários especificam níveis máximos de contaminantes (NMCs) ou técnicas de tratamento e são estabelecidos para proteger a saúde pública, sendo executados pela força da lei.

Os *padrões secundários*, por sua vez, são estabelecidos para deixar a água mais utilizável, agradável ao paladar, reduzindo, por exemplo, sabores desagradáveis e corrosividade. Esses padrões não podem ser executados pela lei. Esses padrões incluem elementos como cloreto, cobre, ácido sulfídrico, ferro e manganês. O padrão secundário para o cloreto, por exemplo, é 250 mg/L, um ponto no qual a água adquire um sabor salgado distinto. Não existe padrão primário algum para o cloreto, pois antes que esse sal possa tornar-se perigoso, ele faz com que a água adquira um gosto tão ruim que ninguém conseguiria bebê-la. Da mesma forma, o ferro não é um problema para a saúde (e, de fato, é importante para a saúde sanguínea), entretanto, em alta concentração deixa a água avermelhada (e mancha tecidos). O manganês confere à água uma cor azulada e, assim como o ferro, pode manchar tecidos e superfícies cerâmicas, como as de banheiras.

As *metas de nível máximo de contaminante* (MNMCs) também *não* são executáveis pela lei, porém se aplicam aos "contaminantes primários". Elas são estabelecidas a níveis que não apresentam efeito conhecido algum à saúde ou que se possa notar. Portanto, as MNMCs podem ser mais baixas que os NMCs devido a questões econômicas e tecnológicas. Em outras palavras, pode ser tão caro reduzir um contaminante a uma concentração que não apresenta efeitos conhecidos, que a decisão é tomada de modo a se aceitar um risco elevado à saúde a fim de reduzir o custo da adequação.

Por envolver ciência e tecnologia, a EPA continua analisando os dados para determinar se as substâncias conhecidas ou esperadas para ocorrer em sistemas públicos hidráulicos precisam ser regulamentadas pela SDWA. Este processo de análise resultou em uma *lista de candidatos a contaminantes* (CCL). O CCL 1, publicado em 1998, apresentava 60 contaminantes. Já o CCL 2, publicado em 2005, apresentava 51 contaminantes que não foram removidos do CCL 1 no processo de determinação regulamentar. O rascunho do CCL 3, publicado em 2008, apresentava 104 contaminantes: 93 produtos químicos ou grupos de produtos químicos e 11 contaminantes microbiológicos dos aproximadamente 7.500 produtos químicos e micróbios avaliados. Os contaminantes no CCL são estudados para determinar como são detectados, se ocorrem em água potável, quais os efeitos para a saúde e como eliminá-los. Desde julho de 2008, a EPA determina que nenhuma ação regulamentar é apropriada ou necessária para os 9 contaminantes de CCL 1 e 11 do CCL 2.

* No Brasil, a Portaria nº 2.914/GM, de 14/2/2011, do Ministério da Saúde, estabelece os procedimentos e responsabilidades relativos ao controle e vigilância da qualidade da água para consumo humano e seu padrão de potabilidade. (N.R.T.)

TABELA 9.2 Padrões primários para a águas residuárias.

Contaminantes	Concentração (mg/L, a menos que especificado de outra forma)		
	NMC	MNMC*	MTD**
Inorgânicos			
Amianto	7 milhões fibras/L (mais longas que 10 μm)	2, 3, 8	
Cromo	0,1		2, 5, 7, 6 para Cr^{3+}
Cianeto	0,2 (como cianeto livre)		5, 7, 10
Fluoreto	4,0		
Nitrato	10 (como nitrogênio)		5, 7, 9
Nitrito	1 (como nitrogênio)		5, 7
Tálio	0,002	0,0005	1, 5
Orgânicos			
Alaclor	0,002	0	4
Carbofurano	0,04		4
Tolueno	1		4, 12
Tricloroetileno	0,005	0	4, 12
Xileno (total)	10		4, 12
Orgânico sintético			
2,3,7,8-TCDD (dioxina)	0,00000003	0	4
Derivados de desinfecção			
Bromato	0,010	0	17
Bromofórmio	–	0	
Clorito	1,0	0,8	17
Ácidos haloacéticos (HAA5)	0,060	–	2, 4, 6
Trihalometanos totais	0,080	–	2, 4, 6
Biológicos			
Coliformes totais		0	2, 13, 14, 15, 16
$\geq$ 40 amostras/mês	$\leq$ 5% positivo		
< 40 amostras/mês	$\leq$1 amostra positiva		
	Amostra negativa repetida depois de amostra positiva para coliforme fecal ou *E. coli*		
Criptosporídio	–	0	
Vírus	–	0	
Radioativos			
Rádio-226 e rádio-228 combinados	5 pCi/L	0	5, 6, 7
Urânio	30 mg/L	0	2, 5, 6, 7
Físico			
Turbidez	1 unidade de turbidez, média mensal		

* Apenas MNMC com valores diferentes do NMC dado.

** Melhor tecnologia disponível (MTD) ou outro método para atingir nível de conformidade:

1 = alumina ativada
2 = coagulação e filtração
3 = filtração direta e com diatomita
4 = carbono ativado granulado
5 = troca de íons
6 = abrandamento com cal
7 = osmose reversa
8 = controle de corrosão
9 = eletrodiálise
10 = cloro
11 = luz ultravioleta
12 = torre de aeração
13 = oxidação
14 = bom posicionamento e construção
15 = resíduo desinfetante
16 = manutenção do sistema de distribuição
17 = controle do processo de tratamento

TABELA 9.3 Padrões secundários de água potável.

Contaminante	Padrão (mg/L, a menos que declarado de outra forma)
Látion	
Alumínio	0,05–0,2
Cobre	1,0
Ferro	0,3
Manganês	0,05
Prata	0,10
Zinco	5
Ânion	
Cloreto	250
Fluoreto	2,0
Sulfato	250
Outros	
SDT	500
Agentes espumantes	0,5
Cor	15 unidades de cores
Odor	3 números-limite de odor
Corrosividade	Não corrosivo
pH	6,5–8,5

9.3.2 Padrões de efluente

A *Clean Water Act* (CWA, Lei da Água Limpa) é utilizada para reduzir o fluxo de poluentes nos cursos de água natural. Todo local que realiza descargas de fonte pontual em cursos de água natural precisa, necessariamente, obter uma licença do Sistema Nacional de Eliminação de Descargas Poluentes, o NPDES (National Pollutant Discharge Elimination System) (40CFR122).* (Indústrias que fazem descargas em um sistema de esgoto em lugar de em um curso de água natural não precisam obter essa licença; no entanto, deve-se obter as licenças das estações de tratamento municipal que recebem as descargas.) Enquanto alguns detratores rotulam essas licenças como "permissões para continuar a poluir", esse sistema oferece, no entanto, um grande efeito benéfico para a qualidade das águas superficiais. Os padrões de efluente típicos para uma estação de tratamento de resíduos domésticos, por exemplo, variam entre DBO de 5 a 20 mg/L. A intenção é reduzir esses limites para melhorar a qualidade da água.

9.3.3 Padrões para qualidade de água superficial

Os padrões de efluente estão conectados aos padrões de água superficial, geralmente chamados de "padrões de cursos d'água". Todas as águas superficiais nos Estados Unidos são agora classificadas de acordo com um sistema de padrões com base em seu uso mais benéfico. A classificação mais alta é, em geral, reservada para águas mais preservadas e próximas da qualidade natural, com frequência utilizadas como fontes potáveis. A seguinte classificação mais alta inclui águas que recebem descargas de resíduos, mas mesmo assim apresentam níveis de qualidade altos. As categorias continuam em ordem decrescente de qualidade, com o nível mais baixo sendo útil somente para irrigação e transporte.

A Seção CWA 305(b) estabelece o Inventário Nacional de Qualidade da Água, destacando quais massas aquáticas atendem e não atendem aos padrões de qualidade da água. A Seção CWA 303(d) estabelece uma lista prioritária de água inapropriada que precisa de carga total máxima diária (TMDLs).

* No Brasil, a Resolução Conama nº 357, de 17/3/2005, dispõe sobre a classificação dos corpos de água e diretrizes ambientais para o seu enquadramento, bem como estabelece as condições e padrões de lançamento de efluentes. (N.R.T.)

A TMDL é a quantidade máxima de um poluente que uma massa aquática pode receber de todas as fontes, pontual e não pontual, e ainda atender aos padrões de qualidade da água. As TMDLs utilizadas na bacia hidrográfica podem resultar em maior foco na prevenção e no tratamento da poluição não pontual, incluindo os comércios entre as fontes pontuais e não pontuais e fontes não pontuais regulatórias, assim como com foco na redução ou eliminação de sistemas de esgoto combinados (CSOs). Os CSOs ocorrem após a chuva e derretimento da neve em áreas urbanas mais antigas com sistema de esgoto para manusear tanto a água da chuva quanto o esgoto.

O objetivo é tentar estabelecer a classificação mais alta possível para todas as águas superficiais e, então, utilizar as licenças do NPDES para diminuir os limites dos poluidores e melhorar a qualidade da água, além de aumentar a classificação dos cursos de água. Assim que atingem uma classificação alta, não se deve permitir descarga alguma que possa degradar o nível de qualidade da água. O objetivo é, por fim, chegar à pureza da água em todos os cursos superficiais. Por mais utópico que isso possa parecer, é uma meta nobre, e os milhares de engenheiros e cientistas que devotam suas carreiras para atingi-la entendem a alegria de pequenas vitórias e compartilham o sonho de conseguir acabar com a poluição das águas.

PROBLEMAS

9.1 Considere os seguintes resultados de testes de DBO_5:

OD inicial 8 mg/L
OD final 0 mg/L
Diluição 1:10

o que você pode dizer sobre

a) a DBO_5?
b) a DBO final?

9.2 Se você tiver duas garrafas com água de um lago e mantiver uma no escuro e a outra sob a luz do dia, qual delas apresentaria maior OD após alguns dias? Por quê?

9.3 Os dados a seguir foram obtidos a partir de uma amostra de água residuária:

Sólidos totais = 4.000 mg/L
Sólidos suspensos = 5.000 mg/L
Sólidos suspensos voláteis = 2.000 mg/L
Sólidos suspensos fixos = 1.000 mg/L.

Qual desses valores é questionável (errado) e por quê?

9.4 Uma água tem uma DBO_5 de 10 mg/L. O OD inicial na garrafa de DBO é de 8 mg/L e a diluição é de 1 para 10. Qual é o OD final na garrafa de DBO?

9.5 Se a DBO_5 de um resíduo é de 100 mg/L, desenhe a curva que mostra o efeito na DBO_5 ao adicionar-se, progressivamente, altas doses de cromo de valência seis (um elemento químico tóxico).

9.6 Alguns anos atrás uma fábrica em Nova Jersey estava enfrentando problemas com seus vizinhos localizados na parte mais baixa do curso d'água. Parece que a fábrica estava despejando pigmentos aparentemente inofensivos no curso d'água corrente, fazendo com que a água ficasse de todas as cores possíveis. O pigmento parecia não danificar a vida aquática nem manchar barcos e docas. Resumindo, eram questões estéticas.

Foi solicitado, então que a empresa de engenharia da instalação de tratamento da água residual sugerisse soluções para o problema. Ela descobriu que a expansão da instalação, adicionando colunas de carvão ativado, custaria cerca de $ 500.000,00, mas que haveria uma solução mais simples. Um tanque de contenção poderia ser construído para reter os efluentes durante o dia e liberá-los à noite, ou retê-los até que tivessem as cores azul e verde suficiente para fazer com que o efluente resultante ficasse com a cor verde-azulada. Essa solução custaria apenas $ 100.000,00. A instalação não violaria quaisquer normas ou regulamentações, tornando a operação legalmente viável. De fato, a instalação despejaria resíduos de uma forma que reduzisse as reclamações públicas, todavia, na verdade, não trataria a água residuária para remover os pigmentos. A descarga total de pigmentos não seria alterada.

Suponha que você seja o presidente da empresa e precise tomar a decisão de gastar $ 500.000,00 e tratar os resíduos ou $ 100.000,00 e acabar com as reclamações da comunidade. Escreva um memorando de uma página informando à engenheira como proceder. Inclua seu argumento para tal decisão.

9.7 Considere os seguintes dados do teste de DBO:

Dia	OD (mg/L)	Dia	OD (mg/L)
0	9	5	6
1	9	6	6
2	9	7	4
3	8	8	3
4	7	9	3

Se não houvesse diluição (ou seja, fator de diluição 1) qual seria:

a) DBO_5?
b) DBO final carbonácea?
c) DBO final nitrogenada?
d) Por que você acredita que não há oxigênio utilizado até o terceiro dia?

9.8 Solicita-se que um engenheiro químico, trabalhando para um empresa privada, desenvolva um meio de desinfetar o lodo industrial. Para isso, ele decide utilizar altas doses de cloro, uma vez que esse produto está disponível na fábrica. Estudos laboratoriais mostram que esse método é bastante eficiente e barato.

A fábrica é então construída. Após anos de operação, descobre-se que o efluente da fábrica contém concentrações altas de trialometano (por exemplo, clorofórmio). Esse elemento químico é cancerígeno, e as pessoas que moram na parte baixa do curso d'água bebem essa água.

a) É possível que o engenheiro da empresa soubesse sobre a formação do trialometano e seus efeitos sobre a saúde, mas decidiu construir a fábrica assim mesmo.
b) É possível também que o engenheiro da empresa não soubesse que o cloro pudesse causar problemas de saúde, apesar de os efeitos do cloro e dos materiais altamente orgânicos, como o lodo da água residual, serem conhecidos por engenheiros ambientais competentes há muito tempo.

Em redação de uma página, disserte sobre a responsabilidade do engenheiro em ambos os casos.

9.9 Uma indústria despeja 40 milhões de litros por dia de resíduos que apresentam uma DBO_5 de 2.000 mg/L. Quantos kg de DBO_5 são despejadas?

9.10 Uma indústria solicita ao Estado uma licença para descarga de resíduos em um curso d'água altamente poluído (o OD é zero, a água cheira mal, há manchas de óleo na superfície; cor preta). O Estado nega a licença. O engenheiro que trabalha para a indústria deve escrever uma carta apelando da negação do Estado, com base na premissa de que a descarga a ser feita é, na verdade, mais *limpa* que a água no estado atual, e que essa descarga *diluiria* os poluentes presentes nela. Porém, ele não escreve muito bem, e pede que você faça uma carta de uma página para que ele possa enviar para o Estado.

a) Escreva uma carta para o engenheiro ao Estado, argumentando sobre o caso.
b) Após ter escrito a carta com argumentos a favor da licença, escreva uma carta de resposta do Estado para a indústria justificando a decisão de não permitir a descarga.
c) Se o caso fosse para o tribunal, e um juiz tivesse que ler as cartas como argumentos primários, qual seria o resultado? Escreva uma opinião do juiz decidindo o caso. Que elementos da ética ambiental ele poderia empregar para tomar a decisão?

9.11 Se você despejasse dois litros de leite todo dia em um curso d'água, quanto estaria despejando em kg DBO_5/dia? O leite apresenta uma DBO_5 de cerca de 20.000 mg/L.

9.12 Considerando o mesmo padrão para amostras de amônia do Exemplo 9.11, se sua amostra desconhecida apresentar 20% de absorvância, qual é a concentração da amônia?

9.13 Suponha que você tenha realizado um teste de tubos múltiplos para coliformes e obtido os seguintes resultados: amostras de 10 mL, as cinco com resultado positivo; amostras de 1 mL, as cinco com resultado positivo; amostras de 0,1 mL, os cinco negativos. Utilize a tabela dos Métodos-Padrão para estimar a concentração de coliformes.

9.14 Se são utilizadas bactérias coliformes como um indicador de poluição viral e bacteriana, quais atributos os organismos coliformes devem apresentar (com relação aos vírus)?

9.15 Desenhe um curva de OD para um teste de DBO nas seguintes condições:

a) Curso d'água de corrente, 20 °C, escuro
b) Água adoçada não semeada, 20 °C, escuro
c) Curso d'água, 20 °C, com luz
d) Curso d'água, 40 °C, escuro

9.16 Considere os seguintes dados para um teste de DBO:

Dia	OD (mg/L)
0	9
1	8
2	7
3	6
4	5
5	4,5
6	4

Presuma que não haja diluição.

a) Calcule a DBO_5

b) Represente a DBO *versus* tempo em um gráfico

c) Suponha que você tenha colhido a amostra acima, depois de seis dias feito a aeração e colocado em um uma incubadora e, então, medido o OD todos os dias por cinco dias. Desenhe essa curva no gráfico com uma linha pontilhada.

9.17 Suponha que duas amostras de água tenham as seguintes formas de nitrogênio no dia zero:

	Amostra A	Amostra B
Orgânico	40 mg/L	0 mg/L
Amônia	20 mg/L	0 mg/L
Nitrito	0 mg/L	0 mg/L
Nitrato	2 mg/L	10 mg/L

Para cada amostra, desenhe as curvas para as quatro formas de nitrogênio do modo como deveriam existir em uma garrafa de DBO durante 10 dias de incubação.

9.18 Uma amostra de água residuária possui uma $k_1 = 0{,}2$ dia^{-1} e uma DBO final (L) = 200 mg/L. Qual é o valor do oxigênio dissolvido final em uma garrafa de DBO na qual a amostra tenha sido diluída a 1:20 e em que o oxigênio dissolvido seja de 10,2 mg/L?

9.19 Calcule a concentração necessária de oxigênio em miligramas por litro para oxidar totalmente os seguintes componentes orgânicos. Também calcule o volume de ar em litros por litro de solução tratada. Use 500 mg/L como a concentração para cada componente.

a) éter metil-terciário butílico (MTBE)

b) benzilmorfina

c) bepridil

d) tolueno

9.20 Uma estudante coloca duas garrafas em uma incubadora, tendo medido o OD de ambas a 9,0 mg/L. Na garrafa A ela tem 100% de uma amostra, e na garrafa B ela coloca 50% de amostra e 50% de água de diluição não semeada. O oxigênio dissolvido final, depois de cinco dias, é de 3 mg/L na garrafa A e 4 mg/L na garrafa B.

a) Qual é o valor da DBO_5 da amostra medido em cada garrafa?

b) O que poderia ter acontecido para que os valores fossem diferentes?

c) Você acha que a medida da DBO incluiu:

(i) apenas a DBO carbonácea

(ii) apenas a DBO nitrogenada

(iii) tanto a DBO carbonácea quanto a nitrogenada?

Por que você acha isso?

9.21 Se a DBO de um resíduo industrial, após o pré-tratamento, for de 220 mg/L, e sendo a DBO final de 320 mg/L:

a) Qual será a constante de desoxigenação k_1' (base 10)?

b) Qual será a constante de desoxigenação k_1 (base *e*)?

9.22 A DBO final de dois resíduos é de 280 mg/L cada. Para a primeira, a constante de desoxigenação k_1 (base *e*) é 0,08 d^{-1}, e para a segunda, k_1 é $0{,}12^{-1}$. Qual é o valor da DBO de cinco dias para cada uma? Mostre graficamente como isso acontece.

9.23 Você é o chefe de engenharia ambiental de uma grande indústria e recebe, com frequência, resultados de testes de qualidade do efluente de uma instalação de tratamento de água residuária. Um dia você leva um grande susto ao descobrir que o nível de cádmio está cerca de 1.000 vezes mais alto que o permitido. Você liga para o técnico do laboratório, e ele diz que também achou isso estranho, então realizou o teste diversas vezes para certificar-se do resultado.

Você não faz ideia de onde o cádmio possa ter surgido ou se aparecerá novamente. E *está certo* de que se reportar esse pico de concentração para o Estado, é possível que parem todas as operações, visto que o efluente tratado desemboca em um curso d'água utilizado para fornecimento de água, e insistam ainda em saber a origem do problema para que não aconteça novamente. Essa interrupção das operações acabaria com a empresa, que já está beirando a falência. Muitas pessoas perderiam seus empregos e a comunidade também sofreria.

Você tem diversas opções, entre elas:

a) apagar os dados prejudiciais e esquecer tudo.

b) atrasar o relatório dos dados para o Estado e começar uma busca intensa pela origem do problema, mesmo não tendo certeza de que possa encontrá-la.

c) levar isso aos seus superiores, esperando que tomem uma decisão, e você se livre da enrascada.

d) reportar os dados ao Estado e aceitar as consequências.

e) outra opção?

O que você faria, e como decidiria se:

a) estivesse com 24 anos, formado há dois anos e fosse solteiro?

b) estivesse com 48 anos, fosse casado e tivesse dois filhos na faculdade?

Em que suas decisões difeririam nessas circunstâncias?

9.24 Os sistemas de água comunitária precisam fornecer anualmente um relatório de confiança ao consumidor (CCR).

a) Chris e Kelly se mudaram recentemente e perceberam que não queriam mais receber o CCR. Qual seria o motivo disso?

b) Compare o CCR da sua comunidade, se estiver disponível, com o de outra comunidade. Se a sua não estiver disponível, compare dois relatórios que estejam disponíveis. (Alguns relatórios estão disponíveis no site da EPA em http://www.epa.gov/safewater/dwinfo/index.html.)

Referências

1. Thomas, H. A., Jr. Graphical determination of BOD curve constants. *Water and sewer works*, p. 97, p. 123, 1950.
2. Symons, J. M. *Plain talk about drinking water: Questions and answers about the water you drink*. Denver, CO: American Water Works Association, 1997.
3. Madigan, Michael T.; Martinko, John M.; Parker, Jack. *Brock biology of microorganisms*. Upper Saddle River, NJ: Prentice Hall, 1997.
4. Talaro, Kathleen Park; Talaro, Arthur. *Foundations in microbiology*. Boston: WCB McGrawHill, 1999.
5. Kondro, Wayne. *E. coli* outbreak deaths spark judicial inquiry in Canada. *Lancet*. Disponível em: http://www.findarticles.com. Acesso em: 10 jun. 2000.
6. Centers for Disease Control and Prevention. 30 May 2000. *Disease information: Escherichia coli O157:H7*. Disponível em: http://www.cdc.gov/ncidod/dbmd/diseaseinfo/escherichiacoli_g.htm. Acesso em: 8 dez. 2008
7. Raloff, J. Toxic bugs taint large numbers of cattle. *Science News*, 25 mar. 2000. Disponível em: http://www.findarticles.com.
8. Crites, Ron; Tchobanoglous, George. *Small and decentralized wastewater management systems*. Boston: WCB McGrawHill, 1998.

CAPÍTULO 10

FORNECIMENTO E TRATAMENTO DE ÁGUA

Enquanto a densidade populacional for suficientemente baixa, a disponibilidade imediata da água para beber e outros usos e o descarte de resíduos contidos nos copos de água não configuram um problema sério. Por exemplo, na América colonial, os poços e as correntes superficiais forneciam água suficiente, e os resíduos eram descartados em outros cursos de água próximos sem causar grande transtorno ou confusão. Mesmo hoje, grande parte da zona rural da América do Norte não necessita de sistemas de fornecimento e descarte de águas residuárias mais sofisticados que um poço e um tanque séptico. Porém os seres humanos são criaturas sociais e comerciais e, no processo de se congregarem nas cidades, criaram um problema relacionado ao fornecimento de água e descarte adequado.

Neste capítulo, a disponibilidade da água para as comunidades é a prioridade, seguida por uma discussão sobre como essa água é tratada e então distribuída para os usuários individualmente. No Capítulo 10, descrevemos a coleta e o tratamento da água utilizada ou residual.

10.1 CICLO HIDROLÓGICO E DISPONIBILIDADE DA ÁGUA

O conceito de *ciclo hidrológico*, já apresentado no Capítulo 4, é um ponto de partida útil para o estudo do fornecimento de água. Esse ciclo é ilustrado na Figura 10.1 e inclui a precipitação da água das nuvens, a infiltração no solo ou o escoamento para correntes de água superficiais, seguidos da evaporação e transpiração da água de volta para a atmosfera.

Precipitação é o termo aplicado para todas as formas de umidade originais na atmosfera que caem no solo (por exemplo, chuva, granizo e neve). A precipitação é registrada com medidores em milímetros de água. A quantidade de precipitação em uma determinada região é geralmente útil para estimativas de disponibilidade de água.

A evaporação e a *transpiração* são duas formas pelas quais a água retorna à atmosfera. A evaporação acontece a partir de fontes de águas superficiais livres, e a transpiração é a perda de água das plantas para a atmosfera. Os mesmos fatores meteorológicos que influenciam a evaporação também influenciam o processo de transpiração: a radiação solar, a temperatura ambiente, a umidade e a velocidade do vento, assim como a quantidade de umidade do solo disponível para as plantas – todos esses elementos causam

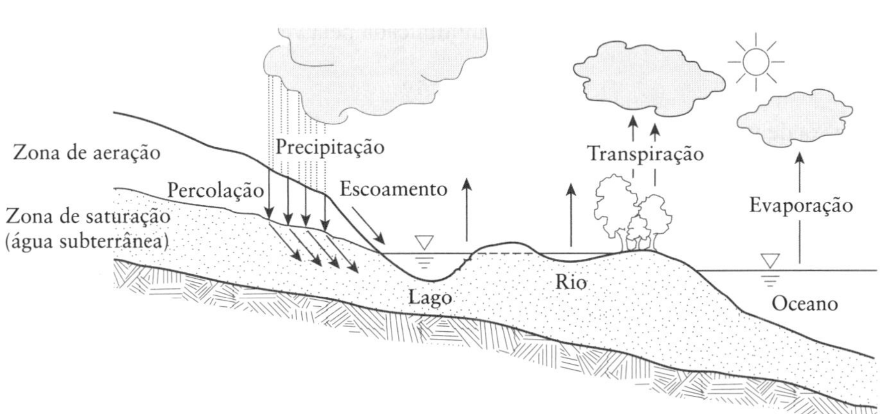

FIGURA 10.1 Ciclo hidrológico em forma de diagrama.

impacto sobre a taxa de transpiração. Por ser tão difícil medir a evaporação e a transpiração separadamente, são geralmente combinadas em apenas um termo, a *evapotranspiração*, ou seja, a perda total de água para a atmosfera, tanto por um processo como pelo outro.

A água da superfície da Terra exposta à atmosfera é chamada de *água superficial*, que inclui rios, lagos, oceanos etc. Através do processo de *percolação*, algumas águas superficiais (especialmente durante a precipitação) são absorvidas pelo solo e se tornam *águas subterrâneas*; ambas podem ser utilizadas como fontes de abastecimento para as comunidades.

10.1.1 Fontes de água subterrânea

A água subterrânea é importante tanto como fonte direta como indireta para o abastecimento de água, uma vez que uma grande fração do fluxo para correntes de água é derivada das águas que estão abaixo da superfície. A água está presente tanto em locais próximos como afastados da superfície do solo.

Na região perto da superfície da Terra, os poros (porosidade) do solo contêm água e ar. Essa região é conhecida como *zona de aeração*, ou zona vadosa. Ela pode apresentar espessura zero em áreas pantanosas e pode chegar a ter algumas centenas de metros de espessura em regiões mais áridas. A umidade da zona de aeração não pode ser aproveitada como uma fonte de água, pois fica presa às partículas do solo por forças capilares e não pode ser imediatamente liberada.

Abaixo da zona de aeração está a *zona de saturação*, na qual os poros estão cheios de água, em geral conhecida como *água subterrânea*. Uma camada que contém uma quantidade substancial de água subterrânea é chamada de *aquífero*, e a superfície dessa camada saturada é conhecida como *lençol freático*. Se o aquífero estiver em cima de uma camada impermeável, é chamado de *aquífero livre*. E se a camada contendo água estiver entre duas camadas impermeáveis, é conhecido como *aquífero confinado*. Este, às vezes, pode estar sob pressão, assim como em tubulações, e caso um poço esteja dentro de um aquífero confinado sob pressão, tem-se um *poço artesiano*. Algumas vezes, a pressão é suficiente para permitir que a água flua livremente sem a necessidade de bombas.

A quantidade de água que pode ser armazenada em um aquífero é igual ao volume dos espaços vazios entre os grãos do solo. O quociente entre o volume de vazios e o volume total de solo é denominado *porosidade*, e determinado por

$$\text{Porosidade} = \frac{\text{Volume de vazios}}{\text{Volume total}}.$$

Porém nem toda essa quantidade de água está disponível para extração e uso, pois está fortemenete presa às partículas do solo. A quantidade que pode ser extraída é conhecida como *rendimento específico*, determinado da seguinte forma:

$$\text{Rendimento específico} = \frac{\text{Volume de água que fluirá livremente do solo}}{\text{Volume total de água no solo}}$$

O fluxo de água retirado do solo pode ser ilustrado como mostra a Figura 10.2. A vazão deve ser proporcional à área através da qual a água flui, multiplicada pela velocidade:

$$Q = Av$$

onde Q = taxa de vazão, m^3/s;
A = área de material poroso através do qual passa o fluxo, m^2;
v = velocidade superficial, m/s.

A velocidade superficial, obviamente, não corresponde à velocidade real da água no solo, pois o volume ocupado pelas partículas sólidas reduz bastante a área disponível para o fluxo. Se a é a área disponível para o fluxo, então

$$Q = Av = av'$$

onde v' = velocidade real da água fluindo através do solo;
a = área disponível para o fluxo.

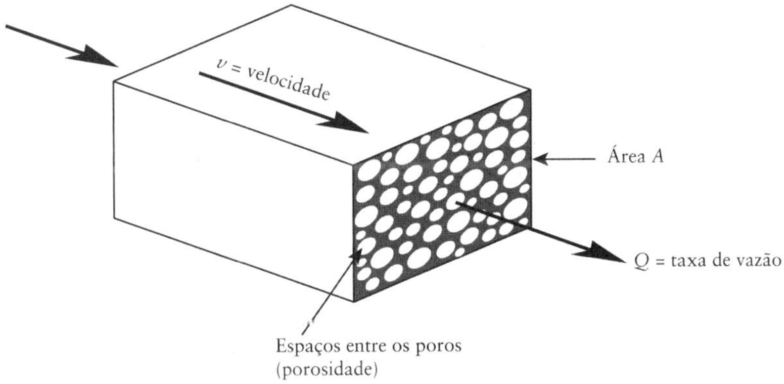

FIGURA 10.2 Fluxo em meio poroso, como, por exemplo, o solo.

Resolvendo, obtém-se v'

$$v' = \frac{Av}{a}.$$

Se a amostra do solo tem um determinado comprimento L, então

$$v' = \frac{Av}{a} = \frac{AvL}{aL} = \frac{v}{\text{Porosidade}}$$

porque o volume total da amostra do solo é AL e o volume ocupado pela água é aL.

A água que flui através do solo a uma velocidade v' perde energia, assim como também acontece com a água que flui em um cano ou um canal aberto. Essa perda de velocidade por distância percorrida é determinada por

$$\frac{dh}{dL}$$

onde h = energia, medida como elevação do lençol freático em um arquífero livre ou como pressão em um arquífero confinado, m;
L = distância horizontal na direção do fluxo, m.

TABELA 10.1 Parâmetros de um aquífero típico

Material do Aquífero	Porosidade (%)	Rendimento Específico (%)	Coeficiente de Permeabilidade (M/S)
Argila	55	3	1×10^{-6}
Cré ou Greda	35	5	5×10^{-6}
Areia fina	45	10	3×10^{-5}
Areia média	37	25	1×10^{-4}
Areia grossa	30	25	8×10^{-4}
Areia e cascalho	20	16	6×10^{-4}
Cascalho	25	22	6×10^{-4}

Fonte: Adaptado de M. Davis e D. Cornwell. Introduction to environmental engineering, Nova York: McGrawHill, 1991.[1]

Em um aquífero livre, a queda na elevação do lençol freático com distância é sua inclinação, dh/dL, na direção do fluxo. A elevação da superfície da água é a energia potencial da água, sendo que ela flui do ponto mais alto para o ponto mais baixo, perdendo energia ao longo do caminho. O fluxo através de um meio poroso, como o solo, é relacionado à perda de energia utilizando a equação de Darcy:

$$Q = KA\frac{dh}{dL} \tag{10.1}$$

onde K = coeficiente de permeabilidade, m/s
A = área da seção transversal, m^2

A equação de Darcy pode ser entendida intuitivamente ao se considerar que a taxa de vazão (Q) aumenta com o aumento da área, através da qual o fluxo passa (A) e com o aumento da elevação ou diferença de pressão (dh/dL). Quanto maior a força impulsionadora (diferença nas pressões a montante e a jusante), maior será o fluxo. O fator de correção K é o *coeficiente de permeabilidade*, uma medida indireta da habilidade que uma amostra de solo apresenta para transmitir água. A permeabilidade varia radicalmente de um tipo de solo para outro, cerca de 0,05 m/dia para a argila até 5.000 m/dia para o cascalho. O coeficiente de permeabilidade é comumente medido em laboratório utilizando-se *permeâmetros*, que consistem em amostras de solo através dos quais se força a passagem de um fluido, tal como a água. A taxa de vazão é medida para uma determinada força impulsionadora (diferença de pressões) através de uma área conhecida de solo, e a permeabilidade é calculada.

EXEMPLO 10.1

Problema Uma amostra de solo é colocada em um permeâmetro como mostra a Figura 10.3. O comprimento da amostra é de 0,1 m, e possui uma área de seção transversal de 0,05 m^2. A pressão da água no lado do fluxo ascendente é de 2,5 m, e no lado do fluxo descendente, a pressão é de 0,5 m. Nota-se uma vazão de 2,0 m^3/dia. Qual é o coeficiente de permeabilidade?

Solução Utilize a equação de Darcy (Equação 10.1). A queda de pressão é a diferença entre as pressões do fluxo ascendente e do descendente, ou $h = 2{,}5 - 0{,}5 = 2{,}0$ m. Resultado de K:

$$K = \frac{Q}{A\dfrac{dh}{dL}} = \frac{2{,}0\ m^3/d}{0{,}05\,m^2 \times \dfrac{2\ m}{0{,}1\ m}} = 2\ m/d = 2\times10^{-5}\ m/s.$$

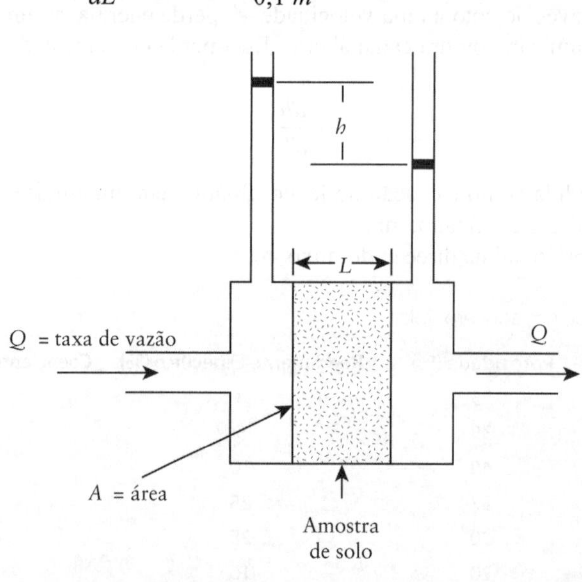

FIGURA 10.3 Permeâmetro utilizado para medir o coeficiente de permeabilidade, utilizando-se a equação de Darcy.

Com base na Tabela 10.1, a amostra parece conter areia fina.

Se um poço for inserido em um aquífero livre e a água for bombeada para fora, ela começará a fluir em direção a ele (Figura 10.4). À medida que a água se aproxima do poço, a área através da qual ela flui fica cada vez menor, então é necessário que haja uma velocidade superficial (e real) mais alta. A maior velocidade, então, resulta, sem dúvida, em uma perda progressiva de energia; portanto, o gradiente de energia deve aumentar, formando um *cone de depressão*. A redução no lençol freático é conhecida como *rebaixamento*. Se a taxa de vazão de água em direção ao poço for igual à taxa da água sendo bombeada para fora dele, a condição está balanceada, e o rebaixamento permanecerá constante. Se, no entanto, a taxa sendo bombeada for elevada, o fluxo radial em direção ao poço precisará compensar a diferença, resultando em um cone ou rebaixamento mais profundo.

Considere um cilindro, como mostra a Figura 10.5, através do qual a água flui em direção ao centro. Utilizando a equação de Darcy:

$$Q = KA\frac{dh}{dL} = K(2\pi rw)\frac{dh}{dr}$$

onde r = raio do cilindro;
$A = 2\pi rw$, a área da superfície de seção transversal do cilindro.

Se a água for bombeada para fora do centro do cilindro com a mesma taxa que passa através da área da superfície do cilindro, a profundidade do cilindro pelo qual a água flui para o poço, w, pode ser substituída pela altura da água acima da camada impermeável, h. Essa equação pode ser integrada da seguinte forma

$$\int_{r_2}^{r_1} Q\frac{dr}{r} = 2\pi K\int_{h_2}^{h_1} h\,dh$$

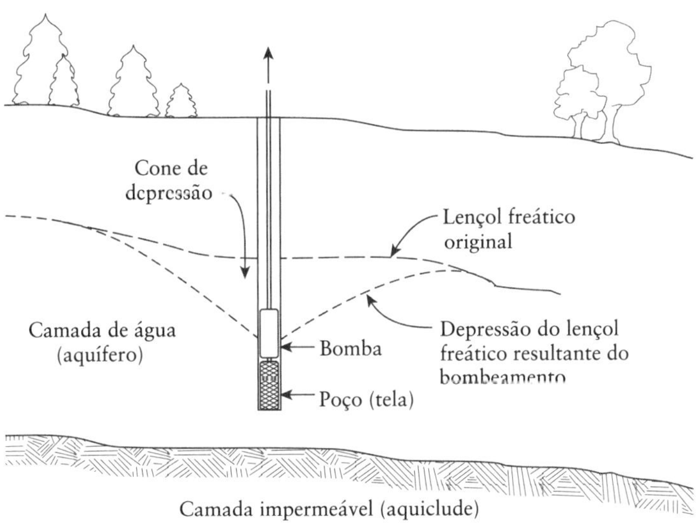

FIGURA 10.4 Rebaixamento do lençol freático em função do bombeamento do poço.

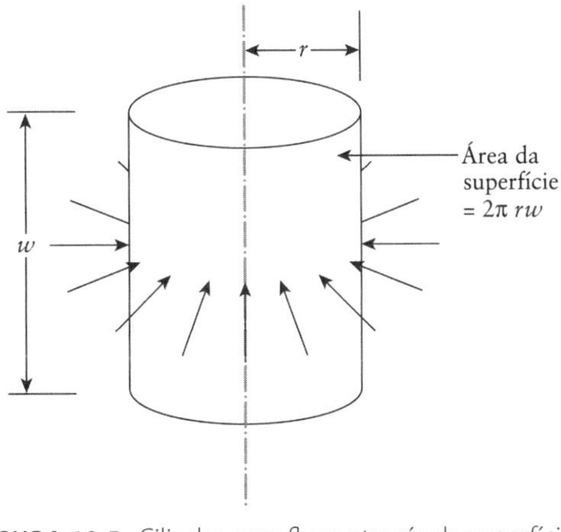

FIGURA 10.5 Cilindro com fluxo através da superfície.

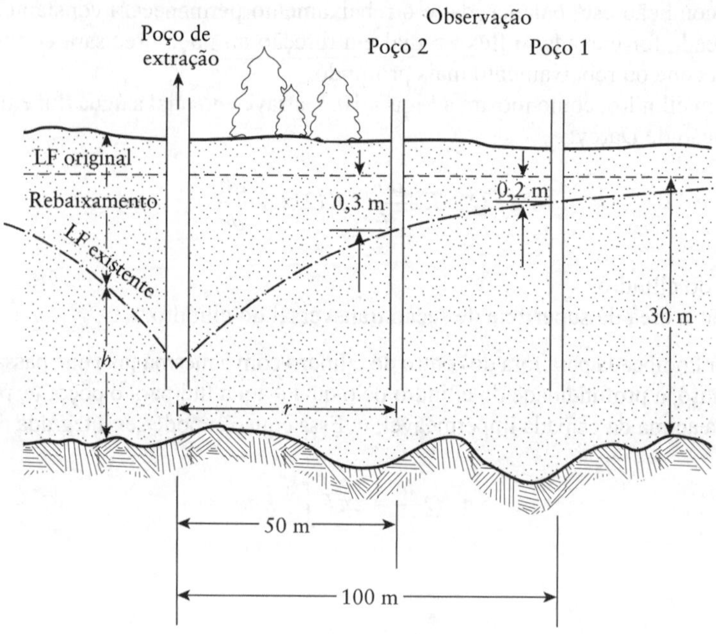

FIGURA 10.6 Poços múltiplos e o efeito da extração da água do lençol freático.

$$Q ln\frac{r_1}{r_2} = \pi K(h_1^2 - h_2^2)$$

ou

$$Q = \frac{\pi K(h_1^2 - h_2^2)}{ln\frac{r_1}{r_2}}. \tag{10.2}$$

Observe que a integração está entre dois valores arbitrários de r e h.

Essa equação pode ser utilizada para se estimar a taxa de bombeamento para um determinado rebaixamento a qualquer distância de um poço em um aquífero livre utilizando as medições do nível da água em dois poços de observação, como mostra a Figura 10.6. Além disso, conhecendo-se o diâmetro de um poço, é possível estimar o rebaixamento no poço e o ponto crítico em um cone de depressão. Se o rebaixamento estiver aprofundado até o fundo do aquífero, o poço pode "secar"; portanto, não é possível bombear água à taxa desejada. Embora a dedução da equação acima seja para um aquífero livre, a mesma situação aconteceria para um aquífero confinado, em que a pressão seria medida por poços de observação.

EXEMPLO 10.2

Problema Um poço tem 0,2 m de diâmetro e bombeia água de um aquífero livre com 30 m de profundidade a uma taxa de equilíbrio (estado estacionário) de 1.000 m³/dia. Dois poços de observação estão localizados a 50 m e 100 m do poço, e apresentam rebaixamento de 0,3 m e 0,2 m, respectivamente. Qual é o coeficiente de permeabilidade e rebaixamento estimado no poço? (Veja a Figura 10.6.)

Solução Utilize a Equação 10.2 com $h_1 = 30\ m - 0,2\ m = 29,8\ m$ e $h_2 = 30\ m - 0,3\ m = 29,7\ m$.

$$K = \frac{Q ln\frac{r_1}{r_2}}{\pi(h_1^2 - h_2^2)} = \frac{(1.000\ m^3/d) ln\left(\frac{100\ m}{50\ m}\right)}{\pi[(29,8\ m)^2 - (29,7\ m)^2)]} = 37,1\ m/d.$$

Se o raio do poço for de 0,2 m/2 = 0,1 m, pode-se utilizar a mesma equação

$$Q = \frac{\pi K(h_1^2 - h_2^2)}{ln\dfrac{r_1}{r_2}} = \frac{\pi(37{,}1\ m/d)[(29{,}7\ m)^2 - h_2^2]}{ln\dfrac{50\ m}{0{,}1\ m}} = 1.000\ m^3/d$$

Resolvendo para h_2:

$$h_2 = 28{,}8\ m$$

Como o aquífero possui 30 m de profundidade, o rebaixamento no poço é de 30 – 28,8 = 1,2 m.

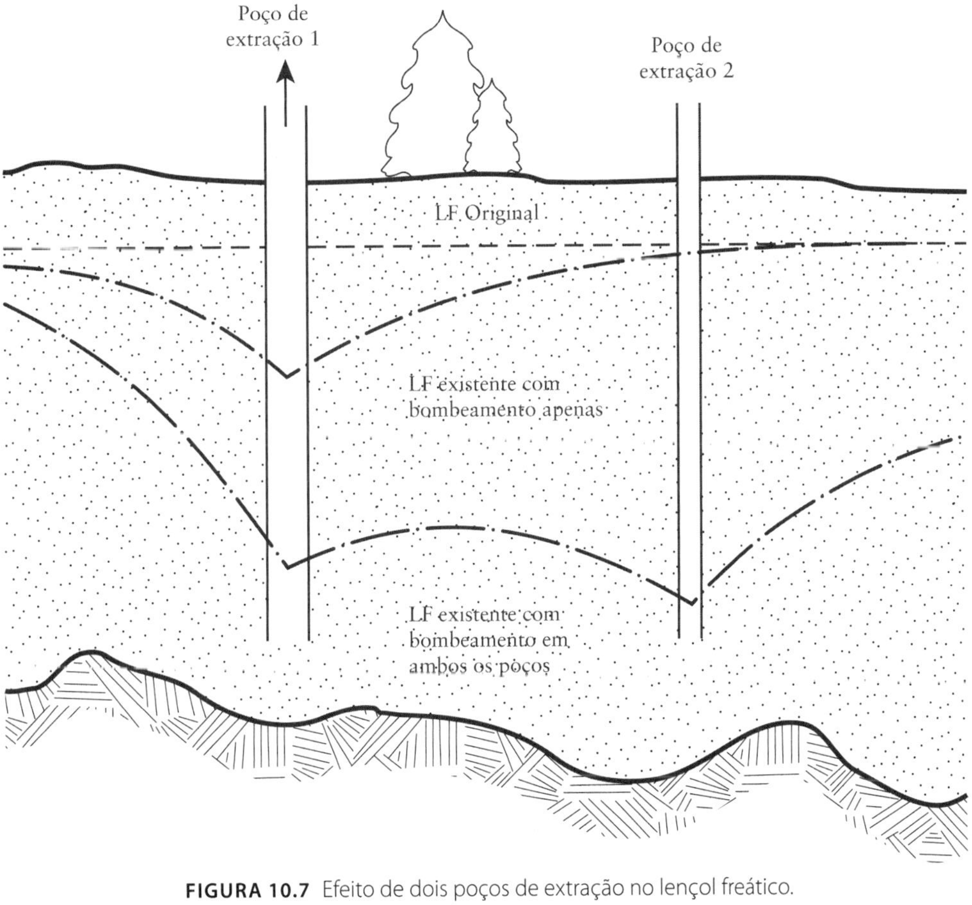

FIGURA 10.7 Efeito de dois poços de extração no lençol freático.

Poços múltiplos em um aquífero podem causar impacto uns nos outros e resultar em um rebaixamento excessivo. Considere a situação na Figura 10.7, na qual, em princípio, um único poço cria um cone de depressão. Se um segundo poço de produção for instalado, os cones irão se sobrepor, causando um rebaixamento maior em cada poço. Se forem instalados muitos poços em um aquífero, seu efeito combinado pode causar o esvaziamento dos recursos subterrâneos, e todos os poços "secariam".

O inverso também pode acontecer. Suponha que um dos poços seja utilizado como um poço de injeção; então, a água injetada vaza para outros poços, causando acúmulo de água no lençol freático e reduzindo o rebaixamento. O uso ponderado de poços de extração e injeção é uma forma de controlar o fluxo de contaminantes de resíduos perigosos ou depósitos de lixo, como será visto no Capítulo 15.

Finalmente, há um grande número de hipóteses envolvidas no assunto discutido acima. Primeira: o aquífero é homogêneo e infinito, ou seja, está em um aquiclude* nivelado e a permeabilidade do solo é a mesma em todas as direções e a uma distância infinita. Segunda: assume-se um estado estacionário e um fluxo radial uniforme. Supõe-se também que o poço penetra em todo o aquífero e se abre para toda a profundidade deste. E, por fim, supõe-se que a taxa de bombeamento seja constante. Claramente, qualquer uma dessas condições pode causar erro na análise, e esse modelo de comportamento do aquífero é apenas o início da história. Modelar o comportamento do lençol freático é uma ciência complexa e sofisticada.

10.1.2 Fontes de águas superficiais

As fontes de águas superficiais não são confiáveis como as de águas subterrâneas, pois as quantidades geralmente variam muito durante um período de um ano ou mesmo uma semana, e a qualidade das águas superficiais é facilmente degradável por várias fontes de poluição. A variação no fluxo da corrente ou curso de água pode ser tão grande que mesmo uma pequena demanda pode não ser atendida durante tempos de seca; portanto, devem ser construídos reservatórios para armazenar a água durante a época de chuva para que possa ser utilizada nos períodos de escassez. O objetivo é construir esses reservatórios suficientemente grandes para garantir fontes de água confiáveis.

Um método de chegar a um reservatório do tamanho adequado é traçar um *diagrama de massa.* Nessa análise, o fluxo total de uma corrente em um ponto de um reservatório proposto é somado e representado graficamente em relação ao tempo. Na mesma curva também é representada a demanda de água. A diferença entre a quantidade total de água que entra. A água demandada é a quantidade que o reservatório deve comportar para cumprir com a demanda. Tal método é ilustrado no exemplo a seguir.

EXEMPLO 10.3

Problema Um reservatório precisa fornecer um fluxo constante de 425 L/s. Os registros mensais de fluxo de corrente de água totais para cada mês, são

Mês	J	F	M	A	M	J	J	A	S	O	N	D
Água ($\times 10^8$ L)	14	17	20	11	8	6	14	22	3	14	17	22

Calcule a capacidade de armazenamento do reservatório necessária para fornecer a demanda constante de 425 L/s.

Solução A demanda de armazenamento é calculada com um gráfico representando os fluxos de água acumulativos (Figura 10.8). Por exemplo, em janeiro, são registrados 1,4 milhão de pés cúbicos, enquanto em fevereiro marcam-se 1,7 milhão a mais, somando 3,1 milhões. A demanda por água é constante a 425 L/s, ou 425 L/s $\times$ 60 s/min $\times$ 60 min/h $\times$ 24 h/dia $\times$ 30 dias/mês = 1.100 milhões de L/mês. Isso pode ser representado em um gráfico como uma linha em declive na linha de fornecimento curvada. Observe que o fluxo da corrente em maio é mais baixo que a demanda, e esse é o início de uma estiagem que durou até junho. Outro modo de analisar esse gráfico é considerar que a inclinação da demanda é maior que a inclinação do fornecimento; portanto, o reservatório precisa compensar o déficit.
Em julho, começa a chover e o fornecimento de água aumenta até o reservatório ser enchido novamente, no fim de agosto. A capacidade do reservatório precisava passar por esta seca específica, que é 17×10^8 L.
A segunda seca, que começa em setembro e vai até novembro, exige uma capacidade de 10×10^8 L.
Se a municipalidade tem um reservatório com capacidade de, pelo menos, 1,7 milhão de litros, poderá retirar água dele ao longo do ano.

* Um aquiclude é definido como uma unidade geológica saturada incapaz de transmitir água em quantidades significantes sob gradientes hidráulicos ordinários. (N.R.T.)

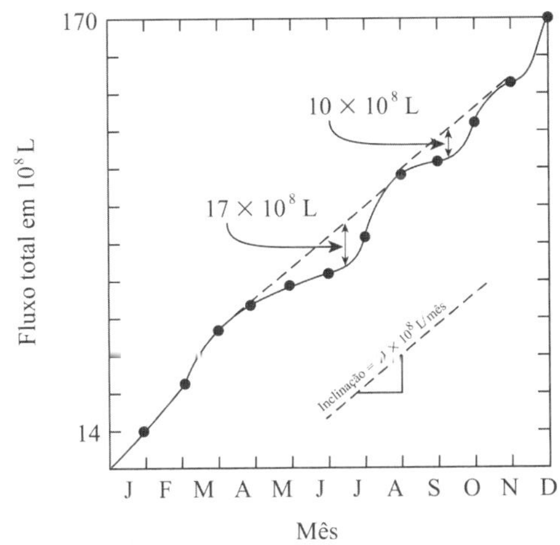

FIGURA 10.8 Diagrama de massa ilustrando as capacidades de volume necessárias.

Um diagrama de massa, como mostra a Figura 10.8, na verdade, não é muito útil se houver apenas disponibilidade limitada dos dados de fluxo. Os dados de um ano fornecem pouquíssima informação sobre variações de longo prazo. Por exemplo, a seca ilustrada anteriormente foi a pior em 20 anos ou o ano apresentado foi uma época com muitos períodos de chuvas? Para abordarmos esse problema, é necessário prever estatisticamente a recorrência de eventos como secas e, então, projetar as estruturas de acordo com um risco conhecido. Esse procedimento é discutido no Capítulo 3.

As fontes de abastecimento de água são, geralmente, projetadas para atender à demanda de 19 anos em um período total de 20 anos. Em outras palavras, a cada 20 anos, a seca será tão severa que a capacidade do reservatório não será suficiente para atender a demanda de água. Se ficar sem fornecimento uma vez a cada 20 anos for inaceitável, a comunidade pode construir um reservatório maior e esperar que a seca aconteça a cada 50 anos, ou por qualquer outro período escolhido. A pergunta é se um investimento maior de capital compensa um benefício adicional, certamente, cada vez menor.

Utilizando uma *análise da frequência* de eventos naturais recorrentes, como secas, como discutida no Capítulo 3, pode-se calcular uma possível seca de 10 ou 100 anos. Embora essa seca de 10 anos ocorra em média a cada 10 anos, não é possível garantir que ocorrerá de fato de acordo com essa previsão. Na verdade, poderia ocorrer, por exemplo, durante três anos consecutivos, e depois somente após 50 anos.

Quando ocorre uma seca inesperada e particularmente severa, presume-se que as pessoas colaborarão e reduzirão o uso da água. Se não o fizerem, a comunidade pode impor sanções contra aqueles que utilizam mais do que o necessário. Muitas comunidades no sul da Califórnia impuseram multas pesadas e outras penalidades pelo uso excessivo da água.

Um modo bem melhor de conseguir resultados positivos é fazer com que todos colaborem voluntariamente. No entanto, é geralmente difícil conseguir uma colaboração voluntária de toda uma comunidade, e não há exemplo melhor do que as questões de degradação ambiental ou uso racional de recursos naturais. A essência desse problema pode ser ilustrada pelo que conhecemos como "dilema do prisioneiro".

Suponha que existam dois prisioneiros, A e B, que serão interrogados separadamente. Cada um recebe a informação de que se nenhum dos dois confessar, ambos serão sentenciados com dois anos de prisão. Se um deles acusar o outro, o que acusar será libertado e o outro receberá uma sentença de 20 anos. Porém, se ambos acusarem um ao outro, cada um recebe uma sentença de 10 anos. O prisioneiro A deve confiar que o prisioneiro B não o acusará e vice-versa? Se o prisioneiro B não acusar o A e o A não acusar o B, ambos recebem uma sentença de apenas dois anos. Mas tudo que o prisioneiro A tem que fazer para ser libertado é acusar o prisioneiro B e esperar que este não o acuse. E é claro que o prisioneiro B tem a mesma opção. Representando graficamente, as opções são como na matriz:

		B acusa A	
		NÃO	SIM
A acusa B	NÃO	2, 2	20, 0
	SIM	0, 20	10, 10

O mesmo dilema pode ocorrer ao se utilizar um recurso natural escasso, como o abastecimento de água. Durante uma seca severa, pede-se a todas as indústrias que colaborem reduzindo voluntariamente o uso da água. A indústria A concorda, e se as outras indústrias cooperassem, todas sofreriam uma queda na produção, mas todas sobreviveriam. Em contrapartida, se a indústria A decidisse não cooperar, e todas as outras colaborassem, a indústria A venceria, pois deteria o uso total da água e sua produção e os lucros seriam maiores. Utilizando toda a água, a indústria A estaria privando as outras da utilização desse recurso, e elas poderiam ser obrigadas a fechar. Se, por outro lado, todas se comportassem como a indústria A e decidissem não cooperar, todas sofreriam com a falta de água e poderiam ser levadas à falência.

Muitos teóricos afirmam que a natureza humana nos impede de escolher a alternativa de cooperação e que a essência da natureza humana é competitiva, e não cooperativa. Neste ponto, os humanos não são muito diferentes de animais e plantas que sobrevivem em um ecossistema estável – não em função da cooperação, mas através da competição.* Dentro de tal sistema, há uma disputa contínua pelos recursos, e a única situação em que existe o compartilhamento é um comportamento instintivo, como uma mãe alimentando seu filhote. O que pode ser visto como cooperação em um ecossistema é, na verdade, comportamento parasita – a exploração de outra criatura para benefício próprio. Um bordo, por exemplo, não existe para abrigar uma madressilva. E se o bordo pudesse fazer uma escolha consciente, tentaria evitar que a madressilva se prendesse a seu tronco e galhos reduzindo a quantidade de luz do sol que recebe.

Se a competição é a essência da conduta humana (e das outras criaturas vivas), podemos de alguma forma esperar que os seres humanos ajam de forma cooperativa?

A maior e única ameaça ao ecossistema global é o crescimento maligno da população humana. Essa tendência deve ser revertida de alguma forma se a espécie humana tem alguma esperança de sobreviver no longo prazo. Apesar disso, por motivos altruístas e de cooperação, ajudamos outros seres humanos em necessidade. Fazemos grandes esforços para arrecadar alimentos para povos famintos e utilizamos as pressões internacionais para impedir guerras de destruição. Se somos verdadeiramente competitivos, então tais atitudes não fazem sentido, não mais do que uma muda de pinheiro ajudando seus vizinhos. As mudas "sabem" que apenas uma sobreviverá, e cada uma faz o que pode para ser a mais alta e a mais forte.

Durante anos, pensava-se que a competição e agressividade (guerras) seriam o fim da raça humana neste planeta. É ironia pensar que a cooperação possa, na verdade, ser a característica mais destrutiva do *homo sapiens*.

10.2 TRATAMENTO DE ÁGUA

Muitos aquíferos e fontes de águas superficiais isoladas possuem água de boa qualidade que pode ser bombeada a partir da rede de suprimento e distribuição direta para atender a uma variedade de tipos de utilização, inclusive consumo humano, irrigação, processos industriais e controle de incêndios. No entanto, tais fontes de água limpa são a exceção à regra, particularmente em regiões com alta densidade demográfica ou que apresentam alta concentração de produção agrícola. Neste caso, o fornecimento de água deve receber diferentes níveis de tratamento antes da distribuição.

Uma típica instalação para tratamento de água é representada na Figura 10.9. Tais instalações são constituídas por uma série de reatores ou operações unitárias, com a água fluindo de um para outro a fim

* Sem dúvida isso é um exagero. Em algumas sociedades humanas, como a dos índios nativos norte-americanos e os norte-americanos mexicanos, a percepção de um indivíduo dentro da comunidade é diferente da maioria das culturas orientais. Da mesma forma, suspeita-se que alguns animais, como as baleias, ocasionalmente, apresentem um comportamento de cooperação. (N. A.)

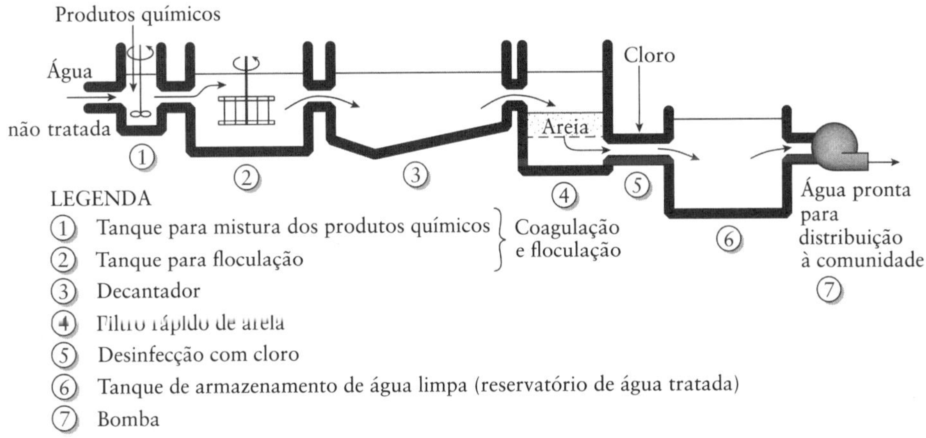

FIGURA 10.9 Uma instalação típica de tratamento de água.

de atingir o produto final desejado. Cada operação é projetada para desempenhar uma função específica, e a ordem dessas operações é de suma importância. A seguir, estão descritos alguns dos processos mais importantes.

10.2.1 Redução da dureza da água

É necessário reduzir a dureza de algumas águas (tanto das superficiais como das subterrâneas) para que possam ser utilizadas como fonte de água potável. A dureza é causada por cátions multivalentes (ou "minerais") – como o cálcio, magnésio e ferro – que são dissolvidos do solo e das rochas (particularmente da rocha calcária). Apesar de a dureza não causar problemas à saúde, ela reduz a eficácia de sabões e causa a formação de crostas.

A reação dos íons de dureza com sabões resulta em "acúmulo de sujeira na banheira" e reduz a quantidade de espuma. Os sabões são feitos de longas moléculas em forma de cadeia com duas extremidades distintas. A extremidade hidrófila reage com a água enquanto a extremidade hidrofóbica reage com óleo e gordura. Porém, quando esta última reage com íons de dureza, o sabão aglomera, formando uma crosta de espuma ou película. Além de deixar um "acúmulo de sujeira na banheira", essa crosta de espuma pode causar irritações na pele, interferindo no pH, e deixar o cabelo opaco. O mesmo efeito acontece com os sabões em pó, e a "camada de sujeira" formada pode deixar as roupas rígidas e com aparência encardida, além de estragar o tecido mais rapidamente. A crosta, que se forma quando o carbonato de cálcio precipita da água aquecida, é um problema mais grave, pois reduz a eficiência da transferência de calor recobrindo aquecedores, caldeiras, trocadores de calor, bules – qualquer recipiente onde a água é aquecida – e pode também entupir as tubulações. A dureza também pode causar sabores desagradáveis.

A dureza total (DT) é determinada pela soma de cátions multivalentes na água. O cálcio (Ca^{2+}) e o magnésio (Mg^{2+}) tendem a ser os maiores componentes da dureza, então a DT é, obtida com a soma aproximada desses dois componentes. Entretanto, também podem estar presentes na água elementos como ferro (Fe^{2+} e Fe^{3+}), manganês (Mn^{2+}), estrôncio (Sr^{2+}) e alumínio (Al^{3+}).

$$DT = \sum(\text{Cátions multivalentes}) \cong Ca^{2+} + Mg^{2+}. \tag{10.3}$$

A dureza pode ser calculada com a análise de todos os cátions presentes na amostra. Eles podem ser medidos com instrumentos sofisticados, como absorção atômica e eletrodos de íons específicos. Ou ainda, os cátions podem ser determinados através de titulação. O ácido etilenodiaminotetracético (EDTA) é utilizado como titulante, e o preto de eriocromo T, que muda sua cor de azul para vermelho quando há presença de íons de metal, é utilizado como indicador.

As unidades típicas para dureza são mg/L como $CaCO_3$ e meq/L. Ao utilizar essas unidades, as contribuições de diferentes substâncias (por exemplo, cálcio e magnésio) podem ser adicionadas diretamente. (As unidades de mg/L de uma substância em particular, como 10 mg/L de Ca^{2+}, não podem ser adicionadas diretamente aos mg/L de uma substância diferente, tal como 5 mg/L de Mg^{2+}. Não é possível adicionar maçãs às laranjas.)

Para converter uma concentração em mg/L para meq/L, divida a concentração pelo peso equivalente (PE) da substância:

$$C_q = \frac{C}{PE} \tag{10.4}$$

onde C_q = concentração em meq/L;
C = concentração em mg/L;
PE = peso equivalente em g/eq ou mg/meq.

O peso equivalente de uma substância é calculado dividindo sua massa atômica (MA) ou massa molecular (MM) por sua valência ou carga iônica (*n*, que é sempre positivo):

$$PE = \frac{\text{MA ou MM}}{n} \tag{10.5}$$

em que MA ou MM apresentam unidades de g/mol ou mg/mmol e *n* apresenta unidades de eq/mol.

Para converter para a unidade padrão mg/L como $CaCO_3$, a concentração de meq/L é multiplicada pelo peso equivalente de $CaCO_3$, que é de 50,0 mg/meq (100 mg/mmol/2 eq/mol):

$$C_{CaCO_3} = C_q \times 50{,}0 \tag{10.6}$$

onde C_{CaCO_3} = concentração em mg/L como CaCo3;
C_q = concentração em meq/L.

EXEMPLO 10.4

Problema A concentração de cálcio em uma amostra de água é de 100 mg/L. Qual é a concentração em (a) meq/L e (b) mg/L como $CaCO_3$?

Solução A valência ou carga iônica de cálcio é de +2, então *n* é 2 eq/mol. A massa atômica do cálcio é de 40,1 g/mol. Portanto, o peso equivalente é (Equação 10.5):

$$PE = \frac{MA}{n} = \frac{40{,}1 \text{ g/mol}}{2 \text{ eq/mol}} = 20{,}0 \text{ g/eq} = 20{,}0 \text{ mg/meq.}$$

Observe que o peso equivalente para uma substância é constante, pois sua massa atômica ou massa molecular e valência são constantes.

a) A concentração em meq/L é, então, simplesmente obtida através da conversão da unidade (Equação 10.4):

$$C_q = \frac{C}{PE} = \frac{100 \text{ mg/L}}{20{,}0 \text{ mg/meq}} = 5{,}0 \text{ meq/L.}$$

b) Novamente, a concentração em mg/L como $CaCO_3$ é simplesmente obtida através da conversão de unidade (Equação 10.6):

$$\begin{aligned} C_{CaCO_3} &= C_q \times 50 \\ &= (5{,}0 \text{ meq/L})(50 \text{ mg/meq}) \\ &= 250 \text{ mg/L como } CaCO_3 \end{aligned}$$

Observe que a unidade *correta* inclui "como $CaCO_3$".

EXEMPLO 10.5

Problema Uma amostra de água contém 60 mg/L de cálcio, 60 mg/L de magnésio, e 25 mg/L de sódio. Qual é dureza total em (a) meq/L e (b) mg/L como $CaCO_3$?

Solução O primeiro passo ao se calcular a dureza total é determinar quais espécies são relevantes. Lembre-se de que apenas cátions multivalentes contribuem para a dureza da água. Portanto, podemos ignorar o sódio. O segundo passo é passar as concentrações das espécies relevantes para unidades que possam ser somadas – tanto meq/L ou mg/L como $CaCO_3$.

a) Em unidades de meq/L (Equações 10.4 e 10.5 seguidas pela Equação 10.3):

$$Ca^{2+} = \frac{60 \text{ mg/L}}{20,0 \text{ mg/meq}} = 3,0 \text{ meq/L}$$

$$Mg^{2+} = \frac{60 \text{ mg/L}}{\dfrac{24,3 \text{ mg/mmol}}{2 \text{ meq/mmol}}} = 4,9 \text{ meq/L}$$

$$DT = Ca^{2+} + Mg^{2+} = (3,0 \text{ meq/L}) + (4,9 \text{ meq/L}) = 7,9 \text{ meq/L}.$$

b) Para obter mg/L como $CaCO_3$, multiplique meq/L por 50 mg/meq (Equação 10.6). Ou multiplique cada componente de dureza por 50 mg/meq e some, ou some-os e, então, multiplique por 50 mg/meq. O resultado será o mesmo.

$$DT = (7,9 \text{ meq / L})(50 \text{ mg / meq}) = 395 \text{ mg / L como } CaCO_3.$$

A água é classificada como macia ou dura dependendo da quantidade de íons de dureza presente. No exemplo acima, a água seria classificada como muito dura (Tabela 10.2), característica típica de fontes de água subterrâneas. As águas superficiais são, em geral, macias, pois há poucos minerais dissolvidos. No entanto, também podem ser duras. As instalações de tratamento, normalmente, distribuem água moderadamente dura, na média de 80 a 90 mg/L como $CaCO_3$ (É difícil retirar todo o sabão se a água estiver muito macia e alguma dureza pode proteger o sistema de distribuição da corrosão).

A dureza total pode ser dividida em dois componentes – dureza carbonatada (DC), também conhecida como dureza temporária, e dureza não carbonatada (DNC), ou dureza permanente:

$$DT = DC + DNC. \tag{10.7}$$

TABELA 10.2 Classificações da dureza da água.

	Dureza	
Classificação	**meq/L**	**mg/L como $CaCO_3$**
Extremamente macia a macia	0–0,9	0–45
Macia a moderadamente dura	0,9–1,8	46–90
Moderadamente dura a dura	1,8–2,6	91–130
Dura a muito dura	2,6–3,4	131–170
Muito dura a extremamente dura	3,4–5	171–250
Muito dura para uso doméstico comum	>5	>250

Fonte: Don Gibson e Marty Reynolds. Softening. *Water treatment plant operation: A field study training program*. California Department of Health Services e U.S. EPA. Sacramento: California State University, 2000.

A dureza carbonatada é o componente da dureza total associado aos ânions carbonatos (CO_3^{2-}) e bicarbonatos (HCO_3^-); é essa porção da dureza que forma os depósitos de sujeira. A dureza não carbonatada é o componente da dureza total associado a todos os outros ânions. A forma da dureza influencia a quantidade de tipos de produtos químicos necessários para remover a dureza.

A dureza carbonatada é igual à menor alcalinidade ou dureza total. Já a dureza não carbonatada é igual à diferença entre a dureza total e a dureza carbonatada. Se a alcalinidade for igual ou maior que a dureza total, então a não carbonatada é zero, pois todos os íons de dureza são associados à alcalinidade. Uma boa verificação da veracidade dos cálculos é lembrar que a soma das durezas carbonatada e não carbonatada *não podem* ser maiores que a dureza total.

A alcalinidade é uma medida da capacidade de armazenamento de água (ou a capacidade da água para neutralizar o ácido, ou H^+). Não é o mesmo que o pH; a água não precisa ser básica para apresentar alto grau de alcalinidade. As fontes "naturais" de alcalinidade na água são a atmosfera e as rochas calcárias. O dióxido de carbono da atmosfera dissolvido na água forma o ácido carbônico (H_2CO_3), que pode se desassociar e virar bicarbonato (HCO_3^-) e carbonato (CO_3^{2-}). As formações de rochas calcárias ($CaCO_3$) também podem se dissolver na água e produzir HCO_3^- e CO_3^{2-}. Ambos os elementos podem "pegar" (ou neutralizar) um H^+ adicionado à água. Observe que o carbonato pode "pegar" dois H^+ enquanto o bicarbonato pode "pegar" apenas um. A água (H_2O) desassocia-se em hidrogênio (H^+) e hidróxido (OH^-). O hidróxido pode "pegar" um H^+ para formar uma molécula de água novamente; no entanto, o H^+ já presente na água não pode neutralizar H^+ algum adicionado. Com base nisso, a alcalinidade pode ser calculada da seguinte forma

$$\text{Alcalinidade (mol/L)} = \left(\frac{\text{mol } HCO_3^-}{\text{L}}\right)\left(\frac{\text{1 mol ALC}}{\text{mol } HCO_3^-}\right) + \left(\frac{\text{mol } CO_3^{2-}}{\text{L}}\right)\left(\frac{\text{2 mol ALC}}{\text{mol } CO_3^{2-}}\right) + \left(\frac{\text{mol } OH^-}{\text{L}}\right)\left(\frac{\text{1 mol ALC}}{\text{mol } OH^-}\right) - \left(\frac{\text{mol } H^+}{\text{L}}\right)\left(\frac{\text{1 mol ALC}}{\text{mol } H^+}\right)$$

ou simplesmente

$$\text{Alcalinidade (mol/L)} = [HCO_3^-] + 2[CO_3^{2-}] + [OH^-] - [H^+].$$

Quando as unidades mol/L são utilizadas, o carbonato é multiplicado por dois (pois pode neutralizar dois moles de H^+). Porém, quando as unidades meq/L ou mg/L como $CaCO_3$ são utilizadas, o dois já está sendo considerado,

$$CO_3^{2-}\ \text{(eq/L)} = \left(\frac{\text{mol } CO_3^{2-}}{\text{L}}\right)\left(\frac{\text{2 eq}}{\text{mol}}\right)$$

então, a equação transforma-se em

$$\text{Alcalinidade (meq/L)} = \left(\frac{\text{1 meq } HCO_3^-}{\text{L}}\right)\left(\frac{\text{1 meq ALC}}{\text{meq } HCO_3^-}\right) + \left(\frac{\text{1 meq } CO_3^{2-}}{\text{L}}\right)\left(\frac{\text{1 meq ALC}}{\text{meq } CO_3^{2-}}\right) + \left(\frac{\text{1 meq } OH^-}{\text{L}}\right)\left(\frac{\text{1 meq ALC}}{\text{meq } OH^-}\right) - \left(\frac{\text{1 meq } H^+}{\text{L}}\right)\left(\frac{\text{1 meq ALC}}{\text{meq } H^+}\right)$$

ou simplesmente

$$\text{Alcalinidade (meq/L)} = (HCO_3^-) + (CO_3^{2-}) + (OH^-) - (H^+).$$

Com um pH menor do que 8,3, a maior parte da alcalinidade está na forma de bicarbonato e próximo do pH neutro, $[H^+] \approx [OH^-]$. Assim, para a maior parte das fontes de água:

$$\text{Alcalinidade} \cong (HCO_3^-).$$

Uma titulação de duas etapas é utilizada para medição de alcalinidade em laboratório. A primeira mede a alcalinidade carbonácea; a segunda, a alcalinidade bicarbonácea. Na primeira etapa é utilizado o ácido sulfúrico ou o ácido hidroclorídrico para reduzir o pH da amostra para 8,3. Nesse momento, normalmente, utiliza-se a fenolftaleína como indicador, que altera sua cor de rosa para incolor. Na segunda etapa, o pH é reduzido para 4,5 utilizando-se verde de bromocresol como indicador. A Figura 10.10 ilustra uma típica curva de titulação de uma solução básica com um ácido forte. A capacidade de armazenamento da solução no início da titulação é alta, então, a alteração do pH é gradual. Porém, uma vez que a capacidade de armazenamento é excedida, a alteração torna-se um tanto rápida, evidenciando a necessidade de um monitoramento de pH e controle nos reatores nos quais a alcalinidade está sendo consumida.

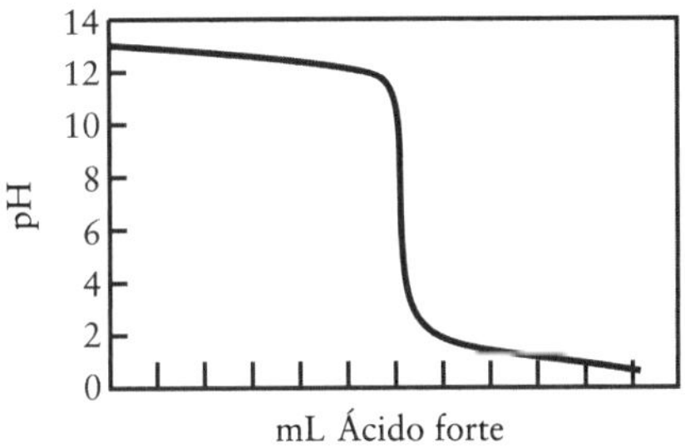

FIGURA 10.10 Curva de titulação.

EXEMPLO 10.6

Problema A partir da seguinte análise de água, determine a dureza total, a dureza carbonatada e a dureza não carbonatada em (a) meq/L e (b) mg/L como $CaCO_3$.

Componente	Concentração (mg/L)
CO_2	6,0
Ca^{2+}	50,0
Mg^{2+}	20,0
Na^{+}	5,0
Alcalinidade	120 como $CaCO_3$
SO_4^{2-}	94,0
pH	7,3

Solução Na primeira etapa deve-se converter as concentrações relevantes para meq/L ou mg/L como $CaCO_3$, como apresentado na tabela a seguir. Essa é a mesma etapa dos Exemplos 10.4 e 10.5. Note que, em função de a alcalinidade ser dada em mg/L como $CaCO_3$, o peso equivalente utilizado para calcular o meq/L é o peso equivalente de $CaCO_3$, não do bicarbonato. (Como o pH está quase neutro, a alcalinidade é aproximadamente toda bicarbonatada.)

Componente	PE (mg/meq)	Concentração		
		mg/L	meq/L	mg/L como $CaCO_3$
Ca^{2+}	20,0	50	2,5	125
Mg^{2+}	12,2	20	1,6	82
Alcalinidade	50,0	120	2,4	120

A dureza total é a soma dos cátions multivalentes (Equação 10.3), nesse caso Ca^{2+}e Mg^{2+}:

$$DT = (2,5\ \text{meq/L}) + (1,6\ \text{meq/L}) = 4,1\ \text{meq/L}$$

ou

$$DT = (125 \text{ mg/L como } CaCO_3) + (82 \text{ mg/L como } CaCO_3) = 207 \text{ mg/L como } CaCO_3.$$

Essa água é considerada muito dura a extremamente dura (Tabela 10.2).

Para determinar a dureza carbonatada, compare a alcalinidade à dureza total. Nesse caso, a alcalinidade (2,4 meq/L) é menor que a dureza total (4,1 meq/L). Assim, a dureza carbonatada iguala-se à alcalinidade, 2,4 meq/L ou 120 mg/L como $CaCO_3$ (Se a alcalinidade fosse maior que a dureza total, a dureza carbonatada se igualaria à dureza total. Lembre-se de que a dureza carbonatada não pode ser maior que a dureza total). Para determinar a dureza não carbonatada, subtraia a dureza carbonatada da dureza total (Equação 10.7):

$$DNC = DT - DC = (4{,}1 \text{ meq/L}) - (2{,}4 \text{ meq/L}) = 1{,}7 \text{ meq/L}$$

ou

$$DNC = (207 \text{ mg/L como } CaCO_3) - (120 \text{ mg/L como } CaCO_3) = 87 \text{ mg/L como } CaCO_3$$

Nesse caso, a dureza carbonatada foi menor que a dureza total; logo, não havia dureza não carbonatada. Se a dureza carbonatada tivesse se igualado à dureza total, a dureza não carbonatada teria valor zero.

Os gráficos de barra (Figura 10.11) são úteis para visualização da especiação da dureza, que é importante para saber quando se deve remover a dureza. Ao se construir um gráfico de barras, o cálcio é colocado em primeiro lugar, seguido pelo magnésio, pois este apresenta um custo maior para ser removido. Esses elementos são seguidos por outros íons de dureza e depois por outros cátions. O bicarbonato é colocado, em primeiro lugar, na barra de ânions e, depois, seguido pelos outros ânions presentes, pois a dureza carbonatada exige poucos produtos químicos para ser removida. Devem ser utilizadas as unidades que podem ser somadas, por exemplo, meq/L ou mg/L como $CaCO_3$, além de se construir o gráfico em uma escala consistente. Observe que a dureza carbonatada e a não carbonatada devem ser somadas à dureza total, e não podem ser maiores que esta.

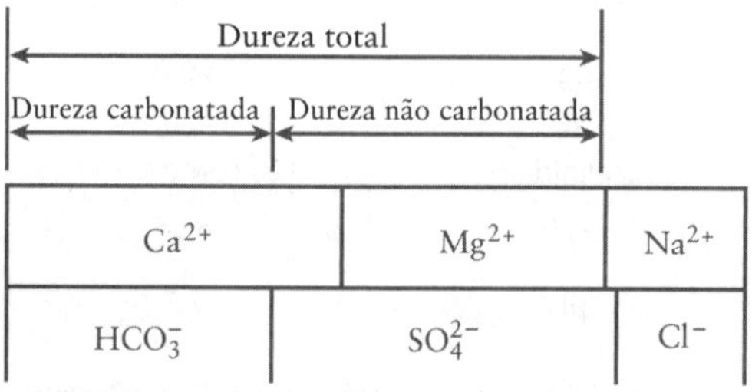

FIGURA 10.11 Gráfico de barras generalizado.

EXEMPLO 10.7

Problema Considerando a análise da amostra de água anterior, construa um gráfico para determinar a especiação de dureza.

Componente	Concentração (mg/L)
CO_2	6,0
Ca^{2+}	50,0
Mg^{2+}	20,0
Na^{+}	5,0
Alcalinidade	120 como $CaCO_3$
SO_4^{2-}	94,0
pH	7,3

Solução Na primeira etapa, deve-se converter as concentrações de todos os íons para meq/L ou mg/L como $CaCO_3$ conforme apresentado na tabela a seguir.

Componente	PE (mg/meq)	Concentração		
		mg/L	meq/L	mg/L como $CaCO_3$
Ca^{2+}	20,0	50	2,5	125
Mg^{2+}	12,2	20	1,6	82
Na^{+}	23,0	5	0,2	11
Alcalinidade	50,0	120	2,4	120
SO_4^{2-}	48,0	94	2,0	98

A próxima etapa é construir um gráfico de barras, colocando os cátions no topo e os ânions na parte de baixo na ordem especificada e escalonar (Figura 10.12).

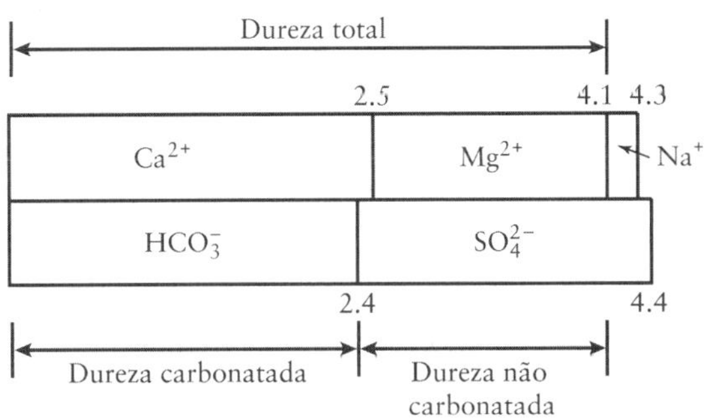

FIGURA 10.12 Gráfico de barras generalizado.

A primeira coisa a ser verificada no gráfico de barras é se a soma dos cátions é aproximadamente igual à soma dos ânions. Nesse caso, as somas resultam em valores suficientemente próximos (4,3 meq/L *versus* 4,4 meq/L,). Isso indica que a análise da água parece estar analiticamente correta e relativamente completa; nenhum cátion ou ânion importante está faltando.

Depois, determine a especiação. Quase todo o cálcio (2,4 de 2,5 meq/L) está associado ao bicarbonato, mas nenhum magnésio está associado a este. O cálcio restante (0,1 meq/L) e todo magnésio (1,6 meq/L) estão associados ao sulfato. Consequentemente, a especiação pode ser reportada como

dureza carbonatada de cálcio (DCC) = 2,4 meq/L
dureza não carbonatada de cálcio (DNCC) = 0,1 meq/L
dureza carbonatada de magnésio (DCM) = 0 meq/L
dureza não carbonatada de magnésio (DNCM) = 1,6 meq/L.

As etapas gerais para solucionar os problemas de dureza podem ser resumidas da seguinte forma.

Etapa 1. Calcule a dureza total (DT) como a soma dos cátions multivalentes.

Etapa 2. Calcule a alcalinidade (ALC), que, normalmente, é a concentração de bicarbonato.

Etapa 3. Calcule a dureza carbonatada (DC) e a dureza não carbonatada (DNC).
$DC = ALC$ se $DT > ALC$
$DC = DT$ se $DT < ALC$
$DNC = DT - DC$.

Etapa 4. Determine a especificação da dureza.
$DCC = Ca^{2+}$ se $Ca^{2+} < DC$
$DCC = DC$ se $Ca^{2+} > DC$

$DNCC = Ca^{2+} - DCC.$
$DCM = DC - DCC.$
$DNCM = Mg^{2+} - DCM.$

Etapa 5. Confira seus cálculos.

$DC = DCC + DCM$
$DNC = DNCC + DNCM$
$DT = DCC + DNCC + DCM + DNCM$
$Ca^{2+} = DCC + DNCC$
$Mg^{2+} = DCM + DNCM$

As comparações podem ser realizadas visualmente com o gráfico de barras ou matematicamente. Observe que não é necessário saber quais são os ânions não carbonatados; precisa-se apenas saber quanto da dureza não está associada à alcalinidade.

Troca dos íons e osmose reversa

A redução da dureza é o processo de remoção da dureza. A troca e a precipitação dos íons são os métodos mais utilizados, mas a osmose reversa (RO) também é utilizada. As unidades RO de purificação são utilizadas em casas (Figura 10.13) enquanto as unidades em escala maior são utilizadas em locais com severas limitações no fornecimento de água doce, mas com quantidade abundante de água salgada. A RO utiliza a alta pressão para empurrar as moléculas de água pela membrana, resultando em água tratada, por um lado, e resíduos de água concentrados, no outro. (Lembre-se de que a osmose é o processo oposto; a água migrará pela membrana para diluir a solução concentrada). O processo produz água com baixa quantidade de minerais dissolvidos e remove algumas bactérias. No entanto, a RO é lenta e gera maior quantidade de água residual; uma unidade comum produzirá aproximadamente 4 litros de água potável em 6 horas, enquanto gerará de 8 a 24 litros de água residual. É também caro para operar. As unidades residenciais normalmente vem com um filtro de carbono ativado para remover o cloro e melhorar o sabor da água. Para águas mais duras, normalmente têm um amaciante de troca de íons.

O amaciante de troca de íons, ou zeolita, é mais aplicável em águas com dureza sem carbonato (pois esta pode ser removida sem adição de produtos químicos, diferente da precipitação) e com dureza total menor que 350 mg/L como $CaCO_3$.[1]

Os elementos redutores de dureza por troca de íons são, em geral, utilizados em residências que possuem poços (Figura 10.14). A água dura passa através de uma coluna contendo resina. Esta absorve os íons de dureza, trocando-os geralmente por sódio. (É por isso que a água com dureza reduzida é salgada).

A resina absorve a dureza dos íons, normalmente trocando-os pelo sódio. (Este é o motivo pelo qual a água mais macia normalmente é mais salgada e por que as pessoas que fazem dieta com baixo ou nenhum sódio evitam bebê-la). Uma vez que a resina não remove a quantidade desejada de dureza, o sal concentrado, ou salmoura, a solução (NaCl) é utilizada para regenerar a resina (remover os íons de dureza) para que possa ser reutilizada. Pode ser utilizado o ácido hidroclorídrico no lugar do sal, então o íon trocado é o hidrogênio (H^+) em vez do sódio. Porém, além de ser perigoso, o ácido hidroclorídrico é mais caro que o sal e, portanto, não é muito utilizado. Normalmente, a regeneração exige de 2,1 a 3,5 kg de sal/kg de dureza removida, e as taxas de regeneração são de 2,2 a 4,4 $L/s/m^3$ de resina por 55 minutos seguida por taxa na faixa de 6,6 a 11 $L/s/m^3$ de resina por 5 minutos em instalações municipais.[1] Realiza-se um pequeno refluxo antes da regeneração para expandir o leito em 75% a 100% e remover particulados.

Desde que a resina seja relativamente pura (por exemplo, possua muito sódio remanescente), essencialmente 100% da dureza será removida. Como nem toda dureza precisa ser removida, parte da água pode ser desviada do sistema para que, quando a água tratada e a não tratada se misturarem, seja obtida a dureza desejada. Sem dúvida, esse cenário é um clássico balanço de materiais.

FIGURA 10.13 (A) Unidade típica de osmose reversa local; (B) esquema.

EXEMPLO 10.8

Problema Um redutor residencial de dureza de água possui 0,07 m^3 de resina de troca de íons com uma capacidade de troca de 46 kg/m^3. Os ocupantes da residência utilizam 1.500 L de água diariamente. Se a água possui 245 mg/L de dureza como $CaCO_3$ e eles desejam reduzi-la para 100 mg/L como $CaCO_3$, qual é a quantidade de água que se deve desviar do redutor, e qual é o intervalo de tempo entre os ciclos de regeneração?

Solução A quantidade de água que se deve desviar do redutor é uma função da dureza desejada e da dureza inicial. Na Figura 10.14 é apresentado um esquema desse processo. Montar uma equação de balanço de material perto do ponto de mistura (o círculo no diagrama) fornece a solução.

$$Q_{\mathrm{IX}}C_{\mathrm{IX}} + Q_{\mathrm{BP}}C_{\mathrm{BP}} = Q_{\mathrm{o}}C_{\mathrm{f}}.$$

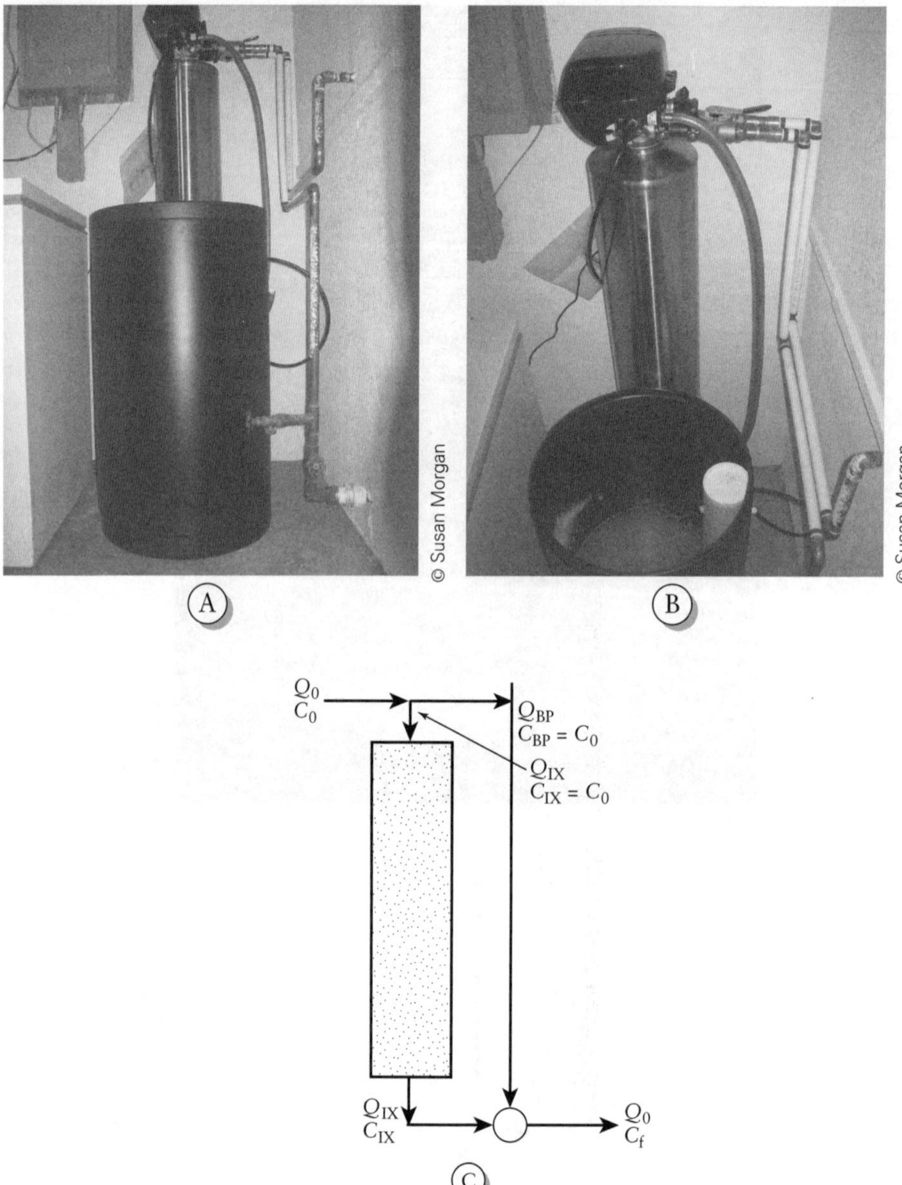

FIGURA 10.14 Redutor de dureza de água por troca de íons esquematizado.

Para o caso de uma resina fresca, a dureza efluente é zero, então:

$$Q_{IX}(0) + Q_{BP}C_{BP} = Q_0 C_f$$

$$\frac{Q_{BP}}{Q_0} = \frac{C_f}{C_{BP}}$$

ou

$$\% \text{ de desvio} = \frac{\text{Dureza desejada}}{\text{Dureza inicial}}(100).$$

Nesse caso, a quantidade que deve ser desviada é

$$\% \text{ de desvio} = \frac{100 \text{ mg/L como CaCO}_3}{245 \text{ mg/L como CaCO}_3}(100) \cong 41\%$$

$$\text{Quantidade para desvio} = 0{,}41(1.500 \text{ L/d}) \cong 610 \text{ L/d.}$$

O comprimento do ciclo, ou tempo para ruptura, é uma função da capacidade de troca da resina. Supondo que haja completa saturação da resina antes da regeneração, temos

$$\text{Ruptura} = \frac{(\text{Capacidade})(V_{\text{resina}})}{Q_{\text{IX}} C_0)} = \frac{(\text{Capacidade})(V_{\text{resina}})}{(1-\text{desvio})Q_0 C_0}$$

$$\text{Ruptura} = \frac{(46 \text{ kg/m}^3)(0{,}07 \text{ m}^3)(10^6 \text{ mg/kg})}{(1-0{,}41)(1.500 \text{ L/d})(245 \text{ mg/L como CaCO}_3)} \cong 15 \text{ d.}$$

Portanto, os ocupantes da residência deverão adicionar sal aproximadamente a cada duas semanas.

Claro, as unidades residenciais normalmente são menos sofisticadas e não têm linhas de *bypass*. De fato, o problema é mais complicado do que a solução dada, pois a quantidade para bypass flutuaria à medida que a capacidade de resina fosse utilizada. A Figura 10.15 mostra uma curva de ruptura ou saturação* geral para as colunas de troca de íons. Pode-se considerar que a ruptura ocorra quando a concentração do efluente estiver aproximadamente igual à concentração do afluente. No entanto, é mais comum, em instalações municipais, que o critério de ruptura seja estabelecido bem abaixo disso, por exemplo, de 5% a 10% da concentração de afluente. As residências têm normalmente uma coluna de troca de íon. As instalações de tratamento de água possuem diversas colunas, com o efluente passando de uma coluna para a outra. Essa disposição permite o uso mais eficaz da resina antes que a regeneração seja necessária, reduzindo os custos operacionais. O descarte dos produtos químicos utilizados para a regeneração pode ser um grande problema para as instalações municipais, pois podem ser corrosivos e tóxicos (em função da alta concentração de sais clorídricos e sua grande quantidade).

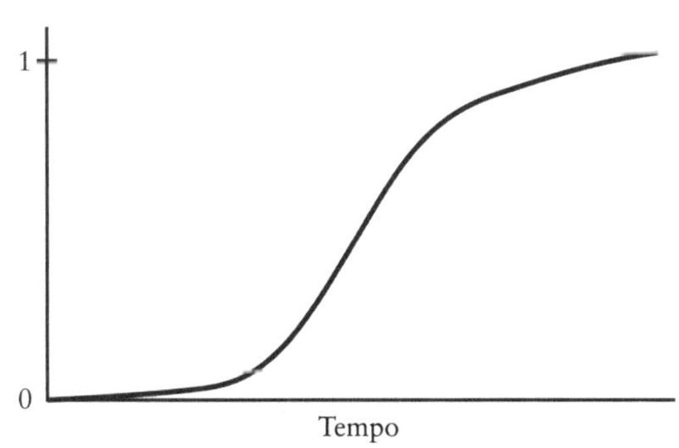

FIGURA 10.15 Curva de ruptura de troca iônica.

Redução cal-soda

Enquanto apenas algumas instalações municipais de tratamento de água utilizam a troca iônica, a maioria utiliza a precipitação química. O pH da água é elevado, geralmente com a adição de cal. Utiliza-se tanto a cal virgem (CaO, cal viva) como a cal hidratada ($Ca(OH)_2$, cal extinta). (Embora a cal seja uma espécie de cálcio, é muito eficiente na redução da dureza da água. O hidróxido de sódio também pode ser utilizado, porém é mais caro). À medida que o pH aumenta para aproximadamente 10,3, o carbonato transforma-se no componente dominante da alcalinidade, e o $CaCO_3$ (camada) precipita. E conforme aumenta para aproximadamente 11, o magnésio precipita como hidróxido de magnésio ($Mg(OH)_2$). A dureza não carbonatada é mais cara para ser precipitada, pois deve-se adicionar um carbonato (normalmente soda calcinada, Na_2CO_3).

* No original, *breakthrough curve*. (N.R.T.)

Portanto, a dureza carbonatada de cálcio (DCC) é a primeira que deve ser removida, em seguida, a dureza carbonatada de magnésio (DCM), e, finalmente, a dureza não carbonatada de cálcio (DNCC) e de magnésio (DNCM) (Figura 10.14). O dióxido de carbono na água forma ácido carbônico, que deve ser neutralizado (com adição de cal ou algum elemento cáustico) ou removido (por meio da remoção de ar) antes da elevação do pH. Devido à limitação da solubilidade, a precipitação pode reduzir a dureza total até um mínimo de 40 mg/L como $CaCO_3$ (o limite de solubilidade prática). E em função da limitação do tempo, normalmente, adiciona-se cal em excesso (cal acima da quantidade estequiométrica).

Dióxido de carbono

$$CO_2 + Ca(OH)_2 \rightleftharpoons CaCO_3\,(s) + H_2O$$

Dureza carbonatada de cálcio

$$Ca(HCO_3)_2 + Ca(OH)_2 \rightleftharpoons 2CaCO_3\,(s) + 2H_2O$$

Dureza não carbonatada de cálcio

$$CaSO_4 + Na_2CO_3 \rightleftharpoons CaCO_3\,(s) + Na_2SO_4$$

Dureza carbonatada de magnésio

$$Mg(HCO_3)_2 + Ca(OH)_2 \rightleftharpoons CaCO_3\,(s) + MgCO_3 + 2H_2O$$

$$MgCO_3 + Ca(OH)_2 \rightleftharpoons Mg(OH)_2\,(s) + CaCO_3\,(s)$$

Dureza não carbonatada de magnésio

$$MgSO_4 + Na_2CO_3 \rightleftharpoons MgCO_3 + Na_2SO_4$$

$$MgCO_3 + Ca(OH)_2 \rightleftharpoons Mg(OH)_2\,(s) + CaCO_3\,(s)$$

Espécies	Proporção de Produto Químico e as Espécies (meq/meq)	
	Cal	Carbonato de sódio
CO_2	1	0
DCC	1	0
DNCC	0	1
DCM	1	0
DNCH	1	1

FIGURA 10.16 Reações de redução de dureza cal-soda.

A Figura 10.17 mostra um sistema geral de tratamento para a redução da dureza. As precipitações são removidas através da sedimentação. E o método de recarbonatação (adição de dióxido de carbono à água) é utilizado para reduzir o pH, a fim de garantir que as partículas finas, não removidas no decantador, sejam ressolubilizadas, e que a água distribuída tenha um pH quase neutro. Se cal em excesso for utilizada para remover a dureza carbonatada de magnésio e for adicionado apenas dióxido de carbono suficiente para reduzir o pH para cerca de 10,4 antes do segundo decantador, pode-se conseguir a precipitação adicional e a remoção dos sólidos. A recarbonatação pode não ser necessária se parte da água for desviada do processo de redução de dureza, conhecida como tratamento dividido. A água tratada pode ter sua dureza reduzida até os limites de solubilidade e, então, misturada com a água desviada para obter o nível de dureza desejado (normalmente na faixa de dureza moderada).

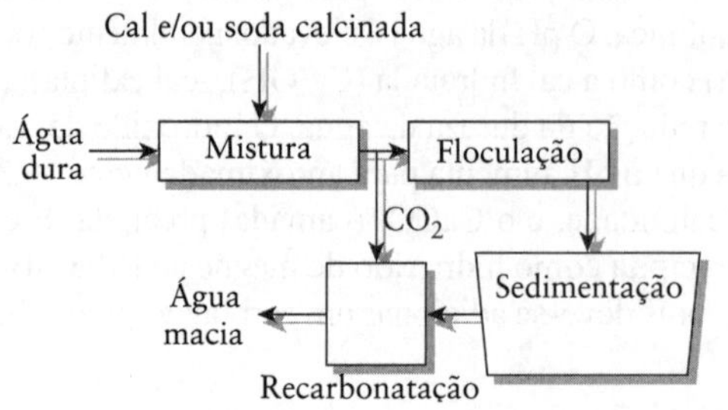

FIGURA 10.17 Processo de redução da dureza da água por precipitação química.

EXEMPLO 10.9

Problema Utilizando os dados do Exemplo 10.7 e Figura 10.18, determine taxa de massa de produtos químicos necessários para reduzir a dureza da água até os limites de solubilidade se a vazão for de 8 milhões L/d e forem utilizados cal viva (CaO) com 93% de pureza e soda calcinada com 98% de pureza.

Componente	PE (mg/meq)	Concentração		
		mg/L	meq/L	mg/L como $CaCO_3$
CO_2	22,0	6,0	0,27	13
Ca^{2+}	20,0	50	2,5	125
Mg^{2+}	12,2	20	1,6	82
Na^+	23,0	5	0,2	11
Alcalinidade	50,0	120	2,4	120
SO_4^{2-}	48,0	94	2,0	98

Solução (Observe que o peso equivalente do dióxido de carbono é de 44 g/mol/2 eq/mol = 22 mg/meq.) Para determinar a quantidade dos produtos químicos necessários, lembre-se do fato de que para remover cada meq/L de dureza será necessário 1 meq/L de produtos químicos (Figura 10.16). Os meq/L de cal e soda calcinada são apresentados na tabela a seguir. Note que para a remoção de dióxido de carbono e DCC é necessário apenas cal, para DNCC, somente soda calcinada, e para a remoção de DNCM são necessárias cal e soda calcinada (Figura 10.16). [Para cal hidratado, $Ca(OH)_2$, é necessário 0,4 meq/L .]

Componente	Concentração (meq/L)		
	Componente	Cal	Soda calcinada
CO_2	0,27	0,27	0
DCC	2,4	2,4	0
DNCC	0,1	0	0,1
DCM	0	0	0
DNCM	1,6	1,6	1,6
Excesso		1,25	
Total		5,52	1,7

Observe que as seguintes equações também podem ser utilizadas para calcular a quantidade de produtos químicos.

$$\text{Cal} = (CO_2) + DC + DNCM + \text{Excesso}$$
$$\text{Carbonato de Sódio} - DNC$$

Para determinar a taxa de massa dos produtos químicos necessários, o meq/L deve ser convertido para mg/L, utilizando seu PE.

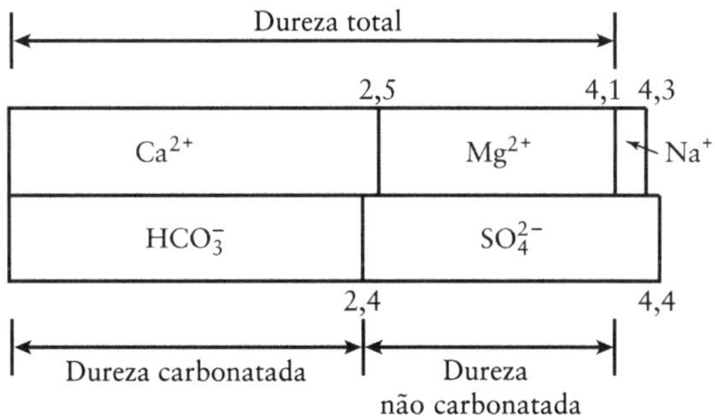

FIGURA 10.18 Gráfico de barras da especiação de dureza.

Produto químico	PE (mg/meq)
CaO	28
$Ca(OH)_2$	37
$Na2(CO_3)$	53

No Capítulo 3, a conversão da concentração para o fluxo de massa é feita utilizando

$$Q_M = M = CQ_v$$

Se a pureza dos produtos químicos utilizados for menor que 100%, o fluxo de massa deve ser dividido pela pureza.

Para este exemplo, estão sendo tratados 2 mgd de água com CaO com 93% de pureza e soda calcinada com 95% de pureza; portanto, as quantidades de produtos químicos necessários são

$$M_{\text{CaO}} = \frac{(5{,}52 \text{ meq/L})(28 \text{ mg/meq})\ 8 \text{ milhões L/d}}{0{,}93}$$
$$= 1330 \text{ Kg/d}$$
$$M_{\text{Na}_2\text{CO}_3} = \frac{(1{,}7 \text{ meq/L})(53 \text{ mg/meq})\ 8 \text{ milhões L/d}}{0{,}98}$$
$$= 736 \text{ kg/d}$$

EXEMPLO 10.10

Problema Utilizando os dados do Exemplo 10.9, calcule a taxa de fluxo de lodo que precisa ser bombeado do tanque de sedimentação se o lodo engrossar para 10% enquanto estiver no tanque.

Solução Para determinar a quantidade de lodo, utilize os balanços de cálcio e magnésio. Ao amaciar para os limites de solubilidade prática, 0,6 meq/L de cálcio e 0,2 meq/L de magnésio permanecerão na água.

Componente	Concentração (meq/L)
Ca^{2+} Original	2,5
Mg^{2+} Original	1,6
Ca^{2+} residual	0,6
Mg^{2+} residual	0.2
Cal	5,52

$$Mg^{2+}\text{–lodo} = (Mg^{2+}\text{ Original}) - (Mg^{2+}\text{ residual}) = (1{,}6 \text{ meq/L}) - (0{,}2 \text{ meq/L})$$
$$= 1{,}4 \text{ meq/L}$$
$$Ca^{2+} - \text{lodo} = (Ca^{2+}\text{ Original} + (\text{cal}) - (Ca^{2+}\text{ residual})$$
$$= (2{,}5 \text{ meq/L}) + (5{,}52 \text{ meq/L}) - (0{,}6 \text{ meq/L}) = 7{,}42 \text{ meq/L}$$

Novamente, utilize a equação de taxa de fluxo de massa do Capítulo 3, $M = CQ$. O cálcio precipitará como $CaCO_3$ enquanto o magnésio se precipitará como $Mg(OH)_2$. Observe que o lodo é 100% puro.

Químico	PE (mg/meq)
$CaCO_3$	50
$Mg(OH)_2$	29,2

$$M_{\text{lodo}} = \Sigma(QC)_i$$
$$= [(1{,}4\ \text{meq/L})\ (29{,}2\ \text{mg/meq}) + (7{,}42\ \text{meq/L})\ (50\ \text{mg/meq})]$$
$$\times\ (8\ \text{milhões L/d})$$
$$= 3.295\ \text{kg/d}$$

Para calcular a taxa de fluxo do lodo que precisa ser bombeado, rearranje a equação da taxa de fluxo de massa e utilize a concentração engrossada. Lembre-se de que 1% = 10.000 mg/L (Capítulo 3).

$$Q = \frac{M}{C} = \frac{(3.295\ \text{kg/d})}{(100.000)\ \text{mg/L}}$$
$$= 3.295\ \text{L/d}$$

É desnecessário amaciar toda a água para o limite de solubilidade prática (o que resultaria em muitas reclamações sobre a água oleosa); então, determinar a quantidade de produtos químicos a serem adicionados é levemente mais complicado e é determinado com base na presença de Mg^{2+} na água bruta comparada em quanto pode ser deixado na água (40 mg/L como $CaCO_3$). Outra opção seria o tratamento fracionado (Figura 10.19). Parte da água é tratada até o limite de solubilidade prática e parte é deixada como não tratada. Quando os fluxos são recombinados, é obtida a dureza desejada. O tratamento fracionado pode ser utilizado para deixar a dureza sob medida, diminuindo o custo de tanques e os custos operacionais.

A quantidade de água para *bypass* tem como base no balanço de massa de Mg^{2+} no ponto de mistura de fluxos de água tratada e não tratada (Figura 10.20). Para reduzir os custos operacionais, o balanço de massa é feito no magnésio em vez da dureza total utilizada na troca de íons. Presumindo o estado de prontidão, o balanço de massa é

$$Q_b\text{Mg}_r + (Q - Q_b)\text{Mg}_1 = Q\text{Mg}_f$$

$$\frac{Q_b}{Q} = X = \frac{\text{Mg}_f - \text{Mg}_1}{\text{Mg}_r - \text{Mg}_1} \tag{10.8}$$

Quando o processo de amaciamento é até os limites de solubilidade prática e a água recombinada deixa a quantidade máxima de magnésio na água (novamente, para reduzir os custos operacionais),

$$\frac{Q_b}{Q} = X = \frac{(40\ \text{mg/L como CaCO}_3) - (10\ \text{mg/L como CaCO}_3)}{\text{Mg}_r - (10\ \text{mg/L como CaC}_3\text{O})} = \frac{30\ \text{mg/L como CaCO}_3}{\text{Mg}_r - (10\ \text{mg/L como CaCO}_3)} \tag{10.9}$$

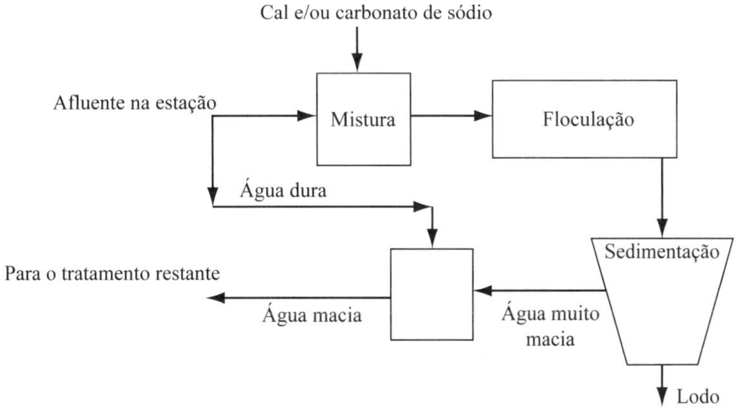

FIGURA 10.19 Diagrama do tratamento fracionado.

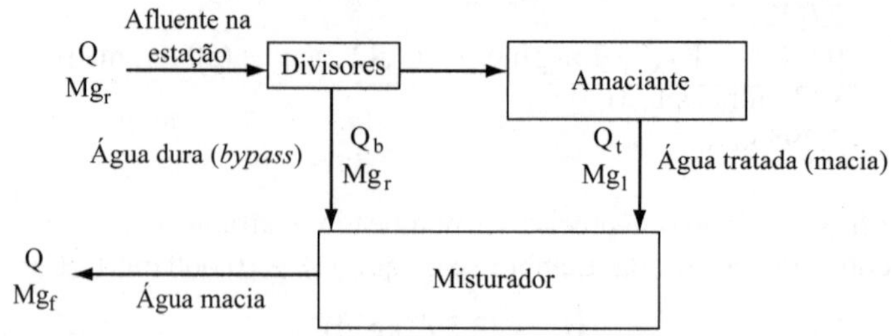

FIGURA 10.20 Equilíbrio da massa com magnésio no tratamento fracionado.

EXEMPLO 10.11

Problema A água tem a dureza total de 255 mg/L de $CaCO_3$ e a concentração de Mg^{2+} de 55 mg/L como $CaCO_3$. Quanto de água será necessário para ser colocada no tratamento fracionado se ela for tratada nos limites de solubilidade prática? Qual será a dureza mistura final?

Solução Utilize a Equação 10.9.

$$\frac{Q_b}{Q} = X = \frac{30 \text{ mg/L como } CaCO_3}{Mg_r - (10 \text{ mg/L como } CaCO_3)} = \frac{30 \text{ mg/L como } CaCO_3}{(55 \text{ mg/L como } CaCO_3) - (10 \text{ mg/L como } CaCO_3)}.$$
$$= 0{,}67$$

Portanto, 67% da água pode ser desviada; então, 33% seria amaciada ou tratada.
A dureza da mistura final é determinada pelo balanço de massas da dureza total.

$$Q_b(DT_r) + (Q - Q_b)(DT_1) = Q(DT_f)$$
$$DT_f = \frac{Q_b}{Q}(DT_r) + \frac{Q - Q_b}{Q}(DT_1)$$
$$= (0{,}67)(255 \text{ mg/L como } CaCO_3) + (0{,}33)(40 \text{ mg/L como } CaCO_3)$$
$$= 184 \text{ mg/L como } CaCO_3.$$

Se a dureza final precisar ser menor que esta quantidade, então um segundo processo de amaciamento será utilizado. Por conta da quantidade máxima de magnésio já presente na água (40 mg/L como $CaCO_3$), a remoção seletiva do cálcio será utilizada em um segundo estágio.

EXEMPLO 10.12

Problema A remoção seletiva do cálcio pode ser utilizada para as seguintes águas?

Amostra de água	DT (mg/L como $CaCO_3$)	Ca^{2+} (mg/L como $CaCO_3$)
A	330	210
B	330	300

Solução Presumindo que a dureza total seja composta somente de Ca^{2+} e Mg^{2+}, então

Amostra de água	Mg^{2+} (mg/L como $CaCO_3$)
A	120 > 40 mg/L como $CaCO_3$
B	30 < 40 mg/L como $CaCO_3$

Portanto, a remoção seletiva do cálcio pode ser utilizada na água B mas não na A.

EXEMPLO 10.13

Problema A alcalinidade da amostra de água B no exemplo anterior é 200 mg/L como $CaCO_3$ e o CO_2, 12 mg/L como $CaCO_3$. Calcule a quantidade de cal hidratado e soda em meq/L necessário (1) para remover o magnésio até o limite prático de solubilidade e (2) para eliminar o magnésio. Calcule também a dureza final se o magnésio for eliminado.

Solução Primeiramente, determine a especiação da dureza. Observe que 50 mg/meq, o peso equivalente de $CaCO_3$, é utilizado para calcular todas as concentrações em meq/L.

Componente	C (mg/L)	PE (mg/meq)	C (meq/L)
CO_2	12	50	0,24
Ca^{2+}	300	50	6,0
Mg^{2+}	30	50	0,6
ALC	200	50	4,0
DCC		4,0	
DNCC			2,0
DCM			0
DNCM			0,6
Excesso			0,4

Parte 1 é calculado do mesmo modo que o anterior.

$$\begin{aligned} \text{Cal} &= CO_2 + \text{DCC} + \text{DNCM} + \text{Excesso} \\ &= (0{,}24 \text{ meq/L}) + (4{,}0 \text{ meq/L}) + (0{,}6 \text{ meq/L}) + (0{,}4 \text{ meq/L}) \\ &= 5{,}24 \text{ meq/L} \end{aligned}$$

$$\text{Carbonato de sódio} = \text{DNCC} + \text{DNCM} = (2{,}0 \text{ meq/L}) + (0{,}6 \text{ meq/L}) = 2{,}6 \text{ meq/L}.$$

Para a parte 2, todo o magnésio é eliminado e nenhum excesso é necessário.

$$\text{Cal} = CO_2 + \text{DCC} = (0{,}24 \text{ meq/L}) + (4{,}0 \text{ meq/L}) = 4{,}24 \text{ meq/L}$$

$$\text{Carbonato de sódio} = \text{DNCC} = 2{,}0 \text{ meq/L}$$

Portanto, a quantidade de cal é reduzida em aproximadamente 19% e a quantidade de carbonato de sódio em aproximadamente 23%.

A dureza final é calculada da seguinte forma:

$$\begin{aligned} DT_f &= (Ca^{2+} \text{ residual}) + Mg^{2+} \\ &\approx (30 \text{ mg/L de } CaCO_3) + (30 \text{ mg/L de } CaCO_3) = 60 \text{ mg/L de } CaCO_3. \end{aligned}$$

10.2.2 Coagulação e floculação

Águas superficiais não tratadas que entram em uma instalação de tratamento de água, em geral, apresentam grau significativo de turbidez causada por minúsculas partículas (coloidais) de argila e silte. Essas partículas possuem uma carga eletrostática natural que as mantém constantemente em movimento e evita que se atraiam e se aglomerem. Os produtos químicos conhecidos como coagulantes, como alúmen (sulfato de alumínio), e auxiliares de coagulação, como a cal e os polímeros, são adicionados à água (Estágio 1 na Figura 10.10), a princípio, para neutralizar a carga das partículas e, depois, para auxiliar na aglomeração das partículas pequenas para que possam se unir e formar partículas grandes de rápida sedimentação (Estágio 2 na Figura 10.10). O objetivo é retirar da água os sólidos coloidais suspensos, produzindo partículas maiores que sedimentem imediatamente. A *coagulação* é a alteração química das partículas coloidais para que possam se aglutinar e formar partículas maiores conhecidas como *flocos*.

Dois mecanismos são considerados importantes no processo de coagulação, a neutralização da carga e a aglomeração das partículas. A *neutralização da carga* ocorre quando o coagulante (por exemplo, íons de alumínio) é utilizado para reagir com as cargas das partículas coloidais, apresentadas na Figura 10.21. As partículas coloidais em águas naturais, normalmente, possuem cargas negativas e, quando suspensas na água, repelem umas às outras em função de suas cargas serem iguais. Isso faz com que a suspensão seja estável e evita que as partículas se aglutinem. Os íons positivos adicionados à água são atraídos pelas partículas de carga negativa, fazendo com que a carga negativa líquida das partículas se reduza, diminuindo a estabilidade da suspensão. Tal aumento na instabilidade coloidal torna as partículas mais propensas a colidirem e formar partículas maiores.

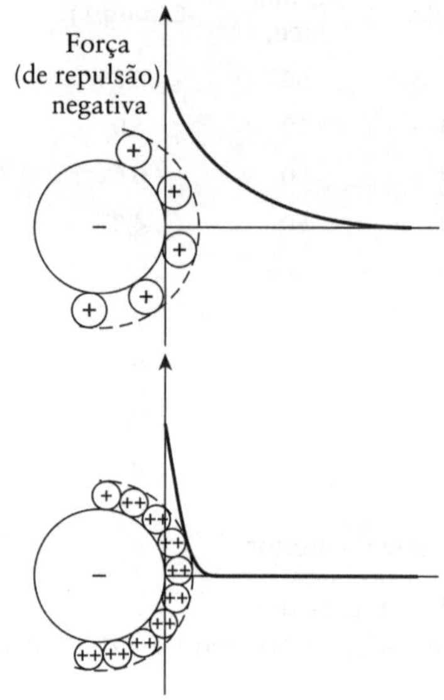

FIGURA 10.21 Efeito de cátions multivalentes na força (de repulsão) negativa das partículas coloidais, resultando na neutralização da carga.

O segundo mecanismo é a *aglomeração de partículas*, no qual as partículas coloidais se unem em virtude da formação de macromoléculas pelo coagulante, como ilustrado na Figura 10.22. As macromoléculas (ou polímeros) possuem regiões com carga positiva, com as quais se prendem às partículas coloidais, formando uma espécie de ponte no vão entre as partículas adjacentes, resultando, assim, em partículas maiores.

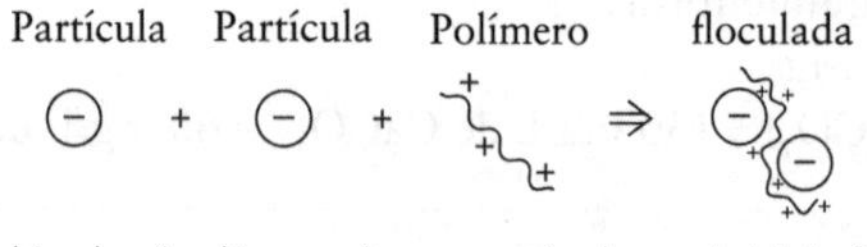

FIGURA 10.22 Efeito de macromoléculas (polímeros) em partículas coloidais floculadas por meio de formação de pontes.

Os dois mecanismos são importantes no processo de coagulação com alúmen. Quando o sulfato de alumínio, $Al_2(SO_4)_3$, é adicionado à água, o alúmen inicialmente se dissolve para formar íons de alumínio, Al^{3+}, e de sulfato, SO_4^{2-}. Mas, o íon de alumínio é instável e forma vários óxidos e hidróxidos de alumínio carregados. A combinação específica desses componentes depende do pH da água, da temperatura e do método de mistura. Em função de muitas das formas macromoleculares desejáveis de hidróxido de alumínio se dissolverem a um pH baixo, normalmente, adiciona-se cal [$Ca(OH)_2$] para elevar o pH. Uma parte do cálcio precipita como carbonato de cálcio [$CaCO_3$], auxiliando na sedimentação.

São realizados testes de jarro para escolher o melhor coagulante e obter uma estimativa da dose mínima necessária. Em geral, o teste é realizado com seis recipientes com amostras de água a ser tratada. Cada recipiente recebe um produto químico ou uma dose de produto diferente, e depois de ser misturado, observam-se as características de sedimentação dos sólidos, e, então, são escolhidos o produto e a dose mínima necessários para a remoção adequada dos sólidos. Também é preciso medir a alcalinidade da água se forem utilizados sais metálicos, como o alúmen, pois eles reagem com a alcalinidade na água, reduzindo sua capacidade de armazenamento.

EXEMPLO 10.14

Problema Dados os seguintes resultados de testes de jarro, qual a dose de polímero que deve ser utilizada?

Recipiente nº	1	2	3	4	5	6
Alúmen (mg/L)	6	6	6	6	6	6
Polímero (mg/L)	0,25	0,5	1,0	2,0	3,0	4,0
Turbidez (UT)	0,9	0,7	0,4	0,3	0,7	1,0

Solução Faça um gráfico de barras da dose em relação à turbidez (Figura 10.23).
Enquanto a turbidez é obtida a uma dose de 2 mg/L, essa turbidez não é muito mais baixa que aquela obtida com a metade da dose. Além disso, o ponto mais baixo na curva pode estar entre 1 e 2 mg/L. Se o tempo permitir, pode ser útil fazer um novo teste. No entanto, uma vez que a dose escolhida é uma estimativa, o técnico pode tentar 1 mg/L na instalação e ajustar a dosagem de acordo com a necessidade.

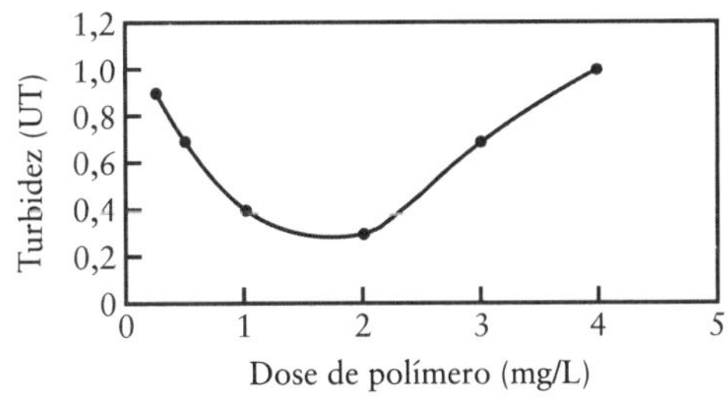

FIGURA 10.23 Dose de polímero *versus* turbidez.

Por que a turbidez aumenta quando há doses altas de polímero no exemplo acima? O efeito líquido da coagulação serve para desestabilizar as partículas coloidais para que fiquem propensas a se aglutinar em partículas maiores. Porém uma dose muito alta de coagulante ou auxiliar de coagulação causará a reestabilização das partículas, criando partículas positivas (ao invés de negativas) ou criando partículas com áreas superficiais amplas e densidades baixas.

Conforme mencionado anteriormente, um sal metálico utilizado como um coagulante pode afetar a alcalinidade da água. A relação é

$$\text{1 meq/L de coagulante consome 1 meq/L de alcalinidade e gera 1 meq/L de lodo químico} \quad (10.10)$$

O lodo total gerado pode ser calculado como

$$\text{Lodo total} = \text{Lodo químico} + \text{SS removido.} \quad (10.11)$$

EXEMPLO 10.15

Problema Com base nos resultados de teste de jarra, é utilizado 51 mg/L de alúmen para coagular uma amostra que contém 114 mg/L de sólidos suspensos. Quantos mg/L como $CaCO_3$ de alcalinidade natural serão consumidos? Qual é a taxa de massa de lodo gerado se os sólidos suspensos forem reduzidos a 10 mg/L? Presuma que Al $(OH)_3$ seja precipitado (PE = 26,0 mg/meq). A estação trata 400.000 L/d.

Solução Use a Equação 10.10; a concentração de alumen deve estar em meq/L. O peso equivalente é 100 mg/meq; então,

$$C = \frac{51\ \text{mg/L}}{100\ \text{mg/meq}} = 0{,}51\ \text{meq/L}.$$

Portanto, a quantidade de alcalinidade consumida é de

$$C = (0{,}51\ \text{meq/L alúmen})\left(\frac{1\ \text{meq/L alcalinidade}}{\text{meq/L alumen}}\right)(50)\ \text{mg/meq} = 26\ \text{mg/L como CaCO}_3.$$

Use as Equações 10.10 e 10.11 para determinar a quantidade de lodo gerado.

$$\text{Lodo químico} = C = (0{,}51\ \text{meq/L alúmen})\left(\frac{1\ \text{meq/L lodo}}{\text{meq/L alúmen}}\right) = 26\ \text{mg/meq}) = 13\ \text{mg/L}$$

$$\text{SS removido} = (114\ \text{mg/L}) - (10\ \text{mg/L}) = 104\ \text{mg/L}.$$

Então,

$$\text{Total de lodo} = (0{,}4 \times 10^6\text{L/d})(13\ \text{mg/L} + 104\ \text{mg/L}) = 47\ \text{kg/d}.$$

O auxílio na criação de partículas maiores é um processo físico conhecido como *floculação*. Para as partículas se aglomerarem, seja por meio de neutralização de cargas ou formação de pontes, precisam movimentar-se a velocidades diferentes. Pense, por um instante, na movimentação dos carros em uma estrada. Se todos os carros andassem na mesma velocidade, não aconteceriam colisões. Os acidentes só ocorrem quando estão em velocidades diferentes (velocidade e direção), com uns alcançando os outros. A intenção do processo de floculação é produzir velocidades diferentes dentro da água para que as partículas possam colidir. Em geral, em uma instalação de tratamento de água, isso é obtido simplesmente com a utilização de uma grande pá misturando lentamente a água quimicamente tratada. Esse processo é descrito como Estágio 2 na Figura 10.10 e ilustrado na Figura 10.24. Após a formação das partículas maiores, o próximo passo é removê-las por meio do processo de sedimentação.

10.2.3 Sedimentação

Quando os flocos estiverem formados, devem ser separados da água. Isso é feito, invariavelmente, em *tanques de sedimentação por ação da gravidade* (*ou decantadores*) ao, simplesmente, permitir que as partículas mais pesadas que a água sedimentem no fundo. Os decantadores são projetados de forma a se aproximar da função de um reator de vazão a pistão, ou seja, a intenção é minimizar toda a turbulência. Os dois elementos críticos do projeto de um decantador são as configurações de entrada e saída, pois são os lugares em que o reator de vazão a pistão pode ser seriamente comprometido. A Figura 10.25 mostra um tipo de configuração de entrada e saída utilizado para distribuir o fluxo que entra e sai do decantador usado para tratamento da água.

O lodo nas instalações de tratamento é composto por hidróxidos de alumínio, carbonatos de cálcio e argilas, portanto, não é altamente biodegradável e não irá se decompor no fundo do tanque. Normalmente, o lodo é removido dentro de um período de algumas semanas por meio de uma *válvula para descarga de lodo* no fundo do tanque e é descartado em um esgoto ou em um tanque de contenção/secagem de lodo.

Os decantadores funcionam porque a densidade dos sólidos excede a do líquido. A movimentação de uma partícula sólida em um fluido sob a força da gravidade é impulsionada por diversas variáveis, incluindo:

- o tamanho da partícula (volume);
- o formato da partícula;

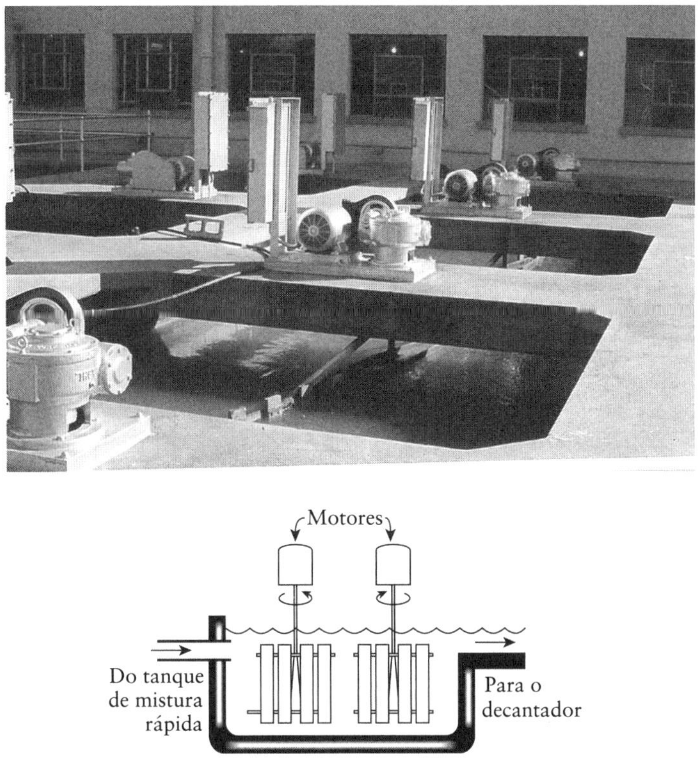

FIGURA 10.24 Típico floculador utilizado no tratamento de água.

- a densidade da partícula;
- a densidade do fluido;
- a viscosidade do fluido.

O último item pode não ser familiar, mas se refere, simplesmente, à habilidade de escoamento do fluido. Por exemplo, o mel apresenta uma alta viscosidade, enquanto a água possui uma viscosidade relativamente baixa.

Em decantadores é vantajoso conseguir com que as partículas sedimentem o mais rápido possível. Isso exige grandes volumes de partículas, formas compactas (baixa resistência), partículas com alta densidade e fluidos com baixa densidade e baixa viscosidade. Em termos práticos, não é viável controlar as duas últimas variáveis, mas a coagulação e a floculação, certamente, resultarão no aumento das partículas e alterações em sua densidade e formato.

A razão pela qual a coagulação/floculação é tão importante na preparação das partículas para o decantador é ilustrada por algumas taxas de sedimentação típicas na Tabela 10.3. Embora a velocidade de sedimentação em um fluido dependa também do formato e da densidade das partículas, esses números mostram que até mesmo pequenas alterações no tamanho da partícula para sólidos floculados típicos, no tratamento de água, podem afetar radicalmente a eficácia da capacidade de remoção da sedimentação.

TABELA 10.3 Taxas típicas de sedimentação.

Diâmetro da partícula (mm)	Partículas típicas	Velocidade de sedimentação (m/s)
1,0	Areia	2×10^{-1}
0,1	Areia fina	1×10^{-2}
0,01	Silte	1×10^{-4}
0,001	Argila	1×10^{-6}

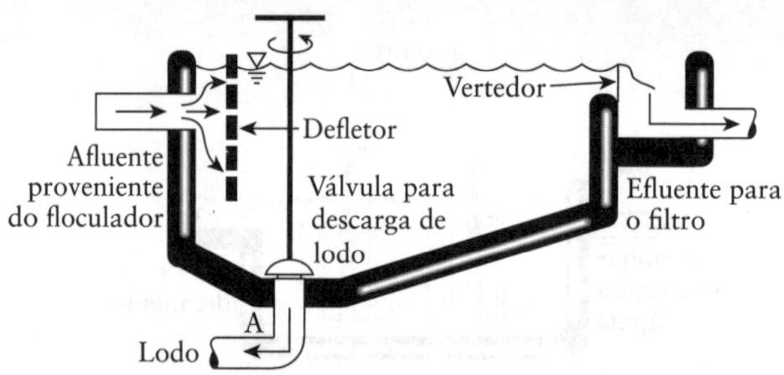

FIGURA 10.25 Decantador típico utilizado em instalações de tratamento de água.

Além disso, os decantadores podem ser analisados considerando-se que exista um "tanque ideal" (da mesma forma que analisamos "reatores ideais"). Tais tanques ideais podem ser visualizados, hidraulicamente, como reatores de fluxo de pistão perfeitos: um pistão (coluna) de água entra no tanque e se movimenta através do tanque sem se misturar (Figura 10.26). Se uma partícula sólida entrar no tanque no topo da coluna e sedimentar a uma velocidade de v_0, terá sedimentado no fundo, conforme a coluna imaginária de água sai do tanque, tendo se movimentado através dele a uma velocidade horizontal v_h.

Devem-se considerar diversos pressupostos para a análise de decantadores ideais.

- Dentro do decantador ocorre um fluxo uniforme. (Isso é o mesmo que dizer que existe um reator de vazão a pistão ideal, pois o fluxo uniforme é definido como uma condição em que toda água flui horizontalmente a uma mesma velocidade).
- Todas as partículas sedimentadas no fundo são removidas, ou seja, à medida que as partículas vão para o fundo da coluna, conforme representado na Figura 10.26, são retiradas do fluxo.
- As partículas são distribuídas uniformemente no fluxo à medida que entram no decantador.
- Todas as partículas ainda em suspensão na água, quando a coluna alcança o outro lado do tanque, não são removidas e escapam.

Considere agora uma partícula que entra no decantador na superfície da água. Essa partícula apresenta uma velocidade de sedimentação de v_0 e uma velocidade horizontal v_h de forma que o vetor resultante define uma trajetória como apresentada na Figura 10.27. Em outras palavras, dificilmente a partícula será removida; ela atinge o fundo no último momento. Observe que, se a mesma partícula entrar no decantador a qualquer outra altura, como uma altura *h*, sua trajetória sempre será para o fundo. Aquelas partículas que apresentam essa velocidade são denominadas *partículas críticas*, sendo que partículas com menor velocidade de sedimentação não são totalmente removidas, enquanto aquelas com maior velocidade de sedimentação são completamente removidas. Por exemplo, a partícula com velocidade v_s, entrando na superfície do decantador, não irá alcançar o fundo e escapará do tanque. No entanto, se essa mesma partícula entrar a uma altura h, irá chegar ao fundo, justamente no final do tanque, e será removida. Qualquer partícula que entre no decantador à altura h ou mais baixo seria removida, e aquelas que entrarem acima de h não seriam. Por se pressupor que as partículas que entram no tanque estejam distribuídas uniformemente, a proporção de partícula com velocidade de v_s removida é igual a h/H, em que H é a altura do decantador.

No Capítulo 3, o tempo de detenção hidráulica, ou contenção, é determinado da seguinte forma

$$\bar{t} = \frac{V}{Q}. \tag{10.12}$$

O volume de tanques retangulares é calculado como $V = HLW$, em que W = largura do tanque e L = comprimento da zona de sedimentação (que será menor que o comprimento da base do tanque, pois as zonas de entrada e saída sofrem turbulência). Utilizando a equação de continuidade, a vazão é $Q = Av$, em que A é a área através da qual o fluxo passa e v é a velocidade. Caso um decantador atue como um reator de vazão a pistão, o fluxo ocorre através de $A = HW$.

$$\bar{t} = \frac{V}{Q} = \frac{HWL}{(HW)v} = \frac{L}{v}$$

Utilizando triângulos semelhantes à Figura 10.27 e reorganizando os valores, obtemos:

$$v_0 = \frac{H}{\bar{t}}. \tag{10.13}$$

Como visto, $\bar{t}$ é V/Q em que $V = HLW$, ou se a área da superfície do decantador for definida como $A_s = WL$, então, $V = A_sH$. Substituindo os valores, obtemos:

$$v_0 = \frac{H}{\bar{t}} = \frac{H}{A_sH/Q} = \frac{Q}{A_s}.$$

Essa equação representa um parâmetro de estrutura importante para os decantadores, chamado *taxa de escoamento superficial* (ou *overflow*). Observe as unidades:

$$v_0 = \frac{\text{m}}{\text{s}} = \frac{Q}{A_s} = \frac{\text{m}^3/s}{\text{m}^2}.$$

A taxa de escoamento superficial possui as mesmas unidades que a velocidade. Em geral, ela é expressa em "galões/diapés",[2] mas, na realidade, é uma condição de velocidade e é, na verdade, igual à velocidade das partículas elementares. Quando o projeto de um purificador é especificado pela taxa de escoamento superficial, define-se, na verdade, a partícula crítica, pois sua velocidade é especificada.

Deve-se também atentar para o fato de que quando dois dos elementos seguintes – taxa de escoamento superficial, tempo de detenção ou profundidade – são definidos, o parâmetro que restar também estará determinado, como apresentado no Exemplo 10.16.

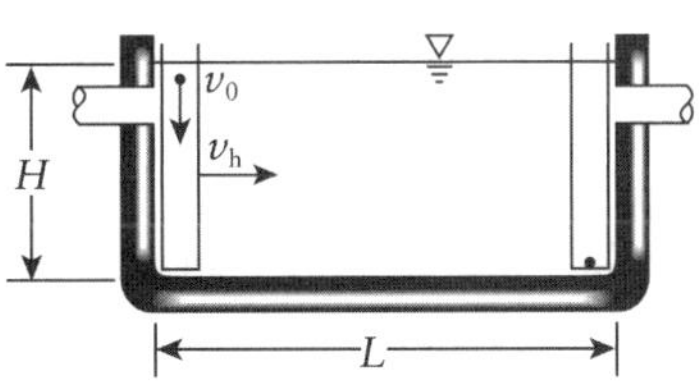

FIGURA 10.26 Decantador ideal.

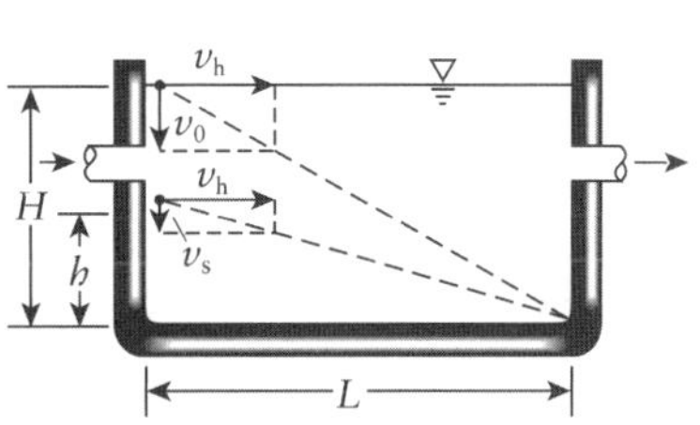

FIGURA 10.27 Trajetórias das partículas em um decantador ideal.

EXEMPLO 10.16

Problema Um decantador de uma instalação de tratamento de água apresenta uma taxa de escoamento superficial de 24 m³/d/m² e uma profundidade de 2 m. Qual é o tempo de retenção?

Solução

$$v_0 = (24\ \text{m}^3/\text{d}/\text{m}^2) = 24\ \text{m/d}$$

$$\bar{t} = \frac{H}{v_0} = \frac{2\ \text{m}}{24\ \text{m/d}} = 0{,}0833\ \text{d} \cong 2\ \text{hr}.$$

A taxa de escoamento superficial é interessante visto que permite obter um melhor entendimento sobre a sedimentação, uma vez que as variáveis são observadas individualmente. Por exemplo, ao se aumentar a vazão Q, em um dado tanque, a v_0 aumenta, ou seja, a velocidade crítica aumenta e, assim, menos partículas serão totalmente removidas, pois poucas delas apresentam uma velocidade de sedimentação maior que v_0.

Seria, sem dúvida, vantajoso reduzir v_0 de forma que mais partículas pudessem ser removidas. Como a v_0 não é uma função da partícula, isso pode ser feito tanto pela redução de Q como pela alteração da geometria do tanque, por meio do aumento de A_s. Esse último valor pode ser elevado pela alteração das dimensões do tanque para que a profundidade seja rasa e o comprimento e largura sejam bem amplos. Por exemplo, a área pode ser duplicada ao se pegar um tanque com profundidade de 3 m, dividi-lo na metade (duas metades de 1,5 m), e posicionar um ao lado do outro. O novo tanque, agora raso, apresenta a mesma velocidade horizontal porque a área pela qual o fluxo entra será igual ($A = WH$), mas a área de superfície será o dobro ($A_s = WL$); consequentemente, a v_0 tem a metade do valor original.

Por que, então, não fazer tanques *bem* rasos? Primeiro, o problema é uma questão prática em termos hidráulicos e a distribuição uniforme do fluxo, assim como o enorme gasto com concreto e ferro. Em segundo lugar, conforme as partículas sedimentam, podem flocular, ou colidir com partículas mais lentas e aglutinarem-se, criando velocidades de sedimentação mais altas e melhorando a remoção dos sólidos. A profundidade do decantador é um fator prático importante, e geralmente são construídos com 3 a 4 m de profundidade para tirar proveito da floculação natural que ocorre durante a sedimentação.

EXEMPLO 10.17

Problema Uma instalação de tratamento pequena possui uma vazão afluente de água não tratada de 0,6 m³/s. Estudos laboratoriais mostraram que a água floculada pode apresentar partículas com tamanho uniforme (apenas um tamanho), e descobriu-se, por meio de experimentos, que todas as partículas sedimentam a uma taxa de $v_s = 0{,}004$ m/s. (Esses dados são, obviamente, fictícios.) Um decantador retangular proposto possui uma zona de sedimentação efetiva de $L = 20$ m, $H = 3$ m, e $W = 6$ m. Pode-se esperar uma remoção de 100%?

Solução Lembre-se de que a taxa de escoamento superficial é, na verdade, a velocidade de sedimentação da partícula elementar. Qual é a velocidade de sedimentação da partícula crítica para o tanque (Equação 10.14)?

$$v_0 = \frac{Q}{A_s} = \frac{0{,}6\ \text{m}^3/\text{s}}{(20\ \text{m})(6\ \text{m})} = 0{,}005\ \text{m/s}.$$

A velocidade de sedimentação da partícula crítica é maior que a velocidade da partícula a ser sedimentada; consequentemente, nem todas as partículas que entram serão removidas.

A mesma conclusão pode ser obtida utilizando a trajetória da partícula. A velocidade v através do tanque é

$$v = \frac{Q}{HW} = \frac{0{,}6\ \text{m}^3\text{s}}{(3\ \text{m})(6\ \text{m})} = 0{,}033\ \text{m/s}.$$

Utilizando triângulos semelhantes,

$$\frac{v_s}{v} = \frac{H}{L'}$$

em que L' é a distância horizontal que a partícula precisaria percorrer a fim de atingir o fundo do tanque.

$$\frac{0,004 \text{ m/s}}{0,033 \text{ m/s}} = \frac{3}{L'}$$

$$L' = 25 \text{ m}.$$

Portanto, as partículas precisariam de 25 m para serem totalmente removidas, mas há apenas 20 m disponíveis. Então, não se pode esperar 100% da remoção.

EXEMPLO 10.18

Problema No exemplo anterior, qual a fração de partículas que será removida?

Solução Suponha que as partículas que entram no tanque estejam distribuídas uniforme e verticalmente. Se o comprimento do tanque é de 20 metros, a trajetória de sedimentação do canto mais afastado do fundo cruzaria a frente do tanque a uma altura de 4/5 (3 m), como apresentado na Figura 10.28. Todas as partículas que entrassem no tanque abaixo desse ponto seriam removidas e aquelas acima dele não seriam. Portanto, a fração das partículas que seriam removidas corresponde a 4/5, ou 80%.

Por outro lado, em razão de a velocidade de sedimentação crítica ser de 0,005 m/s e a velocidade real de apenas 0,004 m/s, a eficácia esperada do tanque é de 0,004/0,005 = 0,8, ou 80%.

Há uma semelhança importante entre os decantadores ideais e o mundo ideal – nenhum dos dois existe. Apesar disso, os engenheiros estão constantemente tentando idealizar o mundo. Não há nada de errado com isso, pelo fato de a simplificação ser um passo necessário na solução de problemas de engenharia, conforme demonstrado no Capítulo 3. O perigo da idealização é que ela facilita o esquecimento de todos os pressupostos utilizados no processo. Um decantador, por exemplo, *nunca* terá um fluxo uniforme. O vento, a densidade e as correntes de temperatura, assim como um defletor inadequado na entrada do tanque podem causar um fluxo desigual. Portanto, não espere que um decantador se comporte de forma ideal, projete-os com um amplo fator de segurança.

Se o tanque (superprojetado) funcionar bem, a água que sai está essencialmente limpa. No entanto, essa água ainda não é aceitável para consumo doméstico; é necessário mais uma etapa de limpeza, em geral, utilizando um filtro rápido de areia.

10.2.4 Filtração

Durante uma discussão sobre a qualidade das águas subterrâneas, notou-se que a passagem da água através do solo remove muitos dos elementos contaminantes. Então, os engenheiros ambientais aprenderam a aplicar

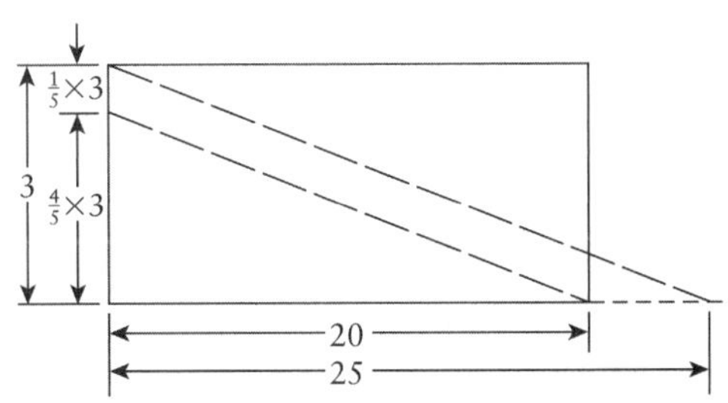

FIGURA 10.28 Decantador ideal. Veja Exemplo 10.18.

esse processo natural aos sistemas de tratamento de água e desenvolveram o que hoje conhecemos como *filtro rápido de areia*. A operação de um filtro rápido de areia envolve duas fases: filtração e lavagem.

Uma versão levemente simplificada do filtro rápido de areia é ilustrada em um desenho em corte na Figura 10.29. A água que vem da saída do decantador entra no filtro e passa através das camadas de areia e cascalho, depois por um fundo falso e sai para um reservatório de água tratada que armazena a água final. Durante a filtração, as válvulas A e C ficam abertas. Às vezes, também se utiliza o antracito na camada do filtro, um tipo de carvão capaz de remover materiais orgânicos dissolvidos.

Os sólidos suspensos que escapam da floculação e das etapas de sedimentação são retidos nas partículas de areia do filtro, chegando a obstruir o filtro rápido, daí resultando em uma grande perda de carga através do filtro; consequentemente, há necessidade de limpeza do filtro. Essa limpeza é executada hidraulicamente através de um processo chamado *retrolavagem*. O operador primeiro fecha a vazão de entrada e a saída do filtro (fechando as válvulas A e C) e, então, abre as válvulas D e B, que permitem que a água de lavagem (água limpa armazenada em um tanque elevado ou bombeada de um reservatório de água tratada) entre por baixo da camada do filtro. Esse jato de água força a expansão (fluidificação) das camadas de areia e cascalho e revolve as partículas de areia umas contra as outras. Os sólidos suspensos que estavam presos dentro do filtro são liberados e saem com a água de lavagem. Após, no mínimo, 15 minutos, o fluxo da água de lavagem é interrompido e a filtração é reiniciada. As instalações de tratamento precisam minimizar a frequência de retrolavagem, pois esse processo gasta energia e uma quantidade significativa de água, o produto obtido pela instalação. Além disso, pode ser que seja necessário tratar essa água antes do descarte.

Os filtros compõem um processo muito importante para atingir os limites de turbidez. Um parâmetro comum de projeto operacional é a taxa de filtração (ou carga do filtro), que é a taxa da água aplicada à área de superfície do filtro. Os cálculos e as unidades, tal como, $m^3/h/m^2$, são semelhantes àquelas para a taxa de escoamento superficial. Essa taxa pode variar de 5 a 24 $m^3/h/m^2$, mas pode ser limitada em 5 a 8 $m^3/h/m^2$ por normas estaduais. As taxas de refluxo variam, de forma geral, entre 24 a 62 $m^3/h/pés^2$.

EXEMPLO 10.19

Problema Qual é a taxa de filtração para um filtro de 8 m por 6 m, se ele receber 8 milhões L/d?

Solução Taxa de filtração $= \frac{Q}{A_s} = \frac{(8 \times 10^6 \text{ L/d})(\text{d}/1.440 \text{ min})}{(8\text{ m})(6\text{ m})} = 116 \text{ LPM/m}^2 = 8 \text{ m}^3/\text{h/m}^2.$

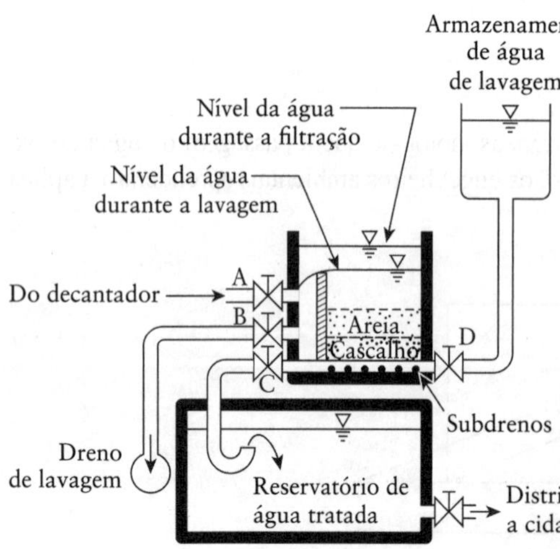

© Cortesia de P. Aarne Vesilind

FIGURA 10.29 Filtro rápido de areia utilizado no tratamento de água.

EXEMPLO 10.20

Problema Qual o volume de água de retrolavagem necessário para limpar um filtro de 8 m por 6 m?

Solução Considere que serão utilizados 48 $m^3/h/m^2$ como taxa de retrolavagem e que o filtro será limpo durante 15 minutos. Dessa forma

$$V = (\text{taxa de retrolavagem})(A_s)(t) = (48\,m^3 h/m^2)(8\,m)(6\,m)(15\,min) = 576\,m^3.$$

10.2.5 Desinfecção

A água deve ser *desinfectada* para destruir quaisquer organismos patogênicos que possam nela restar. Realiza-se um processo de pré-cloração antes da filtração para ajudar a manter o filtro livre do crescimento de organismos e fornecer *tempo de contato* adequado com o desinfetante. Uma desinfecção apropriada é um balanço entre a concentração de desinfetante (C) e o tempo de contato (T), uma análise conhecida como conceito-CT.

Normalmente, a desinfecção é feita com cloro, que pode ser adquirido na forma líquida sob pressão, e liberado na água em forma de gás, utilizando um sistema de alimentação de cloro. O cloro dissolvido oxida materiais orgânicos, inclusive organismos patogênicos. A presença de um resíduo de cloro ativo na água indica que não há mais organismos a serem oxidados e a água pode ser considerada livre de organismos causadores de doenças. A água bombeada para os sistemas de distribuição, geralmente, contém resíduos de cloro para protegê-la contra contaminações dentro do próprio sistema (Tabela 10.4). É por essa razão que a água de fontes potáveis ou torneiras tem um leve sabor de cloro.

TABELA 10.4 Limites residuais de cloro.

Desinfetante	Residual mínimo* (mg/L)		MRDL†(mg/L)	MRDLG‡(mg/L)
	Estação abandonada	No sistema de distribuição		
Cloraminas (como Cl_2)	2,0		4,0	4,0
Residual combinado		0,5		
Cloro (como Cl_2)	2,0		4,0	4,0
Dióxido de cloro (como ClO_2)	2,0		0,8	0,8
Sem resíduo de cloro		0,2		

* A partir dos regulamentos de Illinois e Missouri.
† MRDL = nível máximo de desinfetante residual.
‡ MRDLG = meta do nível máximo de desinfetante residual.

Quando o cloro é adicionado à água, ele forma ácido hipocloroso (HOCl), um ácido fraco que desassocia os íons de hipoclorito (OCl^-) acima do pH 6. Essas duas espécies são definidas como cloro livre disponível. Quando há a presença de compostos de amônia ou nitrogênio orgânico, o HOCl reage com esses elementos para formar cloraminas, que são definidas como cloro combinado disponível. As cloraminas não são desinfetantes tão fortes quanto o cloro livre, porém são mais estáveis.

Para obter cloro livre residual em águas contendo produtos químicos que reagem com o cloro (como o manganês, ferro, nitrito, amônia e elementos orgânicos), este deve ser adicionado além do ponto de quebra (Figura 10.30). Entre os pontos 1 e 2, na Figura 10.30, o cloro reage com compostos redutores (como manganês, ferro e nitrito). Nesse caso, não acontece desinfecção e não se forma resíduo algum. Entre os pontos 2 e 3, o cloro adicional reage com elementos orgânicos e amônia (formando cloro orgânico e cloraminas), resultando em combinado residual. Entre os pontos 3 e 4, o cloro orgânico e as cloraminas são parcialmente destruídos. Após o Ponto 4, adições de cloro produzem cloro livre residual. Adições de cloro além do ponto de quebra produzem um resíduo diretamente proporcional à quantidade de cloro adicional.

EXEMPLO 10.21

Problema Uma estação de tratamento de água com capacidade para 18 milhões de L/d utiliza 10 kg/d de cloro para desinfecção. Se a demanda diária de cloro é de 0,5 mg/L, qual é a produção diária de cloro residual?

Solução A demanda de cloro é a dose necessária para atingir o nível desejado de cloro residual. Portanto, a quantidade residual é a diferença entre o cloro aplicado e a demanda de cloro.

Utilizando a equação $M = QC$:

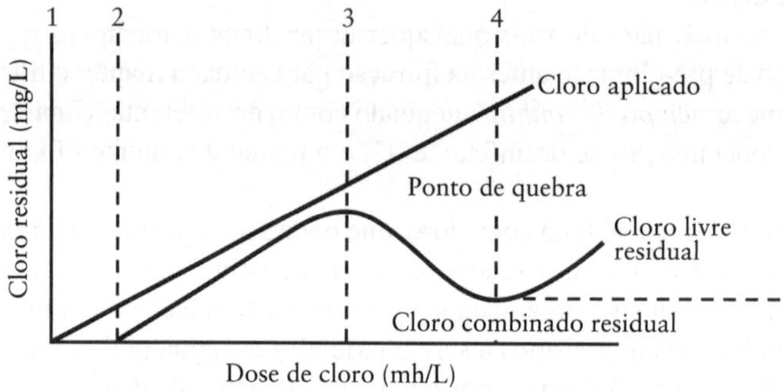

FIGURA 10.30 Dosagem do ponto de ruptura do cloro.

$$\text{Cloro aplicado} = \frac{M}{Q} = \left[\frac{10\,\text{kg/d}}{18\ \text{milhões L/d}}\right]$$

$$= 0{,}56\ \text{mg/L}$$

$$\text{Cloro residual} = (0{,}56\ \text{mg/L}) - (0{,}5\ \text{mg/L}) = 0{,}06\ \text{mg/L}.$$

Esse resíduo está abaixo do nível de cloro livre residual mínimo recomendado, de 0,2 a 0,5 mg/L.

Uma grande preocupação quanto ao uso do gás cloro e compostos de hipoclorito para desinfectar a água é a formação de *elementos derivados da desinfecção* (DBPs, do inglês *disinfection by-products*), compostos indesejáveis como os tri-halometanos (THM), formados pela reação do cloro com matéria orgânica e supostos elementos cancerígenos. O dióxido de cloro não reage com elementos orgânicos, então não formará THM. Além disso, ele anula a necessidade de armazenamento e transporte de gás de cloro, melhorando a segurança. Outras opções para desinfectar a água são a utilização de luz ultravioleta e a ozonização, que evitam a formação de THM, mas não fornecem uma proteção residual à água no sistema de distribuição.

10.2.6 Outros processos de tratamento

Além dos processos de tratamento já discutidos, há outras etapas que podem ou não ser realizadas antes da distribuição da água. Por exemplo, a água deve estar *estável* antes de entrar no sistema de distribuição. Nesse estado, a água está em equilíbrio químico e não causará corrosão ou depósitos de resíduos no sistema. São utilizados dois testes para determinar a estabilidade de água – o teste do mármore e o índice de Langelier. Ambos indicam o nível de saturação do carbonato de cálcio presente: a água é considerada estável quando está saturada com este elemento. Dependendo da causa do problema de estabilidade, a água pode ser estabilizada com recarbonatação, adição de ácido, fosfato, alacalinidade ou aeração. A instabilidade resultante de reações no sistema de distribuição (por exemplo, por decomposição bacteriana de matéria orgânica e redução de sulfatos e sulfetos) pode ser evitada com o fornecimento adequado de cloro residual em todo o sistema de distribuição.

Os tipos de reclamações mais comuns recebidas pelas empresas públicas de abastecimento de água são sobre sabor, cheiro e cor da água.[1] Ninguém quer beber uma água com gosto, cor ou cheiro desagradáveis. Há uma série de causas para os problemas de sabor e cheiro (T&O, do inglês *taste & odor)*. As causas naturais incluem crescimento de bactérias e algas e estratificação do manancial de água (Capítulo 8). As causas por ação humana incluem águas residuárias domésticas e industriais tratadas inadequadamente, instalações de tratamento e sistemas de distribuição inadequados ou sistema de manutenção incompleto das instalações de tratamento e distribuição, e sistemas de distribuição clandestinos. A prevenção dos problemas para sabor e cheiro da água é a chave para seu controle, podendo acontecer na forma de gerenciamento dos mananciais de água e manutenção das instalações de tratamento e sistemas de distribuição. Além disso, alguns processos de tratamento são úteis para remover sabor e cheiro desagradáveis, incluindo a aeração (que remove gases e compostos orgânicos voláteis), e a coagulação/floculação/sedimentação.

A fluoretação da água ou a remoção de flúor também podem ser necessárias. O flúor previne o aparecimento de cáries, mas em concentrações acima de cerca de 1,5 mg/L, também pode causar manchas nos dentes. Como ninguém quer ficar com dentes amarelados, as águas que naturalmente possuem altas concentrações de flúor (por exemplo, águas de regiões vulcânicas) devem ser tratadas para remoção do flúor ou misturadas a outras fontes para reduzir essa concentração. Se a autoridade pública concordar, águas de mananciais com baixa concentração de flúor podem receber esse elemento, utilizando produtos como fluoreto de sódio e ácido fluorsilícico.

10.3 DISTRIBUIÇÃO DE ÁGUA

A água é normalmente armazenada em um *reservatório de água tratada* após o tratamento. A água tratada é bombeada desse reservatório para os sistemas de distribuição, que ficam sob pressão para que os elementos contaminantes não consigam entrar (Capítulo 1), e qualquer torneira em uma tubulação, seja para um hidrante ou distribuição doméstica, fornecerá água.

Como a demanda por água tratada varia de acordo com o dia da semana e a hora do dia, devem existir instalações de armazenamento no sistema de distribuição. A maioria das comunidades possui um tanque de armazenagem em um nível elevado, que é reabastecido durante períodos de baixa demanda, fornecendo água ao sistema de distribuição durante os períodos de alta demanda. A Figura 10.31 mostra como o reservatório pode ajudar no fornecimento de água durante períodos de pico de demanda e emergências.

O cálculo da capacidade de armazenamento elevado necessário exige tanto análise de frequência como um balanço de materiais, como ilustrado no Exemplo 10.22.

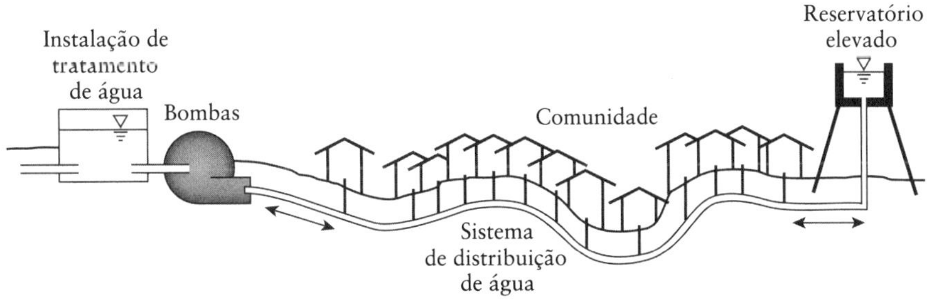

FIGURA 10.31 Durante períodos de alta demanda, a água sai tanto da instalação de tratamento como dos tanques elevados para satisfazer à demanda. Durante os períodos de baixa demanda, as bombas enchem os reservatórios.

EXEMPLO 10.22

Problema Foi determinado que uma comunidade precisa de um fluxo máximo de 40 milhões de água durante 10 horas em um dia de pico, começando às 8h e terminando às 18h. Durante as outras 14 horas, o fluxo deve ser de 8 milhões L/d. Durante as 24 horas, a instalação de tratamento de água é capaz de fornecer um fluxo constante de 24 milhões L/d, que é bombeado para o sistema de distribuição. Qual deve ser o tamanho do reservatório em nível elevado para satisfazer a demanda no período de pico?

Solução Suponha que o tanque esteja cheio às 8h e execute um balanço de materiais para a comunidade nas 10 horas seguintes:

$$\begin{bmatrix}\text{Fluxo de água}\\ \text{ACUMULADA}\end{bmatrix} = \begin{bmatrix}\text{Fluxo de água}\\ \text{QUE ENTRA}\end{bmatrix} - \begin{bmatrix}\text{Fluxo de água}\\ \text{QUE SAI}\end{bmatrix} + \begin{bmatrix}\text{Fluxo de água}\\ \text{PRODUZIDA}\end{bmatrix} - \begin{bmatrix}\text{Fluxo de água}\\ \text{CONSUMIDA}\end{bmatrix}$$

O fluxo para a comunidade vem da torre (Q_1) e da instalação (6 mgd).

$$0 = [Q_1 + 24 \text{ milhões L/d}] - [40 \text{ milhões L/d}] + 0 - 0$$

Resultado,

$$Q_1 = 16 \text{ milhões L/d}$$

Esse fluxo deve ser fornecido pelo tanque por 10 horas. O volume necessário do tanque é

$$\frac{(16 \text{ milhões L/d})(10 \text{ h})}{24 \text{ h/d}} = 6{,}67 \text{ milhões L}$$

Se o tanque suporta 6,67 milhões de litros, a comunidade terá a quantidade necessária.

Mas o tanque pode estar cheio às 8h? Um balanço de materiais (água) na comunidade entre as 18h e as 8h fornece

$$0 = [24 \text{ milhões L/d}] - [8 \text{ milhões L/d} + Q_2] + 0 - 0.$$

O fluxo que entra para a comunidade é de 6 mgd, enquanto o fluxo que sai é de 2 mgd (água utilizada) mais Q_2 que corresponde à água necessária para encher o tanque.

$$Q_2 = 16 \text{ milhões L/d}.$$

Essa quantidade é distribuída durante 14 horas, de forma que

$$\frac{(16 \text{ milhões L/d})(14 \text{ h})}{24 \text{ h/d}} = 9{,}33 \text{ milhões L}$$

serão fornecidos à torre. Então, não há problema no processo de enchimento do tanque.

PROBLEMAS

10.1 Suponha que você tenha que recomendar uma série de testes laboratoriais para uma pequena instalação de tratamento de água potável em um país em desenvolvimento. A instalação é composta por floculação do sulfato de alumínio, sedimentação, filtração rápida de areia e cloração. Quais testes você sugeriria e com que frequência deveriam ser realizados? Justifique suas respostas, considerando os custos, a saúde humana e a proteção ambiental.

10.2 Certo dia, um fazendeiro perfurou um poço de 60 m de profundidade em um aquífero com uma profundidade de 300 m e com um lençol freático 9 m abaixo do nível da superfície do solo. No mesmo dia, um vizinho desse fazendeiro perfurou outro poço com apenas 15 m de profundidade. Ambos bombearam a mesma quantidade de água naquele primeiro dia.

a) Explique, utilizando desenhos esquemáticos, por que valeu a pena o fazendeiro gastar mais dinheiro que seu vizinho para perfurar um poço mais fundo, apesar de terem conseguido o mesmo rendimento no primeiro dia?

b) O fazendeiro é o *dono* da água que ele retira do solo? Existe propriedade sobre recursos naturais? O que aconteceria com um recurso como as águas subterrâneas em uma economia de mercado capitalista na ausência dos controles governamentais?

c) Suponha que o governo acredite que a água é de sua propriedade, e então a venda para o fazendeiro. Isso resultaria necessariamente em um nível mais alto de conservação de recursos naturais, ou isso encorajaria a rápida depleção dos recursos?

d) O que um ecologista radical diria sobre a propriedade privada ou governamental de recursos naturais como a água subterrânea?

e) Se você fosse o primeiro fazendeiro e descobrisse o que seu vizinho fazendeiro (de nosso exemplo) fez, o que você faria? E por quê?

10.3 Durante os anos que se seguiram após a Guerra Civil americana, a Companhia de Água de Nova Orleans instalou filtros de areia para tratar a água do rio Mississipi, e a vendia para sua população. Os filtros se pareciam com os filtros rápidos de areia que utilizamos atualmente, e a água do rio era bombeada diretamente para eles. Infelizmente, após a construção da instalação, a companhia de água não conseguiu produzir a quantidade esperada de água e faliu. Por que isso aconteceu? O que você teria feito como engenheiro da companhia para salvar a operação?

10.4 Uma típica partícula de argila coloidal em suspensão em água, possui um diâmetro de 1,0 μm. Se a coagulação e a floculação com outras partículas aumentam seu tamanho em 100 vezes seu diâmetro inicial (com o mesmo formato e densidade), qual seria o tempo mínimo de sedimentação para essa partícula em 3 m de água em um decantador?

10.5 É necessário manter um fluxo constante de 6 milhões de litros por mês em um sistema de resfriamento de uma usina elétrica. Os registros de vazão para um rio são os seguintes:

Mês	Vazão total durante o mês (milhões de litros)
1	3.760
2	488
3	180
4	20
5	20
6	8
7	0
8	8
9	64
10	28
11	288
12	368
13	84
14	220
15	132

Se um reservatório fosse construído, qual seria a capacidade de armazenamento necessária?

10.6 Um tanque de armazenamento em uma refinaria de óleo recebe uma vazão constante no tanque a 0,1 m^3/s. Ele é utilizado para distribuir o óleo para processamento apenas durante 8 horas por dia útil. Qual deve ser a vazão de saída do tanque, e qual seu tamanho?

10.7 Um aquífero livre possui 10 m de espessura e está sendo bombeado de forma que um poço de observação a uma distância de 76 m apresente um rebaixamento de 0,5 m. Do lado oposto do poço de extração está outro poço de observação, a 100 m do poço de extração, e esse poço apresenta um rebaixamento de 0,3 m. Suponha que o coeficiente de permeabilidade seja de 50 m/dia.

a) Qual é a descarga do poço de extração?

b) Suponha que o poço a 100 m do poço de extração seja bombeado. Mostre por meio de um desenho esquemático o que esse poço faria ao rebaixamento.

c) Suponha que o aquífero esteja sobre um aquiclude que possui uma inclinação de 1/100. Mostre com um desenho esquemático como isso alteraria o rebaixamento

10.8 Um decantador em uma instalação de tratamento de água possui uma vazão de entrada de 2 m^3/min e concentração de sólidos a 2.100 mg/L. O efluente do decantador vai para filtros de areia. A concentração de lodo no fundo (descarga de fundo) é de 18.000 mg/L, e o fluxo para os filtros é de 1,8 m^3/min.

a) Qual é a taxa de vazão de descarga de fundo?

b) Qual é concentração de sólidos no efluente?

c) Qual deve ser o tamanho dos filtros de areia (em m^2)?

10.9 Um decantador tem 20 m de comprimento, 10 m de profundidade e 10 m de largura. A vazão para o tanque é de 10 m^3/minuto. As partículas a serem removidas apresentam velocidade de sedimentação de 0,1 m/minuto.

a) Qual o tempo de detenção hidráulica?
b) Todas as partículas serão removidas?

10.10 Os decantadores para uma instalação de tratamento de águas residuárias de 200 milhões L/d funcionam paralelamente com uma divisão de fluxo uniforme para 10 tanques, cada um com 3 metros de profundidade e 25 metros de largura, com um comprimento de 32 metros.

a) Qual é o porcentual teórico de remoção esperado para partículas de 0,1 mm de diâmetro que sedimentam a 1×10^2 m/s?
b) Qual é o porcentual teórico de remoção esperado para partículas de 0,01 mm de diâmetro que sedimentam a 1×10^4 m/s?

10.11 Um determinado poço de 0,1 m de diâmetro penetra completamente em um aquífero livre de 20 metros de profundidade. A permeabilidade é de 2×10^3 m/s. Qual a quantidade de água que é possível bombear a fim de que o rebaixamento no poço possa atingir 20 m e o poço comece a sugar ar?

10.12 A velocidade de sedimentação de uma partícula é de 0,002 m/s, e a taxa de escoamento superficial de um decantador, 0,008 m/s.

a) Qual a porcentagem das partículas que o tanque captura?
b) Se as partículas estiverem floculadas de forma que sua velocidade de sedimentação seja 0,05 m/s, qual é a fração que será capturada?
c) Se as partículas não se alterarem, e for construído outro decantador para funcionar paralelamente ao tanque original, todas as partículas serão capturadas?

10.13 Uma instalação de tratamento de água está sendo projetada para produzir uma vazão de 1,6 m^3/s.

a) Quantos filtros rápidos de areia, utilizando apenas esse elemento como meio, são necessários para essa instalação, se cada filtro tiver 10 m × 20 m? Que pressupostos devem ser considerados para solucionar esse problema?
b) Como é possível reduzir o número de filtros?

10.14 O engenheiro Jorge, recém-formado, está trabalhando em uma empresa de consultoria local. Como um de seus primeiros trabalhos, ele precisa supervisionar a operação de uma tarefa de limpeza de resíduos perigosos. O plano de remediação é perfurar uma série de poços de interceptação e recolher a água subterrânea contaminada. As profundidades dos poços são baseadas em uma série de furos, e os poços devem atingir o leito de rocha, uma camada impermeável.

Certo dia, Jorge está realizando seu trabalho e um operário o chama para olhar um dos poços sendo perfurado.

"Isso é estranho: deveríamos ter alcançado o leito de rocha a 70 m, e já perfuramos a 80 m, mas ainda não encontramos nada. Devo continuar?", pergunta o operário.

Sem saber direito o que responder, Jorge liga para o escritório e fala com seu supervisor direto, o engenheiro Roberto.

"Como assim, ainda não encontraram o leito de rocha?", indaga Roberto, "Fizemos todos os furos para mostrar que está a 70 m".

"Bem, o operário disse que ainda não atingiu nada", reponde Jorge. "O que devo fazer?"

"Estamos trabalhando com um contrato, e deveríamos encontrar o leito de rocha nesse ponto. Talvez a perfuração tenha desviado, ou encontramos alguma fenda na rocha. De qualquer forma não podemos continuar a perfuração. Vamos parar aqui, registre no relatório que atingimos a rocha a 80 m. Ninguém ficará sabendo."

"Não podemos fazer isso! Suponha que *haja* uma fenda lá embaixo? O resíduo perigoso pode ter escorrido para fora do compartimento."

"E daí? Passarão anos, talvez décadas até que alguém descubra. E além disso, provavelmente ele será diluído no lençol freático, e ninguém detectará a presença desse resíduo. Apenas diga no relatório que o leito de rocha foi encontrado, e prossiga para o próximo local."

Esse é um caso de falsificação de informações, mas poderia ser totalmente inofensivo, e ninguém descobriria. Você acha que Jorge deve obedecer à ordem direta, ou deveria tomar alguma outra atitude? O que aconteceria se ele, simplesmente, dissesse para o operário continuar perfurando, e nunca contasse a Roberto o que aconteceu? Ele registraria no relatório a falsa informação e Roberto nunca descobriria. Discuta sobre qual atitude seria mais sábia.

10.15 Por que a dose real do coagulante utilizada por um técnico em uma estação de tratamento deve ser diferente da dose mínima do teste de jarro?

10.16 Dados os seguintes resultados de testes de jarro, escolha a dose de coagulante e determine a taxa de alimentação do produto químico (em kg/d) em uma estação de 100 milhões L/d.

Dose de Sulfato de Alumínio (mg/L)	pH	Turbidez (UNT)	Alcalinidade (mg/L como $CaCO_3$)
0	7,7	6,2	200
20	7,4	5,5	200
40	7,2	4,6	177
60	7,1	4,5	180
80	6,9	4,2	189
100	6,8	4,0	146

10.17 Uma instalação de tratamento de água possui um decantador que recebe 8 milhões L/d, com um diâmetro de 20 m e uma profundidade média de 3 m. Determine o tempo de detenção e a taxa de escoamento superficial do tanque.

10.18 Uma instalação de tratamento de água de 16 milhões L/dia está sendo projetada para uma taxa de escoamento superficial de 1,2, $m^3/h/m^2$. Se dois decantadores redondos forem ser utilizados todas as vezes, quanto deve medir o diâmetro de cada tanque?

10.19 Calcule a alcalinidade, a dureza total, a dureza carbonatada e a dureza não carbonatada para a seguinte água, em mg/L como $CaCO_3$.

Cátions	mg/L	Ânions	mg/L
Ca^{2+}	94	HCO_3^-	135
Mg^{2+}	28	SO_4^{2-}	134
Na^+	14	Cl^-	92
K^+	31	pH	7,8

10.20 Calcule a alcalinidade, a dureza total, a dureza carbonatada e a dureza não carbonatada para a seguinte água, em mg/L como $CaCO_3$.

Cátions	mg/L	Ânions	mg/L
Ca^{2+}	12	HCO_3^-	75
Mg^{2+}	15	SO_4^{2-}	41
Sr^{2+}	3	Cl^-	25
Na^+	15	NO_3^-	10
K^+	15	pH	7,8

10.21 Calcule a alcalinidade, a dureza total, a dureza carbonatada e a dureza não carbonatada para a seguinte água, em mg/L como $CaCO_3$.

Cátions	mg/L	Ânions	mg/L
Ca^{2+}	15	HCO_3^-	165
Mg^{2+}	10	SO_4^{2-}	10
Sr^{2+}	2	Cl^-	6
Na^+	20	NO_3^-	3
K^+	10	pH	6,9

10.22 Determine a quantidade de cal virgem e carbonato de sódio para amaciar 4 milhões de L/d da seguinte água para o limite de solubilidade prática. Calcule também a taxa de fluxo do lodo se a espessura for de 7% de sólidos.

Componente	mg/L
Ca^{2+}	53,0
Mg^{2+}	12,1
HCO_3^-	285,0
CO_2	0
pH	8,1

10.23 Determine a quantidade de cal virgem e carbonato de sódio para amaciar 20 milhões de L/d da seguinte água para o limite de solubilidade prática. Calcule também a taxa de fluxo do lodo se a espessura for de 11% de sólidos.

Componente	mg/L
Ca^{2+}	53,0
Mg^{2+}	12,1
CO_2	134,0
CO_2	7,2
pH	7,2

10.24 Determine a quantidade de cal hidratado e carbonato de sódio para amaciar 1.200.000 de L/d da seguinte água para o limite de solubilidade prática. Calcule também a taxa de fluxo do lodo se a espessura for de 9% de sólidos.

Componente	mg/L
CO_2	12
Ca^{2+}	83
Mg^{2+}	42
HCO^-_3	240
pH	7,1

10.25 Uma amostra de água tem a seguinte composição. Será tratada em uma estação de 15 milhões l/d.

Componente	Concentração média (meq/L)
CO_2	0,23
Ca^{2+}	4,1
Mg^{2+}	1,8
HCO^-_3	3,8

a) Se a amostra for amaciada com cal e carbonato em nível mínimo utilizando muito cal virgem, quanto de cal e de soda será necessário em kg/dia?

b) Se a amostra for amaciada com processo seletivo de remoção de cálcio, quanto de cal e de soda será necessário em kg/dia?

c) Qual será a dureza final aproximada da água amaciada na parte b?

10.26 Com base nos resultados de testes de jarra, é utilizado 10 mg/L de alúme para coagular uma amostra que contém 75 mg/L de sólidos suspensos.

a) Quantos miligramas por litro como $CaCO_3$ de alcalinidade natural serão consumidos?

b) Qual é a taxa de massa de lodo gerado se os sólidos suspensos forem reduzidos a 3 mg/L? Presuma que Al $(OH)_3$ seja precipitado. A estação trata 900.000 L/d.

10.27 Com base nos resultados de testes de jarra, é utilizado 10 mg/L de FeCl3 para coagular uma amostra que contém 75 mg/L de sólidos suspensos.

a) Quantos miligramas por litro como $CaCO_3$ de alcalinidade natural serão consumidos?

b) Qual é a taxa de massa de lodo gerado se os sólidos suspensos forem reduzidos a 3 mg/L? Presuma que $Fe(OH)_3$ seja precipitado. A estação trata 900.000 L/d.

10.28 Praticamente toda a água do planeta contém fluoreto, que ocorre naturalmente. Uma investigação sobre os efeitos para prevenção do declínio de fluoreto natural na água levou ao início da fluoração de água comunitária em 1945. Os fluoretos são eficazes na redução drástica da cárie, particularmente para adolescentes e adultos jovens

a) Há efeitos negativos da fluoração? Quais os outros efeitos que o fluoreto traria ao beber água potável?

b) Há alternativas?

REFERÊNCIA

1. Bowen, Russ. Taste and odor control. *Water Treatment Plant Operation: A Field Study Training Program*. California Department of Health Services and USEPA. Sacramento: California State University, 1999.

CAPÍTULO 11

TRATAMENTO DE ÁGUAS RESIDUAIS

A água tem muitos usos, incluindo consumo, navegação comercial, recreação, propagação de peixes e descarte de resíduos (!). É fácil esquecer que a água também é usada como meio de transporte para resíduos. Em áreas isoladas, onde a água é escassa, o descarte de resíduos torna-se um luxo, e outros métodos de transporte de resíduos são empregados, como tubulação pneumática ou contêineres. Porém, na maior parte do ocidente, o uso benéfico da água para o transporte de resíduos é adotado de modo geral, e isso, obviamente, resulta em grandes quantidades de água contaminada.

11.1 ÁGUAS RESIDUAIS

11.1.1 Transporte

Águas residuais são descarregadas de domicílios, estabelecimentos comerciais e indústrias por meio de *esgotos sanitários*, em geral grandes tubulações que operam parcialmente cheias (não sob pressão). Esgotos correm drenando por gravidade a jusante, e seu sistema deve ser projetado de tal forma que os *esgotos coletados*, ou seja, que coletam as águas residuais de domicílios e indústrias, convirjam todos para um ponto central de onde os resíduos correm por meio de *coletorestronco de esgotos* para as estações de tratamento de águas residuais. Às vezes, é impossível ou impraticável instalar todos os esgotos por gravidade, o que faz que os resíduos precisem ser bombeados por meio de estações de bombeamento através da *linha de recalque* ou tubulações pressurizadas.

O projeto e funcionamento de esgotos são prejudicados pela vazão de entrada de águas pluviais, que deveriam escoar em *galerias pluviais* separadas nas comunidades mais recentes, mas, frequentemente, infiltram-se em esgotos de águas residuais através de tampas de boca de lobo soltas e linhas interrompidas. Essa vazão adicional dos esgotos de águas residuais é denominada *vazão de entrada.* (Comunidades mais antigas, com frequência, têm *esgotos combinados* que foram projetados para coletar e transportar tanto águas residuais sanitárias como águas pluviais. Normalmente há problemas com descarga de esgoto combinado (CSO) durante as chuvas.) Além disso, os esgotos precisam, muitas vezes, ser instalados abaixo do lençol freático, de modo que qualquer ruptura ou rachadura em sua estrutura (como as causadas por raízes de árvores em busca de água) possa resultar na infiltração de água nos esgotos. Essa vazão adicional é conhecida como *infiltração*. Comunidades locais, em geral, têm gastos consideráveis de tempo e dinheiro para reabilitar os sistemas de esgotos e evitar as vazões de entrada e infiltração, pois cada galão que entra no sistema de esgotos precisa ser tratado na estação de tratamento de águas residuais.

As águas residuais, diluídas pela infiltração/vazão de entrada (I/V), escoam a jusante e, por fim, às fronteiras da comunidade a qual o sistema de esgotos atende. No passado, essas águas residuais simplesmente entravam em um curso de água natural conveniente e eram esquecidas pela comunidade. O crescimento de nossa população e a conscientização de problemas de saúde pública resultantes de esgoto não tratado transformarem esse tipo de descarga em algo insustentável e ilegal, e o tratamento de águas residuais fez-se necessário.

11.1.2 Componentes

Embora a água possa ser poluída por muitos materiais, os mais comuns encontrados em águas residuais domiciliares, que podem causar danos para os cursos de água naturais ou criar problemas para a saúde humana, são:

- materiais orgânicos, conforme medidos pela demanda de oxigênio (DBO);
- nitrogênio (N);

- fósforo (P);
- sólidos suspensos (SS);
- organismos patogênicos (conforme estimados por coliformes).

As estações de tratamento de águas residuais municipais são projetadas para remover essas características reprováveis do afluente. Os projetos variam consideravelmente, mas, com frequência, assumem uma forma geral, conforme mostra a Figura 11.1.

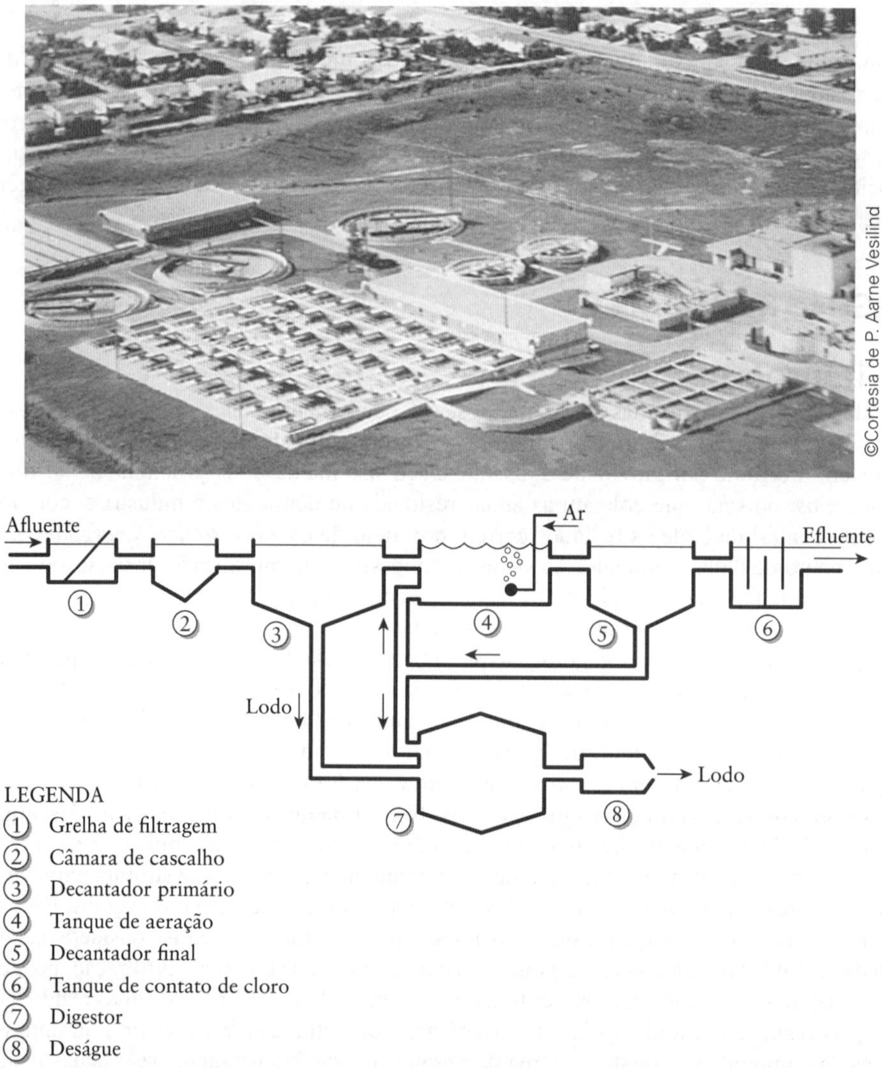

FIGURA 11.1 Uma estação típica de tratamento de águas residuais, mostrando o tratamento preliminar, o primário, o secundário, o terciário e o de sólidos. Dependendo da necessidade se alcançar determinada qualidade de água do efluente, a estação pode descarregar para um curso de água após o tratamento secundário ou terciário.

A estação de tratamento de águas residuais típica é dividida em cinco áreas principais:

- tratamento preliminar – remoção de sólidos grandes para evitar danos para o restante das operações da unidade;
- tratamento primário – remoção de sólidos suspensos por sedimentação;
- tratamento secundário – remoção da demanda de oxigênio;
- tratamento terciário (ou avançado) – nome aplicado a qualquer série de processos de polimento ou limpeza, um dos quais é a remoção de nutrientes como o fósforo;

- tratamento e descarte de sólidos – coleta, estabilização e subsequente descarte dos sólidos removidos por outros processos.

Sistemas de tratamento primário são geralmente processos físicos. Processos de tratamento secundário são comumente biológicos. Sistemas de tratamento terciário podem ser físicos (por exemplo, a filtração para remover sólidos), biológicos (como alagadiços construídos para remover a DBO), ou químicos (como a precipitação para remover fósforo).

Uma série de características de águas residuais pode ser analisada para fornecer informações pertinentes ao projeto e funcionamento das estações de tratamento (Tabela 11.1). Entretanto, sete

TABELA 11.1 Uso de análises de laboratório no projeto e funcionamento de uma estação de tratamento de águas residuais.

Análise	Utilização
Características físicas	
Cor	Condição de águas residuais (pura ou séptica)
Odor	Exigências para o tratamento, indicação das condições anaeróbicas
Sólidos	
ST, SV, SS	Projeto e funcionamento do processo de tratamento
SD	Potencial de reutilização de efluente
Temperatura	Projeto e funcionamento de processos biológicos
Turbidez	Qualidade do efluente
Transmitância	Compatibilidade da desinfecção por UV
Características inorgânicas	
Alcalinidade	Projeto e funcionamento do processo de tratamento
Cloreto	Potencial de reutilização de efluente
Sulfeto de hidrogênio (H_2S)	Funcionamento de processo de tratamentos, exigências para controle de odores
Metais	Potencial de reutilização do efluente e de lodos, projeto e funcionamento do processo de tratamento
Nitrogênio	Projeto e funcionamento do processo de tratamento, potencial de reutilização do efluente e de lodos
Oxigênio	Projeto e funcionamento do processo de tratamento
pH	Projeto e funcionamento do processo de tratamento
Fósforo	Projeto e funcionamento do processo de tratamento, potencial de reutilização de lodos e efluentes
Sulfato	Potencial de odores, tratabilidade de lodo
Características orgânicas	
DBO_5	Projeto e funcionamento do processo de tratamento
DQO	Funcionamento do processo de tratamentos
Metano (CH_4)	Funcionamento do processo de tratamentos, potencial de recuperação de energia
DON	Projeto e funcionamento do processo de tratamento (nitrificação/desnitrificação)
Orgânicos específicos	Projeto e funcionamento de sistema de tratamento
Características biológicas	
Coliformes	Projeto e funcionamento do sistema de desinfecção
Micro-organismos específicos	Funcionamento de sistema de tratamento

Fonte: Ronald W. Small and decentralized wastewater management systems de crites. Nova York: McGraw-Hill companies, Inc.-Books, 1998. Reproduzido com a permissão da McGraw-Hill companies, Inc.-Books no formato livro pela Copyright Clearance Center.

componentes principais são fundamentais no projeto e funcionamento dos sistemas de tratamento: total de sólidos suspensos (TSS), DBO, elementos patogênicos, total de sólidos dissolvidos (TSD), metais pesados, nutrientes e poluentes orgânicos prioritários[1]. O TSS influencia na quantidade de lodo produzido e no desenvolvimento potencial das condições anaeróbicas; ademais, o TSS afeta as qualidades estéticas do efluente. Orgânicos biodegradáveis (conforme medidos pela DBO) exigem oxigênio dissolvido para tratamento quando processos aeróbios são utilizados. Obviamente, elementos patogênicos causam doenças contagiosas. Estes três elementos guiam o projeto da maioria dos sistemas de tratamento de águas residuais. Substâncias inorgânicas dissolvidas (ou seja, o TSD, que é composto de substâncias como cálcio, sódio e sulfato) aumentam com o uso repetido da água e, portanto, apresentam implicações na reutilização de águas residuais tratadas. Metais pesados (que são os cátions com pesos atômicos acima de 23 e são liberados tanto de domicílios como de indústrias) podem causar danos aos processos de tratamento biológico e reduzir as opções de gerenciamento do lodo, se estiverem presentes em quantidade significativa. Nutrientes (ou seja, fósforo e nitrogênio) podem causar a destruição do oxigênio e a eutrofização quando descarregados para corpos de água naturais. No entanto, são desejáveis no lodo empregado em aplicações na terra e no efluente utilizado para irrigação, embora cargas excessivas possam contaminar a água superficial e a água subterrânea. Poluentes orgânicos prioritários são perigosos e muitas vezes resistem aos métodos de tratamento convencionais.

Há uma grande faixa entre as concentrações típicas de águas residuais sanitárias fracas e fortes e entre águas residuais sanitárias e resíduos de fossa séptica, que é a substância remanescente nas fossas sépticas após o tratamento anaeróbio (Tabela 11.5). As concentrações apresentadas na tabela são típicas dos Estados Unidos, mas podem ser aplicáveis em outros países.

Por exemplo, engenheiros na Tailândia descobriram que águas residuais em Bangcoc têm uma DBO entre 50 e 70 mg/L e uma concentração de sólidos suspensos entre 90 e 110 mg/L.[2] Evidentemente, é importante obter informações locais atualizadas sobre a composição de águas residuais e taxas de vazão ao projetar uma nova estação de tratamento ou melhorias para uma estação que já existe.

11.2 TRATAMENTOS PRIMÁRIO E PRELIMINAR

11.2.1 Tratamento preliminar

O aspecto mais condenável da descarga de esgoto não tratado em cursos de água é a presença de materiais suspensos (flutuantes). É lógico, portanto, que as *grelhas* tenham sido a primeira forma de tratamento de águas residuais utilizada pelas comunidades e, até hoje, grelhas são empregadas na primeira etapa em estações de tratamento. As grelhas mais comuns, apresentadas na Figura 11.2, consistem de uma série de barras de aço, que podem ter uma separação de aproximadamente 2,5 cm. Sua finalidade em estações de tratamento modernas é remover os materiais maiores que poderiam danificar equipamentos ou prejudicar futuros tratamentos. Em algumas estações de tratamento mais antigas as grelhas são limpas manualmente, mas equipamentos de limpeza mecânica são utilizados em quase todas as novas estações. Os rodos de limpeza são automaticamente ativados quando as grelhas se tornam entupidas o suficiente para elevar o nível de água em frente às barras.

Em muitas estações, a próxima etapa de tratamento é um *triturador*, de forma circular projetado para triturar sólidos que atravessam a grelha em pedaços de aproximadamente 0,3 cm ou menores. Diferentes tipos de trituradores são usados; um bastante comum é apresentado na Figura 11.3.

A terceira etapa de tratamento preliminar mais utilizada envolve a remoção de cascalho ou areia (Figura 11.4). Isso é necessário porque o cascalho pode desgastar e danificar equipamentos, como bombas e medidores de vazão. A *câmara de cascalho* mais comum é simplesmente um local amplo no canal onde a vazão é reduzida suficientemente para permitir que o cascalho pesado se sedimente. A areia é aproximadamente 2,5 vezes mais pesada que a maioria dos sólidos orgânicos e, consequentemente, sedimenta-se de forma muito mais rápida que os sólidos leves. O objetivo de uma câmara de cascalho é remover o cascalho inorgânico sem remover o material orgânico. Esse ma-

FIGURA 11.2 Grelha comum de filtragem.

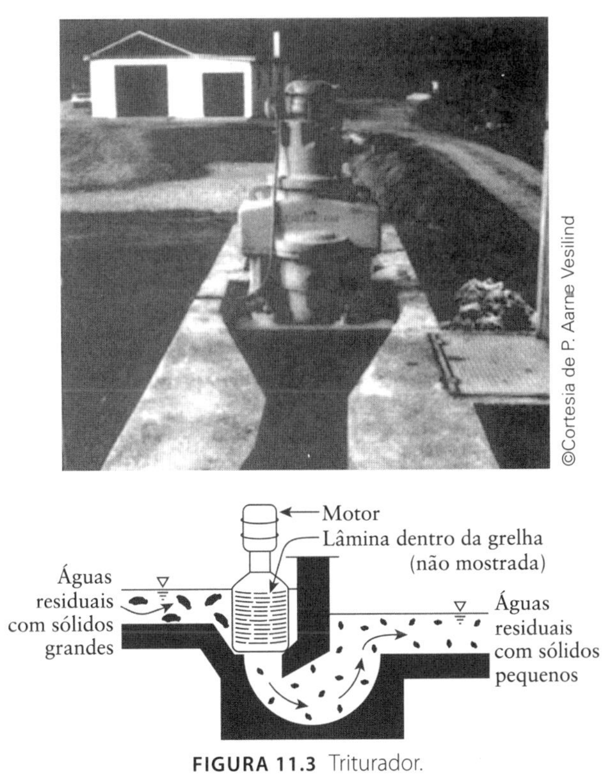

FIGURA 11.3 Triturador.

terial deve ser tratado mais adiante na estação, porém o cascalho pode ser despejado em aterros, sem apresentar odores indevidos ou outros problemas. Uma forma de garantir que os sólidos biológicos leves não se sedimentem é aerar a câmara de cascalho, permitindo que a areia e outras partículas pesadas afundem, mas mantendo todo o restante flutuando. A aeração apresenta a vantagem adicional de levar certa quantidade de oxigênio para o esgoto, que pode ter ficado desprovido de oxigênio no sistema de esgotos.

©Cortesia de P. Aarne Vesilind

FIGURA 11.4 Câmara de cascalho utilizada no tratamento de águas residuais.

11.2.2 Tratamento primário

Depois da câmara de cascalho, a maioria das estações de tratamento de águas residuais possui um *tanque de sedimentação* para sedimentar a maior quantidade possível de materiais sólidos. Esses tanques, em princípio, não são nada diferentes dos tanques de sedimentação apresentados no capítulo anterior. Novamente, é desejável controlar tanques como se fossem reatores acionados pela vazão, e a turbulência é, portanto, mantida ao mínimo. Os sólidos sedimentam-se na parte inferior e são removidos através de uma tubulação, enquanto o líquido decantado escapa por um *dique com corte em V*, uma placa de aço fendada sobre a qual a água escoa, promovendo uma distribuição igual da descarga líquida em todo o perímetro de um tanque. Tanques de sedimentação podem ser circulares (Figura 11.5) ou retangulares (Figura 11.6).

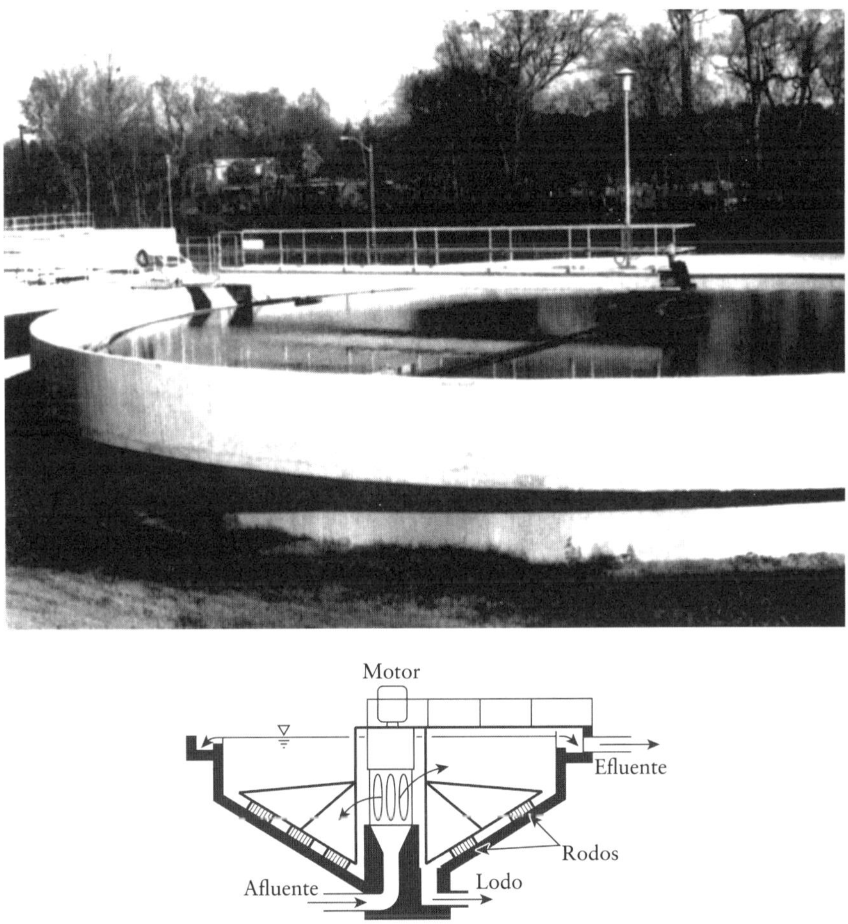

FIGURA 11.5 Tanque de sedimentação circular (decantador primário) utilizado no tratamento de águas residuais.

Tanques de sedimentação também são conhecidos como *decantadores*. O tanque de sedimentação que segue o tratamento preliminar, como a grelhagem e a remoção de cascalhos, é conhecido como *decantador primário*. Os sólidos que caem para a parte inferior de um decantador primário são removidos como *lodo cru*, um nome que não faz justiça à natureza indesejável desse elemento.

O lodo cru geralmente tem mau cheiro, pode conter organismos patogênicos e é cheio de água – três características que tornam sua eliminação difícil; deve ser estabilizado para reduzir seu possível impacto sobre a saúde pública e retardar uma decomposição adicional, assim como desaguado para facilitar seu descarte. Além dos sólidos do decantador primário, os sólidos de outros processos devem ser similarmente tratados e descartados. O tratamento e descarte de sólidos de águas residuais (lodos) é uma parte importante do tratamento de águas residuais e é discutido mais adiante em uma seção subsequente.

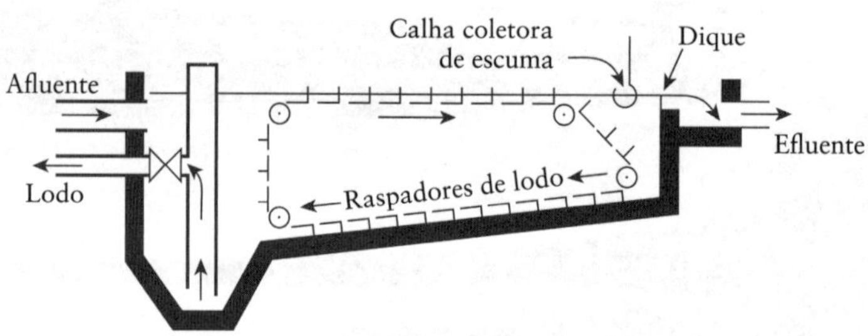

FIGURA 11.6 Tanque de sedimentação retangular (decantador primário) utilizado no tratamento de águas residuais.

O tratamento primário, além de remover aproximadamente 60% dos sólidos, remove cerca de 30% da demanda de oxigênio e, talvez, 20% do fósforo (os dois como consequência da remoção de lodo cru). Se essa remoção for adequada e o fator de diluição no curso d'água for tal que os efeitos adversos sejam aceitáveis, então, uma estação de tratamento primário representa um tratamento de águas residuais suficiente. No entanto, regulamentos governamentais obrigam todas as estações primárias a adicionar o tratamento secundário, seja ele necessário ou não.

Quando o tratamento primário for julgado inadequado, a remoção de sólidos, DBO e fósforo pode ser aprimorada pela adição de produtos químicos, como sulfato de alumínio (alúmen) ou hidróxido de cálcio (cal), no afluente do decantador primário. Com essa adição, a DBO do efluente pode ser reduzida para aproximadamente 50 mg/L, e esse nível de DBO pode alcançar os padrões exigidos para efluentes. A adição de químicos ao tratamento primário é particularmente vantajoso para grandes cidades litorâneas que podem atingir uma alta diluição na dispersão do efluente da estação.

Em uma estação de tratamento de águas residuais mais comum, o tratamento primário sem a adição de químicos é seguido pelo tratamento secundário, que é projetado especificamente para remover a demanda de oxigênio.

11.3 TRATAMENTO SECUNDÁRIO

A água que sai do decantador primário perdeu grande parte dos materiais orgânicos suspensos, mas ainda contém uma alta demanda de oxigênio em razão dos orgânicos biodegradáveis dissolvidos. Essa demanda de oxigênio deve ser reduzida (energia despendida) para que a descarga não crie condições inaceitáveis para o curso de água. O objetivo do tratamento secundário é remover a DBO enquanto, em comparação, o objetivo do tratamento primário é remover sólidos. Exceto em raras circunstâncias, quase todos os métodos de tratamento secundário utilizam ação microbiana para reduzir o nível de energia (DBO) dos resíduos (um processo defendido no final da primeira década do século XIX por Dibdin e Dupré, conforme descrito no Capítulo 1). As diferenças básicas entre todas essas alternativas relacionam-se ao modo como os resíduos são induzidos ao contato com os micro-organismos.

11.3.1 Reatores de filme fixo

Embora haja muitas formas de os micro-organismos serem colocados para trabalhar, o primeiro método moderno realmente bem-sucedido de tratamento secundário foi o *filtro de gotejamento*. Esse método, apresentado na Figura 11.7, consiste na utilização de um leito com um meio adequado (materiais como pedras da dimensão de um punho ou diversos formatos de plástico) sobre o qual os resíduos escorrem. Um crescimento biológico ativo se forma no meio, e os organismos obtêm seu alimento da corrente de resíduos que goteja sobre o leito. O ar é forçado a passar pelo meio ou, mais comumente, a circulação de ar é obtida automaticamente pela diferença da temperatura entre o ar no leito e a temperatura ambiente. Em filtros mais antigos os resíduos respingam para as rochas a partir dos jatos fixos; projetos mais recentes utilizam um braço giratório que se move, distribuindo os resíduos uniformemente sobre todo o leito, como um *sprinkler* de gramado. Em geral, a vazão é recirculada, obtendo um grau de tratamento superior. O nome filtro de gotejamento é evidentemente uma denominação imprópria, porque nenhuma filtração acontece.

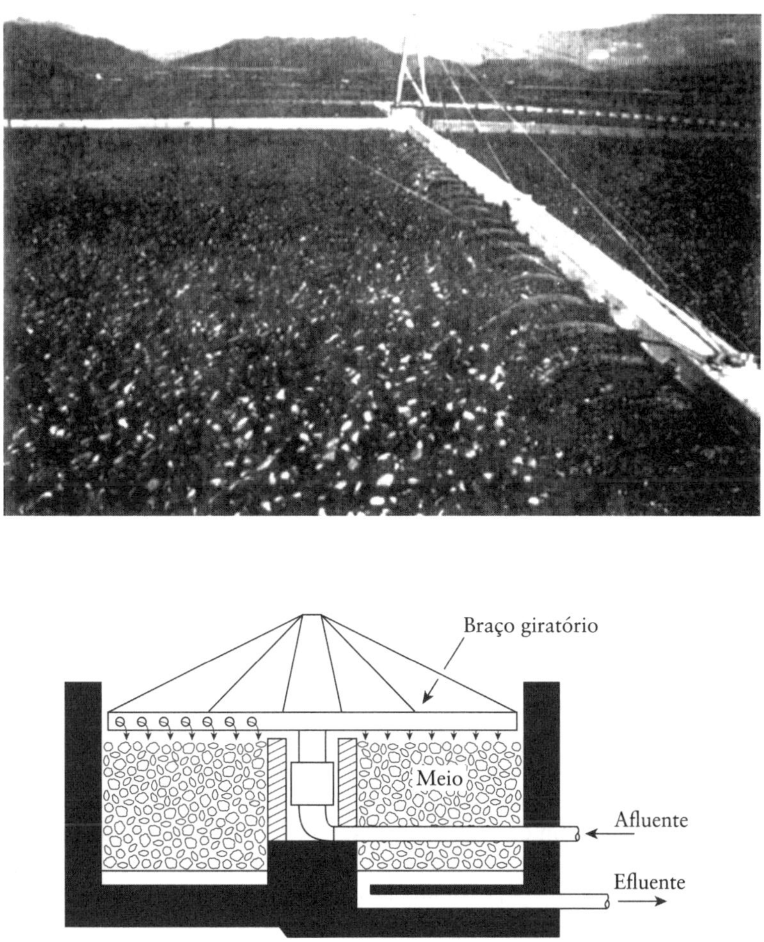

©Cortesia de P. Aarne Vesilinc

FIGURA 11.7 Um filtro gotejador.

Uma modificação moderna do filtro biológico é o *contactor biológico rotativo*, ou disco rotativo, apresentado na Figura 11.8.

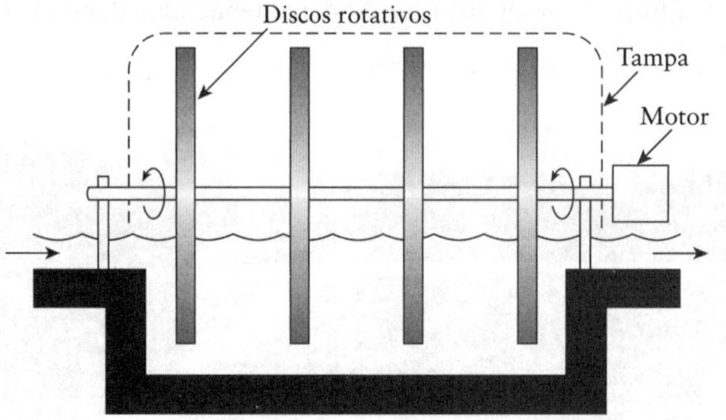

FIGURA 11.8 Reator biológico de filme fixo com disco rotativo.

O crescimento microbiano ocorre em discos rotativos que são lentamente mergulhados nas águas residuais, que fornecem sua alimentação. Ao fazer circular os discos ao ar livre, os micróbios conseguem obter o oxigênio necessário para manter o crescimento aeróbico.

11.3.2 Reatores de crescimento suspenso

Por volta de 1900, quando a filtração por gotejamento já tinha sido definitivamente estabelecida, alguns pesquisadores começaram a refletir sobre o espaço desperdiçado em um filtro ocupado pelas pedras. Poderiam os micro-organismos boiar livremente e se alimentar de oxigênio ao borbulhar no ar? Embora esse conceito fosse bastante interessante, nenhuma primeira estação piloto viável foi construída até 1914. Levou algum tempo antes que esse processo fosse criado da forma que hoje denominamos *sistema de lodo ativado*.

O segredo para o sistema de lodo ativado é a reutilização de micro-organismos. O sistema, ilustrado na Figura 11.9, consiste em um tanque cheio de líquido residual (a partir do decantador primário) e uma massa de micro-organismos. O ar é borbulhado para o tanque (chamado de *tanque de aeração*) com o objetivo de fornecer o oxigênio necessário para a sobrevivência dos organismos aeróbios. Os micro-organismos entram em contato com os orgânicos dissolvidos e rapidamente adsorvem esses orgânicos em sua superfície. Ao longo do tempo, os micro-organismos utilizam a energia e o carbono por meio da decomposição desse material em CO_2, H_2O, e alguns compostos estáveis, e no processo produzem mais micro-organismos. A produção de novos organismos é relativamente lenta, e a maior parte do volume no tanque de aeração é utilizado para essa finalidade.

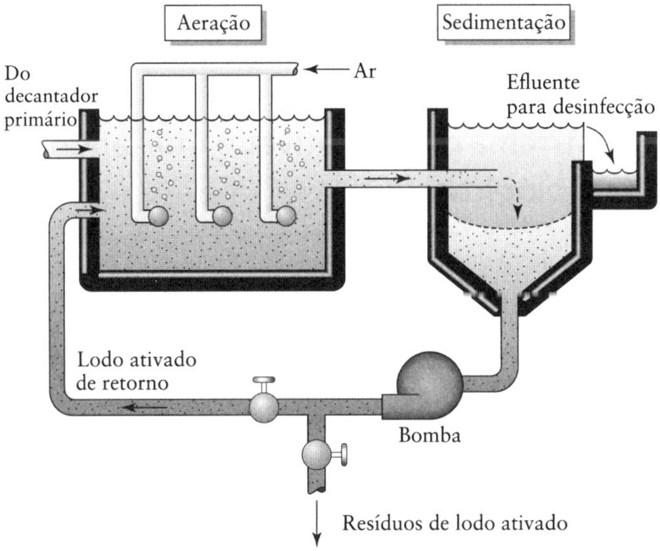

FIGURA 11.9 Um diagrama esquemático do sistema de lodo ativado.

Uma vez que a maior parte dos alimentos foi utilizada, os micro-organismos são separados do líquido em um tanque de sedimentação, chamado *decantador secundário* ou *final*. O líquido escapa por um dique com fendas em V.

Os micro-organismos separados existem na parte inferior do decantador final, sem alimentos adicionais, e ficam famintos à espera de mais materiais orgânicos dissolvidos. Esses micro-organismos são "ativados" – daí, o termo *lodo ativado*.

Quando esses micro-organismos sedimentados e famintos são bombeados para o início do tanque de aeração, encontram mais alimentos (orgânicos no efluente do decantador primário), e o processo se inicia novamente. O lodo bombeado a partir da parte inferior do decantador final para o tanque de aeração é conhecido como *lodo ativado de retorno*.

O processo de lodo ativado é uma operação contínua, com bombeamento contínuo de lodo e descarga de água limpa. Infelizmente, um dos produtos finais desse processo são micro-organismos em excesso. Se os micro-organismos não forem removidos, sua concentração pode se elevar ao ponto de entupir o sistema com os sólidos. Portanto, é necessário eliminar parte dos micro-organismos, e os *resíduos do lodo ativado* devem ser processados e descartados. Seu descarte é um dos aspectos mais difíceis do tratamento de águas residuais.

O sistema de lodo ativado é projetado com base na carga, ou na quantidade de materiais orgânicos (alimentos) adicionados com relação aos micro-organismos disponíveis. Essa relação é conhecida como relação de alimentos para micro-organismos (*A/M*) e é um importante parâmetro de projeto. Infelizmente, é difícil medir *A* ou *M* com exatidão, e os engenheiros aproximaram esses valores pela DBO e pelos sólidos suspensos no tanque de aeração, respectivamente. A combinação do líquido e micro-organismos que passam por aeração é conhecida (por alguma razão desconhecida) como *líquido misto*, e os sólidos suspensos são chamados de *sólidos suspensos do líquido misto* (MLSS, do inglês *mixed liquor suspended solids*). A relação da DBO para MLSS, a relação *A/M*, também é conhecida como a *carga* no sistema e é calculada como quilogramas de DBO/dia por quilogramas de MLSS no tanque de aeração.

Se essa relação for baixa (poucos alimentos para muitos micro-organismos) e o período de aeração (tempo de retenção no tanque de aeração) for longo, os micro-organismos utilizam ao máximo os alimentos disponíveis, resultando em um alto grau de tratamento. Esses sistemas são conhecidos como *aeração estendida* e são muito utilizados para fontes isoladas (por exemplo, pequenas empresas). As vantagens adicionais da aeração estendida são o fato de a ecologia dentro do tanque de aeração ser bastante diversa e de pouca biomassa ser criada em excesso, resultando em pouco ou nenhum lodo ativado de resíduos a ser descartado – uma economia significativa na administração de custos e eventuais dores de cabeça.

Em extremo oposto, no entanto, existe o sistema de *altas taxas*, em que os períodos de aeração são muito curtos (economizando, com isso, dinheiro por causa da construção de tanques menores) e para o qual a eficiência de tratamento é inferior.

11.3.3 Projeto de sistema de lodo ativado utilizando a dinâmica de processos biológicos

O objetivo de um sistema de lodo ativado é degradar os orgânicos no afluente e oxidálos para CO_2 e H_2O, reconhecendo que parte dessa energia também deve ser utilizada para formar novos micro-organismos. Esses orgânicos do afluente fornecem os alimentos para os micro-organismos, e na dinâmica de processos biológicos são conhecidos como *substrato*. Conforme observado anteriormente, o substrato é normalmente medido indiretamente, por meio da DBO, sendo que a diminuição no oxigênio indica degradação microbiana do substrato. Embora outros métodos, como o carbono orgânico, possam fornecer medidas mais exatas da concentração de substratos, a DBO deve ser medida para o cumprimento dos regulamentos.

Assim como a maior parte dos organismos vivos, o crescimento dos micro-organismos é afetado pela disponibilidade de alimentos (substratos) e pelas condições ambientais (por exemplo, pH, temperatura e salinidade). A curva de crescimento microbiano apresentada na Figura 11.10 é a de um sistema fechado com tratamento em lotes para um único tipo de micro-organismo (ou seja, uma cultura pura). (Obviamente, uma estação de tratamento de águas residuais tem uma grande diversidade de micróbios, mas esse modelo é para uma análise inicial). À medida que os micro-organismos se ajustam ao ambiente e ao substrato durante a fase *lag*, possuem crescimento limitado e utilizam uma pequena parte do substrato. Entretanto, uma vez que estão adaptados, passam por um rápido crescimento exponencial. Contudo, essa fase não pode continuar indefinidamente. Se isso acontecesse, uma única célula bacteriana pesando cerca de 10^{-12} gramas e duplicando-se a cada 20 minutos produziria uma população pesando aproximadamente 4.000 vezes o peso da Terra após 48 horas de crescimento exponencial.[3] Em vez disso, o acúmulo de derivados e resíduos e/ou restrições nos níveis de substrato ou nutrientes limitam o tamanho máximo da população que pode ser tolerado (K). Durante esse período de população máxima (a fase estacionária), pouco ou nenhum crescimento ocorre, e não há aumento ou diminuição líquida no número de células. Por fim, devido aos resíduos aumentados, aos derivados e/ou à falta de substratos ou nutrientes, a taxa de mortalidade torna-se maior que a taxa de crescimento, e a população microbiana declina (a fase da morte, ou endógena).

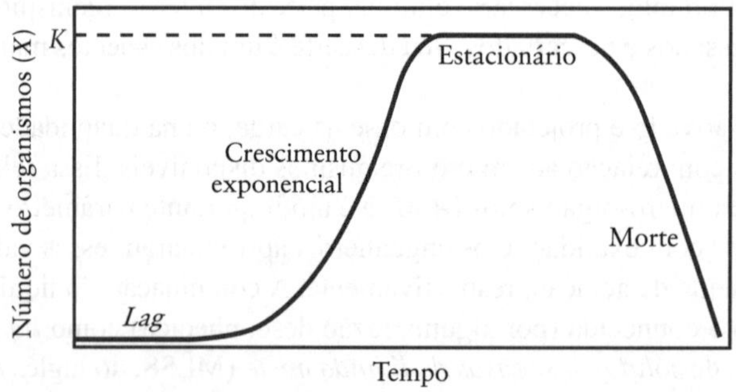

FIGURA 11.10 Curva de crescimento microbiano.

Nessa situação, a única limitação ao crescimento durante a fase de crescimento exponencial é a taxa em que os micro-organismos podem se reproduzir. Portanto, o número de micro-organismos é proporcional à taxa de crescimento, ou em outras palavras, o crescimento é similar a uma reação de primeira ordem (Capítulo 5):

$$\frac{dX}{dt} = \mu X \tag{11.1}$$

onde X = número de micro-organiosmos
μ = taxa de crescimento específica e instantanea

Integrar esta equação permite-nos prever a densidade populacional futura quando conhecemos a população original e a taxa de crescimento instantânea:

$$X = X_0 e^{\mu t}.$$

O tempo de duplicação (ou geração) pode ser determinado pela substituição de $X = 2X_0$ nesta equação, da mesma maneira que no Capítulo 5:

$$t_D = \frac{\ln 2}{\mu}.$$

Engenheiros frequentemente utilizam os dispositivos de cultura contínuos (quimiostatos) em vez dos dispositivos de cultura em lote. Uma estação de tratamento de águas residuais por lodo ativado convencional é um exemplo de quimiostato em larga escala. Os quimiostatos mantêm populações de células na fase de crescimento exponencial por meio do controle da taxa de diluição e da concentração de um nutriente limitador, como a fonte de carbono ou nitrogênio. Tanto a densidade da célula (ou tamanho da população) como a taxa de crescimento pode ser controlada. O funcionamento do quimiostato é um processo de saturação, que pode ser descrito por

$$\mu = \hat{\mu}\frac{S}{K_S + S} \tag{11.2}$$

onde $\hat{\mu}$ = taxa de crescimento máxima específica (na saturação de nutrientes);
S = substrato ou concentração de nutrientes;
K_s = constantes da saturação, ou meia velocidade.

A constante de saturação é a concentração de nutrientes quando a taxa de crescimento representa metade da taxa de crescimento máxima (Figura 11.11). Estimativas de $\hat{\mu}$ e K_S são obtidas pela representação gráfica de 1/S *versus* $1/\mu$. O ponto de interseção em y é $1/\hat{\mu}$, e a inclinação é $K_S/\hat{\mu}$.

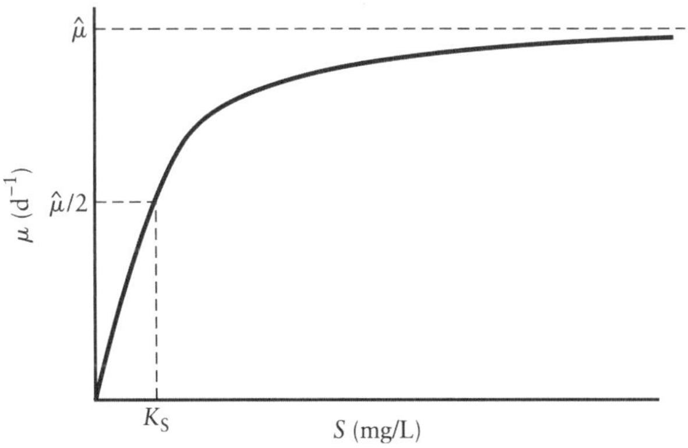

FIGURA 11.11 Taxa de crescimento específica de micróbios.

Obviamente, na natureza a situação é diferente: não existem culturas puras. O crescimento exponencial é limitado em razão da disponibilidade de nutrientes, competição entre micro-organismos e relações entre a caça e o caçador. Além disso, como as condições ambientais são raramente ideais para o crescimento máximo, a taxa de crescimento máxima real está bem abaixo da taxa de laboratório; por exemplo, o tempo de duplicação para *Escherichia coli* no laboratório pode ser de 20 minutos, ao passo que no trato intestinal é de 12 horas.[3]

O crescimento microbiano pode ser medido pela contagem ou pesagem das células. A contagem direta no microscópio pode ser utilizada a fim de determinar a contagem total de células; entretanto, um dos problemas desse método é que tanto as células vivas como as mortas são contadas. O método de contagem em placas, ou colônias, (em que diluições de amostras são incubadas em placas de ágar) mede somente células viáveis (ou seja, vivas). Uma medição indireta do crescimento de células é medir a massa da célula por meio da centrifugação e pesagem das células ou medir a turbidez das amostras com um colorímetro ou espectrofotômetro. Embora a turbidez seja menos sensível do que a contagem viável, é rápida, fácil e não altera as amostras.

Enquanto os operadores da estação de tratamento controlam a concentração microbiana na bacia de aeração, estamos interessados em fazer isso somente para reduzir a DBO. Os micro-organismos, expressos como sólidos suspensos, sofrem biodegradação e utilizam a DBO (substrato) a uma taxa de r_s. À medida que os alimentos são utilizados, novos organismos são produzidos. A taxa da produção de massa de células novas (micro-organismos) como resultado da destruição do substrato é

$$r_x = -Yr_s \tag{11.3}$$

onde Y = a produção, ou massa de micro-organismos produzidos por massa de substratos utilizados, comumente expressa como kg de SS produzido por kg de DBO utilizado. Y sempre será inferior a um por causa das ineficiências dos processos de conversão de energia, conforme foi discutido no Capítulo 8.

Com a combinação das Equações 11.1, 11.2 e 11.3, a expressão para a utilização de substratos comumente empregados resulta:

$$r_s = \frac{-X}{Y}(\mu) = \frac{-X}{Y}\left(\frac{\hat{\mu}S}{K_S + S}\right) \tag{11.4}$$

Isso é conhecido como Modelo de Monod. (O argumento para a validade do modelo vai além do escopo deste texto. Basta dizer que o modelo é empírico, mas racional. Se você estiver interessado no desenvolvimento deste modelo, consulte alguns livros didáticos recentes sobre o processamento de águas residuais).

Como essa expressão é um modelo empírico baseado no trabalho experimental com culturas puras, as duas constantes, $\hat{\mu}$ e K_S, devem ser avaliadas para cada substrato e cultura de micro-organismos. No entanto, permanecem constantes para dado sistema quando S e X variam. Observe que são uma função dos substratos e da massa microbiana, e não do reator.

A aplicação da dinâmica de processos biológicos ao processo de lodo ativado é melhor ilustrada ao se considerar um sistema, como o apresentado na Figura 11.12, que não é um sistema de lodo ativado, porque não há reciclagem de sólidos, mas que serve para apresentar a notação e terminologia. Trata-se de um reator biológico contínuo e simples de volume V com uma taxa de vazão de Q. O reator é completamente misturado. Lembre-se de que isso significa que o afluente se dispersa dentro do tanque assim que é introduzido; portanto, não há gradientes de concentração no tanque, e a qualidade do efluente é exatamente a mesma que a do conteúdo do tanque.

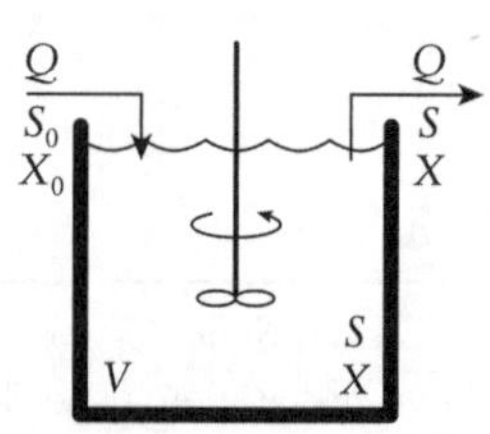

FIGURA 11.12 Um reator de crescimento suspenso sem reciclagem.

Em um reator assim, é possível desenvolver dois tipos de balanços de materiais – em relação aos sólidos (micro-organismos) e à DBO (substrato). Há também dois tempos de retenção, ou detenção – o de líquidos e o de sólidos. O tempo de retenção de líquidos, ou tempo hidráulico, foi apresentado no Capítulo 3 e é expresso como

$$\bar{t} = \frac{V}{Q} \tag{11.5}$$

Lembre-se de que $\bar{t}$ também pode ser definido como o tempo médio que o líquido permanece no reator.

O *tempo de retenção de sólidos* é análogo ao tempo de retenção hidráulico e representa o tempo médio em que os *sólidos* permanecem no sistema (que é maior do que o tempo de retenção hidráulico quando os sólidos são reciclados). O tempo de retenção de sólidos também é conhecido como *idade do lodo* e *tempo médio de permanência (ou detenção) da célula*. Os três nomes representam o mesmo parâmetro, que pode ser calculado como

$$\theta_C = \frac{\text{Massa de sólidos (micro-organismos) no sistema}}{\text{Massa de sólidos eliminados / Tempo}} = \text{Tempo}$$

O numerador, quantidade de sólidos no reator simples, é expresso como VX (Volume × Concentração de sólidos), e o denominador, taxa de sólidos gastos, é igual a QX (Taxa de vazão × Concentração de sólidos). Com isso, o tempo de retenção médio da célula é

$$\theta_C = \frac{VX}{QX} = \frac{V}{Q} \tag{11.6}$$

que, obviamente, é o mesmo que o tempo de retenção hidráulico (Equação 11.5), porque os sólidos não são reciclados.

A quantidade de sólidos gastos também deve ser igual à taxa em que eles são produzidos, ou dX/dt. Substituir $dX/dt \times V$ por QX e utilizando a Equação 11.3 resulta em

$$\theta_C = \frac{VX}{r_x V} = \frac{VX}{(-Yr_s)V} = \frac{-X}{Yr_s}.$$

Note que os termos da concentração devem ser multiplicados pelo volume para se obter a massa.

Lembre-se de que essas duas equações são para um reator *sem reciclagem* (Figura 10.12).

Utilizando a Figura 10.12 podemos escrever um balanço de massa relacionado aos micro-organismos:

$$\begin{bmatrix}\text{Taxa de}\\ \text{ACUMULAÇÃO}\end{bmatrix} = \begin{bmatrix}\text{Taxa de}\\ \text{ENTRADA}\end{bmatrix} - \begin{bmatrix}\text{Taxa de}\\ \text{SAÍDA}\end{bmatrix}$$
$$\begin{bmatrix}\text{Taxa de}\\ \text{CRESCIMENTO}\\ \text{de micro-organismos}\end{bmatrix} - \begin{bmatrix}\text{Taxa de}\\ \text{MORTE}\\ \text{de micro-organismos}\end{bmatrix}.$$

Se as taxas de crescimento e morte forem combinadas como um crescimento *líquido*, essa equação é escrita da seguinte forma

$$V\frac{dX}{dt} = QX_0 - QX + r_x V$$

ou

$$V\frac{dX}{dt} = QX_0 - QX + Yr_s V.$$

Em um sistema em estado estacionário $dX/dt = 0$, e supondo que não haja células na vazão de entrada, $X_0 = 0$. Utilizando-se essas informações e o modelo de utilização de substratos Monod (Equação 11.4) chega-se a

$$r_s = \frac{-X}{Y}\left(\frac{Q}{V}\right) = \frac{-X}{Y}\left(\frac{1}{\theta_C}\right) = \frac{-X}{Y}\left(\frac{\hat{\mu}S}{K_S + S}\right).$$

Portanto:

$$\frac{1}{\theta_C} = \frac{\hat{\mu}S}{K_S + S} = \mu \tag{11.7}$$

ou

$$S = \frac{K_S}{\hat{\mu}\theta_C - 1}. \tag{11.8}$$

Esta é uma expressão importante porque podemos inferir a partir dela que a concentração do substrato S, é uma função das constantes cinéticas (que estão além de nosso controle para determinado substrato) e do tempo de retenção médio de células. O valor de S, que na vida real seria a DBO do efluente, é influenciado, então, pelo tempo de retenção médio de células (ou a idade do lodo, conforme previamente definido). Se o tempo de retenção médio de células aumentar, a concentração do efluente deve diminuir.

EXEMPLO 11.1

Problema Um reator biológico como o ilustrado na Figura 11.12 (sem reciclagem de sólidos) deve ser colocado em funcionamento de modo que uma DBO do afluente de 600 mg/L seja reduzida para 10 mg/L. As constantes cinéticas encontradas são K_S = 500 mg/L e $\hat{\mu}$ = 4 dias^{-1}. Se a vazão é 3 m^3/dia, qual deve ser o tamanho do reator?

Solução Lembre-se de que a concentração do substrato, S, no efluente é exatamente a mesma que S no reator, caso se suponha que o reator seja perfeitamente misturado.

Utilizando as Equações 11.7 e 11.6

$$\theta_C = \frac{K_S + S}{S\hat{\mu}} = \frac{500\ mg/L + 10\ mg/L}{(10\ mg/L)(4\ d^{-1})} = 12{,}75\ dias$$

$$V = \theta_C Q = (12{,}75\ d)(3\ m^3/d) = 38{,}25\ m^3 \cong 38\ m^3.$$

EXEMPLO 11.2

Problema Dadas as condições no Exemplo 11.1, suponha que o único reator disponível tenha um volume de 24 m^3. Qual seria a redução porcentual no substrato (eficiência na remoção do substrato)?

Solução Utilizando as Equações 11.6 e 11.8

$$\theta_C = \frac{V}{Q} = \frac{24\ m^3}{3\ m^3/d} = 8\ dias$$

$$S = \frac{K_S}{\mu\theta_C - 1} = \frac{500\ mg/L}{(4\ d^{-1})(8\ d) - 1} = 16\ mg/L$$

$$\text{Recuperação} = \frac{(600 - 16)}{600} \times 100 = 97\%.$$

O sistema apresentado na Figura 11.12 não é muito eficiente porque são necessários tempos de retenção hidráulica longos, para evitar que os micro-organismos sejam jorrados para fora do tanque. Sua taxa de crescimento deve ser mais rápida do que a taxa de micro-organismos que estão sendo jorrados para fora, ou o sistema falhará. O sucesso do sistema de lodo ativado para o tratamento de águas residuais baseia-se em uma modificação significante: a reciclagem dos micro-organismos. Esse sistema é apresentado na Figura 11.13.

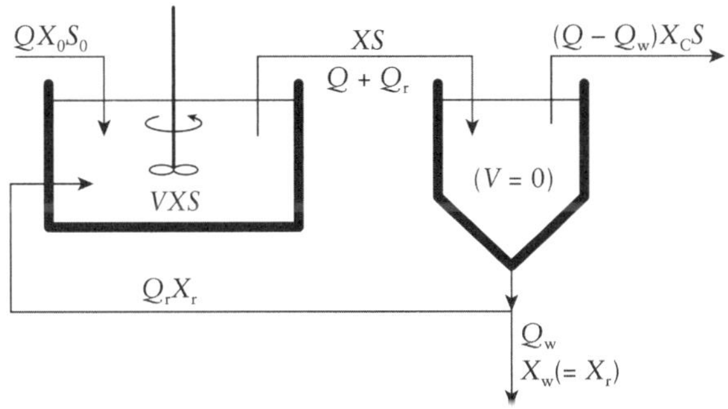

FIGURA 11.13 Reator de crescimento suspenso com reciclagem (sistema de lodo ativado).

Algumas hipóteses de simplificação são necessárias antes que esse modelo possa ser utilizado. Em princípio, suponha novamente que $X_0 = 0$. Além disso, suponha mais uma vez condições de estado estacionário e uma mistura perfeita. Os micro-organismos em excesso (lodo ativado dos resíduos) são removidos a partir do sistema em uma taxa de vazão Q_W e com uma concentração de sólidos X_r, que é a concentração de subfluxo do decantador (assim como a concentração de sólidos sendo reciclados para o tanque de aeração). E, por fim, suponha que não haja remoção do substrato no tanque de sedimentação e que o tanque de sedimentação não tenha volume, de forma que todos os micro-organismos no sistema estejam no reator (tanque de aeração). O volume do tanque de aeração é, desse modo, o único volume ativo, e supõe-se que a sedimentação (separação de micro-organismos) aconteça como um passe de mágica em um tanque de volume nulo, uma hipótese evidentemente incorreta. O tempo de retenção médio de células neste caso é

$$\theta_C = \frac{\text{Micro-organismos no sistema}}{\text{Micro-organismos eliminados/Tempo}} = \frac{XV}{Q_w X_r + (Q - Q_w) X_C}. \tag{11.9}$$

Se supusermos que o separador de micro-organismos (o tanque de sedimentação final) é um dispositivo perfeito, de forma que não haja micro-organismos no efluente ($X_C = 0$) ou que a concentração do efluente seja desconhecida:

$$\theta_C \cong \frac{XV}{Q_w X_r}. \tag{11.10}$$

Se o lodo for gasto a partir da bacia de aeração, em vez da linha de reciclagem:

$$\theta_C = \frac{XV}{Q_w X + (Q - Q_w) X_C} \approx \frac{V}{Q_w}. \tag{11.11}$$

Como o MLSS é muito menos concentrado que o lodo na parte inferior de um decantador secundário, esse tipo de eliminação não é utilizada com frequência.

EXEMPLO 11.3

Problema Um sistema de tratamento de águas residuais por lodo ativado utiliza uma bacia de aeração com capacidade para 8 milhões de litros. O tempo de retenção médio das células é de 12 dias. O MLSS é mantido em 3.100 mg/L, e o lodo ativado reciclado (RAS, do inglês *recycled activated sludge*) é de 11.000 mg/L. Qual é a taxa de lodo ativado gasto (WAS, do inglês *wasted activated sludge*) se o lodo for eliminado a partir de a. a bacia de aeração e b. a linha de reciclagem?

Solução

a) Quando ocorre a eliminação a partir da bacia de aeração, a concentração da eliminação é a mesma que a concentração na bacia de aeração, que é a concentração de MLSS. Supondo que a concentração de sólidos no efluente (X_C) seja insignificante, a taxa de eliminação é (Equação 11.11)

$$Q_w \approx \frac{VX}{\theta_C X} = \frac{V}{\theta_C} = \frac{8 \times 10^6 \text{ L}}{12 \text{ d}} = 0{,}67 \text{ milhão L/d}.$$

b) Quando ocorre a eliminação a partir da linha de reciclagem, a concentração da eliminação é a mesma que a concentração na linha de reciclagem, que é a concentração de RAS. Supondo que a concentração de sólidos do efluente (X_C) seja insignificante, a taxa de eliminação é (Equação 10.10)

$$Q_w \approx \frac{VX}{\theta_C X_r} = \frac{(8 \times 10^6 \text{ L})(3.100 \text{ mg/L})}{(12 \text{ d})(11.000 \text{ mg/L})} = 0{,}19 \text{ milhão L/d}.$$

Neste caso, a eliminação a partir da linha de reciclagem reduz a taxa de WAS em 75%. Portanto, menos bombeamento é necessário.

A remoção de substrato é frequentemente expressa em termos de uma *velocidade da remoção do substrato* (q), definida como

$$q = \frac{\text{Massa de substrato removida/Tempo}}{\text{Massa de micro-organismos sob aeração}}.$$

Usando a notação anterior:

$$q = \frac{\left(\dfrac{(S_0 - S)}{\bar{t}}\right)V}{XV}$$

$$q = \frac{S_0 - S}{X\bar{t}}. \tag{11.12}$$

A velocidade de remoção do substrato é uma medida racional desse processo, ou a massa de DBO removida em determinado momento pela massa de micro-organismos que executam a tarefa. Isso também é denominado, em alguns textos, como *fator de carga do processo*, com a evidente implicação de que é uma variável útil para a operação e para o projeto, pois, como você se lembra, o parâmetro de projeto básico para um sistema de lodo ativado é sua carga. Recorde-se de que a relação alimentos para micro-organismos (*A*/*M*) é a relação entre a DBO de entrada (em vez da removida) e a MLSS. Ela é calculada como

$$A/M = \frac{QS_0}{VX} = \frac{S_0}{\bar{t}X}. \tag{11.13}$$

A velocidade da remoção do substrato pode também ser calculada por meio de um balanço de massa em termos do substrato, em um sistema contínuo com reciclagem de micro-organismos (Figura 11.11).

$$\begin{bmatrix}\text{Taxa de}\\ \text{ACUMULAÇÃO}\end{bmatrix} = \begin{bmatrix}\text{Taxa DE ENTRADA}\end{bmatrix} - \begin{bmatrix}\text{Taxa DE SAÍDA}\end{bmatrix}$$

$$+ \begin{bmatrix}\text{Taxa de}\\ \text{PRODUÇÃO}\\ \text{de substrato}\end{bmatrix} - \begin{bmatrix}\text{Taxa de}\\ \text{CONSUMO}\\ \text{de substrato}\end{bmatrix}.$$

O termo de produção é, obviamente, nulo. A taxa de consumo é a velocidade da remoção do substrato multiplicada pela concentração de sólidos e pelo volume do reator (para obter as unidades corretas), de forma que a equação seja escrita

$$\frac{dS}{dt}V = QS_0 - QS + 0 - qXV.$$

Supondo condições de estado estacionário – ou seja, $(dS/dt)V = 0$, e solucionando para q obtém-se

$$q = \frac{S_0 - S}{X\bar{t}}$$

a mesma equação que antes.

A velocidade da remoção do substrato também pode ser expressa como

$$q = \frac{\mu}{Y} = \left[\frac{\text{Massa de micro-organismos produzidos / Tempo}}{\text{Massa de micro-organismos no reator}}\right] \times \left[\frac{\text{Massa de substrato removido}}{\text{Massa de micro-organismos produzidos}}\right]$$

e substituindo as Equações 11.2 e 11.7 resulta em

$$q = \frac{\mu}{Y} = \frac{\hat{\mu}S}{Y(K_S + S)} = \frac{1}{\theta_C Y}. \tag{11.14}$$

Igualando essas duas expressões para a velocidade da remoção do substrato e solucionando para $(S_0 - S)$ resulta na remoção do substrato (redução na DBO):

$$S_0 - S = \frac{\hat{\mu}SX\bar{t}}{Y(K_S + S)}. \tag{11.15}$$

Solucionando para X na Equação 11.12 resulta na concentração de micro-organismos no reator (sólidos suspensos no líquido misto):

$$X = \frac{S_0 - S}{\bar{t}q}. \tag{11.16}$$

EXEMPLO 11.4

Problema Um sistema de lodo ativado funciona a uma vazão (Q) de 400 m³/dia com DBO de entrada (S_0) de 300 mg/L. Através do trabalho da estação piloto, as constantes cinéticas para esse sistema são determinadas como $Y = 0{,}5$ kg SS/kg DBO, $K_S = 200$ mg/L, $\hat{\mu} = 2$ dia^{-1}. A concentração de sólidos de 4.000 mg/L no tanque de aeração é considerada apropriada. Um sistema de tratamento deve ser projetado para produzir uma DBO de efluente de 30 mg/L (90% remoção). Determine

a) o volume do tanque de aeração;
b) a idade do lodo (ou tempo de permanência médio de células, MCRT, do inglês *mean cell residence time*);
c) a quantidade de lodo eliminado diariamente;
d) a relação *A/M*.

Solução (A concentração de sólidos suspensos do líquido misturado é normalmente limitada pela capacidade de manter um tanque de aeração misturado e de transferir oxigênio suficiente para os micro-organismos. Um valor razoável para os sólidos sob aeração seria $X = 4.000$ mg/L, conforme determinado no problema.)

a) O volume de uma bacia é calculado a partir do tempo de retenção hidráulico (HRT, do inglês *hydraulic retention time*), que é atualmente desconhecido. Portanto, precisamos de outra equação para calcular o HRT. Como conhecemos as constantes cinéticas, podemos utilizar a Equação 11.15

$$S_0 - S = \frac{\hat{\mu} S X \bar{t}}{Y(K_S + S)}$$

de forma rearranjada:

$$\begin{aligned}\bar{t} &= \frac{Y(S_0 - S)(K_S + S)}{\hat{\mu} S X} \\ &= \frac{(0,5 \text{ kg/kg})(300 \text{ mg/L} - 30 \text{ mg/L})(200 \text{ mg/L} + 30 \text{ mg/L})}{(2 \text{ d}^{-1})(30 \text{ mg/L})(4.000 \text{ mg/L})} \\ &= 0,129 \text{ dia} = 3,1 \text{ h}.\end{aligned}$$

O volume do tanque é, então, (Equação 11.5) $V = \bar{t}Q = (0,129 \text{ d})(400 \text{ m}^3/\text{d}) = 51,6 \text{ m}^3 \cong 52 \text{ m}^3$.

b) A idade do lodo é obtida a partir da Equação 11.7

$$\theta_C = \frac{1}{\mu} = \frac{K_s + S}{\hat{\mu} S} = \frac{200 \text{ mg/L} + 30 \text{ mg/L}}{(2\text{d}^{-1})(30 \text{ mg/L})} = 3,8 \text{ dias.}$$

Alternadamente, a idade do lodo pode ser obtida na Equação 11.14

$$q = \frac{\hat{\mu} S}{Y(K_S + S)} = \frac{\mu}{Y} = \frac{1}{\theta_C Y}$$

como

$$\theta_C = \frac{1}{qY}.$$

Em princípio, q deve ser calculado. Utilizando as constantes cinéticas para calcular q (Equação 11.14) obtém-se

$$q = \frac{\hat{\mu} S}{Y(K_S + S)} = \frac{(2 \text{ d}^{-1})(30 \text{ mg/L})}{(0,5 \text{ kg/kg})(200 \text{ mg/L} + 30 \text{ mg/L})} = 0,522 \text{ dia}^{-1}$$

ou, de forma equivalente, (Equação 11.12)

$$\begin{aligned}q &= \frac{S_0 - S}{X\bar{t}} = \frac{300 \text{ mg/L} - 30 \text{ mg/L}}{(4.000 \text{ mg/L})(0,129\ d)} \\ &= 0,523 \frac{\text{kg DBO removida/dia}}{\text{kg SS no reator}} = 0,523 \text{ dia}^{-1}.\end{aligned}$$

Portanto,

$$\theta_C = \frac{1}{qY} = \frac{1}{(0,522 \text{ d}^{-1})(0,5 \text{ kg/kg})} = 3,8 \text{ dias.}$$

c) Agora que temos o MCRT, podemos calcular a taxa de eliminação do lodo (Equações 11.9 e 11.10)

$$\theta_C = \frac{XV}{X_r Q_w - (Q - Q_w) X_C} \cong \frac{XV}{X_r Q_w}$$

$$X_r Q_w \cong \frac{XV}{\theta_C} = \frac{(4.000 \text{ mg/L})(51{,}6 \text{ m}^3)(10^3 \text{ L/m}^3)}{(3{,}8 \text{ d})(10^6 \text{ kg/mg})} \cong 54 \text{ kg/d}.$$

d) Utilizando a Equação 11.13

$$A/M = \frac{S_0}{\bar{t}X} = \frac{300 \text{ mg/L}}{(0{,}129 \text{ d})(4.000 \text{ mg/L})} = 0{,}58 \frac{\text{kg DBO/d}}{\text{kg SS}}.$$

EXEMPLO 11.5

Problema Utilizando os mesmos dados que estão no exemplo anterior, qual é a concentração de sólidos no líquido misturado necessária para obter uma remoção da DBO de 95% (ou seja, $S = 15$ mg/L)?

Solução Neste caso, podemos utilizar as duas equações para a velocidade da remoção do substrato, Equação 11.14

$$q = \frac{\hat{\mu} S}{Y(K_S + S)} = \frac{(2 \text{ d}^{-1})(15 \text{ mg/L})}{(0{,}5 \text{ kg/kg})(200 \text{ mg/L} + 15 \text{ mg/L})} = 0{,}28 \text{ dia}^{-1}$$

e Equação 11.16

$$X = \frac{S_0 - S}{\bar{t}q} = \frac{300 \text{ mg/L} - 15 \text{ mg/L}}{(0{,}129 \text{ d})(0{,}28 \text{ d}^{-1})} = 7.890 \text{ mg/L}.$$

Observe que a concentração de MLSS é quase duas vezes o total necessário para reduzir à metade a concentração do efluente. O tempo de permanência médio de células também seria agora quase duas vezes maior (Equação 11.14)

$$\theta_C = \frac{1}{qY} = \frac{1}{(0{,}28 \text{ d}^{-1})(0{,}5 \text{ kg/kg})} = 7{,}1 \text{ dias}.$$

Enquanto mais micro-organismos são necessários no tanque de aeração se maiores eficiências de remoção precisarem ser obtidas, sua concentração depende da eficiência de sedimentação no decantador final. Se o lodo não se sedimentar bem, a concentração de sólidos do lodo de retorno é baixa e não há como aumentar a concentração de sólidos no tanque de aeração. Trataremos mais a respeito disso na seção sobre separação de sólidos.

11.3.4 Transferência de gás

Os dois principais meios de introduzir oxigênio suficiente dentro do tanque de aeração são ou através do borbulhamento de ar comprimido por difusores porosos (Figura 11.14) ou pelo batimento mecânico de ar (Figura 11.15). Em ambos os casos, o intuito é transferir um gás (oxigênio) a partir do ar que entra no líquido e, simultaneamente, transferir outro gás (dióxido de carbono) para fora do líquido. Esses processos são comumente denominados *transferência de gás*.

A transferência de gás significa simplesmente o processo de permitir a dissolução de qualquer gás em um fluido, ou o contrário, promover a liberação de um gás dissolvido a partir de um fluido. Um dos principais aspectos do sistema de lodo ativado é o fornecimento de oxigênio para a suspensão de micro-organismos na bacia de aeração.

A Figura 11.16 mostra um sistema em que o ar é forçado a passar por um tubo e um difusor poroso, criando bolhas muito pequenas que sobem pela água limpa. Suponha que a água nesse sistema não contenha micro-organismos e que nenhum componente utilize o oxigênio dissolvido. O foco neste momento é somente em como o sistema de aeração funciona; o que acontece ao oxigênio uma vez que ele é dissolvido na água não é importante agora.

©Cortesia de P. Aarne Vesilind

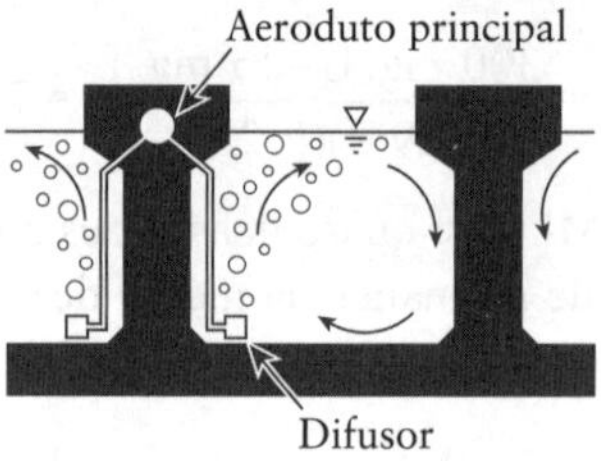

FIGURA 11.14 Aeração difundida utilizada no sistema de lodo ativado.

©Cortesia de P. Aarne Vesilind

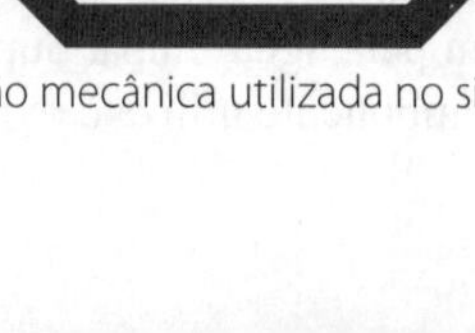

FIGURA 11.15 Aeração mecânica utilizada no sistema de lodo ativado.

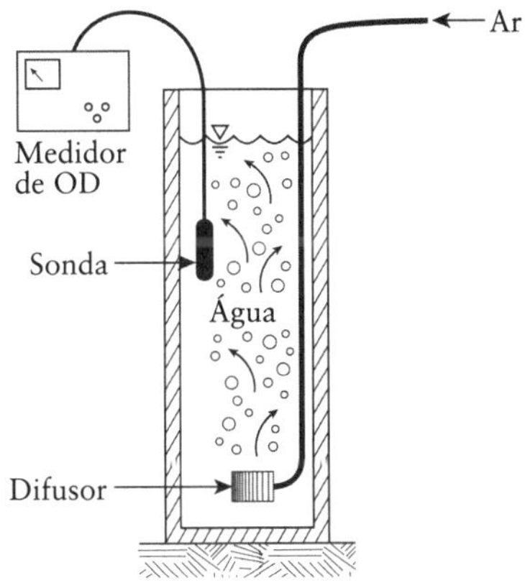

FIGURA 11.16 Experimento de transferência de gases no qual o ar é borbulhado para dentro do tanque através de um difusor e o oxigênio dissolvido é medido pelo uso de uma sonda, assim como por um medidor de oxigênio dissolvido.

A transferência de oxigênio acontece através da interface gás borbulhante/líquido, conforme mostra a Figura 11.17. Se o gás dentro da bolha for ar e existir um déficit de oxigênio na água, o oxigênio se transfere da bolha para a água. Em alguns casos, dependendo da concentração de gases já dissolvidos na água, a transferência de gases, como o CO_2, a partir da solução e para dentro da bolha, também pode ocorrer. Entretanto, antes de discutir mais sobre a transferência de gás, é necessário rever brevemente alguns conceitos da solubilidade de gases.

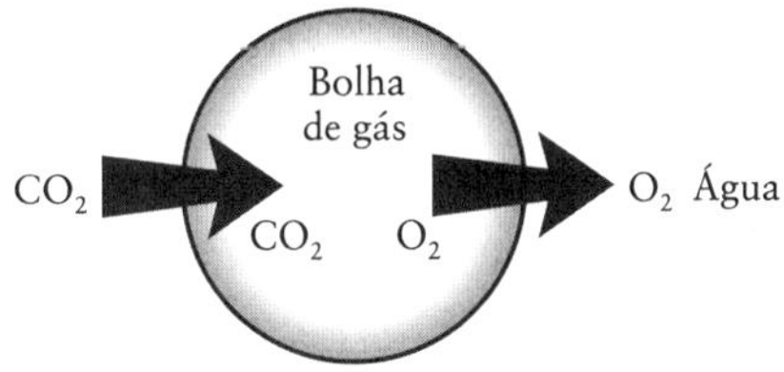

FIGURA 11.17 Transferência de gás para dentro e para fora de uma bolha de ar na água.

A maior parte dos gases é apenas levemente solúvel na água; entre eles estão o hidrogênio, o oxigênio e o nitrogênio. Outros gases são muito solúveis, incluindo dióxido de enxofre (SO_2), cloro (Cl_2) e dióxido de carbono (CO_2). A maior parte desses gases altamente solúveis se dissolve e, então, ioniza-se na água. Por exemplo, quando o CO_2 se dissolve na água, as seguintes reações ocorrem:

$$CO_2\ (\text{gás}) \leftrightarrows CO_2\ (\text{dissolvido}) + H_2O \leftrightarrows H_2CO_3$$
$$H_2CO_3 \leftrightarrows H^+ + HCO_3^- \leftrightarrows H^+ + CO_3^{2-}$$

Todas estas reações estão em equilíbrio, portanto, quanto mais CO_2 borbulhar, mais CO_2 é dissolvido e, finalmente, mais íons carbonatos (CO_3^{2-}) são produzidos. (As equações são direcionadas para a direita.) Em quaisquer condições de pH e temperatura, uma quantidade de dado gás dissolvido em um líquido é governado pela *lei de Henry*, que afirma o seguinte:

$$S = KP \tag{11.17}$$

onde S = solubilidade de um gás (quantidade máxima que pode ser dissolvida), mg de gás / litro de água;

P = pressão parcial do gás, medido em libras por polegada quadrada (psi), quilopascal (kPa), atmosferas, ou outras unidades de pressão;

K = constante de solubilidade.

Como as unidades de *K* são uma função das unidades de *S* e *P*, os valores tabulados de *K* variam. Observe que *K* é diferente do *coeficiente* de solubilidade. A constante de solubilidade define a condição de equilíbrio para várias espécies em uma pressão constante.

A lei de Henry declara que a solubilidade é uma função direta da pressão parcial do gás considerado. Em outras palavras, se a pressão parcial *P* for dobrada, a solubilidade do gás *S* é igualmente dobrada etc. Entretanto, a solubilidade é influenciada por muitas variáveis, como a presença de impurezas e a temperatura. O efeito da temperatura na solubilidade do oxigênio na água foi apresentado na Tabela 8.2.

A pressão parcial é definida como a pressão exercida pelo gás de interesse. Por exemplo, na pressão atmosférica (1 atmosfera = 101 kPa), um gás que contém 60% de O_2 e 40% de N_2 tem uma pressão parcial de oxigênio de 0,6 × 101 = 60,6 Kpa e uma pressão parcial de nitrogênio de 0,4 × 101 − 40,4 kPa. A pressão total é sempre a soma das pressões parciais dos gases individuais. Isso é conhecido como *lei de Dalton*.

EXEMPLO 11.6

Problema Em uma atmosfera, a solubilidade de oxigênio puro na água é de 46 mg/L, se a água não contiver sólido algum dissolvido. Qual seria a quantidade de oxigênio dissolvido na água pura se o gás acima da água for oxigênio (Figura 11.18A)? Qual seria a solubilidade se o oxigênio for substituído por nitrogênio (Figura 11.18B) e, em seguida, por ar (Figura 11.18C)? Suponha que nos três casos a pressão total dos gases acima da água seja 1 atmosfera e a temperatura, 20 °C.

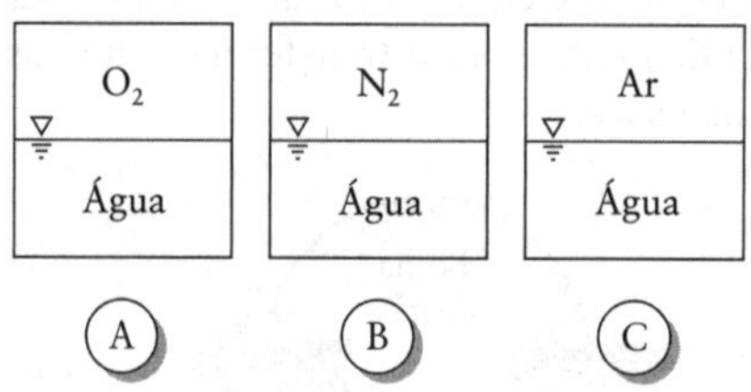

FIGURA 11.18 Três gases à pressão atmosférica acima da água. Consulte o Exemplo 11.6.

Solução A lei de Henry é (Equação 11.17)

$$S = KP$$

$$46 \text{ mg/L} = K \times 1 \text{ atm} \quad \text{ou} \quad K = 46 \text{ mg/L} - \text{atm}.$$

A água na Figura 11.18A, portanto, conteria 46 mg/L de oxigênio dissolvido, porque toda pressão ocorre em razão do oxigênio. Quando o oxigênio é substituído por nitrogênio, a pressão parcial do oxigênio é zero, e $S = 0$ mg/L. No terceiro caso, como o ar é composto por 20% de oxigênio:

$$S = KP = (46\ mg/L - atm)(0{,}20) = 9{,}2\ mg/L.$$

Referindo-se à Tabela 8.2, em 20 °C, a solubilidade do oxigênio, do ar para a água pura, é, de fato, 9,2 mg/L.

A lei de Henry define a solubilidade do gás em equilíbrio. Isso é, supõe-se que o gás em contato com a água tenha tido tempo suficiente para chegar a uma concentração de gás dissolvido que, com o passar do tempo, não será alterada. Considere, a seguir, as alterações nas concentrações de gás dissolvido com o passar do tempo.

Utilizando o oxigênio no ar como exemplo de gás e água como líquido, a concentração de oxigênio dissolvido pode ser visualizada a qualquer momento, conforme mostra a Figura 11.19. Acima da superfície da água supõe-se que o ar esteja bem misturado, de modo que não existam gradientes de concentração no ar. Se o sistema conseguir chegar a um equilíbrio, a concentração de oxigênio dissolvido na água atingirá, finalmente, a saturação, S. Contudo, antes de ocorrer o equilíbrio, em algum instante t, a concentração de oxigênio dissolvido na água é C, sendo algum valor inferior a S. A diferença entre o valor de saturação S e a concentração C é o déficit D, de modo que $D = (S - C)$ (Equação 8.1). À medida que passa o tempo, o valor de C aumenta até se tornar S, produzindo uma solução saturada e reduzindo o déficit D para zero.

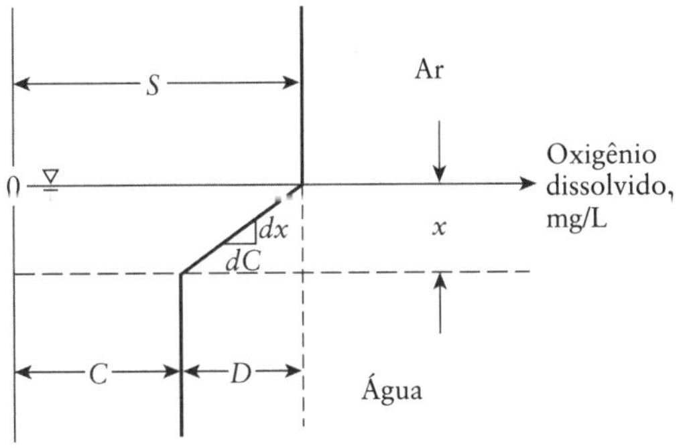

FIGURA 11.19 Diagrama da transferência de gás.

Abaixo da interface ar/água, visualiza-se uma camada de difusão através da qual o oxigênio deve passar. A concentração do gás diminui com a profundidade até que a concentração C seja atingida e, novamente, supõe-se que a água esteja bem misturada para que, exceto para a camada fina na interface do ar, a concentração de oxigênio dissolvido na água seja em todas as partes C mg/L. Na interface, a concentração aumenta a uma taxa de

$$\frac{dC}{dx}$$

onde x = espessura da camada de difusão. Se essa inclinação for grande (dC é grande comparado com dx), a taxa em que o oxigênio é conduzido para dentro da água é grande. Reciprocamente, quando dC/dx é pequeno, C está se aproximando de S, portanto, a taxa de alteração é pequena. Esse conceito pode ser expresso como

$$\frac{dC}{dx}\alpha(S-C).$$

Note que à medida que $(S - C)$ se aproxima de zero, $dC/dx \rightarrow 0$, e quando $(S - C)$ é grande, dC/dx é grande. Pode-se também argumentar que a taxa de alteração na concentração, com o tempo, deve ser grande quando a inclinação for grande (ou seja, dC/dx). Reciprocamente, à medida que dC/dx se aproxima de zero, a taxa de alteração também deve se aproximar de zero. A proporcionalidade é

$$\frac{dC}{dt}\alpha(S-C).$$

A constante de proporcionalidade é simbolicamente escrita como $K_{L}a$ e recebe a denominação de *coeficiente da transferência de gás*, e a equação é escrita como

$$\frac{dC}{dt} = K_{L}a(S-C).$$

Observe que a taxa segundo a qual o oxigênio é conduzido para dentro da água é alta quando a força de condução, $(S - C)$, for alta e, reciprocamente, à medida que C se aproxima de S, a taxa diminui. Essa força de condução pode ser bem expressa, igualmente, por meio do uso do déficit, ou da diferença entre a concentração e saturação (qual a quantidade de oxigênio que poderia ser ainda conduzida para dentro da água). Escrevendo em termos de déficit:

$$\frac{dD}{dt} = -K_{L}aD.$$

Como o déficit está *diminuindo* com o tempo, à medida que a aeração ocorre, K_La é negativo.

Esta equação pode ser integrada para resultar em

$$ln\frac{D}{D_0} = -K_L at$$

na qual D_0 é o déficit inicial.

K_La é determinado por testes de aeração, conforme ilustrado na Figura 11.16. A água é, inicialmente, desprovida de oxigênio, em geral por meios químicos, para que C se aproxime de zero. O ar é, então, ativado e a concentração de oxigênio dissolvido é medida com o passar do tempo, utilizando-se um medidor de oxigênio dissolvido. Se, por exemplo, diferentes tipos de difusores precisarem ser testados, o K_La é calculado para todos os tipos, utilizando condições de testes idênticas. Um K_La mais alto significa que o difusor é mais eficaz na condução de oxigênio para dentro da água e, desse modo, presumivelmente o método menos caro para o funcionamento em uma estação de tratamento de águas residuais.

K_La é uma função de, entre outros fatores, tipo de aerador, temperatura, dimensão das bolhas, volume de água, caminho tomado pelas bolhas e presença de agentes ativos na superfície. A explicação de como o K_La é influenciado por essas variáveis está além do escopo deste texto.

EXEMPLO 11.7

Problema Dois difusores devem ser testados quanto à sua capacidade de transferência de oxigênio. Os testes foram conduzidos em 20 °C, utilizando um sistema, conforme mostra a Figura 11.16, com os seguintes resultados:

	Oxigênio dissolvido, C (mg/L)	
Tempo (min)	Air-max difusor	Wonder difusor
0	2,0	3,5
1	4,0	4,8
2	4,8	6,0
3	5,7	6,7

Observe que o teste não precisa começar em $C = 0$ e em $t = 0$.

Solução Com $S = 9{,}2$ mg/L (saturação em 20 °C),

	Air-max difusor	Wonder difusor
t	S − C	S − C
0	7,2	5,7
1	5,2	4,4
2	4,4	3,2
3	3,5	2,5

Esses números agora são representados em um gráfico construído, calculando-se, inicialmente, $\ln(S - C)$ e representando essa variável em função do tempo t (Figura 11.20). A inclinação do gráfico é o fator de proporcionalidade ou, neste caso, o coeficiente de transferência de gás K_La. Calculando as inclinações, descobre-se que o K_La para o difusor AirMax é 0,27 min^{-1} enquanto o difusor Wonder apresenta um K_La de 0,25 min^{-1}. Este último parece ser o melhor difusor com base na capacidade de transferência de oxigênio.

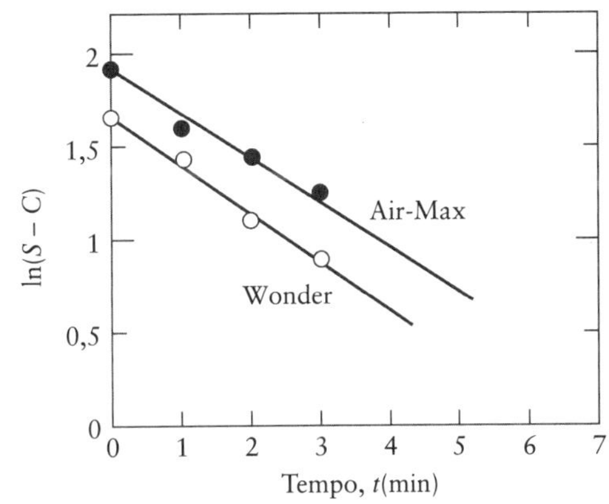

FIGURA 11.20 Dados de transferência de gás experimental. Veja o Exemplo 10.7.

No Capítulo 8, a transferência de oxigênio para a água da corrente é descrita pela equação

$$\frac{dD}{dt} = -k_2 D$$

em que K_2 é a *constante de reaeração*, sendo idêntica ao $K_L a$, conforme definido anteriormente. A constante de reaeração é utilizada para descrever como o oxigênio é transferido a partir da atmosfera para a corrente, a fim de fornecer oxigênio dissolvido suficiente para os micro-organismos aquáticos aeróbicos. Neste capítulo, o mesmo mecanismo é utilizado para descrever como o oxigênio é conduzido para dentro do líquido em um tanque de aeração de lodo ativado.

11.3.5 Separação de sólidos

O sucesso ou fracasso de um sistema de lodo ativado, frequentemente, depende do desempenho do decantador final, o método usual de separação de sólidos cultivados no tanque de aeração a partir do líquido. Se o tanque de sedimentação final não for capaz de atingir os retornos de sólidos do lodo requeridos, a concentração de sólidos que retornar ao tanque de aeração será baixa, o MLSS no tanque de aeração cairá e, obviamente, a eficiência do tratamento será reduzida porque haverá menos micro-organismos para executar a tarefa. É útil pensar nos micro-organismos no tanque de aeração como trabalhadores em uma planta industrial. Se o número total de trabalhadores diminuir, a produção é reduzida. De modo similar, se menos micro-organismos estiverem disponíveis, o trabalho executado será menor.

A concentração de MLSS é uma combinação dos sólidos de retorno diluídos pelo afluente:

$$X = \frac{Q_r X_r + Q X_0 + r_x V}{Q_r + Q}$$

ou

$$X = \frac{\alpha X_r + X_0 + r_x \bar{t}}{\alpha + 1}$$

onde α = relação de reciclagem ou recirculação, $\left(\frac{Q_r}{Q}\right)$.

Novamente, suponha que não haja sólido algum no afluente ($X_0 = 0$):

$$X = \frac{Q_r X_r + r_x V}{Q_r + Q} = \frac{\alpha X_r + r_x \bar{t}}{\alpha + 1}.$$

Os resultados ao sedimentar o lodo em um cilindro de litro podem ser utilizados para estimar a concentração de lodo de retorno. Após 30 minutos de sedimentação, os sólidos no cilindro estão em uma concentração de SS que seria igual aos sólidos do lodo de retorno esperados ou

$$X_r = \frac{H}{H_S}(X)$$

onde X_r = a concentração de sólidos suspensos de retorno esperada, mg/L;

X = sólidos suspensos no líquido misturado, mg/L;

H = altura do cilindro, m;

H_S = altura do lodo sedimentado, m.

Conforme indicado, quando o lodo não se sedimenta bem (H_S é maior), o lodo ativado de retorno (X_r) tornase fino (baixa concentração de sólidos suspensos) e, desse modo, a concentração de micro-organismos no tanque de aeração (X) cai. Isso resulta em uma relação *A/M* mais alta (mesma entrada de alimentos, porém, menos micro-organismos) e uma reduzida eficiência na remoção de DBO.

Quando os micro-organismos no sistema apresentarem muita dificuldade para se sedimentar, o lodo é declarado sendo um *lodo volumoso*. Muitas vezes, essa condição é caracterizada por uma biomassa composta quase totalmente por organismos filamentosos (Figura 11.21), que formam um tipo de estrutura reticulada com os filamentos e se recusam a sedimentar. Os operários da estação de tratamento devem observar de perto as características da sedimentação porque uma sedimentação pobre pode ser a precursora de uma estação gravemente desordenada (e, desse modo, ineficaz).

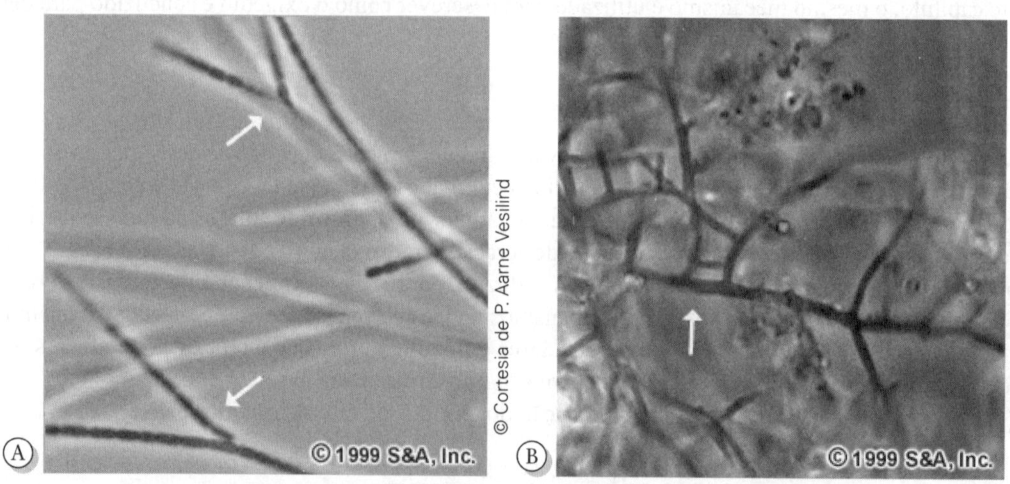

FIGURA 11.21 Bactérias filamentosas: a) *Sphaerotilus natans* (ramificação falsa), b) *Nocardia form* (ramificação verdadeira).

A capacidade de sedimentação do lodo ativado é descrita com maior frequência pelo índice de volume do lodo (SVI, do inglês *sludge volume index*), determinado pela medição do volume ocupado pelo lodo após sedimentação por 30 minutos em um cilindro de 1 litro (um teste rápido e fácil). Este é calculado da seguinte maneira

$$\text{SVI} = \frac{(\text{Volume de lodo após 30 min de sedimentação, mL/L}) \times 1.000 \text{ mg/g}}{\text{mg/L sólidos suspensos}}$$

Por convenção, o SVI, apesar de ter como unidades de medida mL/g, não tem essas unidades mencionadas.

EXEMPLO 11.8

Problema Descobriu-se que a amostra de líquido misturado tinha SS = 4.000 mg/L e, após a sedimentação por 30 minutos em um cilindro de 1 litro, ocupava 400 mL. Calcule o SVI.

Solução

$$\text{SVI} = \frac{(400\ \text{mL/L})(1.000\ \text{mg/g})}{4.000\ \text{mg/L}} = 100$$

Valores de SVI abaixo de 100 são, normalmente, considerados aceitáveis, enquanto lodos com SVI maiores que 200 são lodos de volume extremo e terão dificuldade para se sedimentar no decantador final. Lodos com valores de SVI entre 100 e 200 podem ou não se sedimentar bem.

As causas da sedimentação pobre (SVI alto) nem sempre são conhecidas e, com isso, as soluções são evasivas. Relações *A/M* errôneas ou variáveis, flutuações na temperatura, concentrações altas de metais pesados, e deficiências em nutrientes nas águas residuais de entrada foram consideradas como fatores culpados pelo acúmulo no volume. As soluções para esse problema incluem reduzir a relação *A/M*, alterar o nível de oxigênio dissolvido no tanque de aeração e dosar com peróxido de hidrogênio (H_2O_2) para matar os micro-organismos filamentosos.

11.3.6 Efluente

O efluente do tratamento secundário, com frequência, tem uma DBO de aproximadamente 15 mg/L e uma concentração de sólidos suspensos de cerca de 20 mg/L. Isso, na maioria das vezes, adequase para disposição em cursos de água, porque a DBO e SS de correntes naturais de água podem variar consideravelmente. Por exemplo, a DBO pode variar de aproximadamente 2 mg/L a bem mais que 15 mg/L. Além disso, o efluente das estações de tratamento de águas residuais está, frequentemente, sendo diluído na corrente.

Antes da descarga, entretanto, exige-se que estações de tratamento de águas residuais modernas desinfetem o efluente para reduzir também a possibilidade de transmissão de doenças. Muitas vezes, utiliza-se cloro para a desinfecção por seu reduzido custo. A cloração ocorre em bacias de contenção simples, projetadas para funcionar como reatores de vazão a pistão (Figura 11.22). O cloro é injetado no começo do tanque, e supõe-se que toda a vazão entre em contato com o cloro por 30 minutos. Antes da descarga, o cloro em excesso, que é tóxico para muitos organismos aquáticos, deve ser removido por meio da *descloração*.

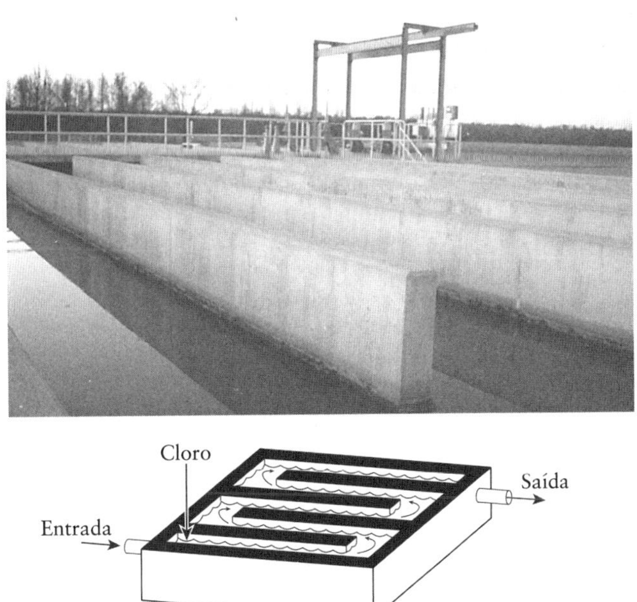

© Cortesia de P. Aarne Vesilind

FIGURA 11.22 Reator de vazão a pistão para cloração.

O método de descloração mais comum é o borbulhamento em dióxido de enxofre; o cloro é reduzido enquanto o SO_2 é oxidado para sulfato. Nesse ponto, a vazão pode ser descarregada em uma corrente de recepção ou em outros cursos de água.

A cloração não parece fazer muito sentido do ponto de vista ecológico, porque o efluente deve ser assimilado na ecologia aquática, e a dosagem dos efluentes de uma estação de tratamento de águas residuais com cloro resulta na produção de compostos orgânicos clorados, como clorofórmio, um cancerígeno. Ademais, não há evidências epidemiológicas de que efluentes de uma estação de tratamento sem cloração causem quaisquer problemas de saúde pública. Então, por que se exige a cloração por parte das estações de tratamento?

Simples. Poucos na burocracia regulamentar desejam reduzir uma camada de proteção para os seres humanos, mesmo que a cloração de efluentes seja uma prática de alto custo e potencialmente prejudicial para o ambiente. É muito mais simples continuar a aplicar uma regulamentação que pode ser cara e de difícil manejo do que eliminá-la e ter alguma chance de enfrentar algum processo judicial ou alguma punição administrativa. A decisão é uma questão de danos privados *versus* bem comum, e como a maior parte das pessoas não são utilitaristas*, não decidem com base no bem maior. A possibilidade de pequenos danos para eles próprios sobrepujará os danos reais para muitos. Um compromisso é, obviamente, eliminar a cloração e introduzir outros métodos de desinfecção, como a radiação ultravioleta e o ozônio. Em algumas áreas sensíveis, essas técnicas já estão sendo utilizadas e, com o tempo, poderão, finalmente, eliminar a cloração dos efluentes das estações de águas residuais.

11.4 TRATAMENTO TERCIÁRIO

Há situações em que o tratamento secundário é inadequado (mesmo com a desinfecção) para proteger o curso de água do dano, devido à descarga de águas residuais. Uma preocupação é que os nutrientes, como o nitrogênio e o fósforo, possam ainda causar um problema se o efluente for descarregado em um corpo de água parada. Além disso, se a água a jusante de uma descarga for utilizada para finalidades recreacionais, será necessário um alto grau de tratamento, especialmente na remoção de sólidos e elementos patogênicos. Quando o aperfeiçoamento do processo de tratamento secundário não atender aos limites de descarga mais rigorosos, o efluente do tratamento secundário passa por outros tratamentos ainda mais intensos para alcançar a qualidade necessária, seja ela qual for. Esses processos são denominados, coletivamente, tratamento terciário ou avançado. Alguns desses processos são discutidos a seguir.

11.4.1 Remoção de nutrientes

A *remoção de nitrogênio* é alcançada tratandose, inicialmente, os resíduos por completo no tratamento secundário a fim de oxidar todo o nitrogênio para nitrato. Isso, geralmente, envolve maiores tempos de detenção no tratamento secundário, durante o qual as bactérias, como as *Nitrobacter* e *Nitrosomonas*, convertem nitrogênio amoniacal para NO_3^-, em um processo denominado *nitrificação*. Essas reações são

$$2NH_4^+ + 3O_2 \xrightarrow{\text{Nitrosomonas}} 2NO_2^- + 2H_2O + 4H^+$$

$$2NO_2^- + O_2 \xrightarrow{\text{Nitrobacter}} 2NO_3^-$$

As duas reações são lentas e exigem oxigênio suficiente e longos tempos de detenção no tanque de aeração. A taxa de crescimento de micro-organismo também é baixa, resultando em uma baixa produção líquida de lodo, tornando o fracasso total um perigo constante. Esse processo remove a demanda de oxigênio causada pelo nitrogênio.

* Adeptos do utilitarismo. O utilitarismo é uma teoria desenvolvida na filosofia liberal inglesa, principalmente, por Jeremy Bentham (1748-1832) e Stuart Mill (1806-1873), que considera a boa ação ou a boa regra de conduta enquanto utilidade e pelo bem-estar que podem proporcionar a um indivíduo e, em extensão, à coletividade, na suposição de uma complementaridade entre a satisfação pessoal e a coletiva, ou seja, as questões privadas e o bem comum. (N.T.)

Para remover as propriedades de nutrientes do nitrogênio, o nitrato deve ser convertido para gás nitrogênio. Uma vez que a amônia tenha sido convertida para nitrato, pode ser reduzida para gás nitrogênio por uma ampla faixa de bactérias anaeróbias e facultativas, tal como as *Pseudomonas*. Essa redução, denominada *desnitrificação*, exige uma fonte de carbono, e o metanol (CH_3OH) é frequentemente utilizado para essa finalidade. O lodo contendo NO_3^- é colocado em uma condição *anóxica*, em que os micro-organismos utilizam o nitrogênio como o receptor de elétrons, conforme discutido no Capítulo 8. Utilizando o metanol como fonte de carbono, os micro-organismos facultativos convertem o nitrato em gás nitrogênio, N_2, que então borbulha a partir do lodo para a atmosfera. (Às vezes, condições anóxicas não são desejáveis, como em um decantador primário. Quando o lodo no decantador primário não é bombeado para fora e todo o oxigênio sofre depleção no lodo que se encontra na parte inferior, o lodo começa a desnitrificar, criando bolhas que transportam parte dos sólidos, a partir da zona de lodo).

A *remoção de fósforo* é alcançada tanto por meios químicos como biológicos. Em águas residuais, o fósforo existe como ortofosfato (PO_4^{3-}), polifosfato (P_2O_7), e fósforo organicamente limitado. O polifosfato e o fosfato orgânico podem constituir até 70% da carga de entrada de fósforo. No processo metabólico, micro-organismos utilizam os polifosfatos e os organofosfatos, e produzem a forma oxidada de fósforo, o ortofosfato.

A remoção de fósforo por meio químico exige que o fósforo seja completamente oxidado para ortofosfato e, consequentemente, a remoção química mais eficaz ocorre no final do sistema de tratamento biológico secundário. Os produtos químicos mais populares utilizados para a remoção de fósforo são cal, $Ca(OH)_2$, e alúmen, $Al_2(SO_4)_3$. O íon de cálcio com pH alto se combinará com fosfato para formar um precipitado insolúvel branco denominado hidroxiapatita de cálcio, que é sedimentado e removido. O carbonato de cálcio insolúvel também é formado e removido, e pode ser reciclado por meio da queima em uma fornalha.

O íon de alumínio do alúmen se precipita como um fosfato de alumínio pouco solúvel, $AlPO_4$, e o hidróxido de alumínio, $Al(OH)_3$. O precipitado de hidróxido forma flocos pegajosos e ajuda a sedimentar os fosfatos. O ponto de dosagem de alúmen mais comum é no decantador final.

A quantidade de cal ou alúmen requerida para atingir determinado nível da remoção de fósforo depende da quantidade do mesmo, assim como de outros componentes na água. O lodo produzido pode ser calculado utilizando relações estequiométricas.

Métodos biológicos de remoção de fósforo parecem estar se tornando cada vez mais populares, especialmente porque o processo não produz mais sólidos para eliminação. A maior parte dos sistemas biológicos de remoção de fósforo depende do fato de que micro-organismos podem ser pressionados pelo corte de fornecimento de oxigênio (condição anóxica) e, assim, sendo enganados, são levados a "pensar" que tudo está perdido e que certamente morrerão! Se essa condição anóxica for, então, seguida por uma reintrodução repentina de oxigênio, as células começarão a armazenar o fósforo em seu material celular, fazendo isso em níveis muito além de sua necessidade normal. Essa *absorção de luxo* de fósforo é seguida pela remoção de células da corrente do líquido, retirando com isso grande parte do fósforo. Diversos processos proprietários que utilizam micro-organismos para armazenar fósforo em excesso podem produzir efluentes que desafiam as técnicas de precipitação química.

11.4.2 Remoção de sólidos e orgânicos adicionais

Filtros rápidos de areia similares àqueles em estações de tratamento de água potável podem ser utilizados para remover sólidos suspensos residuais e para o refinamento da água. Os filtros de areia estão, em geral, localizados entre o decantador secundário e a área de desinfecção.

Lagoas de oxidação são comumente utilizadas para a remoção de DBO. A lagoa de oxidação, ou refinamento, é essencialmente um buraco no chão, uma grande lagoa utilizada para confinar o efluente da estação antes que este seja descarregado no curso de água natural. Essas lagoas são projetadas para ser aeróbicas e, como a penetração de luz é importante para o crescimento de algas, é necessário que tenham uma grande área superficial. As reações que ocorrem dentro da lagoa de oxidação são ilustradas na Figura 11.23. (Lagoas de oxidação são, às vezes, utilizadas como a única etapa de tratamento se a vazão de resíduos for pequena; entretanto, uma grande área de lagoa é necessária.)

©Cortesia do EPA

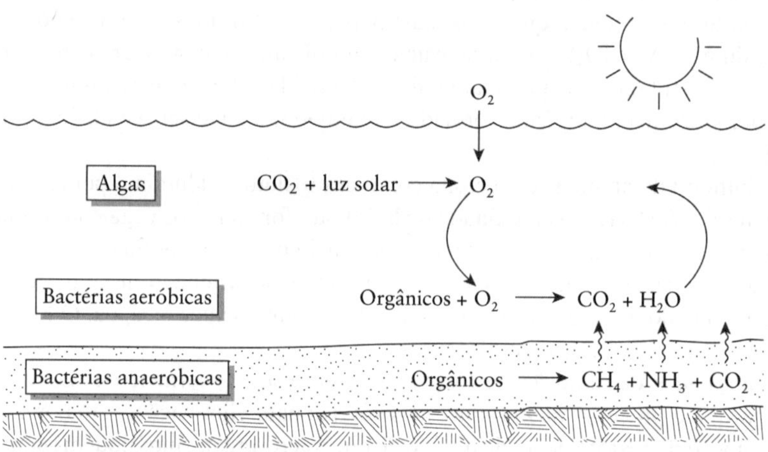

FIGURA 11.23 Reações em uma lagoa de oxidação (ou estabilização).

A *adsorção de carbono ativado* é outro método de remoção de DBO, mas esse processo possui a vantagem adicional de remover tanto os organismos inorgânicos como os orgânicos. O mecanismo de adsorção de carbono ativado é tanto químico como físico, com minúsculas fissuras que aderem e seguram partículas coloidais e menores. Uma coluna de carbono ativado é similar a uma coluna de troca de íons (conforme discutido no Capítulo 10): é um tubo totalmente fechado com água suja bombeada, de baixo para cima e água limpa saindo na parte superior. À medida que o carbono se torna saturado com diversos materiais, o carbono sujo deve ser removido da coluna para ser regenerado, ou limpo. A remoção é frequentemente contínua, com carbono limpo sendo adicionado à parte superior da coluna. A regeneração é normalmente realizada pelo aquecimento do carbono na ausência de oxigênio, conduzindo os materiais orgânicos para fora. Uma pequena perda na eficiência é observada com a regeneração, e algum carbono virgem deve ser sempre adicionado a fim de assegurar um desempenho eficaz.

Os processos terciários de tratamento de águas residuais descritos não são apenas complexos, são também caros, portanto, estratégias alternativas de gerenciamento de águas residuais têm sido procuradas. Uma dessas alternativas é aspergir o efluente secundário sobre a terra e permitir que os micro-organismos do solo degradem os componentes orgânicos remanescentes. Esses sistemas, conhecidos como *tratamento pelo solo*, têm sido empregados por muitos anos na Europa, mas apenas recentemente foram utilizados na América do Norte. Eles parecem representar uma alternativa razoável para sistemas complexos e caros, particularmente para comunidades menores onde há solo em abundância.

Há três tipos principais de tratamento pelo solo: infiltração com taxa lenta, infiltração rápida e vazão sobre a terra. Contudo, o método mais promissor de tratamento pelo solo provavelmente seja a irrigação. No entanto, novamente, a quantidade da área de solo exigida é substancial, e a transmissão de doenças é possível, pois os resíduos carregam organismos patogênicos. Comumente, de 1.000 a 2.000 hectares (10.000 m^2 a 20.000 m^2) de solo são necessários para cada 1 m^3/s de vazão de águas residuais, dependendo da plantação e do solo. Nutrientes como N e P que permanecem no efluente secundário são, obviamente, benéficos para as plantações.

11.4.3 Alagadiços

Outra opção é um alagadiço construído. (Embora os alagadiços existentes têm sido utilizados para o tratamento de águas residuais, o uso de alagadiços construídos é mais comum, porque podem ser controlados para funcionar de forma mais confiável e, desse modo, as exigências do Clean Water Act para descargas em cursos de água dos Estados Unidos são evitadas.) Alagadiços construídos são projetados com base em ecossistemas de alagadiços naturais e utilizam processos físicos, químicos e biológicos para remover materiais contaminantes. Enquanto todos os sistemas de tratamento de águas residuais dependem, até certo ponto, de processos naturais, como a gravidade e biodegradação, alagadiços construídos dependem, primordialmente, de componentes naturais para manter as principais operações de tratamento e utilizam equipamentos mecânicos moderadamente. Isso difere de sistemas de tratamento convencionais que mantêm processos naturais com equipamentos mecânicos com intenso consumo de energia. Como resultado, alagadiços construídos têm exigências menores para o funcionamento e a manutenção, além de utilizarem menos energia do que sistemas convencionais. Além disso, geram menos lodo e oferecem um *habitat* para a vida selvagem. Entretanto, exigem mais área de solo. Alagadiços têm sido utilizados para tratar o escoamento de águas pluviais, chorume de aterros e águas residuais de residências, pequenas comunidades, estabelecimentos comerciais (como paradas de caminhões nas estradas) e áreas de descanso.

As duas principais categorias de alagadiços são de vazão em superfície e vazão em subsuperfície. Alagadiços de vazão em superfície, que se assemelham a alagadiços naturais, são mais comuns no tratamento de águas residuais (Figura 11.24). Eles também são conhecidos como alagadiços de superfície de água livre e alagadiços de água aberta. Um material de baixa permeabilidade (como argila, bentonita ou um revestimento sintético) é utilizado na parte inferior a fim de evitar a contaminação da água subterrânea. Alagadiços de vazão na subsuperfície também são conhecidos como leito de vegetação submersa, leito de cascalho, leito de junco e alagadiços de zona rizosférica (Figura 11.25). Tratam-se de sistemas utilizados para substituir sistemas sépticos. Como as águas residuais são mantidas abaixo da superfície intermediária (que varia de cascalho graúdo a areia), esses sistemas reduzem problemas como odor e pernilongos. Um sistema híbrido, com vazão em subsuperfície e superfície também pode ser utilizado.

Alagadiços construídos são considerados reatores biológicos de crescimento anexado. Os principais componentes de sistemas de alagadiços construídos são as plantas, os solos e micro-organismos. As plantas servem como meio de suporte para micro-organismos, oferecem sombra (o que reduz o crescimento das algas), isolam a água da perda de calor, filtram sólidos e elementos patogênicos, e fornecem oxigênio dissolvido.[1,4] As plantas mais comumente utilizadas são tifas, juncos, gêneros da família juncáceas, *Schoenoplectus, Sagittaria* e ciperáceas; a profundidade da água determinará quais plantas terão um bom crescimento.[1,5] (Em razão dos altos níveis de nutrientes, essas plantas, em geral, dominarão um sistema, que é a razão pela qual os alagadiços construídos não têm a diversidade de plantas de alagadiços naturais.)[5]

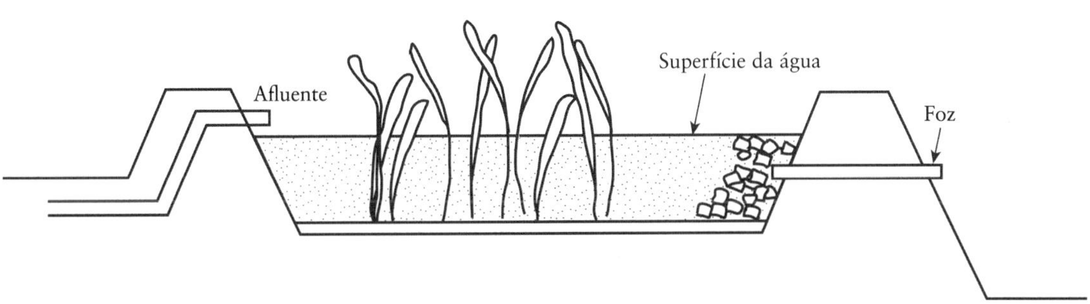

FIGURA 11.24 Alagadiço de vazão em superfície.

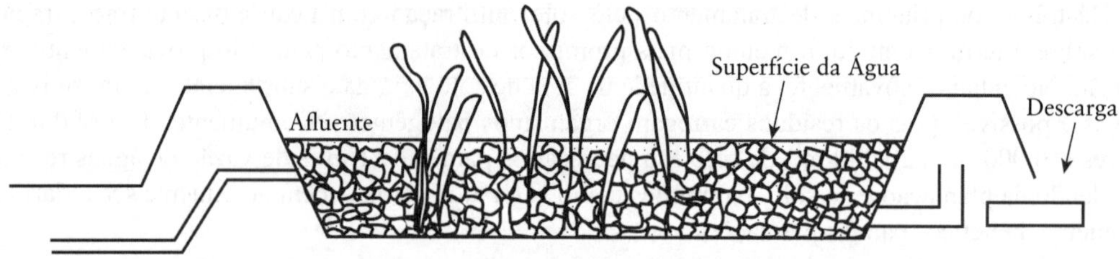

FIGURA 11.25 Alagadiço de vazão em subsuperfície.

Em geral, os critérios de projetos incluem um tempo de retenção de 7 dias (maior para regiões mais frias) e uma carga hidráulica de 200 m^3/ha-d.[5] Cargas de DBO de até 220 kg/ha-d, profundidades de 1,5 m e relações de comprimento para largura de 3:1 foram utilizadas de forma bem-sucedida.[4] A profundidade da água em alagadiços de vazão em superfície tem sido de 100 a 450 mm, enquanto a profundidade de leito de alagadiços de vazão em subsuperfície tem sido de 0,45 a 1 m.[1] Sistemas de alagadiços podem chegar a um impressionante efluente de 5 a 10 mg/L de DBO e nitrogênio total, e 5 a 15 mg/L de TSS.[5]

11.5 TRATAMENTO E ELIMINAÇÃO DE LODO

As pastas fluidas produzidas como subtransbordamentos dos tanques de sedimentação, a partir dos tratamentos primário e secundário, devem ser tratadas e, por fim, eliminadas. Em geral, dois tipos de lodos são produzidos em estações convencionais de tratamento de águas residuais – *lodo cru primário* e *lodo biológico* ou *secundário*. O lodo cru primário surge da parte inferior do decantador primário e o lodo biológico é composto por sólidos que se acumularam nas superfícies do reator de filme fixo e abandonaram o meio ou o lodo ativado dos resíduos acumulados no sistema de lodo ativado.

A quantidade de lodo produzido em uma estação de tratamento pode ser analisada utilizando-se a técnica de vazão da massa.

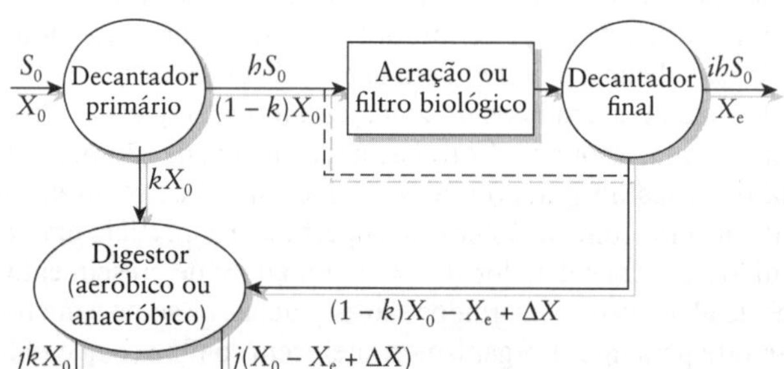

FIGURA 11.26 Esquema de uma típica estação de tratamento de águas residuais utilizada para calcular a quantidade de lodos.

A Figura 11.26 é uma representação esquemática de uma estação de tratamento de águas residuais municipal. Os símbolos nessa figura são os seguintes:

S_0 = DBO do afluente, kg/h;
X_0 = sólidos suspensos do afluente kg/h;
h = fração de DBO não removida no decantador primário;
i = fração de DBO não removida no sistema de lodo ativado;
X_e = sólidos suspensos do efluente da estação, kg/h;
k = fração de sólidos removidos do afluente no decantador primário;
ΔX = total líquido de sólidos produzidos por ação biológica, kg/h;

$Y =$ rendimento, ou massa de sólidos biológico produzidos no tanque de aeração por massa de DBO destruída, ou

$$\frac{\Delta X}{\Delta S}$$

onde $\Delta S = hS_0 - ihS_0$.

EXEMPLO 11.9

Problema As águas residuais entram na estação de tratamento com capacidade de 24 milhões de L/d com uma DBO de 200 mg/L e sólidos suspensos de 180 mg/L. Espera-se que o decantador primário apresente eficiência de 60% na remoção de sólidos, enquanto também remove 30% da DBO. O sistema de lodo ativado remove 95% da DBO que recebe, produz um efluente com concentração de sólidos suspensos de 20 mg/L, e espera-se que produza 0,5 kg de sólidos por quilograma de DBO destruída. A estação é apresentada esquematicamente na Figura 11.27A. Determine a quantidade de lodo cru primário e lodo ativado dos resíduos produzidos nessa estação.

Solução O lodo cru primário a partir do decantador primário é, simplesmente, a fração de sólidos removidos, $k = 0{,}60$, vezes os sólidos do afluente. A vazão de sólidos do afluente é

$$X_0 = (180 \text{ mg/L}) (24 \text{ milhões L/d}) = 4.320 \text{ kg/d}$$

Portanto, a produção de lodo cru primário é $kX_0 = 0{,}60 \; (4.320 \text{ kg/d}) = 2.592 \text{ kg/d}$.

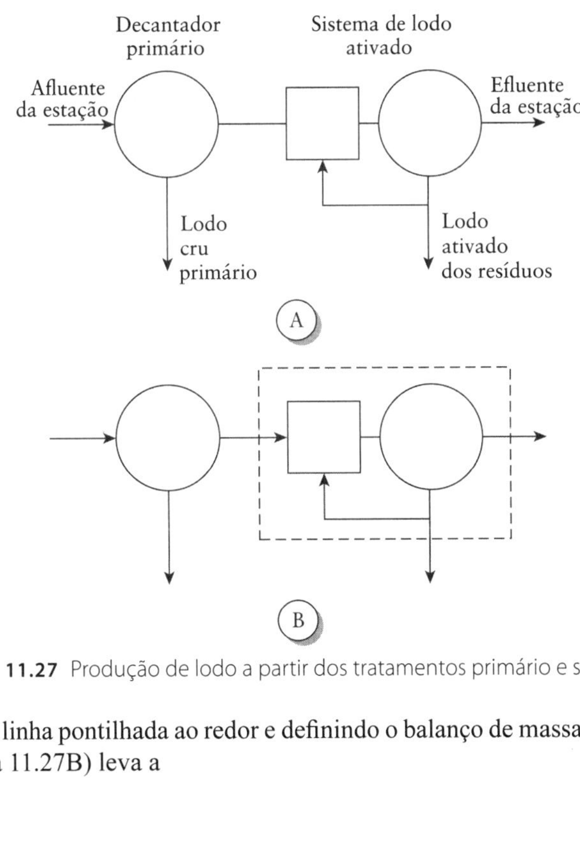

FIGURA 11.27 Produção de lodo a partir dos tratamentos primário e secundário.

Desenhando uma linha pontilhada ao redor e definindo o balanço de massa de sólidos para o sistema de lodo ativado (Figura 11.27B) leva a

$$\begin{bmatrix}\text{Taxa de}\\ \text{sólidos}\\ \text{ACUMULADOS}\end{bmatrix}=\begin{bmatrix}\text{Taxa de}\\ \text{sólidos}\\ \text{DE ENTRADA}\end{bmatrix}-\begin{bmatrix}\text{Taxa de}\\ \text{sólidos}\\ \text{DE SAÍDA}\end{bmatrix}+\begin{bmatrix}\text{Taxa de}\\ \text{sólidos}\\ \text{PRODUZIDOS}\end{bmatrix}-\begin{bmatrix}\text{Taxa de}\\ \text{sólidos}\\ \text{CONSUMIDOS}\end{bmatrix}$$

Supondo o estado estacionário e nenhum consumo de sólidos:

$$0 = [\text{Taxa DE ENTRADA}] - [\text{Taxa DE SAÍDA}] + [\text{Taxa PRODUZIDA}] - 0$$

Os sólidos que entram no sistema de lodo ativado são provenientes de sólidos não capturados no decantador primário, ou $(1 - k) X_0 = 1.728$ kg/d. Dois tipos de sólidos saem do sistema, os sólidos do efluente e o lodo ativado gasto. Os sólidos do efluente são

$$X_e = (20 \text{ mg/L}) (24 \text{ milhões L/d}) = 480 \text{ kg/d}.$$

O lodo ativado gasto é desconhecido.

O lodo biológico é produzido enquanto a DBO é utilizada. A quantidade de DBO que entra no sistema de lodo ativado é

$$hS_0 = (0{,}7)(200 \text{ mg/L}) (24 \text{ milhões L/d}) = 3.360 \text{ kg/d}.$$

O sistema de lodo ativado apresenta eficiência de 95% na remoção desta DBO, ou $1 - i = 0{,}95$, portanto, uma quantidade de DBO destruída dentro do sistema é representada por $(1 - i) \times hS_0 = 3.192$ kg/d. Supõe-se que o rendimento seja 0,5 kg de sólidos produzidos por lb de DBO destruída; logo, os sólidos biológicos produzidos devem ser $Y \times (1 - i) \times hS_0) = 0{,}5 \times 3.192 = 1.596$ kg/d.

Encaixando as informações conhecidas e desconhecidas no balanço de massa em lb/d resulta em

$$0 = [(1 - k)X_0] - [X_e + X_w] + [Y(1 - i)(hS_0)] - 0$$
$$0 = 1.728 - [480 + X_w] + 1.596 - 0$$

ou

$$X_w = 2.844 \text{ kg/d}$$

É possível economizar uma elevada soma de dinheiro e evitar problemas, caso o lodo pudesse ser eliminado sem tratamento adicional, na mesma forma em que é removido da cadeia principal do processo. Infelizmente, os lodos produzidos no tratamento de águas residuais têm três características que tornam improvável uma eliminação tão simples: são esteticamente desagradáveis, potencialmente prejudiciais e contêm água demais. Os primeiros dois problemas são frequentemente resolvidos por estabilização e o terceiro problema exige deságue do lodo. As três próximas seções abrangem os tópicos de estabilização, deságue e eliminação final.

11.5.1 Estabilização do lodo

O objetivo da estabilização do lodo é reduzir os problemas associados com duas das características prejudiciais definidas anteriormente: odor do lodo e putrescência, e a presença de organismos patogênicos. Três meios primários são utilizados:

- cal;
- digestão aeróbica;
- digestão anaeróbica.

A *estabilização por cal* é atingida ao se adicionar cal (seja cal hidratada, $Ca(OH)_2$ ou cal viva, CaO), ao lodo, o que eleva o pH para cerca de 11 ou mais. Isso reduz significantemente o odor e ajuda na destruição de elementos patogênicos. Uma grande desvantagem da estabilização por cal é que esta é temporária. Com o tempo (dias), o pH cai e o lodo, mais uma vez, tornase putrescente.

A *digestão aeróbica* é meramente uma extensão lógica do sistema de lodo ativado. O lodo ativado dos resíduos é posicionado em tanques dedicados de aeração por um tempo muito longo, e os sólidos concentrados conseguem progredir bem para a fase de respiração endógena, em que alimentos são obtidos somente pela destruição de outros organismos viáveis (Figura 11.10). Isso resulta em uma redução líquida dos sólidos totais e voláteis. Lodos aerobicamente digeridos são, entretanto, mais difíceis de passar por deságue do que lodos anaeróbicos.

A *digestão anaeróbica* é o terceiro método mais comumente empregado de estabilização do lodo. A bioquímica da decomposição anaeróbica dos orgânicos é ilustrada na Figura 11.28.

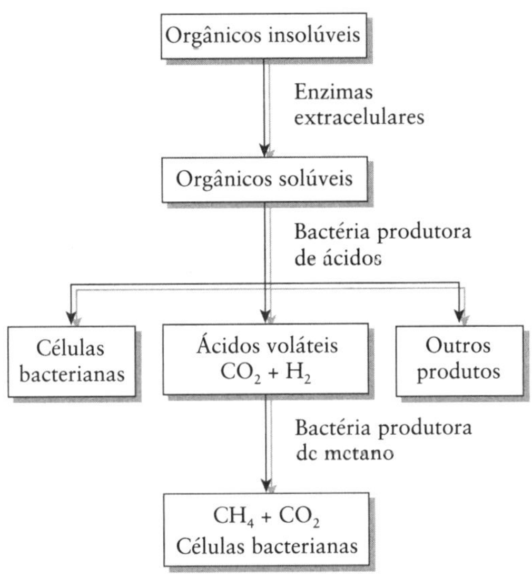

FIGURA 11.28 Dinâmica do processo de digestão anaeróbica de lodo.

Observe que se trata de um processo gradual, com a dissolução de orgânicos por enzimas extracelulares seguida pela produção de ácidos orgânicos por um grande e abundante grupo de micro-organismos anaeróbios conhecidos, de forma bastante adequada, como *formadores de ácidos*. Os ácidos orgânicos são, por sua vez, decompostos ainda mais por um grupo de organismos anaeróbicos denominados *formadores de metano* (Capítulo 8). Esses micro-organismos são as "estrelas principais" do tratamento de águas residuais, "irritando-se" com a mínima mudança em seu ambiente. O sucesso do tratamento anaeróbio resume-se à criação de uma condição favorável para os formadores de metano. Sendo eles organismos anaeróbicos, incapazes de funcionar na presença de oxigênio, são muito sensíveis às condições ambientais, como temperatura, pH e a presença de toxinas. Se um digestor se torna "azedo", os formadores de metano foram inibidos de alguma maneira. Entretanto, os formadores de ácidos se mantêm ruidosamente em movimento, formando mais ácidos orgânicos. Isso tem o efeito de reduzir ainda mais o pH e tornar as condições ainda piores para os formadores de metano. Um digestor doente é, portanto, difícil de ser curado sem doses massivas de cal ou outros antiácidos.

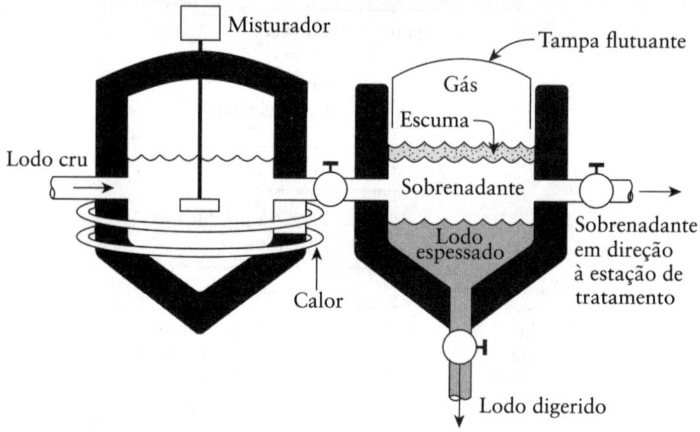

FIGURA 11.29 Digestão anaeróbia bifásica; digestores anaeróbicos primário e secundário.

Com frequência, a razão para esses problemas é a dificuldade de misturar o lodo no digestor. Ainda não foi desenvolvida alguma técnica eficaz de mistura para os digestores normalmente utilizados em estações de tratamento de águas residuais norte-americanas. A maior parte das estações de tratamento norte-americanas possui dois tipos de digestores anaeróbicos – primário e secundário (Figura 11.29). O digestor primário é coberto, aquecido e misturado para aumentar a taxa da reação. A temperatura do lodo é, em geral, de aproximadamente 35 °C (95F). Digestores secundários não são misturados ou aquecidos, sendo utilizados para armazenar gás e concentrar o lodo por sedimentação. Como os sólidos se sedimentam, o líquido sobrenadante é bombeado de volta para a estação principal para tratamento adicional. A tampa do digestor secundário, muitas vezes, flutua para cima e para baixo, dependendo da quantidade de gás armazenado. O gás tem conteúdo de metano alto o suficiente para ser utilizado como combustível e é, de fato, utilizado normalmente para aquecer o digestor primário.

Na Europa, digestores em formato de ovo (Figura 11.30) tornaram-se populares, principalmente, em razão da facilidade de mistura. O gás do digestor é bombeado para a parte inferior, e um modelo de circulação eficaz é definido.

Digestores anaeróbicos devem atingir uma redução substancial de elementos patogênicos porque funcionam em temperaturas elevadas; no entanto, o processo não é perfeito e muitos organismos patogênicos sobrevivem. Um digestor anaeróbico não pode, portanto, ser considerado um método de esterilização.

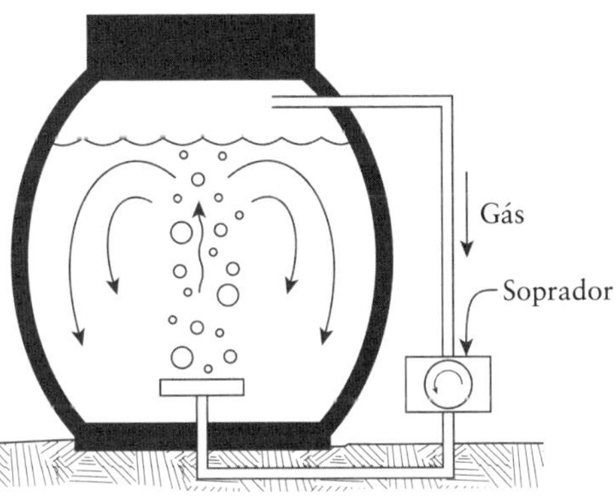

FIGURA 11.30 Digestores anaeróbicos em formato de ovo.

11.5.2 Deságue do lodo

Na maior parte das estações de águas residuais, o deságue é o método final de redução de volume antes da eliminação final. Nos Estados Unidos, três técnicas de deságue são atualmente amplamente utilizadas: leitos de areia, prensas desaguadoras e centrífugas. Cada uma delas é discutida a seguir.

Os *leitos de areia* têm sido utilizados por muitos anos e ainda são o meio mais econômico para o deságue quando há solo disponível e os custos de mão de obra não são exorbitantes. Conforme mostra a Figura 11.31, leitos de areia consistem em drenos de cerâmica em cascalhos cobertos por, aproximadamente, 0,25 m de areia. O lodo que será desaguado é despejado sobre os leitos a cerca de 15 cm de profundidade. Dois mecanismos se combinam para separar a água dos sólidos: infiltração e evaporação. A infiltração na areia e pelos drenos de cerâmica, embora importantes no volume total de água extraída, duram apenas alguns dias. Quando a drenagem na areia cessa, a evaporação assume o comando, e esse processo é, de fato, responsável pela conversão de lodo líquido em sólido. Em algumas regiões ao norte do globo, leitos de areia são cobertos por estufas a fim de promover a evaporação, assim como para evitar que chova sobre os leitos.

Para o lodo misto digerido, o critério de projeto mais comum é permitir um período de secagem de três meses. Alguns engenheiros sugerem que esse período seja estendido para permitir que o leito de areia descanse por um mês após o lodo ser removido, o que parece ser um meio eficaz de aumentar a eficiência da drenagem, uma vez que os leitos de areia estiverem novamente inundados. O lodo cru primário não será bem drenado sobre os leitos de areia e, normalmente, terá um odor desagradável. Ele é, portanto, raramente seco em leitos de areia. Lodos crus secundários costumam se infiltrar na areia ou entopem os poros tão rapidamente que não ocorre uma drenagem eficaz. O lodo digerido aerobicamente pode secar sobre a areia, porém com dificuldade.

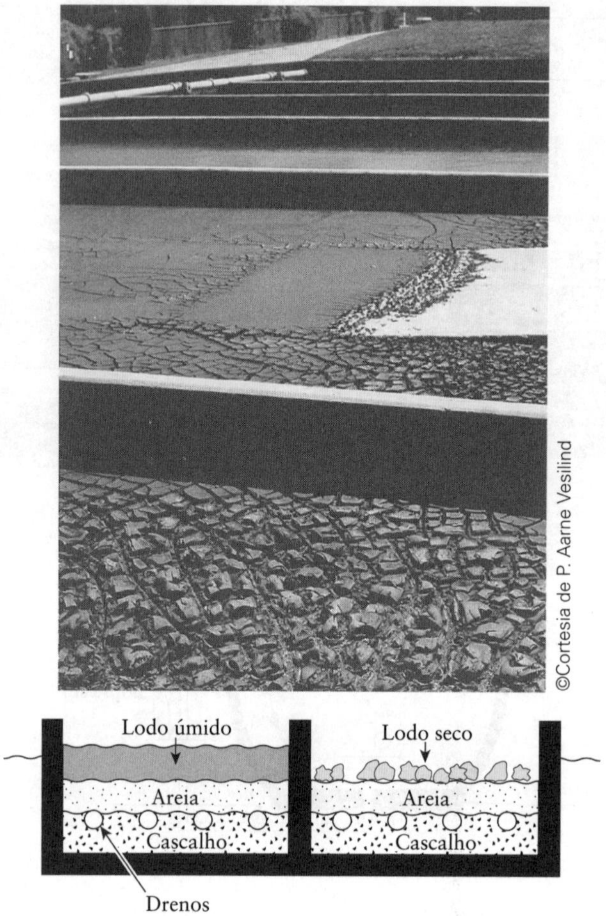

FIGURA 11.31 Leito de secagem de areia para deságue do lodo.

Se o deságue por leitos de areia for considerado impraticável, técnicas mecânicas de deságue devem ser empregadas. Um método mecânico de deságue é a *prensa desaguadora*, que funciona tanto como filtro pressurizado e como filtro de gravidade (Figura 11.32). Como o lodo é introduzido em uma esteira, a água livre ao redor das partículas sólidas de lodo goteja ao longo da esteira e os sólidos são retidos na superfície desta. A esteira, então, move-se para a zona de deságue, onde o lodo é comprimido entre as duas esteiras, pressionando a saída do *liquido filtrado* dos sólidos do lodo. A seguir, os sólidos desaguados, denominados como *torta*, são descarregados quando as esteiras se separam.

Outro método mecânico amplamente utilizado de deságue é a *centrífuga*. A centrífuga utilizada mais comum é o decantador de vaso sólido, que consiste em um corpo em forma de projétil girando ao redor de seu longo eixo. Quando o lodo é colocado dentro do vaso, os sólidos sedimentam-se sob uma força centrífuga de aproximadamente 500 a 1.000 vezes a gravidade. Eles são, então, raspados para fora do vaso por um transportador helicoidal (Figura 11.33). Os sólidos que saem de uma centrífuga são conhecidos como *torta*, assim como na filtração, mas o líquido que passou por decantação é conhecido como *filtrado*.

O objetivo de um processo de deságue é duplo: produzir uma torta de sólidos de alta concentração de sólidos e garantir que todos os sólidos, e somente os sólidos, acabem na torta. Infelizmente, a centrífuga não é um dispositivo ideal, e parte dos sólidos ainda acaba no filtrado e parte do líquido, na torta. O desempenho das centrífugas é medido por amostragem da alimentação, de filtrado e de torta saindo de uma máquina em funcionamento. A ferramenta é composta de tal modo que fica muito difícil medir as taxas de vazão do filtrado e da torta, e somente as concentrações de sólidos podem ser fornecer amostragem para essas vazões. Quando a recuperação de sólidos e os sólidos da torta (pureza) precisarem ser calculados, é necessário utilizar balanços de massa.

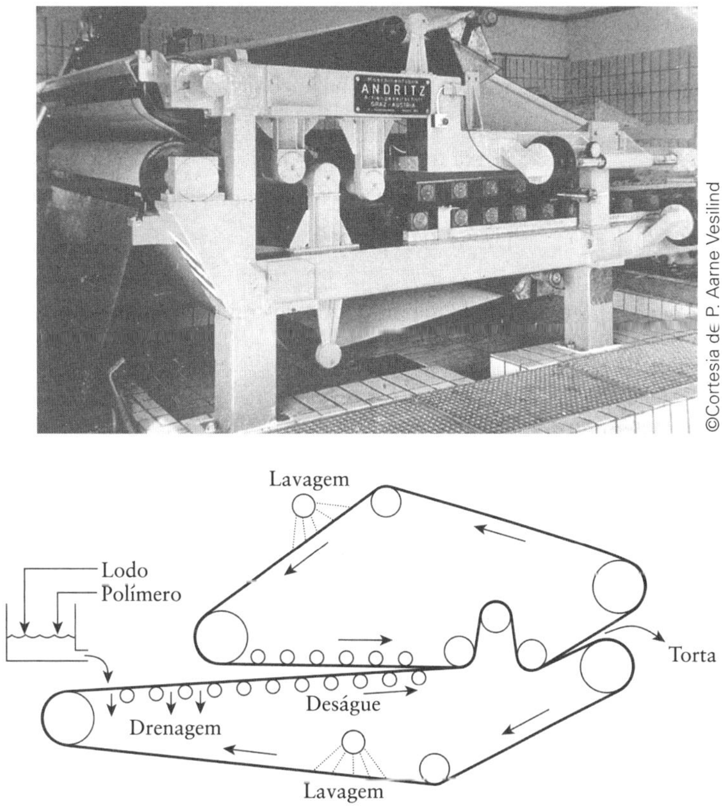

FIGURA 11.32 Prensa desaguadora utilizada para deságue do lodo.

FIGURA 11.33 Uma centrífuga decantadora de vaso sólido utilizada para deságue do lodo.

A centrífuga é uma caixa preta composta por dois materiais, conforme apresentado no Capítulo 3. Assumindo o funcionamento em estado estacionário e reconhecendo que nenhum líquido ou sólido é produzido ou consumido na centrífuga, a equação do balanço de massa é

[Taxa de material
DE ENTRADA] = [Taxa de material
DE SAÍDA]

O balanço do volume em termos de lodo com vazão de entrada e saída é

$$Q_0 = Q_k + Q_c$$

e o balanço de massa em termos de sólidos do lodo é

$$Q_0 C_0 = Q_k C_k + Q_c C_c.$$

onde Q_0 = vazão de lodo de alimentação, volume/unidade de tempo;
Q_k = vazão de lodo em forma de torta, volume/unidade de tempo;
Q_c = vazão de lodo em forme de filtrado, volume/unidade de tempo;

e os subscritos 0, k e c referem-se ao suprimento (alimentação), torta e concentrações de sólidos do filtrado, respectivamente.

A recuperação de sólidos, conforme definido anteriormente, é

$$\text{Recuperação de sólidos} = \frac{\text{Massa de sólidos secos na forma de torta}}{\text{Massa de sólidos de suprimento secos}} \times 100$$

$$= \frac{C_k Q_k}{C_0 Q_0} \times 100.$$

Resolver o primeiro balanço de materiais para Q_C e substituir no segundo balanço de materiais resulta em

$$Q_k = \frac{Q_0 (C_0 - C_c)}{C_k - C_c}.$$

Substituindo essa expressão na equação para recuperação de sólidos resulta em

$$\text{Recuperação de sólidos} = \frac{C_k (C_0 - C_c)}{C_0 (C_k - C_c)} \times 100.$$

Essa expressão permite o cálculo da recuperação de sólidos utilizando apenas os termos da concentração.

EXEMPLO 11.10

Problema Uma centrífuga de lodo de águas residuais funciona com uma alimentação de 40 L/min e uma concentração de alimentação de sólidos de 1,2%. A concentração de sólidos da torta é composta por 22% de sólidos, e a concentração de sólidos do filtrado é de 500 mg/L. Qual é a recuperação de sólidos?

Solução As concentrações de sólidos devem, em princípio, ser convertidas para unidades similares. Lembre-se de que se a densidade dos sólidos for quase um (uma boa hipótese para sólidos de águas residuais), 1% de sólidos = 10.000 mg/L.

	Concentração de sólidos mg/L
Sólidos de alimentação	12.000
Sólidos da torta	220.000
Sólidos do filtrado	500

$$\text{Recuperação de sólidos} = \frac{220.000(12.000 - 500)}{12.000(220.000 - 500)} \times 100 = 96\%.$$

A centrífuga é um dispositivo interessante de separação de sólidos, porque pode funcionar para quase qualquer recuperação de sólidos e sólidos da torta, dependendo da condição do lodo e da taxa de vazão. Para um determinado lodo, a centrífuga terá uma *curva de funcionamento*, como mostra a Figura 11.34. Conforme a taxa de vazão aumenta, a recuperação de sólidos começa a se deteriorar porque o tempo de permanência na máquina é menor, mas, ao mesmo tempo, os sólidos da torta melhoram porque a máquina discrimina entre os sólidos e ejeta somente aqueles que são fáceis de remover, produzindo uma alta concentração de sólidos na torta. Em uma vazão de alimentação mais baixa, altos tempos de permanência permitem a remoção de sólidos e sedimentação completa, porém a torta fica mais úmida porque todas as partículas pequenas e leves que transportam muita água também são removidas.

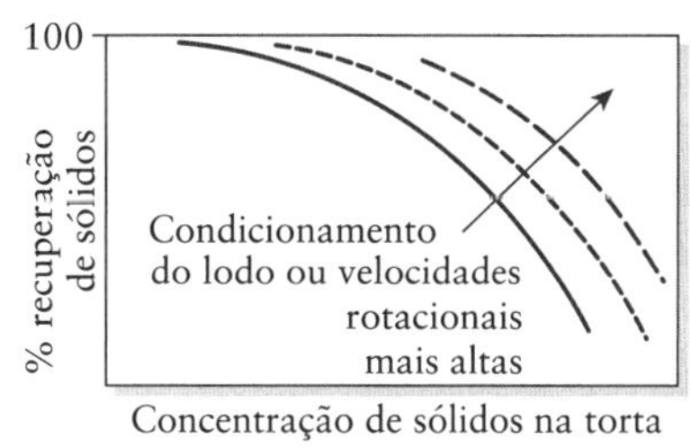

FIGURA 11.34 Curva de funcionamento da centrífuga.

Isso parece ser um problema difícil. Aparentemente, é possível se mover apenas para cima e para baixo na curva de funcionamento, trocando a recuperação de sólidos por sólidos da torta. Entretanto, há duas formas de se mover por toda a curva para a direita, ou seja, obter uma curva de funcionamento melhor, de modo que tanto a recuperação de sólidos como os sólidos da torta sejam melhorados. O primeiro método é aumentar a força centrífuga imposta sobre os sólidos.

A criação da força centrífuga é mais bem explicada ao lembrarmos, inicialmente, da lei de Newton:

$$F = ma$$

onde F = força, N;
m = massa, kg;
a = aceleração, m/s^2.

Se a aceleração acontece em razão da gravidade:

$$F = mg$$

onde g = aceleração por causa da gravidade, m/s^2.

Quando uma massa é girada, exige uma força em direção ao centro da rotação para evitar que voe para o espaço. Esta força é calculada como

$$F_c = m(w^2 r)$$

onde F_c = força centrífuga, N;
m = massa, kg;
w = velocidade rotacional, radianos/s;
r = raio de rotação.

O termo w^2r é denominado aceleração centrífuga e tem unidades de m/s^2.

O número de *gravidades*, G, produzido por uma centrífuga é

$$G = \frac{w^2 r}{g}$$

onde w = velocidade rotacional, radianos/s (lembre-se de que cada rotação se iguala a 2π radianos);
r = raio interior do decantador da centrífuga.

Aumentar a velocidade do decantador, portanto, aumenta a força centrífuga e move a curva de funcionamento para a direita.

O segundo método de melhorar simultaneamente sólidos da torta e recuperar os sólidos é condicionar o lodo com produtos químicos antes do deságue. Isso é comumente realizado pela utilização de macromoléculas orgânicas chamadas *polieletrólitos*. Essas moléculas grandes, com pesos moleculares de alguns milhões, apresentam locais carregados que parecem se ligar a partículas de lodo e formar uma ponte para as partículas menores, de modo que flocos maiores sejam formados. Esses flocos maiores são capazes de expelir água e se compactar em sólidos menores, resultando em um filtrado limpo e uma torta mais compacta. Isso, de fato, move a curva de funcionamento para a direita.

11.5.3 Eliminação final

As opções para a eliminação final de lodo são limitadas ao ar, água e solo. Controles rígidos sobre a poluição do ar normalmente tornam a incineração um recurso de alto custo, embora essa possa ser a única opção para algumas comunidades. A eliminação de lodos em águas profundas (como oceanos) está sendo reduzida progressivamente devido a efeitos adversos ou desconhecidos sobre a ecologia aquática. A eliminação no solo pode ser realizada pelo despejo sobre um aterro sanitário ou ao se espalhar o lodo sobre o solo e permitir que a biodegradação natural assimile o lodo de volta para o ambiente. Por fim, o lodo pode ser eliminado por doação ou, melhor ainda, vendendo-o como um valioso fertilizante e condicionador do solo.

Falando restritamente, a incineração *não* é um método de descarte, mas em vez disso, uma fase do tratamento de lodo em que os orgânicos são convertidos em H_2O e CO_2, e muitos outros compostos parcialmente oxidados, e os compostos inorgânicos são despejados como um resíduo não putrescente. Encontrou-se um uso para dois tipos de incineradores no tratamento de lodo: *incinerador de câmaras múltiplas* e *incinerador de leito fluidizado*. O incinerador de câmaras múltiplas, como o nome indica, tem diversas câmaras empilhadas verticalmente, com braços do batedor, empurrando o lodo progressivamente para baixo através das camadas mais quentes e, por fim, para o poço de cinzas (Figura 11.35). O incinerador de leito fluidizado possui uma caldeira de areia quente em que o lodo é bombeado. A areia proporciona a mistura e age como um volante térmico para a estabilidade do processo.

O segundo método de eliminação – difusão pelo solo – depende da capacidade do solo de absorver o lodo e assimilá-lo na matriz do solo. Essa capacidade assimilativa depende de variáveis como tipo de solo, vegetação, precipitação da chuva, inclinação e composição do lodo (em particular, a quantidade de nitrogênio, fósforo e metais pesados). Geralmente, solos arenosos com vegetação exuberante, baixa precipitação pluvial, e inclinações suaves provaram ser o melhores. Lodos mistos digeridos foram difundidos por caminhões-tanque, e lodos ativados foram aspergidos por jatos fixos e móveis. A taxa de aplicação tem sido variável, mas 0,025 tonelada seca/m^2/ano não é uma estimativa inviável. A maior parte dos sistemas de aplicação malsucedidos sobre a terra pode estar ligada à sobrecarga do solo. Se for dado tempo suficiente (e na ausência de materiais tóxicos), a maior parte dos solos assimilará o lodo líquido aspergido.

Entretanto, o transporte do lodo líquido é frequentemente caro e a redução de volume por deságue é necessária. O lodo sólido pode, então, ser depositado no solo e inserido nele ou depositado em valas e coberto. O lodo parece assimilar rapidamente, sem lixiviação indevida de nitratos ou toxinas.

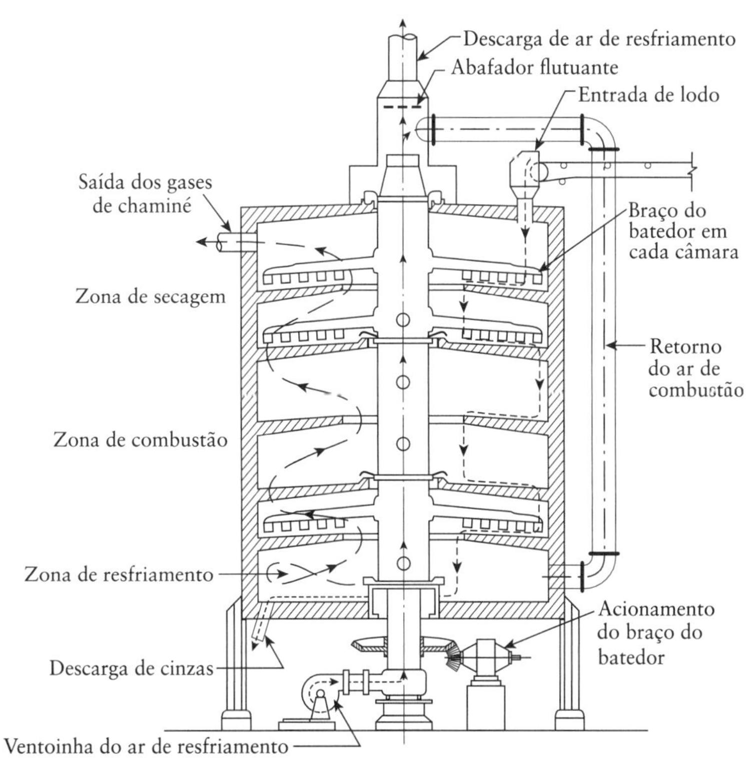

FIGURA 11.35 Um incinerador de câmaras múltiplas.

A toxicidade do lodo pode ser interpretada de diversas maneiras: toxicidade para a vegetação, toxicidade para os animais que se alimentam da vegetação (incluindo pessoas), e contaminação da água subterrânea.

A maior parte dos lodos domésticos não contém toxinas o suficiente, como metais pesados, para causar danos à vegetação. A carga total de toxinas do corpo, entretanto, apresenta certa importância e resultou em regulamentos (a Regra da parte 503) limitando os tipos de lodos que podem ser aplicados ao solo (Capítulo 1). A maior parte dos meios efetivos de controlar essa toxicidade parece ser evitar que esses materiais entrem no sistema de esgotos, reduzindo, em primeiro lugar, a contribuição dos resíduos industriais. Regulamentações de esgoto bastante severas são, desse modo, necessárias e podem ser econômicas.

11.6 SELEÇÃO DE ESTRATÉGIAS DE TRATAMENTO

Quem deve escolher qual das estratégias de tratamento mencionadas anteriormente será utilizada para determinadas condições aquáticas e de águas residuais? A resposta simples (mas errônea) seria os "tomadores de decisão", aqueles burocratas ambíguos e anônimos que decidem como gastar nosso dinheiro. Na realidade, as decisões sobre qual estratégia de tratamento adotar são tomadas por engenheiros que definem o que deve ser feito e, então, propõem o tratamento para atingir o objetivo.

Esse processo não é diferente da forma como os arquitetos trabalham. Um edifício é projetado, e o arquiteto, a princípio, gasta um tempo considerável com o cliente tentando entender exatamente o que pretende fazer com o edifício. Porém, em seguida, o arquiteto projeta o edifício com base em seu próprio gosto e conceito. De forma similar, os engenheiros do projeto estabelecem quais são os objetivos de tratamento e, então, projetam uma instalação para atender a esses objetivos.

Nessa função, os engenheiros têm considerável liberdade e, portanto, responsabilidade. A sociedade pede a eles que projetem algo que não apenas tenha uma funcionalidade, mas que funcione com os mínimos custos possíveis, não cause transtorno algum à vizinhança e também tenha uma boa aparência. Nesse papel, os engenheiros se tornam depositários da fé pública.

Por causa dessa responsabilidade pública e ambiental, a engenharia é uma profissão e, como tal, esperase que todos os engenheiros mantenham altos padrões profissionais. Historicamente e, em especial, no exterior, a engenharia tem sido uma profissão homenageada e altamente respeitada. Aleksandr I. Solzhenitsyn descreve os engenheiros russos de sua época da seguinte maneira:

> Um engenheiro? Cresci em meio aos engenheiros, e ainda posso me recordar dos engenheiros... De seu intelecto aberto e brilhante, seu humor livre e gentil, sua agilidade e amplitude de pensamento, a facilidade com que mudavam de um campo da engenharia para outro, assim como da tecnologia para preocupações sociais e para a arte.[6]

Um grande motivo para se viver, não é mesmo?

Se os engenheiros são de fato uma espécie especial, também têm responsabilidades sociais que excedem seus papéis como cidadãos comuns? Um engenheiro é apenas um robô que executa certas obrigações e, após as 17h, torna-se uma pessoa sem mais responsabilidade social que qualquer outra pessoa? Ou o treinamento especial do(a) engenheiro(a), sua experiência e seu *status* na sociedade são tais que ele/ela não pode evitar ser uma pessoa especial a quem os outros consultarão e cujas opiniões serão respeitadas?

Se a última opção for verdadeira, o papel dos engenheiros ambientais assume um significado específico. Os engenheiros ambientais não apenas são responsáveis pelo desempenho de um trabalho, mas também têm outro "cliente", o meio ambiente. Explicar os conflitos que surgem ao se trabalhar com questões ambientais seria um papel importante para o(a) engenheiro(a) ambiental, e suas responsabilidades excedem muito as de um cidadão comum.

Às vezes, os engenheiros são colocados no que pode parecer posições antiambientais. Um caso clássico seria o de engenheiros envolvidos na construção de uma imensa estação de tratamento secundário para uma grande cidade litorânea onde a descarga ocorre nas águas profundas da baia. Mesmo que a eficiência do tratamento fornecido por uma instalação de tratamento primário seja bastante adequada para atender a todos os problemas ambientais sobre saúde pública e qualidade da água, a situação política poderia exigir gastos de fundos públicos para a construção de instalações de tratamento secundário. Esses bilhões (sim, bilhões) de dólares poderiam ser bem gastos em outro lugar sem apresentar um efeito prejudicial sobre o ambiente aquático. A nova estação secundária, entretanto, é uma necessidade política. O engenheiro deveria se declarar a favor de *menos* controle ambiental?

PROBLEMAS

11.1 Os seguintes dados foram relatados sobre o funcionamento de uma estação de tratamento de águas residuais:

Componente	Afluente (mg/L)	Efluente (mg/L)
DBO_5	200	20
SS	220	15
P	10	0,5

a) Que porcentagem de remoção foi experimentada para cada um desses componentes?
b) Que tipo de estação de tratamento produziria um efluente desses? Desenhe um diagrama em blocos mostrando uma configuração das etapas de tratamento que resultariam nesse desempenho de estação.

11.2 Descreva a condição de um decantador primário um dia após as bombas de lodo cru quebrarem. O que você acha que aconteceria?

11.3 Um problema operacional com filtros biológicos é o *acúmulo de água pluvial em poças*, o crescimento excessivo de musgo sobre as rochas e subsequente entupimento dos espaços, de forma que a água não flua mais pelo filtro. Sugira algumas correções para o problema de acúmulo de água pluvial em poças.

11.4 Um problema com esgotos sanitários é representado pelas conexões ilegais de drenos no telhado. Suponha que uma família de quatro pessoas, vivendo em uma casa com área de telhado de 21 × 10 m, conecte o dreno do telhado ao esgoto. Presuma que caia 3 cm de chuva em um dia.
a) Que aumento da porcentagem haverá na vazão dessa casa sobre a vazão em tempo seco (presumida em 200 L/capitadia)?
b) O que há de tão errado em conectar os drenos do telhado aos esgotos sanitários? Como você explicaria isso para alguém que tenha acabado de ser multado por causa de conexões ilegais? (Não diga apenas "Essa é a lei." Explique *por que* há uma lei assim). Utilize razões éticas para moldar seu argumento.

11.5 Que operações de unidade secundária, e se necessária, terciária, são necessárias para tratar os seguintes resíduos para níveis de efluente de DBO_5 = 20 mg/L, SS = 20 mg/L, P = 1 mg/L.

	Resíduos	DBO_5 (mg/L)	SS (mg/L)	P (mg/L)
A.	Domésticos	200	200	10
B.	Indústria química	40.000	0	0
C.	Fábrica de conservas	0	300	1
D.	Fábrica de fertilizantes	300	300	200

11.6 O sucesso de um sistema de lodo ativado depende da sedimentação dos sólidos no tanque de sedimentação final. Suponha que o lodo em um sistema comece a se avolumar (não se sedimenta muito bem), e a concentração de sólidos suspensos do lodo ativado de retorno cai de 10.000 mg/L para 4.000 mg/L. (Não responda quantitativamente.)
a) O que isso causará para os sólidos suspensos do líquido misto?
b) O que isso causará, por sua vez, para a remoção de DBO? Por quê?

11.7 O MLSS em um tanque de aeração é de 4.000 mg/L. A vazão a partir do tanque primário de sedimentação é 0,2 m^3/s com um SS de 50 mg/L, e a vazão do lodo de retorno é 0,1 m^3/s com um SS de 6.000 mg/L. Essas duas fontes de sólidos compõem os 4.000 mg/L de SS no tanque de aeração? Se não, como o nível de 4.000 mg/L é obtido? De onde os sólidos surgem?

11.8 Um cilindro de 1 litro é utilizado para medir a capacidade de sedimentação de 0,5% dos sólidos suspensos do lodo. Após 30 minutos, os sólidos sedimentados do lodo ocupam 600 mL. Calcule o SVI.

11.9 Que medidas de estabilidade você precisaria observar se o lodo de uma estação de tratamento de águas residuais precisasse ser:
a) colocado no gramado da Casa Branca?
b) despejado em uma corrente d'água com trutas?
c) aspergido no *playground*?
d) difundido em uma horta?

11.10 Um lodo é espessado de 2.000 mg/L para 17.000 mg/L. Qual é a redução em volume, em porcentagem? (Utilize uma caixa-preta e balanço de materiais!)

11.11 A idade do lodo (às vezes denominada tempo de permanência médio das células) é definida como a massa de lodo no tanque de aeração dividida pela massa de lodo eliminado por dia. Calcule a idade do lodo se o tanque de aeração tiver um tempo de retenção hidráulico de 2 horas, uma concentração de sólidos suspensos de 2.000 mg/L, sendo a taxa de vazão de águas residuais do decantador primário de 1,5 m^3/min, a concentração do lodo de retorno de sólidos de 12.000 mg/L, e a taxa de vazão de lodo ativado dos resíduos de 0,025 m^3/min.

11.12 O diagrama de blocos na Figura 11.36 mostra uma estação de tratamento de águas residuais secundária.

a) Identifique as diversas unidades operacionais e vazões, e defina sua finalidade ou função. Por que elas existem, ou o que elas fazem?

b) Suponha que você seja o(a) engenheiro(a) sênior encarregado(a) do tratamento de águas residuais para uma região metropolitana. Você contratou uma consultoria de engenharia para projetar a estação mostrada. Quatro consultorias foram consideradas para a tarefa, e esta firma foi selecionada, apesar de sua objeção, pelo comitê de autoridades metropolitanas. Há indicações de significantes contribuições políticas da firma para membros do comitê. Apesar de esta estação provavelmente servir, evidentemente, não terá o tipo de capacidade que você desejaria e, provavelmente, muito dinheiro (público) será gasto para melhorá-la. Que responsabilidade você, um(a) engenheiro(a) profissional, tem neste assunto? Analise o problema, identifique as pessoas envolvidas, defina as opções disponíveis e chegue a uma conclusão. Após considerar todos os fatores, o que você deveria fazer?

11.13 Suponha que a lei exija que todas as descargas de águas residuais em um curso d'água atendam às seguintes normas:

DBO: menor que 20 mg/L
Sólidos suspensos: menor que 20 mg/L
Fósforo (total): menor que 0,5 mg/L

Projete estações de tratamento (diagrama de blocos) para os seguintes resíduos:

Resíduos 1	DBO	= 250 mg/L
	SS	= 250 mg/L
	P	= 10 mg/L
Resíduos 2	DBO	= 750 mg/L
	SS	= 30 mg/L
	P	= 0,6 mg/L
Resíduos 3	DBO	= 30 mg/L
	SS	= 450 mg/L
	P	= 20 mg/L

11.14 Desenhe um diagrama de blocos para uma estação de tratamento, mostrando as etapas necessárias para atingir o efluente desejado.

	Afluente	Efluente
DBO	1.000 mg/L	10 mg/L
Sólidos suspensos	10 mg/L	10 mg/L
Fósforo	50 mg/L	5 mg/L

Certifique-se de utilizar apenas as etapas de tratamento necessárias para atingir o efluente desejado. Etapas fora do contexto serão consideradas erradas.

11.15 Uma centrífuga com 90 cm de diâmetro para deságue do lodo gira com 1.000 rotações por minuto. Quantas gravidades esta máquina produz? (Lembre-se de que cada rotação representa 2π radianos.)

11.16 Um experimento de transferência de gases resulta nos seguintes dados:

Tempo (min)	Oxigênio dissolvido (mg/L)
0	2,2
5	4,2
10	5,0
15	5,5

A temperatura da água é de 15 °C. Qual é o coeficiente da transferência de gases K_La?

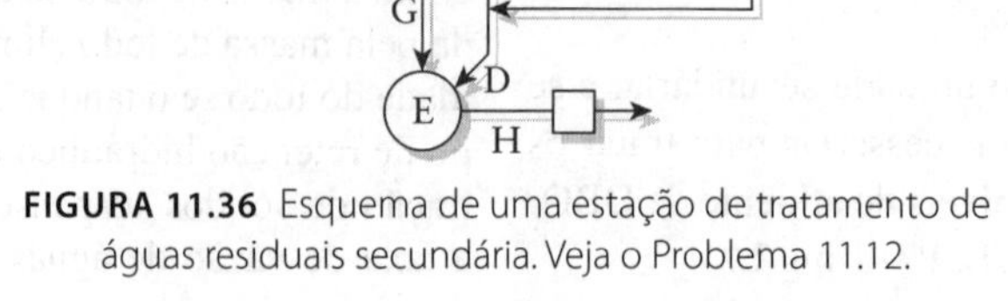

FIGURA 11.36 Esquema de uma estação de tratamento de águas residuais secundária. Veja o Problema 11.12.

11.17 Deduza a equação para calcular a recuperação centrífuga de sólidos a partir de termos da concentração. Ou seja, a recuperação deve ser calculada somente como uma função da concentração de sólidos de três correntes: da alimentação, do filtrado e da torta. Mostre cada etapa da dedução, incluindo os balanços de materiais.

11.18 Contra-ataques por pessoas que não concordam com o movimento ambientalista têm sido um fenômeno interessante no campo da ética ambiental. Essas pessoas não entendem nem gostam de valores que a maior parte das pessoas possuem sobre os assuntos ambientais, e tentam desacreditar os ambientalistas. Com frequência, isso é muito parecido com conseguir pescar um peixe sozinho no barril. É muito fácil. O movimento ambientalista é cheio de alertas terríveis, previsões desastrosas e apocalípticas que nunca aconteceram. Como exemplo desse tipo de literatura, leia o primeiro capítulo em um dos clássicos dessa área, *The population bomb*, de Paul Erlich. Observe que a data em que foi escrito e prepare-se para discutir o efeito que esse livro provavelmente causou na opinião pública.

11.19 Uma comunidade com vazão de águas residuais de 10 mgd precisa atender as normas para efluentes de 30 mg/L para DBO_5 e SS. Os resultados da estação piloto com o afluente de $DBO_5 = 250$ mg/L estimam constantes cinéticas em $K_S = 100$ mg/L, $\hat{\mu} = 0{,}25$ dia^{-1} e $Y = 0{,}5$. Decidiu-se manter o MLSS em 2.000 mg/L. Quais são o tempo de retenção hidráulico, a idade do lodo e o volume requerido para o tanque?

11.20 Águas residuais de uma fábrica de embalagem de pêssegos foram testadas em uma estação piloto de lodo ativado, e as constantes cinéticas encontradas são $\hat{\mu} = 3$ dia^{-1}, $Y = 0{,}6$, $K_S = 450$ mg/L. A DBO do afluente é 1.200 mg/L e espera-se uma taxa de vazão de 19.000 m^3/dia. Os aeradores a serem utilizados limitarão os sólidos suspensos no tanque de aeração para 4.500 mg/L. O volume de aeração disponível é de 5.100 m^3.

a) Que eficiência de remoção de DBO pode ser esperada?
b) Suponha que descobrimos que a taxa de vazão seja, na realidade, muito mais alta, por exemplo, 35.000 m^3/dia, e a vazão seja mais diluída, $S_0 = 600$ mg/L. Que eficiência de remoção deveríamos esperar agora?
c) Nessa taxa de vazão e S_0, suponha que não possamos manter 4.500 mg/L de sólidos no tanque de aeração. (Por quê?) Se os sólidos fossem apenas 2.000 mg/L, e se fosse necessário remover 90% da DBO, qual seria o volume extra necessário do tanque de aeração?

11.21 Um sistema de lodo ativado tem uma vazão de 4.000 m^3/dia com $x = 4.000$ mg/L e $S = 300$ mg/L. A partir do trabalho da estação piloto, as constantes cinéticas são $Y = 0{,}5$, $\hat{\mu} = 3$ dia^{-1}, $K_S = 200$ mg/L. Precisamos projetar um sistema de aeração que removerá 90% da DBO_5. Especificamente, precisamos conhecer:

a) o volume do tanque de aeração
b) a idade do lodo
c) a quantidade de lodo ativado dos resíduos

11.22 Um fabricante de centrífugas está tentando vender para sua cidade uma nova centrífuga que deve desaguar o lodo para 35% de sólidos. Entretanto, você sabe que as máquinas deles, muito provavelmente, atingirão apenas cerca de 25% de sólidos na torta.

a) Quanto do volume extra de lodo na torta você terá que conseguir tratar e eliminar (35% *versus* 25%)?
b) Você sabe que nenhum dos concorrentes pode fornecer uma centrífuga que funcione melhor, e você gosta dessa máquina e convence a cidade a comprá-la. Algumas semanas antes da compra ser finalizada, você recebe um conjunto de copos com o logotipo da empresa das centrífugas neles, juntamente com uma nota de agradecimento do vendedor. O que você faz? Por quê? Utilize razões éticas para desenvolver sua resposta.

11.23 Na Abadia de Westminster em Londres são homenageados muitos dos personagens imortais da história inglesa, cada um dos quais deram uma contribuição significativa para a civilização ocidental. Enumerado entre eles, talvez inadvertidamente, encontra-se um Thomas Crapper, inventor do vaso sanitário com descarga "puxe e deixe correr". Uma tampa de boca de lobo, apresentada na Figura 11.37, é um memorial a Crapper. A teoria é que os soldados americanos durante a Primeira Guerra Mundial ficaram tão apaixonados e impressionados com a invenção de Crapper que trouxeram tanto o conceito como o nome ao retornarem para os Estados Unidos. Na Inglaterra, se você perguntar sobre como chegar a algum lugar para alguém dizendo "to the Crapper" eles não entenderão. Você precisa perguntar onde fica o "loo", ou seja, o toalete. Portanto, em seu próprio país, o coitado do Thomas não recebe honra alguma, mas nas colônias sua fama e glória sobrevivem.

FIGURA 11.37 Tampa da boca de lobo de Thomas Crapper da Abadia de Westminster.

Para este problema, investigue o mecanismo de descarga de um vaso sanitário comum e explique seu funcionamento, utilizando figuras e apresentação oral.

11.24 Sua cidade está considerando jogar seu lodo de águas residuais em uma mina abandonada para tentar reaver a terra para uso produtivo, e você, como engenheiro consultor da cidade, é chamado para dar uma opinião. Você sabe que a cidade tem tido dificuldades com seus digestores anaeróbicos e, embora possam atender às normas de Classe B em elementos patogênicos na maioria das vezes, provavelmente, não serão capazes de fazer isso de forma consistente. Reaver a mina é um passo positivo, assim como o baixo custo da eliminação. O engenheiro da cidade lhe comunica que se não puderem utilizar o método de eliminação da mina, terão que comprar um incinerador muito caro para atender ao novo regulamento EPA. A troca dos digestores anaeróbicos também será caríssima para essa pequena cidade.

O que você recomenda? Analise esse problema em relação às partes afetadas, possíveis opções e recomendações finais de ação.

11.25 O estado prometeu punir severamente a Domestic Imports Inc. se essa empresa violar sua licença para NPDES mais uma vez, e Sue está na mira. Trata-se de suas obras de tratamento e espera-se que ela trabalhe nisso. Suas solicitações de melhorias e expansão foram recusadas, e foi comunicado a ela que as obras de tratamento apresentavam capacidade suficiente para tratar os resíduos. Isso é verdade, se a vazão média for utilizada no cálculo. Infelizmente, a operação de fabricação é tal que uma vazão excessiva poderia surgir inesperadamente, e o sistema biológico simplesmente não pode se adaptar rápido o bastante. A DBO do efluente iria parar nas alturas por alguns dias e, então, iria se sedimentar novamente abaixo das normas de NPDES. Se um agente do Estado comparecer em um dos dias em que ocorre esse transtorno, ela teria muitos problemas.

Um dia, ela está almoçando com um amigo, Emmett, que trabalha no laboratório de controle de qualidade. Sue reclama para Emmett sobre seu problema. Se ao menos ela conseguisse descobrir uma maneira de reduzir os inconvenientes de quando as cargas excessivas ocorressem. Ela já falou com um gerente da estação para fazer que ele lhe garantisse que as cargas excessivas não ocorreriam, ou para construir uma bacia de equalização, porém as duas solicitações foram negadas.

– As cargas excessivas não são problema seu, Sue – Emmett sugeriu. – É a DBO alta que resulta dessa carga excessiva, prejudicando sua estação.

– OK, espertalhão. Você está certo. Mas isso não me ajuda.

– Bem, talvez eu possa ajudá-la. O problema é que você está trabalhando com uma taxa alta de DBO e precisa reduzi-la. Suponha que eu dissesse a você que poderia reduzir a DBO simplesmente adicionando alguns aditivos químicos na linha e que pode adicionar a quantidade necessária desses químicos para reduzir sua DBO. Você compraria esses químicos? – perguntou Emmett.

– Só para descontrair, suponhamos que eu comprasse. Quais são esses químicos?

– Eu estive experimentando uma família de produtos químicos que desacelera o metabolismo microbiano, mas não mata os micróbios. Se você adicionar isso à sua linha após o decantador final, a DBO do efluente será reduzida porque a atividade metabólica dos micróbios será reduzida: eles utilizarão menos oxigênio. Você pode preparar uma pequena quantidade disso e sempre que perceber uma vazão acima da média saindo do processo de produção, você começa a fazer a sangria nesses químicos. A DBO permanecerá dentro dos limites do efluente e, em alguns dias, quando tudo estiver mais calmo, você interrompe esse processo. Mesmo se algum agente fizer uma visita, não há como eles detectarem isso. Você não está fazendo nada ilegal. Está simplesmente reduzindo a atividade metabólica.

– Mas essa coisa é tóxica? – pergunta Sue.

– Não, de forma alguma. Ela não apresenta efeito prejudicial algum nos testes de atividade biológica. Você gostaria de experimentar?

– Só um instante, isso é complicado. Se utilizarmos essa sua poção mágica, a DBO será reduzida, passaremos pela inspeção do estado, mas não teremos realizado o tratamento das águas residuais. A demanda de oxigênio ainda ocorrerá na corrente.

– Sim, porém muitos quilômetros e muitos dias a jusante. Eles nunca conseguirão associar sua descarga com a morte de peixes – se, de fato, isso ocorrer. O que você me diz? Gostaria de fazer uma tentativa?

Supondo que seja muito improvável que Sue algum dia será pega adicionando químicos ao efluente, por que ela não deveria fazer isso? Contra quais valores ela está lutando? Quais são as partes envolvidas e que interesses elas têm na decisão de Sue? Quais são todas as opções que ela tem e qual (quais) você recomendaria?

11.26 Quais são os principais mecanismos para remover e transformar poluentes em alagadiços de vazão de águas superficiais?

11.27 Quais são os principais mecanismos para remover e transformar poluentes em alagadiços de vazão de águas subsuperficiais?

11.28 Quantos galões por dia de lodo será necessário de uma estação de tratamento de água de 110 L/s engrossar 7 toneladas/dia de logo para 9% de sólidos?

11.29 Uma estação de tratamento de água municipal utiliza dois tanques de sedimentação operando paralelamente como parte do processo de amaciamento com cal-carbonato. Cada clarificador tem um diâmetro de 12 metros, com 5 m de profundidade de água lateral e uma saída de 80 m. A taxa de fluxo é de 66 L/s. Esses dois clarificadores atendem às exigências de pelo menos quatro horas de detenção e uma taxa de extravasamento de superfície de no máximo 30 $m^3/d/m^2$?

11.30 Uma estação de água residual convencional recebe 90 L/s com uma BDO média de 250 mg/L. A bacia de aeração tem 3.000 m^3. O MLSS é de 2.800 mg/L e o efluente SS é de 25 mg/L. O lodo ativado é de 2 m^3/s da linha de reciclagem. O SS do fluxo de reciclagem é de 9.000 mg/L.

a) Qual é a taxa F/M?

b) O que é MCRT?

11.31 Suponha que a taxa de descarte de lodo e o volume necessário do reator de uma estação de lodo ativado esteja sendo projetado. O fluxo da estação é de 1.100 L/s. O BOD5 influente na bacia de aeração é de 200 mg/L e o efluente BOD_5 da estação é de 8 mg/L. O projeto é para um MCRT de 10 dias. O coeficiente máximo de produção é estimado em 0,6 mg de células/mg de substrato e o coeficiente de decomposição endógena, 0,09/dia. Espera-se que a bacia de aeração opere um MLSS de 2.500 mg/L, e o lodo de retorno e as concentrações de resíduos seja de 9.000 mg/L.

11.32 Você está projetando um filtro de areia adicional para a estação de tratamento de água residual local para remover um gargalo estação. No entanto, primeiramente, é necessário convencer à agência de proteção ambiental estadual que a estação não precisa de um clarificador secundário adicional. Não há espaço no local para construir um e o efluente da estação apresentou somente violações mínimas durante todo o tempo em que está operando. Você tem as especificações originais do projeto, incluindo as taxas de fluxo estimadas e a composição da água residual, de quando a estação foi construída no início de 1970. É necessário encaminhar uma carta à agência hoje. É necessário utilizar as especificações originais do projeto? Por que sim e por que não?

11.33 Quais modificações podem ocorrer ao longo do tempo na comunidade que podem afetar a composição da água residual e/ou taxa de fluxo?

Referências

1. Crites, Ron, e George Tchobanoglous. *mall and decentralized wastewater management systems*. Boston: WCB McGraw-Hill, 1998.
2. Klankrong, Thongchai, e Thomas S.Worthley. Rethinking Bangkok's wastewater strategy. *Civil engineering*, v. 71, n. 6, p. 72-77, 2001.
3. Brock, Thomas D., Michael T. Madigan, John M. Martinko, e Jack Parker. *Biology of microorganisms*. Englewood Cliffs, N.J.: Prentice Hall, 1994.
4. Rittmann, Bruce E., e Perry L. McCarty. *Environmental biotechnology: Principles and applications*. Boston: McGraw-Hill, 2001.
5. Reed, Sherwood C., E. Joe Middlebrooks, e Ronald W. Crites. *Natural systems for waste management and treatment*. Nova York: McGraw-Hill, 1988.
6. Solzhenitzyn, Aleksandr I. *The Gulag Archipelago*. Nova York: Harper-Row, 1974.

CAPÍTULO 12

QUALIDADE DO AR

O ar que respiramos, assim como a água que bebemos, é essencial para a vida. E como acontece com a água, queremos a segurança de que o ar não nos fará mal. Esperamos respirar um "ar limpo".

Mas o que exatamente é um ar limpo? Essa pergunta é tão difícil responder quanto definir o que é água limpa. No Capítulo 9, vimos que são necessários muitos parâmetros para descrever a qualidade da água, e que apenas com o uso criterioso e seletivo desses parâmetros é possível explicar o que é a qualidade da água. Lembre-se de que esta é relativa e desejar que todas as águas sejam puramente H_2O é irreal. Em muitos casos, como em correntes e lagos, seria, na verdade, inaceitável ter água pura.

Definir a qualidade do ar é uma situação semelhante. O ar puro é uma mistura de gases, contendo:

- 78,1% de nitrogênio;
- 20,9% de oxigênio;
- 0,9% de argônio;
- 0,04% de dióxido de carbono;
- 0,002% de neônio;
- 0,0005% de hélio.

e assim por diante. Porém esse ar não é encontrado na natureza e serve apenas como referência, tal como a H_2O pura.

Se isso é ar puro, então seria útil definir como poluentes aqueles materiais (gases, líquidos ou sólidos) que, quando adicionados ao ar puro em uma concentração suficientemente alta, causarão efeitos adversos. Por exemplo, compostos de enxofre emitidos na atmosfera reduzem o pH da chuva e resultam em acidez de rios e lagos, propagando os danos. Isso é claramente inaceitável, e os compostos de enxofre podem ser classificados (sem muita discussão) como poluentes do ar. No entanto, o problema não é tão facilmente definido, pois alguns compostos de enxofre podem ser emitidos por fontes naturais, como vulcões e fontes termais. Portanto, não é possível, simplesmente, classificar o enxofre como um poluente sem especificar suas fontes.

Os poluentes emitidos na atmosfera devem trafegar por ela para chegar até os seres humanos, animais, plantas ou outros para causar algum efeito. Enquanto na água esse transporte de poluentes ocorre através das correntes de água, no ar, ele é feito pelo vento.

Este capítulo discute inicialmente alguns elementos meteorológicos básicos para ilustrar como acontece o transporte e dispersão de poluentes. Em seguida, são apresentados os métodos de medição da qualidade do ar, seguidos por uma discussão sobre as fontes e os efeitos de alguns dos principais poluentes do ar. Por fim, para mostrar como o governo pode influenciar na conquista da qualidade do ar, são apresentadas algumas leis sobre a poluição do ar.

12.1 METEOROLOGIA E MOVIMENTO DO AR

A atmosfera terrestre pode ser dividida em camadas fáceis de distinguir, de acordo com o perfil de temperatura (semelhante à estratificação de um lago, como visto no Capítulo 8). A Figura 12.1 mostra um perfil de temperatura típica para as quatro camadas principais da atmosfera. A altitude da troposfera, onde a maior parte dos fenômenos atmosféricos acontece, varia de cerca de 5 km nos polos a 18 km no equador. A temperatura nessa camada diminui de acordo com a altitude e mais de 80% do ar está dentro dessa camada bem misturada. Acima da troposfera está a estratosfera, uma camada de ar onde o perfil de temperatura é invertido e na qual acontece pouca mistura. Os poluentes que migram para a estratosfera podem ficar por lá durante muitos anos. Ela possui uma alta concentração de ozônio, um gás capaz de absorver a radiação ultravioleta de ondas curtas emitida pelo sol. Acima dela ainda há duas camadas, a mesosfera e a termosfera, que contêm apenas 0,1% do ar.

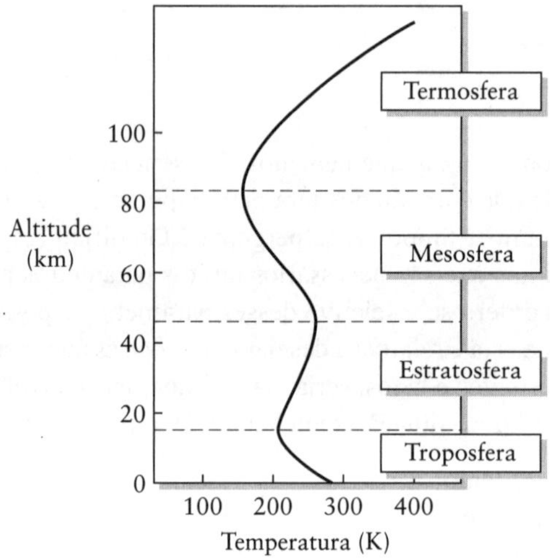

FIGURA 12.1 Atmosfera da Terra.

Excetuando-se os problemas do aquecimento global e depleção de ozônio estratosférico, os demais problemas da poluição atmosférica ocorrem na troposfera. Nela, os poluentes, sejam aqueles produzidos naturalmente (como o terpeno em florestas de pinheiros) ou aqueles emitidos por atividades humanas (como a fumaça de usinas elétricas), são transportados por correntes de ar que, em geral, chamamos de vento. Os meteorologistas identificam muitos tipos diferentes de ventos, que variam desde padrões de vento globais causados pelo aquecimento ou resfriamento diferencial da Terra, em sua rotação ao redor do sol, até os ventos locais causados pelos diferenciais de temperatura entre as massas de terra e água. A brisa do mar, por exemplo, é um vento provocado pelo aquecimento progressivo das regiões de terra durante um dia ensolarado. A temperatura de uma grande quantidade de água, como o oceano ou um grande lago, não se altera tão rapidamente durante o dia, e o ar sobre uma região quente de terra sobe, criando uma área de baixa pressão na direção da qual o ar flui, vindo horizontalmente dessa grande massa de água.

O vento não somente movimenta os poluentes horizontalmente, mas faz que esses poluentes se dispersem, reduzindo sua concentração à medida que se afasta da fonte. A quantidade de dispersão está diretamente relacionada à estabilidade do ar, ou à quantidade de ar em movimento vertical. A estabilidade da atmosfera será mais bem explicada utilizando-se uma porção ideal de ar.

Na medida em que uma pequena porção imaginária de ar sobe na atmosfera terrestre, ela passa por pressões cada vez mais baixas das moléculas de ar à sua volta e, portanto, expande-se. Essa expansão reduz sua temperatura. De forma ideal, uma porção de ar subindo para a atmosfera resfria à cerca de 1 ºC/100 m (ou aquece a 1 ºC/100 m se estiver descendo). Esse processo de resfriamento e aquecimento é denominado *gradiente adiabático seco** e é independente das temperaturas atmosféricas dominantes. A variação de 1 ºC/100 m *sempre* se mantém (para o ar seco), não importando a temperatura real que possa ocorrer nas várias altitudes. Quando há umidade no ar, o gradiente passa a se chamar *gradiente adiabático úmido*, pois a evaporação e a condensação da água influenciam a temperatura da porção de ar. Essa situação é uma complicação desnecessária para o objetivo da análise a seguir, na qual, então, pressupõe-se uma atmosfera livre de umidade.

* No Capítulo 7, vimos que adiabático é um termo que denota a não transferência de calor (por exemplo, entre a porção de ar e o ar a sua volta).

As medidas reais de elevação de temperatura são chamadas de *gradiente adiabático dominante* e podem ser classificadas como ilustrado na Figura 12.2. Um *gradiente superadiabático*, também chamado de *gradiente adiabático forte*, ocorre quando a temperatura atmosférica cai mais que 1 °C/100 m. Um *gradiente subadiabático*, ou *gradiente adiabático fraco*, é caracterizado pela queda de menos de 1 °C/100 m. Um caso especial de taxa de variação fraca é a *inversão*, uma condição em que há ar quente acima do ar frio.

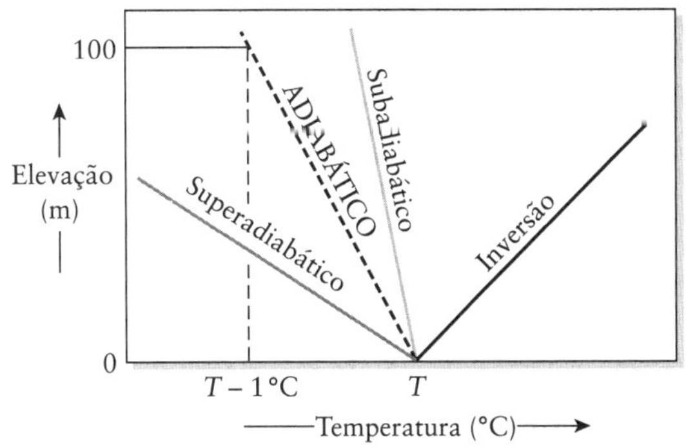

FIGURA 12.2 Gradientes adiabático seco e dominante.

Durante um gradiente superadiabático, as condições atmosféricas ficam instáveis; um gradiente subadiabático, especialmente uma inversão, caracteriza uma atmosfera estável. Isso pode ser ilustrado quando nos atemos a uma porção de ar a 500 m (Figura 12.3A). Nesse caso, a temperatura do ar a 500 m é de 20 °C. Durante uma condição superadiabática, a temperatura do ar no nível do solo pode ser de 30 °C, e a 1.000 m, de 10 °C. Observe que isso representa uma alteração de mais de 1 °C/100 m.

Se uma porção de ar a 500 m e 20 °C sobe para 1.000 m, qual seria sua temperatura? Lembre-se de que, supondo que haja uma condição adiabática, a porção resfriaria 1 °C/100 m. A temperatura da porção a 1.000 m é, então, de 5 °C a menos que 20 °C, ou seja, 15 °C. A temperatura *dominante* (o ar em volta da porção), no entanto, é de 10 °C, e a porção de ar encontra-se envolvida por ar mais frio. Ela subirá ou cairá? Com certeza subirá, pois o ar quente sobe. Então, podemos concluir que uma vez que uma porção de ar sob condições superadiabáticas sobe, ela não para, o que qualifica uma condição instável.

De forma semelhante, se uma porção de ar sob condições superadiabáticas desce, digamos que para o nível do solo, ela é de 20 °C + (500 m × [1 °C/100 m]) = 25 °C. Ela encontra o ar a sua volta a uma temperatura de 30 °C e, portanto, a porção de ar frio continuaria a descer, se pudesse. Como qualquer movimento ascendente ou descendente tende a continuar e não diminui sob condições superadiabáticas, as atmosferas sob essas condições são caracterizadas por muitos movimentos verticais e turbulência. Em outras palavras, são instáveis.

O gradiente dominante subadiabático é, ao contrário, um sistema muito estável. Considere novamente (Figura 12.3B) uma porção de ar a 500 m e 20 °C. Um sistema subadiabático comum possui uma temperatura no nível do solo de 21 °C, e 19 °C a 1.000 m. Se a porção estiver a 1.000 m, ela será resfriada de 5 °C a 15 °C. Porém, se encontrar o ar a sua volta a 19 °C, cairá para seu ponto de origem. Da mesma forma, se a porção de ar fosse trazida ao nível do solo, atingiria 25 °C, e ao encontrar o ar a sua volta a 21 °C, subiria para 500 m. Consequentemente, o sistema subadiabático tende a diminuir os movimentos verticais e é caracterizado por uma mistura vertical limitada.

Uma inversão é uma condição subadiabática extrema, e o movimento vertical do ar dentro das inversões é quase nulo. Algumas delas, denominadas *inversões por subsidência*, acontecem em função do avanço de uma grande massa de ar quente sobre o ar frio. Tais inversões, típicas em Los Angeles, duram por diversos dias e são responsáveis por sérios incidentes de poluição do ar. Um tipo mais comum é a *inversão por radiação*, causada pela radiação de calor para a atmosfera. Durante a noite, conforme a Terra resfria, o ar próximo ao solo perde calor, causando uma inversão (Figura 12.4). A poluição emitida durante a noite fica retida embaixo dessa camada e não escapa até que a Terra se aqueça suficientemente para romper a inversão.

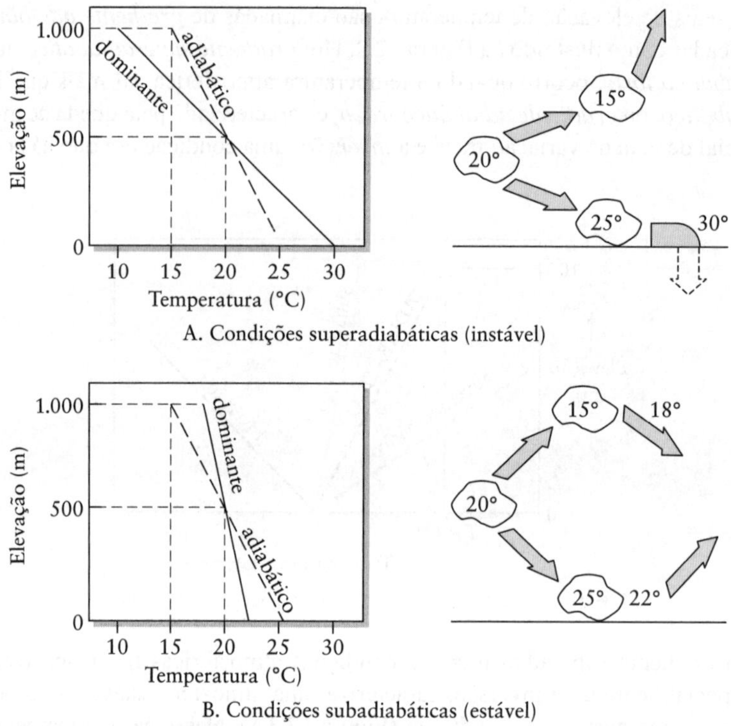

FIGURA 12.3 Uma parcela de ar movimentando-se na atmosfera; gradientes dominantes superadiabático e subadiabático. (A) condições superadiabáticas (instável) e (B) condições subadiabáticas (estável).

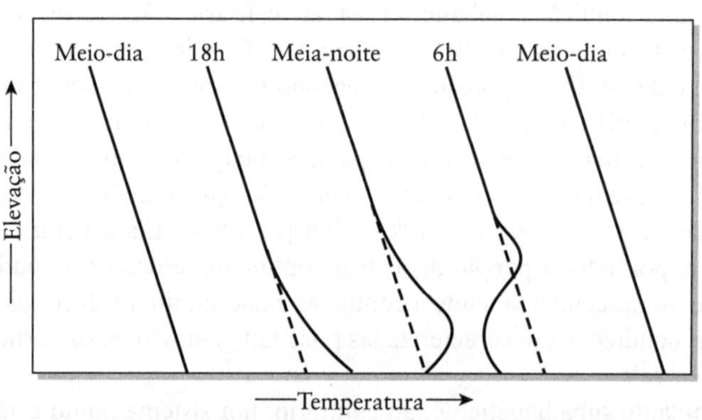

FIGURA 12.4 Inversão atmosférica causada por radiação térmica.

Além das inversões, os incidentes graves de poluição são quase sempre acompanhados por névoa. Essas minúsculas gotículas de água são prejudiciais de duas formas. Em primeiro lugar, a névoa torna possível converter SO_3^- em H_2SO_4. Em segundo lugar, a névoa fica sobre vales impedindo que o sol aqueça o solo e quebre as inversões, o que geralmente prolonga os episódios de poluição.

O movimento de plumas saindo de chaminés é governado pela taxa de variação na qual são emitidas, como ilustrado no exemplo a seguir.

EXEMPLO 12.1

Problema Uma chaminé com 100 m de altura emite uma pluma a 20 ºC. Os gradientes dominantes são ilustrados na Figura 12.5. Qual será a altura atingida pela pluma, supondo-se que haja condições adiabáticas perfeitas?

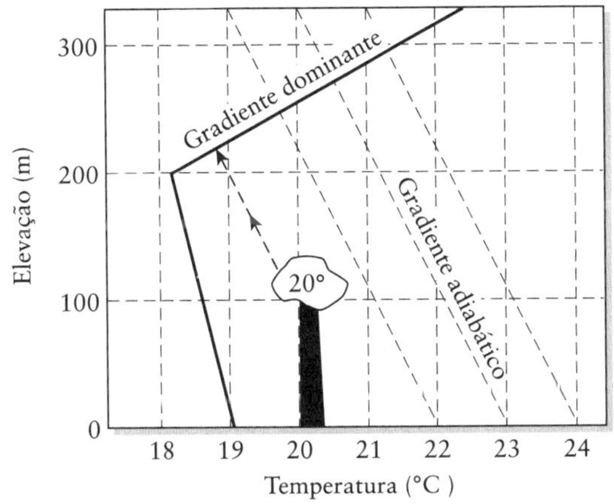

FIGURA 12.5 Gradiente dominante comum.

Solução Observe que o gradiente dominante é subadiabático a 200 m e uma inversão existe acima de 200 m. A pluma a 20 °C encontra-se envolvida por um ar mais frio (18,5 °C), então, sobe. Conforme sobe, o ar resfria a um gradiente adiabático seco, então a 200 m, a temperatura é de 19 °C. A cerca de 220 m, o ar em volta está na mesma temperatura que a pluma (cerca de 18,7 °C), e ela para de subir.

12.2 PRINCIPAIS POLUENTES DO AR

12.2.1 Particulados

Um poluente do ar pode ser um gás ou um particulado. Os poluentes particulados podem ainda ser classificados como poeira, vapor, névoa, fumaça ou spray. As faixas de tamanho aproximado dos vários tipos de poluentes particulados são apresentadas na Figura 12.6. A EPA define as questões particulares conforme apresentado na Tabela 12.1.

Poeira é definida como partículas sólidas que são:

a) carregadas por gases de processo provenientes de materiais sendo manipulados ou processados (por exemplo, carvão, cinzas e cimento);
b) produtos diretos de um material básico passando por operações mecânicas (por exemplo, serragem de um trabalho com madeira);
c) materiais carregados após utilização em operações mecânicas (por exemplo, areia utilizada no processo de jateamento).

A poeira consiste de partículas relativamente grandes. O pó de cimento, por exemplo, possui cerca de 100 μ de diâmetro*.

O *vapor* é também uma partícula sólida, frequentemente um óxido metálico, formado pela condensação de vapores por sublimação, destilação, calcinação ou processos de reações químicas. Exemplos de vapores são os óxidos de zinco e chumbo resultantes da condensação e oxidação de metal volatizado em um processo a uma alta temperatura. As partículas nos vapores são bem pequenas, com diâmetros de 0,03 a 0,3 μ.

A *névoa* consiste de partículas líquidas formadas pela condensação de um vapor e talvez por uma reação química. Névoas possuem diâmetros que variam de 0,5 a 3,0 μ.

* No contexto de controle da poluição do ar, geralmente um micrômetro (μm) é referido como um mícron (μ). Esse uso é adotado para nossas referências.

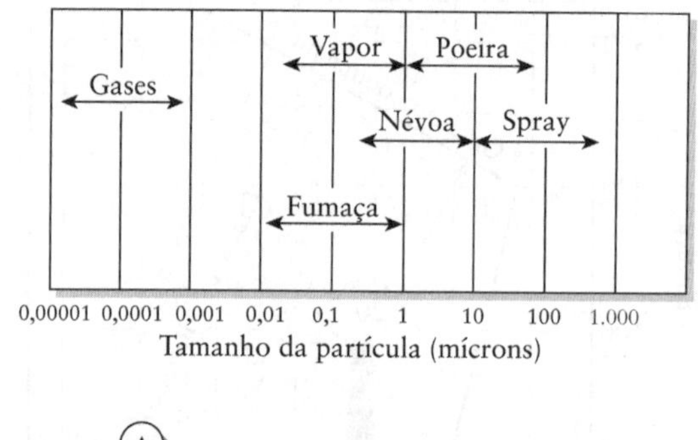

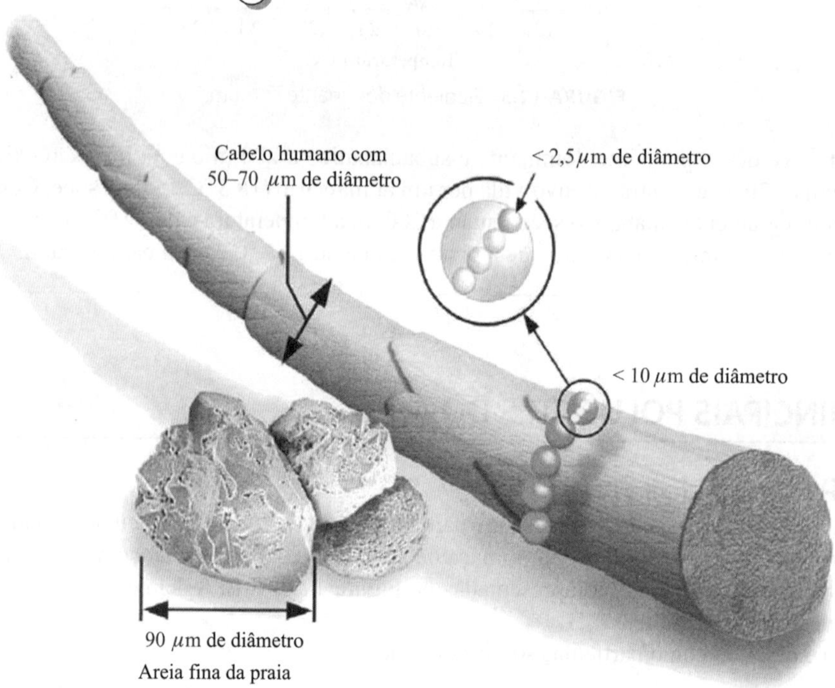

FIGURA 12.6 (A) Definição de poluentes particulados; (B) ilustração de tamanhos. (A partir do Particulate Matter Research Program: Five Years of Progress, Paul Gilman, Ph.D., EPA Research and Development. Presentation to Stakeholders. 9 de setembro de 2004.)

TABELA 12.1 Tamanhos da matéria particulada.

Terminologia	Abreviação	Variação do diâmetro (μm)
Ultrafino	–	< 0,1
Fino	$PM_{2,5}$	< 2,5
Grosso	PM_{10}	2,5–10

A *fumaça* é feita de partículas sólidas formadas pela combustão incompleta de materiais carbonáceos. Embora hidrocarbonetos, ácidos orgânicos, óxidos de enxofre e óxidos de nitrogênio sejam também produzidos por processos de combustão, apenas as partículas sólidas resultantes da combustão incompleta de materiais carbonáceos são chamadas de fumaça. Suas partículas possuem diâmetros de 0,05 até aproximadamente 1 μ.

Por fim, *sprays* são partículas líquidas formadas pela atomização de um líquido base e sedimentam sob o efeito da gravidade.

12.2.2 Medição dos particulados

A medição dos particulados de PM_{10} é, historicamente, feita utilizando-se um *amostrador de grande volume* (ou Hivol). Esse equipamento (Figura 12.7) funciona como um aspirador de pó, forçando mais de 2.434.000 L de ar através de um filtro durante 24 horas. A análise realizada é a gravimétrica; o filtro é pesado antes e depois, e a diferença é a quantidade de particulados coletados.

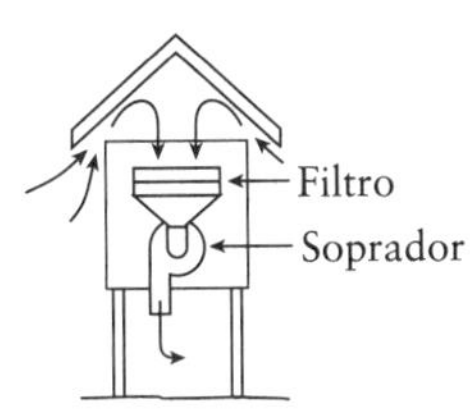

FIGURA 12.7 Amostrador Hivol.

O fluxo de ar é calculado por um pequeno medidor, geralmente calibrado para pés cúbicos de ar por minuto. Como o filtro captura sujeira durante 24 horas de funcionamento, a quantidade de ar que passa pelo filtro durante as últimas horas é menor do que no início do teste, portanto, o fluxo de ar deve ser medido tanto no começo quanto no final do período de teste para se obter o valor médio e o fluxo de ar deve-se, portanto, considerar a média além do período de amostra de 24 horas.

EXEMPLO 12.2

Problema Um filtro limpo pesa 10,00 gramas. Depois de 24 horas em um Hivol, o filtro mais a poeira pesam 10,10 gramas. O ar passa no início e no final do teste a 1.700 L/min e 1.100 L/min, respectivamente. Qual é a concentração de particulados ?

Solução

$$\text{O peso dos particulados (poeira)} = (10{,}10 - 10{,}00)\text{ g }(10^6\ \mu\text{g/g}) = 0{,}1 \times 10^6\ \mu\text{g}$$

$$\text{Fluxo de ar médio} = \frac{(1.700 + 1.100)}{2} = 1.400\text{L / min}$$

$$\text{Fluxo total de ar que passa pelo filtro} = (1.400 \text{ L/min})(60 \text{ min/h})(24 \text{ h/d})\ (1 \text{ d})$$
$$= 2.016.000 \text{ L}$$
$$= 2.016 \text{ m}^3$$

$$\text{Total de particulados suspensos} = \frac{(0{,}1 \times 10^6\ \mu\text{g})}{2.016 \text{ m}^3} = 50\ \mu\text{g/m}^3$$

Fornos a lenha são aparentemente eficientes emissores de pequenas partículas da variedade PM_{10}. Em uma cidade de Oregon, a concentração de PM_{10} atingiu mais de 700 μg/m^3, enquanto o padrão de qualidade do ar nacional nos Estados Unidos (veja na Seção 12.4) é de apenas 150 μg/m^3. As cidades onde as condições atmosféricas impedem a dispersão de fumaça da queima de madeira foram obrigadas a restringir a queima desse material durante a noite, período em que as condições poderiam levar a altos níveis de particulados na atmosfera.

A concentração de particulados medida dessa forma é geralmente chamada de *total de particulados suspensos* (TSP, do inglês *total suspended particulates*) para diferenciá-la das outras medidas de particulados. Outra medida muito utilizada na área de saúde ambiental é a concentração de *particulados inaláveis*, ou aqueles que podem ser inalados para dentro dos pulmões. A fração de partículas respiráveis tem 50% da massa de partícula associada com as partículas de 4-μ. As partículas respiráveis são separadas utilizando a força centrífuga. A medição de $PM_{2.5}$ é feita semelhantemente a PM_{10} mas com acréscimo de uma entrada especialmente modelada e um impactor.

12.2.3 Poluentes gasosos

No contexto do controle da poluição do ar, os poluentes gasosos incluem substâncias que são gases a uma temperatura e pressão normais, assim como vapores de substâncias líquidas ou sólidas sob condições normais. Dentre os poluentes gasosos de maior relevância, de acordo com o que se sabe até agora, estão o monóxido de carbono, os hidrocarbonetos, o ácido sulfídrico, os óxidos de nitrogênio, o ozônio e outros oxidantes e óxidos de enxofre. O dióxido de carbono deve ser adicionado a essa lista, em função de seu efeito potencial sobre o clima. Esses e outros poluentes gasosos estão listados na Tabela 12.2.

12.2.4 Medição dos gases

Enquanto as unidades de medida dos particulados são consistentes, em termos de microgramas por metro cúbico, a concentração de gases pode ser medida tanto em partes por milhão (ppm) ou com base em uma relação de volumes, como em microgramas por metro cúbico. Como explicado no Capítulo 3, a conversão de uma para outra é feita da seguinte forma:

$$\mu\text{g/m}^3 = \frac{\text{MW} \times 1.000}{24{,}5} \times \text{ppm}$$

em que *MM* = massa molecular do gás. Essa equação é aplicada em condições de 1 atmosfera e 25 ºC. Para uma atmosfera e 0 ºC, a constante é 22,4.

EXEMPLO 12.3

Problema Um gás de combustão contém monóxido de carbono (CO) a uma concentração de 10% por volume. Qual é a concentração de CO em μg/m^3? (Considere 25 ºC e 1 de pressão atmosférica.)

Solução A concentração em ppm utiliza o fato de que 1% por volume é 10.000 ppm (Capítulo 3). Portanto, 10% por volume é 100.000 ppm. A massa molecular do CO é 28 g/mol, então a concentração em microgramas por metro cúbico é de

$$\frac{28 \times 1.000}{24,5} \times 100.000 = 114 \times 10^6 \ \mu g/m^3$$

Quase todas as antigas técnicas de medição gasosa envolviam o uso de um *borbulhador*, apresentado na Figura 12.8. O gás é literalmente borbulhado dentro um líquido, que ou reage quimicamente com o gás de interesse ou dentro do qual o gás é dissolvido. Técnicas químicas com água são utilizadas para medir a concentração de gás.

TABELA 12.2 Alguns poluentes gasosos do ar.

Nome	Fórmula	Propriedades relevantes	Significância como poluente do ar
Dióxido de enxofre	SO_2	Gás incolor, provoca asfixia intensa, forte odor, altamente solúvel em água – formando ácido sulforoso, H_2SO_3	Perigo para propriedade, saúde e vegetação
Trióxido de enxofre	SO_3	Solúvel em água formando ácido sulfúrico H_2SO_4	Altamente corrosivo
Ácido sulfídrico	H_2S	Odor de ovo estragado em baixas concentrações, inodoro a altas concentrações	Altamente venenoso
Óxido nitroso	N_2O	Gás incolor, utilizado como gás de transporte em produtos com aerossol	Relativamente inerte; não produzido na combustão
Óxido nítrico	NO	Gás incolor	Produzido em combustões a altas temperaturas e pressão; oxida para NO_2
Dióxido de nitrogênio	NO_2	Gás de cor marrom a alaranjada	Principal componente na formação de névoa fotoquímica
Monóxido de carbono	CO	Incolor e inodoro	Produto de combustões incompletas; venenoso
Dióxido de carbono	CO_2	Incolor e inodoro	Formado durante combustões completas; gás do efeito estufa
Ozônio	O_3	Altamente reativo	Perigo para vegetações e propriedades; produzido, principalmente, durante a formação de névoa fotoquímica
Hidrocarboneto	C_xH_y ou HC	Diversas	Emitido por automóveis e indústrias; formado na atmosfera
Metano	CH_4	Combustível, inodoro	Gás do efeito estufa
Clorofluorcarbonetos	CFC	Não reativo, excelentes propriedades térmicas	Decompõe o ozônio na camada superior da atmosfera

Uma técnica simples de borbulhamento (mas hoje raramente utilizada) para medir SO_2 é liberar ar através de peróxido de hidrogênio, causando a seguinte reação:

$$SO_2 + H_2O_2 \rightarrow H_2SO_4$$

A quantidade de ácido sulfúrico formada pode ser determinada pela titulação da solução com uma base com características conhecidas.

Um dos melhores métodos da terceira geração para medição de SO_2 é o método colorimétrico da pararosanilina, na qual o SO_2 é liberado em um líquido contendo tetracloromercurato (TCM). O SO_2 e o TCM combinam para formar um complexo estável. A pararosanilina é então adicionada a esse complexo, com o qual forma uma solução colorida. A intensidade da cor é proporcional ao SO_2 na solução, e a cor é medida com um espectrofotômetro. (Consulte o Capítulo 9 para a medida da amônia – outro exemplo de uma técnica colorimétrica.)

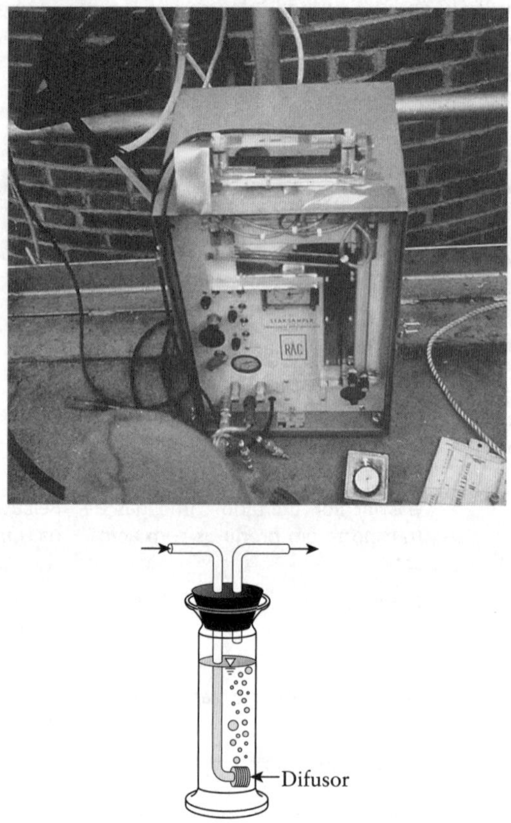

©Cortesia de P. Aarne Vesilind

FIGURA 12.8 Típico borbulhador para medir poluentes gasosos.

12.2.5 Medição da fumaça

A poluição do ar tem sido historicamente associada à fumaça – quanto mais escura, maior a poluição. Agora sabemos que isso não é necessariamente verdade, mas muitos padrões regulatórios (por exemplo, para incineradores municipais) ainda consideram a densidade da fumaça.

A densidade da fumaça tem sido, há muitos anos, medida pela *escala de Ringlemann*, inventada no final do século XIX por Maxmilian Ringlemann, um professor de engenharia francês. A escala varia de 0 para fumaça branca ou transparente a 5 para fumaça completamente preta e opaca. O teste trata-se simplesmente de comparar a cor do cartão, como mostra a Figura 12.9, com a cor da fumaça. Por exemplo, uma cor razoavelmente preta é considerada na escala 4 de Ringlemann.

12.2.6 Visibilidade

Um dos efeitos óbvios dos poluentes no ar é a redução da visibilidade. Ela é, geralmente, definida como a condição em que só é possível identificar um objeto grande, como um prédio, à luz do dia ou apenas enxergar uma luz brilhante durante a noite. Essa é, sem dúvida, uma definição vaga de visibilidade, porém é útil para determinar os limites de visibilidade.

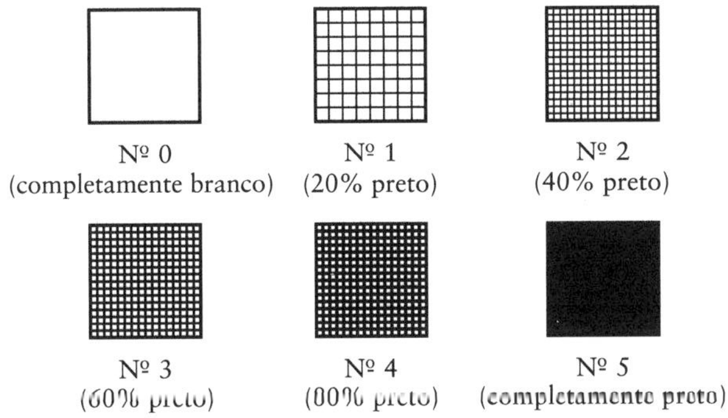

FIGURA 12.9 Escala de Ringlemann.

A redução da visibilidade pode ocorrer em função de "poluentes" naturais, como terpenos dos pinheiros (razão pela qual as Smoky Mountains possuem aquela névoa), ou das emissões produzidas pelas atividades humanas. Muitos componentes podem causar uma atenuação da visibilidade, como gotículas de água (neblina) e gases (NO_2), mas a redução mais significativa acontece devido a pequenos particulados. Eles reduzem a visibilidade tanto pela adsorção da luz quanto pela difusão dela. No primeiro caso, a luz não chega aos olhos do observador e, no segundo, a difusão reduz o contraste entre a luz e os objetos escuros. Matematicamente, a intensidade de um objeto iluminado por um feixe de intensidade I a uma distância x do observador é atenuada de acordo com

$$\frac{dI}{dx} = -\sigma I$$

onde I = intensidade de um feixe de luz como visto pelo observador;
x = distância do observador;
σ = constante que considera a condição atmosférica, geralmente chamada de coeficiente de extinção.

Integrada, essa equação equivale a

$$\ln\left(\frac{I}{I_0}\right) = -\sigma x$$

onde I_0 é a intensidade do feixe quando a distância x aproxima-se do valor zero. Verificou-se que o limite mais baixo de visibilidade, para a maioria das pessoas, ocorre quando a intensidade da luz é reduzida para cerca de 2% de uma luz não atenuada. Se esse valor for substituído na equação acima, a distância x é o limite de visibilidade, L_V, ou

$$\ln(0{,}02) = -\sigma L_V$$

$$L_V = \frac{3{,}9}{\sigma}.$$

Em uma aproximação grosseira, o coeficiente de extinção pode ser considerado como sendo direta e linearmente proporcional à concentração de partículas (para atmosferas com menos de 70% de umidade). Uma expressão aproximada para visibilidade pode ser então representada da seguinte forma

$$L_V = \frac{1{,}2 \times 10^3}{C}$$

em que a constante $1{,}2 \times 10^3$ considera o fator de conversão se L_V estiver em quilômetros e C for a concentração de particulados em microgramas por metro cúbico. Deve-se enfatizar que essa é uma relação aproximada e deve ser utilizada apenas para atmosferas com menos de 70% de umidade*.

12.3 FONTES E EFEITOS DA POLUIÇÃO DO AR

Elementos indesejáveis no ar ou a poluição do ar podem causar um impacto negativo na saúde humana, e na de outras criaturas, no valor de propriedades e na qualidade de vida. Alguns dos poluentes preocupantes para a saúde dos seres humanos são formados e emitidos por processos naturais. Alguns particulados naturais incluem, por exemplo, pólen, esporos de fungos, névoa salina, partículas provenientes de incêndios nas florestas e poeira de erupções vulcânicas. Os poluentes gasosos de fontes naturais incluem monóxido de carbono como um produto de decomposição na degradação da hemoglobina, os hidrocarbonetos na forma de terpenos dos pinheiros, o ácido sulfídrico resultante da decomposição da cisteína e outros aminoácidos contendo enxofre pela ação de bactérias, os óxidos de nitrogênio e o metano (gás natural).

As fontes provenientes de atividades humanas podem ser convenientemente classificadas como processos de combustão estacionária, transporte, processos industriais e fontes de descarte de resíduos sólidos. As principais emissões de poluentes de processos de combustão estacionária são poluentes em forma de particulados (como cinzas em suspensão e fumaça), enxofre e óxidos de nitrogênio. As emissões de óxido de enxofre são uma função da quantidade de enxofre presente no combustível. Consequentemente, a combustão de carvão e petróleo, os quais contêm quantidades significativas de enxofre, resulta em quantidades consideráveis de óxido de enxofre.

A maior parte do conhecimento dos efeitos da poluição do ar nas pessoas tem origem nos estudos de episódios de intensa poluição do ar. Os dois casos mais famosos ocorreram em Donora, na Pensilvânia (descrito no Capítulo 1), e em Londres, na Inglaterra. Em ambos, os poluentes afetaram um segmento específico da população – aqueles indivíduos que já sofriam de doenças do sistema cardiorrespiratório. Outra observação de grande importância é que não foi possível definir o elemento poluente responsável pelas crises. Essa questão confundiu os investigadores (especialistas da área de higiene industrial), que estavam acostumados a estudar problemas industriais nos quais era possível relacionar os efeitos à saúde com um poluente específico. Atualmente, após muitos anos de estudo, acreditase que os problemas de saúde durante os episódios poderiam ter sido atribuídos à ação combinada de particulados (sólidos ou líquidos) e o dióxido de enxofre, um gás. Nenhum poluente sozinho, no entanto, poderia ter sido o responsável.

Exceto por esses episódios, os cientistas possuem poucas informações para avaliar os efeitos da poluição do ar à saúde. Estudos laboratoriais realizados com animais podem ajudar, no entanto, há muita diferença entre uma pessoa e um rato (em termos anatômicos).

Quatro dos problemas mais complicados com relação à poluição do ar para a saúde ainda são questões sem respostas, relacionados a (1) a existência de limiares, (2) a carga total de poluentes, (3) a questão do tempo *versus* a dosagem e (4) os efeitos sinérgicos de várias combinações de poluentes.

1. *Limiares.* A existência de um limiar nos efeitos de poluentes sobre a saúde foi assunto debatido durante muitos anos. Como será visto mais adiante no Capítulo 15, é possível traçar diversas curvas de reações em função de doses para o caso de uma dose de um poluente específico (por exemplo, monóxido de carbono) e a reação a ele (por exemplo, redução da capacidade do sangue em transportar oxigênio). É possível que não haja efeito algum para o metabolismo humano até que atinja uma concentração crítica (o limiar). Em contrapartida, alguns poluentes podem produzir uma reação detectável para qualquer concentração finita. Nenhuma das curvas precisa ser linear. Para a poluição do ar, a relação dose-reação mais provável para muitos poluentes é não linear sem limiares identificáveis, mas com uma reação mínima até uma alta concentração,

* Essa discussão é baseada em parte nas bibliografias: Ross, R. D., *Air pollution and industry*. Nova York: VanNostrand Reinhold 1972; e Wark, K. e C. F. Warner. *Air pollution*. Nova York: Harper & Row, 1981.

no ponto em que a reação tornase grave. O problema é que se desconhece a forma dessas curvas para a maioria dos poluentes.

2. *Carga total.* Nem todas as doenças de poluentes provêm do ar. Por exemplo, apesar de uma pessoa inspirar cerca de 50 μg/dia de chumbo, ela ingere cerca de 300 μg/dia de chumbo com a água e alimentos. No que diz respeito aos padrões da qualidade do ar para o chumbo, deve-se reconhecer que a ingestão de chumbo acontece, em maior quantidade, através de alimentos e água.
3. *Tempo* versus *dosagem.* A maioria dos poluentes leva um certo tempo para reagir, e o tempo de contato é tão importante quanto o nível. O melhor exemplo disso é o efeito do monóxido de carbono, como mostra a Figura 12.10. A afinidade que a hemoglobina humana (Hb) tem com o monóxido de carbono é 210 vezes maior que a afinidade com o oxigênio, consequentemente, o CO se combina imediatamente com a hemoglobina para formar a carboxi-hemoglobina (COHb). A formação de COHb reduz a quantidade de hemoglobina disponível para transportar oxigênio. Uma concentração de aproximadamente 60% de COHb pode levar à morte por falta de oxigênio. No entanto, os efeitos do CO a concentrações subletais são, geralmente, reversíveis. Em função de problemas desse tipo relacionados ao tempo e a reação aos poluentes, os padrões de qualidade do ar ambiente são estabelecidos como concentrações máximas permitidas para um determinado tempo de contato.

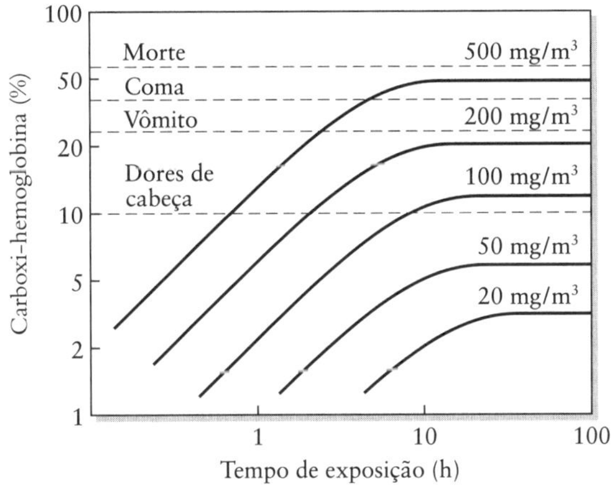

FIGURA 12.10 Efeito do monóxido de carbono na saúde (de acordo com W. Agnew. *Proceedings of the Royal Society,* v. A307, n. 153, 1968).

4. *Sinergismo.* Esse termo é definido como um efeito maior que a soma das partes. Por exemplo, a doença do pulmão negro em trabalhadores de minas de carvão ocorre apenas quando o minerador é fumante. A mineração de carvão por si só e o hábito de fumar isoladamente não causarão a doença, mas a ação sinérgica das duas ações coloca os mineradores que fumam em uma condição de alto risco. [Embora haja bastante evidência de que a poluição do ar pode aumentar os riscos de doenças (como câncer de pulmão, enfisema e asma) em especial quando combinada ao fumo, a real relação entre causa e efeito não é comprovada cientificamente. Portanto, é errado afirmar que a poluição do ar, não importa a gravidade (ou cigarros, para tal problema), *causa* câncer de pulmão ou outras doenças respiratórias.]

Sem dúvida alguma, o principal alvo dos poluentes do ar nos seres humanos (e outros seres vivos) é o sistema respiratório, ilustrado na Figura 12.11. O ar (e os poluentes transportados) entra no corpo através da boca e das cavidades nasais e é levado para os pulmões pela traqueia. Nos pulmões o ar sai dos tubos bronquiais e vai para os alvéolos, pequenos sacos de ar nos quais acontece a troca gasosa. Os poluentes ou são absorvidos para a corrente sanguínea ou expulsos dos pulmões por minúsculas células capilares, chamadas de cílios, que estão continuamente varrendo muco em direção à garganta.

O sistema respiratório pode ser danificado tanto por poluentes em forma de partículas quanto em forma de gases.

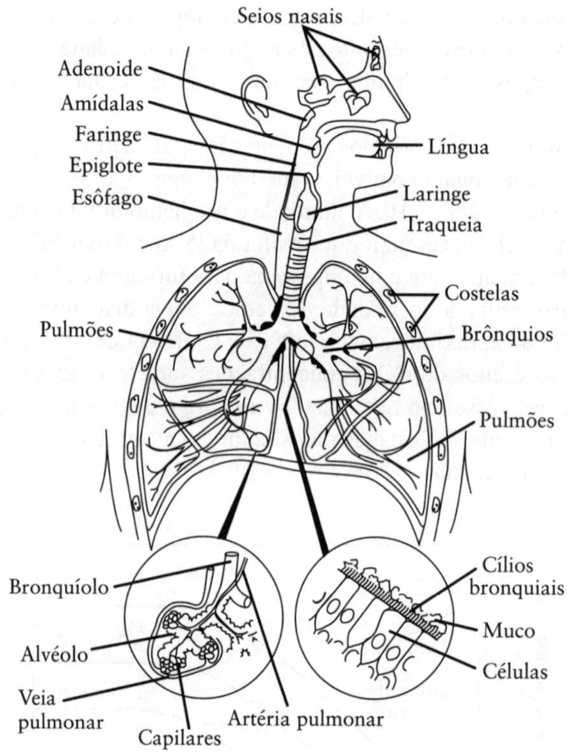

FIGURA 12.11 Sistema respiratório. (Cortesia da American Lung Association.)

As partículas com diâmetro maior que 0,1 μ geralmente serão capturadas no sistema respiratório superior e expulsas pelos cílios. Porém partículas menores que 0,1 μ de diâmetro podem entrar nos alvéolos, onde não há cílios, e se instalarem lá por um longo período e causar danos ao pulmão. Gotículas de H_2SO_4 e partículas de chumbo representam as formas mais perigosas de elementos no ar.

Talvez o gás mais relevante com relação à saúde é o dióxido de enxofre. Ele atua como um elemento irritante, limita o fluxo de ar e reduz a ação dos cílios. Por ser altamente solúvel, pode ser imediatamente removido pelas membranas mucosas, mas já foi comprovado que ele pode chegar ao pulmão, em princípio adsorvido em minúsculas partículas que são utilizadas como transporte para alcançar as células mais profundas do pulmão – um caso clássico de ação sinérgica.

A quantidade de óxido de enxofre produzido pode ser calculada se o conteúdo de enxofre do combustível for conhecido, como mostra o exemplo a seguir.

EXEMPLO 12.4

Problema Durante um longo episódio de poluição de duas semanas em Londres, em 1952, estima-se que 25 mil toneladas métricas de carvão que continham uma média de 4% de enxofre foram queimadas por semana. A profundidade de mistura (altura da camada de inversão ou capa sobre a cidade que impedia a dispersão dos poluentes) era de cerca de 150 m sobre uma área de 1.200 km^2. Se, inicialmente, não havia SO_2 na atmosfera (um pressuposto conservador), qual é a concentração de SO_2 esperada ao final de duas semanas?

Solução Utilize o "modelo de caixa" para calcular a concentração. Ou seja, considere o volume sobre a cidade de Londres uma caixa-preta, e utilize a conhecida equação de balanço de materiais.

$$\begin{bmatrix}\text{Taxa de SO}_2\\ \text{ACUMULADO}\end{bmatrix}=\begin{bmatrix}\text{Taxa de SO}_2\\ \text{DE ENTRADA}\end{bmatrix}-\begin{bmatrix}\text{Taxa de SO}_2\\ \text{DE SAÍDA}\end{bmatrix}+\begin{bmatrix}\text{Taxa de SO}_2\\ \text{PRODUZIDO}\end{bmatrix}-\begin{bmatrix}\text{Taxa de SO}_2\\ \text{CONSUMIDO}\end{bmatrix}.$$

A taxa de SO_2 de saída é zero, pois nada escapou da camada de *neblina*. A taxa produzida e consumida também é zero, se considerarmos que o óxido de enxofre não foi criado ou destruído na atmosfera. A taxa de concentração de SO_2 aumentando na caixa é constante, então a equação é de ordem zero (Capítulo 5).

$$\begin{bmatrix}\text{Taxa de SO}_2\\ \text{ACUMULADO}\end{bmatrix}=\begin{bmatrix}\text{Taxa de SO}_2\\ \text{DE ENTRADA}\end{bmatrix}-0+0-0$$

$$\frac{dA}{dt}=k \text{ ou } A=A_0+kt$$

onde A = massa de SO_2.

O SO_2 emitido por semana é de

$$\left(\frac{25.000 \text{ toneladas métricas de carvão}}{\text{semana}}\right)\left(\frac{4 \text{ partes de S}}{100 \text{ partes de carvão}}\right)\left(\frac{\text{mol S}}{32 \text{ g de S}}\right)$$
$$\times\left(\frac{1 \text{ mol de SO}_2}{1 \text{ mol de S}}\right)\left(\frac{64 \text{ g de SO}_2}{\text{mol de SO}_2}\right)=2.000\,\frac{\text{toneladas métricas}}{\text{semana}}.$$

Se a concentração inicial, A_0, for considerada zero,

$$A = 0 + (2.000 \text{ toneladas métricas/semana})(2 \text{ semanas}) = 4.000 \text{ toneladas métricas de SO}_2$$

acumuladas na atmosfera sobre Londres.

O volume dentro do qual ela é misturada é de

$$150 \text{ m} \times 1.200 \text{ km}^2 \times 10^6 \text{ m}^2/\text{km}^2 = 180.000 \times 10^6 \text{ m}^3$$

A concentração de SO_2 ao final de duas semanas deve ser de

$$\frac{4.000 \text{ toneladas métricas} \times 10^6 \text{ g/toneladas métricas} \times 10^6\ \mu\text{g/g}}{180.000 \times 10^6 \text{ m}^3} = 22.000\ \mu\text{g/m}^3$$

O pico de concentração real de SO_2 durante o episódio de Londres foi menos que 2.000 $\mu g/m^3$, apesar de os cálculos do Exemplo 12.4 mostrarem um valor 10 vezes mais alto. Para onde foi todo o SO_2? A resposta está no pressuposto utilizado no cálculo em que não havia sido consumida qualquer quantidade de SO_2. Na verdade, acontece uma contínua limpeza do SO_2 da atmosfera pelo SO_2 que entra em contato com edifícios, flora, fauna e seres humanos. O mais importante é que os óxidos de enxofre parecem ser um elemento principal das precipitações pouco diluídas, mais conhecidas como chuva ácida.

12.3.1 Óxidos de enxofre e de nitrogênio e a chuva ácida

Um modo segundo o qual o SO_2 é removido da atmosfera é em forma de chuva ácida. A chuva normal e não contaminada possui um pH de cerca de 5,6 (em função do CO_2), mas a chuva ácida pode apresentar um pH de 2 ou até mais baixo. A formação da chuva ácida é um processo complexo, e sua dinâmica ainda não é totalmente compreendida. Em outras palavras, o SO_2 é emitido pela queima de combustíveis contendo enxofre e reage com os componentes da atmosfera

$$S + O_2 \xrightarrow{\text{calor}} SO_2$$
$$SO_2 + O \xrightarrow{\text{luz do sol}} SO_3$$
$$SO_3 + H_2O \rightarrow H_2SO_4.$$

H_2SO_4 é ácido sulfúrico. Os óxidos de enxofre não produzem exatamente o ácido sulfúrico nas nuvens, porém a ideia é a mesma. A precipitação do ar contendo altas concentrações de óxido de enxofre é pouco diluída, e seu pH cai imediatamente.

Os óxidos de nitrogênio, emitidos em sua maior parte pelos automóveis, mas também por qualquer combustão de alta temperatura, contribuem para a formação da mistura ácida na atmosfera. As reações químicas que, aparentemente, acontecem com o nitrogênio são

$$N_2 + O_2 \rightarrow 2NO$$
$$NO + O_3 \rightarrow NO_2 + O_2$$
$$NO_2 + O_3 + H_2O \rightarrow 2HNO_3 + O_2$$

onde HNO_3 é ácido nítrico.

O efeito da chuva ácida tem sido devastador. Centenas de lagos na América do Norte e Escandinávia tornaram-se tão ácidos que não existe mais vida aquática neles. Em um estudo recente em lagos noruegueses, mais de 70% deles apresentando um pH menor que 4,5 não continham peixes, e quase todos os lagos com um pH a partir de 5,5 continham. O pH baixo não só afeta os peixes diretamente, mas também contribui para a liberação de metais potencialmente tóxicos, como o alumínio, ampliando a magnitude do problema.

A chuva ácida da América do Norte já acabou com todos os peixes e muitas plantas em 50% dos lagos das montanhas de Adirondacks. O pH em muitos desses lagos atingiu níveis tão altos de acidez a ponto de ser necessário substituir as trutas e as plantas nativas por mantas de algas tolerantes à acidez.

A sedimentação de ácido atmosférico nos sistemas de água doce fez que a EPA sugerisse um limite de 10 a 20 kg de SO_4^{2-} por hectare ao ano. Se a "lei de poluição do ar de Newton" for utilizada (tudo o que sobe tem que descer), é fácil notar que a quantidade de óxidos nítricos e sulfúricos emitidos é bem maior que esse limite. Por exemplo, somente para o estado de Ohio, o total anual de emissões é de 2,4 × 10^6 toneladas métricas de SO_2 por ano. Se isso tudo for convertido para SO_4^{2-} e depositado no estado, totalizaria 360 kg por hectare ao ano.[1]

No entanto, nem toda essa quantidade de enxofre cai sobre a população de Ohio. Na verdade, a maior parte dela é exportada através da atmosfera para locais bem distantes. Cálculos semelhantes para as emissões de enxofre no noroeste dos Estados Unidos indicam que a taxa de emissão de enxofre é de quatro a cinco vezes maior que a taxa de sedimentação. Para onde vai tudo isso?

A população canadense tem uma resposta direta e convincente. Durante muitos anos, eles culpavam os Estados Unidos pela formação da maior parte de chuva ácida que caía dentro de seu território. Da mesma forma, muitos dos problemas na Escandinávia pode ser em função do uso das grandes chaminés na Grã-Bretanha e nos países mais ao sul da Europa continental. Por anos, a indústria britânica simplesmente construiu chaminés cada vez mais altas como um meio de controlar a poluição do ar, reduzindo a concentração direta no nível do solo, porém emitindo os mesmos poluentes na atmosfera superior. A qualidade do ar no Reino Unido melhorou, mas ao custo de causar chuva ácida em outras partes da Europa.

A poluição além das fronteiras políticas é um problema regulamentar particularmente complexo. A grande ajuda da força policial passa a não ser mais disponível. Por que o Reino Unido *deveria* se preocupar com a chuva ácida na Escandinávia? Por que os alemães *deveriam* limpar o rio Reno antes que suas águas cheguem à Holanda? Por que Israel *deveria* parar de tirar água do Mar Morto, compartilhado com a Jordânia? As leis já não são mais úteis, e é improvável que haja ameaça de retaliação. O que pode ser feito para encorajar esses países a fazer a coisa certa? Existe mesmo o que chamamos de "ética internacional"?

12.3.2 Névoa com fumaça (*smog*) fotoquímica

Uma importante abordagem na classificação dos poluentes do ar é a de *poluentes primários* e *secundários*. Poluentes primários são aqueles emitidos como tal na atmosfera, enquanto os poluentes secundários são, em verdade, produzidos na atmosfera por reações químicas. Os componentes da fumaça de automóveis são particularmente importantes na formação dos poluentes secundários. A famosa e tão discutida névoa com fumaça (*smog*) de Los Angeles é um caso de formação de poluentes secundários (Figura 12.12). A Tabela 12.3 lista de forma simplificada as principais reações na formação de névoa com fumaça fotoquímica.

© Jens Peerman/Shutterstock

FIGURA 12.12 *Smog* em Los Angeles, Califórnia.

A sequência da reação ilustra como os óxidos de nitrogênio formados na combustão de gasolina e outros combustíveis emitidos na atmosfera reagem sob a luz do sol produzindo ozônio (O_3), um composto que não é emitido diretamente e, portanto, considerado um poluente secundário. O ozônio por sua vez, reage com hidrocarbonetos para formar uma série de compostos, incluindo aldeídos, ácidos orgânicos e compostos de epóxi. A atmosfera pode ser vista como um enorme recipiente para as reações em que novos compostos estão sendo formados enquanto outros estão sendo destruídos.

A formação de névoa com fumaça fotoquímica é um processo dinâmico. A Figura 12.13 ilustra como as concentrações de alguns dos componentes variam durante o dia. Observe que, à medida que a movimentação da manhã começa, os níveis de NO aumentam, seguidos rapidamente pelo NO_2. Conforme o último reage com a luz do sol, produz O_3 e outros oxidantes. O nível de hidrocarboneto aumenta de forma semelhante no início do dia e, então, cai durante a noite.

As reações envolvidas na névoa com fumaça fotoquímica permaneceram um mistério por muitos anos. Particularmente confusa era a formação dos altos níveis de ozônio. Como visto com as três primeiras reações na Tabela 12.3, para cada mol de NO_2 que reage para formar oxigênio atômico e, portanto, ozônio, um mol de NO_2 foi criado a partir da reação com o ozônio. Todas essas reações são rápidas. Então, como as concentrações de ozônio podem chegar a níveis tão altos?

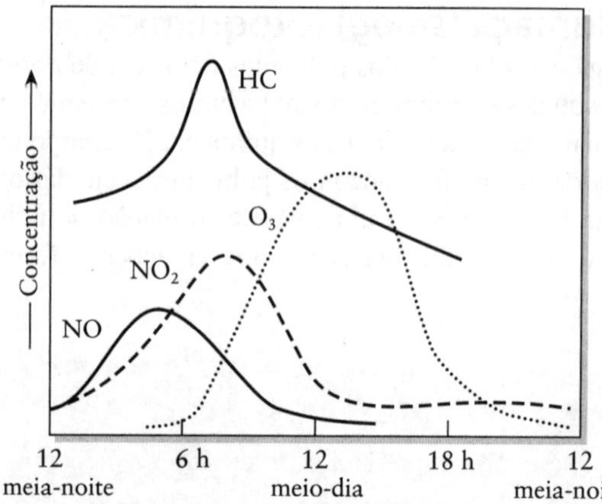

FIGURA 12.13 Formação de névoa fotoquímica durante um período de 24 horas de sol.

TABELA 12.3 Esquema de reações simplificada para névoa com fumaça (*smog*) fotoquímica*.

NO_2 + Luz	→	NO + O
O + O_2	→	O_3
O_3 + NO	→	NO_2 + O_2
O + HC	→	HCO^o
HCO^o + O_2	→	HCO_3^o
HCO_3^o + HC	→	Aldeídos, cetonas etc.
HCO_3^o + NO	→	HCO_2^o + NO_2
HCO_3^o + O_2	→	O_3 + HCO_2^o
HCO_x^o + NO_2	→	Nitratos de peroxiacetil

* NO_2 = dióxido de nitrogênio, NO = óxido nítrico, O = oxigênio atômico, O_2 = oxigênio molecular, O_3 = ozônio, HC = hidrocarboneto, ° = radical.

Uma resposta é que o NO entra em outras reações, especialmente com vários radicais de hidrocarboneto e, dessa forma, permite que o excesso de ozônio se acumule na atmosfera (a sétima reação na Tabela 12.3). Além disso, alguns radicais de hidrocarboneto reagem com o oxigênio molecular e também produzem ozônio.

A química da névoa com fumaça (*smog*) fotoquímica ainda não é muito bem compreendida. Percebeu-se isso pela tentativa de reduzir as emissões de hidrocarbonetos a fim de controlar os níveis de ozônio (O_3). Pensava-se que, se o HC não estivesse disponível, o O_3 seria usado para oxidar o NO transformando-o em NO_2, utilizando assim o ozônio disponível. Infelizmente, essa estratégia de controle falhou e a resposta parece indicar que todos os poluentes primários envolvidos na formação da névoa com fumaça (*smog*) fotoquímica devem ser controlados.

12.3.3 Destruição da camada de ozônio

O ozônio (O_3) é um componente que provoca irritação nos olhos em níveis urbanos normais, mas o ozônio urbano não deve ser confundido com o ozônio estratosférico, existente de 11 a 16 quilômetros acima da superfície da Terra. Este último atua como um escudo contra a radiação ultravioleta, e alterações em sua concentração podem aumentar o risco de câncer de pele, assim como provocar mudanças no ecossistema de uma maneira imprevisível.

O problema da destruição da camada de ozônio na atmosfera superior acontece em função da fabricação e descarte de uma classe de produtos químicos chamada clorofluorcarbonetos (CFC). Eles são utilizados em aerossóis e sistemas de refrigeração e podem ser os responsáveis pelo aquecimento global e também pela destruição da camada de ozônio protetora na estratosfera. Dois dos mais importantes CFC são o triclorofluorometano, $CFCl_3$, e o diclorodifluorometano, CF_2Cl_2; ambos são inertes e não solúveis em água e, portanto, não podem ser removidos da atmosfera. Eles vão para a camada superior e são, então, destruídos pela radiação solar de ondas curtas, liberando cloro, que pode reagir com o ozônio. A depleção do ozônio permite que a radiação ultravioleta passe sem problemas, e isso pode afetar seriamente a incidência de câncer de pele. Deitar-se sob o sol já não é uma boa ideia, muito menos quando a camada de ozônio não consegue mais filtrar muito dos raios ultravioleta que entram na Terra.

Como o problema com o ozônio não acontece no nível do solo, e como a pressão atmosférica varia, é difícil medir sua concentração. As *Unidades Dobson* (UD) foram desenvolvidas para solucionar esse problema,

$$1 \text{ UD} = 0,01 \text{ mm de ozônio a 1 atmosfera e } 0\ °\text{C}.$$

Em latitudes médias, a concentração de ozônio é cerca de 350 UD, no equador é de 250 UD, e na região antártica de apenas 100 UD.

O ozônio na camada superior da atmosfera é produzido quando o oxigênio reage com a energia luminosa (hv):

$$O_2 + hv \rightarrow O + O$$
$$O_2 + O \rightarrow O_3.$$

A energia luminosa também destrói o ozônio:

$$O_3 + hv \rightarrow O_2 + O.$$

Esse é o mecanismo pelo qual o ozônio impede que a radiação ultravioleta chegue à superfície da Terra. Essas reações também aquecem a atmosfera, causando inversões que resultam em condições muito estáveis.

Quando o CFC chega à camada superior da atmosfera, o ozônio é destruído. Primeiro os CFC reagem com a energia luminosa e, depois, liberam cloro. Uma das formas de CFC reage como mostra a seguinte equação:

$$CF_2Cl_2 + hv \rightarrow CF_2Cl + Cl.$$

O cloro atômico age como um catalisador acelerando a decomposição do ozônio:

$$Cl + O_3 \rightarrow ClO + O_2$$
$$ClO + O \rightarrow Cl + O_2.$$

Um único átomo de Cl pode fazer esse ciclo milhares de vezes antes que, finalmente, reaja com algum outro componente químico, como o metano.

A destruição do ozônio foi notada pela primeira vez na Antártica. A razão foi inicialmente um mistério, e a resposta parecia ser que durante o inverno no Polo Sul formavase um vórtex polar. Essa massa de ar gelado em turbilhão isola o ar sobre o polo de todo o resto da atmosfera. O vórtex desaparece durante a primavera, liberando o ar retido. O ar dentro do vórtex é extremamente gelado, cerca de -90 ºC, e as nuvens atmosféricas são formadas por cristais de gelo. Na superfície desses cristais acontecem as seguintes reações:

$$ClONO_2 + H_2O \rightarrow HOCl + HNO_3$$
$$HOCl + HCl \rightarrow Cl_2 + H_2O$$
$$ClONO_2 + HCl \rightarrow Cl_2 + HNO_3.$$

Com a chegada da primavera, o cloro é liberado e dividido pela luz:

$$Cl_2 + hv \rightarrow 2Cl$$

e o processo de decomposição do ozônio começa novamente, mas agora com um enorme influxo de cloro armazenado. Isso causa a formação de buracos na camada de ozônio anualmente. No final da primavera, o ar rico em ozônio entra, e o buraco é novamente tampado.

A preocupação com a redução do ozônio estratosférico em todo o mundo é que a radiação ultravioleta possa causar danos à saúde da pele, particularmente o desenvolvimento de câncer. As estimativas, em geral, projetam que uma redução de 1% na camada ozônio resultará em um aumento de 2% de casos de melanoma, uma forma muito agressiva de câncer de pele. A relação entre os níveis de O_3 e melanoma, uma forma mais letal de câncer de pele, é incerta. As pessoas que correm mais risco são aquelas de pele clara que ficam expostas aos raios solares durante longos períodos.

Além do câncer de pele, o aumento da radiação ultravioleta pode causar danos à visão, prejudicar o sistema imunológico e pode até mesmo reduzir a capacidade de fotossíntese das plantas. Alterações nos ecossistemas naturais, como doenças misteriosas em sapos de água doce durante os últimos anos, podem ser atribuídas à crescente incidência da radiação ultravioleta.

A redução dos CFCs na estratosfera, obviamente, exige um esforço mundial e esse é um raro exemplo de situação em que diversas nações tenham se unido para reduzir o efeito da poluição global. Esse processo, é claro, levou algum tempo. Os CFCs foram inventados na década de 1930, e somente em 1970, a EPA proibiu sua presença em aerossóis em aplicações não essenciais. Em 1974, cientistas previram que esse gás reduziria a camada de ozônio, mas se passaram 15 anos até que meteorologistas britânicos, no Polo Sul, descobrissem o buraco na camada e o fato se tornasse uma preocupação pública. Essa preocupação resultou no Protocolo de Montreal em 1987, que sugeria um corte voluntário de 50% de produção de CFC até 1999 e então, a uma taxa acelerada para sua completa extinção. A DuPont, maior fabricante de CFC, voluntariamente, parou sua produção em 1988. Porém muitos sistemas de refrigeração, como o ar-condicionado dos automóveis, precisavam do gás, assim, os estoques remanescentes tornaram-se muito procurados. Uma quantidade considerável de CFC foi contrabandeada para os Estados Unidos até que os sistemas de refrigeração pudessem ser adaptados para outros tipos de substâncias refrigerantes.

12.3.4 Aquecimento global

O aquecimento global é uma história completamente diferente. A Terra atua como um refletor dos raios do sol, recebendo a radiação, refletindo uma parte para o espaço e absorvendo o resto, apenas para irradiá-la no espaço como calor. De fato, a Terra atua como um conversor de ondas, recebendo a radiação de alta energia e alta frequência do sol e convertendo a maior parte em calor de baixa energia e baixa frequência para irradiar de volta para o espaço. Dessa forma, a Terra mantém um equilíbrio da temperatura, para que

$$\begin{bmatrix}\text{Energia do sol de}\\ \text{ENTRADA}\end{bmatrix} = \begin{bmatrix}\text{Energia do sol de volta para o espaço}\\ \text{SAÍDA}\end{bmatrix}.$$

Essa é uma equação muito simples, então podemos desenvolver um modelo para explicar a mudança de temperatura global, pois conhecemos as variáveis primárias, como o tamanho da Terra, a energia vinda do sol e assim por diante. Um modelo simples é desenvolvido por Masters, e muito do crédito pela discussão a seguir se deve a ele.[2] O modelo depende de um equilíbrio de energia como visto anteriormente.

Considere que a Terra esteja recebendo luz solar, como mostra a Figura 12.14. A quantidade de radiação que chega do sol é calculada com base na sua intensidade, chamada *constante solar*, *S*. Descobriu-se que essa constante é de cerca de 1.370 W/m^2. A área que recebe essa radiação é medida como a área da sombra da Terra, calculada como πR^2, em que R é o raio da Terra. Outro modo de visualizar isso é imaginar um círculo em frente à Terra através do qual toda radiação solar deve passar.

A taxa à qual a radiação solar atinge a Terra pode ser então calculada da seguinte forma

$$B = S\pi R^2$$

onde B = taxa à qual a luz solar atinge a Terra, W;
S = constante solar, estimada em 1.370 W/m^2.

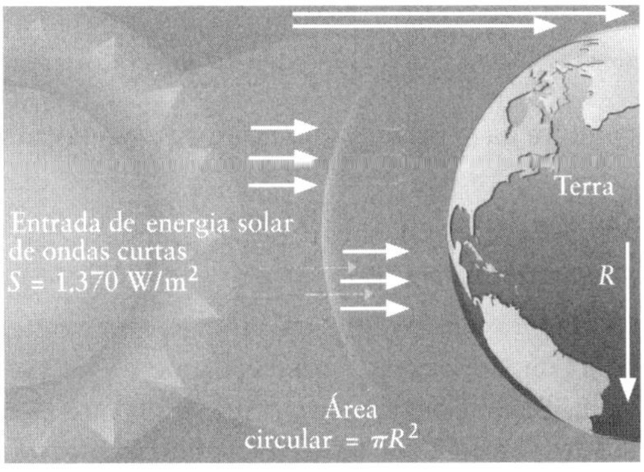

FIGURA 12.14 Energia solar sobre a Terra (baseada em Masters, G. *Introduction to environmental engineering and science*. Upper Saddle River, NJ: PrenticeHall, 1998).

Como a Terra é um refletor (esse é o motivo pelo qual podemos vê-la do espaço!), parte da energia luminosa é refletida de volta, sendo essa fração chamada de *albedo* e, atualmente, estimada em cerca de 31%. O albedo varia de acordo com o material que reveste a superfície, gelo, neve e outras variáveis. Se o albedo médio da Terra é α, então a quantidade de energia luminosa refletida de volta para o espaço é

$$F = S\pi R^2\alpha$$

onde F = energia luminosa refletida de volta para o espaço, W;
α = albedo, ou fração da energia luminosa refletida, atualmente estimada em 31%.

Utilizando o balanço de energia, a quantidade de energia absorvida pela Terra é a diferença entre B e F ou

$$A = S\pi R^2(1-\alpha)$$

onde A = energia absorvida pela Terra, W.

Como a Terra é um conversor de ondas, a energia absorvida é convertida em calor. Todo objeto irradia energia a uma taxa proporcional à sua área superficial e sua temperatura absoluta à quarta potência, ou

$$E = \sigma A T^4$$

onde E = energia irradiada de volta para o espaço;
σ = constante de Stefan-Boltzmann = $5{,}67 \times 10^{-8}$ W/m^2K^4;
T = temperatura absoluta, K.

Fazendo pressuposições bem exageradas, como considerar que a temperatura da Terra seja a mesma em todos os lugares da superfície e que a radiação seja perfeita, podemos estimar que o calor irradiado de volta ao espaço seja

$$E = \sigma 4\pi R^2 T_e^4$$

onde T_e = Temperatura média da Terra, K.

Agora temos uma estimativa da taxa de energia (luz) que chega à Terra e a taxa de energia (calor) emitida de volta para o espaço, as quais devem estar em equilíbrio, para que

$$A = E$$

$$S\pi R^2(1-\alpha) = \sigma 4\pi R^2 T_e^4$$

Calculando a temperatura:

$$T_e = \left[\frac{S(1-\alpha)}{4\sigma}\right]^{1/4}$$

Substituindo alguns valores, a temperatura da superfície da Terra pode ser calculada da seguinte forma

$$T_e = \left[\frac{(1.370\ \text{W/m}^2)(1-0{,}31)}{(4)(5{,}67\times10^{-8}\ \text{W/m}^2\text{K}^4)}\right]^{1/4} = 254\ \text{K} = -19\ ^\circ\text{C}$$

No entanto, sabemos que, em média, a temperatura da Terra é cerca de 15 °C. Por que uma diferença tão grande do modelo? Se a temperatura da Terra fosse, de fato, – 19 °C, haveria pouca vida aqui, portanto, deve haver algo de errado com o modelo. O erro é que a reflexão de uma parte do calor que sai da atmosfera terrestre foi ignorada. A atmosfera é como uma estufa que permite a passagem da luz, mas impede que parte do calor escape, e isso é, apropriadamente, denominado *efeito estufa*.

É importante entender que esse efeito estufa ocorre em uma atmosfera não poluída (pelas pessoas) e vêm acontecendo há centenas de anos. É ele que mantém a Terra 34 °C mais quente do que seria se o efeito não existisse e é responsável pelo clima temperado que permitiu o desenvolvimento de vida.

A energia luminosa do sol possui um espectro de certa forma igual ao apresentado na Figura 12.15A. Quase toda energia é transmitida em comprimento de onda menor que 3 μm. A energia do calor que sai, no entanto, possui um espectro diferente, como mostra a Figura 12.15B. Quase toda essa energia apresenta um comprimento de onda maior que 3 μm. Por essa razão, geralmente, referimo-nos à energia luminosa que vem do sol como de *alta frequência* e de *ondas curtas*, e a energia do calor emitido para o espaço como de *baixa frequência* e de *ondas longas*.

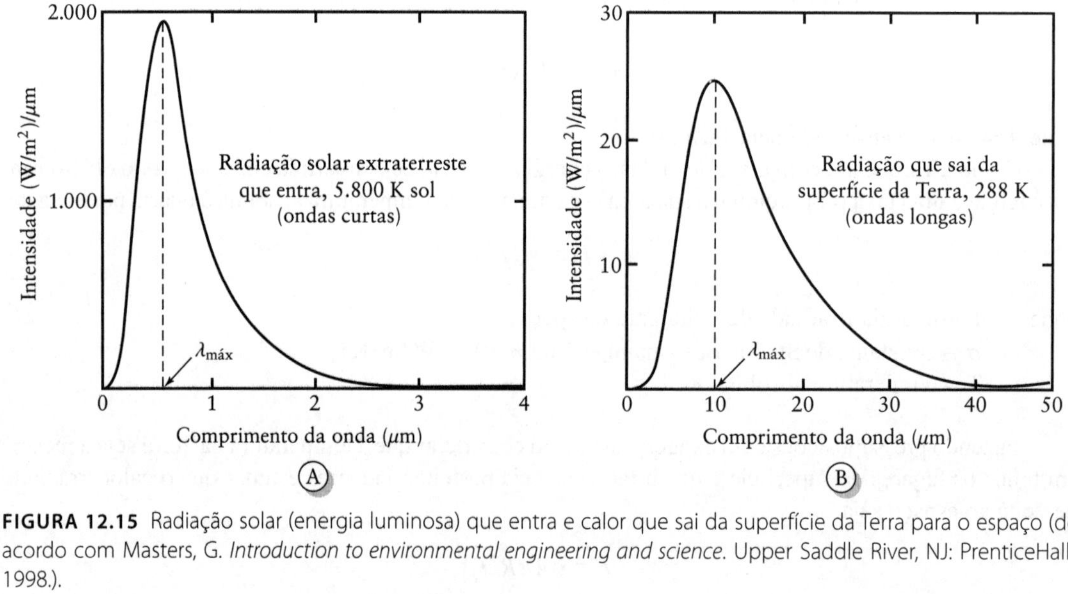

FIGURA 12.15 Radiação solar (energia luminosa) que entra e calor que sai da superfície da Terra para o espaço (de acordo com Masters, G. *Introduction to environmental engineering and science*. Upper Saddle River, NJ: PrenticeHall., 1998.).

A atmosfera da Terra é constituída por vários gases, e cada um deles absorve calor a comprimentos de ondas específicos. A Figura 12.16 mostra a capacidade de absorção de vários gases em função de comprimento de onda. Também ilustrados na figura estão os espectros para a luz solar e a radiação do calor (Figuras 12.15A e B). Na Figura 12.16 observe, por exemplo, o efeito do dióxido de carbono, CO_2. Ele absorve quase nada da luz que entra na Terra, pois seu efeito de absorção é realizado a ondas maiores que cerca de 1,5 μm, perdendo a maior parte do espectro da luz solar. Porém, analisando o lado direito da Figura 12.16, fica claro que o dióxido de carbono pode absorver de forma eficaz a energia a frequências normais da radiação de calor da Terra. O mesmo acontece para o vapor de água, metano e óxido nitroso. O metano apresenta uma maior "elevação" com cerca de 8 μm, valor bem próximo ao pico do espectro de energia calorífica e, portanto, pequenos aumentos de CH_4 causam efeitos significativos na capacidade da Terra em reter calor ao mesmo tempo em que nada fazem para proteger a Terra da energia luminosa. O aumento na concentração dos chamados gases do efeito estufa é o que constitui o problema das mudanças de temperatura globais, assim como o aumento no nível de fósforo em lagos é o que causa a eutrofização.

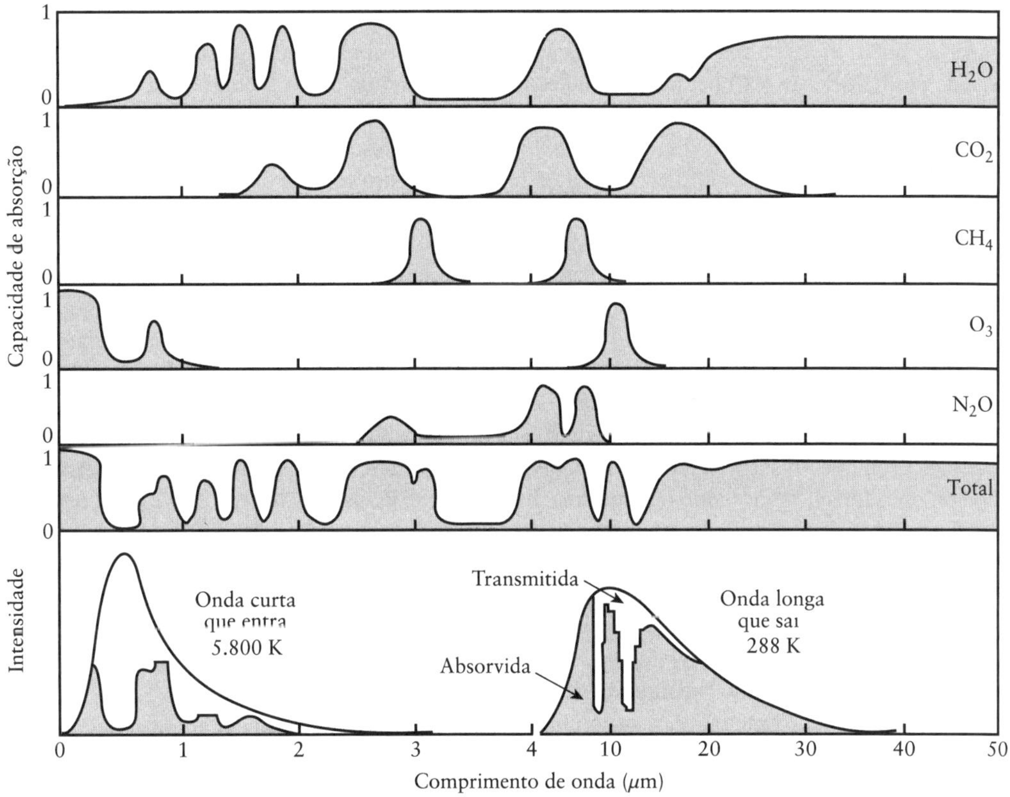

FIGURA 12.16 Capacidade de absorção de vários gases atmosféricos em função do comprimento de onda. Na parte de baixo estão os espectros da energia luminosa que entra e sai. Os gases são muito mais eficientes na absorção do calor que sai do que em atenuar a energia luminosa que entra (de acordo com Masters, G. *Introduction to environmental engineering and science*. Upper Saddle River, NJ: PrenticeHall, 1998.).

Ainda que seja razoavelmente fácil medir as concentrações dos gases do efeito estufa, como CO_2, CH_4 e N_2O, e mostrar que seus níveis vêm aumentando durante os últimos 50 anos, é difícil argumentar a partir de evidências empíricas que o aumento desses gases está causando a elevação da temperatura da Terra, pois passa por mudanças contínuas, com as frequências de flutuação variando entre poucos a milhares de anos.

No entanto, houve quase um consenso entre os cientistas de que os seres humanos estão provocando o aumento da temperatura, resultado em um fenômeno chamado aquecimento global. (Observe que as palavras "mudança climática" estão sendo cada vez mais preferidas em vez de "aquecimento global" por expressar que há mudanças além do aumento das temperaturas.) A controvérsia principal que continua é sobre os prováveis impactos e o que fazer, se for possível fazer algo. A opinião das pessoas está distribuída ao longo do espectro de possibilidades. Alguns ainda acreditam que o aquecimento global é um fenômeno natural, que não é um ponto controverso. Já outros acreditam que os humanos são a causa principal, mas que o aquecimento global não importa. E ainda há outros que acreditam que é uma catástrofe iminente que exige ação urgente, e assim como outros que acreditam que é uma catástrofe inevitável e que é muito tarde para tomar alguma ação. Mas há um movimento crescente de governos e da indústria de achar maneiras de medir e reduzir significativamente as emissões para diminuir os impactos.

O fato mais impressionante sobre o aquecimento global é que ele pode estar acontecendo há milhões de anos. De alguma forma, a Terra tem conseguido desenvolver condições termais adequadas para a criação e existência da vida. Fazendo especulações sobre isso, James Lovelock propôs a Teoria de Gaia, que sustenta a ideia de que a Terra é um ser vivo (Mãe Natureza) como qualquer outra criatura e que precisa se adaptar às condições de mudanças e lutar contra doenças.[3] Gaia é o nome da deusa grega da Terra. Alguns gaianos interpretaram essa noção em seu sentido mais amplo e espiritual, adotando a visão de que a Terra é realmente um organismo com vida própria, embora um tanto incomum, e assim possui muitas das características de outros organismos. Muitos (inclusive James Lovelock, que ficou um pouco desconcertado com essa interpretação da questão de Gaia) veem essa teoria como nada mais que uma resposta de um modelo de realimentação e não atribuem os acontecimentos a algo místico.

No entanto, suponha que os seres humanos sejam simplesmente uma parte de um grande ser vivo, a Terra, como as células do cérebro são parte de um animal. Se isso for verdade, não faz sentido destruir seu próprio corpo e, portanto, não faz sentido os humanos destruírem as outras criaturas com as quais coabitam no planeta. Pensar na Terra como um ser vivo sugere uma abordagem espiritual em vez de uma abordagem científica, especialmente se considerarmos essa ideia ao pé da letra.

Se aceitarmos essa noção, podemos extrair algumas ideias interessantes. Pode-se especular (e isso é puro capricho!) que a Terra (Gaia) ainda esteja em desenvolvimento e passando pelos estágios da adolescência. Mais especificamente, ela ainda não estabeleceu seu balanço de carbono. Há milhões de anos, a maior parte do carbono na Terra estava na atmosfera como dióxido de carbono, e a preponderância do CO_2 promoveu o desenvolvimento das plantas. Entretanto, conforme as plantas cresciam, logo começaram a retirar o dióxido de carbono da atmosfera, substituindo-o por oxigênio. Essa alteração nos gases atmosféricos promoveu o surgimento dos animais, que converteram o oxigênio novamente para dióxido de carbono, mais uma vez buscando o equilíbrio. Infelizmente, Gaia cometeu um erro e não contava com a morte de animais em quantidades tão grandes, retendo o carbono em profundos depósitos geológicos que acabariam se transformando em carvão, petróleo e gás natural.

O que fazer para retirar esse carbono? São necessários apenas alguns seres semi-inteligentes com polegares opositores. Então, Gaia inventou os humanos! Pode-se, portanto, dizer que nosso único propósito na Terra é cavar e alcançar os depósitos de carbono o mais rápido possível e liberar o dióxido de carbono. Esse é o tão procurado “sentido da vida”.

Infelizmente, Gaia cometeu outro erro e não previu que a raça humana se tornaria tão prolífica e destrutiva, e que acabasse inventando a energia nuclear, eliminando o único propósito de existência da humanidade. A quantidade de seres humanos (especialmente se não estiverem cavando à procura de carbono) torna-se um problema, como as bactérias patogênicas que causam infecções em um organismo. Não é coincidência que o crescimento da população humana na Terra não seja tão diferente do crescimento de células cancerígenas em termos de malignidade.

Assim, Gaia deverá limitar o número de humanos, desenvolvendo “anti-humanóticos” (como os antibióticos) que matarão um número suficiente deles trazendo, mais uma vez, o equilíbrio adequado à Terra. O aumento de espécies de bactérias e vírus tão resistentes pode ser a primeira indicação de um processo de seleção natural da população humana.

A aplicação da Teoria de Gaia à ética ambiental nos leva ao existencialismo – a ideia de que a vida não tem significado (exceto que fomos criados apenas para queimar os combustíveis fósseis) e que não é necessário nos preocuparmos com o meio ambiente. Que ideia depressiva!

12.3.5 Outras fontes de poluentes do ar

Os processos de combustão produzem uma variedade de poluentes do ar. Os óxidos de nitrogênio são formados pela fixação térmica de nitrogênio atmosférico em processos realizados a altas temperaturas. Da mesma forma, quase todas as operações de combustão produzirão óxido nítrico (NO). Outros poluentes de interesse resultantes de processos de combustão são os ácidos orgânicos, os aldeídos, a amônia e o monóxido de carbono. A quantidade de monóxido de carbono emitido está relacionada à eficiência da operação de combustão; ou seja, uma operação mais eficiente oxida mais carbono presente, transformando-o em dióxido de carbono, reduzindo a quantidade de monóxido de carbono emitido. Dos combustíveis utilizados na combustão estacionária, o gás natural não contém quase nada de enxofre, e as emissões de particulados são próximas de zero.

As fontes de transporte, principalmente automóveis que utilizam motores de combustão interna, constituem uma grande fonte de poluentes do ar. As emissões de particulados dos automóveis incluem fumaça e partículas de chumbo, estas, geralmente, como compostos halogenados. As emissões de fumaça, como em qualquer operação de combustão, acontecem em função da combustão incompleta de material carbonáceo. Em contrapartida, as emissões de chumbo estão diretamente relacionadas à adição de chumbo tetraetila ao combustível como uma substância antidetonante (que foi substituída com sucesso). Os poluentes gasosos das fontes de transporte incluem monóxido de carbono, óxidos de nitrogênio e hidrocarbonetos. As emissões de hidrocarboneto são produzidas pela combustão incompleta e evaporações do cárter, carburador e tanque de gasolina.

As emissões de poluentes de processos industriais são reflexos da engenhosidade da tecnologia industrial moderna. Assim, quase todas as formas imagináveis de poluição são emitidas em alguma quantidade por operações industriais.

Embora as operações de descarte de resíduos sólidos não precisem estar entre as principais fontes de poluentes do ar, muitas comunidades ainda permitem a queima desses materiais no fundo de seus quintais. Outras utilizam incineradores para o gerenciamento dos resíduos sólidos. A queima, seja no quintal ou em incineradores, é uma tentativa de reduzir o volume de resíduos, mas, em vez disso, podem produzir uma variedade de poluentes de difícil controle. Sistemas ineficientes contribuem para a produção de muitos poluentes, alguns com odores desagradáveis; entre eles estão o monóxido de carbono, pequenas quantidades de óxidos de nitrogênio, ácidos orgânicos, hidrocarbonetos, aldeídos e fumaça. Os aterros sanitários, amplamente utilizados para descarte de resíduos sólidos municipais, geram grandes quantidades de metano, além de outros poluentes.

12.3.6 Ar em ambientes internos

Um complexo problema para a Usepa tem sido o controle da qualidade do ar em ambientes internos. Será que suas responsabilidades incluem ambientes internos? Ela deve, de fato, tornar-se uma agência de saúde ou suas responsabilidades devem estar limitadas apenas ao ar externo? Na prática, se ela não tratar também dos ambientes internos, nenhuma outra agência federal irá fazêlo.

A qualidade do ar nos ambientes internos é importante para a saúde, simplesmente porque passamos muito tempo nesses lugares, e a qualidade do ar que respiramos é raramente monitorada. O ar contaminado dos ambientes internos pode causar diversos problemas de saúde, inclusive irritação nos olhos, dores de cabeça, náusea, espirros, dermatites, azia, sonolência e muitos outros sintomas. Esses problemas podem surgir como resultado da inalação de poluentes perigosos, como:

- amianto – de assoalhos à prova de fogo e de vinil;
- monóxido de carbono – da fumaça de cigarros, aquecedores e fogões;
- formaldeído – de tapetes, telhas e painéis;
- particulados – da fumaça de cigarros, lareiras, poeira;
- óxidos de nitrogênio – de fogões a querosene e a gás;
- ozônio – de máquinas de fotocópias;
- radônio – diretamente do solo;
- dióxido de enxofre – de aquecedores a querosene;
- elementos orgânicos voláteis – da fumaça de cigarros, tintas, solventes e cozimento de alimentos.

Enquanto a troca de ar e a limpeza dos edifícios comerciais e de muitos apartamentos são controladas, as casas, geralmente, dependem da ventilação natural para conseguir uma troca de ar.

A maioria delas é, de fato, mal isolada, e há vazamento de ar em muitos locais, inclusive através de portas e janelas, saídas de exaustão e chaminés. Durante o clima quente algumas casas também reforçam a ventilação com exaustores para a casa inteira ou ventiladores convencionais.

Ao calcular a ventilação de qualquer local fechado, como uma casa ou escritório, os engenheiros utilizam o conceito de *troca de ar*, definido da seguinte forma

$$a = \frac{Q}{V}$$

onde a = quantidade de troca de ar por hora, 1 / h;
Q = taxa de vazão, m^3/h;
V = volume do local, m^3.

EXEMPLO 12.5

Problema Uma sala pequena é utilizada por uma máquina de fotocópias, e há a preocupação que o nível de ozônio pode estar muito alto, a menos que a sala seja ventilada. O volume da sala é 20.000 L, e é recomendado que a quantidade de trocas de ar por hora seja de 30. Qual a taxa de vazão que o ventilador deve apresentar?

Solução A partir da equação acima:

$$Q = (a)(V).$$

Capacidade de troca de ar do ventilador = (30 h^{-1})(20.000 L) = 600.000 L/h.

A emissão de poluentes em ambientes internos pode ser facilmente analisada pelo uso da técnica da "caixa-preta", principalmente, porque um local fechado é literalmente uma caixa. Os poluentes são emitidos dentro da caixa e são, completa e idealmente, misturados enquanto é inserido ar puro e retirado ar contaminado. O balanço de material em relação aos poluentes é

$$\begin{bmatrix}\text{Taxa de}\\ \text{poluentes}\\ \text{ACUMULADOS}\end{bmatrix} = \begin{bmatrix}\text{Taxa de}\\ \text{poluentes}\\ \text{DE ENTRADA}\end{bmatrix} - \begin{bmatrix}\text{Taxa de}\\ \text{poluentes}\\ \text{DE SAÍDA}\end{bmatrix} + \begin{bmatrix}\text{Taxa de}\\ \text{poluentes}\\ \text{PRODUZIDOS}\end{bmatrix} - \begin{bmatrix}\text{Taxa de}\\ \text{poluentes}\\ \text{CONSUMIDOS}\end{bmatrix}.$$

Se for considerado o estado estacionário, o primeiro termo será zero. O segundo, pode ser considerado zero se o ar que entra estiver limpo e, se os poluentes não forem consumidos, o último termo desaparece. Portanto:

$$0 = 0 - [\text{Taxa de SAÍDA}] + [\text{Taxa PRODUZIDA}] - 0.$$

A taxa de poluentes na saída é igual a

$$M = CQ = CaV$$

onde M = taxa de poluentes que saem da sala, mg/h;
C = concentração de poluentes na sala, mg/m^3;
a = taxa de troca de ar, 1/h;
V = volume do local, m^3.

A taxa de poluentes produzidos é denominada *intensidade da fonte*, S, expressa em mg de poluentes emitidos por hora. A partir do balanço de material, a concentração de poluentes na sala e no ar que sai é então calculada como

$$C = \frac{S}{aV}$$

EXEMPLO 12.6

Problema Algumas pessoas estão fumando em uma sala (5 m × 5 m × 2,5 m) de forma que sempre há um cigarro aceso. Se a taxa de emissão de um cigarro é de 86 mg/h de CO e se a ventilação é de 0,5 (troca de ar) por hora, qual é o nível de CO na sala?

Solução

$$C = \frac{S}{aV} = \frac{86 \text{ mg/h}}{(0{,}5/\text{h})(5 \text{ m})(5 \text{ m})(2{,}5 \text{ m})} = 2{,}752 \text{ mg/m}^3$$

Esse valor é convertido para 2.752 μg/m³. Essa concentração apresenta algum perigo? (Consulte Figura 12.10.)

Se o poluente estiver diminuindo ou sendo removido ao aderir às superfícies, o termo "CONSUMIDO" não pode ser considerado zero. A redução ou remoção do poluente pode ser considerado de primeira ordem ou proporcional à concentração no local fechado (Capítulo 5). Da mesma forma, se o ar da ventilação não estiver perfeitamente limpo e apresentar alguns dos poluentes, o termo "ENTRADA" não pode ser zero. A equação do estado estacionário, então, deve ser

$$0 = [\text{Taxa de ENTRADA}] - [\text{Taxa de SAÍDA}] + [\text{Taxa PRODUZIDA}] - [\text{Taxa CONSUMIDA}]$$

$$0 = C_0 aV - CaV + S - KCV$$

ou

$$C = \frac{S/V + C_0 a}{a + K}$$

onde C_0 = qualidade de ar do ambiente, ar utilizado para ventilação;
a = taxa de troca do ar;
V = volume do local;
C = concentração do local ou de exaustão;
S = intensidade da fonte;
K = constante relacionada à taxa de redução.

Um dos poluentes mais traiçoeiros presentes no ar de ambientes internos é a fumaça secundária dos cigarros e cachimbos. A maior parte dos particulados de um cigarro é emitida para dentro da sala sem ser inalada pelo fumante, e essas são, então, inaladas por todas as outras pessoas na sala. A fumaça dos cigarros também contém grandes quantidades de CO, e quando há diversas pessoas fumando em uma sala, pode chegar a níveis altos o suficiente para prejudicar o desempenho das pessoas. Um dos menores locais em que normalmente passamos certo tempo é nosso carro, e os fumantes podem afetar de forma significativa o nível de CO dentro deles. Fumantes expiram altos níveis de CO mesmo quando não estão fumando, o que causa a "síndrome do motorista sonolento" em motoristas de transportes públicos.

Outro poluente de certa importância e problemático é o *radônio*, um gás liberado naturalmente pelo solo que entra nas casas pelos porões, água de poço e está até mesmo em materiais de construção. O radônio e seus núcleos radioativos são parte da cadeia de decomposição que começa com o urânio e termina com o chumbo. Os produtos do decaimento do radônio – polônio, chumbo e bismuto – são facilmente inalados e podem chegar rapidamente aos pulmões. Assim o efeito mais significativo do radônio é o câncer de pulmão. O controle desse gás será discutido mais adiante no Capítulo 15.

Não há meios eficazes de relacionar a inalação do gás radônio e a incidência de câncer de pulmão, e todos os estudos dependem da exposição a altas concentrações do gás, como no caso dos mineradores de urânio. Porém, falando de forma relativa, o risco do radônio dentro das casas é considerável se comparado a outras fontes potenciais de elementos causadores de câncer. Como o radônio é um cancerígeno, não há um limite estabelecido para ele e, portanto, não há "nível seguro" de concentração para as residências. Apesar disso, a Usepa sugere que as pessoas que vivam em casas com uma concentração de 4 pCi/L (pico Curies de radônio por litro de ar) devem considerar a possibilidade de tomar alguma providência. Essas providências, geralmente, envolvem o isolamento do porão e outras áreas de contato com o solo e a ventilação dessas áreas para evitar que o radônio entre nos outros cômodos de convivência da casa.

Estima-se que o risco de desenvolver câncer de pulmão ao viver 70 anos em uma casa que apresente níveis de 1,5 pCi/L é cerca de 0,3%.[4] Isso é considerado um alto risco se comparado a outros cancerígenos que apresentam uma média de 1×10^{-4} %. A exposição ao radônio, de fato, está em primeiro lugar como problema potencial na lista da Usepa de áreas problemáticas, com uma expectativa de 20 mil casos de câncer de pulmão anualmente.

Apesar de parecer representar um grande problema, o risco de danos pelo radônio ainda é fraco se comparado aos riscos voluntários aos quais nos expomos diariamente, como dirigir, consumir bebidas alcoólicas e fumar. Na verdade, morar a vida inteira em uma casa com concentrações entre 10 e 20 pCi/L representa um risco equivalente a fumar um maço de cigarros por dia.

12.4 PADRÕES DE QUALIDADE DO AR

Historicamente, as comunidades demonstram ter evitado promulgar leis rígidas para a poluição do ar por medo de espantar a instalação das indústrias. Considerando a oferta de locais com custos mais baixos e menos restritivos, as fábricas poderiam ameaçar deixar a cidade, levando consigo muitas vagas de emprego. Nos Estados Unidos, apenas as leis federais foram capazes de impedir esse tipo de chantagem.

No entanto, mesmo com a atual lei federal desse país, as indústrias têm a opção de ir para outros lugares, como China ou para América Latina, onde as normas de controle de poluição não são tão rigorosas. Isso parece ser uma tendência claramente antiética, ou seja, levar a poluição para outros países menos capazes de resistir a tal contaminação.

Por outro lado, os Estados Unidos se enriqueceram, em parte, porque conseguiram produzir produtos melhores a preços mais baixos, e uma das razões de o custo ser mais baixo é porque não se preocuparam com a poluição. A água e o ar estavam à disposição, e havia "tanto" que não fazia sentido limpá-los. A natureza trataria de fazer um bom trabalho limpando a sujeira sozinha.

Agora os países consideravelmente mais pobres desejam ser tão ricos quanto os Estados Unidos e gostariam de utilizar a própria água e ar da mesma forma – ou seja, poluindo-os. Eles recebem a indústria americana que promete construir fábricas e se negam a implantar normas restritivas quanto à poluição.

Qual deveria ser a posição ética da indústria norteamericana nesse caso? Se ela se negar a investir nos países mais pobres, estes ficarão desprovidos de renda e benefícios, e a lacuna entre as nações mais pobres e mais ricas aumentará. Se, por outro lado, a indústria investir neles e construir plantas industriais, ela precisa ter alguma vantagem, como, por exemplo, poucas normas de controle de poluição, para fazer o investimento valer a pena e, assim, o ar e água serão poluídos a níveis que seriam considerados inaceitáveis pelas regulamentações dos Estados Unidos. Que responsabilidade ética, se existir alguma, a indústria tem de implantar as normas americanas de controle de poluição nas instalações localizadas em países que não exigem normas tão rígidas?

12.4.1 Leis para a qualidade do ar nos Estados Unidos

A história dos padrões de qualidade do ar é longa e, por diversas vezes, tumultuada. Inicialmente, pensava-se que a poluição do ar era causada somente pela fumaça, e a primeira lei para controle de fumaça foi aprovada em Los Angeles em 1905. A cidade está situada em um vale que fica frequentemente coberto por uma inversão térmica, e mesmo na época dos conquistadores era evidente que a fumaça dos acampamentos subia somente até uma determinada altura e ali permanecia.

Em 1943 o número de automóveis em Los Angeles havia aumentado a ponto de produzir a primeira névoa com fumaça (*smog*) fotoquímica do mundo. À primeira vista pensava-se que esse fenômeno acontecia por causa das indústrias e somente em Los Angeles. Demorou anos até que se descobrisse a verdade. Os habitantes de Los Angeles, simplesmente, não queriam acreditar que seus tão amados carros eram a causa do ar tão impuro. Ficou óbvio que era preciso fazer algo com relação às emissões dos automóveis. No entanto, essa foi uma difícil batalha para cientistas e órgãos reguladores. O grupo defensor dos interesses (*lobby*) do automóvel, que inclui fabricantes de automóveis, a indústria petrolífera e pessoas que queriam transporte barato e particular, engajouse em uma campanha pública de atraso, negação e confusão. Eles lançaram relações públicas e campanhas para impedir ou diminuir qualquer ação em relação aos carros ou os combustíveis. Quando finalmente ficou claro para todos que a névoa em Los Angeles era causada em sua maior parte pelos motores de combustão interna, a indústria insistiu que esse era um caso particular de Los Angeles e que uma legislação nacional não era necessária. A névoa com fumaça fotoquímica não poderia aparecer em mais nenhum outro lugar, alegavam eles.

Por fim, quando ficou evidente que tanto a Califórnia quanto os Estados Unidos estavam prestes a aprovar leis direcionadas à área de tecnologia restringindo as emissões dos automóveis, a indústria automobilística norte-americana protestou, alegando que seria impossível atingir essas metas e que a dirigibilidade dos carros seria afetada. Muito do estardalhaço feito foi derrubado quando a Honda criou um veículo que não somente atendia às rígidas exigências de exaustão, mas também fazia 16 km com um litro de gasolina!

A Lei do Ar Limpo de 1963, uma importante lei que, pela primeira vez, estabelecia os limites para emissões e para a qualidade do ar, foi aprovada – em grande parte em função dos esforços do senador Edmund Muskie do Maine. A lei exigia que o governo federal estabelecesse padrões de qualidade do ar para sete principais poluentes. Esses padrões não foram implantados até 1970, e os estados tinham prazo até 1975 para atendê-los. Para não prolongar essa história angustiante, basta dizer que muitos estados ainda precisam cumprir com esses padrões, e a cidade de Los Angeles precisaria tomar medidas extremas para reduzir sua névoa com fumaça fotoquímica.

As emendas de 1990 para a Lei do Ar Limpo adicionaram mais de 180 materiais perigosos (hoje conhecidos como elementos tóxicos) para os padrões de qualidade do ar ambiente e exigiram cortes significativos nas emissões de enxofre e óxidos de nitrogênio, os precursores da chuva ácida. A lei também estendia o prazo para cumprimento do padrão de limite de ozônio ambiente até o ano de 2007 – o que completaria 44 anos desde a data original da Lei do Ar Limpo de 1963!

12.4.1 Padrões de emissões e qualidade do ar ambiente

Os padrões de emissões são regulamentados (e para a maior parte estabelecidas) pelas secretarias responsáveis pelo controle de ar de cada estado. Um exemplo de padrão para emissões: um incinerador não deve exceder emissões de $X\,\mu g/m^3$ de particulados a um nível mínimo especificado de CO_2. O último é necessário, pois as concentrações podem ser reduzidas, simplesmente, pela diluição com excesso de ar. Porém, como o ar contém uma quantidade irrisória de CO_2, o nível mínimo impede que o padrão para emissões seja cumprido pela simples diluição.

A Usepa também detém a autoridade de estabelecer padrões nacionais de desempenho de emissões para poluentes perigosos. A lista de poluentes cresce a cada dia, e uma vez que um poluente seja *listado*, a Usepa pode impor os padrões de emissões para instalações maiores. Atualmente há centenas de elementos químicos listados, como amianto, benzeno, etilenoglicol, metanol, fenol, estireno e cloreto de vinil.

TABELA 12.4 Padrões de qualidade de ar ambiente nacional*.

Poluente e tempo médio	Padrão principal	Padrão secundário
CO		
1h	35 ppm (40 mg/m²)	Nenhum
8h	9 ppm (10 mg/m³)	Nenhum
PB		
Média de 3 mg	0,15 μg/m³	0,15 μg/m³
Trimestral	1,5 μg/m³	1,5 μg/m³
NO²		
Anual (média aritmética)	100 μg/m³	100 μg/m³
PM_{10}**		
24h	150 μg/m³	150 μg/m³
$PM_{2,5}$**		
24h	35 μg/m³	35 μg/m³
Anual (média aritmética)	15,0 μg/m³	15,0 μg/m³
O_3		
1 h (para áreas sem entretenimento - 8 horas)	0,12 ppm	0,12 ppm
8 horas (padrão 2008)	0,075 ppm	0,075 ppm
8 horas (padrão 1997)	0,08 ppm	0,08 ppm
SO_2		
3h	Nenhum	0,5 ppm (1300 μg/m³)
24h	0,14 ppm	
Anual (média aritmética)	0,03 ppm	

*Caso esteja interessado, visite o site da Usepa e veja as notas de rodapé importantes para calcular a concentração de poluentes para avaliar contra os padrões.

**"PM_{10}" e "$PM_{2,5}$" significam matéria particulada com menos de 10 μm e com 2,5 μm de diâmetro, respectivamente.

O segundo tipo de padrão de qualidade do ar se assemelha aos padrões de qualidade da água e especifica a qualidade mínima do ar ambiente. Incluídos neles estão particulados, dióxido de enxofre, monóxido de carbono, oxidantes fotoquímicos, hidrocarbonetos, óxidos de nitrogênio e chumbo. Conforme os dados são disponibilizados, outros padrões são desenvolvidos.

De modo similar aos padrões de qualidade da água, os padrões de qualidade do ar ambiente são de dois tipos: primários e secundários. Os primários estão relacionados à saúde humana, enquanto os secundários tratam de outros problemas, como a corrosão, a saúde animal e a visibilidade. A Tabela 12.4 é uma lista dos atuais padrões nacionais de qualidade do ar (Naaqs, sigla em inglês para *National Ambient Air Quality Standards*).

As áreas nos Estados Unidos onde esses padrões são excedidos em média mais de duas vezes por ano para qualquer poluente são conhecidas como *áreas de não cumprimento* para esses poluentes. Em tais áreas, os programas de controle de poluição do ar devem ser iniciados para fazer que a área volte a cumprir com os padrões, e as indústrias em expansão devem mostrar como podem melhorar a qualidade do ar, reduzindo outras emissões. Em algumas áreas será exigido que os automóveis troquem o tipo de combustível para reduzir as emissões ou serão impostas medidas de restrições ao uso dos veículos particulares. Como o motor de combustão interna é o maior contribuidor para a poluição, a substituição por um motor movido a hidrogênio ou eletricidade seria uma colaboração significativa para a obtenção de um ar mais limpo.

PROBLEMAS

12.1 Um carro modelo 1974 é dirigido em uma média de 1.500 km/mês. Os padrões de emissões da Usepa em 1974 são de 3,4 g/km para HC e 30 g/km para CO.

a) Calcule as quantidades de CO e HC emitidas durante um ano.
b) Quanto tempo levaria a concentração letal de CO ser excedida em uma garagem para dois carros com dimensões de 6 × 7,5 × 2 m?

12.2 Um nível de 2,5% de CO na hemoglobina (COHb) demonstrou causar danos diversos em diferentes intervalos de tempo. O nível de CO em ruas movimentadas chega a atingir 10 μg/m^3. Uma relação aproximada entre CO e COHb (após uma exposição prolongada) é

$$\text{COHb}\ (\%) = 0{,}5 + (0{,}16)(10)(\text{CO}\ \mu\text{g/m}^3)$$

Calcule o nível de COHb ao qual um guarda de trânsito estaria exposto durante um dia de trabalho direcionando o fluxo de carros em uma rua da cidade.

12.3 A névoa com fumaça (*smog*) fotoquímica é um sério problema em muitas cidades grandes.

a) Faça um gráfico mostrando a concentração de NO, NO_2, HC e O_3 na área de Los Angeles durante um dia ensolarado com névoa.
b) Faça um outro gráfico mostrando como as mesmas curvas ficariam em um dia nublado. Explique a diferença.
c) A única forma viável de reduzir a formação de névoa com fumaça fotoquímica em Los Angeles parece ser impedir que os carros entrem na cidade. Desenhe as mesmas curvas se *todos* os carros fossem banidos das ruas de LA.
d) Isso de alguma forma seria possível? Explique.

12.4 Dê três exemplos de sinergismos na poluição do ar.

12.5 Se o SO_2 é tão solúvel em água, como consegue chegar às áreas mais profundas do pulmão sem primeiro se dissolver na mucosa?

12.6 Um filtro Hivol limpo pesa 18,0 g, e um filtro sujo pesa 18,6 g. O fluxo de ar inicial e o final correspondem a 2000 e 1100 L/min. Calcule o volume de ar que passou pelo filtro durante um período de 24 horas e a concentração de particulados.

12.7 Um amostrador Hivol suga ar a uma taxa média de 2.000 L/min. Se a leitura de particulados corresponde a 200 μg/m^3, calcule o peso da sujeira do filtro.

12.8 Pesquise e faça um relatório sobre um dos episódios clássicos de poluição do ar como os que aconteceram em Meuse Valley, Londres ou Donora.

12.9 O que a escala 5 de Ringlemann lhe diz sobre a fumaça emitida de uma chaminé?

12.10 Os dados para um Hivol são os seguintes:

Filtro limpo: 20,0 g
Filtro sujo: 20,5 g
Fluxo de ar inicial: 2.000 L/min
Fluxo de ar final: 1.400 L/min
Tempo: 24 horas

a) Calcule o volume de ar que passou pelo filtro. (Dê a resposta em pés cúbicos.)
b) Como é medido o fluxo de ar em um medidor hivol?
c) Qual é o peso dos particulados coletados?
d) Quais são os padrões nacionais de qualidade do ar ambiente nacional?

12.11 Se o padrão de qualidade do ar ambiente primário para óxidos de nitrogênio (como NO_2) é de 100 μg/m$_3$, qual é o valor em ppm? (Suponha que a temperatura seja 298 K e uma pressão de 1 atm.)

12.12 A concentração de monóxido de carbono em uma sala cheia de fumantes pode atingir 500 ppm.

a) Calcule o valor em μg/m3. (Considere a pressão atmosférica = 1 e 298 K.)
b) O que isso causaria nas pessoas que ficarão na sala discutindo assuntos de política por quatro horas?

12.13 A Figura 12.17, na próxima página, mostra esquematicamente o fluxo médio de energia global entre o espaço, a atmosfera, e a superfície da Terra. As unidades nessa figura estão em watts por metro quadrado de área de superfície.

a) Utilizando o espaço, a atmosfera, e a Terra como caixas-pretas, verifique se os valores representam balanços válidos.
b) Suponha que tenham ocorrido erupções de vários grandes vulcões na Terra, jogando cinza na atmosfera. Como estes números variariam, e que efeito isso teria na temperatura da Terra?
c) Uma vez que muitos dos gases do efeito estufa são emitidos por nações industrializadas no hemisfério norte, quais poderiam ser os argumentos do diretor de uma agência de proteção ambiental em uma visita a um país equatorial para discutir uma redução das emissões de gás do efeito estufa? Escreva um comentário breve para o diretor da agência de proteção ambien-

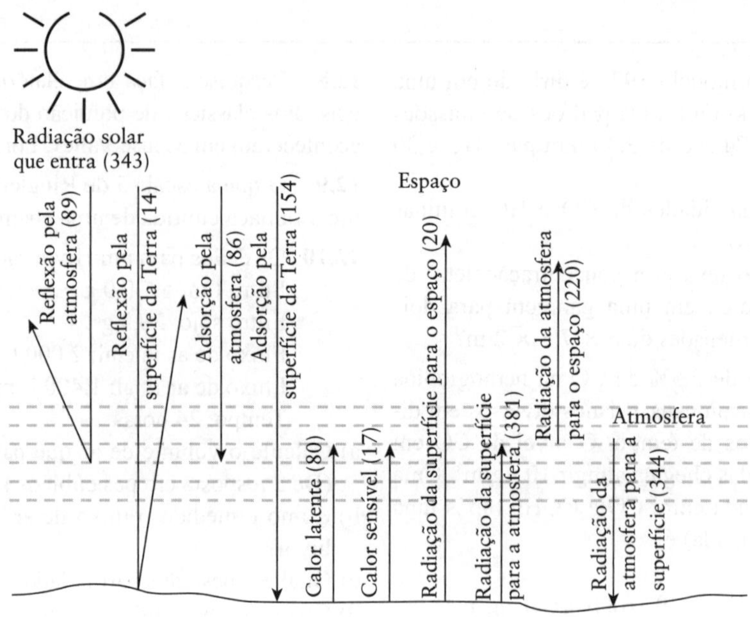

FIGURA 12.17 Fluxos médios de energia global. As unidades são representadas em watts por metro quadrado de área superficial (de acordo com Harte, J. *Consider a spherical cow*. Menlo Park, CA: Wm. Kaufman, 1985).

tal, de forma que ele possa lê-lo em uma rádio pública nacional nos Estados Unidos. Lembre-se de que o suporte público não será obtido por meio do sentimentalismo, mas, sim por um sólido argumento ético.

12.14 Um fogão a lenha funciona por quatro horas em uma sala medindo 5 × 5 × 2,5 metros, com uma ventilação de 0,5 troca de ar por hora. Após uma hora, o nível de CO chega a 5 mg/m^3 e permanece assim por três horas. Considere que o ar da ventilação apresenta uma quantidade irrisória de CO e que este não decai.

a) Calcule a taxa de emissão de CO do fogão.
b) Calcule a concentração de CO se o fogão for utilizado em uma pequena cabana de 2 × 3 × 3 metros.
c) A queima de madeira é melhor para o meio ambiente do que utilizar o gás natural ou petróleo? Analise o uso de madeira como uma energia alternativa para aquecimento com base no impacto ambiental e custos.

12.15 O CEO de uma importante empresa de consultoria ambiental, Steven Fisher da Brown & Caldwell, disse que "precisamos entender que todo o trabalho da área ambiental está sendo realizado na verdade por medo. Isso leva à pressão pública, criação de leis e depois aplicação delas".[5]

Medo de quê? Você concorda com ele? Se sim, esse medo é fundamentado? Se não, o que motiva a criação de leis ambientais e sua aplicação? Considere essas perguntas sob a luz da história da legislação de controle de poluição nos Estados Unidos, e escreva um texto de uma página argumentando sobre o motivo pelo qual essas leis foram aprovadas, e por que a EPA está levando tanto tempo para aplicar as regulamentações.

12.16 A taxa de escavação de carvão está decrescendo cerca de 1,2% por ano, enquanto o uso de petróleo e gás está aumentando em cerca de 3% ao ano. Calcule o tempo estimado para duplicar a taxa de emissões de carbono.

12.17 A concentração de particulados em uma atmosfera urbana é de 160 microgramas por metro cúbico.

a) Como seria a visibilidade em um aeroporto?
b) Suponha que a medição tenha sido realizada pela manhã quando a atmosfera estava saturada em 90% de umidade. A visibilidade seria maior ou menor?

12.18 Um piloto reporta que a visibilidade no aeroporto é de 5 km.

a) Se for um dia seco, qual seria a concentração de particulados nessa cidade?
b) Essa concentração ultrapassa o limite estabelecido pelos Padrões Nacionais de Qualidade do Ar Ambiente?

12.19 Um membro da família está considerando comprar um gerador de ozônio para melhor a qualidade interna do ar. Por que esta ideia de compra é ruim?

12.20 Como os engenheiros diminuem inadvertidamente a qualidade interna do ar?

12.21 Os veículos foram a maior fonte de poluição de ar em 2003 e 2004 em Illinois de acordo com o *Relatório Bianual de Illinois Usepa, 2003–2004* (junho de 2005). Como o engenheiro civil pode reduzir o impacto dos veículos na qualidade do ar?

Referências

1. Schwartz, Stephen. Acid deposition: unraveling a regional phenomenon. *Science*, n. 243, fev. 1989.
2. Masters, Gilbert M. Introduction to environmental engineering and science. Englewood Cliffs, NJ: Prentice-Hall, 1998.
3. Lovelock, James. Gaia: a new look at life on earth. Nova York: Oxford University Press, 1979.
4. Nero, A. 1986. The indoor radon story. *Technology Review*, jan. 1986.
5. Citado em The Environmental Age. *Engineering News Record*, 228, p. 25, 1992.

CAPÍTULO 13

CONTROLE DA QUALIDADE DO AR

O modo mais fácil de controlar a poluição do ar é eliminar a sua fonte. Surpreendentemente, quase sempre essa é a solução mais econômica para o problema da poluição do ar. Desativar um incinerador de lodo e depositar o lodo em um local adequado, específico para tal finalidade, por exemplo, pode ser bem mais econômico do que instalar um equipamento de limpeza de ar para o incinerador. Em outros casos, uma modificação do processo, como a troca do carvão por gás natural em uma usina elétrica, eliminará o problema imediato da poluição do ar. Porém, muitas vezes, o controle é feito por meio de alguma forma de tratamento de ar semelhante ao conceito do tratamento de água. Neste capítulo, são apresentadas algumas das alternativas disponíveis para tratamento das emissões, seguidas por uma revisão da última estratégia de controle – a dispersão.

13.1 TRATAMENTO DAS EMISSÕES

A escolha do equipamento de tratamento adequado exige uma combinação das características do poluente com os recursos do aparelho de controle. É importante lembrar que os tamanhos dos poluentes variam em faixas com muitas ordens de magnitude e que, portanto, não se deve esperar que um mesmo aparelho seja eficiente e eficaz para o tratamento de todos os tipos de poluentes. Além disso, os tipos de elementos químicos nas emissões, geralmente, apontam para o uso de alguns aparelhos. Por exemplo, um gás contendo uma alta concentração de SO_2 poderia ser limpo com sprays de água, mas o ácido sulfúrico resultante poderia causar sérios problemas de corrosão.

Os diversos aparelhos para controle da poluição do ar são convenientemente divididos em dois tipos, aqueles aplicáveis para o controle de particulados e aqueles para o controle dos poluentes gasosos. Isso decorre, sem dúvida, da diferença dos tamanhos dos poluentes. As moléculas de gás têm diâmetros de cerca de 0,0001 mícron; já os particulados variam com tamanhos a partir de 0,1 mícron.

Todos os aparelhos para controle de poluição do ar podem ser enfocados como um aparelho de separação do tipo caixa-preta. A remoção do poluente é calculada utilizando-se os princípios de separação vistos no Capítulo 4. Se um gás (como o ar) contém um componente indesejável (como a poeira), o aparelho de controle de poluição é projetado para remover a poeira. A eficiência de recuperação de qualquer aparelho de separação é expressa pela Equação 4.2:

$$R_1 = \frac{x_1}{x_0} \times 100$$

onde R_1 = recuperação, %;
x_1 = quantidade de poluentes coletado pelo aparelho de tratamento; por unidade de tempo, kg/s;
x_0 = quantidade de poluentes que entra no aparelho, por unidade de tempo, kg/s.

Podem surgir algumas dificuldades para definir o termo x_0. Alguns tipos de poeira, por exemplo, podem ser compostas por partículas tão pequenas que o aparelho de tratamento pode não conseguir removê-las. Portanto, rigorosamente, elas não deveriam ser incluídas no termo x_0. No entanto, é comum simplesmente igualar x_0 aos contaminantes, como as partículas totais.

EXEMPLO13.1

Problema Um aparelho de controle de poluição do ar deve remover um partícula que está sendo emitida a uma concentração de 125.000 μg/m³ a uma taxa de vazão de ar de 180 m³/s. O aparelho remove 0,48 toneladas métricas por dia. Calcule a concentração de emissões e a recuperação coletada.

Solução Primeiro estabeleça uma caixa-preta e um balanço de material das partículas, e, mais uma vez, utilize a equação de balanço de material:

$$\begin{bmatrix}\text{Taxa de}\\ \text{particulados}\\ \text{ACUMULADA}\end{bmatrix} = \begin{bmatrix}\text{Taxa de}\\ \text{particulados}\\ \text{DE ENTRADA}\end{bmatrix} - \begin{bmatrix}\text{Taxa de}\\ \text{particulados}\\ \text{DE SAÍDA}\end{bmatrix}$$

$$+ \begin{bmatrix}\text{Taxa de}\\ \text{particulados}\\ \text{PRODUZIDOS}\end{bmatrix} - \begin{bmatrix}\text{Taxa de}\\ \text{particulados}\\ \text{CONSUMIDOS}\end{bmatrix}.$$

Em se tratando de um estado estacionário em que não há particulados produzidos ou consumidos, a equação é reduzida para

$$[\text{Taxa de particulados DE ENTRADA}] = [\text{Taxa de particulados DE SAÍDA}].$$

A Figura 13.1 mostra a caixa-preta. Os *particulados de ENTRADA*, sendo o fluxo de alimentação, são calculados multiplicando-se a taxa de vazão pela concentração, resultando na taxa de vazão em massa:

$$(180\ \text{m}^3/\text{s})(125.000\ \mu\text{g/m}^3)(10^{-6}\ \mu\text{g/g}) = 22{,}5\ \text{g/s}$$

Já os *particulados de SAÍDA* consistem de partículas que escapam e aquelas coletadas. Estas últimas são calculadas com a seguinte equação:

$$\frac{(0{,}48\ \text{tonelada métrica/d})\,(10^6\ \text{g/toneladas métricas})}{(86.400\ \text{s/d})} = 5{,}6\ \text{g/s}.$$

O balanço é calculado como se segue

$$22{,}5 = 5{,}6 + [\text{Particulados que escapam}].$$

$$\text{Particulados que escapam} = 16{,}9\ \text{g/s} \cong 17\ \text{g/s}.$$

$$\text{Concentração da emissão} = \frac{(16{,}9\ \text{g/s})\,(10^6\ \mu\text{g/g})}{(180\ \text{m}^3/\text{s})}$$

$$\cong 94.000\ \mu\text{g/m}^3.$$

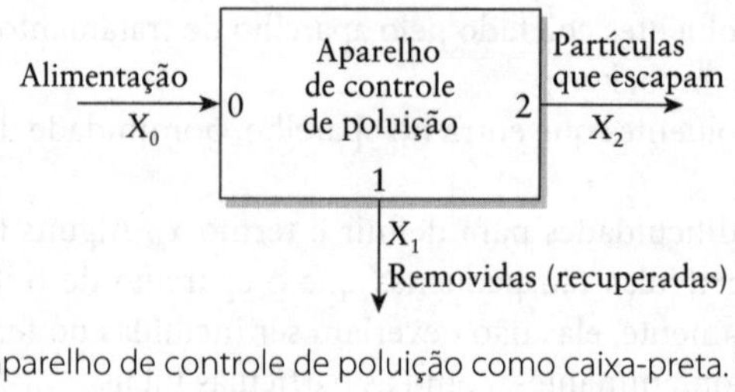

FIGURA 13.1 Um aparelho de controle de poluição como caixa-preta. Veja o Exemplo 13.1.

A recuperação é de

$$R_1 = \frac{5{,}6 \text{ g/s}}{22{,}5 \text{ g/s}}(100) = 25\%.$$

13.1.1 Controle de particulados

Os aparelhos mais simples para controle de particulados são as *câmaras de sedimentação*, que consistem em nada mais que espaços amplos no canal de exaustão onde as partículas maiores podem sedimentar, geralmente, com um defletor para reduzir a corrente de emissão. Obviamente, apenas os particulados muito grandes ($>100\,\mu$m) podem ser eficientemente removidos nessas câmaras.

Provavelmente, o meio mais popular, econômico e eficaz para controlar os particulados seja o *ciclone*. A Figura 13.2 mostra um esquema simples. O ar sujo é forçado para dentro de um cilindro cônico, mas fora da linha central. Isso cria um violento turbilhão dentro do cone, como em uma centrífuga. Os sólidos pesados migram para a parede do cilindro, onde reduzem a velocidade em função do atrito, deslizam pelo cone e, finalmente, saem pelo fundo. O ar limpo fica no meio do cilindro e sai pelo topo.

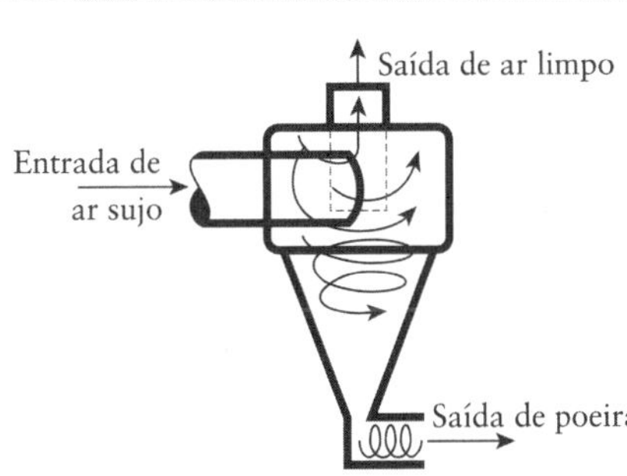

FIGURA 13.2 Ciclone usado para coleta de poeira.

Filtros de saco (ou *tecido*) utilizados para controlar os particulados (Figura 13.3) funcionam como um aspirador de pó comum. Os sacos de tecido são utilizados para coletar a poeira, que deve ser retirada do saco periodicamente. O tecido removerá quase todos os particulados, inclusive os de tamanho submícron. Esses sacos são amplamente utilizados em muitas aplicações industriais, porém são sensíveis a altas temperaturas e umidade.

O mecanismo básico de remoção de poeira pelos filtros de tecido é similar ao dos filtros de areia no tratamento de água. As partículas de poeira aderem ao tecido por aprisionamento e forças superficiais. Elas entram em contato por meio de choque físico e/ou difusão browniana. Como os filtros de tecido geralmente apresentam uma relação espaço de ar-fibra 1:1, os mecanismos de remoção não podem ser baseados em simples peneiramento.

A *torre de nebulização* ou *depurador*, ilustrado na Figura 13.4, é um método eficaz para remover particulados grandes. Os depuradores mais eficientes promovem o contato entre o ar e a água por ação violenta em uma seção de gargalo estreito para dentro da qual a água é introduzida. Geralmente, quanto mais violento o encontro, menores são as bolhas de gás ou gotículas de água e mais eficiente é a purificação. Os depuradores são aparelhos eficientes, mas têm duas desvantagens principais.

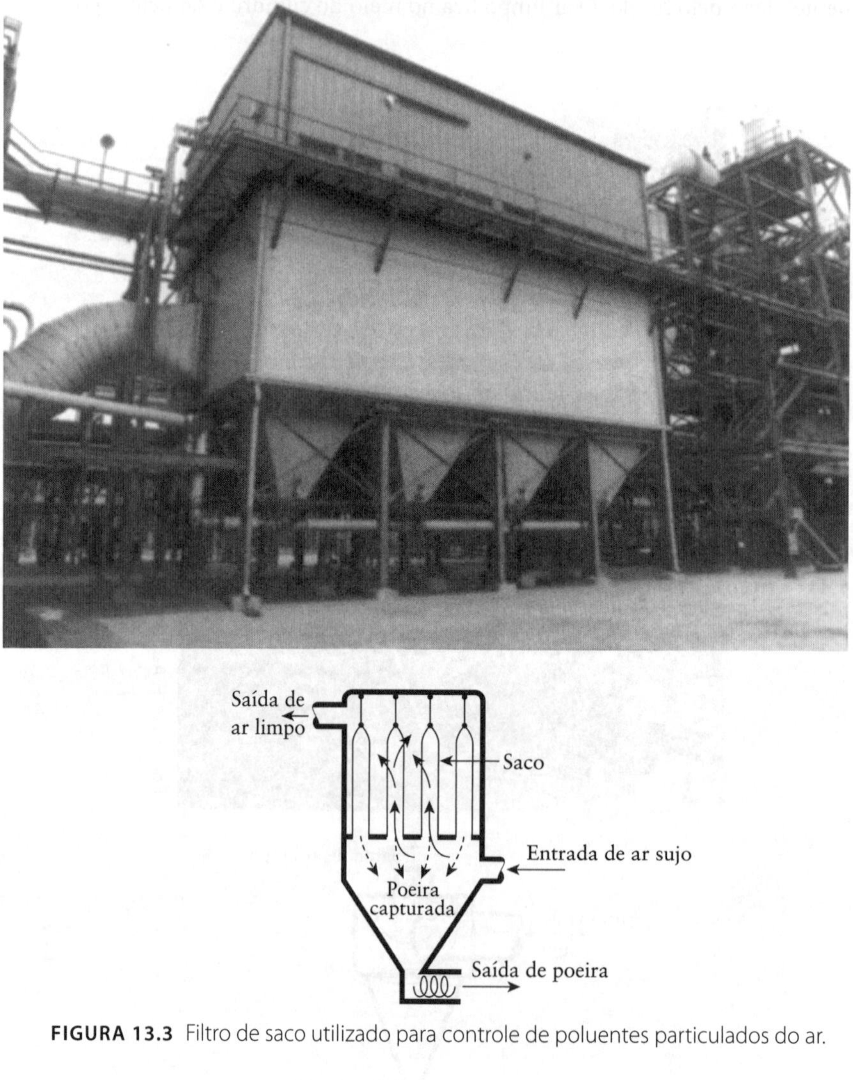

©Cortesia de P. Aarne Vesilind

FIGURA 13.3 Filtro de saco utilizado para controle de poluentes particulados do ar.

- Produzem uma pluma visível, apesar de ser somente vapor de água. O público leigo raramente sabe a diferença entre uma pluma de vapor de água e qualquer outra pluma visível e, consequentemente, as relações públicas muitas vezes exigem que as plumas sejam invisíveis.
- Os resíduos agora estão na forma líquida, e é necessário realizar algum tipo de tratamento de água.

©Cortesia de McGill AirClean LLC

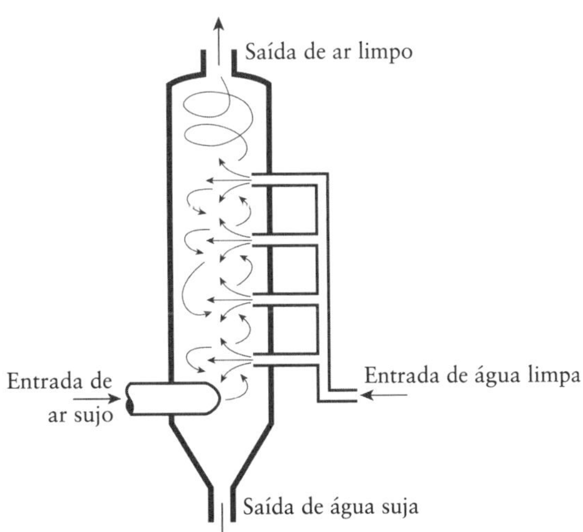

FIGURA 13.4 Depurador. Na fotografia, o depurador é a torre alta e redonda.

Os *precipitadores eletrostáticos* têm ampla utilização em usinas elétricas, principalmente, porque a energia elétrica está facilmente disponível. O material particulado é removido após ser eletricamente carregado por elétrons passando de um eletrodo de alta tensão para outro e, então, migra para o eletrodo de coleta com carga positiva. O tipo de precipitador eletrostático apresentado na Figura 13.5 consiste em um tubo com um fio pendurado dentro dele. Os particulados ficam presos no tubo e devem ser removidos com pancadas de martelo. Os precipitadores eletrostáticos não possuem partes móveis, necessitam apenas de eletricidade para funcionar, e são extremamente eficientes para a remoção de particulados submícrons.

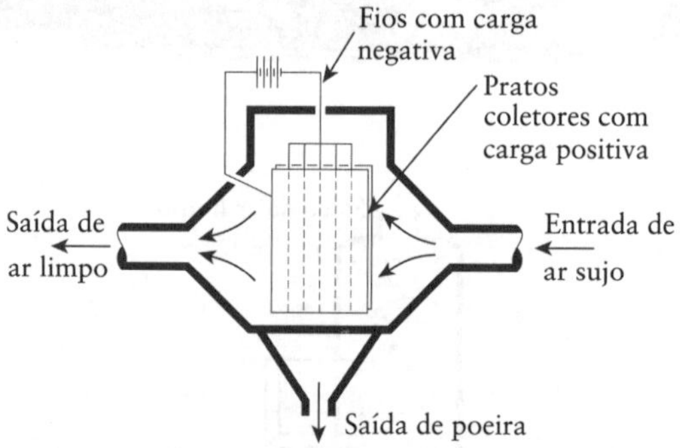

FIGURA 13.5 Precipitador eletrostático utilizado para controle de poluentes particulados.

A eficiência dos diversos aparelhos varia muito de acordo com o tamanho das partículas poluentes. A Figura 13.6 mostra curvas de eficiência aproximada de coleta, em função do tamanho da partícula, para os diversos aparelhos discutidos.

13.1.2 Controle de poluentes gasosos

O controle de gases envolve a remoção de poluentes das emissões gasosas, uma alteração química no poluente ou uma alteração no processo de produção deste.

Depuradores úmidos, como já discutido, podem remover poluentes gasosos pela simples dissolução dos mesmos em água. Alternativamente, um elemento químico (como a cal) pode ser injetado na água do depurador para, então, reagir com os poluentes. Essa é a base para técnicas mais eficientes de remoção de SO_2, como será visto a seguir.

A *adsorção* é um método útil quando é possível colocar o poluente em contato com um adsorvente, como o carvão ativado, conforme mostra a Figura 13.7.

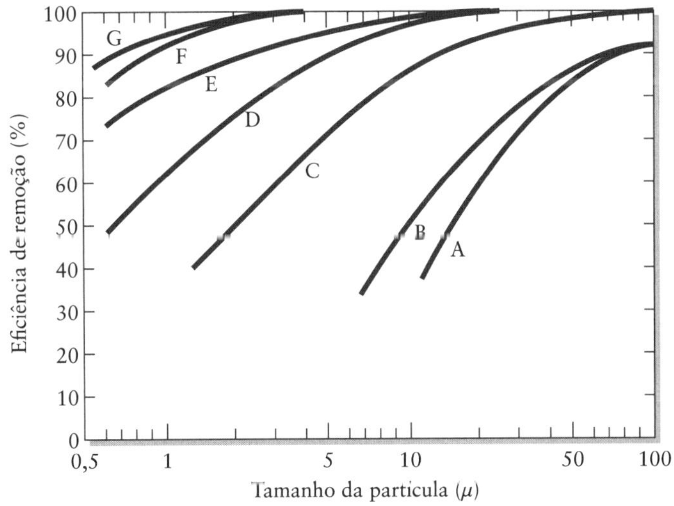

FIGURA 13.6 Comparação da eficiência de remoção aproximada. A = câmara de sedimentação, B = ciclone simples, C = ciclone de alta eficiência, D = precipitador eletrostático, E = depurador, F = depurador Venturi, G = filtro de saco (com base em C. E. Lappe. Processes use many collection types. *Chemical Engineering* n. 58, p. 145, 1951).

A *incineração* ou *chamejamento* é utilizada quando um poluente orgânico pode ser oxidado para CO_2 e água (Figura 13.8). Uma variação da incineração é a *combustão catalítica*, na qual a temperatura da reação é reduzida pelo uso de um elemento catalítico que media a reação.

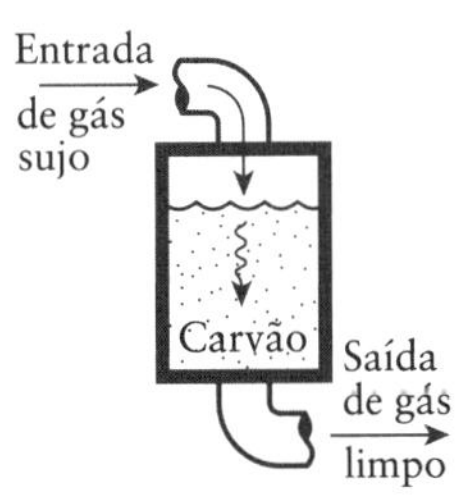

FIGURA 13.7 Adsorvedor para remoção de poluentes do ar.

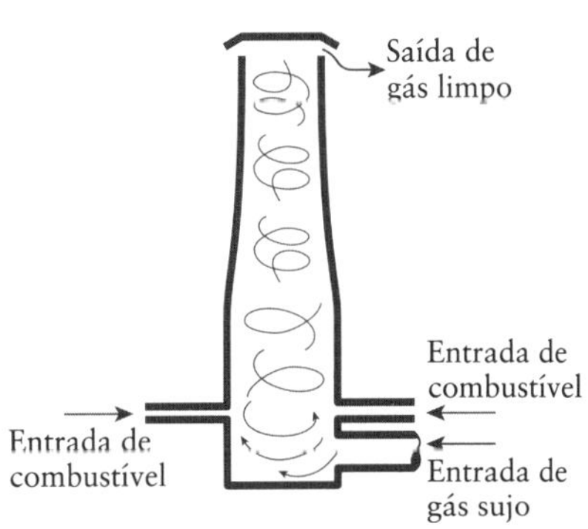

FIGURA 13.8 Incinerador utilizado para queima de poluentes gasosos.

EXEMPLO 13.2

Problema Uma planta industrial gera, aproximadamente, 1.000 kg/mês de resíduo de pentaclorofenol (C_6Cl_5OH). Os resíduos são incinerados. Teoricamente, quanto de oxigênio é necessário para realizar a total combustão do resíduo? Quanto de hidróxido de sódio é teoricamente necessário para neutralizar o ácido gerado? Presuma uma pureza de 98%.

Solução Lembre-se de como calcular a demanda teórica de oxigênio (Capítulo 9)? É o mesmo processo. Primeiramente, determine a reação química.

$$C_6Cl_5OH + a\,O_2 \rightarrow b\,CO_2 + c\,H_2O + d\,HCl.$$

Então, equilibre a reação. Neste caso, $c = -2$, então, de fato, é um reagente em vez de ser um produto.

$$C_6Cl_5OH + 4{,}5\ O_2 + 2\ H_2O \rightarrow 6\ CO_2 + 5\ HCl.$$

Agora, podemos utilizar os fatores de conversão estequiométricos para calcular a quantidade de oxigênio e ácido hidroclorídrico gerado.

$$M_{O_2} = \left[\frac{1.000\ \text{kg/mo penta}}{266{,}5\ \text{g/mol penta}}\right]\left[\frac{4{,}5\ \text{mol}\ O_2}{\text{mol penta}}\right](32\ \text{g/mol}\ O_2) \cong 540\ \text{kg/mês}$$

$$M_{OCl} = \left[\frac{1.000\ \text{kg/mo penta}}{266{,}5\ \text{g/mol penta}}\right]\left[\frac{5\ \text{mol HCl}}{\text{mol penta}}\right](36{,}5\ \text{g/mol HCL}) \cong 685\ \text{kg/mês.}$$

Repita o processo para determinar a quantidade de NaOH.

$$HCl + NaOH \rightarrow NaCl + H_2O$$

$$M_{NaOH} = \left[\frac{685\ \text{kg/mo HCl}}{36{,}5\ \text{g/mol HCl}}\right]\left[\frac{1\ \text{mol NaOH}}{\text{mol HCl}}\right](40\ \text{g/mol NaOH})\left[\frac{1}{0{,}98}\right] \cong 770\ \text{kg/mês.}$$

Durante a operação, a quantidade seria diferente em razão da variação de motivos, incluindo a combustão incompleta, a mistura não ideal e as cinéticas de reação não ideal.

13.1.3 Controle de óxidos sulfúricos

Como visto anteriormente, os óxidos de enxofre (SO_2 e SO_3) provocam efeitos graves e ainda assim estão por toda parte. As principais fontes dos óxidos de enxofre (ou SO_x como geralmente são denominados) são as usinas elétricas movidas a carvão. Os padrões cada vez mais rígidos para controle de SO_x impulsionaram o desenvolvimento de uma série de opções e técnicas para reduzir suas emissões. Entre essas opções estão as seguintes:

- *Mudança para um combustível com baixa emissão de enxofre.* O gás natural e o petróleo emitem consideravelmente menos enxofre que o carvão. Entretanto, fontes incertas e de alto custo fazem com que essa opção seja arriscada.
- *Dessulfurização do carvão.* O enxofre contido no carvão pode ser orgânico ou inorgânico. A forma inorgânica é a pirita de ferro (FeS_2), que pode ser removida com uma lavagem, pois ocorre em partículas distintas. A remoção de enxofre orgânico (geralmente cerca de 60% do total) exige reações químicas e é mais acessível do ponto de vista econômico se o carvão estiver gaseificado (alterado para um gás parecido com o gás natural).
- *Construção de chaminés altas.* Um método limitado, apesar de localmente econômico, de controle de SO_x é a construção de chaminés extremamente altas e dispersar o SO_x. Essa opção foi utilizada na Grã-Bretanha e é, em parte, responsável pelo problema da chuva ácida na Escandinávia.
- *Dessulfurização de gases de combustão.* A última opção é reduzir o SO_x emitido através da limpeza dos gases oriundos da combustão, os chamados gases de combustão. Foram empregados muitos sistemas, e estão sendo realizadas muitas pesquisas para tornar esses processos mais eficientes. O método mais utilizado para remoção de SO_x dos gases de combustão é fazer com que o enxofre entre em contato com a cal. A reação para SO_2 é

$$SO_2 + CaO \rightarrow CaSO_3$$

ou, se for utilizado o calcário:

$$SO_2 + CaCO_3 \rightarrow CaSO_4 + CO_2$$

Tanto o sulfito quanto o sulfato de cálcio (gesso) são sólidos de baixa solubilidade e podem ser separados em tanque de sedimentação por gravidade. Os sais de cálcio então formados representam um grande problema de descarte. Também é possível converter o enxofre para H_2S, H_2SO_4, ou enxofre elementar e vendê-los como matéria-prima. Infelizmente, os mercados totais possíveis para esses elementos químicos são bem menores do que o necessário para a produção estimada pela dessulfurização.

Antes de seguirmos para o próximo tópico, pode ser útil reiterar a importância de combinar o tipo de poluente a ser removido com o processo adequado. A Figura 13.9 enfatiza a importância do tamanho das partículas para a escolha do aparelho de controle. No entanto, outras propriedades podem ser de igual importância. Um depurador, por exemplo, remove não apenas os particulados, mas também os gases que podem estar dissolvidos na água. Dessa forma, o SO_2, de rápida dissolução, é removido por um depurador, o que não acontece com o NO, que apresenta baixa solubilidade. A escolha da tecnologia apropriada é um importante elemento da profissão de engenharia ambiental.

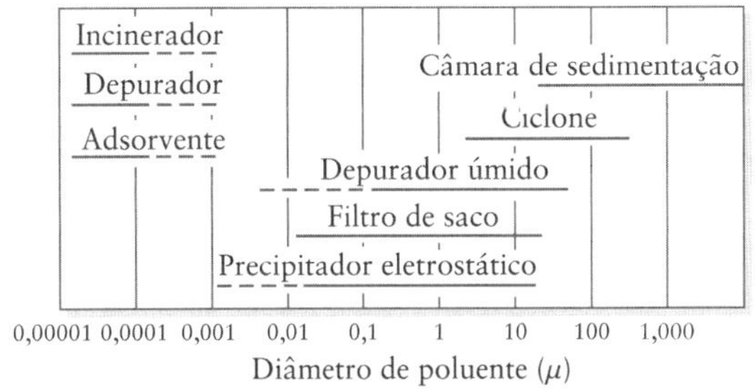

FIGURA 13.9 A eficácia de vários aparelhos de controle de poluição do ar depende do tamanho da partícula.

13.2 DISPERSÃO DE POLUENTES DO AR

Lembre-se de que, como visto em meteorologia no Capítulo 12, as condições atmosféricas determinam prioritariamente a dispersão de poluentes do ar. Se as condições forem superadiabáticas, são produzidos muitos movimentos verticais do ar e turbulência, potencializando a dispersão. A prevalência de condições subadiabáticas, por outro lado, resulta em um sistema muito estável. Uma inversão é uma condição subadiabática extrema, e o movimento vertical do ar dentro na inversão é quase nulo.

O efeito da estabilidade atmosférica de uma pluma pode ser ilustrado como mostra a Figura 13.10. Uma taxa de queda superadiabática produz instabilidade atmosférica e uma pluma *turbulenta*, enquanto uma taxa de queda neutra produz uma pluma *cônica*. Se a pluma for emitida para dentro de uma camada de inversão, o resultado é uma pluma *tubular* – um nome bem descritivo, pois, vista de cima, a pluma se espalha sem qualquer movimento vertical. Uma situação particularmente desagradável é a condição fumegante – quando uma inversão cobre a pluma, mas uma taxa de queda superadiabática abaixo dela resulta em mistura e altas concentrações ao nível do solo.

A altura que uma pluma atinge é também importante se a dispersão for necessária. Enquanto não há modelos teóricos que possam prever a altura da pluma de forma consistente, são sugeridos vários modelos empíricos. Briggs desenvolveu um modelo que parece prever, de forma eficaz, a altura que a pluma das usinas elétricas pode atingir.[1]

$$\Delta h = 2,6\left(\frac{F}{\bar{u}S}\right)^{1/3}$$

$$F = \frac{gV_s d^2 (T_s - T_a)}{4(T_a + 273)} \qquad (13.1)$$

$$S = \frac{g}{(T_a + 273)}\left(\frac{\Delta T}{\Delta z} + 0,01\right).$$

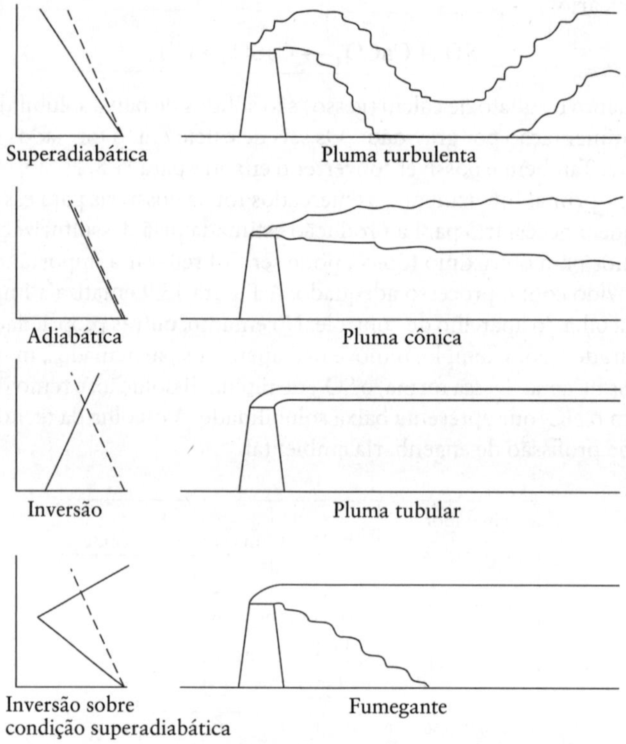

FIGURA 13.10 Taxas de queda prevalecentes produzem plumas com características exclusivas (temperatura *versus* elevação).

onde Δh = altura da pluma sobre o topo da chaniné, m;
$\bar{u}$ = velocidade média do vento, m/s;
$\Delta T/\Delta z$ = taxa de queda prevalecente, a variação da temperatura com a elevação, ºC/m;
V_s = velocidade na saída do gás, m/s;
d = diâmetro da saída da chaminé, m;
g = aceleração gravitacional, 9,8 m/s^2;
T_a = temperatura da atmosfera, ºC;
T_s = temperatura do gás da chaminé, ºC
F = fluxo de flutuação, m^4/s^3.

EXEMPLO 13.3

Problema A chaminé de uma usina elétrica com diâmetro de 2 m apresenta saída de emissão a 3 m/s. A velocidade média do vento é de 6 m/s. A temperatura no topo da chaminé é de 28 ºC e a temperatura da emissão está em 167 ºC. A atmosfera está a uma estabilidade neutra. Calcule a altura esperada da pluma.

Solução Para estabilidade neutra, $\Delta T/\Delta z = 1$ ºC/100 m $= 0{,}01$ ºC/m (Capítulo 12). A altura esperada da pluma é Δh:

$$\Delta h = 2{,}6\left(\frac{F}{6S}\right)^{1/3}$$

Primeiro, deve-se calcular F e S:

$$F = \frac{9{,}8(3)(2)^2(167-28)}{4(28+273)} = 13{,}6$$

$$S = \frac{9{,}8}{28+273}(0{,}01+0{,}01) = 6{,}5\times10^{-4}$$

$$\Delta h = 2{,}6\left(\frac{13{,}6}{6(6{,}5\times10^{-4})}\right)^{1/3} \cong 40 \text{ m.}$$

Dispersão é o processo de espalhar a emissão sobre uma ampla área, reduzindo com isso a concentração dos poluentes específicos. A difusão ou dispersão da pluma acontece em duas dimensões: horizontal e vertical. Pressupõe-se que a maior concentração de poluentes esteja no centro da pluma, ou seja, na direção do vento prevalecente. Quanto maio longe do centro, menor é a concentração. Se a dispersão de uma pluma em ambas as direções é aproximada pela curva de probabilidade gaussiana, como visto no Capítulo 3, a concentração de um poluente a uma distância x a partir da fonte e a favor (na direção) do vento pode ser calculada como segue

$$C_{(x,y,z)} = \frac{Q}{2\pi \bar{u} \sigma_y \sigma_z} \exp\left(-\frac{1}{2}\left[(y/\sigma_y)^2 + (z/\sigma_z)^2\right]\right)$$

onde
$C(x,y,z)$ = concentração em algum ponto no espaço com coordenadas x, y e z, km/m³;
Q = intensidade da fonte, ou taxa de emissão, kg/s;
$\bar{u}$ = velocidade média do vento, m/s;
σ_z e σ_y = desvio padrão da dispersão nas direções z e y;
y = distância horizontal na direção perpendicular à do vento, m;
z = distância vertical, m.

As coordenadas são apresentadas na Figura 13.11. Observe que z está na direção vertical, y está perpendicular ao vento na direção horizontal e x está na direção do vento.

Os desvios padrão são medidas da dispersão da pluma. Se σ_y e σ_z forem grandes, a dispersão é alta, e a concentração, claro, é baixa. O oposto também é verdade; se os desvios forem pequenos, a dispersão é baixa, e a concentração é mais alta. A dispersão depende da estabilidade atmosférica (como visto anteriormente) e da distância em relação à fonte. Na Figura 13.12, encontra-se uma aproximação para os coeficientes de dispersão, e a estabilidade atmosférica é representada na figura pelas letras de A a F. Já a Tabela 13.12 traz uma legenda para a escolha da condição de estabilidade apropriada.*

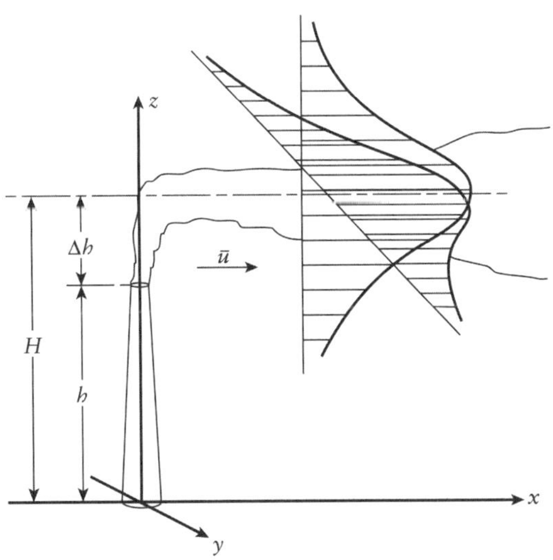

FIGURA 13.11 O modelo de dispersão gaussiano.

* As curvas e a tabela são elaboradas com base em alguns dados, mas grande parte dos valores foram obtidos por meio de extrapolação. Isso é mais evidente quando se nota que abaixo da categoria A de estabilidade, é possível ter um desvio padrão vertical de 10.000 km. Isso se torna inviável.

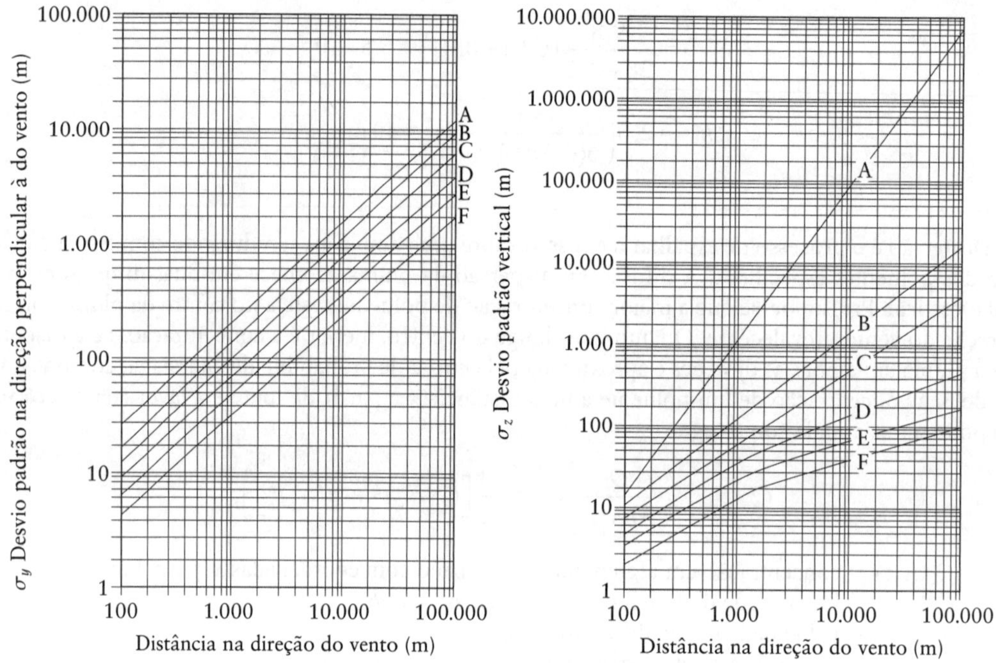

FIGURA 13.12 Coeficientes de dispersão (de acordo com Turner, D. B. *Workbook of atmospheric dispersion estimates.* U.S. Department of Health, Education and Welfare, Public Health Service, National Center for Air Pollution Control, Publicação n 999–AP–28).

Uma pluma emitida de uma chaminé apresenta uma altura efetiva H, calculada com a soma da altura da chaminé e a altura da pluma Δh, como na Equação 13.1 e como mostra a Figura 13.11. A elevação do centro da pluma é, então, de $z = H$, e a equação de difusão é

$$C_{(x,y,z)} = \frac{Q}{2\pi\bar{u}\sigma_y\sigma_z}\exp\left(-\frac{1}{2}\left[(y/\sigma_y)^2 + ((z-H)/\sigma_z)^2\right]\right).$$

Essas duas equações são válidas desde que o solo não influencie a difusão. Isso, geralmente, não é uma hipótese boa, pois o solo não é um depósito eficiente para os poluentes, e os níveis devem ser mais altos ao nível do solo devido à dificuldade de a pluma conseguir se dispersar no solo. O efeito do solo pode ser considerado pressupondo-se uma imagem virtual especular da fonte em uma elevação z — H, como mostra a Figura 13.13. Considerando a reflexão do solo, a equação da dispersão é a seguinte

$$C_{(x,y,z)} = \frac{Q}{2\pi\bar{u}\sigma_z\sigma_y}\times$$

$$\exp\left[-\frac{1}{2}\left(\frac{y}{\sigma_y}\right)^2\right]\left\{\exp\left[-\frac{1}{2}\left(\frac{z+H}{\sigma_z}\right)^2\right]+\exp\left[-\frac{1}{2}\left(\frac{z+H}{\sigma_z}\right)^2\right]\right\}. \tag{13.2}$$

A Equação 13.2 é a equação de dispersão mais geral, considerando a reflexão do solo e a emissão do poluente a uma altura efetiva de chaminé H. Podemos simplificar essa equação considerando várias hipóteses. Por exemplo, se a medição for realizada no nível do solo e a pluma também for emitida no mesmo nível, ambos os termos z e H serão zero, resultando na seguinte equação

TABELA 13.1 Tipos de estabilidade atmosférica apresentadas na Figura 13.12.

Velocidade do vento na superfície (a 10 m) (m/s)	Dia			Noite	
	Entrada de radiação solar (luz do sol)			Maior parte do céu encoberto ou ≥ 4/8 Coberto por nuvens	Maior parte céu limpo ou ≤ 3/8 Coberto por nuvens
	Forte	Moderada	Leve		
<2	A	A–B	B	—	—
2 - 3	A–B	B	C	E	F
3 - 5	B	B–C	C	D*	E
5 - 6	C	C–D	D	D	D
>6	C	D	D	D	D

* A categoria neutra, D, deve ser considerada para condições de céu nublado durante o dia ou à noite.

Fonte: Pasquill F. The estimation of the dispersion of windborne material, *The Meteorological Magazine*, v. 90, n. 1063, p. 33–49.

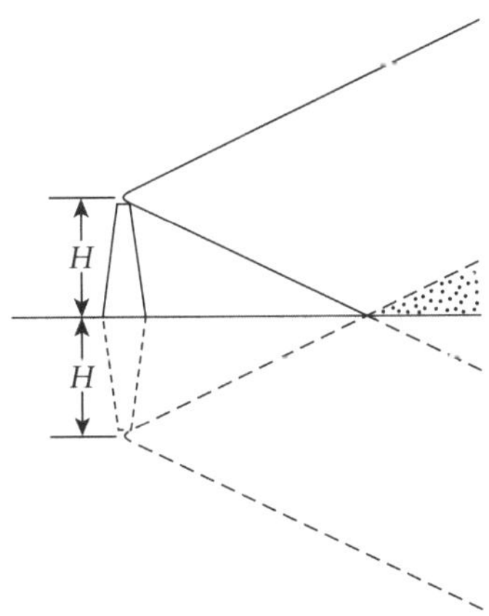

FIGURA 13.13 Fonte e imagem da fonte. Na área sombreada a concentração é duplicada devido à imagem da fonte.

$$C_{(x,y,0)} = \frac{Q}{2\pi \bar{u} \sigma_z \sigma_y} \exp\left[-\frac{1}{2}(y/\sigma_y)^2\right] \quad \text{em } H = 0 \text{ e } z = 0.$$

Se a emissão estiver no nível do solo ($H = 0$), a medição também for realizada no nível do solo ($z = 0$), e o poluente for medido em seu centro ($y = 0$), então:

$$C_{(x,0,0)} = \frac{Q}{2\pi \bar{u} \sigma_z \sigma_y} \quad \text{em } y = 0, H = 0, \text{ e } z = 0.$$

EXEMPLO 13.4

Problema Considerando uma tarde ensolarada com um vento médio, $\bar{u} = 4$ m/s, emissão de $Q = 0{,}01$ kg/s, e altura efetiva de chaminé $H = 20$ m, calcule a concentração ao nível do solo a 200 metros da chaminé.

Solução Na Tabela 13.1, verifica-se que a estabilidade atmosférica é do Tipo B para uma velocidade do vento de 4 m/s e sol forte. Na Figura 13.12 a 200 metros e estabilidade B, obtém-se $\sigma_y \cong 30$ m e $\sigma_z \cong 22$ m. Note que as concentrações máximas ocorrem no centro da pluma, a $y = 0$. Utilizando a Equação 13.2:

$$C_{(200,0,0)} = \frac{0{,}01 \text{ kg/s}}{2(\pi)(4 \text{ m/s})(30 \text{ m})(22 \text{ m})}$$

$$\times \left\{ \exp\left(-\frac{1}{2}(0/30 \text{ m})^2 \right) \times \left[\exp\left(-\frac{1}{2}[(0-20 \text{ m})/22 \text{ m}]^2 \right) \right.\right.$$

$$\left.\left. + \exp\left(-\frac{1}{2}[(0+20 \text{ m})/22 \text{ m}]^2 \right) \right] \right\}$$

$$C_{(200,0,0)} = 8 \times 10^{-7} \text{ kg/m}^3$$

$$\text{ou } C_{(200,0,0)} = 800 \ \mu\text{g/m}^3.$$

Por fim, deve-se destacar que essa análise de dispersão da pluma é muito imprecisa. Os criadores dos modelos de aparelhos de controle de poluição do ar geralmente se satisfazem ao chegar a um modelo capaz de prever concentrações dentro de uma ordem de magnitude!

13.3 CONTROLE DE FONTES MÓVEIS

Embora muitas das técnicas de controle citadas anteriormente possam ser aplicadas tanto para fontes móveis como para estacionárias, uma fonte móvel merece uma atenção especial: os automóveis. Apesar de os automóveis possuírem muitas fontes potenciais de poluição, apenas alguns pontos importantes exigem controle (Figura 13.14):

- evaporação de hidrocarbonetos (HC) do tanque de combustível;
- evaporação de HC do carburador;
- emissões de gasolina não queimada e HC parcialmente oxidado do cárter;
- NO_x, HC e CO do escapamento.

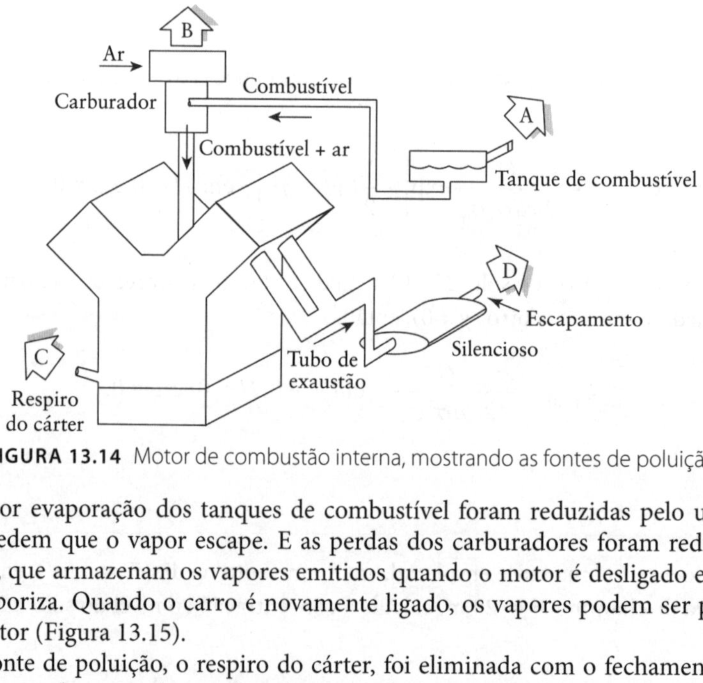

FIGURA 13.14 Motor de combustão interna, mostrando as fontes de poluição.

As perdas por evaporação dos tanques de combustível foram reduzidas pelo uso de tampas nos tanques, que impedem que o vapor escape. E as perdas dos carburadores foram reduzidas com caixas de carvão ativado, que armazenam os vapores emitidos quando o motor é desligado e a gasolina quente no carburador vaporiza. Quando o carro é novamente ligado, os vapores podem ser purgados pelo ar e queimados no motor (Figura 13.15).

A terceira fonte de poluição, o respiro do cárter, foi eliminada com o fechamento da saída para a atmosfera e reciclagem dos gases dentro do coletor. A válvula de ventilação positiva do cárter (PCV *valve*, do inglês, *positive crankcase ventilation valve*) é uma pequena válvula de verificação que evita o acúmulo de pressão no cárter.

TABELA 13.2 Efeito do funcionamento do motor nas características do escapamento, tendo como referência as emissões em marcha lenta

	Componente		
	CO	HC	NO_x
Em marcha lenta	1,0	1,0	1,0
Em aceleração	0,6	0,4	100
Em transição	0,6	0,3	66
Em desaceleração	0,6	11,4	1,0

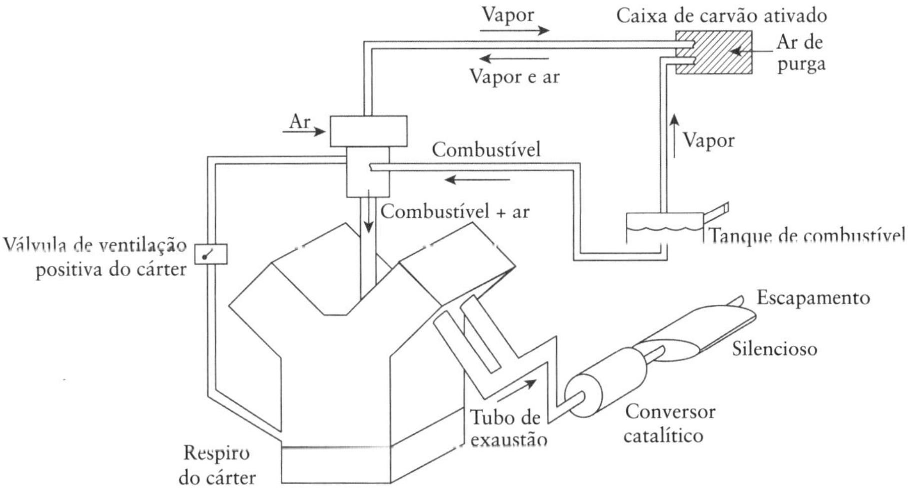

FIGURA 13.15 Motor de combustão interna com dispositivos de controle de poluição.

O problema de controle mais complicado é o escapamento, responsável pela emissão de cerca de 60% do HC e quase todo NO_y, CO e chumbo. Um problema imediato é como medir essas emissões, pois não se trata somente de inserir um amostrador no tubo de saída, uma vez que a quantidade de poluentes emitida muda de acordo com o modo de funcionamento. O efeito do funcionamento nas emissões é ilustrado na Tabela 13.2. Observe que, quando o carro é acelerado, a combustão é eficiente (baixa concentração de CO e HC) e a alta compressão produz muito NO_x. Por outro lado, a desaceleração produz baixa concentração de NO_x e muito HC em função do combustível parcialmente queimado. Por causa dessas dificuldades, a EPA definiu um teste padrão para medir as emissões. Esse teste inclui partida a frio, aceleração e operação em regime usando um dinamômetro para simular uma carga nas rodas, e uma partida a quente.

As técnicas de controle de emissões para motores de combustão interna incluem:

- ajuste do motor para queima eficiente do combustível;
- instalação de reatores catalíticos;
- modificações no motor.

Um ajuste pode ter um efeito significativo na emissão de componentes. Por exemplo, uma proporção ar/combustível alta (uma mistura enxuta) reduzirá tanto o CO quanto o HC, mas aumentará o NO_x. As emissões típicas resultantes da alteração da proporção ar/combustível são apresentadas na Figura 13.16. Um carro bem regulado é a primeira linha de defesa para o controle das emissões dos automóveis, independente dos outros dispositivos e/ou processos utilizados.

A segunda estratégia de controle, utilizada atualmente em todos os carros a gasolina vendidos nos Estados Unidos, é o conversor catalítico, que oxida o CO e o HC para CO_2 e H_2O. O catalisador mais popular é a platina, que pode ser entupido por alguns aditivos da gasolina, como o chumbo (fortalecendo a necessidade de se eliminar o uso de gasolina com chumbo). O segundo problema com os conversores catalíticos é que os compostos de enxofre na gasolina são oxidados para SO_3 particulado, aumentando assim os níveis de enxofre nos ambientes urbanos e o problema da chuva ácida.

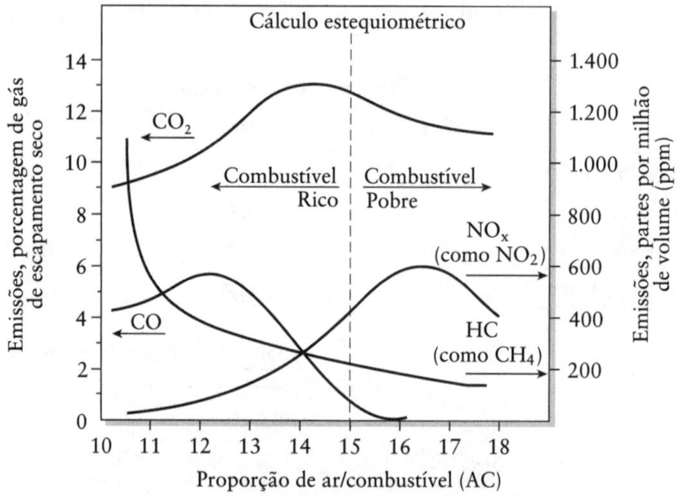

FIGURA 13.16 Variações nas emissões dos automóveis em função da proporção ar/combustível.

No entanto, o maior avanço no desenvolvimento dos motores foi a revisão completa de seus projetos para conseguir a redução das emissões. Por exemplo, a configuração geométrica do cilindro no qual ocorre a combustão é importante, pois a combustão completa exige que toda a gasolina inflame junto e queime como uma chama estável durante um prescrito período de tempo muito curto. Os cilindros com cantos e fendas nos quais ar/gasolina possa se esconder produzirá emissões parcialmente queimadas, como hidrocarbonetos e monóxido de carbono. Um segundo avanço foi na injeção de combustível, que mede a quantidade exata de gasolina necessária para o motor e a bombeia, evitando que o motor retire muito combustível do carburador e produza emissões no escapamento.

Entretanto, mesmo com o amplo investimento em engenharia, será difícil fabricar um motor de combustão interna totalmente limpo. Os carros elétricos são limpos, mas só podem armazenar uma carga reduzida de energia, limitando assim seu alcance. Além disso, a eletricidade utilizada para dar potência a esses veículos deve ser produzida por usinas elétricas, gerando assim mais poluição. Também está sendo estudada a tecnologia de célula a combustível para substituir os motores de combustão interna.

Os motores a diesel utilizados em caminhões e ônibus também são fontes relevantes de poluição. Entretanto, há menos veículos desse tipo em operação do que os carros movidos à gasolina.

PROBLEMAS

13.1 Levando em consideração o custo, a facilidade de operação e o descarte final de resíduos, que tipo de aparelho de controle você sugeriria para as seguintes emissões?

a) Poeira com partículas com variação de diâmetro de 5–10 μ?

b) Gás contendo 20% de SO_2 e 80% de N_2?

c) Gás contendo 90% de HC e 10% de O_2?

13.2 A emissão de uma chaminé apresenta as seguintes características: 90% de SO_2, 10% de N_2, nenhum particulado. Que aparelho de tratamento você sugeriria, por quê?

13.3 Uma emissão industrial apresenta as seguintes características: 80% de N_2, 15% de O_2, 5% de CO_2, e nenhum particulado. Você é chamado como consultor para indicar o tipo de aparelho de controle de poluição do ar necessário. Que aparelho você recomendaria? Qual será o custo dos seus serviços?

13.4 Uma destilaria de uísque o contratou como consultor para projetar o aparelho de controle de poluição do ar para uma nova instalação, que será construída em uma área residencial. O principal efeito ambiental de uma destilaria de uísque é o cheiro produzido no processo, mas muitas pessoas acham esse cheiro agradável (é um odor de mofo adocicado). Como você lidaria com essa tarefa?

13.5 Dada a seguinte análise da temperatura atmosférica:

Elevação (m)	Temperatura (°C)
0	20
50	15
100	10
150	15
200	20
250	15
300	20

Qual o tipo de pluma poderia ser esperado se a temperatura de saída da pluma fosse de 10 °C e a altura da chaminé fosse de:

a) 50 m?
b) 150 m?
c) 250 m?

13.6 Considere uma taxa de queda prevalecente que apresente as seguintes temperaturas: ao nível do solo = 21 °C, a 500 m = 20 °C, a 600 m = 19 °C, a 1.000 m = 20 °C. Se uma parcela de ar for liberada a 500 m e a 20 °C, ela desceria, subiria ou permaneceria no mesmo lugar? Se uma chaminé possui 500 m de altura, que tipo de pluma deve ser esperado?

13.7 Uma usina elétrica queima 1.000 toneladas de carvão por dia, sendo que 2% dessa quantidade é enxofre, tudo emitido por uma chaminé de 100 m de altura. Para um vento com uma velocidade de 10 m/s, calcule:

a) a concentração máxima de SO_2 no nível do solo, a 10 km da usina na direção a favor do vento.
b) a concentração máxima no nível do solo e o ponto no qual ela ocorre para as categorias de estabilidade A, C e F. (Essa parte deve ser calculada com a ajuda de um computador.)

13.8 O limite de odor do H_2S é cerca de 0,7 $\mu g/m^3$. Se uma indústria emite 0,08 g/s de H_2S com uma chaminé de 40 m de altura durante uma noite nublada com a velocidade do vento a 3 m/s, calcule a área estimada (considerando as coordenas x e y) onde o H_2S seria detectado. (Esse exercício seria muito cansativo se feito à mão. Utilize um programa de computador ou uma planilha.)

13.9 Uma usina elétrica emite 300 kg/h de SO_2 para uma atmosfera neutra com um vento a 2 m/s. Para σ_y e σ_z são considerados os valores de 100 m e 30 m, respectivamente.

a) Calcule a concentração ao nível do solo de SO_2, em microgramas por metro cúbico, considerando que a cidade esteja a 2 km fora do centro da pluma e que a chaminé da usina esteja associada a uma altura efetiva de 20 metros.
b) Calcule a concentração ao nível do solo, se a usina instalar uma chaminé de 150 m.

13.10 Um balão para análise da temperatura fornece os seguintes dados:

Elevação (m acima do nível do solo)	Temperatura (°C)
0	20
20	20
40	20
60	21
80	21
100	20
120	17
140	16
160	14
200	12

Que tipo de pluma é esperado de uma chaminé com 70 m de altura? Explique.

13.11 Uma usina elétrica queima 1.000 toneladas métricas (1 tonelada métrica = 1.000 kg) de carvão por dia, a 2% de enxofre.

a) Calcule a taxa de emissão de SO_2
b) Calcule a concentração de SO_2 a 1,0 km a favor do vento ($x = 1.000$ m), 0,1 km fora da linha de centro na direção y ($y = 100$ m), e no nível do solo ($z = 0$) com uma velocidade do vento a 4 m/s, e em um dia nublado. A altura efetiva da chaminé é de 100 m. Ignore a reflexão.
c) Qual é a concentração no nível do solo, se a reflexão for incluída?
d) Se a fonte estiver no nível do solo ($H = 0$), é necessário medir a concentração em nível de solo. Qual a concentração ($z = 0$). (Inclua a reflexão).

13.12 Uma chaminé tem 300 m de altura, e emite fumaça a 305 K. A temperatura no nível do solo é de 300 K, e a 600 m de 310 K. (Considere uma taxa de queda linear entre essas duas temperaturas).

a) Faça um desenho de como seria a pluma resultante e nomeie seu tipo.
b) Se na situação descrita, a temperatura da pluma for de 306 K, qual será sua altura? (Considere como zero a velocidade das partículas no topo da chaminé e condições adiabáticas perfeitas.)

13.13 Suponha que você deve projetar um aparelho para controlar as emissões de uma indústria. Para as três emissões a seguir, faça diagramas de bloco mostrando qual aparelho escolheria a fim de obter uma eficiência de cerca de 90%.

Emissão 1: Variação do tamanho de partícula – 70 a 200 mícrons
Nenhuma emissão gasosa
Temperatura – 366 K
Sem limitações de espaço

Emissão 2: Variação do tamanho de partícula – 0,1 a 200 mícrons
Nenhuma emissão gasosa
Temperatura – 366 K
Sem limitações de espaço
Ocorrência de pluma visível inaceitável

Emissão 3: Variação do tamanho de partícula – 5 a 40 mícrons
Emissão gasosa – SO^2
Temperatura – 922 K
Contaminação da água inaceitável (não há instalações de tratamento)
Sem limitações de espaço

13.14 Uma fábrica de móveis emite uma poluição composta principalmente do material particulado com diâmetro de 10 mícrons ou mais.

a) Como engenheiro consultor, que tipo de sistema de tratamento você sugeriria para essa fábrica?
b) O poluente coletado será descartado no aterro sanitário local. Depois que a fábrica está instalada e o sistema em operação, você nota que o material que é levado para o aterro exala um estranho odor orgânico. Você pergunta à gerente da fábrica o que é, e ela responde que pode ser xileno (uma substância química altamente tóxica). Então, informa a ela que se trata de um material potencialmente perigoso para os trabalhadores e, provavelmente, um resíduo perigoso e não deveria ser descartado em um aterro.

Ela pede a você que fique fora disso. Você já recebeu pelo serviço e não está mais oficialmente trabalhando para eles. O que você faria? Para responder, seja realista e não idealista.

13.15 Suponha que uma usina elétrica esteja emitindo 400 toneladas de particulados por dia e que exista uma cidade 10 km ao norte da usina. O vento sopra do sul em 25% do tempo, 25% do norte e 50% do oeste. Não há vento soprando do leste. A velocidade de 5 km/h é constante. (Quais são os impactos dessa simplificação?) Considere uma condição de estabilidade neutra (*O*) para todo vento oeste, condições instáveis para o vento norte (*A*) e condições de inversão para o vento sul (*F*). Calcule a qualidade média do ar particulado no ambiente na cidade. Essa qualidade atende aos Padrões Nacionais de Qualidade do Ar Ambiente?

13.16 Calcule a eficiência de remoção de material particulado de um ciclone considerando partículas com os seguintes diâmetros:

a) 100 mícrons;
b) 10 mícrons;
c) 1 mícrom;
d) 0,1 mícrom.

13.17 Uma nova usina elétrica deve queimar carvão com 3% de enxofre e um valor calorífico de 25.000 KJ/kg. Calcule a eficiência mínima que um depurador de SO_2 necessitará apresentar para atender ao novo padrão de fonte de emissão de 0,5 kg de $SO_2/10^6$ Btu.

13.18 Por que o motor a gasolina não pode ser regulado de forma a produzir uma quantidade mínima dos três poluentes CO, HC e NO_x simultaneamente?

13.19 Uma fábrica de papel possui uma unidade em um vale, e quer construir uma chaminé para jogar a linha de centro da pluma acima da montanha para conseguir reduzir a concentração de dióxido de enxofre em seu próprio vale. A montanha está a 4 km de distância, e possui 1.000 m de altura. O local onde a fábrica está instalada está a 400 m de altitude. Se a temperatura da emissão for de 200 ºC, a temperatura prevalecente no vale é de 20 ºC, a velocidade do vento assumida como 2 m/s, e uma taxa de queda prevalecente de 0,006 ºC/m, qual deve ser a altura da chaminé para que atinja seu objetivo? (*Atenção*, você deve pressupor alguns números, e cada resultado será exclusivo em função deles.)

13.20 Se um carro é projetado para queimar etanol (C_2H_5OH), calcule a proporção estequiométrica de ar/combustível.

13.21 Uma fábrica de fertilizantes emite HF a uma taxa de 0,9 kg/s de uma chaminé com uma altura efetiva de 200 m; a velocidade média do vento é de 4,4 m/s, e a estabilidade está na categoria B.

a) Calcule a concentração de HF, em mg/m³, no nível do solo, na linha de centro da pluma, a 0,5 km da chaminé.
b) Calcule também a concentração no nível do solo a 1,0 km, 1,5 km, 2,0 km, 2,5 km, 3,0 km, 3,5 km e 4,0 km da chaminé. Faça uma tabela dos resultados com a concentração *versus* a distância.

13.22 Para as condições do problema anterior, desenhe uma figura tridimensional da concentração de HF a uma distância de 2 km da chaminé.

13.23 A concentração de SO_2 no nível do solo não deve ultrapassar 80 microgramas por metro cúbico. Calcule a altura efetiva da chaminé de forma a atender essa exigência, considerando o vento a uma velocidade de 4 m/s em um dia de céu limpo, e uma fonte emitindo 0,05 kg de SO_2/s.

13.24 Uma fábrica de produtos químicos espera emitir 200 kg/d de um gás com odor muito forte, mas que não apresenta perigo algum. Há uma cidade a 2.000 m na direção à qual o vento sopra. A fábrica decide construir uma chaminé alta o suficiente para que não atinja níveis de concentração de mais de 10 mg/m^3 na cidade. Calcule a altura necessária da chaminé. Considere o gás saindo da chaminé a 5 m/s, a uma temperatura de 150 °C, tendo a chaminé 1,5 m de diâmetro; a temperatura ambiente é de 20 °C, a velocidade do vento de 4 m/s, e a taxa de queda prevalecente de 0,004C/m.

13.25 O catálogo de uma grande empresa de venda de peças de automóveis anuncia um livro com o título *Como driblar os controles de emissões*. Por apenas $ 7,95 (mais taxas de envio e transporte) você pode descobrir como melhorar de 14% para 140% o consumo de gasolina por quilômetro rodado, aumentar a aceleração e desempenho, andar de forma mais tranquila e suave e conseguir aumentar a vida útil do motor. O livro inclui instruções simples tanto para amadores como para profissionais da área.

Não é ilegal mexer no seu próprio carro. Você pode não passar nas inspeções de emissão na maioria dos estados, mas modificar seu carro não é contra a lei.

Quando foi solicitada permissão da empresa de vendas por catálogo para reproduzir o anúncio nesse livro, ela foi recusada. Se é perfeitamente legal, e estão fornecendo um serviço público, por que não permitiram que esse anúncio fosse veiculado?

Reproduza a reunião do conselho de gestão em que essa solicitação foi discutida. Invente personagens como o CEO da empresa, o vice-presidente de marketing, o consultor jurídico etc. Crie um diálogo que possa ter feito parte da discussão, terminando com a decisão de não permitir que o anúncio fosse reproduzido no livro. Como a ética entrou nessa discussão (se é que entrou)?

13.26 Como plantar árvores e utilizar materiais de construção mais claras (por exemplo, telhas claras em vez de escuras) reduzem a formação de fumaça?

13.27 Um túnel retangular de mão dupla de 400 metros (9 m × 4 m) cheio de carros é bloqueado por um acidente logo na saída. O sistema de ventilação precisa de grandes exaustores que expelem o ar ambiente para fora do túnel. Presumindo que o túnel esteja cheio de carros, todos em marcha lenta. Um carro ocupa 6 metros lineares e emite 2,0 g/min de CO. O sistema injeta $0{,}42 \times 10^6$ m^3/min de ar fresco contendo 0,5 mg/m^3 de CO na entrada do túnel. Qual é a concentração de CO no ar de saída? Presuma uma mistura completa.

Referências

1. Briggs, G.A. 1969. *Plume rise*. AEC Critical Review Series, TID-25075. (Como modificado e discutido em Wark, K., e C.F. Warner. *Air pollution*. Nova York: Harper & Row, 1981.)

CAPÍTULO 14

RESÍDUOS SÓLIDOS

Dois quilos por dia não parece muita coisa, até essa quantidade ser multiplicada pelo número total de pessoas nos Estados Unidos.[1] Repentinamente, 0,63 trilhão kg de lixo por dia ganha sua real dimensão – um imenso monte de detritos.

O que deve ser feito com esses resíduos sólidos de nossa sociedade "efluente"? A busca por uma resposta representa um monstruoso desafio aos profissionais de engenharia.

Lixo residencial e comercial comum, chamado de *refugo* ou *resíduo sólido municipal* (RSM, ou MSW, na sua sigla em inglês, de *municipal solid waste*), é o assunto deste capítulo. Ele, tecnicamente, é composto por resíduos alimentares, e tudo o mais que jogamos na lata de "lixo". O *entulho* é um lixo formado por itens maiores, como geladeiras velhas, troncos de árvore, colchões e outros itens volumosos não coletados comumente com o refugo residencial. Uma subcategoria muito importante de resíduos sólidos, chamada de *resíduos perigosos*, será discutida no próximo capítulo.

O problema do resíduo sólido municipal pode ser separado em três processos:

1. coleta e transporte de resíduos sólidos residenciais, comerciais e industriais;
2. recuperação de partes úteis desse material;
3. descarte dos resíduos no meio ambiente.

14.1 COLETA DE RESÍDUOS

Nos Estados Unidos e na maioria dos outros países, resíduos sólidos de residências e estabelecimentos comerciais são coletados por caminhões. Às vezes, são do tipo caçamba aberta que podem levar lixo ou refugo em sacos, mas, com maior frequência, são *enfardadores*, caminhões que utilizam aríetes hidráulicos para compactar o refugo e diminuir seu volume, possibilitando o transporte de maior quantidade de carga (Figura 14.1). As coletas comerciais e industriais são facilitadas pelo uso de contêineres que podem ser esvaziados no caminhão com o uso de um mecanismo hidráulico ou levados pelo caminhão ao local de descarte (Figura 14.2). Recentemente, veículos especializados na coleta seletiva de materiais, como jornais, latas de alumínio e garrafas de vidro, tornaram-se comuns (Figura 14.3).

A coleta residencial de refugo misto normalmente é feita por um caminhão enfardador com duas ou três pessoas – um motorista e um ou dois catadores. Eles jogam os conteúdos dos pacotes de lixo no caminhão e levam o caminhão cheio para a área de descarte. Toda a operação é um estudo sobre ineficiência e condições perigosas de trabalho. O histórico de segurança dos funcionários de coleta de resíduos sólidos é, de longe, o pior de todos os grupos de trabalhadores (três vezes pior do que o de mineiros, por exemplo).

FIGURA 14.1 Veículo de coleta de resíduos sólidos residenciais.

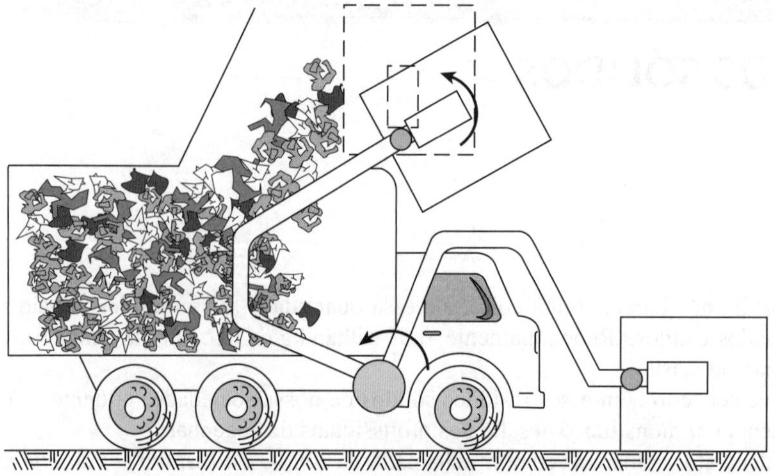

FIGURA 14.2 Veículo de coleta de resíduos sólidos comerciais.

FIGURA 14.3 Veículo de coleta seletiva de materiais.

Diversas modificações foram implantadas a esse método para cortar os custos da coleta e reduzir acidentes, incluindo o uso de compactadores e moedores de lixo na cozinha e sistemas de latas rolantes para residências. Na maioria das operações, o morador recebe uma lixeira grande de plástico, com o volume de cerca de duas latas de lixo normais, e deve rolar a lixeira até a calçada toda semana para coleta. O caminhão é equipado com um elevador hidráulico que esvazia a lixeira em seu interior (Figura 14.4 e Tabela 14.1).

Outros sistemas foram desenvolvidos para coletar resíduos, e um especialmente interessante é um sistema de tubos pneumáticos subterrâneos. O sistema de coleta pneumática do Disney World na Flórida tem estações de coleta espalhadas pelo parque que recebem o lixo e os tubos pneumáticos conduzem os resíduos a uma instalação de processamento central. Em áreas de baixa densidade demográfica, *drop-off* ou conveniências, são comuns os centros, como mostra a Figura 14.5. Eles são comuns também para recicláveis.

TABELA 14.1 Tamanhos comuns de veículos e contêineres.

	Tamanho comum	
Tipo de coleta	**Veículo (jarda³)**	**Contêiner (gal)**
Manual	6–39	N/A
Semiautomático	6–39	30–110
Automático	15–31	32–440

Fonte: Hickman, H. Lanier, Jr. *Princípios da Gestão Integrada de Resíduos Sólidos.* American Academy of Environmental Engineers; Annapolis, MD. 1999. Reimpresso com permissão da Packard & Anderson Companies, Inc.

FIGURA 14.4 (A) Caminhão de lixo semiautomático e (B) automático.

©Susan Morgan

FIGURA 14.5 Um centro de entrega ou conveniência.

A seleção de uma rota adequada para veículos de coleta, conhecida como *otimização da rota*, pode resultar em uma economia considerável para o transportador. O problema da otimização da rota foi abordado pela primeira vez em 1736 pelo famoso matemático suíço Leonard Euler (pronuncia-se "oiler") (1707–1783). Ele recebeu um pedido para projetar uma rota de desfile para a cidade de Köningsberg de forma que ele não atravessasse nenhuma ponte sobre o rio Pregel mais de uma vez e retornasse a seu lugar de início. O problema de Euler é retratado na Figura 14.6.

Euler não apenas mostrou que tal rota era impossível para o desfile do rei, como também generalizou o problema especificando quais condições são necessárias para estabelecer tal rota, hoje conhecida como *caminho de Euler*. O objetivo da rota de caminhões é criar um caminho de Euler, dentro do qual uma rua é atravessada apenas uma vez e a *repetição* – passar duas vezes pela mesma rua – é eliminada. Um caminho de Euler também é conhecido como uma *rota de mão única*, porque o viajante passa por cada rua apenas uma vez.

O percurso é realizado ao longo de elos específicos (ruas e pontes no problema de Euler) que conectam *nós* (intersecções). Um caminho de Euler é possível apenas se o número de elos que entram em todos os nós for par. Os nós na Figura 14.6B são A a D, e *todos* eles têm um número ímpar de elos, portanto o desfile que o rei desejava não era possível. O princípio de Euler é ilustrado pelo Exemplo 14.1.

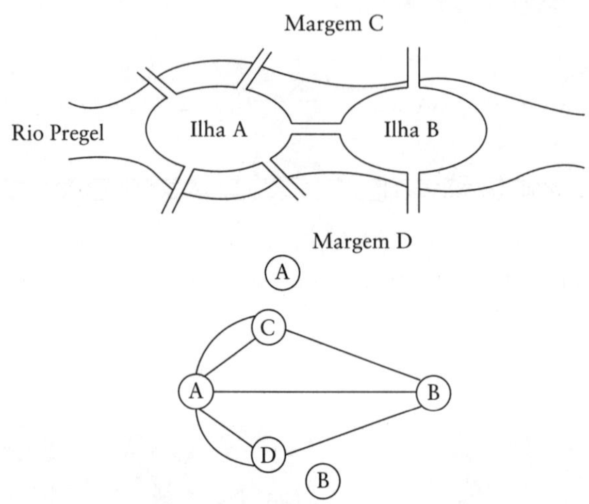

FIGURA 14.6 Problema de Euler em Köningsberg.

EXEMPLO 14.1

Problema Uma rede de ruas é apresentada na Figura 14.7A. Se o lixo de residências ao longo dessas ruas for coletado por um veículo que deve trafegar por cada rua apenas uma vez (com o resíduo sólido sendo coletado nos dois lados da rua, uma situação que normalmente ocorreria em um bairro residencial), um caminho de Euler será possível? Se o lixo for coletado apenas ao lado da quadra (apenas em um lado da rua, uma situação que normalmente aconteceria em ruas amplas de tráfego intenso), um caminho de Euler seria possível?

Solução A rede de ruas é reduzida a uma série de elos e nós na Figura 14.7B para o caso no qual o caminhão passa apenas uma vez por determinada rua. Observe que oito dos nós têm um número ímpar de elos, portanto um caminho de Euler é impossível.

No segundo caso, os elos são apresentados na Figura 14.7C, e todos os nós têm um número par de elos, indicando que um caminho de Euler é possível. Mas qual?

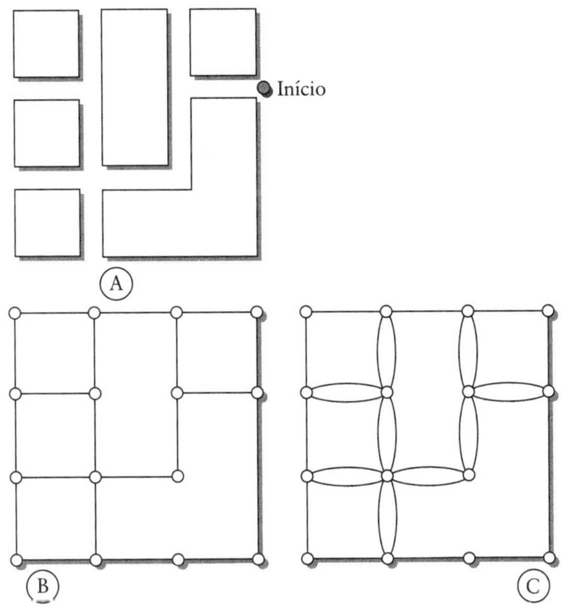

FIGURA 14.7 Rota de caminhões.

Programas de computador estão disponíveis para o desenvolvimento da rota mais eficiente possível, mas frequentemente não são utilizados porque:

- a gravação e a remoção de *bugs* do programa demora muito, ou o software disponível não é adequado para a situação específica;
- é possível desenvolver uma solução muito boa (talvez não a solução absolutamente ideal) utilizando bom-senso;
- as equipes de coleta, de qualquer jeito, mudarão as rotas da melhor forma que lhes convier!

A rota de bom senso é, às vezes, chamada de *rota heurística*, o que significa a mesma coisa. Algumas regras empíricas sensatas, quando seguidas, permitem significativo progresso na determinação da melhor solução para coleta. Por exemplo:

- tentar evitar tráfego intenso;
- tentar sempre fazer conversões à direita;
- tentar trafegar em linhas longas e retas;
- tentar não deixar uma rua de mão única como uma saída de um nó.

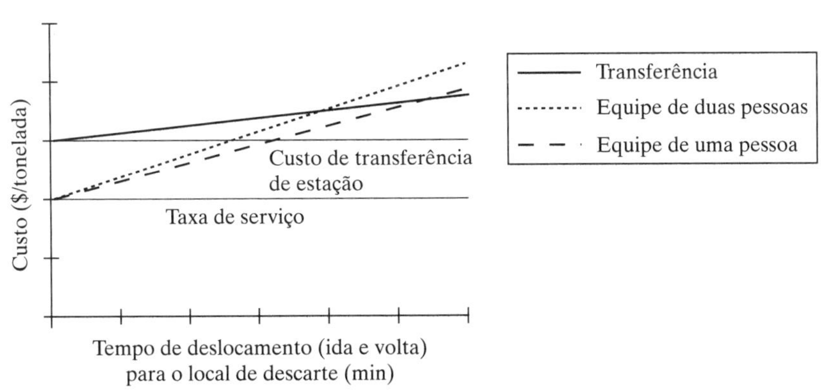

FIGURA 14.8 Comparação entre o custo da transferência e o do deslocamento direto.

A maioria dessas regras é, como o nome sugere, de bom-senso. Com frequência, é possível obter uma economia considerável ao realizar modificações aparentemente pequenas ao sistema de coleta, porque este normalmente é o maior centro de custos da gestão de resíduos.

Há um ponto no qual o custo para os caminhões de lixo individuais que se deslocam diretamente para o local de descarte é mais alto do que utilizar um sistema de transferência (Figura 14.8). Um sistema de transferência consiste em uma estação de transferência, em que o resíduo é coletado, e de veículos de transferência, em que são tratores ou vagões. Os veículos de transferência carregam muito mais do que os caminhões de lixo.

14.2 GERAÇÃO DE RESÍDUOS

A ciência da ecologia (Capítulo 8) nos ensina que, se ecossistemas dinâmicos quiserem se manter saudáveis, devem reciclar e reutilizar materiais. Em ecossistemas simples, como lagoas e lagos, por exemplo, o fósforo é utilizado durante a fotossíntese pelas plantas aquáticas para construir moléculas de alta energia, que serão utilizadas por animais aquáticos, e quando ambos produzem resíduos e morrem, o fósforo é liberado para que seja reutilizado. A saúde de ecossistemas naturais pode ser medida por sua diversidade, resiliência e capacidade de manter a homeostase (estado estacionário).

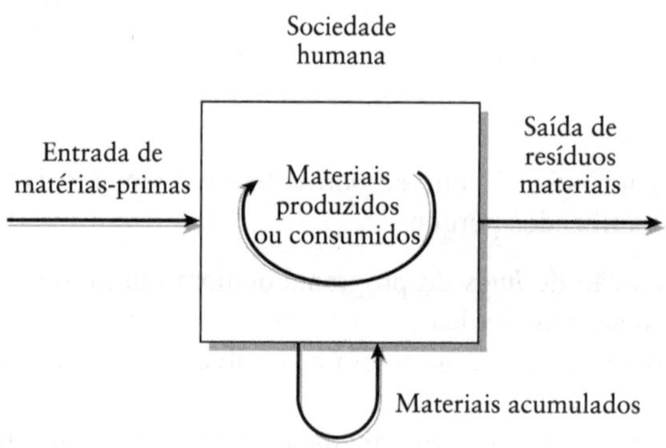

FIGURA 14.9 Caixa-preta mostrando o fluxo de materiais através da sociedade humana.

O fluxo de materiais através do ecossistema humano não é diferente do fluxo de nutrientes ou energia através de ecossistemas naturais e pode ser analisado de maneira semelhante. A Figura 14.9 mostra uma caixa-preta que representa a sociedade humana, da mesma forma que utilizamos uma caixa-preta para representar um ecossistema. Em um ecossistema, os nutrientes são extraídos da Terra, utilizados pelos organismos vivos e, depois, depositados novamente na Terra. Da mesma forma, a sociedade humana utiliza matérias-primas extraídas da Terra, que são incluídas em produtos a serem utilizados e, depois, descartados pelos seres humanos. O equilíbrio de massa mostra o fluxo de materiais através desta caixa-preta.

$$\begin{bmatrix}\text{Taxa de}\\\text{materiais}\\\text{ACUMULADOS}\end{bmatrix} = \begin{bmatrix}\text{Taxa de}\\\text{materiais}\\\text{DE ENTRADA}\end{bmatrix} - \begin{bmatrix}\text{Taxa de}\\\text{materiais}\\\text{DE SAÍDA}\end{bmatrix} + \begin{bmatrix}\text{Taxa de}\\\text{materiais}\\\text{PRODUZIDOS}\end{bmatrix} - \begin{bmatrix}\text{Taxa de}\\\text{materiais}\\\text{CONSUMIDOS}\end{bmatrix}.$$

Se uma matéria-prima, como ferro, for considerada em estado estacionário, a quantidade de minério de ferro extraída da Terra deve ser igual à quantidade de ferro descartado como material ferroso (ENTRADA = SAÍDA).

A Figura 14.10 é uma representação mais detalhada do fluxo de materiais através da sociedade humana. A largura das faixas indica a taxa de massa do fluxo (por exemplo, milhões de toneladas por ano). Quanto mais larga a faixa, mais amplo o fluxo. Todos os materiais se originam da Terra, e a quantidade de material extraída é representada na figura pela letra "A". Essas são as matérias-primas (materiais primários), como minério de ferro e petróleo, que provêm a indústria. Tais materiais são extraídos e fornecidos ao setor de manufatura para produção de bens úteis.

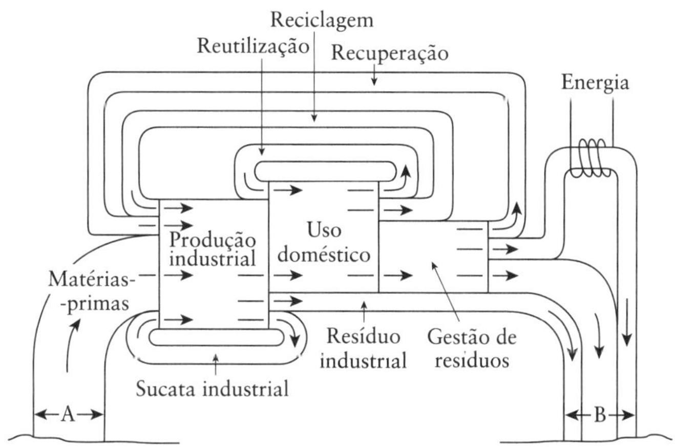

FIGURA 14.10 Representação gráfica do fluxo de materiais através da sociedade humana.

No entanto, nem todos os materiais extraídos podem ser utilizados e alguns se tornam resíduos industriais que devem ser descartados no meio ambiente. Além disso, alguns materiais se tornam sucata industrial e podem ser utilizados pela mesma indústria ou enviados a alguma outra indústria através de intercâmbio de resíduos. A principal diferença entre sucata e outros tipos de materiais secundários é que a sucata nunca entra no setor público. Ela nunca é utilizada pela população e, assim, o setor público não tem de tomar uma decisão sobre seu eventual destino.

Os materiais na forma de bens manufaturados vão da indústria para a população, que utiliza tais materiais e, depois, descarta alguma forma deles depois que sua utilidade termina (por exemplo, pilhas) ou quando a população tem dinheiro suficiente para escolher outros produtos (como a substituição de LPs por CDs). O material que ela decide classificar como "resíduo" se torna resíduo doméstico como apresentado na figura, e é fornecido ao setor de gestão de resíduos.

14.3 REUTILIZAÇÃO E RECICLAGEM DE MATERIAIS DO LIXO

A população pode utilizar três alternativas para se livrar de seu material indesejado quando é gerado – reutilização, reciclagem e descarte. Na *reutilização*, um indivíduo usa os produtos novamente para a mesma finalidade ou os coloca para um segundo uso, frequentemente criativo. Um exemplo disso é comprar leite ou refrigerante em embalagens de vidro e devolver os vasilhames à loja para que o distribuidor de leite ou refrigerante os limpe e coloque produtos frescos neles. No último caso, empregar sacolas de compra de papel e plástico para descarte de lixo é um uso secundário para elas. Criar um comedouro para pássaros a partir de um vasilhame plástico de bebidas é um uso secundário. Armazenar produtos de limpeza de automóveis em um balde de detergente para lavar roupas é um uso secundário. Fazer um brinquedo para gatos a partir de uma meia velha é um uso secundário – e assim por diante. A reutilização amplia a vida do produto original e, assim, reduz os resíduos.

Por outro lado, a *reciclagem*, ou *recuperação do material*, envolve a coleta de resíduos e seu subsequente processamento em novos produtos – por exemplo, converter embalagens plásticas de alimentos em bancos de parque ou roupas, ou transformar latas de alumínio utilizadas em novas latas de alumínio (a primeira, na verdade, é chamada de *downcycling* – ciclo de redução de qualidade – porque o material de resíduos, neste caso o plástico, não pode ser convertido em um produto de qualidade tão "alta" quanto o produto original, neste caso embalagens de alimentos). Conforme apresentado na Figura 14.10, a recuperação de material utiliza o resíduo residencial em vez de matérias-primas como material de origem. Promovido na década de 1970 como "recuperação de recursos", esse processo inclui operações tão diversas quanto a recuperação de aço de automóveis antigos e a produção de compostagem para viveiros.

Os fabricantes podem aprimorar a viabilidade da reciclagem e recuperação de materiais ao produzirem conscientemente produtos simples e baratos de recuperar ou reciclar, ou que possam ser reutilizados. Em algum momento, a sociedade poderá decidir quanto à aplicação de tais regras, mas esforços voluntários podem ser muito mais efetivos do que decretos governamentais.

Atualmente, uma instalação de processamento central é conhecida como *instalação de recuperação de materiais*, ou IRM (em inglês, MRF, *material recovery facility*). A principal característica da recuperação de materiais em uma IRM é a produção de materiais recuperados a partir de resíduos residenciais mistos ou separados por origem e, depois, introduzidos novamente no uso industrial. Observe que o processo de reciclagem deve incluir a coleta, processamento, transporte e venda do material a uma indústria que o utilizará depois. Este último passo é muito importante – o processo de reciclagem depende da disposição da indústria de adquirir o material reciclado. Sem o desenvolvimento de mercados confiáveis, o processo não poderá ser viável.

14.3.1 Processamento do lixo

Em ambos os métodos, reutilização e reciclagem, a meta principal é a pureza. Por exemplo, o lixo de uma cidade com 100 mil habitantes tem cerca de 200 toneladas de papel por dia. O papel secundário é vendido por aproximadamente $ 20/tonelada (valor que flutua bastante), portanto a renda para a comunidade seria de $ 4.000 por dia, ou cerca de $ 1,5 milhão por ano! Então, por que nem toda comunidade recupera o papel de seu lixo e o vende? A resposta é elementar – porque processar o lixo para recuperar o papel sujo custa mais do que fabricar papel de árvores.

A solução obvia é nunca sujar o papel (e outros materiais que possam ter valor de mercado). Isso exige que a população separe seu lixo, uma prática conhecida como *separação na origem*. No entanto, os programas de reciclagem se fiam na cooperação voluntária, e essa pode ser instável.

Uma forma de aumentar essa porcentagem pode ser adotar leis que exijam que as pessoas separem os resíduos contidos em seu lixo, mas essa não é uma abordagem bem-sucedida em uma democracia porque funcionários públicos que defendem regulamentos impopulares podem ser demovidos de seus cargos. A separação na origem em regimes totalitários, por outro lado, seria fácil de implantar, mas isso dificilmente poderia ser um argumento atraente para abolir a democracia. Uma outra complicação é que, em alguns lugares, é difícil convencer as pessoas a colocar refugos na lixeira, quanto mais convencê-las a separar o lixo em componentes diferentes.

Outra opção é eliminar a separação na origem e deixar que a IRM lide com toda a separação. Isso reduz o papel do público e diminui os custos de coleta (porque apenas um tipo de veículo é exigido e apenas uma viagem é necessária para cada parada), mas aumenta a complexidade e os custos de processamento na IRM.

No entanto, teoricamente, grandes quantidades de materiais podem ser recuperadas do lixo, mas esta não é uma tarefa fácil independentemente de como é abordada. Utilizando a separação na origem, uma pessoa prestes a descartar um item deve identificálo, primeiro, por algumas características e, depois, selecionar manualmente os diversos itens em um recipiente separado. Na IRM, a busca por pureza exige uma identificação manual ou mecânica e a separação de materiais. A separação em ambos os casos tem como base algumas características ou propriedades imediatamente identificáveis do material específico que o diferenciam dos demais. Tal característica é conhecida como um *código*, e esse código é utilizado para separar o material do restante do refugo misto utilizando uma *chave*, como introduzido originalmente no Capítulo 4.

Na reciclagem, o código normalmente é simples e visual. Qualquer pessoa pode diferenciar jornais de latas de alumínio. Mas, às vezes, pode haver confusão, como ao separar latas de alumínio de latas de aço ou jornais impressos de encartes brilhantes, especialmente se esses encartes forem incluídos na edição de domingo.

A operação mais difícil na reciclagem é a identificação e a separação de plásticos. Como o plástico misto tem poucos usos econômicos, sua reciclagem será econômica apenas se tipos diferentes de plástico forem separados entre si. No entanto, a maioria das pessoas não sabe como distinguir um tipo de plástico de outro. Para enfrentar tal questão, o setor de plásticos reagiu, marcando a maioria dos produtos para consumo com um código que identifica o tipo de plástico, conforme apresentado na Figura 14.11. Exemplos dos usos para tipos diferentes de plástico estão listados na Tabela 14.2.

FIGURA 14.11 Marcações de identificação em plásticos.

TABELA 14.2 Exemplos de plásticos.

Número do código	Nome químico	Sigla	Usos típicos
1	Polietileno tereftalato	PET	Garrafas de refrigerante
2	Polietileno de alta densidade	PEAD	Vasilhames de leite
3	Cloreto de polivinila	PVC	Embalagem de alimentos, isolamento de cabos e tubos
4	Polietileno de baixa densidade	PEBD	Filme plástico utilizado para embalar, sacos de lixo, sacolas de supermercado e fraldas
5	Polipropileno	PP	Invólucros de bateria de automóveis e tampas de garrafa
6	Poliestireno	PS	Embalagem de alimentos, copos e pratos de isopor e utensílios para comer
7	Plástico misturado, ácido polilático	PLA	Postes, bancos, paletas e embalagem compostável

Teoricamente, tudo o que alguém pode fazer ao descartar um item de plástico indesejável é olhar o código e separar os diversos tipos de plástico adequadamente. Na prática, é impossível que uma residência tenha sete lixeiras diferentes para plásticos, nem há lixo suficiente desse tipo para ser coletado economicamente e utilizado. Normalmente, apenas os tipos mais comuns de plástico são reciclados, incluindo PET (polietileno tereftalato), material do qual as garrafas de refrigerante de 2 litros são feitas, e PEAD (polietileno de alta densidade), o plástico branco utilizado para garrafas de leite.

Operações de recuperação mecânica têm chances de sucesso se o material apresentado para separação estiver claramente identificado por um código e se a chave for, então, sensível a tal código. Atualmente, essa tecnologia não existe. É impossível, por exemplo, identificar e separar mecanicamente todas as garrafas de refrigerante PET do lixo. Na verdade, a maioria das operações de recuperação utiliza *seletores*, pessoas que identificam os materiais mais imediatamente separáveis, como papelão corrugado e garrafas de leite PEAD, antes que o lixo seja processado mecanicamente.

Muitos itens no lixo não são feitos de um único material, e para poder utilizar a separação mecânica, tais itens devem ser separados em partes diferentes compostas por um único material. Uma "lata de estanho" comum, por exemplo, contém aço em seu corpo, zinco na emenda, um rótulo de papel na parte externa e, talvez, alumínio no topo. Outros itens comuns no lixo oferecem problemas igualmente desafiadores na separação.

Uma forma de produzir partes com um único material e, assim, auxiliar no processo de separação é diminuir o tamanho da partícula do lixo, moendo suas partes maiores. Isso aumentará o número de partículas e produzirá muitas partículas "limpas", ou de um único material. A etapa de redução de tamanho, embora não seja estritamente de separação de materiais, é comumente um segundo passo em uma IRM, depois do processo de seleção.

A redução de tamanho é seguida por diversos outros processos, como classificação por ar (que separa papel leve e plásticos) e separação magnética (para ferro e aço). Diversas operações unitárias utilizadas em uma IRM são apresentadas na Figura 14.12.

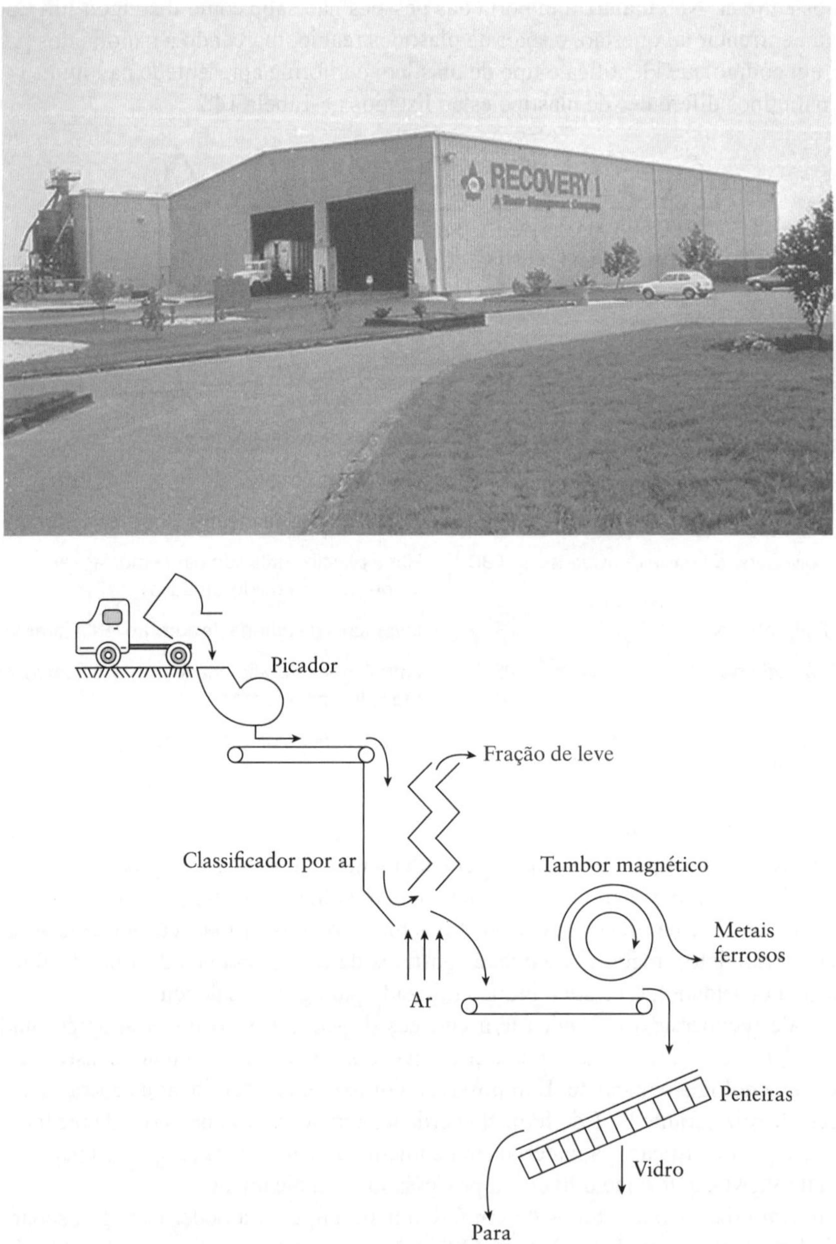

©Cortesia de P. Aarne Vesilind

FIGURA 14.12 Uma instalação de recuperação de recursos que produz diversos produtos comercializáveis a partir de resíduos sólidos municipais.

14.3.2 Mercados para o lixo processado

A recuperação de materiais, embora soe incrivelmente atraente, ainda é uma opção marginal. O problema mais difícil enfrentado por engenheiros que projetam essas instalações é a disponibilidade de mercados firmes e estáveis para o produto recuperado. Ocasionalmente, os mercados são bastante voláteis e os preços do material secundário podem flutuar muito. Um exemplo é o mercado de papel secundário.

As empresas da indústria de papéis são o que se chama de verticalmente integradas, o que significa que a companhia, além de proprietária, opera todos os passos no processo de fabricação de papel. São proprietárias dos terrenos nos quais as florestas são cultivadas, cortam as árvores e levam os troncos à sua própria usina de papel. Por fim, a empresa comercializa o papel acabado para o público. Isso é esquematicamente mostrado na Figura 14.13.

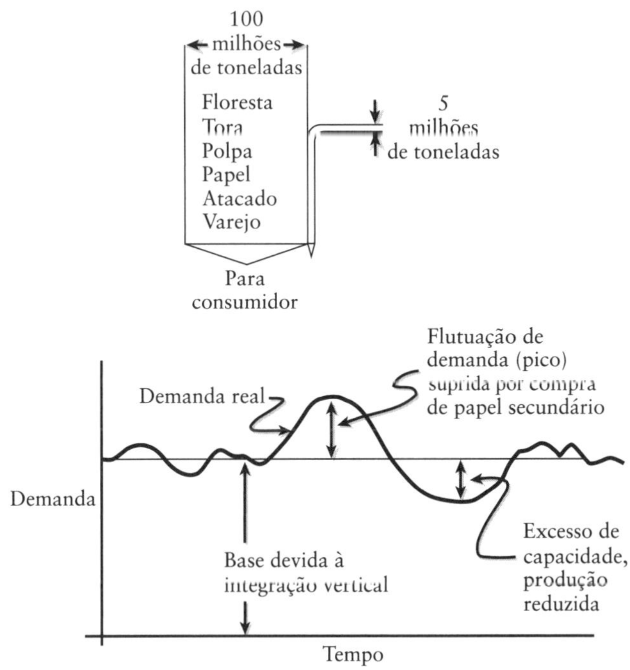

FIGURA 14.13 Uma companhia de papel é integrada verticalmente, produzindo a partir de árvores o papel vendido aos consumidores. As flutuações de curto prazo na demanda são atendidas pela compra de papel secundário.

Suponha que uma companhia de papel perceba que tenha uma demanda básica de 100 milhões de toneladas de papel. Então, ajusta as operações de retirada, polpa e papel para atender a sua demanda. Agora, suponha que haja uma flutuação de curto prazo de 5 milhões de toneladas que deve ser atendida. Não há como a companhia plantar as árvores necessárias para atender a essa demanda imediata nem como aumentar a capacidade das usinas de polpa e papel em tão pouco tempo. Desse modo, recorre ao mercado de papel secundário e adquirire fibra secundária para satisfazer o aumento da demanda. Se muitas grandes empresas de papel percebem que têm um aumento na demanda, tentarão comprar o papel secundário e, de repente, a demanda aumentará muito o preço do papel usado. Quando a demanda diminui ou a companhia consegue expandir sua capacidade, o papel secundário não é mais secundário, e o preço do papel usado despenca. Como as companhias de papel adquirem papel usado à margem, negociadores de papel secundário sempre estão em uma situação de ascensão ou queda. Quando empresas de papel que utilizam apenas papel secundário para fabricar produtos de consumo aumentam sua produção (devido à demanda por papel reciclado ou recuperado), essas flutuações extremas são amortecidas.

14.4 COMBUSTÃO DO LIXO

Um produto que sempre tem mercado é energia. Como o lixo é composto por cerca de 80% de material combustível, pode ser queimado da forma em que está ou processado para produzir um *combustível derivado de resíduos* (RDF, do inglês *refuse derived fuel*). Uma seção transversal de uma instalação de transformação de *resíduos para energia* (WTE, do inglês *waste-to-energy*) é apresentada na Figura 14.14. Os resíduos são jogados dos caminhões de coleta em um fosso para misturar e equalizar a vazão em um período de 24 horas, pois essas instalações devem operar ininterruptamente. Uma grua iça o material do fosso e o coloca em uma calha que alimenta o forno. O mecanismo de grade move o refugo, tombando-o e forçando a entrada de ar por baixo e por cima enquanto a combustão ocorre. Os gases quentes produzidos com a queima de refugo são resfriados com um conjunto de tubos cheios de água. À medida que os gases são resfriados, a água é aquecida, produzindo vapor de baixa pressão. O vapor pode ser utilizado para aquecimento e refrigeração ou para produzir eletricidade em uma turbina. Os gases resfriados são, então, limpos por dispositivos de controle de poluição, como precipitadores eletrostáticos (conforme descrito no Capítulo 13), e descarregados através de uma chaminé.

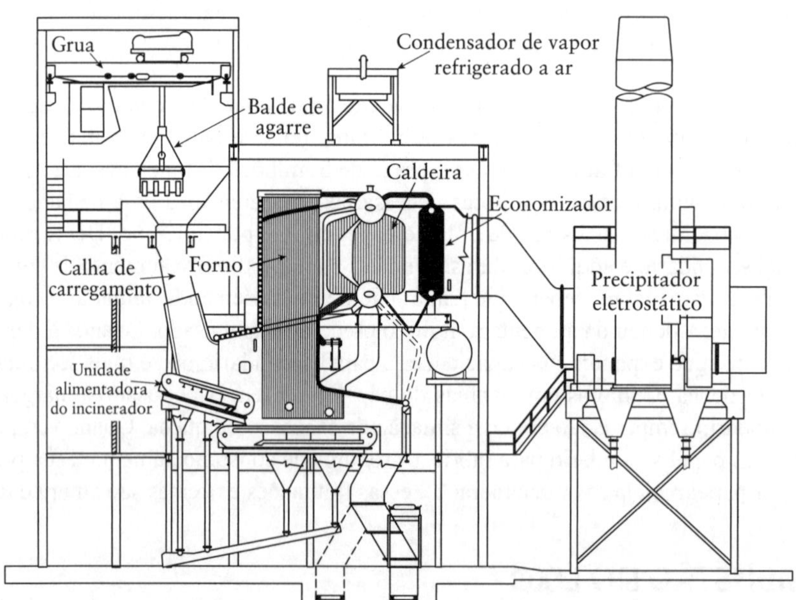

FIGURA 14.14 Instalação de transformação de resíduos para energia (WTE).

Como resíduos sólidos podem ser queimados como estão e porque também podem ser processados de muitas maneiras antes da combustão, pode haver confusão sobre o que está exatamente sendo queimado. A American Society for Testing and Materials (ASTM, ou Sociedade Americana para Teste e Materiais) desenvolveu um esquema para classificar resíduos sólidos destinados para combustão:

RDF-1	RSM não processado.
RDF-2	RSM picado (mas sem separação de materiais).
RDF-3	fração orgânica do RSM picado (normalmente produzida em uma IRM ou a partir de itens orgânicos separados por origem, como jornal impresso).
RDF-4	resíduos orgânicos produzidos por uma IRM que foram picados ainda mais até chegarem a uma forma fina, quase em pó, às vezes chamada de "felpa".
RDF-5	resíduos orgânicos produzidos por uma IRM que foram densificados por um peletizador ou dispositivo semelhante e que frequentemente podem ser queimados com carvão nos fornos existentes.
RDF-6	parte orgânica dos resíduos que foi processada ainda mais em um combustível líquido, como petróleo.
RDF-7	resíduos orgânicos processados em um combustível gasoso.

No momento, o RDF-4 é raramente utilizado por causa do custo adicional de processamento. O RDF-6 tentou-se há alguns anos, mas a instalação em escala total não conseguiu operar adequadamente. Da mesma forma, o RDF-7 não foi bem-sucedido até agora. O RSM orgânico pode ser processado em um gás por digestão anaeróbica, mas embora o processo seja falsamente (e sedutoramente) simples e pareça utilizar componentes comuns, todas as experiências até o momento foram falhas (incluindo a infame tentativa de Harrelson, como descrito no Capítulo 1). Os problemas mais difíceis são o pré-processamento dos resíduos para atingir uma fração orgânica de alta qualidade, a mistura dos altos digestores sólidos e a presença de material tóxico que pode comprometer seriamente a operação do digestor anaeróbico.

Um motivo pelo qual instalações de WTE não têm encontrado muita adesão é a preocupação com as emissões ao ar, mas essa parece ser uma preocupação equivocada. Todos os estudos têm demonstrado que o risco de instalações de combustão de RSM à saúde humana é irrisório, muito abaixo dos riscos resultantes da combustão de gasolina em automóveis, por exemplo.

Algo especialmente preocupante para muitas pessoas é a produção de "dioxina" na combustão de resíduos. "Dioxina" é, na verdade, uma família de compostos orgânicos chamada de policloradas dibenzodioxinas (PCDD). Membros dessa família são caracterizados por uma estrutura de anel triplo de dois anéis de benzeno conectados por um par de átomos de oxigênio (Figura 14.15). Uma família relacionada de compostos químicos orgânicos é a dos policlorados dibenzofuranos (PCDF), que têm estrutura semelhante, exceto que os dois anéis de benzeno estão conectados por apenas um oxigênio. Como qualquer lugar do carbono pode se acoplar a um átomo de hidrogênio ou de cloro, há muitas possibilidades. Os locais utilizados para acoplamento dos átomos de cloro são identificados por números, e essa assinatura identifica a forma específica de PCDD ou PCDF. Por exemplo, 2,3,7,8-tetracloro-dibenzo-p-dioxina (ou 2,3,7,8-TCDD na forma abreviada) tem quatro átomos de cloro nos quatro cantos externos, como apresentado na Figura 14.15. Essa forma de dioxina é especialmente tóxica para animais de laboratório e frequentemente identificada como um constituinte primário de pesticidas contaminados e emissões de plantas de WTE.

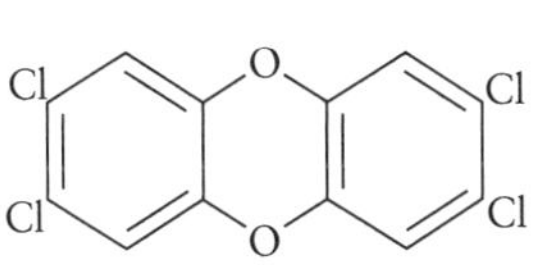

FIGURA 14.15 2, 3, 7, 8-tetracloro-dibenzo-p-dioxina.

Todos os compostos de PCDD e PCDF (mencionados aqui como dioxinas) são extremamente tóxicos para animais, não têm nenhum uso comercial e não são fabricados. No entanto, ocorrem como contaminantes em outros compostos químicos orgânicos. Diversas formas de dioxina são encontradas em pesticidas (como o Agente Laranja, amplamente utilizado durante a Guerra do Vietnã) e em vários compostos químicos orgânicos clorados (como clorofenóis).

Curiosamente, evidências recentes não demonstraram o mesmo nível de toxicidade em humanos, e parece menos provável que as dioxinas sejam realmente tão danosas quanto parecem em estudos de laboratório. Um grande vazamento de produtos químicos na Itália deveria ter resultado em um desastre para a saúde pública com base nas extrapolações de experimentos com animais, mas, até o momento, isso não parece ter sido materializado. No entanto, as dioxinas podem, quando em concentrações muito baixas, interromper processos metabólicos normais, e isso fez com que a Usepa continuasse impondo limitações rígidas à emissão de dioxinas por incineradores.

Praticamente não há dúvidas de que instalações de WTE emitem quantidades mínimas de dioxinas, mas não se sabe ao certo como se originam. É possível que algumas estejam no lixo e simplesmente não sejam queimadas, sendo emitidas com os gases de saída. Por outro lado, também é provável que qualquer processo de combustão que tenha quantidades insignificantes de cloro produza dioxinas e que essas sejam simplesmente um produto final do processo de combustão. A presença de quantidades mínimas de dioxinas em emissões de fornos a lenha e lareiras parece confirmar essa perspectiva.

Vale a pena lembrar aqui que as duas fontes de risco – incineradores *versus* lareiras – são claramente diferentes. O efeito das lareiras sobre a saúde humana é maior do que o efeito das emissões de incineradores. No entanto, a lareira é um risco *voluntário*, enquanto o incinerador é um risco *involuntário*. As pessoas estão dispostas a aceitar riscos voluntários mil vezes maiores do que os involuntários e, portanto, são capazes de veementemente se oporem a incineradores enquanto aproveitam o fogo romântico da lareira.

14.5 DESCARTE FINAL DE RESÍDUOS: ATERROS SANITÁRIOS

"Descarte de resíduos sólidos" é um termo incorreto. Nossas práticas atuais não são nada mais do que esconder os resíduos suficientemente bem para que não sejam encontrados imediatamente.

As duas únicas opções realistas para o descarte estão nos oceanos (ou outras quantidades grandes de água) e na terra. O primeiro é proibido pela lei federal norte-americana e também está se tornando ilegal na maioria dos outros países desenvolvidos. Não é necessário dizer muito mais sobre o descarte nos oceanos, exceto que, talvez, seu uso tenha sido um capítulo não exatamente glorioso dos anais da engenharia de saúde pública e ambiental.

Embora o volume de refugo seja reduzido em mais de 90% nas instalações de WTE, os 10% restantes ainda devem ser descartados, em conjunto com os materiais que não podem ser incinerados, como refrigeradores antigos. Um aterro é, portanto, necessário mesmo se o refugo for incinerado e, assim, uma planta de WTE não é uma instalação para o descarte final. Um aterro para cinzas é muito mais simples e menor do que um aterro para resíduos, e, daí, o problema da localização de aterros resultou em muito mais instalações de WTE porque a redução no volume amplia consideravelmente a vida útil dos aterros existentes.

A deposição de resíduos sólidos na terra é chamada de *depósito* nos Estados Unidos e de *entorno* na Grã-Bretanha (como em "entornar"). O depósito é, de longe, o meio mais barato de descarte de resíduos sólidos e, assim, foi o método original selecionado para praticamente todas as comunidades no interior do país. A operação de um depósito é simples e envolve nada mais do que garantir que os caminhões sejam esvaziados no local adequado. O volume frequentemente é reduzido incendiando-se os depósitos, prolongando, assim, sua vida útil.

No entanto, roedores, odor, poluição do ar e insetos no depósito podem resultar em problemas graves de saúde pública e estética, e métodos alternativos para descarte são necessários. Comunidades maiores podem utilizar um incinerador para redução do volume, mas cidades menores não podem realizar tal investimento, o que levou ao desenvolvimento do *aterro sanitário*.

O aterro sanitário é notavelmente diferente de depósitos abertos, pois estes são simplesmente lugares para descartar resíduos, enquanto aterros sanitários são operações elaboradas, projetadas e operadas de acordo com padrões aceitos. O princípio básico da operação de um aterro é preparar um local com revestimentos para deter a poluição do lençol freático, depositar o refugo no fosso, compactá-lo com máquinas pesadas com imensas rodas de aço especialmente construídas para esta finalidade e cobrir o material ao final da operação de cada dia (Figura 14.16). Escolher o local e desenvolver um aterro adequado exige habilidades de planejamento e projeto de engenharia.

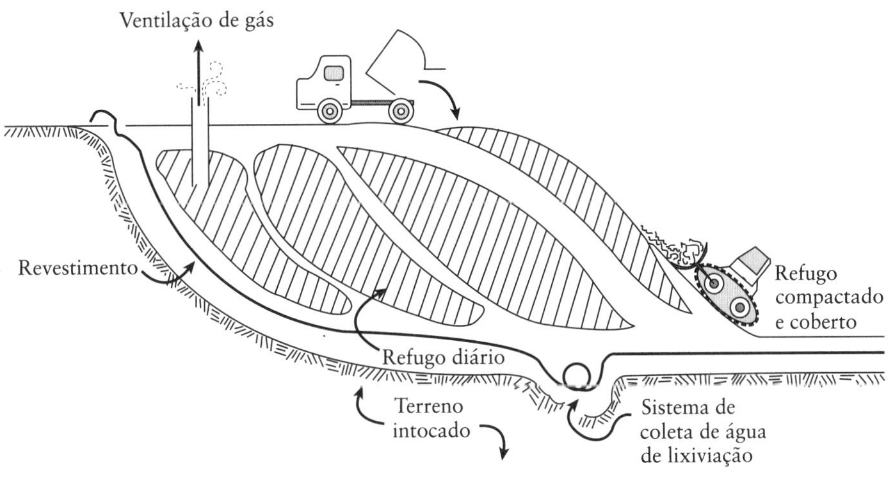

FIGURA 14.16 Um aterro sanitário.

Embora as taxas de cobrança pagas para utilizar os aterros sejam cobradas com base no peso do refugo aceito, a capacidade do aterro é medida em termos de volume, não peso. Engenheiros que projetam aterros estimam, primeiro, o volume total disponível para eles e, depois, a densidade do refugo conforme é depositado e compactado no aterro. A densidade do refugo aumenta consideravelmente de quando é gerado na cozinha para quando é depositado no aterro. A Tabela 14.3 é uma estimativa bruta da densidade de refugos residenciais.

TABELA 14.3 Densidade aproximada dos resíduos sólidos municipais.

Localização/Condição	**Densidade (kg/m^3)**
Como gerados, na lata de lixo da cozinha	60
Na lixeira	120-240
No caminhão enfardador	240-480
No aterro, depois da compactação por sobreposição refugos	480-960

EXEMPLO 14.2

Problema Imagine uma cidade na qual cada uma de suas 10 mil residências encha um contêiner de 320 L de refugo por semana. Para qual densidade um caminhão enfardador de 15 m^3 teria de compactar os refugos para conseguir coletar o lixo de todas as casas durante uma viagem?

Solução Há, é claro, uma questão de balanço de massa envolvida aqui. Imagine o caminhão enfardador como uma caixa-preta. O refugo sai das residências e entra no aterro.

$$[\text{Massa de ENTRADA}] = [\text{Massa de SAÍDA}]$$
$$V_L C_L = V_P C_P$$

onde *V* e *C* são o volume e a densidade do refugo e os subscritos L e P denotam refugo solto e enfardado. Presuma que a densidade nas latas seja de 120 kg/m^3 (Tabela 14.3).

$$[(10.000 \text{ residências})\,(320 \text{ L/residência})(0{,}001 \text{ m}^3/\text{L})]$$

$$\times [120 \text{ kgs/m}^3] = (15 \text{ m}^3) C_P$$
$$C_P = 25.600 \text{ kgs/m}^3 \text{ (!)}.$$

Claramente impossível. É óbvio que mais de um caminhão e/ou mais de uma viagem são necessários.

Outra complicação no cálculo do volume do aterro é a necessidade de cobertura diária, que pode ser removível (como um "tecido impermeável" de plástico) e não utilizar qualquer volume, ou pode não ser removível (como terra). Quanto mais material de cobertura permanente (por exemplo, terra) for colocado no refugo, menos volume disponível haverá para o próprio refugo, portanto mais curta será a vida útil do aterro. Comumente, engenheiros estimam que o volume ocupado por terra de cobertura seja de um quarto do volume total do aterro.

No entanto, aterros sanitários não são inertes. O material orgânico enterrado se decompõe, primeiro aerobicamente e, depois, anaerobicamente. A degradação anaeróbica produz diversos gases, como metano e dióxido de carbono, e líquidos (conhecidos como *chorume*) que têm capacidade poluidora extremamente alta quando penetram no lençol freático. Revestimentos feitos de argila impermeável ou de materiais sintéticos, como plástico, são utilizados para tentar evitar a ida do chorume para o lençol freático. A Figura 14.17 mostra como um revestimento sintético de aterramento é instalado em um fosso preparado. As emendas devem ser lacradas cuidadosamente e uma camada de terra deve ser colocada sobre o revestimento para evitar que veículos do aterro e resíduos o perfurem.

Revestimentos sintéticos de aterro são úteis para capturar a maior parte do chorume, mas não podem ser perfeitos. Nenhum aterro é suficientemente impermeável de forma a evitar completamente a contaminação do lençol freático pelo chorume. Poços devem ser perfurados em volta do aterro para verificar a contaminação do lençol freático por revestimentos com vazamento e, se houver tal contaminação, uma ação de remediação é necessária.

O uso de revestimentos de plástico aumentou consideravelmente o custo de aterros ao ponto no qual um aterro moderno custa praticamente tanto por tonelada de refugo quanto uma planta de WTE e, claro, o aterro nunca desaparece – continuará ali por muitos anos, limitando o uso da terra para outras finalidades.

Aterros modernos também exigem que os gases sejam coletados e queimados ou ventilados para a atmosfera. Os gases são compostos por aproximadamente 50% de dióxido de carbono 50% de metano, ambos sendo gases estufa (Capítulo 12). No passado, quando o controle de gás nos aterros não era realizado, os gases causavam problemas com odores, produtividade do solo e até mesmo explosões. Agora, os aterros maiores utilizam gases para ativar turbinas e produzir eletricidade para vender a companhias de energia elétrica. Aterros menores simplesmente queimam os gases em chamas.

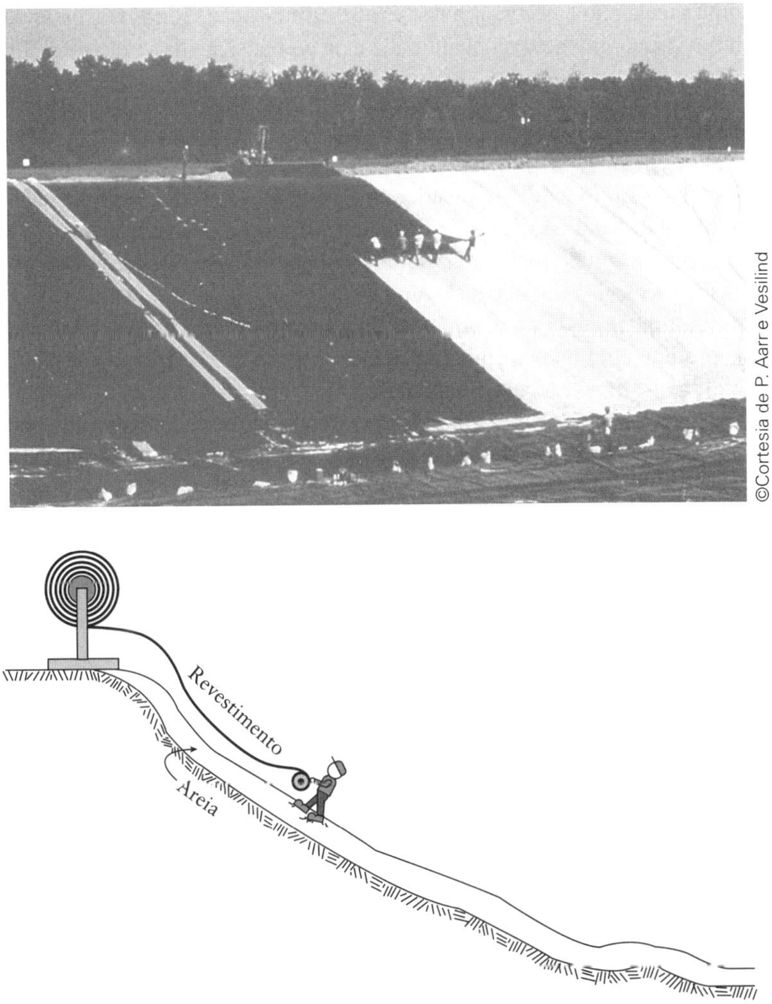

©Cortesia de P. Aarr e Vesilind

FIGURA 14.17 Revestimento sintético sendo instalado em um aterro.

Independentemente, da propaganda, aterros sanitários são, no máximo, uma solução momentânea para nosso problema de resíduos sólidos. Preocupações ambientais logo ditarão a recuperação de materiais e/ou energia como o método de descarte escolhido para gestão de resíduos sólidos.

Obviamente, devemos atacar o problema de resíduos sólidos de ambos os lados – reduzindo a quantidade total de resíduos ao tornar materiais mais recicláveis e desenvolvendo métodos de descarte mais aceitáveis ambientalmente. Ainda estamos a muitos anos de distância do desenvolvimento e uso de materiais totalmente recicláveis ou biodegradáveis. A única embalagem realmente descartável disponível atualmente é o cone de sorvete.

14.6 REDUÇÃO DA GERAÇÃO DE RESÍDUOS: REDUÇÃO NA ORIGEM (OU NA FONTE)

Existe uma terceira forma pela qual podemos afetar a quantidade e o conteúdo da vazão de resíduos sólidos: selecionar cuidadosamente os materiais e produtos que utilizamos e, portanto, temos de jogar fora. Há muito a dizer sobre ser seletivo em relação ao tipo de embalagem aceito para diversos produtos. Por exemplo, embalagens de isopor e plástico das cadeias de *fastfood* têm pouca utilidade. Um pedaço de papel funciona igualmente bem, como muitas cadeias descobriram assim que seus clientes começaram a reclamar (e, em alguns casos, aprovaram decretos locais proibindo tais embalagens). Rejeitar sacolas inúteis nas lojas quando uma sacola não é necessária não é falta de educação. Todos nós podemos fazer pequenas coisas que causam um grande impacto na quantidade e na composição da vazão de resíduos sólidos.

14.6.1 Por quê?

A pergunta é, claro, por que deveríamos? Considere a utilidade de uma pessoa rejeitar uma sacola desnecessária em uma loja. O esforço pode ser considerável (às vezes, é preciso argumentar) e a conveniência é menor porque, agora, a compra não se dá de forma tão vantajosa. Não custaria nada descartar a sacola se a coleta fosse um serviço municipal. Então, qual é o benefício de rejeitar a sacola? Essencialmente, nenhum. A quantidade de espaço no aterro salva por suas ações individuais é irrisória, e sua escolha de compras que reduzem a quantidade de resíduos ao fazer compras não lhe beneficiará de forma alguma (exceto se, claro, o produto com menos embalagem custar menos). Portanto, a questão continua: por que você deveria fazer algo que não seja para seu benefício mensurável?

A resposta pode ser "é a coisa certa a fazer", e isso pode ser perfeitamente satisfatório, faz que você se sinta parte da comunidade, todos trabalhando juntos para atingir um bom objetivo, com todas as ações individuais resultando em um efeito significativo. É possível argumentar que, se você não fez isso, não teria base para esperar que outras pessoas façam o mesmo, e não haveria meio de conquistar nada com a ação comunitária. No entanto, se alguém disser "prove para mim por que devo participar de uma atividade tão altruísta", você tem de admitir que não há tal prova – há argumentos, mas todos eles dependem da bondade humana básica. Quando essa não for mais a regra, não haverá esperança para a civilização humana.

14.6.2 Análise do ciclo de vida

Um meio de compreender questões de uso de materiais e produtos é realizar o que se tornou conhecido como *análise do ciclo de vida* (ACV). Tal análise é uma abordagem holística para a prevenção de poluição observando-se todo o ciclo de vida de um produto, processo ou atividade, abrangendo matérias-primas, manufatura, transporte, distribuição, uso, manutenção, reciclagem e descarte final. Em outras palavras, a ACV deve produzir uma imagem completa do impacto ambiental de um produto.

ACVs são realizadas por diversos motivos, incluindo a comparação de produtos para aquisição e a comparação de produtos por setor. No primeiro caso, o efeito ambiental total de, digamos, garrafas de vidro retornáveis pode ser comparado ao efeito ambiental de garrafas de plástico não recicláveis. Se todos os fatores que interferem na fabricação, distribuição e descarte dos dois tipos de garrafa forem considerados, um vasilhame pode demonstrar ser claramente superior. No caso de comparação de produtos de um setor, podemos determinar se o uso de construtores de fosfato nos detergentes é mais prejudicial do que o uso de substitutos que têm seus próprios problemas no tratamento e descarte.

Um problema relacionado a esses estudos é que muitas vezes são realizados por grupos ou corporações setoriais e (surpresa!) os resultados, com frequência, promovem seu próprio produto. Por exemplo, a Procter & Gamble, fabricante de uma marca popular de fraldas descartáveis, descobriu em um estudo conduzido para ela que fraldas de pano consomem três vezes mais energia do que as descartáveis. No entanto, um estudo da National Association of Diaper Services mostrou que fraldas descartáveis consomem 70% mais energia do que as de pano. A diferença estava no procedimento de análise: se a energia contida na fralda descartável é utilizada como recuperável em uma instalação de WTE, e isso não é considerado para a fralda de pano, a fralda descartável é mais eficiente energeticamente.[2]

A ACV também sofre de escassez de dados. Algumas informações essenciais para os cálculos são praticamente impossíveis de serem obtidas. Por exemplo, algo tão simples quanto a tonelagem de resíduos sólidos coletados nos Estados Unidos não é calculável ou mensurável imediatamente e, mesmo se os dados estivessem ali, o procedimento sofreria com a indisponibilidade de um sistema único de contabilidade. Há um nível ideal de poluição ou todos os poluentes devem ser 100% eliminados (uma impossibilidade virtual)? Se houver poluição do ar e da água, como elas devem ser comparadas?

Um exemplo simples das dificuldades na ACV é encontrar a solução para a grande questão sobre o copo de café – usar copos de papel ou de isopor. A resposta que a maioria das pessoas daria é não utilizar nenhum, e sim ter uma xícara permanente. No entanto, há momentos nos quais copos descartáveis são necessários (como em hospitais), e uma decisão deve ser tomada sobre que tipo escolher.[3] Portanto, vamos utilizar a ACV para tomar uma decisão.

O copo de papel vem de árvores, mas o ato de cortar árvores resulta em degradação ambiental. O copo de isopor vem de hidrocarbonetos, como petróleo e gás, e isso também resulta em impactos negativos ao meio ambiente, incluindo o uso de recursos não renováveis. A produção do copo de papel resulta em poluição considerável da água, com 30 kg a 50 kg de DBO por copo produzido, enquanto a produção do copo de isopor contribui essencialmente com nenhuma DBO. A produção do copo de papel resulta na emissão de cloro, dióxido de cloro, sulfuretos reduzidos e particulados, enquanto a produção do copo de isopor não resulta em nada disso. O copo de papel não exige clorofluorcarbonetos (CFCs) nem os copos de isopor mais recentes desde que os CFCs no poliestireno foram eliminados. No entanto, copos de isopor contribuem com 35 kg a 50 kg por copo de emissões de pentano, enquanto o copo de papel não contribui com qualquer um. A capacidade de reciclagem do copo de isopor é muito mais alta do que a do de papel porque este é feito de diversos materiais, incluindo o revestimento plástico no papel. Ambos queimam bem, embora o copo de isopor produza 40.000 kJ/kg e o de papel produza apenas 20.000 kJ/kg. No aterro, o copo de papel se degrada em CO_2 e CH_4, ambos são gases-estufa, enquanto o copo de isopor é inerte – dessa forma, permanecerá por muito tempo no aterro, enquanto o copo de papel eventualmente (mas muito lentamente!) irá se decompor. Se o aterro for considerado um receptáculo de armazenamento de resíduos, o copo de isopor será superior porque não participa da reação, enquanto o de papel produz gases e, provavelmente, chorume. Se, por outro lado, o aterro for considerado uma instalação de tratamento, o copo de isopor será altamente prejudicial.

Portanto, que copo é melhor para o meio ambiente? Caso se deseje fazer a coisa certa, que copo utilizar? Esta pergunta, como muitas outras neste livro, não é fácil de responder.

14.7 GESTÃO INTEGRADA DE RESÍDUOS SÓLIDOS

A EPA desenvolveu uma estratégia nacional nos Estados Unidos para a gestão de resíduos sólidos, chamada de gestão integrada de resíduos sólidos (GIRS, ou ISWM na sua sigla em inglês, de *integrated solid waste management*). A intenção desse plano é auxiliar as comunidades locais a tomarem suas decisões estimulando as estratégias mais ambientalmente aceitáveis. A estratégia de GIRS da EPA sugere que a lista de estratégias de gestão de resíduos sólidos, em ordem de prioridade, seja:

- redução na origem;
- reciclagem;
- combustão;
- aterros.

Ou seja, quando um plano de GIRS for implantado para uma comunidade, o primeiro modo de atacar o problema deve ser pela "redução na origem". Este é um termo infeliz, por ser incorreto e enganador. Não se reduzem as origens, mas, sim, a quantidade de resíduo que vem de uma origem e, assim, o termo realmente deveria ser "redução de resíduos".

Em nível residencial, é possível, através da compra inteligente, reduzir a quantidade de resíduos gerados em cada casa. Por exemplo, comprar alimentos não embalados em vez de em bandejas de plástico embaladas com filme é uma maneira simples de reduzir os resíduos. Adquirir produtos com maior duração é uma segunda maneira de atingir a redução de resíduos. Por exemplo, comprar pneus de automóveis que durem 130 mil quilômetros em vez de se desgastarem a 65 mil reduz a produção de resíduos de pneus em 50%. Além disso, retirar seu nome de listas de correspondência é uma grande ajuda, pois reduz o desperdício de cartas. Esta opção de gestão de resíduos sólidos é ainda mais efetiva no nível comercial e industrial. Infelizmente, é difícil medir a redução de origem residencial, e não é necessário nenhum equipamento para implantála, portanto, ela frequentemente é ignorada.

Em vez disso, o foco tem recaído sobre reciclagem, a segunda opção, embora na GIRS ela (e a reutilização) deva ser realizada depois que a maioria das opções de redução de resíduos for implantada, pois há custos associados à coleta e ao processamento do material reciclável. No entanto, a reciclagem e a reutilização diminuem uma parte dos resíduos, como mostrado na Figura 14.10. Um aumento nas vazões de material através de *loops* de reutilização e reciclagem reduzirá os resíduos. Por exemplo, o uso de sacolas de compra de papel para descarte de lixo pressupõe que as pessoas optam por não comprar sacolas plásticas para este fim. Se isso ocorrer, menos sacolas plásticas serão produzidas e vendidas e a quantidade total de resíduos destinados para descarte também diminuirá. Garrafas de vidro podem ser separadas do refugo, coletadas e remanufaturadas em novas garrafas de vidro, aumentando, assim, o *loop* de reciclagem. Por fim, o refugo misto pode ser classificado à mão, com o papelão corrugado removido e recuperado, aumentando a vazão de materiais no *loop* de recuperação.

O terceiro nível do plano de GIRS é a combustão de resíduos sólidos, que realmente deve fazer parte de todos os métodos de tratamento. A ideia é pegar o fluxo de resíduos sólidos e transformá-lo em um produto não poluente. Isso pode ser feito por combustão, mas outros tratamentos químicos e térmicos podem eventualmente prova-se igualmente eficientes. É claro que é preferível recuperar algum produto (por exemplo, energia) do tratamento.

Por fim, se todas as técnicas descritas anteriormente foram implantadas e/ou consideradas e ainda houver sobras de resíduos (o que haverá), a solução final é o aterro. Realmente não há alternativa a ele – exceto o descarte em águas profundas, o que agora é ilegal – e, portanto, cada comunidade deve desenvolver alguma alternativa ao aterro.

Embora essa estratégia de GIRS seja útil, pode levar a uma série de problemas se realmente executada. Algumas comunidades não conseguem implantar a reciclagem, não importa o quanto tentem. Em outras comunidades, a única opção desde o início é o aterro. Já em outras, a atitude inteligente a se tomar seria fornecer um tipo de tratamento para determinado tipo de resíduos (como compostagem para resíduos de jardim) e um segundo tipo para outro (aterro para refugos). É aí que o julgamento da engenharia entra em ação e onde o engenheiro de resíduos sólidos realmente ganha seu salário. Temos de lidar com todas as opções e integrá-las com as características específicas (economia, história, política) da comunidade. Afinal, o engenheiro está ali para atender às necessidades das pessoas.

PROBLEMAS

14.1 O mapa de ruas apresentado anteriormente no Exemplo 14.1, na Figura 14.7A é analisado considerando, como na Figura 14.7C que a coleta seja efetuada por *lados da quadra* – isto é, o caminhão deve passar por cada quadra para coletar e a equipe não pode atravessar a rua. Já que é possível construir um caminho de Euler, encontre uma solução.

14.2 Utilizando as redes de ruas na Figura 14.18, projete a rota mais eficiente possível se o caminhão for:

a) coletar apenas em um lado da rua por vez
b) coletar em ambos os lados da rua ao mesmo tempo

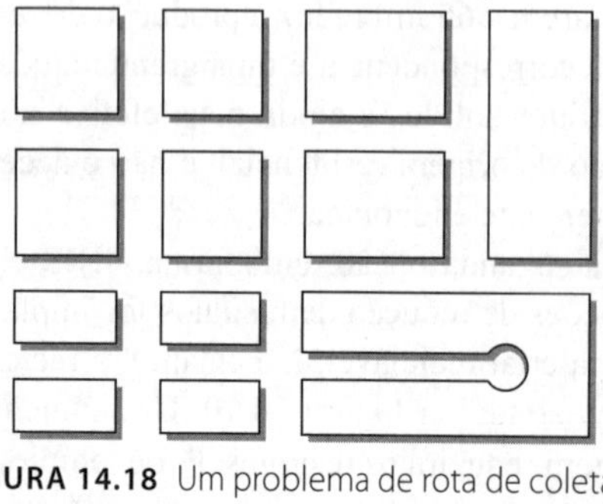

FIGURA 14.18 Um problema de rota de coleta de resíduos sólidos. Veja o Problema 14.2.

14.3 O objetivo desta tarefa é avaliar e relatar os resíduos sólidos que você mesmo gera. Por um dia, selecionado aleatoriamente, colete *todo* o resíduo que você teria normalmente descartado. Isso inclui comida, jornais, vasilhames de bebidas etc. Utilizando uma balança, pese seus resíduos sólidos e relate da seguinte maneira:

Componente	Peso	Porcentagem de peso total
Papel		
Plásticos		
Alumínio		
Aço		
Vidro		
Lixo		
Outros		
		100

Seu relatório deve incluir uma planilha de dados e uma discussão. Responda às seguintes perguntas:

a) Como sua porcentagem e geração total se comparam às médias nacionais?

b) O que em seu lixo poderia ser reutilizável (diferente de recuperável), e se você o tivesse reutilizado, quanto de refugo teria reduzido?
c) O que em seu lixo é *recuperável*? Como isso pode ser feito?
d) Este dia era muito comum em termos de composição e quantidade do seu lixo?

14.4 Um dos aspectos mais caros da coleta de lixos municipal é mover o lixo da residência para o caminhão. Sugira um método pelo qual isso pode ser aprimorado. A originalidade conta muito, e a praticidade, bem menos.

14.5 Sugira como você abordaria o "problema do Trabi" se, repentinamente, ficasse responsável por esse projeto. Liste todas as alternativas viáveis e discuta cada uma, escolhendo, enfim, a sua favorita.

14.6 Papel ou plástico? Ambas as partes tinham seus defensores e detratores. Por exemplo, os defensores de reciclagem normalmente apontam o saco plástico como um protótipo de desperdício e poluição, como objetos que entopem os nossos aterros. Em retaliação, fabricantes de sacolas plásticas começaram uma campanha para promover seus produtos. Em um dos folhetos (impressos em papel), eles dizem:

"A sacola (plástica) não emite vapores tóxicos quando incinerada adequadamente. Quando queimada em usinas de geração de energia, os derivados resultantes da combustão são dióxido de carbono e vapor de água, os mesmos que você e eu produzimos quando respiramos. A sacola é inerte em aterros, onde não contribui para os problemas de bactérias de lixiviação ou gases explosivos. A sacola se fotodegrada à luz solar ao ponto em que fatores ambientais normais de vento e chuva fazem que ela se rompa em pedaços muito pequenos, abortando, assim, o problema da visão desagradável do lixo."

Critique essa afirmação. Tudo isso é verdade? Que parte não é verdadeira? Há algo enganador? Você concorda com essa avaliação? Elabore uma resposta de uma página.

14.7 A localização de aterros é um grande problema para muitas comunidades. Com frequência, esse é um trabalho exasperante para engenheiros porque o público está altamente envolvido. Um famoso engenheiro ambiental, Glenn Daigger, da CH2M Hill, é citado a seguir:

"Questões ambientais estão na primeira página hoje porque nós, do setor ambiental, não estamos atendendo às expectativas das pessoas. Elas nos dizem que responsabilidade e qualidade não são questões abertas que devem ser consideradas. Às vezes, é difícil atuar no meio de todas as informações incorretas disponíveis: essencialmente, somos responsáveis por acomodar o ponto de vista do público, não o contrário".[4]

Você concorda com ele? O engenheiro deve "acomodar o ponto de vista do público", ou deve impor sua própria opinião ao público, pois tem uma compreensão muito melhor do problema? Elabore um resumo de uma página sobre qual deve ser o papel do engenheiro na localização de um aterro para uma comunidade.

14.8 Os símbolos de reciclagem apresentados na Figura 14.19 são tirados de diversas formas de embalagem.
a) Que finalidade você acredita que os fabricantes de vasilhames tinham em mente ao colocar os símbolos nas embalagens?
b) Esses símbolos foram usados de forma ética em todos os casos? Justifique sua conclusão.
c) Recorte outro símbolo de reciclagem de uma embalagem e discuta seus pontos positivos.

FIGURA 14.19 Símbolos de reciclagem em embalagens para o consumidor. Veja o Problema 14.8.

14.9 Um colégio conta com 660 alunos. Estudos demonstraram que, em média, cada estudante contribui com 0,1 kg de resíduos sólidos diariamente de todas as fontes, exceto a cantina, que contribui com um total de 150 kg diariamente. Se a densidade do resíduo em uma caçamba é de 120 kg/m^3, e se a coleta de lixo ocorre uma vez por semana, de quantas caçambas a escola precisa se cada uma tiver capacidade para armazenar um volume de 15 m^3?

14.10 A Figura 14.20 mostra um desenvolvimento isolado que deve ser atendido pela coleta de lixo. Os números nas quadras indicam o número de residências que precisam ser coletadas nessa quadra. Presuma que cada residência tenha 4 pessoas e que a geração de lixo seja de 2 kg/pessoa/dia. A densidade de resíduo em um enfardador antigo é de cerca de 240 kg/m^3.
a) Se a coleta ocorresse uma vez por semana, quantos caminhões seriam necessários?

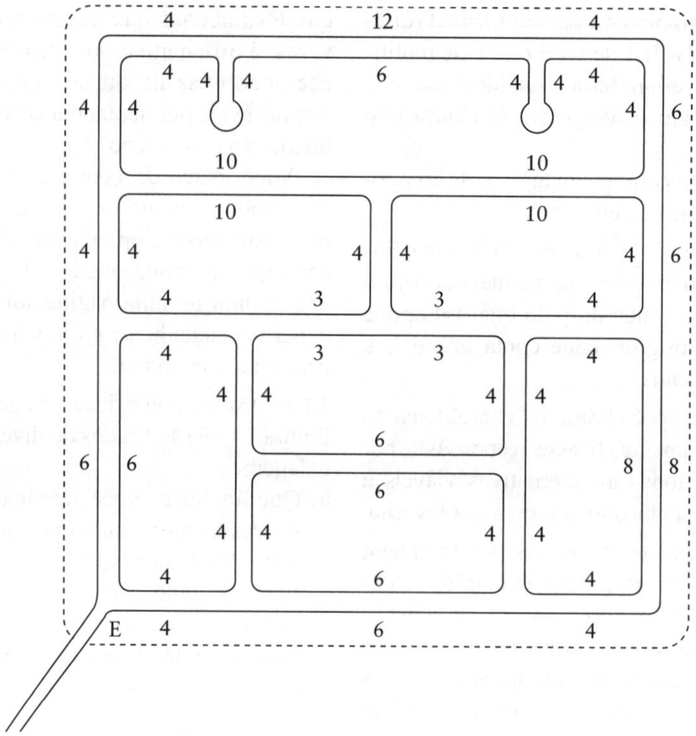

FIGURA 14.20 Problema de caminhões e rotas. Veja o Problema 14.10.

b) Se os caminhões entrassem e saíssem do desenvolvimento no ponto mostrado por *E*, qual seria a rota mais eficiente para eles? (Conte o número de repetições como uma estimativa de eficiência.)

c) Se os caminhões antigos fossem substituídos por novos que atingissem 600 kg/m^3, como o sistema de coleta mudaria?

14.11 Como você acredita que a composição do resíduo sólido municipal mudará em 20 anos? Por quê?

14.12 Um estabelecimento comercial tem um transportador particular que pesa o resíduo sólido transportado ao aterro. Os dados para 10 semanas consecutivas são apresentados abaixo.

Semana número	Resíduo (kg)
1	270
2	310
3	460
4	205
5	156
6	410
7	270
8	210
9	140
10	390

a) Qual é a geração média de resíduos desse estabelecimento?

b) Qual poderia ser a semana *mais em baixa* de todo o ano com base nesses dados?

c) Se a caçamba tiver capacidade para 1.000 kg, ela um dia ficará cheia? (Esta é uma "pegadinha", cuidado com sua resposta.)

14.13 Um incinerador de resíduos sólidos tem capacidade operacional máxima de 100 toneladas/dia. A instalação recebe RSM durante a semana útil, mas não durante os finais de semana ou em feriados. Em geral, ele recebe as seguintes cargas diárias:

	Recebido (toneladas/dia)
Segundas-feiras	180
Terças-feiras	160
Quartas-feiras	150
Quintas-feiras	120
Sextas-feiras	80
Sábados	0
Domingos	0

Quão grande deve ser o fosso de recepção para poder reter suficientemente os resíduos de um fim de semana prolongado, de três dias? (Não há apenas uma resposta correta para este problema. Pense no que você faria se fosse o engenheiro que tivesse de tomar essa decisão.) Justifique sua resposta.

14.14 Suponha que você seja o engenheiro municipal de uma pequena comunidade, e que o conselho da cidade lhe peça para elaborar um programa de "reciclagem" que atingirá pelo menos 50% de desvio do aterro. Qual seria sua resposta ao conselho? Se conseguisse atingir tal desvio, como faria isso? Para este problema, você deve elaborar uma resposta formal ao conselho, incluindo um plano de ação e o que seria necessário para seu sucesso. A resposta incluiria uma carta inicial endereçada ao conselho e um relatório de várias páginas, tudo organizado em formato de relatório com página de título e capa.

14.15 Desenhe, utilizando fluxogramas, como você produziria RDF-1, RDF-2, RDF-3 e RDF-4 como definido pelos padrões ASTM para combustível derivado de resíduos.

14.16 Responda brevemente as questões feitas na seguinte citação em *Rubbish! The Archaeology of Garbage* de William Rathje e Cullen Murphy (2001).

"Agora que sabemos que as vantagens apresentadas pelos automóveis chegam a custar 46 mil vidas perdidas por ano e, muitas vezes, pela quantidade de lesões devastadoras; o preço pago para o veículo em termos de poluição, claro, é assombroso. Se soubéssemos antecipadamente que este seria o caso, a produção desta máquina seria permitida? Deveria?".

14.17 Você é o engenheiro da cidade de Kattown, que gerencia o programa de resíduos sólidos para os moradores.

a) Você determina que 2.500 residências por semana terão o veículo de coleta de lixo. Agora, você deve determinar o tamanho do veículo em metros cúbicos para comprá-lo. Cada veículo fará três viagens ao dia, 4 dias por semana e compactará o lixo a 300 kg/m^3. Cada residência contém aproximadamente 2,5 pessoas. Afirme com clareza todas as suas suposições.

b) Por que você precisa de dados locais de geração e composição de resíduos sólidos em vez de confiar nas médias estaduais ou nacionais para desenvolver um plano de gestão de resíduos sólidos?

Referências

1. A taxa de geração de 2 kg/c/d inclui resíduos residenciais e comerciais; a Usepa estima que 55% a 65% do resíduo gerado é de residências e 35% a 45% de empresas e instituições.

2. Life cycle analysis measures greenness, but results may not be black and white. *Wall Street Journal*, 28 fev. 1991.

3. Hocking, M.B. Paper versus polystyrene: a complex choice. *Science*. n. 251, 1 fev. 1991.

4. Gein Daigger, citado em *The new environmental age. Engineering news record*, n. 228, v. 25, jun. 1992.

CAPÍTULO 15

RESÍDUOS PERIGOSOS

O que é tão surpreendente, em retrospecto, é a total indiferença com a qual os norte-americanos toleravam o descarte de resíduos altamente tóxicos desde que a indústria começou a produzir esses materiais. Depósitos abertos, lagos enormes com resíduos, descarte descarado em cursos d'água... Tudo isso existe há décadas. No entanto, apenas no início dos anos 1980 o público se conscientizou do que o descarte de forma tão indiscriminada pode provocar. Desde então, fizemos esforços heroicos com o objetivo de eliminar os exemplos mais perniciosos de insultos ambientais e perigos à saúde e de regular a indústria, a fim de evitar futuros problemas.

15.1 DEFINIÇÃO DE RESÍDUOS PERIGOSOS

Uma *substância perigosa* é definida pela Usepa como qualquer substância que:

> em razão de sua quantidade, concentração, características físicas, químicas ou infecciosas, pode causar ou contribuir consideravelmente para um aumento na mortalidade, provocar um aumento no número de casos de doenças graves irreversíveis ou incapacitantes reversíveis, ou representar um risco substancial atual ou potencial à saúde humana e ao meio ambiente quando tratada, armazenada, transportada, descartada ou gerenciada de forma inadequada.

Resíduo perigoso é o nome dado ao material que, quando deve ser descartado, atende a um dos dois critérios seguintes (Tabela 15.1):

1. Contém um ou mais dos critérios de poluentes ou de substâncias químicas que foram explicitamente identificadas (*listadas*) como perigosas. Atualmente, há mais de 50 mil substâncias químicas com essa identificação.
2. O resíduo pode ser definido (por testes de laboratório) como tendo pelo menos uma das seguintes características:
   - inflamabilidade;
   - reatividade;
   - corrosividade;
   - toxicidade.

Materiais *inflamáveis* são definidos como líquidos com pontos de fusão abaixo de 60 ºC ou materiais que são "facilmente incendiados e queimam de forma vigorosa e persistente". Materiais *corrosivos* são aqueles que, em uma solução aquosa, têm valores de pH fora da faixa de 2,0 a 12,5 ou qualquer líquido que mostre corrosividade ao aço a uma taxa superior a 6,35 mm por ano. Resíduos *reativos* são classificados como instáveis e podem formar vapores tóxicos ou explodir. A maior dificuldade em definir resíduos perigosos vem do estabelecimento do que é ou não *tóxico*. A toxicidade é quase impossível de medir. Tóxico para quais animais (ou plantas?), em quais concentrações, durante quais períodos de tempo? A EPA define toxicidade em termos de quatro critérios:

- bioconcentração;
- LD_{50};
- LC_{50};
- fitotoxicidade.

TABELA 15.1 Exemplos de códigos de resíduos perigosos da RCRA (40 CFR Parte 261).

Contaminante	Código de resíduo perigoso da RCRA
Resíduos característicos	
Resíduo inflamável	D001
Resíduo corrosivo	D002
Resíduo reativo	D003
Resíduo tóxico	
Arsênico	D005
Mercúrio	D009
Benzeno	D018
Resíduo de origens não específicas	
Lodos de tratamento de água residual de galvanização	F006
Lodo de banho de resfriamento de operações de tratamento térmico de metal	F010
Resíduos de origens específicas	
Lodos de tratamento de água residual da produção de clordano	K032
Lodo de calcário inerte de amônia da produção de coque	K060
Substâncias químicas sem especificação e descartadas, resíduos de derrames e contêineres	
Trióxido de arsênico	P012
Chumbo tetraetila	P110
Creosoto	U051
Mercúrio	U151

Bioconcentração é a capacidade de um material ser retido no tecido animal ao ponto de organismos situados na parte superior do nível trófico terem concentrações cada vez maiores de tal substância química. Muitos pesticidas, por exemplo, ficarão depositados nos tecidos adiposos de animais e não serão absorvidos muito rapidamente. À medida que criaturas menores são comidas por maiores, a concentração no tecido adiposo dos organismos maiores poderá atingir níveis tóxicos para eles. O que causa mais preocupação são os animais aquáticos e as aves que se alimentam de peixes, como focas e pelicanos, bem como outras aves carnívoras, como águias, falcões e condores.

A LD_{50} é medida da quantidade de uma substância química necessária para matar metade de um grupo de espécimes para teste, como camundongos. Os animais em um estudo de toxicidade são alimentados com doses progressivamente maiores da substância química até que metade deles morra, e tal dose é, então, conhecida como dose letal mediana (50%), ou LD_{50}. Quanto mais baixa a quantidade da toxina utilizada para matar 50% dos espécimes, mais alto o valor tóxico da substância química. Algumas substâncias químicas, como dioxina e PCBs, mostram LD_{50} incrivelmente baixa, o que sugere que essas substâncias são extremamente perigosas para animais pequenos e outras espécies de teste.

No entanto, há alguns problemas sérios com tal teste. Primeiro, as provas são realizadas em espécimes de laboratório, como camundongos, e a quantidade de toxina que causaria a morte de seres humanos é extrapolada com base no peso corporal, conforme ilustrado no exemplo a seguir.

EXEMPLO 15.1

Problema Um estudo de toxicidade sobre a resistência de camundongos a um novo pesticida foi realizado e obteve com os seguintes resultados:

TABELA 15.2

Quantidade ingerida (mg)	Fração que morreu após 4 horas
0 (controle)	0
0,01	0
0,02	0,1
0,03	0,1
0,04	0,3
0,05	0,7
0,06	1,0
0,07	1,0

Qual é a LD_{50} deste pesticida para um camundongo? Qual é a LD_{50} para um ser humano de 70 kg? Presuma que um camundongo pese 20 gramas.

Solução Os dados são representados em um gráfico como na Figura 15.1 (conhecido como relação de reação à dose), e o ponto em que 50% dos camundongos morrem é identificado. A LD_{50} para camundongos é, portanto, de cerca de 0,043 mg. A dose letal para humanos é estimada como

$$\frac{70.000\ \text{g}}{20\ \text{g}}(0{,}043\ \text{mg}) = 150\ \text{mg}$$

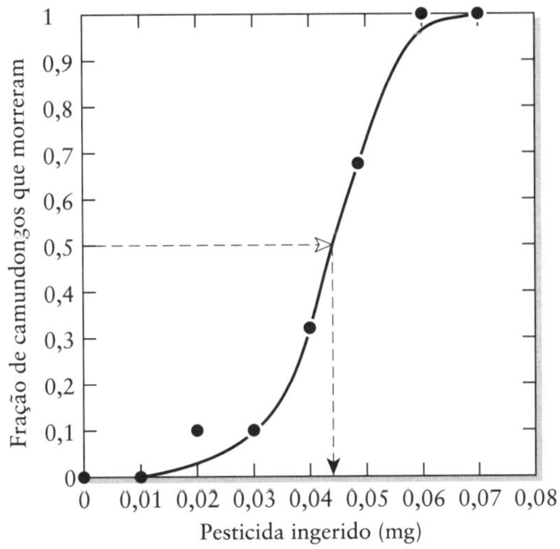

FIGURA 15.1 Cálculo de LD_{50} a partir de dados de camundongos. Veja o Exemplo 15.1.

No entanto, essa é uma conclusão instável. Primeiro, a fisiologia de um humano é bastante diferente da de um camundongo, portanto, um indivíduo pode ser capaz de ingerir mais ou menos toxina antes de apresentar efeitos adversos. Segundo, o efeito medido é *agudo*, não de longo prazo (*crônico*). Assim, a toxicidade de substâncias químicas que afetam o organismo lentamente, ao longo dos anos, não é medida, pois os experimentos em camundongos são realizados em horas. Por fim, a substância química investigada pode atuar de forma sinérgica com outras toxinas, e essa técnica presume que só há um efeito adverso por vez. Como um exemplo de tais problemas, considere o caso da dioxina (discutido no Capítulo 14), que demonstrou ser extremamente tóxica para pequenos animais de laboratórios. No entanto, todos os dados epidemiológicos disponíveis mostram que humanos parecem ser consideravelmente mais resilientes às dioxinas do que se sugere.

A LC_{50} é a concentração na qual algum produto químico é tóxico, e isso é utilizado onde a quantidade ingerida não pode ser medida, como no ambiente aquático ou em avaliações da qualidade do ar. Espécimes, como o peixe dourado, são colocados em uma série de aquários e concentrações cada vez mais altas de uma determinada toxina são administradas. A fração de peixes que morrem dentro de um determinado período é registrada e a LC_{50} é calculada. Como uma diretriz bruta, um resíduo é considerado tóxico se tiver uma LD_{50} de menos de 50 mg/kg de peso corporal ou se a LC_{50} for inferior a 2 mg/kg.

Por fim, uma substância química é considerada tóxica se apresentar *fitotoxicidade*, ou toxicidade para plantas. Assim, todos os herbicidas são, por esta definição, materiais tóxicos, e quando descartados, devem ser tratados como resíduos perigosos.

Um último critério para ser considerado perigoso é se o material é *radioativo*. No entanto, resíduos radioativos são tratados separadamente e a eles são aplicados regras e regulamentos diferentes. A gestão de resíduos radioativos é discutida na Seção 15.3.

Uma preocupação no descarte de resíduos perigosos é a velocidade com a qual a substância química pode ser liberada para produzir efeitos tóxicos em plantas ou animais. Por exemplo, um método frequente de descarte de resíduos perigosos é a mistura do resíduo com uma pasta de cimento, calcário e outros materiais (um processo conhecido como estabilização/solidificação). Quando a mistura está para endurecer, o material tóxico é enterrado com segurança dentro do bloco de concreto, de onde não poderá escapar nem causar problemas.

Ou poderá? Esta pergunta também é pertinente em casos como o descarte de cinzas de incineradores. Muitos dos materiais tóxicos, como metais pesados, não são destruídos durante a incineração e escapam com as cinzas. Se esses metais estiverem vinculados com segurança à cinza e sem a possibilidade de lixiviar para o lençol freático, parece não haver problema. No entanto, se vazarem para o lençol freático quando as cinzas forem colocadas em um aterro, essas terão de ser tratadas como resíduo perigoso e descartadas de acordo.

Então, como é possível medir a taxa de toxinas em potencial que podem escapar do material no qual estão embutidas atualmente? Como uma aproximação bruta de tal possível lixiviação, a Usepa utiliza um procedimento de extração, no qual o resíduo solidificado é amassado, misturado com ácido acético enfraquecido e agitado por algumas horas. Esse processo ficou conhecido como Procedimento de Lixiviação Característica de Toxicidade (*Toxicity Characteristic Leaching Procedure* – TCLP).

Quando há a lixiviação, o chorume é analisado quanto a possíveis materiais perigosos. A Usepa determinou que haja uma lista de contaminantes que constituem um possível grave risco e que o nível destes não deve ser excedido no chorume. A Tabela 15.3 inclui alguns desses produtos químicos. Muitos dos números nessa lista são Padrões de Água Potável da Usepa multiplicados por 100 para obter o padrão de lixiviação. Críticos deste teste indicam que calcular a toxicidade com base nos padrões de água potável leva a uma série de possíveis erros. Afinal, tais padrões se baseiam em dados escassos e são frequentemente definidos com base na conveniência (discutida no Capítulo 1). Então, como é possível multiplicar tais números artificiais por 100 e dizer seriamente que algo é tóxico ou não?

TABELA 15.3 Alguns exemplos das concentrações máximas permissíveis da Usepa em chorumes do teste TCLP.

Contaminante	Nível permissível (mg/L)
Arsênico	5,0
Benzeno	0,5
Cádmio	1,0
Cromo	5,0
Clorofórmio	6,0
2,4-D	10,0
Heptacloro	0,008
Chumbo	5,0
Pentaclorofenol	100,0
Tricloroetileno	0,5
Cloreto de vinila	0,2

O TCLP também é um teste com várias pontas soltas. As condições, como pH e temperatura da água, são obviamente tão importantes quanto a turbulência da agitação e a condição dos sólidos colocados no misturador. As implicações financeiras a um setor podem ser imensas se um de seus testes de lixiviação mostrar níveis de contaminante que ultrapassem as concentrações permitidas. Com frequência, os resultados de teste que significam tanto para indústrias têm uma base epidemiológica fraca. Infelizmente, até podermos criar algo melhor, isso é tudo o que temos. Sim, é conservadora, mas essa técnica nos dá uma visão real dos possíveis efeitos nocivos dos resíduos perigosos.

Em resumo, um resíduo pode ser listado como perigoso se falhar em qualquer teste que evitaria que ele fosse classificado como tal. Resumindo, resíduos são perigosos se falharem em qualquer um dos testes que os impede de ser classificado (e não esteja especificamente isenta nos regulamentos). Utilizando esse critério, a Usepa desenvolveu uma lista de substâncias químicas consideradas perigosas. A lista é longa e aumenta à medida que novas substâncias e tipos de resíduos são identificados. Quando uma substância ou corrente de processo é "listada", precisa ser tratada como um resíduo perigoso e está sujeita a todos os regulamentos aplicáveis. "Sair" da lista é um processo difícil e caro, e o ônus da prova vai para o solicitante. Isso é, de certa forma, uma situação na qual a substância química é considerada culpada até provar sua inocência.

Se um resíduo estiver "listado", seu descarte se torna uma verdadeira dor de cabeça, porque há pouquíssimas instalações para descarte de resíduos perigosos. Normalmente, é necessário um transporte longo e custoso, o que força a indústria a descartar o resíduo de forma velada (como no caso dos 300 km de estrada na Carolina do Norte que foram contaminados por PCB, pois os motoristas simplesmente abriam as válvulas de drenagem e esvaziavam os caminhões em vez de fazer longas viagens às instalações de descarte) ou reprojetar suas instalações de forma a não criar resíduos. Isso exige habilidade e capital e mais de uma indústria teve de fechar quando um ou ambos não estavam disponíveis.

15.2 GESTÃO DE RESÍDUOS PERIGOSOS

Resíduos perigosos são legalmente controlados nos Estados Unidos pela Usepa. Seu mandato é regido por um arcabouço legal formado por diversos instrumentos, mais notavelmente a Lei de Controle de Substâncias Tóxicas (Toxic Substances Control Act – TSCA), a Lei de Resposta, Compensação e Responsabilidade Ambiental Ampla (Comprehensive Environmental Response, Compensation and Liability Act – CERCLA), sua emenda, a Lei de Emendas e Reautorização de Fundos Fiduciários (Superfund Amendments and Reauthorization Act – SARA), a Lei de Preservação e Recuperação de Recursos (Resource Conservation and Recovery Act – RCRA) e sua emenda, Emendas sobre Resíduos Sólidos e Perigosos (Hazardous and Solid Waste Amendments – HSWA). A TSCA tem o objetivo de evitar a criação de materiais que podem eventualmente ser danosos ou difíceis de descartar com segurança, enquanto a RCRA aborda o descarte de resíduos perigosos estabelecendo padrões para aterros e processos de tratamento seguros. A CERCLA é direcionada para corrigir os erros do passado ao limpar locais antigos de despejo de resíduos perigosos. Ela é conhecida como Superfund, porque estabelece um amplo fundo fiduciário pago por indústrias químicas e extrativistas para fornecer recursos para a limpeza de locais abandonados. A Usepa utiliza tais fundos para abordar problemas graves devido a descarte inadequado de resíduos perigosos ou descarga acidental e limpeza de locais velhos.

15.2.1 Limpeza de locais antigos

Como parte do programa Superfund, a Usepa estabeleceu uma Lista Nacional de Prioridades (*National Priorities List* – NPL, em inglês) de locais de resíduos perigosos que precisam de limpeza imediata e são qualificados para fundos sob a CERCLA. Estimativas sobre o número desses locais variam, mas há dezenas – se não centenas – de milhares de locais que precisam de algum tipo de limpeza, a um custo de milhões a bilhões de dólares (!). A NPL agora inclui cerca de 1.100 lugares com necessidade imediata de atenção. Quando este livro foi escrito, aproximadamente 980 locais haviam sido limpos.

Devido ao grande número de locais com potencial para Superfund, a Usepa desenvolveu um sistema de classificação de forma que as piores situações possam ser resolvidas prioritariamente e as menos críticas possam esperar a disponibilidade de fundos, tempo e funcionários. Esse Sistema de Classificação de Riscos (HRS, como é conhecido, do inglês *Hazard Ranking System*) tenta incorporar os efeitos mais delicados de uma área de resíduos perigosos, incluindo possíveis efeitos prejudiciais à saúde, potencial de inflamabilidade ou explosões e possibilidade de contato direto com a substância. Esses três modos são calculados separadamente e, depois, utilizados para obter a pontuação final. Conscientes da importância da opinião pública, as classificações tendem a ser dominadas por situações nas quais a saúde do ser humano está em perigo, especialmente em caso de materiais explosivos armazenados em áreas densamente povoadas. O potencial de contaminação do lençol freático em áreas nas quais os suprimentos de água são de fontes de lençol freático também recebe *status* prioritário. Essa técnica minimiza a crítica que a EPA, com frequência, recebe de que não fez o suficiente para limpar os locais Superfund. Na verdade, a agência abordou os locais mais difíceis e delicados inicialmente e deve ser elogiada pela reação rápida a um problema que persiste há gerações. Além da lista da Usepa, o Departamento de Energia possui cerca de 160 sites que exigem limpeza e o Departamento de Defesa, outras centenas. O próprio Departamento de Defesa investiu bilhões de dólares em limpezas.

Uma boa parte disso é consequência da fabricação e testes com armas nucleares, pois muitas dessas instalações eram rigorosamente secretas e os operadores contratados podiam fazer praticamente tudo o que desejassem com os resíduos. Os estados também têm listas de lugares a serem reparados (o sítio de cromo de Nova Jersey foi discutido no Capítulo 1).

O tipo de trabalho realizado nesses locais depende da gravidade e da extensão do problema. Em alguns casos, nos quais há uma ameaça iminente à saúde humana, a Usepa pode autorizar uma *ação de remoção*, que resulta na retirada do material perigoso para um descarte ou tratamento seguro. Em casos menos graves, a Usepa autoriza uma *ação paliativa*, que pode consistir na remoção do material ou, mais frequentemente, na estabilização do local de forma que tenha menos chance de causar problemas à saúde. Por exemplo, no notório caso do Love Canal nas Cataratas do Niágara, a ação paliativa selecionada foi, essencialmente, encapsular o local e monitorar todas as emissões ao lençol freático e ao ar. O custo de escavar o canal teria sido assombroso e não havia garantia de que o eventual descarte de materiais perigosos teria sido mais seguro do que deixá-los ali. Além disso, o ato de remoção e transporte poderia ter resultado em problemas consideráveis à saúde humana. Portanto, a ação paliativa simplesmente significa que o local foi identificado e ações foram tomadas para minimizar o risco de o material perigoso causar problemas à saúde humana.

Na situação mais comum, alguma substância química já contaminou o lençol freático, portanto o reparo é necessário. Por exemplo, uma lavanderia a seco pode descarregar acidentalmente (ou de propósito) resíduos de fluído de limpeza que podem chegar ao poço de água de uma residência nas proximidades. Quando o problema é detectado, a primeira pergunta a ser feita é se a contaminação apresenta ou não risco à vida ou se é uma ameaça significativa ao meio ambiente. Então, uma série de testes é realizada utilizando monitoramento de poços ou amostras de solo para determinar a geologia da área e o tamanho e formato da pluma ou faixa de área contaminada.

Dependendo da gravidade da situação, há diversas opções de ação paliativa disponíveis. Se não houver ameaça à vida e se for possível esperar que a substância química eventualmente se metabolize em produtos finais inofensivos, uma solução é simplesmente realizar monitoramento contínuo – um método conhecido como atenuação natural. Na maioria dos casos, não é isso o que ocorre, e uma intervenção direta é necessária.

A *contenção* é utilizada quando não há necessidade de remover o material agressor e/ou se o custo de remoção for proibitivo, como no caso do Love Canal. A contenção normalmente é a instalação de muros de pasta, que são trincheiras profundas cheias de argila bentonita ou algum outro material altamente impermeável, e a monitoração contínua quanto ao vazamento da contenção. Com o passar do tempo, o material agressor pode se biodegradar lentamente ou mudar quimicamente para uma forma atóxica, ou, então, novos métodos de tratamento podem ser disponibilizados para desintoxicar esses resíduos.

Extração e tratamento é o bombeamento do lençol freático contaminado para a superfície para descarte ou tratamento ou então a escavação do solo contaminado para tratamento. Às vezes o ar é soprado dentro da terra e o ar contaminado é coletado.

As características de uma substância química perigosa frequentemente determinam sua localização no subsolo e, portanto, ditam o processo de reparo. Se a substância química não se misturar com água e for mais leve do que essa, é bem provável que ela flutuará no topo do aquífero, conforme apresentado na Figura 15.2A. Bombear essa substância química para fora do solo é relativamente simples. No entanto, se a substância se dissolver imediatamente em água, pode-se esperar que ela se misture a uma pluma contaminada, como apresentado na Figura 15.2B. Em tais situações, será necessário conter a pluma instalando barreiras e bombeando o resíduo para a superfície para tratamento ou perfurando um poço de descarga para reverter a vazão de água. Uma terceira possibilidade é a da substância química ser mais densa do que a água e imissível, nesse caso pode-se esperar que ela se deposite em uma camada impermeável em algum lugar sob o aquífero, como apresentado na Figura 15.2C.

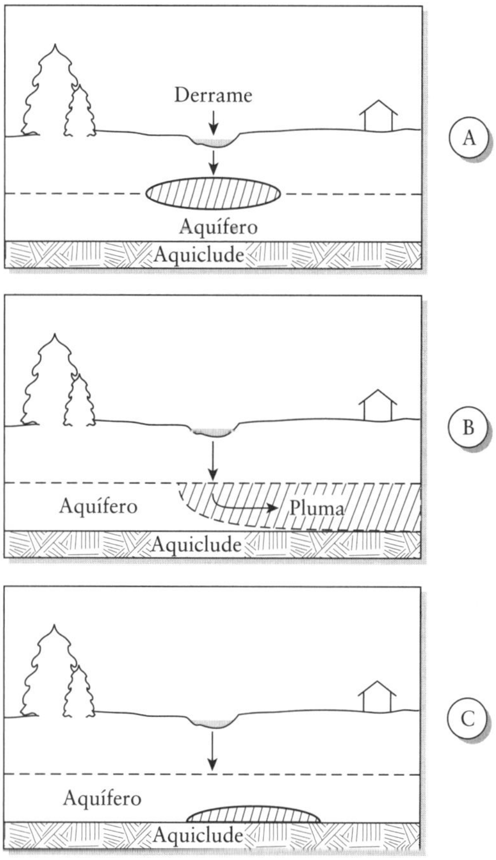

FIGURA 15.2 Três locais possíveis para resíduos perigosos subterrâneos.

Comumente, poços são perfurados em volta da parte contaminada para que a vazão do lençol freático possa ser revertida ou para que o lençol possa ser contido na área, conforme discutido no Capítulo 10. Quando a água contaminada é extraída, deve ser tratada, e a opção de tratamento obviamente depende da natureza do problema. Se a contaminação for por hidrocarbonetos, como tricloroetileno, é possível removê-los com carvão ativado. Algum tipo de sistema de tratamento biológico ou processo de destilação também pode ser utilizado. Se a contaminação for por metais, um processo de precipitação ou redução de potencial pode ser utilizado.

Alguns solos podem ficar tão contaminados que a única opção é escavar o local e tratar o solo *exsitu*. Esse normalmente é o caso com contaminação por PCB porque nenhum outro método parece funcionar bem. O solo é cavado e normalmente incinerado para remover o PCB e, depois, reposto no local ou aterrado. Dependendo do contaminante, a biodegradação em reatores ou pilhas pode ser utilizada.

O *tratamento in situ* do solo contaminado envolve a injeção de bactérias ou produtos químicos que destruirão o material agressor. Se metais pesados forem uma preocupação, poderão ser vinculados quimicamente, ou "fixados", para que não lixiviem no lençol freático. Solventes orgânicos e outros produtos químicos podem ser degradados por injeção de bactérias ressecadas por congelamento ou pela criação de condições propícias para proliferação de bactérias preexistentes degradantes dos resíduos (por exemplo, injetando ar e nutrientes). Nos últimos anos, houve uma descoberta impressionante de micro-organismos capazes de decompor materiais que antigamente eram considerados refratários ou até mesmo tóxicos.

15.2.2 Tratamento de resíduos perigosos

O tratamento de materiais considerados perigosos é obviamente específico em função do material e da situação. Portanto, há várias alternativas que os engenheiros podem considerar em tais operações de tratamento.

O tratamento químico é comumente utilizado, especialmente para resíduos inorgânicos. Em alguns casos, uma neutralização simples do material perigoso tornará a substância inofensiva. Em outros casos, a oxidação é utilizada, como para a destruição de cianeto. O ozônio é frequentemente utilizado como agente oxidante. Em um caso no qual metais pesados devem ser removidos, a precipitação é o método escolhido. A maioria dos metais tornase extremamente insolúveis a altas faixas de pH, portanto, o tratamento consiste na adição de uma base, como cal ou soda cáustica, e no assentamento do precipitado (semelhante ao processo de suavização calcário-soda descrito no Capítulo 10). Outros métodos físico-químicos empregados na indústria incluem osmose reversa, eletrodiálise, extração de solventes e troca iônica.

Se o material perigoso for orgânico e imediatamente biodegradável, em geral o tratamento de menor custo e maior confiabilidade é o biológico, utilizando técnicas descritas no Capítulo 11. No entanto, a situação fica interessante quando o material perigoso é um composto antropogênico (criado pelos seres humanos). Como essas combinações de carbono, hidrogênio e oxigênio são novas na natureza, pode não existir algum micro-organismo que possa utilizálas como fonte de energia. Em alguns casos, ainda é possível encontrar um micro-organismo que utilize essa substância química como fonte de alimento, então o tratamento consistiria em um tanque de contato biológico no qual a cultura pura é mantida. Além disso, é cada vez mais provável que micro-organismos específicos possam ser projetados por manipulação genética para atacar resíduos orgânicos especialmente difíceis de tratar.

Encontrar o organismo específico pode ser uma tarefa difícil e árdua. Há milhões deles, portanto, como saberíamos que o *Corynebacterium pyrogens* simplesmente gosta de toxafeno, um pesticida orgânico especialmente refratário? Em segundo lugar, frequentemente a rota é intrincada, e um único micro-organismo pode apenas transformar a substância química em outro composto refratário, que seria, depois, atacado por um organismo diferente. Por exemplo, o DDT é metabolizado pelo *Hydrogenomonas* em ácido *p*-clorofenilacético, que, então, é atacado por diversas espécies de *Arthrobacter*. Testes nos quais apenas uma cultura é utilizada para estudar o metabolismo, portanto, não notariam a necessidade de sequenciamento de espécies.

Um desenvolvimento interessante é o uso de cometabolismo para tratar substâncias químicas orgânicas que já foram consideradas não biodegradáveis biologicamente. Com essa técnica, o material perigoso é misturado com um material não perigoso e, pelo menos parcialmente, biodegradável, e a mistura é tratada em um biorreator de filme fixo ou suspenso. Os micro-organismos aparentemente estão tão ocupados formando as enzimas necessárias para a degradação do material biodegradável (metabólito) que se esquecem de que não podem tratar o material tóxico (cometabólito). No entanto, as enzimas produzidas biodegradarão ambas as substâncias químicas. A adição de fenol ao solo, por exemplo, enganará alguns tipos de micro-organismos, como fungos, para decompor o clorofenol, embora este seja normalmente tóxico a eles.

Uma das técnicas de tratamento mais amplamente utilizada para resíduos orgânicos, entretanto, é a incineração. Idealmente, incineradores de resíduos perigosos produzem dióxido de carbono, vapor de água e cinzas inertes. Na verdade, nenhum incinerador atingirá a combustão completa de orgânicos – descarregará algumas substâncias químicas nas emissões, concentrará outras nas cinzas inferiores e produzirá diversos compostos chamados de produtos da combustão incompleta (PCI). Por exemplo, acredita-se que bifenis policlorinados (PCBs) se decomponham dentro do incinerador em furanos dibenzoclorinados altamente tóxicos (CDBF), que, embora orgânicos, não se oxidam a temperaturas normais no incinerador. Apesar desses problemas, incineradores de resíduos perigosos devem atingir altos níveis de eficiência de remoção, frequentemente, de 99,99% ou mais, comumente referidos como "quatro noves". Em alguns casos, as eficiências de remoção exigem cinco ou seis noves.

EXEMPLO 15.2

Problema Um incinerador de resíduos perigosos deve queimar 100 kg/h de um resíduo de PCB que é composto por 22% de PCB e 78% de solventes orgânicos. Em um teste, a concentração de PCB na emissão é medida como 0,02 g/m^3, e a taxa de vazão de gás da chaminé é de 40 m^3/min. Nenhum PCB é detectado nas cinzas. Que eficiência de remoção (destruição de PCB) o incinerador atinge?

Solução Uma caixa-preta é útil novamente. O que entra deve sair. A taxa de entrada é

$$(100 \text{ kg/h})(0{,}22)(1.000 \text{ g/kg}) = 22.000 \text{ g/h}.$$

A taxa de saída da chaminé é

$$QC = (40 \text{ m}^3/\text{min})(0{,}02 \text{ g/m}^3)(60 \text{ min/h}) = 48 \text{ g/h}.$$

Como não há PCBs nas cinzas, a quantidade de PCBs queimada deve ser a diferença entre o que entra e o que sai:

$$22.000 - 48 = 21.952 \text{ g/h}$$

portanto, a eficiência de combustão é

$$\text{Eficiência} = \frac{21.952 \text{ g/h}}{22.000 \text{ g/h}}(100) = 99{,}78\%.$$

Há apenas "dois noves", portanto esse teste não atende ao critério de "quatro noves".

15.2.3 Descarte de resíduos perigosos

O descarte de resíduos perigosos é semelhante, em muitas formas, ao descarte de resíduos sólidos não perigosos. Como o descarte nos oceanos é proibido e o no espaço sideral ainda é extremamente caro, o lugar de descanso final deve ser em terra.

A injeção em poço profundo foi utilizada no passado e ainda é o método preferencial na indústria petroquímica. A ideia é injetar os resíduos tão profundamente na crosta terrestre que ele não terá a menor chance de reaparecer e causar danos. Esse, claro, é o problema: quando está bem no fundo da crosta terrestre, é impossível dizer qual será seu destino final e qual lençol freático eventualmente irá contaminar.

Um segundo método de descarte terrestre é espalhar os resíduos no terreno e dar aos micro-organismos do solo a oportunidade de metabolizar os compostos orgânicos. Essa técnica foi amplamente utilizada em refinarias de petróleo e parece funcionar excepcionalmente bem. No entanto, a Usepa restringiu essa prática porque há pouco controle das substâncias químicas quando elas estão no solo.

O método mais amplamente utilizado para descarte de resíduos perigosos é o aterro protegido. Tais aterros se parecem essencialmente com os aterros da RCRA Subtítulo D discutidos no capítulo anterior, mas são mais do que isso. Em vez de um forro impermeável, os aterros seguros requerem vários revestimentos. O resíduo líquido é proibido; todos os resíduos devem ser estabilizados ou colocados em recipientes. Como em aterros sanitários, o chorume é coletado e uma tampa é colocada no aterro assim que estiver cheio. Também é necessário ter cuidado contínuo, embora a Usepa atualmente exija apenas 30 anos de monitoramento.

A maioria dos engenheiros de resíduos perigosos concorda que não existe um aterro "protegido" e que, eventualmente, todo o material atingirá o ar ou a água. No entanto, o que se está fazendo é apostar que os resíduos nessas bacias de armazenamento se degradarão por conta própria, ou que essas bacias eventualmente terão que ser escavadas no futuro e o material, então, tratado. Acreditamos, no entanto, que não é adequado agir assim atualmente e deixar o problema como um legado às gerações futuras.

15.3 GESTÃO DE RESÍDUOS RADIOATIVOS

Um tipo especial de material perigoso emite radiação ionizante, que em altas doses pode ser muito prejudicial à saúde humana. Engenheiros ambientais normalmente não se envolvem na segurança de radiação, que é um campo especializado, mas, no entanto, devem ter conhecimento dos riscos e da tecnologia de descarte de materiais radioativos. Além da Usepa, a Comissão Regulatória Nuclear e o Departamento de Energia têm autoridade quanto à gestão de resíduos radioativos. A Usepa está especialmente envolvida quando o resíduo radioativo é misturado com resíduos perigosos da RCRA (substâncias conhecidas como *resíduos mistos*).

15.3.1 Radiação ionizante

Radiação é uma forma de energia causada pelo decaimento de isótopos. O *isótopo* de um elemento tem o mesmo número atômico (número de prótons), mas um número de massa diferente (número de nêutrons e prótons), do elemento-padrão (em outras palavras, tem um número diferente de nêutrons). Lembre-se de que o número atômico define um elemento; por exemplo, o número atômico do urânio é 92. Portanto, o urânio 235 (U-235) é um isótopo do urânio (U-238).

Para recuperar o equilíbrio, os isótopos decaem emitindo prótons, nêutrons ou radiação eletromagnética para liberar energia. Esse processo natural e espontâneo é a *radioatividade*. Os isótopos que decaem dessa maneira são chamados de *radioisótopos*. A energia emitida por esse decaimento e que é suficientemente forte para decompor elétrons e separar ligações químicas é chamada de *radiação ionizante*.

Há quatro tipos de radiação ionizante: partículas alfa, partículas beta, raios gama (ou fóton) e raios X. Partículas alfa consistem de dois prótons e dois nêutrons, portanto, são equivalentes ao núcleo de um átomo de hélio sendo ejetado. Partículas alfa são um tanto grandes e não penetram imediatamente no material, portanto, podem ser facilmente bloqueadas por pele e papel e não causam grande preocupação com a saúde, exceto quando são ingeridas – neste caso, provocam grandes danos. O decaimento transforma o elemento-pai em um elemento diferente, conhecido como produto-filho.

A radiação beta resulta de uma instabilidade no núcleo entre os prótons e os neutrons. Com excesso de nêutrons, alguns deles se decaem em um próton e um elétron. O próton permanece no núcleo para restabelecer o equilíbrio entre prótons e nêutrons, enquanto o elétron é ejetado como a partícula beta, que é muito menor do que a alfa e pode penetrar em tecidos vivos. No entanto, cerca de 1 cm de material fornecerá blindagem contra partículas beta. O decaimento de beta, como o de alfa, transforma o elemento-pai em um novo elemento.

O decaimento de alfa e o de beta é acompanhado pela radiação gama, que é uma liberação de energia de uma mudança de um núcleo em um estado excitado para um mais estável. Assim, o elemento permanece o mesmo, e a energia é emitida como radiação gama. Os raios X são relacionados à radiação gama e resultam de uma liberação de energia quando elétrons são transferidos de um estado de energia superior para um inferior. Ambos os tipos de radiação têm mais energia e poder de penetração do que as partículas alfa e beta, portanto um material denso, como chumbo ou concreto, é necessário para pará-los.

Todos os isótopos radioativos decaem e eventualmente atingirão níveis estáveis de energia. Como introduzido no Capítulo 5, o decaimento do material radioativo é de primeira ordem, pois a mudança na atividade durante o processo de decaimento é diretamente proporcional à atividade presente original, ou

$$\frac{dA}{dt} = -kA$$

onde A = atividade;
t = tempo;
k = constante de decaimento radioativo, com unidade inversa da unidade de tempo.

Como antes, a integração produz

$$A = A_0 e^{(-kt)}$$

onde A_0 = atividade no instante zero.

De particular interesse é a meia-vida do isótopo, o que significa que metade dos núcleos decaiu nesse tempo. Inserindo $A = A_0/2$ na equação acima e solucionando, a meia-vida é calculada como

$$t_{1/2} = \frac{ln\ 2}{k} = \frac{0,693}{k}$$

Meias-vidas de radioisótopos podem variar de quase instantâneas (por exemplo, polônio-212 com meia-vida de $3{,}03 \times 10^{-7}$ segundos!) a muito longas (por exemplo, carbono-14 com meia-vida de 5.570 anos) (Tabela 15.4). A meia-vida é característica de um isótopo. Portanto, se você conhecer o isótopo, saberá a meia-vida, e vice-versa.

TABELA 15.4 Exemplos de meias-vidas.

Isótopo radioativo	Meia vida
Carbono	
C-14	5.570 anos
Ouro	
Au-195	183 dias
Au-198	2,696 dias
Hidrogênio	
H-3	12,28 anos
Ferro	
Fe-55	2,7 dias
Fe-59	44,63 dias
Chumbo	
Pb-210	22,26 anos
Pb-212	10,643 horas
Mercúrio	
Hg-203	46,6 dias
Polônio	
Po-210	138,38 dias
Po-212	$3{,}03 \times 10^{-7}$ segundos
Po-214	$1{,}64 \times 10^{-4}$ segundos
Po-218	3,05 minutos
Radônio	
Rn-220	55,61 segundos
Rn-222	3,824 dias
Urânio	
U-234	$2{,}45 \times 10^{5}$ anos
U-235	$7{,}04 \times 10^{5}$ anos
U-238	$4{,}47 \times 10^{9}$ anos

EXEMPLO 15.3

Problema Qual é a atividade depois de 5 dias de uma fonte de Rn-222 com 1,0-curie (Ci)? (Um Ci, e um becquerel, Bq, são medidas da taxa de emissão, ou decaimento.)

Solução Para determinar a atividade, precisamos utilizar

$$A = A_0 e^{(-kt)}.$$

Temos A_0 e t, e podemos calcular a constante k porque conhecemos o elemento, Rn-222. Utilizando a Tabela 15.4, vemos que Rn-222 tem meia-vida de 3,824 dias. Usar

$$t_{1/2} = \frac{ln\ 2}{k}$$

resulta k = 0,182/dias. Portanto, a atividade será de 0,40 Ci em 5 dias.

15.3.2 Riscos associados à radiação ionizante

Logo após Wilhelm Röntgen (1845–1923) descobrir os raios X, o efeito nocivo da radiação ionizante sobre humanos se tornou conhecida, e o emergente campo de física da saúde estabeleceu a criação de padrões de segurança, com a hipótese de identificar o nível de exposição que seria "seguro". Imaginou-se que deveria haver um limiar, uma exposição abaixo da qual não haveria nenhum efeito. Ao longo de mais de 30 anos de estudo de casos agudos e crônicos, descobriu-se que o limiar era cada vez mais baixo. Embora pequenas quantidades de radiação acima de níveis de fundo tivessem estimulado sistemas biológicos (um processo conhecido como hormese de radiação), chegou-se finalmente à conclusão de que nenhum limiar em radiação é a forma mais segura de ação.

A exposição de tecido humano à radiação ionizante é complicada pelo fato de que tecidos diferentes absorvem a radiação de forma diferente. No entanto, para compreender isso, devemos definir primeiro alguma unidade de energia que expresse a radiação ionizante. Historicamente, essa foi estabelecida como o *roentgen*, definida como a exposição de radiação gama ou raios X igual a uma quantidade unitária de carga elétrica produzida no ar. O roentgen é uma quantidade puramente física que mede a taxa de ionização, não tem nada a ver com a absorção ou efeito da radiação.

Tipos diferentes de radioatividade podem criar efeitos diferentes, e nem todos os tecidos reagem da mesma forma à radiação. Assim, o *rem*, ou "*roentgen equivalent man*" (dose equivalente de roentgen para o homem), foi criado. O rem considera o efeito biológico da radiação nuclear absorvida, portanto, mede a extensão do dano biológico e, ao contrário do roentgen, é uma dose biológica. Quando diferentes fontes de radiação são comparadas quanto a possíveis danos à saúde humana, rems são utilizados como unidades de medição.

A higiene radiológica moderna substitui o roentgen por uma nova unidade, *gray* (Gy), definida como a quantidade de radiação ionizante que resulta em absorção de um joule de energia por kg de material absorvente. No entanto, há o mesmo problema, pois a absorção pode ser a mesma, mas o dano pode ser diferente. Assim, a *sievert* (Sv) foi inventada. Uma Sv é uma dose de radiação absorvida que causa a mesma quantidade de dano biológico ao tecido que uma Gy de radiação gama ou raios X. Uma Sv é numericamente igual a 100 rem.

O dano da radiação é crônico e ao mesmo tempo agudo. Envenenamento por radiação, como testemunhado nos bombardeios a Hiroshima e Nagasaki no final da Segunda Guerra Mundial, mostrou que a radiação pode matar em algumas horas ou dias. Com o passar do tempo, níveis menores de exposição à radiação podem levar ao câncer e a efeitos mutagênicos, e essas são as exposições de maior preocupação para o público. As fontes de exposição de humanos à radioatividade podem ser classificadas como radiação de fundo involuntária, radiação voluntária, radiação incidental voluntária e exposição à radiação involuntária devido a acidentes.

A radiação de fundo se deve, em grande parte, à radiação cósmica do espaço, ao decaimento natural de materiais radioativos em rochas (terrestres) e à radiação devido à vida dentro de prédios (interna). Um tipo muito especial de radiação de fundo é o radônio. O radônio-222 é um isótopo natural com meia-vida de cerca de 3,8 dias e é o produto do decaimento do urânio na superfície terrestre. Radônio é um gás e, como o urânio é tão onipresente no solo e em rochas, há uma grande presença de radônio. Com sua meia-vida relativamente longa, perdura tempo suficiente para acumular altas concentrações no ar de porões. Os produtos de seu decaimento são reconhecidamente isótopos perigosos que, se aspirados pelos pulmões, podem produzir câncer. A melhor técnica para reduzir o risco do radônio é monitorar primeiro o porão para verificar se há um problema por meio de um equipamento próprio e, se necessário, ventilar o radônio para fora (Figura 15.3).

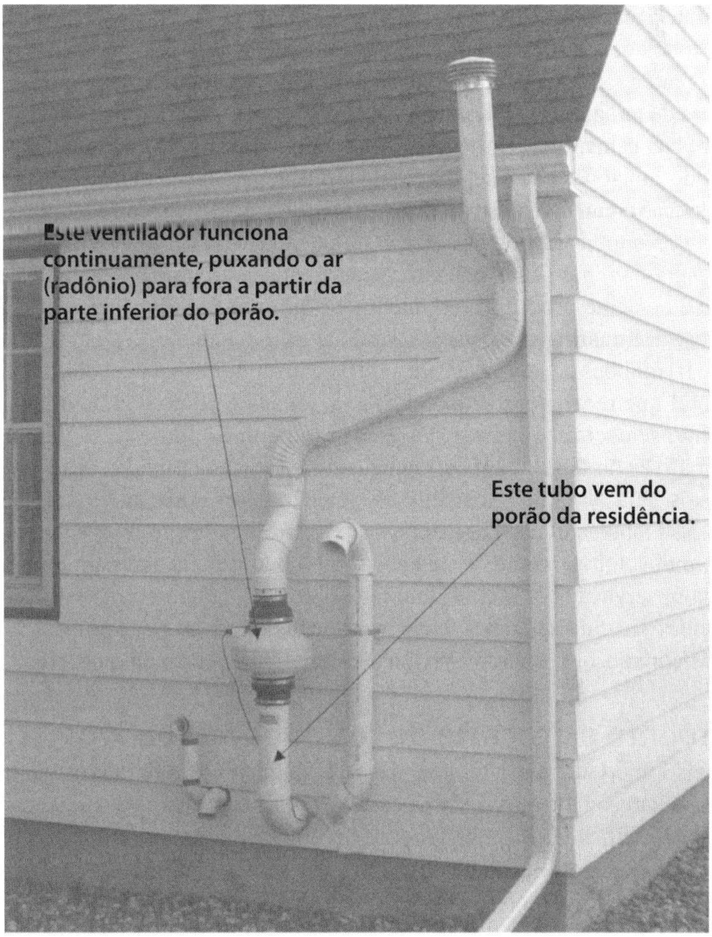

©Structure Tech Home Inspections

FIGURA 15.3 Sistema de remoção.

A radiação voluntária pode ocorrer de fontes como diagnósticos em raios X. Raios X odontológicos podem produzir centenas de vezes a radiação de fundo, e devem ser evitados exceto se crucialmente necessário. Após a descoberta de raios X (chamados de raios Roentgen em todo lugar no mundo, exceto nos Estados Unidos e Brasil), os efeitos danosos dos raios X começaram a ser descobertos devido às mortes precoces de muitos amigos do doutor Roentgen. Outra fonte de exposição voluntária são os voos comerciais em alta altitude. A atmosfera terrestre é um bom filtro para radiação cósmica, mas há pouca filtragem em grandes altitudes.

A radiação incidental involuntária vem de fontes como usinas de energia nuclear, instalações de armas e indústrias. Embora a Comissão Regulatória Nuclear permita limites de exposição relativamente altos para funcionários dentro dessas instalações, é meticulosa sobre permitir a radiação fora delas. É bastante provável que a quantidade de radiação produzida nessas instalações esteja dentro do plano de fundo.

O quarto tipo de exposição à radiação decorre de acidentes, e essa é uma outra questão. A exposição acidental à radiação mais divulgada é causada por acidentes ou quase acidentes em usinas nucleares. O acidente perto de Harrisburg, Pensilvânia, na usina nuclear de Three Mile Island em 1979 foi suficientemente grave para paralisar o já abalado setor de energia nuclear nos Estados Unidos. Após uma série de erros operacionais, uma grande quantidade de produtos de fissão foi liberada na estrutura de contenção. A quantia de produtos da fissão liberada na atmosfera foi pequena, portanto, os níveis aceitáveis de radiação em volta da planta não foram excedidos. A liberação de radiação durante esse acidente, na verdade, foi tão pequena que se estima que resultaria em uma morte acidental por câncer em um raio de 80 km em volta da usina de Three Mile Island. Isso seria impossível de detectar, pois dentro desse raio podese esperar o desenvolvimento de mais de 500 mil casos de câncer durante a vida dos habitantes da área.

Um acidente muito mais grave ocorreu em Chernobyl, na Ucrânia. Esse, na verdade, não foi um acidente em seu sentido mais estrito, pois o desastre foi causado por diversos engenheiros que desejavam realizar testes não autorizados no reator. Os sinais de advertência foram disparados enquanto realizavam seu experimento e todos os alarmes foram sistematicamente desligados até que o reator entrou em colapso. O núcleo do reator foi destruído, o reator pegou fogo e a frágil estrutura de contenção explodiu. Quantidades imensas de radiação escaparam para a atmosfera e, embora uma boa parte dela tenha parado a poucos quilômetros da usina, outra parte chegou à Estônia, Suécia e Finlândia. Na verdade, o acidente foi descoberto quando funcionários de segurança de radiação na Suécia detectaram níveis estranhamente altos de radioatividade. Só então as autoridades da antiga União Soviética reconheceram que sim, havia ocorrido um acidente. No total, 31 pessoas morreram de envenenamento grave por radiação, muitas por terem entrado na usina extremamente radioativa para tentar extinguir os incêndios. As melhores estimativas são de que o acidente produzirá, no máximo, 9 mil mortes adicionais por câncer na população da Ucrânia, Bielorússia, Lituânia e de países escandinavos. No entanto, esse número é massacrado pela expectativa total de 10 milhões de mortes em virtude do câncer durante a vida dos habitantes dessas áreas.

A radiação total que recebemos está, claro, relacionada a como conduzimos nossas vidas, onde escolhemos trabalhar, se decidimos fumar, se temos radônio nos porões etc. Não obstante, é possível criar algumas estimativas da dose anual de radiação para o cidadão médio dos Estados Unidos. Esses números, compilados pela National Academy of Sciences, são apresentados na Tabela 15.5. Vale a pena destacar que essa tabulação mostra a exposição *média* à radiação ionizante para uma pessoa que vive nos Estados Unidos. Obviamente, a radiação total é muito mais alta para algumas pessoas. Outro ponto que vale uma observação é a impressionante importância dado ao radônio. Isso se torna significativamente verdadeiro quando se compreende que apenas uma parte das pessoas nos Estados Unidos vive em residências com porões, onde problemas com radônio geralmente ocorrem.

15.3.3 Tratamento e descarte de resíduos radioativos

A diferenciação mais importante a ser feita no descarte de resíduos radioativos é o nível de radioatividade emitida. Embora pareça haver um sistema cada vez mais complexo de caracterização para resíduos radioativos, a ampla classificação é de resíduo de nível alto, intermediário e baixo. Resíduos de alto nível vêm em grande parte da produção de energia elétrica e são identificados por atividade na faixa de curies por litro. Resíduos de nível intermediário são produzidos por fábricas de armamentos e, embora suas atividades estejam na faixa de milicuries, os isótopos em particular têm vida longa, portanto, tais resíduos exigem armazenamento de longo prazo. Resíduos de baixo nível, caracterizados como aqueles com atividades na faixa de microcuries por litro, são produzidos em hospitais e laboratórios de pesquisa.

Em usinas nucleares, a fissão nuclear ocorre quando o material fissionável, como urânio-237, é bombardeado com neutrons e uma reação em cadeia é estabelecida. O material fissionável, então, separa-se (daí o termo fissão) para liberar quantidades enormes de calor, utilizadas, por sua vez, para produzir vapor e eletricidade. À medida que o U-237 decai, produz uma série de isótopos-filhos que também decaem até que a taxa e, assim, a produção de calor sejam reduzidas. O que resta, normalmente conhecido como 'fragmentos de fissão', representa o material radioativo de alto nível que exige "resfriamento", armazenamento de longo prazo, e eventual descarte. O armazenamento de longo prazo de resíduos radioativos de alto nível vem sendo discutido há décadas. Sob protestos, um local em Yucca Flats, Nevada, foi selecionado e está sendo preparado.

Resíduos radioativos de baixo nível não devem representar um problema de descarte. Como os níveis de atividade desses resíduos são tão baixos que podem ser tratados por contato direto, pareceria que, com uma grande redução no volume, como incineração, qualquer aterro protegido seria adequado. O Congresso norte-americano aprovou a Lei de Política sobre Resíduos de Baixo Nível (Low-Level Waste Policy Act) em 1980, estipulando que os estados formem pactos para que cada um forneça uma instalação para descarte por um determinado período. Infelizmente, a simples menção da palavra "radioatividade" é suficiente para inflamar a opinião pública e evitar a localização de tais instalações de descarte.

TABELA 15.5 Dose média anual de radiação ionizante para uma pessoa média nos Estados Unidos.

Fonte de radiação	Dose em mSv
De fundo involuntário	
Radônio	24
Radiação cósmica	0,27
Terrestre	0,28
Interna	0,39
Voluntária	
Médica: diagnóstico em raios X	0,39
Médica: medicina nuclear	0,14
Médica: produtos para consumo	0,10
Ocupacional	0,009
Incidental involuntária	
Produção de energia nuclear	<0,01
Falha em testes de armamentos	<0,01
Diversas	<0,01
Total	25,64

Fonte: Upton, A. *Efeitos sobre a saúde pela National Academy of Sciences de exposição a baixos níveis de radiação ionizante (BEIR V)*. Washington, DC: National Academy Press, 1990. Reproduzido com permissão de National Academies Press, Copyright 1990, National Academy of Sciences.

15.4 GESTÃO DE MATERIAIS SUSTENTÁVEIS

No livro, *Materials matter*, Kenneth Geiser identifica duas estratégias para apoiar o gerenciamento sustentável de materiais[1]. A primeira envolve as formas de usar menos material para fornecer o mesmo serviço para atender às necessidades humanas, processo conhecido como "desmaterialização". A segunda estratégia, denominada "desintoxicação", é utilizada para diminuir o perigo inerente associado aos produtos químicos utilizados em produtos e em processos industriais.

A *desmaterialização* significa reduzir a quantidade de material em um produto sem diminuir a qualidade do serviço oferecido. Reduz o fluxo de materiais puros em e pelo sistema industrial/econômico. As estratégias para a desmaterialização incluem reduzir o peso ou a espessura das embalagens, desenvolver produtos químicos orgânicos a partir de resíduos de biomassa em vez de combustíveis fósseis e promover a reciclagem e as indústrias de materiais secundários para manter o ciclo de materiais em ciclos industriais em vez de depender de recursos puros. Uma variação na desmaterialização é a rematerialização – trocar para o uso de materiais inerentemente mais sustentáveis, em vez de utilizar menos material inicial. Projetar produtos para reparação, atualização e/ou reciclagem apoia a necessidade de menos recursos e ajuda a manter materiais dentro do sistema industrial/econômico. A desmaterialização como estratégia para a gestão sustentável de materiais é desafiada pela crescente demanda por materiais, mesmo com a diminuição da taxa per capita de crescimento. Um exemplo de desmaterialização é o sistema Soda Club.

EXEMPLO 15.4

Problema Muitas pessoas gostam de beber o Club Soda (também chamado de água com gás, água carbonatada ou água de seltzer). O sistema Soda Club exige a compra de uma garrafa de 1 litro, um refil de CO_2 que produzirá 110 L de refrigerante e a embalagem que o mantém. A garrafa é reciclável até que fique rachada ou apresente outro defeito. Para fazer o Club Soda, você enche a garrafa com a água da torneira ou água filtrada, prende a garrafa no cartucho do CO_2 e, em seguida, pressiona um botão para liberar CO_2 na garrafa. Depois, um ruído alto gerado a partir da pressão no frasco indica que o líquido está devidamente gaseificado e pronto para consumo. Suponha que o custo total para começar seja \$ 79 incluindo um cartucho de CO_2, a garrafa e a caixa. Quando o cartucho de CO_2 estiver vazio, você pode ir até o ponto de compra para enchê-lo por $ 15. Suponha que a sua família consuma atualmente 6 litros de Club Soda semanalmente a $ 1,50 por garrafa, e que você compre um pack de 12 garrafas e que a cada pack esteja associada a uma ida ao supermercado. Compare o custo, o transporte e o lixo gerado pela compra de garrafas individuais para o uso do sistema Soda Club.

Solução Primeiro determine a situação da compra das garrafas individuais.

$$\text{Quantidade de garrafas individuais} = \frac{(6\ \text{L/semana})(52\ \text{semana/ano})}{1\ \text{L / garrafa}} = 312$$

$$\text{Custo} = \frac{312\ \text{garrafas/ano}}{\$\ 1{,}50/\text{garrafa}} = \$\ 468/\text{ano}$$

$$\text{Deslocamentos} = \frac{(312\ \text{garrafas/ano})(1\ \text{deslocamento}/\textit{pack})}{12\ \text{garrafas}/\textit{pack}} = 26\ \text{deslocamentos.}$$

Em seguida, determine a situação de compra do sistema.

$$\text{Quantidade de cartuchos} = \frac{(6\ \text{L/semana})(52\ \text{semana/ano})}{110\ \text{L/cartucho}} = 2{,}8 = 3$$

Custo no primeiro ano = $ 79 + $ 15 (2) = $ 109

Custos de anos subsequentes = $ 15 (3) = $ 45.

Os dados estão resumidos na tabela abaixo.

Opção	Custo ($ por ano)	Quantidade de garrafas	Quantidade de deslocamentos à loja
Garrafas compradas em cada deslocamento	468	312	26
Sistema Soda Club (primeiro ano)	109	1	3
Sistema Soda Club (ano seguinte)	45	0	3

Embora não seja uma avaliação completa do ciclo, os dados evidenciam que o sistema Soda Club desmaterializaria o consumo de club soda na sua família. Ou seja, você precisaria de muito menos garrafas para ter a mesma quantidade de bebida. Os benefícios incluem reduzir os custos diretos e o deslocamento com transporte. Se for amplamente adotado, o impacto pode afetar o mercado e a quantidade de lixo gerado pelos refrigerantes, reduzindo a necessidade de gestão de resíduos sólidos.

A estratégia de *desintoxicação* inclui:

- substituição por alternativas benignas das substâncias químicas problemáticas (por exemplo, substituir surfactantes rapidamente biodegradáveis por surfactantes que se degradam em subprodutos tóxicos)
- eliminação progressiva do uso de substâncias preocupantes, tais como substâncias persistentes, bioacumuláveis e tóxicas (PBTs)
- geração de substâncias tóxicas sob demanda ou na hora, para evitar a necessidade de armazenamento e transporte
- projeto de novos produtos químicos e materiais benignos à saúde humana e ao meio ambiente.

O projeto de tais produtos químicos é o domínio do crescente campo da química verde. A química verde surgiu como uma estratégia eficaz para desintoxicar e projetar produtos e processos químicos para criação de materiais e produtos sustentáveis.

15.4.1 Química verde

A *química verde* é o projeto de produtos e processos químicos que reduzem ou eliminam o uso e geração de substâncias *perigosas*.[2] O foco da química verde está no projeto, pois as decisões tomadas em nível de projeto irão afetar o desempenho, a toxicidade e o destino dos produtos químicos. O foco no perigo em vez de ser no risco também é significativo. Risco é uma função de perigo e exposição. O termo "perigo" é usado amplamente para incluir qualquer atributo inerente à exposição de um produto químico. O perigo pode incluir toxicidade humana aguda, toxicidade crônica humana (isto é, carcinogenicidade, toxicidade reprodutiva ou de desenvolvimento, irritação cutânea ou ocular, sensibilização da pele ou sistema respiratório), toxicidade ecológica, problemas de segurança (por exemplo, explosividade ou inflamabilidade), potencial de danos para a camada de ozônio, destruição do habitat biológico, entre muitos outros.

A química verde aborda o risco, mas um ângulo diferente das práticas convencionais. A gestão de risco tradicional se concentra em controlar o risco controlando o potencial de exposição. No entanto, os controles de exposição podem falhar e falham. As falhas no controle da exposição levaram a incidentes mortais, como o de Bhopal, na Índia, quando a liberação de isocianato de metila matou milhares de pessoas em uma cidade próxima. Como o isocianato de metila é altamente perigoso, quando os controles de exposição falharam e liberaram o produto químico, criou-se uma situação de alto risco. Ao abordar e reduzir o risco inerente de um produto químico, é possível reduzir o risco e até mesmo eliminar a necessidade de controles de exposição, que pode ser muito caro.

A química verde é uma ferramenta para químicos, engenheiros químicos e outros profissionais que criam produtos químicos e materiais para auxiliar a sociedade na sustentabilidade. É definido por um conjunto de 12 princípios articulados por Anastas e Warner em 1998, conforme segue:

1. É melhor evitar o desperdício do que tratar ou limpar os resíduos.
2. Os métodos sintéticos devem ser criados para maximizar a incorporação de todos os materiais utilizados no processo ao produto final.
3. Sempre que possível, métodos sintéticos devem ser criados para usar e gerar substâncias com pouca ou nenhuma toxicidade para a saúde humana e para o meio ambiente.
4. Produtos químicos devem ser criados para efetuar a função desejada e minimizar a toxicidade.
5. A utilização de substâncias auxiliares (por exemplo, solventes, agentes de separação etc.) deve ser evitada sempre que possível e inócua quando utilizada.
6. Os requisitos de energia dos processos químicos devem ser reconhecidos por seus impactos ambientais e econômicos e devem ser minimizados.
   Se possível, os métodos sintéticos devem ser conduzidos em temperatura e pressão ambientes.
7. Uma matéria bruta ou insumo deve ser renovável em vez de se esgotar, sempre que técnica e economicamente praticável.
8. A derivatização desnecessária (uso de grupos de bloqueio, proteção/desproteção, modificação temporária de processos físicos/químicos) deve ser minimizada ou evitada, se possível, porque tais etapas exigem reagentes adicionais e podem gerar desperdício.
9. Os reagentes catalíticos (usados com a maior seletividade possível) são superiores aos reagentes estequiométricos.
10. Os produtos químicos devem ser projetados para que no final de sua função eles se desmembrem em produtos de degradação inócua e não persistam no ambiente.
11. Metodologias analíticas precisam ser desenvolvidas para permitir o monitoramento e o controle do processo em tempo real antes da formação de substâncias perigosas.
12. Substâncias e a formas de substâncias utilizadas em um processo químico são escolhidas para minimizar o potencial de acidentes químicos, incluindo liberações, explosões e incêndios.

A sabedoria por trás da abordagem da química verde vem ganhando popularidade nos últimos anos. Agora, vemos o surgimento de políticas e de legislação para apoiar a química verde. Nos Estados Unidos, o governador de Michigan emitiu uma Ordem Executiva de Química Verde. A Califórnia está criando uma plataforma política chamada Iniciativa da Química Verde para apoiar a química verde e o projeto berço a berço. No Congresso dos Estados Unidos, o Senate Bill 2669, foi apresentada a Lei de Pesquisa e Desenvolvimento da Química Verde de 2008.

Diversos exemplos de química verde são apresentados a seguir para ilustrar como os materiais podem ser criados para serem compatíveis com o meio ambiente e para se adequarem a um sistema de material sustentável. Esses exemplos são derivados dos trabalhos inscritos e dos vencedores do programa Presidential Green Chemistry Challenge Award, o único programa presidencial de premiação em química nos Estados Unidos.

Em 1998, a Rohm and Haas Company ganhou o Presidential Green Chemistry Challenge Award por criar um anti-incrustante marinho chamado Sea-Nine™. A incrustação, o crescimento indesejado de plantas e animais na superfície do navio, custa ao setor de transporte aproximadamente $ 3 bilhões por ano. Uma parte significativa desse custo é o aumento do consumo de combustível necessário para superar o arrasto hidrodinâmico. Os principais compostos utilizados historicamente em todo o mundo para o controle de incrustação têm como base organoestânicos, como o óxido de tributilestanho (TBTO). Embora sejam eficazes na prevenção da incrustação, são tóxicos e persistentes no meio ambiente. Os efeitos ambientais negativos associados ao TBTO incluem toxicidade aguda, bioacumulação, diminuição da viabilidade reprodutiva e aumento da espessura da casca no crustáceo. A Rohm and Haas Company procurou desenvolver um agente anti-incrustante que protegesse os navios da incrustação de grande parte dos organismos marinhos sem causar danos aos outros organismos.

Os cientistas da empresa selecionaram compostos da classe de 3-isotiazolonas. Especificamente, a 4,5-dicloro-2-*n*-octil-4-isotiazolina-3-ona foi selecionada porque se descobriu que ela é eficaz e se degrada muito rapidamente na água do mar e ainda mais rápido (1 hora) em sedimento. Embora o TBTO seja considerado altamente bioacumulável, o Sea-Nine™ não se bioacumula. Tanto o TBTO como o Sea-Nine™ são extremamente tóxicos para os organismos marinhos, o que é uma característica desejável de um anti-incrustante marinho. Mas o anti-incrustante Sea-Nine™ degrada-se rapidamente e não é cronicamente tóxico. Assim, faz o trabalho de não causar danos além da função imediata do produto. O TBTO, por outro lado, se bioacumula no meio ambiente para que continue a ter efeitos tóxicos.

A EDEN Bioscience Corporation recebeu o prêmio Presidential Green Chemistry Challenge [Prêmio Presidencial Desafio da Química Verde] em 2001 para o produto Messenger©. O Messenger© tem como base uma classe de proteínas naturais não tóxicas chamadas "harpinas". As proteínas harpinas ativam os sistemas de defesa natural das plantas para se protegerem contra doenças e pragas. Também ativa determinados sistemas de crescimento das plantas sem alterar o DNA delas. Quando aplicados na plantação, as harpinas ajudam a saúde das plantas, resultando no aumento da biomassa vegetal, da fotossíntese, da absorção de nutrientes e do desenvolvimento das raízes. Basicamente, tais aumentos levam a um maior rendimento e qualidade do produto.

A perda estimada nas colheitas com pragas é de $ 300 bilhões em todo o mundo. Geralmente, os produtores seguiam duas estratégias para limitar as perdas econômicas e para aumentar a produtividade: (1) uso de pesticidas químicos tradicionais ou (2) culturas geneticamente modificadas para resistência a pragas. Cada uma dessas abordagens tem consequências negativas, particularmente em organismos não alvos e em termos de percepção pública. Em contrapartida, as harpinas não demonstraram ter praticamente nenhum efeito adverso em nenhum dos organismos testados, incluindo mamíferos, aves, abelhas, plantas, peixes, invertebrados aquáticos e algas. Como é uma molécula frágil que degrada rapidamente por micro-organismos UV e naturais, não tem potencial de bioacúmulo e não contaminará os recursos da superfície ou dos lençóis freáticos. Ao contrário da maioria dos produtos químicos agrícolas, os produtos à base de harpina são produzidos em um sistema de fermentação à base de água que não utiliza solventes ou reagentes complexos, exigindo apenas uma pequena quantidade de energia, além de não gerar resíduos químicos perigosos. Do ponto de vista do ciclo de vida, a harpina é preparada a partir de processos de química verde, tem características de baixo risco e apoia a agricultura sustentável.

Em 2008, Battelle e seus associados, Advanced Image Resources e o Ohio Soybean Council receberam o prêmio Presidential Green Chemistry Challenge por desenvolverem um toner à base de soja. As impressoras e copiadoras a laser usam mais de 200 milhões de kg de toner por ano apenas nos Estados

Unidos. Os toners tradicionais se misturam com tanta força sobre o papel que é difícil remover os resíduos de papel para reciclagem. Eles também são feitos à base de petróleo, como acrilato de estireno e butadieno estireno. Battelle e colegas desenvolveram um toner à base de soja que atua da mesma forma que o toner tradicional, mas com remoção facilitada. A nova tecnologia de toner pode reduzir significativamente a quantidade de energia utilizada e permitir que mais fibras de papel sejam recicladas. O novo toner será vendido com os nomes comerciais BioRez e Rezilution. Quando forem inseridas no mercado, os usuários se beneficiarão de impressão e cópia utilizando um toner à base de soja.

Há muitos mais exemplos de inovação química verde. Alguns deles refletem mudanças nos processos químicos, como a eliminação de solventes perigosos ou o uso de catalisadores para eliminar o número de etapas na síntese química. Outros exemplos ilustram a geração de novos produtos químicos para substituir os produtos químicos que causam preocupação. E outros apresentam a inovação gerando as substâncias químicas desejadas a partir de insumos de origem biológicas em vez de insumos de petróleo. A química verde é importante porque demonstra que é possível projetar moléculas e processos químicos novos com a intenção de reduzir o risco geral e produzir produtos e processos sustentáveis. Embora a tecnologia não seja uma panaceia para a sustentabilidade, ela pode oferecer soluções inovadoras.

De acordo com Arnulf Grübler, em seu livro, *Technology and global change*[3],

> Com a tecnologia, há mais de 300 anos, a humanidade se libertou do meio ambiente. O trabalho ainda não está concluído, pois bilhões de pessoas continuam não se beneficiando da tecnologia. A próxima tarefa imediata é assegurar sua inclusão. Mas e o próximo passo? Precisamos de uma visão utópica, um novo manifesto tecnológico, para definir nossos objetivos para o século XXI.

Grübler argumenta que o trabalho que se apresenta é o de é liberar progressivamente o meio ambiente das interferências humanas adversas.

> Para esta jornada de um século, precisaremos de mais tecnologia, não de menos. À medida que a população mundial cresce para pelo menos 10 bilhões, reconhecemos que a natureza não pode ser perfeitamente protegida da intervenção humana mais do que podemos ser protegidos perfeitamente pela natureza. Mas a mudança tecnológica pode relaxar nosso controle e aliviar a nossa caminhada no mundo natural. Nossas escolhas são limitadas pelo que já existe e pelo legado ambiental do passado. Mas a longo prazo, a capacidade de escolhas sociais para moldar a tecnologia é infinita.

15.4.2 Prevenção da poluição

Um subconjunto, mas um aspecto praticado mais amplamente da gestão sustentável de materiais, é a prevenção da poluição. A Usepa define a prevenção da poluição do seguinte modo: "O uso de materiais, processos ou práticas que reduzem ou eliminam a criação de poluentes ou resíduos na origem. Isso inclui práticas que reduzem a utilização de materiais perigosos, energia, água ou outros recursos e práticas que protegem recursos naturais através da preservação ou do uso mais eficiente."

No sentido mais amplo, a prevenção da poluição é a ideia de acabar com o desperdício, independentemente de como isso possa ser feito. É o mesmo conceito aplicado no gerenciamento de resíduos sólidos municipais descrito no Capítulo 14, mas os incentivos para o uso são muito maiores.

Originalmente, a prevenção da poluição foi aplicada a operações industriais com a ideia de reduzir a quantidade de resíduos produzidos ou alterar suas características para torná-los mais imediatamente descartáveis. Muitos setores mudaram para tintas solúveis em água, por exemplo, eliminando, assim, solventes orgânicos, tempo de limpeza etc., e frequentemente acabavam economizando um valor considerável. Na verdade, o conceito foi apresentado inicialmente como "a prevenção da poluição compensa", enfatizando que muitas das mudanças realmente fariam as empresas economizarem dinheiro. Além disso, a eliminação ou redução de resíduos perigosos ou difíceis tem um efeito de longo prazo – diminui a responsabilidade da empresa como consequência de suas operações de descarte.

Com a aprovação da Lei de Prevenção à Poluição (*Pollution Prevention Act*) em 1990, a Usepa foi orientada a estimular a prevenção à poluição ao definir padrões adequados para atividades de prevenção, auxiliar agências federais na redução dos resíduos gerados, trabalhar com a indústria para promover a eliminação de resíduos criando programas de troca e outros, buscar e eliminar barreiras à transferência eficiente de possíveis resíduos, e fazer isso com a cooperação dos estados.

Em geral, o procedimento para implantar atividades de prevenção à poluição é:

- reconhecer uma necessidade;
- avaliar o problema;
- avaliar as alternativas;
- implantar as soluções.

Em vez de adotarem uma atitude contra a maioria das atividades de controle de poluição, as indústrias em geral recebem bem essa ação governamental, reconhecendo que a prevenção da poluição pode resultar e, geralmente, resulta em redução de custos para a indústria. Assim, o reconhecimento da necessidade muitas vezes é interno, e a companhia busca iniciar o procedimento de prevenção à poluição.

Durante a fase de avaliação, um procedimento comum é realizar uma "auditoria de resíduos", que não é nada além do equilíbrio de massa da caixa-preta, utilizando a empresa como caixa-preta. Considere o Exemplo 15.5.

EXEMPLO 15.5

Problema Uma empresa de manufatura está preocupada com as emissões de carbonos orgânicos voláteis (COVs) ao ar. Essas substâncias químicas podem se volatilizar durante o processo de fabricação, mas não há como estimar quantas ou quais são assubstâncias químicas. A empresa realiza uma auditoria de três de seus COVs mais amplamente utilizados com os seguintes resultados (a taxa de vazão afluente média para a estação de tratamento é de 0,076 m^3/s):

Registros do Departamento de Compras

Material	Quantidade adquirida (barris)
Tetracloreto de carbono (CCl_4)	48
Cloreto de metileno (CH_2Cl_3)	228
Tricloroetileno (C_2HCl_3)	505

Afluentes na Estação de Tratamento de Água Residual

Material	Concentração média (mg/L)
Tetracloreto de carbono	0,343
Cloreto de metileno	4,04
Tricloroetileno	3,23

Registros de Resíduos Perigosos (indicando o que sai da empresa para uma instalação de tratamento de resíduos perigosos)

Material	Barris	Concentração (%)
Tetracloreto de carbono	48	80
Cloreto de metileno	228	25
Tricloroetileno	505	80

Barris não Utilizados ao Final do Ano

Material	Barris
Tetracloreto de carbono	1
Cloreto de metileno	8
Tricloroetileno	13

Quanto COV está escapando?

Solução Realize um equilíbrio de massa de caixa-preta.

$$\begin{bmatrix}\text{Massa de}\\ \text{A por}\\ \text{unidade de tempo}\\ \text{ACUMULADA}\end{bmatrix}=\begin{bmatrix}\text{Massa de}\\ \text{A por}\\ \text{unidade de tempo}\\ \text{de ENTRADA}\end{bmatrix}+\begin{bmatrix}\text{Massa de}\\ \text{A por}\\ \text{unidade de tempo}\\ \text{de SAÍDA}\end{bmatrix}$$
$$+\begin{bmatrix}\text{Massa de}\\ \text{A por}\\ \text{unidade de tempo}\\ \text{PRODUZIDA}\end{bmatrix}-\begin{bmatrix}\text{Massa de}\\ \text{A por}\\ \text{unidade de tempo}\\ \text{CONSUMIDA}\end{bmatrix}.$$

O material A é, claro, cada um dos três COVs.

Precisamos saber a conversão de barris para metros cúbicos e a densidade de cada substância química. Presuma que cada barril tenha 0,12 m^3, e que as densidades das três substâncias sejam de 1.548, 1.326 e 1.476 kg/m^3, respectivamente. A massa acumulada por ano de tetracloreto de carbono é de

$$\begin{aligned}[\text{Massa ACUMULADA}] &= (1\ \text{barril/ano})(0{,}12\ \text{m}^3/\text{barril})(1.548\ \text{kg/m}^3)\\ &= 186\ \text{kg/ano}.\end{aligned}$$

Da mesma forma,

$$[\text{Massa de ENTRADA}] = (48\ \text{barris/ano})(0{,}12\ \text{m}^3/\text{barril})(1.548\ \text{kg/m}^3) = 8.916\ \text{kg/ano}.$$

A massa de saída está em três partes: descarga da massa para a estação de tratamento de água residual, massa que sai nos caminhões para a instalação de descarte de resíduos perigosos e a massa volatilizante. Portanto, presumindo que a planta opera 365 dias/ano:

$$\begin{aligned}[\text{Massa de SAÍDA}] &= [(0{,}343\ \text{g/m}^3)(0{,}076\ \text{m}^3/\text{s})(86.400\ \text{segundos/dia})(365\ \text{dias/ano})(10^{-3}\ \text{kg/g})]\\ &+ [(48\ \text{barris/ano})(0{,}12\ \text{m}^3/\text{barris})(1.548\ \text{kg/m}^3)(0{,}80)] + A_{ar}\\ &= 822 + 7.133 + A_{ar}\end{aligned}$$

Não há tetracloreto de carbono consumido nem produzido, portanto, em kg/ano:

$$186 = 8.916 - [822 + 7.133 + A_{ar}] + 0 - 0$$

e

$$A_{ar} = 775\ \text{kg/ano}.$$

Se um equilíbrio semelhante for realizado nas outras substâncias químicas, resultará em perdas atmosféricas de aproximadamente 16.000 kg/ano de cloreto de metileno e cerca de 7.800 kg/ano de tricloroetileno. Se a intenção é cortar as emissões totais de COV, o primeiro alvo pode ser o cloreto de metileno. No entanto, isso dependerá de muitos outros fatores, como facilidade de redução das perdas, riscos relativos dos solventes e disponibilidade de solventes alternativos e menos perigosos para as aplicações em particular envolvidas.[4]

Quando soubermos quais são e onde estão os problemas, o próximo passo é descobrir opções úteis, que geralmente caem em três categorias:

- mudanças operacionais;
- mudanças materiais;
- modificações de processo.

Mudanças operacionais podem consistir simplesmente em melhores cuidados de manutenção: tapar vazamentos, eliminar derrames etc. Um cronograma melhor para limpeza, além da segregação de correntes de resíduos, pode também produzir um grande retorno sobre um pequeno investimento.

Com frequência, mudanças materiais envolvem a substituição por uma substância química que seja menos tóxica ou exija menos materiais perigosos para limpeza do que outras. O uso do cromo trivalente para revestimento de cromo, em vez do cromo hexavalente, que é muito mais tóxico, foi favorecido, assim como o uso de tintas e tinturas solúveis em água. Em alguns casos, a radiação ultravioleta foi substituída por biocidas na água de resfriamento, resultando em água de melhor qualidade e nenhum problema de desperdício no descarte da água de resfriamento. Em uma fábrica de têxteis na Carolina do Norte, biocidas eram utilizados em purificação de ar para controlar o crescimento de algas. Fluidos de "purga" periódica e de limpeza eram lançados na corrente, mas essa descarga era tóxica para correntes d'água, portanto, o Estado da Carolina do Norte revogou a licença da fábrica para descarga dos mesmos. A cidade não aceitaria o resíduo em seus esgotos, argumentando, com razão, que isso poderia ter graves efeitos adversos sobre as operações de tratamento biológico de água residual. A indústria estava prestes a fechar quando decidiu tentar a radiação ultravioleta como desinfetante em seu sistema de purificação de ar. Felizmente, descobriu que a radiação ultravioleta desinfetava a água de resfriamento com eficiência e que o biocida não era mais necessário. Isso não apenas eliminou a descarga, mas também o uso total de biocidas, fazendo a companhia economizar dinheiro. O tempo de retorno foi de 1,77 anos.[5]

Modificações de processo normalmente envolvem os maiores investimentos, mas podem resultar nas maiores recompensas. Por exemplo, o uso de água de lavagem contracorrente em vez de uma operação em lote de uma só passada pode reduzir consideravelmente a quantidade de água de lavagem que precisa de tratamento, mas tal alteração exige tubos, válvulas e um novo protocolo de processo. Em indústrias nas quais os materiais são mergulhados em soluções, como revestimento de metal, o uso de tanques de recuperação de arraste, um passo intermediário, resultou na economia de solução para revestimento e na diminuição dos resíduos gerados.

Em qualquer caso, o que há de mais maravilhoso na prevenção à poluição é que, na maior parte do tempo, a empresa não somente elimina ou reduz bastante a descarga de resíduos perigosos, mas também economiza dinheiro. Tal economia vem em diversas formas, incluindo, claro, as economias diretas nos custos de processamento, como aconteceu descrito anteriormente com o exemplo de desinfecção por ultravioleta. No entanto, há outras economias, incluindo aquelas por não ter de gastar tempo enviando licenças de conformidade nem sofrer possíveis multas pela não conformidade. Outras responsabilidades futuras também pode ter grande peso onde resíduos perigosos devem ser enterrados ou injetados. Além disso, há os benefícios intangíveis da relação com e da segurança de funcionários. Por fim, é claro, há o benefício que vem com o fato de se fazer o que é certo, algo que não pode ser ignorado.

Na gestão de resíduos perigosos, fazer a coisa certa frequentemente envolve a eliminação de um possível risco para futuras gerações. Muito tem sido escrito sobre esse compromisso. Realmente devemos algo aos que ainda nem nasceram?

15.5 GESTÃO DE RESÍDUOS PERIGOSOS E GERAÇÕES FUTURAS

Por que deveríamos nos preocupar com isso? Não é verdade que, certamente, nunca seremos afetados pessoalmente de forma negativa por resíduos perigosos e é improvável que mesmo nossos filhos sofrerão com o descarte inadequado desses materiais? Por que estamos tão preocupados com o futuro e com as gerações que virão?

A RCRA exige que operadores de instalações de resíduos ofereçam "cuidados perpétuos" para depósitos. No entanto, isso é definido como um período de apenas 30 anos. "Cuidado perpétuo" significa apenas metade de uma geração! A principal lei sobre resíduos perigosos nos Estados Unidos aparentemente não se importa com as gerações futuras. Então, por que deveríamos?

Afinal, essas pessoas não existem, e podem nem vir a existir, não são reais, e a ética só pode se aplicar a interações entre pessoas reais. Além disso, não sabemos o que o futuro trará. Não podemos presumir que futuras pessoas terão as mesmas preferências ou necessidades – portanto, não podemos prever o futuro. Podemos ter boas intenções, mas estarmos redondamente enganados. Além disso, a História nos ensina que, pelo menos até este ponto na existência da civilização, cada geração sucessiva está melhor do que a anterior. Temos melhor saúde, melhor comunicação, melhores alimentos, mais tempo e mais oportunidades para o crescimento pessoal e aproveitamento da qualidade de vida do que antes. Como podemos esperar que as gerações futuras continuem essas tendências e tenham uma vida progressivamente melhor, não devemos fazer nada por elas. Ademais, como diz o velho ditado, "O que a posteridade já fez por mim?". Portanto, pode ser muito nobre tomar conta de gerações futuras, mas parece não haver nenhuma base para a alegação de que devemos fazer isso.

Então, por todos esses motivos, pode parecer que não há nada de errado com nossa decisão de gerar resíduos nucleares para aproveitar os benefícios da eletricidade, ou utilizar recursos não renováveis, como petróleo, até o máximo ou interpretar nossas obrigações de cuidado perpétuo como durando apenas 30 anos. O planejamento da gestão de resíduos perigosos (ou de qualquer outra coisa), portanto, precisa levar em conta apenas os interesses das gerações atuais.

No entanto, não há contra argumentos? É claro que não podemos simplesmente viver de forma hedonista sem preocupação com o futuro da humanidade. Que motivos podemos dar para uma preocupação com gerações futuras?

Alastair Gunn[6] argumenta que há, sim, motivos fortes para nossas obrigações com gerações futuras. Primeiro, é verdade que (por definição), gerações futuras não existem, mas isso não significa que não podemos ter obrigações com elas. Certamente não temos os tipos de obrigação um a um que indivíduos identificáveis têm entre si. Por exemplo, dívidas e promessas podem ser feitas por apenas uma pessoa a outra, mas também temos obrigações com qualquer um que possa ser prejudicado por nossas ações, mesmo se não conhecermos sua identidade.

Gunn utiliza a analogia de um terrorista que coloca uma bomba em uma escola de ensino fundamental.

> Simplesmente, o ato é errado e infringe uma obrigação de não causar (ou arriscar de forma imprudente) dano a nossos concidadãos. Isso é verdadeiro mesmo que o terrorista não saiba quem as crianças são ou se alguma criança será afetada (a bomba pode não explodir, pode ser descoberta a tempo, ou a escola pode ser fechada). É igualmente errado colocar uma bomba-relógio e ajustá-la para explodir na escola daqui a 20 anos, embora qualquer criança que frequente essa escola quando a bomba explodir ainda não tenha nem nascido. Um depósito de resíduos perigosos inseguro pode ser visto como uma bomba-relógio.

A analogia não é perfeita porque os donos de empresas de produtos químicos não tentam matar crianças, mas a intenção não é necessária se há bons motivos para acreditar que uma ação causará dano. Uma pessoa que solta fogos de artifício em uma multidão pode não pretender ferir ninguém, mas se houver dano, ela é culpada como se a intenção original fosse a de machucar. Se os feridos estão aqui hoje ou estarão aqui no futuro é irrelevante – é o dano que conta, e provocar dano é falta de ética.

Os contra-argumentos para a segunda alegação – de que nunca saberemos o que as gerações futuras irão valorizar – declaram que sim, na verdade temos ideias muito boas sobre o que elas *não* valorizarão. Por exemplo, é altamente improvável que elas valorizarão câncer, Aids ou lençol freático poluído. Na verdade, podemos esperar que as gerações futuras sejam muito mais semelhantes do que diferentes de nós. Sugerir que devemos contaminar a Terra porque não sabemos o que as pessoas do futuro irão valorizar não é um argumento válido.

A terceira objeção sobre cuidar de gerações futuras é que, como elas estarão melhores do que nós, não há necessidade de nos preocuparmos com seu bem-estar. Isso não tem sentido, porque a condição econômica de uma pessoa é irrelevante ao dano que pode ser criado. Não é legal nem ético roubar alguém só porque essa pessoa pode ser rica. Além disso, não há garantia de que o aprimoramento da tecnologia trará bem-estar continuamente melhor. Há mais pessoas passando fome no mundo hoje do que antes, e o crescimento contínuo da população mundial e da destruição de *habitats* naturais pode levar o mundo a um colapso econômico e ecológico. Prolongamos a capacidade de carga da Terra até seus limites, e não temos garantia de que a tecnologia (ou o progresso social e político) nos permitirá *ter* uma geração futura, que dirá cuidar dela. Como Gunn[6] conclui:

> Temos uma obrigação de evitar a criação de condições ambientais nocivas para gerações futuras que não queremos criar para nós mesmos. Isso significa que, em termos de gestão de resíduos, é necessário desenvolver métodos para armazenamento seguro e aceitável de longo prazo e, o mais importante, reduzir constantemente a quantidade, a toxicidade e a persistência dos resíduos que produzimos, para que a gestão aceitavelmente segura seja possível. Além disso, parece não haver dúvidas de que futuras gerações apreciarão ar e água limpos, áreas selvagens adequadas e a preservação de monumentos naturais, e essa é uma obrigação de nossas gerações atuais.

PROBLEMAS

15.1 O parágrafo a seguir fez parte de um anúncio de página inteira em uma publicação profissional:

> Leis Atuais
> Um motivo para agir agora
>
> A Lei de Preservação e Recuperação de Recursos estabelece multas corporativas de até $ 1.000.000 e sentenças de até cinco anos de prisão para executivos e gerentes pelo tratamento inadequado de resíduos perigosos. É por isso que identificar problemas com resíduos, e desenvolver soluções econômicas, é uma necessidade absoluta. A O'Brien & Gere pode lhe ajudar a cumprir com os regulamentos rígidos atuais e enfrentar as realidades econômicas de agora, com soluções práticas e de custo competitivo.

O que você acha desse anúncio? Viu alguma coisa não profissional nele? Afinal, ele é factual. Suponha que você seja presidente da O'Brien & Gere (uma das empresas de engenharia ambiental de melhor reputação no setor) e tenha visto isso publicado. Escreva um memorando de uma página para seu diretor de marketing comentando sobre isso.

15.2 Alguns transformadores elétricos antigos estavam armazenados no porão do edifício de manutenção de uma universidade e foram "esquecidos". Um dia, um funcionário entrou no porão e viu que uma substância pegajosa e oleosa vazava de um dos transformadores para um ralo no chão. Ele avisou o diretor da área, que imediatamente percebeu a gravidade do problema. Eles ligaram para os engenheiros de consultoria em resíduos perigosos, que, em primeiro lugar, retiraram os transformadores e eliminaram a origem dos bifenis policlorinados (PCBs) que estavam vazando no ralo. Depois, rastrearam o ralo até uma pequena corrente d'água, e começaram a retirar amostras de água e solo no curso. Eles descobriram que a água continha 0,12 mg/L de PCB, e o solo continha uma quantidade que variava de 32 mg de PCB/kg (solo seco) a 0,5 mg/kg. A gestão estadual de meio ambiente exigiu que as correntes d'água contaminadas com PCBs fossem limpas para que ficassem "livres" de PCBs. Lembre que PCBs são bastante tóxicos e extremamente estáveis no meio ambiente e se biodegradarão muito lentamente. Se nada for feito, o contaminante permanecerá no solo por, talvez, centenas de anos.

a) Se você fosse o engenheiro, como abordaria esse problema? O que faria? Descreva como você "limparia" essa corrente d'água. Seja o mais detalhado possível. Você planeja perturbar o ecossistema da corrente? Isso é uma preocupação para você?

b) Será possível para a corrente ficar "livre de PCBs"? Caso contrário, o que você acha que o Estado quis dizer com isso? Como saberia que fez tudo o que pôde?

c) Não há dúvida de que, se esperarmos bastante, alguém um dia haverá uma maneira realmente interessante de limpar cursos contaminados com PCB e que esse método será consideravelmente mais barato do que qualquer coisa que temos disponível hoje. Por que não esperar e deixar que alguma geração futura cuide do problema? A corrente d'água não nos afeta diretamente e a pior parte disso pode ser isolada para que as pessoas não se aproximem dela. Então, algum dia, quando a tecnologia melhorar, poderemos limpar. O que você acha dessa abordagem? (Claro que é ilegal, mas essa não é a pergunta. Isso é ético? Você estaria preparado para promover esta solução?)

15.3 No exemplo anterior, se a limpeza resultasse na concentração de PCB na água de 0,000073 mg/L, qual é a redução porcentual do contaminante? Quantos "noves" foram atingidos?

15.4 Uma lavanderia a seco adquire 2.000 litros de tetracloreto de carbono todo mês. Como resultado da operação de lavagem a seco, a maior parte se perde na atmosfera, e apenas 200 litros permanecem para serem descartados. Qual é a taxa de emissão de tetracloreto de carbono dessa lavanderia, em quilos/dia? (A densidade do tetracloreto de carbono é de cerca de 1,6 g/mL.)

15.5 Um aquífero livre com 60 m de profundidade está contaminado com um material perigoso. O aquífero é composto de areia com permeabilidade (K) de 6×10^{-4} m/s. O lençol freático contaminado está sendo bombeado para tratamento a uma taxa de bombeamento constante de 0,02 m^3/s, e um abaixamento de 6 m ocorre em um poço de monitoramento a 9 m do poço de extração. Se houver um segundo poço de monitoramento, qual é sua distância se o abaixamento for de 2 m?

15.6 Um aterro de resíduos perigosos deve ser construído, e uma parte da argila no local está sendo considerada para revestimento. A exigência é que a permeabilidade da argila seja inferior a 1×10^{-7} cm/s. Um medidor de permeabilidade é instalado e um teste é realizado. Se a profundidade da amostra no medidor for de 10 cm, uma coluna de 1 m de água for colocada na amostra, o diâmetro do medidor for de 4 cm e demorar 240 horas para coletar 100 mL de água que sai do medidor, qual é a permeabilidade da amostra?

15.7 Um caminhão-tanque carregado de amônia líquida é atingido por um trem, resultando em um vazamento constante e incontrolável de gás amônia a uma taxa estimada de 1 kg/s. Você estima a velocidade do vento a 5 km/h, e é uma tarde de sol. Há uma pequena comunidade a cerca de 2 km na direção do vento. Percebendo que o limiar da amônia é de 100 ppm, você recomendaria a evacuação da cidade?

15.8 Nos anos 1970, foram descobertos muitos depósitos de resíduos perigosos nos Estados Unidos. Alguns deles haviam estado em operação há décadas e alguns ainda estavam ativos. No entanto, a maioria estava abandonada, como o notório "Vale dos Tambores" no Tennessee – um vale rural no qual um número quase inimaginável de todos os tipos de materiais perigosos havia sido descartado, e o proprietário simplesmente havia abandonado o local após receber uma soma considerável por "se livrar" dos materiais perigosos para grandes companhias de produtos químicos.

Por que se esperou até os anos 1970 para descobrir o problema? Por que ele não foi descoberto anos antes? Por que a preocupação com resíduos perigosos é tão recente? Escreva sua opinião em uma redação de uma página.

15.9 Peter trabalha com a afiliada local da Bigness Oil Company há vários anos e estabeleceu uma forte relação de confiança com Jesse, gerente da instalação local. A instalação, mediante recomendações de Peter, seguiu todos os regulamentos ambientais ao pé da letra e tem uma reputação sólida perante a agência regulatória estadual. A empresa local recebe diversos produtos petroquímicos via oleoduto e caminhão-tanque e os mistura para revendê-los ao setor privado.

Jesse está tão satisfeito com o trabalho de Peter que recomendou que ele fosse mantido como engenheiro de consultoria corporativa. Isso significaria um avanço considerável para Peter e sua consultoria, consolidando sua constante e impressionante ascensão na empresa. Há conversas sobre uma vice-presidência em alguns anos.

Um dia, durante um café, Jesse começa a contar a Peter uma história maluca sobre a perda misteriosa em um dos petroquímicos brutos que ele recebe por oleoduto. Durante a década de 1950, quando as operações eram bem descuidadas, a perda de uma das substâncias químicas de processo foi descoberta quando os livros foram auditados.

Aparentemente, havia 40.000 L da substância faltando. Após realizar testes de pressão nos oleodutos, o gerente da planta descobriu que um dos tubos havia corroído e estava vazando a substância no terreno. Depois de interromper o vazamento, a empresa afundou os poços de observação e amostragem e percebeu que o produto estava depositado em uma pluma vertical, lentamente se difundindo para um aquífero profundo. Como não havia poluição na superfície ou no lençol freático fora da propriedade, o gerente decidiu não fazer nada. Jesse acha que essa pluma ainda está em algum lugar sob a planta, lentamente se difundindo para o aquífero, embora os últimos testes do poço de amostragem tenham mostrado que a concentração da substância química no lençol freático a menos de 120 m da superfície era essencialmente zero. Os poços foram cobertos e a história nunca apareceu na imprensa.

Peter fica chocado com essa revelação aparentemente inocente. Ele reconhece que a lei estadual exige que ele relate todos os derrames, mas e aqueles que ocorreram há anos, e cujos efeitos parecem ter se dissipado? Ele franze a testa e diz a Jesse: "Você sabe que temos que relatar esse vazamento ao Estado".

Jesse está incrédulo. "Mas não *há* vazamento. Se o Estado nos fizer procurar por ele, provavelmente não o encontraríamos, e mesmo se encontrássemos, não faz sentido bombeá-lo ou contê-lo."

– Mas a lei diz que temos de relatar..., argumenta Peter.

– Olha, contei isso em confidência. Seu próprio código de ética de engenharia exige confidencialidade na relação com o cliente, e que bem faria reportar ao Estado? Não há nada a ser feito. A única coisa que aconteceria é a empresa se meter em problemas e ter de gastar dólares inúteis para corrigir uma situação que não pode ser corrigida e não precisa ser reparada.

– Mas...

– Peter. Vou ser franco: se você relatar isso ao Estado, não fará bem a ninguém – nem para a empresa, nem ao meio ambiente, e certamente não para sua carreira. Não posso ter um engenheiro de consultoria que não valoriza a lealdade ao cliente.

Qual deve ser a resposta de Peter à situação? O que ele deve fazer? Quais são as partes envolvidas? (Não se esqueça das gerações futuras!) Quais são todas as suas alternativas? Liste-as em ordem de efeito nocivo sobre a carreira de Peter, depois em ordem de efeito nocivo ao meio ambiente. Considerando tudo, o que Peter deve fazer?

15.10 O benzeno (C_6H_6), de algum modo, é solúvel em água (1,8 g/L). É um carcinogênico conhecido. O MCL na água potável é de 5 ppb. A gasolina está sendo restrita a 0,62% de benzeno por volume. Quanto de água será contaminada por MCL devido a 3,78 litros de gasolina?

15.11 Quanto tempo leva para que a radiação de um derramamento de Po-210 e Po-214 se desintegre em 80%?

15.12 Entre outras contaminações, verificou-se que um local possui 4,5 Ci de trítio (H-3) em 15 de janeiro de 2000. Os registros indicam que a versão original provavelmente teria ocorrido em junho de 1963. Agora, o lugar é de propriedade da cidade em razão do não pagamento de impostos.

a) Quantos curies de H-3 foram originalmente lançados?
b) Quem deve ser responsável pela limpeza do local?

15.13 Suponha que 1,0 g/d de dieldrina vaze para uma lagoa de retenção (ou seja, não tem foz) de águas pluviais de 30.000 m^3. Se a dieldrina tem meia-vida de 2 dias e ocorre uma mistura completa, qual seria a concentração de estado estacionário na lagoa?

15.14 O radônio 222 é liberado da terra e pode ficar preso em edifícios. Suponha que a concentração medida em um prédio universitário seja de 1.500 pCi/m^3, o que é significativamente acima do nível recomendado de ação corretiva de 4 a 8 pCi/m^3.

a) Se não houver vazamentos no prédio (ou seja, não há mais radônio), quanto tempo demora para que a concentração do elemento atinja o nível recomendado?
b) Em vez disso, recomenda-se algum tipo de ação corretiva (ou seja, remoção da fonte)? Por que sim ou por que não?

Referências

1. Geiser, Kenneth. *Materials matter*: toward a sustainable materials policy. Cambridge, MA: MIT Press, 2001.
2. Anastas, P. T. e J.Warner. *Green chemistry*: theory and practice. Nova York: Oxford University Press, 1998.
3. Grübler, A. Technology and Global Change. Cambridge: Cambridge University Press, 1998.
4. Esse exemplo se baseia parcialmente em um exemplo semelhante em Davis, M. L. e D. A. Cornwell. *Introduction to environmental engineering*. Nova York: McGrawHill, 1991.
5. Richardson, S. Pollution prevention in textile wet processing: An approach and case studies. *Proceedings, environmental challenges of the 1990's*. EPA EUA 66/9–90/039.
6. Vesilind, P. Aarne e Alastair Gunn. *Making a difference: Engineering, ethics and the environment*. Nova York: Cambridge University Press, 1997.

CAPÍTULO 16

POLUIÇÃO SONORA

Se uma árvore cai em uma floresta, ela faz algum barulho?

Você já escutou essa pergunta muitas vezes. Agora você terá a resposta. Na verdade, quando uma árvore cai, ela produz um som, pois o som é a propagação de ondas de pressão no ar. Mas pode não fazer *ruído*, que é definido como um som indesejável – para os ouvidos humanos. Dessa forma, se não houver nenhum ser humano por perto, a árvore caindo não faz ruído (porém a definição de ruído se amplia para incluir sons que, contrariamente, causam impacto para os animais selvagens, então a resposta depende se o som de uma árvore caindo é desagradável para eles, o que pode depender ainda da distância que estiverem do local que ela cair).

Neste capítulo veremos os princípios básicos do som, definindo alguns dos termos utilizados por engenheiros acústicos para descrever e controlar sons desagradáveis (ruído). Então, apresentaremos alguns dos efeitos do ruído, finalizando com uma discussão sobre o controle dos ruídos.

16.1 SOM

O som puro é descrito como ondas de pressão que se propagam em um meio (ar, na maioria dos casos). E essas ondas são definidas por sua amplitude e frequência. Com referência à Figura 16.1, observe que o som puro pode ser definido como uma curva senoidal, apresentando pressões positivas e negativas dentro de um ciclo. A quantidade desses ciclos por unidade de tempo é denominada *frequência* do som, geralmente expressa como ciclos por segundo, ou Hertz (Hz).[1] Normalmente ouvidos humanos saudáveis captam sons cuja frequência variam de aproximadamente 15 Hz até cerca de 20.000 Hz, uma ampla faixa. Os sons de baixa frequência são graves (tons mais baixos), enquanto sons de alta frequência são mais agudos (tons mais altos). Por exemplo, um lá na quarta oitava no piano está a uma frequência de 440 Hz, e a fala geralmente varia de 1.000 a 4.000 Hz.

O amplo espectro de frequências é significativamente reduzido de acordo com a idade e o grau de exposição a ruídos altos no ambiente. As fontes mais relevantes de tais ruídos prejudiciais estão nas atividades ocupacionais e música alta, particularmente shows de rock e escutar música com o volume muito alto nos fones de ouvido. Os aparelhos de som de alta qualidade são projetados para reproduzir um espectro completo de frequências, embora anunciar que o aparelho seja capaz de reproduzir menos que 10 Hz é de certa forma uma inverdade, pois a maioria das pessoas pode ouvir apenas sons com frequência acima de 20 Hz.

Pessoas jovens e saudáveis (especialmente mulheres jovens) podem ouvir frequências muito altas, que geralmente incluem os sinais de portas automáticas. Com a idade, e infelizmente com os danos que muitos jovens causam aos seus próprios ouvidos, a habilidade de detectar uma ampla faixa de frequências diminui. Já as pessoas mais velhas tendem a perder o tom agudo final do espectro da audição e podem começar a reclamar que "todos estão murmurando".

O volume de um ruído é expresso por sua *amplitude*. Novamente fazendo referência à Figura 16.1, a energia em uma onda de pressão é a área total sob a curva. Como a primeira metade é uma pressão positiva e a segunda negativa, somá-las produziria pressão zero. O truque é utilizar uma análise do *valor quadrático médio* de uma onda de pressão, primeiro multiplicando a pressão pelo seu próprio valor e então obtendo sua raiz quadrada. Como o produto dos dois números negativos é um número positivo, o resultado é um valor de pressão positivo. No caso das ondas de som, a pressão é expressa em Newtons por metro quadrado (N/m^2), embora, algumas vezes, a pressão sonora também seja expressa em bars ou atms. Neste livro utilizamos a designação moderna de N/m^2.

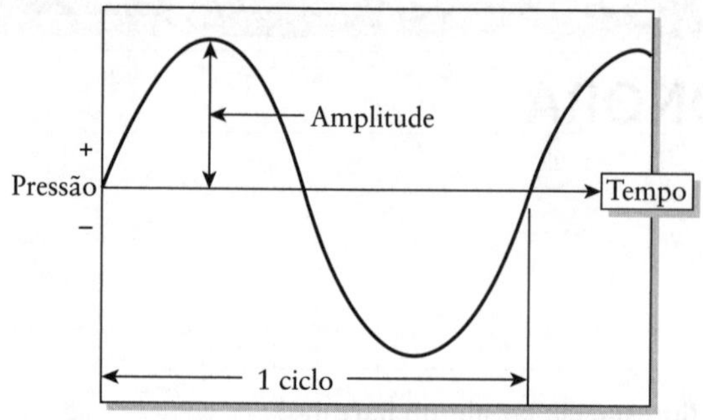

FIGURA 16.1 O som puro se propaga como uma perfeita onda senoidal.

O ouvido humano é um instrumento incrível capaz de captar sons tanto em uma ampla faixa de frequências como em uma faixa ainda mais impressionante de pressões. Na verdade, a faixa audível dos ouvidos humanos varia de 1 a 10^{18} – uma faixa que torna difícil expressar a pressão sonora de uma forma que tenha sentido e seja útil. O que se desenvolveu com o passar dos anos foi uma convenção para utilizar relações para expressar a amplitude do som.

Há muito tempo que os psicólogos sabem que as reações humanas a estímulos não são lineares. Na verdade, a habilidade de detectar uma alteração progressiva para qualquer tipo de reação, seja ao calor, frio, odores, gostos ou sons, depende inteiramente do nível original do estímulo. Por exemplo, suponha que você seja vendado e esteja segurando um peso de 10 quilos, ao qual é adicionado 0,1 quilo. Você provavelmente não perceberá a diferença. Por outro lado, se estiver segurando um peso de 0,1 quilo e a ele for adicionado mais 0,1 quilo (um aumento de 100%), é possível sentir a alteração. Assim, a habilidade de detectar estímulos pode ser representada por uma escala logarítmica.

Com relação ao som, faz sentido considerar seu nível de energia em vez de considerar a pressão, assim, a relação entre duas energias do som é

$$\log_{10}\left(\frac{W}{W_{\text{ref}}}\right)$$

onde o W e o W_{ref} representam a energia em watts da onda de som e uma referência de energia, respectivamente. Como a energia é proporcional à pressão ao quadrado, essa razão pode ser expressa em

$$\log_{10}\left(\frac{P^2}{P_{\text{ref}}^{\,2}}\right)$$

onde P = pressão sonora, N/m^2;
P_{ref} = alguma pressão de referência, N/m^2.

Por convenção, essa expressão define o *bel*.[2] A divisão dessa unidade por 10 facilita sua utilização e evita frações, e cada parte é conhecida como *decibel* (dB).

Mas qual pressão de referência devemos utilizar? Parece que a pressão mínima que o ouvido humano é capaz de detectar é de aproximadamente 2×10^5 N/m^2 e esse seria um dado conveniente. Utilizando 2×10^5 N/m^2 como um valor de referência, o *nível de pressão sonora* (SPL, na sua sigla em inglês, Sound Pressure Level) é definido em termos de decibéis como

$$\text{SPL} = 10\log_{10}\left(\frac{P^2}{P_{\text{ref}}^{\,2}}\right) = 20\log_{10}\left(\frac{P}{P_{\text{ref}}}\right)$$

onde SPL = nível de pressão sonora, dB;
P = pressão sonora medida em N/m^2;
P_{ref} = pressão sonora de referência, 2×10^{-5} N/m^2.

A Tabela 16.1 mostra os níveis de pressão sonora típicos. Observe que o SPL mais alto, no ponto em que as moléculas do ar não conseguem mais carregar as ondas de pressão, é de 194 dB, enquanto o ponto de 0 dB é o limiar da audição. O som mais alto registrado parece ter sido o do lançamento do foguete Saturn, de 134 dB, não muito longe do limiar da dor, a 140 dB. Os seres humanos normalmente podem detectar alterações nas pressões sonoras de 3 dB ou mais; alterações de 1 a 2 dB não são percebidas. Mas lembre-se de que a escala é logarítmica. A diferença de 1 dB no valor de 40 para 41 é consideravelmente menos energia que a diferença de 1 dB de 80 para 81. Cada aumento de 10 dB produz o dobro do nível de energia, e isso duplica o risco de danos por excesso de ruído.

TABELA 16.1 Níveis típicos de pressão sonora.

Som	SPL (dB)
Limiar da audição	0
Dentro da cabine de teste de audição	10
Área remota de Yellowstone	20
Biblioteca	40
Subdivisão de área suburbana afastada de fonte de ruído principal	45
Sala de aula comum	50
Conversa normal	60
Escritório cheio	65
Alarme do relógio próximo à cabeça	80
Rua de tráfego médio	85
Cortador de grama	90
Caminhão comum passando a 15 m	90
Show de rock	110
Choro de recém-nascido	110
Caça F-16 sobrevoando após decolagem	120
Foguete Saturn durante o lançamento	134
Limite de dor	140
SPL máximo no ar	194

Como os níveis de pressão sonora são razões logarítmicas, não podem ser somadas diretamente. Se duas fontes de som são combinadas, a razão P^2/P_{ref}^2 deve ser, primeiro, calculada com a equação de SPL. Então as razões são somadas, e é calculado um novo SPL:

$$SPL_{Total} = 10 \log\left(\sum 10^{SPL_i/10}\right). \qquad (16.1)$$

Podem ser utilizadas duas regras práticas ao somar sons. Primeiro, se dois sons iguais são somados, eles resultam em um aumento de 3 dB no nível geral (que raramente é percebido). Segundo, se a diferença entre dois sons for maior que 10 dB, o menor dos dois não contribui para o nível sonoro geral (você pode verificar essas regras práticas seguindo o procedimento anteriormente definido.)

EXEMPLO 16.1

Problema Uma loja possui duas máquinas, uma produzindo um nível de pressão sonora de 70 dB e a outra, 58 dB. Uma nova máquina que produz 70 dB é trazida para a sala. Calcule o novo nível de pressão sonora.

Solução Utilizando regra prática da diferença de 10 dB, 70 − 58 = 12, que é maior que 10, então o efeito do som de 58 dB é imperceptível, e a sala apresentaria um nível de pressão sonora de 70 dB (utilizando a equação 16.1, a resposta é 70,2 dB, arredondada para 70 dB).

Se outra máquina produzindo 70 dB for trazida, os dois sons são iguais, produzindo um aumento de 3 dB. Assim, o nível de pressão sonora na sala seria de 73 dB (novamente, utilizando a Equação 16.1, a resposta é 73,1 dB para as três máquinas, arredondando o valor para 73 dB).

Na atmosfera, o som se propaga uniformemente em todas as direções, irradiando a partir da fonte. A intensidade do som é reduzida como o quadrado da distância da fonte do som de acordo com a *lei do quadrado inverso.* Ou seja, o nível de pressão sonora é proporcional a $1/r^2$, onde r é a distância central a partir da fonte.

Uma relação aproximada pode ser desenvolvida se a potência do som for expressa como uma razão logarítmica com base na mesma potência de referência padrão, tal como

$$SPL_r \cong SPL_0 - 10 \log r^2 \tag{16.2}$$

onde SPL_r = nível de pressão sonora a uma distância r da fonte, dB;
SPL_0 = nível de pressão sonora na fonte, dB;
r = distância a partir da fonte, m.

EXEMPLO 16.2

Problema Uma fonte de som gera 80 dB. Calcule o SPL a 100 m da fonte.

Solução Utilize a Equação 16.2, $SPL_r \cong 80 - 10 \log(100)^2 = 40$ dB

Obviamente esse valor é uma aproximação. Consideramos que o som se propaga em todas as direções uniformemente, mas no mundo real isso não acontece. Se, por exemplo, o som ocorrer em uma superfície plana de forma que a área através da qual ele se propaga seja um hemisfério em vez de uma esfera, a soma aproximada é de 3 dB para o SPL calculado no Exemplo 16.2. Em espaços fechados, a reverberação pode também aumentar muito o nível de pressão sonora, pois a energia não se dissipa. O ponto mais importante a se lembrar é que o SPL é reduzido aproximadamente de acordo com o log do quadrado da distância em relação à sua fonte.

A frequência em ciclos por segundo (Hz) e a amplitude em decibéis descreve um som puro a uma frequência específica. Porém todos os sons do ambiente são, de certa forma, "impuros", apresentando muitas frequências. Uma imagem real de tais sons é obtida por meio de uma *análise de frequência*, na qual o nível do som a uma série de diferentes frequências é medido e os resultados definidos como mostra a Figura 16.2. Em geral, uma análise de frequência é útil para o controle de ruídos, pois a frequência do nível

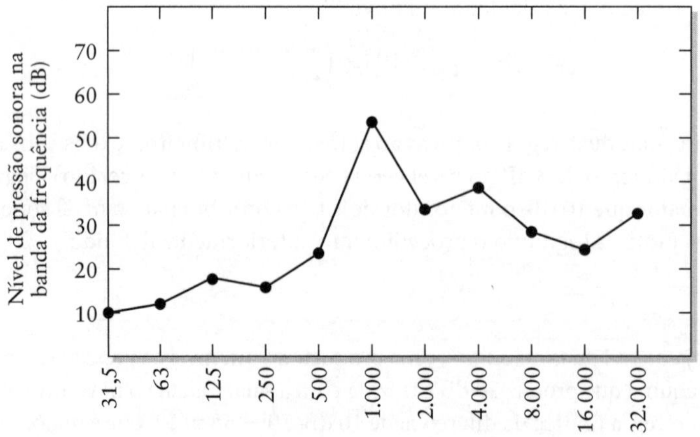

FIGURA 16.2 Análise de frequência de um som "impuro".

de pressão sonora mais alta pode ser identificada e serem tomadas medidas corretivas. Por convenção, as frequências são designadas como *bandas de oitavas* que representam uma estreita faixa de frequências, como mostra a Tabela 16.2.

A pressão sonora média pode ser calculada a partir de um diagrama de frequências, somando os níveis de pressão para as frequência individuais. Novamente, como o nível de pressão sonora não é uma quantidade aritmética, mas uma razão logarítmica, a adição deve ser feita com a seguinte equação:

$$SPL_{avg} = 10\ \log\left(\frac{1}{N}\right)\sum_{j=1}^{N} 10^{(SPL_j/10)} \tag{16.3}$$

onde SPL_{avg} = nível de pressão sonora médio, dB;
N = quantidade de medidas tomadas;
SPL_j = nível de pressão sonora de ordem j, dB;
$j = 1, 2, 3, \ldots, N$.

TABELA 16.2 Bandas de oitavas

Faixa de frequência de oitavas (Hz)	Média geométrica da frequência (Hz)
22–44	31,5
44–88	63
88–175	125
175–350	250
350–700	500
700–1.400	1.000
1.400–2.800	2.000
2.800–5.600	4.000
5.600–11.200	8.000
11.200–22.400	16.000
22.400–44.800	31.500

EXEMPLO 16.3

Problema Calcule o nível médio de pressão sonora do som exemplificado na Figura 16.2.

Solução Primeiro, faça uma tabela dos níveis de pressão sonora a cada banda de oitava, então calcule $10^{(SPL_j/10)}$, faça a soma, e calcule o SPL_{avg} da Equação 16.3.

Banda de oitava (Hz)	SPL (dB)	$10^{(SPL_j/10)}$
31,5	10	10
63	12	15,8
125	17	50,1
250	15	31,6
500	24	251,2
1.000	54	251,189
2.000	34	2.512
4.000	39	7.943
8.000	28	631,0
16.000	25	316,2
32.000	33	1.995
		264.945

$$SPL_{avg} = 10\ \log\ (1/11)(173.974) = 44\ \text{dB}$$

Observe que a Equação 16.3 é utilizada para calcular um SPL médio para um diagrama de frequência, mas a Equação 16.1 é utilizada para calcular o novo SPL quando várias fontes distintas são combinadas.

16.2 MEDIÇÃO DO SOM

O som é medido com um instrumento que converte a energia das ondas de pressão em um sinal elétrico. Um microfone capta as ondas de pressão e um medidor lê o nível de pressão sonora, diretamente calibrado para decibéis. Os dados obtidos dessa forma com um *medidor de nível de pressão sonora* representam uma medição precisa do nível de energia no ar.

Mas esse nível de pressão não é necessariamente o que os ouvidos humanos escutam. Apesar de sermos capazes de detectar frequências em uma ampla faixa, essa detecção não é igualmente eficaz para todas as frequências (nossos ouvidos não têm *uma resposta plana* em termos auditivos.) Se o medidor deve simular a eficiência do ouvido humano na detecção dos sons, o sinal precisa ser filtrado.

Utilizando milhares de experimentos, pesquisadores descobriram que, em média, o ouvido humano apresenta uma eficiência para a faixa de frequência audível como a representada na Figura 16.3. Para frequências muito baixas, nossos ouvidos são menos eficientes do que para frequências médias, digamos entre 1.000 e 2.000 Hz. Em frequências mais altas o ouvido se torna progressivamente ineficiente, finalmente chegando a algumas frequências em que o som não pode ser detectado. Essa curva é chamada de curva de filtragem com *ponderação A (A-weighted)* (pois existem outras curvas de filtragem para diferentes propósitos). Curiosamente, a banda de maior eficiência dos ouvidos humanos está muito próxima da faixa da fala humana.

Utilizando a curva apresentada na Figura 16.3, os projetistas de instrumento construíram um medidor que filtra alguns dos sons de frequência muito baixa e muitos dos sons de frequência muito alta, para que o som medido represente de certa forma a audição do ouvido humano. Tal medida é denominada *nível de som* e é designada dB(A), pois representa um valor de dB modificado com o filtro com ponderação A. O medidor geralmente é chamado de *medidor de nível de som* (Figura 16.4) para distingui-lo de um medidor de nível de *pressão* sonora, que mede o som como uma resposta plana. Quase todas as medidas sonoras estão relacionadas ao uso da escala dB(A) da audição humana, pois ela aproxima à eficiência do ouvido humano.

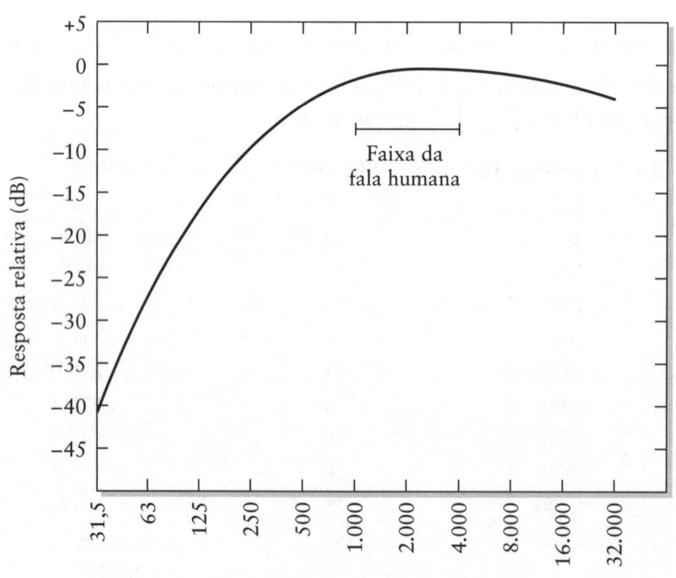

FIGURA 16.3 Resposta típica do ouvido humano. Observe a ineficiência em ouvir baixas frequências, e a alta eficiência para a faixa da fala humana.

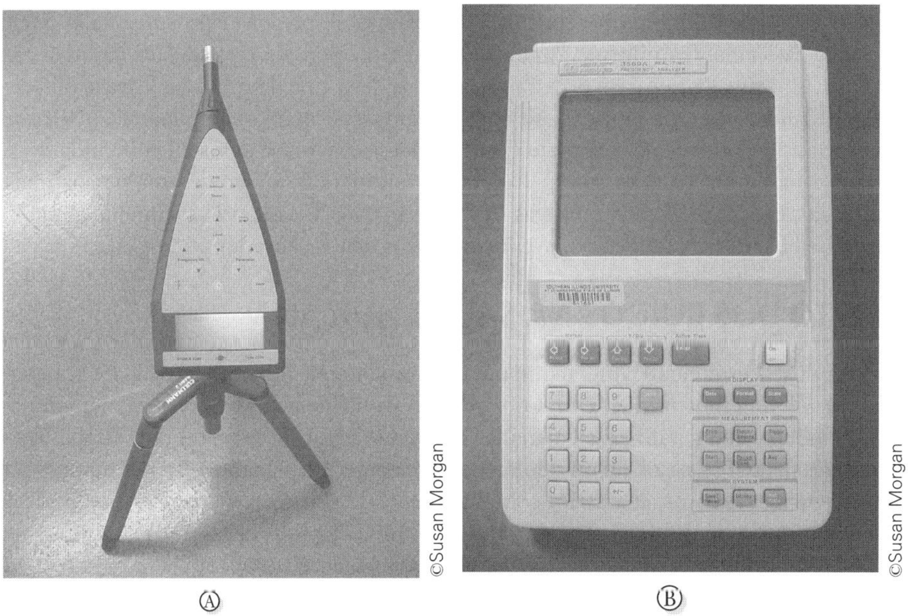

FIGURA 16.4 (A) Medidor de nível de ruído típico; E (B) analisador de frequência.

As análises de frequência são úteis para medir a capacidade de audição. Utilizando a capacidade auditiva de uma pessoa jovem normal como padrão, o *audiômetro* mede capacidade para várias frequências, gerando um *audiograma*. Os audiogramas são, então, utilizados para identificar as frequências nas quais os aparelhos auditivos devem ser ajustados para elevar o sinal.

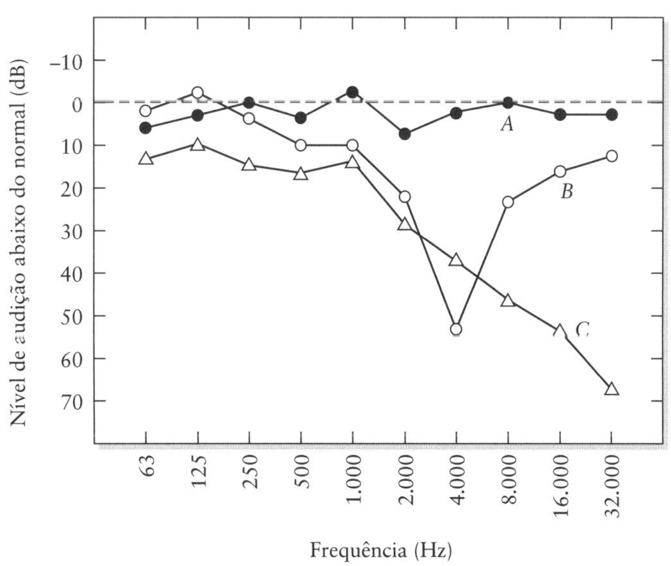

FIGURA 16.5 Três audiogramas. A pessoa *A* possui uma excelente audição, capaz de ouvir a níveis normais em todas as frequências. A pessoa *B* perdeu consideravelmente a capacidade auditiva na faixa entre 2.000 e 8.000 Hz. Por esta ser a faixa de frequência aproximada da fala humana, essa pessoa deve apresentar muita dificuldade para ouvir a fala. A pessoa *C* apresenta um audiograma típico tanto de uma pessoa mais velha que perdeu um pouco da capacidade auditiva para as frequências mais altas como de uma pessoa jovem com danos auditivos causados por escutar música muito alta ou outros motivos.

A Figura 16.5, por exemplo, mostra três audiogramas. A pessoa *A* possui uma excelente audição com uma reação basicamente uniforme. A pessoa *B* apresenta perda da capacidade auditiva para uma faixa de frequência específica, neste caso próxima a 4.000 Hz. Esse tipo de perda auditiva acontece geralmente em função de ruídos em uma fábrica, que normalmente destroem a habilidade de ouvir sons em uma frequência específica. Como a fala está perto dessa faixa, essa pessoa já apresenta dificuldade para escutar. A terceira curva, na Figura 16.5, pessoa *C*, mostra um audiograma típico de uma pessoa mais velha que perdeu muito da capacidade auditiva para as frequências mais altas e, provavelmente, é um candidato a utilizar um aparelho auditivo, ou pessoa jovem com sérios danos causados por escutar música muito alta.

16.3 EFEITO DOS RUÍDOS NA SAÚDE HUMANA

A Figura 16.6A ilustra esquematicamente um ouvido humano. As ondas de pressão de ar batem primeiro no tímpano (*membrana timpânica*), fazendo-o vibrar. A cavidade que leva o som à membrana timpânica e a própria membrana são geralmente chamadas de ouvido externo. A membrana timpânica está ligada fisicamente a três pequenos ossos no ouvido médio que começam a se movimentar quando a membrana vibra. O propósito desses ossos, chamados coloquialmente de *martelo*, *bigorna* e *estribo* por causa de seus formatos, é amplificar o sinal físico (para alcançar determinado *ganho* em termos auditivos). Essa cavidade cheia de ar é denominada *ouvido médio*. O sinal amplificado é, então, enviado para o *ouvido interno*, primeiro, pela vibração de outra membrana chamada *janela redonda*, que está conectada à cavidade em forma de caracol, conhecida como *cóclea*.

Dentro da cóclea, uma cavidade cheia de líquido, ilustrada em uma vista seccionada na Figura 16.6B, existe outra membrana, a *membrana basilar*, que é ligada à janela redonda. Conectadas à membrana basilar, ficam dois conjuntos de minúsculas *células capilares*, apontando em direções opostas. Conforme a membrana da janela redonda vibra, o fluido no ouvido interno também se movimenta, e milhares de células capilares na cóclea encostam umas nas outras, gerando impulsos elétricos que são, então, enviados ao cérebro por meio de *nervos auditivos*. A frequência do som determina qual célula capilar irá se mover. As que ficam próximas à janela redonda são sensíveis à alta frequência, e aquelas no fundo da cóclea são responsáveis pelas baixas frequências.

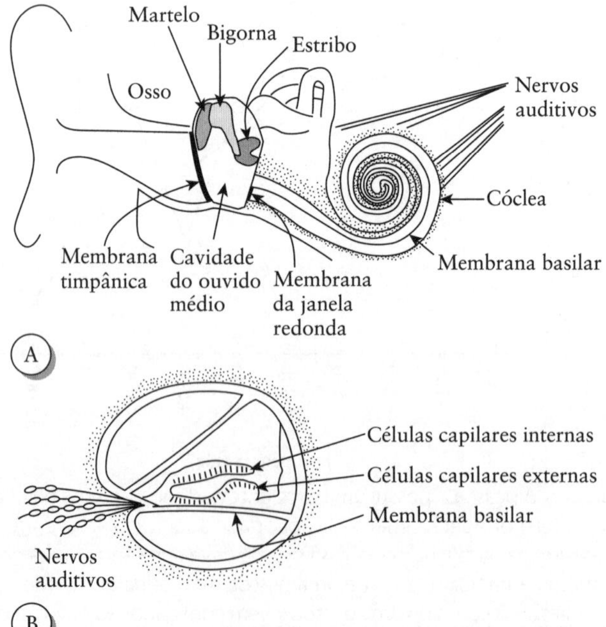

FIGURA 16.6 O primeiro desenho, A, mostra o esquema do ouvido humano. O segundo desenho, B, mostra uma vista em corte da cóclea.

Os danos ao ouvido humano podem acontecer de diversas formas. Primeiro, ruídos de impulso muito alto podem romper o tímpano, causando, na maioria das vezes, perda temporária da audição, embora tímpanos rompidos geralmente não se curem completamente, o que resulta em dano permanente. Os ossículos no ouvido médio não são geralmente danificados por sons altos, mas não podem ser feridos por infecções. Como nosso senso de equilíbrio depende em grande parte do ouvido médio, uma infecção nesse local pode debilitar uma pessoa. Por fim, o mais relevante e mais permanente dano pode ocorrer às células capilares do ouvido interno. Ruídos muito altos podem abalar essas células e fazer que parem de funcionar. Na maioria das vezes, essa é uma condição temporária, e com o tempo os danos serão reparados. Infelizmente, se o ferimento ao ouvido interno for prolongado, o dano pode ser permanente. Tais danos não podem ser reparados com cirurgias ou corrigidos com aparelhos auditivos. Esse tipo de ferimento permanente causado em pessoas jovens, por escutarem músicas altas, é o tipo mais frequente e traiçoeiro – e o mais triste. Vale a pena gastar seu tempo na frente daquelas caixas de som gigantes em shows, ou aumentar o volume da sua música ao máximo quando o resultado pode ser que você nunca mais consiga escutar *nenhuma* música aos 40 anos de idade?

Mas ruídos altos fazem mais do que causar danos auditivos permanentes. O ruído é, no sentido darwiniano, sinônimo de perigo. Assim, o corpo humano reage ao ruído alto para se proteger do perigo iminente. As reações corporais são espantosas – os olhos dilatam, a adrenalina é liberada, as veias dilatam, os sentidos se põem em alerta, as batidas do coração alteram, o sangue engrossa – tudo para "alertar" a pessoa. Aparentemente, esse estado de "alerta", se prolongado, é muito prejudicial à saúde. As pessoas que vivem e trabalham em ambientes barulhentos apresentam mais problemas de saúde, são mais irritadas e nervosas, e têm problemas de concentração. Ruídos que impedem que uma pessoa durma carregam consigo uma série de problemas adicionais de saúde.

O mais importante é que não podemos nos "adaptar" a níveis altos de ruído. Trabalhadores de fábricas são geralmente vistos com seus protetores auriculares pendurados no pescoço, como se isso fosse uma demonstração de sua masculinidade. Eles acham que podem "aguentar". Talvez consigam "aguentar" porque já estão surdos e não escutam mais as faixas de frequência comuns no ambiente.

16.4 REDUÇÃO DO RUÍDO

O ruído tem feito parte do cotidiano urbano desde as primeiras cidades. Por exemplo, o barulho das charretes em Roma fez com que Júlio César proibisse sua circulação após o pôr do sol, para que ele pudesse dormir. Na Inglaterra, a terra natal da revolução industrial, as cidades eram incrivelmente barulhentas. Como um visitante americano descreveu:

> Os ruídos surgiam como uma poderosa batida de coração nos distritos centrais de Londres. Era uma coisa além de tudo que se pode imaginar. As ruas da Londres em funcionamento eram uniformemente pavimentadas com "granito"... E as marteladas de uma imensidão de saltos metálicos, o barulho como batidas de tambor das rodas indo de um topo (de pedriscos) para outro; as madeiras arranhando em uma cerca; os rangidos e zumbidos e zunidos e ruídos dos veículos, leves e pesados, assim cruéis, o chacoalhar estridente das correntes; todos multiplicados pelos gritos e chamados daquelas criaturas de Deus que desejavam transmitir informações ou proferir vocalmente um pedido – faziam um barulho além de qualquer concepção. Não era nada menos que barulho.[3]

Nos Estados Unidos, as cidades tornaram-se incrivelmente barulhentas, e já foram criados diversos os tipos de leis para diminuir a barulheira. Em Dayton, Ohio, a cidade proclamou que "era ilegal que vendedores ambulantes perturbassem a paz e silêncio gritando e berrando para vender suas mercadorias". A maioria dessas leis foi, com certeza, pouco respeitada e logo caiu no esquecimento, à medida que o ruído aumentava.

A lei mais eficazmente aprovada pelo congresso para o controle de ruídos foi a Lei de Segurança no Trabalho e Saúde Ocupacional de 1970, na qual a Occupational Health and Safety Administration (OSHA) recebeu autoridade para controlar os níveis de ruídos industriais. Uma das regulamentações mais importantes promulgadas pela OSHA são os limites de ruídos industriais. Reconhecendo que tanto a intensidade quanto a duração do ruído são importantes para a prevenção de danos auditivos, as regulamentações limitam o ruído como apresentado na Tabela 16.3. Os níveis de som maiores que 115 dB(A) são claramente prejudiciais e não devem ser permitidos.

Os ruídos industriais são em grande parte constantes em um dia de trabalho de oito horas. Os ruídos da comunidade são, no entanto, intermitentes. Se um avião passar por perto apenas algumas vezes no dia, o nível de som é em média baixo, mas o fator de irritação é alto. Por essa razão, foi desenvolvido um grande número de índices de ruídos, que pretendem estimar o efeito psicológico do ruído. A maioria começa utilizando a técnica de distribuição acumulada, semelhante à análise de eventos naturais, como as enchentes, vista no Capítulo 3.

O Departamento de Transportes tem se preocupado com o ruído do tráfego, e estabeleceu níveis de ruído máximos para diferentes veículos. Caminhões e automóveis modernos são consideravelmente mais silenciosos do que eram há alguns anos, mas a maior parte disso foi determinada não por sanções governamentais, mas por exigência pública. A exceção são alguns caminhões que continuam a compor a principal fonte de barulho nas estradas e têm pouca chance de serem pegos pela polícia, pois esta não considera o barulho como um problema sério se comparado às outras preocupações como a segurança das estradas. Um excelente trabalho também tem sido realizado por engenheiros acústicos que trabalham para silenciar aeronaves comerciais. As linhas aéreas modernas são incrivelmente mais silenciosas quando comparadas a modelos muito mais ruidosos, como o Boeing 727, uma das grandes aeronaves mais barulhentas ainda em uso.

Contudo, o controle de ruídos no ambiente urbano ou o ruído produzido por máquinas e outros aparelhos não recebeu muito apoio público ou do governo. Embora o Congresso tenha aprovado a Lei do controle de ruído de 1972, obteve-se muito pouco progresso no controle de ruídos. Na década de 1980, o escritório de ruídos da Usepa dos Estados Unidos foi fechado, quando da quase eliminação da agência e não foi reaberto.

TABELA 16.3 Limites de ruído industrial definidos pela OSHA.

Duração (horas)	Níveis de som [dB(A)]
8	90
6	92
4	95
3	97
2	100
1,5	102
1	105
0,5	110
≤0,25	115

16.5 CONTROLE DE RUÍDOS

O nível de ruído pode ser reduzido com a utilização de uma das seguintes estratégias: proteção do receptor, redução das fontes do ruído ou controle do caminho do som.

16.5.1 Proteção do receptor

Proteger o receptor, em geral, envolve o uso de protetores auriculares ou outros tipos de proteção. Os protetores pequenos, apesar de fáceis de utilizar e baratos, não são muito eficientes para muitas frequências de ruídos. O ouvido pode detectar sons não somente através do canal auditivo, mas também por meio de vibrações de ossos ao redor do ouvido. Dessa forma, os protetores pequenos são apenas parcialmente eficientes. Os melhores são os abafadores auditivos que cobrem toda a orelha e protegem o usuário da maioria dos ruídos do ambiente. O problema desses protetores grandes, no entanto, é o efeito psicológico. Em geral, as pessoas podem evitá-los por considerá-los desajeitados e desconfortáveis e decidir arriscar, negando, assim, a eficácia da proteção.

16.5.2 Redução das fontes do ruído

Reduzir as fontes do ruído é geralmente o meio mais eficiente para controle de ruídos. O replanejamento do design de aeronaves comerciais já foi mencionado como um exemplo de eficácia dessa estratégia de controle. Mudar o tipo de motores utilizados dentro e fora das casas também normalmente reduz, de forma eficiente, a ocorrência de ruídos. Por exemplo, trocar um cortador de grama com motor de dois tempos à gasolina por um elétrico elimina eficientemente uma fonte comum e insidiosa de ruídos na vizinhança. Os piores produtores de ruídos atualmente são os aparelhos sopradores ou aspiradores de folhas; normalmente, o nível de ruído produzido por eles está bem acima do que a OSHA permitiria para ruídos industriais.

Para os ruídos do trânsito, a redução da fonte (veículos) pode ser feita por meio da alteração do projeto dos veículos e da pavimentação. Além disso, o excesso de barulho pode ser reduzido com a maior adesão da população no uso dos transportes alternativos, incluindo transporte público, andar a pé e de bicicleta. Para áreas residenciais e outras onde os níveis de ruído mais altos são inaceitáveis, o barulho pode ser reduzido com a diminuição do limite de velocidade para a região e incentivo para uso de rotas alternativas, por meio de aparelhos de controle de velocidade ou replanejamento das vias.

16.5.3 Controle do caminho dos ruídos

Alterar o caminho dos ruídos é uma terceira alternativa. A prova mais visível da eficiência dessa estratégia é o aumento das paredes antirruído, ou barreiras, ao longo das estradas. Atualmente uma grande variedade de materiais e formatos para as barreiras está sendo utilizada contra o ruído (Figura 16.7). Apesar de as barreiras de terra serem as mais baratas, exigem grandes áreas para sua construção, algo que geralmente falta em áreas urbanas. A maioria das paredes nos Estados Unidos foi construída com concreto ou blocos de concreto.

©Cortesia de P. Aarne Vesilind

FIGURA 16.7 Barreiras antirruído nas vias (concreto pré-moldado (A), Durisol® (B) e tijolo (C)).

As paredes antirruído oferecem máxima redução de barulho para apenas a primeira linha de receptores (por exemplo, casas). A eficiência na redução é metade para a segunda linha e baixa para as outras. Se uma barreira for instalada em apenas um lado da via, os receptores do outro lado acabam recebendo mais barulho. Isso acontece por causa das propriedades do som e das paredes. Estas criam uma zona de sombra (Figura 16.8), na qual ocorre a redução máxima do ruído. Infelizmente, o som não é como a luz. Uma sombra de ruído não é perfeita, e ela pode desviar e ricochetear na barreira ou até mesmo no ar, dependendo das condições atmosféricas. Às vezes, ruídos a milhares de quilômetros podem ser ouvidos conforme as ondas de pressão ricocheteiam nas camadas de inversão.

Além de fornecer proteção apenas para edifícios localizados imediatamente no sotavento da barreira, as paredes são relativamente caras. Como apresentado na Figura 16.9, o custo para construção dessas paredes aumentou e atualmente custam mais de $ 1 milhão por milha. É questionável se os benefícios constituem uma razão suficiente para gastar o dinheiro público.

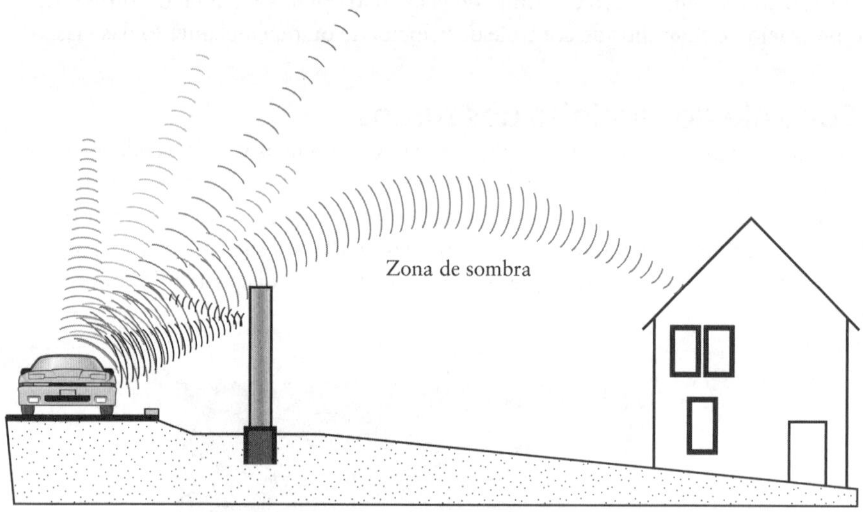

FIGURA 16.8 Zona de sombra da barreira antirruído.

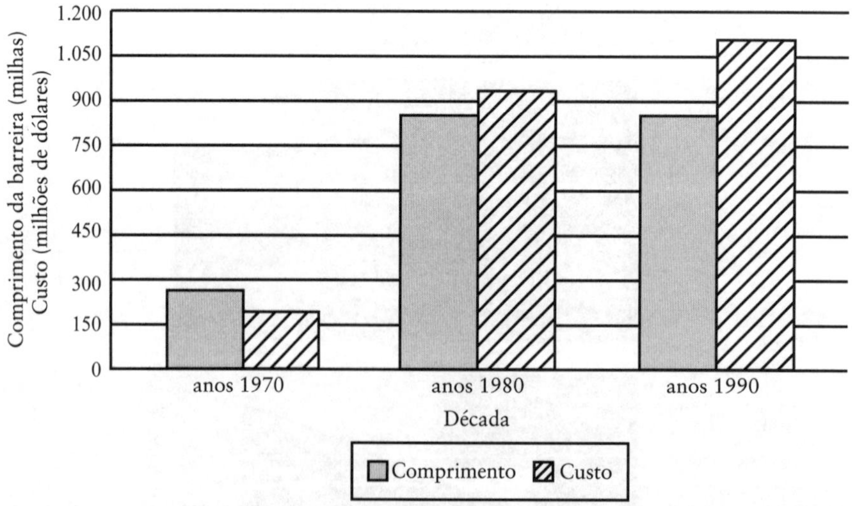

FIGURA 16.9 Construção e custo de barreira antirruído em estradas norte-americanas.

As barreiras antirruído são consideradas na construção de uma nova estrada quando são detectados os impactos do barulho. Estes são considerados quando há uma previsão (por meio de simulações por computador) de que os futuros níveis de ruído podem exceder significativamente os níveis existentes (definidos pelos departamentos estaduais de transporte), ou for igual ou maior a 66 dB(A). No entanto, as barreiras são construídas apenas quando são opções razoáveis e viáveis. O que isso significa? São os departamentos estaduais de transporte, novamente, que definem o que é razoável e viável. Algum tipo de análise de custo-benefício é geralmente incluído como critério.

O ruído das estradas também tem sido reduzido por elementos naturais *densos*. As árvores por si só não são muito eficientes, mas uma densa mata reduzirá o nível de pressão sonora em diversos decibéis por cada 31 metros de mata. Acabar com os elementos naturais para ampliar uma estrada causará invariavelmente aumento dos problemas com ruído. Na maioria dos cenários urbanos, não há espaço para uma mata densa, então as árvores servem mais como benefícios estéticos e psicológicos do que para a redução de ruído.

PROBLEMAS

16.1 Uma unidade de deságue em uma instalação de tratamento de água residual possui uma centrífuga que opera a 89 dB(A). Outra máquina semelhante está sendo instalada na mesma sala. O operador conseguirá trabalhar nessa sala?

16.2 Um cortador de grama emite 80 dB(A). Suponha que outros dois cortadores produzindo 80 e 61 dB(A), respectivamente, sejam colocados em funcionamento com o primeiro.

a) Calcule a cacofonia, em dB(A).
b) Calcule o nível de pressão sonora a 200 m no jardim de um vizinho.

16.3 Uma bomba de lodo emite o ruído a seguir conforme medido por um medidor de nível de som em diferentes bandas de oitavas:

Banda de oitava (Hz)	Nível de som [dB(A)]
31,5	39
63	42
125	40
250	48
500	22
1.000	20
2.000	20
4.000	21
8.000	10

a) Calcule o nível de som geral, em dB(A).
b) Ele cumpre com os critérios da OSHA para uma jornada de trabalho de oito horas?
c) Que abordagens poderiam ser adotadas para reduzir o nível de pressão sonora?
d) Se a técnica mais barata for utilizar protetores de ouvido, eles deveriam ser utilizados? Que considerações éticas podem estar envolvidas na escolha da abordagem para controle de ruído?

16.4 Utilizando a análise de frequência do Problema 16.3, calcule o nível de *pressão* sonora, em dB. *Observação*: Primeiro, você deve corrigir as leituras de decibéis para dB em vez de dB(A), e então somá-las.

16.5 Uma estrela do rock de 20 anos de idade fez um audiograma. Os resultados são apresentados na Figura 16.10.

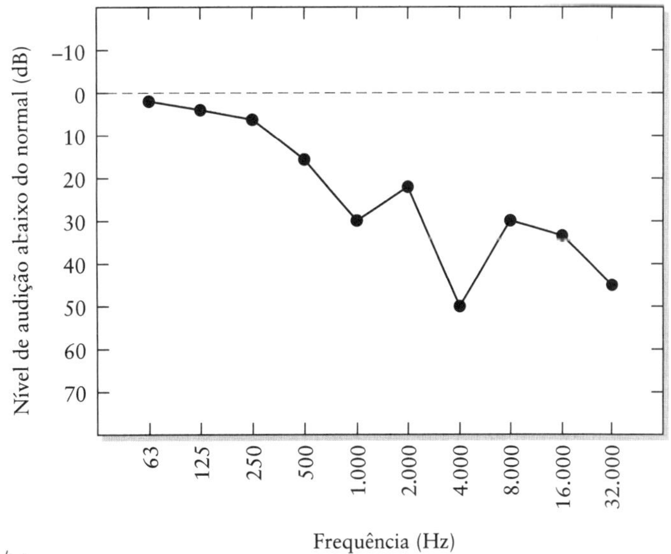

FIGURA 16.10 Audiograma de uma estrela do rock. Veja Problema 16.5.

a) Ele consegue escutar uma conversa normal?
b) Se a curva para a *Pessoa C* apresentada na Figura 16.5 representa uma perda normal de capacidade auditiva em função da idade para uma pessoa de 65 anos, desenhe o audiograma para a estrela do rock quando chegar a essa idade.
c) Ele ainda conseguirá ouvir alguma coisa?

16.6 *Paternalismo* é, como o próprio nome diz, um processo de proteção e cuidado para pessoas que não podem ou não irão cuidar de si próprias, como no caso de um pai e uma criança. O nome toma um sentido negativo se, no entanto, a "criança" na verdade for um adulto, e o "pai", o governo. O cenário dos padrões para ruídos industriais da OSHA é um claro exemplo de paternalismo governamental.

Suponha que uma engenheira amiga sua esteja trabalhando com controle ambiental para uma companhia, e como parte de suas tarefas ela deve monitorar os níveis de ruído da OSHA no lugar onde trabalha. Ela, então, descobre que, em um local de trabalho, o nível excede aquele permitido pela OSHA para uma jornada de oito horas. Parece não existir nenhum modo de reduzir a fonte de ruído, nem controlar o caminho do som. Ela sugere que os trabalhadores utilizem protetores auriculares.

Você é um agente da OSHA e coincidentemente está no local quando sua amiga fala sobre o local e sugere a utilização dos protetores. Mas sua amiga lhe diz que os funcionários do local pediram para falar com ela e perguntaram se podiam ser dispensados do uso dos protetores que consideram ser incômodos e inúteis. Eles insistem que sabem o que é melhor para eles mesmos, e que não querem que lhes digam como devem se proteger.

Você os encontra e diz a todos, inclusive à sua amiga, a engenheira da fábrica, que isso é definido por lei e que suas mãos estão atadas. Mas os funcionários insistem que existe alguma coisa sem fundamento nessa lei, que esta foi aprovada para que as pessoas que *querem* utilizar a proteção possam ter o governo do seu lado. Mas nesse caso os funcionários querem que o governo se afaste e os deixe em paz.

Você tem autoridade para passar por cima dessa pequena infração em um ambiente industrial, que exceto essa questão, é seguro, se escrever um relatório justificando a isenção das regulamentações. Você concede a isenção, ou insiste para que os funcionários se protejam do que parece ser um ruído excessivo?

Escreva um memorando de uma página, para seu superior, recomendando uma ação.

16.7 Uma análise de frequência foi realizada em uma fábrica, apresentando os seguintes resultados:

Banda de oitava (Hz)	Nível de pressão sonora (dB)
31,5	30
63	40
125	10
250	30
500	128
1.000	80
2.000	10
4.000	2
8.000	0

a) Calcule o nível médio de pressão sonora.
b) Calcule o nível médio de pressão sonora a 100 m da fonte de ruído.
c) Se você precisasse reduzir o nível de pressão sonora, que estratégia de redução de ruídos utilizaria?

16.8 Foi realizada uma análise de frequência em uma fábrica, que apresentou os seguintes resultados:

Banda de oitava (Hz)	Nível de pressão sonora (dB)
31,5	5
63	10
125	40
250	30
500	82
1.000	48
2.000	70
4.000	125
8.000	20
16.000	40
32.000	40

a) Suponha que a Pessoa *B*, cujo audiograma é apresentado na Figura 16.5, trabalhe nessa fábrica. O que pode ser inferido a partir do audiograma desta pessoa e da análise de frequência realizada na fábrica?

b) Calcule o nível médio de pressão sonora na fábrica.
c) Calcule o nível médio de som [dB(A)] na fábrica. (*Observação*: Aproxime os valores pela correção dos níveis de pressão sonora, utilizando a Figura 16.3.)

16.9 Uma barreira metálica ruidosa foi instalada ao longo de uma interestadual. Ela teve uma corrosão severa (Figura 16.11). Após o redesenho, uma instalação subsequente da barreira ao longo de um trecho próximo da interestadual não apresentou corrosão. O que contribuiu para a corrosão?

16.10 Os efeitos do ruído nas residências e instituições urbanas existentes (como escolas, asilos e hospitais) de uma área estão sendo estudados.
a) As medições de ruído de fontes individuais em um local foram medidas e eram de 67 dB, 58 dB, 57 dB, 59 dB e 64 dB. Qual é o nível de ruído total?
b) Liste três métodos diferentes para diminuir (ou seja, reduzir de fato) o ruído do aumento do tráfego para as pessoas que vivem e trabalham na área.

©Cortesia de Dianne Slattery (A) ©Cortesia de Dianne Slattery (B)

FIGURA 16.11 Barreira metálica ruidosa: (A) original e (B) redesenho. Veja o Problema 16.9.

Referências

1. Em homenagem ao físico alemão, Heinrich Hertz.
2. Em homenagem a Alexander Graham Bell.
3. Still, H. *In quest of quiet*. Harrisburg, PA: Stackpole Books, 1970.

APÊNDICE

A - Tabela periódica de elementos

Elemento		Peso Atômico
Nome	**Símbolo**	**(g/gmol)**
Alumínio	Al	026,98100
Antimônio	Sb	121,75000
Argônio	Ar	039,94800
Arsênico	As	074,92200
Bário	Ba	137,34000
Berílio	Be	009,01200
Bismuto	Bi	208,98000
Boro	B	010,81100
Bromo	Br	079,90900
Cádmio	Cd	112,40000
Cálcio	Ca	040,08000
Carbono	C	012,01115
Césio	Cs	132,90000
Cloro	Cl	035,45300
Cromo	Cr	051,99600
Cobalto	Co	058,93300
Cobre	Cu	063,54000
Flúor	F	018,99800
Gálio	Ga	069,72000
Germânio	Ge	072,59000
Ouro	Au	196,97000
Hélio	He	004,00300
Hidrogênio	H	001,00800
Índio	In	114,82000
Iodo	I	126,90000
Ferro	Fe	055,84700
Kriptôneo	Kr	083,80000
Chumbo	Pb	207,19000
Lítio	Li	006,93900
Magnésio	Mg	024,31200
Manganês	Mn	054,93800
Mercúrio	Hg	200,59000

Elemento		Peso Atômico
Nome	**Símbolo**	**(g/gmol)**
Molibdênio	Mo	095,940
Neônio	Ne	020,183
Níquel	Ni	058,710
Nióbio	Nb	092,906
Nitrogênio	N	014,007
Oxigênio	O	015,999
Paládio	Pd	106,400
Fósforo	P	030,974
Platina	Pt	195,090
Potássio	K	039,102
Rádio	Ra	226,000
Radônio	Rn	222,000
Ródio	Rh	102,910
Rubídio	Rb	085,470
Rutênio	Ru	101,070
Escândio	Sc	044,956
Selênio	Se	078,960
Silício	Si	028,086
Prata	Ag	107,870
Sódio	Na	022,990
Estrôncio	Sr	087,620
Enxofre	S	032,064
Telúrio	Te	127,600
Estanho	Sn	118,690
Titânio	Ti	047,900
Tungstênio	W	183,850
Urânio	U	238,030
Vanádio	V	050,942
Xenônio	Xe	131,300
Ítrio	Y	088,905
Zinco	Zn	065,370
Zircônio	Zr	091,220

B - Conversões

Multiplique	por	para obter
acres	0,404	ha
acres	43.560	pé^2
acres	4047	m^2
acres	4840	jarda^2
acre-pé	1233	m^3
atmosferas	14,7	lb/pol^2
atmosferas	29,95	pol de mercúrio
atmosferas	33,9	pés de água
atmosferas	10.330	kg/m^2
Btu	252	cal
Btu	1,053	kJ
Btu	1.053	J
Btu/pés^3	8.905	cal/m^3
Btu/lb	2,32	kJ/kg
Btu/lb	0,555	cal/g
Btu/s	1,05	kW
Btu/ton	278	cal/ton
Bru/ton	0,00116	kJ/kg
calorias	4,18	J
calorias	0,0039	Btu
calorias/g	1,80	Btu/lb
calorias/m^3	0,000112	Btu/pé^3
calorias/toneladas métricas	0,00360	Btu/ton
centímetros	0,393	pol
pés cúbicos	1728	pol^3
pés cúbicos	7,48	gal
pés cúbicos	0,0283	m^3
pés cúbicos	28,3	l
pés cúbicos/lb	0.0623	m^3/kg
pés cúbicos/s	0.646	milhões de galões/dia
pés cúbicos/s	0.0283	m^3/s
pés cúbicos/s	449	galões/min
pés cúbicos de água	61,7	lb
polegadas cúbicas de água	0,0361	lb
metros cúbicos	35,3	pé^3
metros cúbicos	264	gal
metros cúbicos	1,31	jarda^3
metros cúbicos/dia	264	gal/dia
metros cúbicos/h	4,4	gal/min
metros cúbicos/h	0,00638	milhões de galões/dia
metros cúbicos/s	1	m^3/s
metros cúbicos/s	35,31	pé^3/s
metros cúbicos/s	15.850	gal/min
metros cúbicos/s	22,8	milhões de galões/dia
metros cúbicos por segundo	1	m^3/s
jardas cúbicas	0,765	m^3
jardas cúbicas	202	gal

Multiplique	por	para obter
Ração C	100	rações
"decacartão"	52	cartões
pé	0,305	m
pé/min	0,00508	m/s
pé/s	0,305	m/s
pé/s	720	pol/min
peixe	10^{-6}	microficha
pé-libra (força)	1,357	J
pé-libra (força)	1,357	Nm
galão de água	8,34	lb
galões	0,00378	m^3
galões	3,78	l
galões/dia	$43{,}8 \times 10^{-6}$	l/s
galões/dia/pé²	0,0407	m^3/dia/m^2
galões/min	0,00223	pé³/s
galões/min	0,0631	L/s
galões/min	0,227	m^3/h
galões/min	$6{,}31 \times 10^{-5}$	m^3/s
galões/min/pé²	2,42	m^3/h/m^2
galões de água	8,34	lb água
ms	0,0022	lb
gramas/cm^3	1.000	kg/m^3
hectares	2,47	acre
hectares	$1{,}076 \times 105$	pé²
HP	0,745	kW
HP	33.000	pé-libra/min
polegadas	2,54	cm
polegadas /min	0,043	cm/s
polegadas de mercúrio	0,49	lb/pol²
polegadas de mercúrio	0,00338	N/m^2
polegadas de água	249	N/m^2
joules	0,239	cal
joules	$9{,}48 \times 10^{-4}$	Bru
joules	0,738	pé lb
joules	$2{,}78 \times 10^{-7}$	kWh
joules	1	Nm
joules/g	0,430	Btu/lb
joules/s	1	W
quilocaloria	3,968	Btu
quilocalorias/kg	1,80	Btu/lb
quilogramas	2,20	lb
quilogramas	0,0011	toneladas
quilogramas/ha	0,893	lb/acre
quilogramas/h	2,2	lb/h
quilogramas/m^3	0,0624	lb/pé³
quilogramas/m^3	1,68	lb/jarda³
quilogramas/m^3	1,69	lb/jarda³
quilogramas/ton métricas	2,0	lb/ton
quilojoules	9,49	Btu
quilojoules/kg	0,431	Btu/lb
quilômetro	0,622	milha
quilômetro/h	0,622	milhas/h
quilowatt	1,341	HP
quilowatt-h	3600	kJ
quilowatt-h	3,410	Btu
ano leve	365	dias bebendo cerveja de baixa caloria

Multiplique	por	para obter
litros	0,0353	pé^3
litros	0,264	gal
litros/s	15,8	gal/min
litros/s	0,0228	milhões de galões/dia
megafone	10^{-12}	microfone
metros	3,28	pé
metros	1,094	jarda
metros/s	3,28	pé/s
metros/s	196,8	pé/min
microscópio	10^{-6}	anti-séptico bucal
milhas	1,61	km
milhas/h	0,447	m/s
milhas/h	88	pé/min
milhas/h	1,609	km/h
miligramas/L	0,001	kg/m^3
milhões de galões	3.785	m^3
milhões de galões/dia	43,8	L/s
milhões de galões/dia	3785	m^3/dia
milhões de galões/dia	157	m^3/h
milhões de galões/dia	0,0438	m^3/s
milhões de galões/dia	0,0438	m^3/s
milhões de galões/dia	1,547	pé^3/s
milhões de galões/dia	694	gal/min
newtons	0,225	lb (força)
newtons/m^2	$2,94 \times 10^{-4}$	pol de mercúrio
newtons/m^2	$1,4 \times 10\ 10^{-4}$	lb/pol^2
newtons/m^2	10	poise
newton m	1	J
libras (massa)	0,454	kg
libras (massa)	454	g
libras (massa)/acre	1,12	kg/ha
libras (massa)/pé^3	16,04	kg/m^3
libras (massa)/ton	0,50	kg/ton
libras (massa)/jarda^3	0,593	kg/m^3
libras (força)	4,45	N
libras (força)/pol^2	0,068	atmosferas
libras (força)/ pol^2	2,04	pol de mercúrio
libras (força)/ pol^2	6895	N/m^2
libras (força)/ pol^2	6,89	kPa
libras de bolo	454	Graham crackers (biscoito)
libras de água	0,01602	pé^3
libras de água	27,68	pol^3
libras de água	0,1198	gal
pé quadrado	0,0929	m^2
metro quadrado	10,74	pé^2
metro quadrado	1,196	jarda^2
metro quadrado	$2,471 \times 10^{-4}$	acres
milhas quadradas	2,59	km^2
toneladas (2000 lb)	0,907	toneladas métricas (1000 kg)
toneladas	907	kg
toneladas/acre	2,24	toneladas métricas/ha
toneladas métricas (1000 kg)	1,10	tonelada (2000 lb)
toneladas métricas/ha	0,446	toneladas/acre
dois quilos de sabiá	2000	sabiá
watts	1	J/s
jarda	0,914	m

ÍNDICE REMISSIVO

A

B

C

F

G

N

O

P

Q

R

S

T

V

Z

Este livro foi impresso na
LIS GRÁFICA E EDITORA LTDA.
Rua Felício Antônio Alves, 370 – Bonsucesso
CEP 07175-450 – Guarulhos – SP
Fone: (11) 3382-0777 – Fax: (11) 3382-0778
lisgrafica@lisgrafica.com.br – www.lisgrafica.com.br